现代数学基础

国家科学技术学术著作出版基金资助出版

68

科学计算中的偏微分方程数值解法

■ 张文生

高等教育出版社·北京

图书在版编目（CIP）数据

科学计算中的偏微分方程数值解法 / 张文生编著
. -- 北京：高等教育出版社，2019.9
ISBN 978-7-04-052263-1

Ⅰ.①科… Ⅱ.①张… Ⅲ.①偏微分方程 – 数值计算
Ⅳ.① O241.82

中国版本图书馆 CIP 数据核字（2019）第 154953 号

策划编辑	李华英	责任编辑	李华英	封面设计	张　楠	版式设计	杨　树
责任校对	刘娟娟	责任印制	毛斯璐				

出版发行	高等教育出版社		网　　址	http://www.hep.edu.cn
社　　址	北京市西城区德外大街4号			http://www.hep.com.cn
邮政编码	100120		网上订购	http://www.hepmall.com.cn
印　　刷	高教社（天津）印务有限公司			http://www.hepmall.com
开　　本	787mm×1092mm 1/16			http://www.hepmall.cn
印　　张	25.75			
字　　数	540 千字		版　　次	2019 年 9 月第 1 版
购书热线	010-58581118		印　　次	2019 年 9 月第 1 次印刷
咨询电话	400-810-0598		定　　价	89.00元

本书如有缺页、倒页、脱页等质量问题，请到所购图书销售部门联系调换
物料号　52263-00

前　言

在科学与工程计算中常常要数值求解各类偏微分方程, 有限差分法、有限元方法和边界元方法是经常使用的方法, 本书介绍这三方面的基本理论和数值离散方法. 内容是作者在多年教学的基础上撰写而成的, 既可作计算数学专业高年级本科生和研究生学习偏微分方程数值解之用, 也适合其他相关专业的学生或科研人员学习参考.

全书共分十一章. 第一章是预备知识, 介绍一些重要基本概念和重要定理. 第二章介绍差分近似导数的各种方法及差分格式的 Fourier 误差分析. 第三章介绍紧致差分格式, 与经典的差分格式相比, 这类格式结合函数值及其导数值, 可以用较少的结点构造出高阶精度的格式. 第四章介绍差分格式的收敛性、相容性和稳定性的分析, 重点介绍稳定性分析的 Fourier 级数法和矩阵分析法. 第五章介绍抛物型方程的各种典型差分格式, 包括二维热传导方程的不对称格式、交替方向隐式格式和局部一维化格式. 第六章介绍双曲型方程的典型差分格式, 包括差分格式的耗散和频散分析. 第七章重点介绍流体力学中的一维守恒律方程的差分格式和高分辨率格式. 第八章介绍椭圆型方程的差分方法, 包括基于变分原理的差分方法和有限体积法, 以及极坐标下 Poisson 方程的差分离散. 第九章介绍有限元方法, 包括有限元离散、Gauss 求积公式、等参元和误差分析的基本方法. 第十章介绍边界元方法, 重点基于第二 Green 公式直接推导了区域和边界积分方程, 并给出了三维弹性问题的积分方程, 包括积分方程的数值离散. 偏微分方程采用有限差分、有限元和边界元方法数值离散后, 往往归结为一个大型线性代数方程组的求解, 常采用迭代法来求解, 为此, 最后第十一章介绍离散线性代数方程的迭代求解, 包括基本迭代方法、预条件迭代方法、Krylov 子空间的迭代方法和多重网格法.

为适应不同专业特别是非计算数学或应用数学专业的需要, 本书叙述由浅入深,推导力求翔实, 特别是关键性的步骤, 并配以较多的例题, 以使读者能更好地自学和掌握. 本书强调处理问题的一般性理论方法及其应用, 注重方法之间的内在联系和物理解释, 努力在理论学习与方法应用之间架起一座桥梁.

　　本书是在作者拙作《科学计算中的偏微分方程有限差分法 》(2006年第1版, 高等教育出版社) 的基础上进一步修订而成的. 原书自出版之后, 一直作为中国科学院大学的研究生教材或参考书使用, 经过课堂实践检验, 颇受欢迎, 已多次重印. 这次修订得到了国家科学技术学术著作出版基金的大力资助, 主要更正了其中的一些错误, 删掉了一些章节, 对原书内容进行了精炼, 并增加了紧致差分格式、有限元和边界元数值方法这三章内容, 以更好适应教学需求. 作者在撰写过程中, 参考了国内外有关文献, 如在有限差分数值解方法中参考了 [4, 5, 7, 38, 39, 44, 47, 49, 55, 56] 等, 作者衷心感谢所有直接或间接被引文献的作者. 此外, 作者要感谢在使用原书和教学过程中有关师生提出的宝贵意见和帮助, 也感谢有关专家、同事及我的学生的大力支持和帮助, 以及本书编辑的辛勤劳动. 最后, 还要感谢国家自然科学基金项目 (11471328, 51739007) 所给予的支持和资助. 由于作者学识浅陋, 认识有限, 书中不妥甚至错误可能难免, 敬请读者批评指正和赐教.

目　录

第一章　　基础知识 1

§1.1　偏微分方程基本概念 1

§1.1.1　方程的分类 2

§1.1.2　方程的特征线 3

§1.1.3　方程组的分类 5

§1.1.4　定解条件 7

§1.2　矩阵的基本概念 8

§1.3　矩阵重要性质与定理 11

§1.3.1　三对角矩阵特征值 12

§1.3.2　矩阵特征值估计及非奇异性判定 19

§1.3.3　Schur 定理 26

§1.4　向量和矩阵的范数 28

§1.4.1　矩阵范数与谱半径的关系 30

§1.4.2　矩阵范数的估计 31

§1.4.3　矩阵序列的收敛性 35

§1.5　常用定理 37

§1.5.1　实系数多项式的根 37

§1.5.2　Newton-Cotes 型数值积分公式 38

§1.5.3　Green 公式 39

§1.6　练习 40

第二章　　有限差分近似基础 **43**

§2.1　网格及有限差分记号 43

§2.2　空间导数近似 45

§2.3　导数的算子表示 48

§2.4　任意阶精度差分格式的建立 51

　　§2.4.1　Taylor 级数表 51

§2.5　非均匀网格 54

§2.6　Fourier 误差分析 55

§2.7　练习 59

第三章　　紧致差分格式 **60**

§3.1　差分近似的推广 60

§3.2　各阶导数的紧致格式 63

　　§3.2.1　一阶导数近似 63

　　§3.2.2　二阶导数近似 64

　　§3.2.3　三阶导数近似 65

　　§3.2.4　四阶导数近似 65

§3.3　交错网格上的紧致格式 66

　　§3.3.1　一阶导数 66

　　§3.3.2　二阶导数 66

§3.4　联合一阶和二阶导数的紧致格式 67

　　§3.4.1　系数对称 67

　　§3.4.2　系数非对称 68

§3.5　单边格式 69

§3.6　练习 69

第四章　　差分格式稳定性分析 **71**

§4.1　收敛性 71

　　§4.1.1　初值问题 71

　　§4.1.2　初边值问题 73

§4.2　相容性 75

　　§4.2.1　初值问题 75

　　§4.2.2　初边值问题 80

§4.3　稳定性 84

§4.4　Lax 定理 88

§4.5　稳定性分析方法 89
　　§4.5.1　Fourier 级数法 (即 von Neumann 法). 90
　　§4.5.2　矩阵分析法 100
§4.6　练习 108

第五章　　抛物型方程 **111**
§5.1　一维常系数扩散方程 111
　　§5.1.1　向前和向后差分格式 111
　　§5.1.2　加权隐式格式 112
　　§5.1.3　三层显式格式 113
　　§5.1.4　三层隐式格式 115
　　§5.1.5　预测 – 校正格式 116
　　§5.1.6　不对称格式 117
§5.2　对流扩散方程 120
　　§5.2.1　FTCS 格式 121
　　§5.2.2　单元法 122
　　§5.2.3　混合型格式 122
§5.3　二维热传导方程 125
　　§5.3.1　加权差分格式 125
　　§5.3.2　Saul'yev 不对称格式 126
　　§5.3.3　Du Fort-Frankel 格式 127
　　§5.3.4　交替方向隐式 (ADI) 格式 128
　　§5.3.5　局部一维 (LOD) 法 130
§5.4　练习 131

第六章　　双曲型方程 **133**
§6.1　线性对流方程 133
　　§6.1.1　迎风格式 133
　　§6.1.2　Lax-Friedrichs 格式 134
　　§6.1.3　Lax-Wendroff 格式 137
　　§6.1.4　MacCormack 格式 138
　　§6.1.5　Wendroff 隐式格式 139
　　§6.1.6　Crank-Nicolson 格式 140
§6.2　特征线与差分格式 140
§6.3　数值耗散和数值频散 144
　　§6.3.1　偏微分方程的频散和耗散 144

§6.3.2　差分格式的频散与耗散 145

§6.4　一阶双曲型方程组 152

§6.4.1　特征形式 152

§6.4.2　差分格式 155

§6.5　一阶二维双曲型方程 158

§6.5.1　典型差分格式 158

§6.5.2　交替方向隐式 (ADI) 格式 161

§6.5.3　非线性方程 165

§6.6　波动方程 166

§6.6.1　一维波动方程 166

§6.6.2　二维波动方程 173

§6.7　练习 177

第七章　流体力学方程 179

§7.1　流体力学的控制方程 179

§7.2　二维非定常可压黏性流方程 183

§7.2.1　Lax-Wendroff 格式 183

§7.2.2　MacCormack 格式 184

§7.3　二维非定常不可压黏性流 186

§7.4　一维守恒律方程的差分格式 189

§7.5　高分辨率格式 196

§7.5.1　通量限制器法 197

§7.5.2　斜率限制器法 200

§7.6　守恒形式方程的矢通量分裂法 201

第八章　椭圆型方程 205

§8.1　两点边值问题的差分格式 205

§8.1.1　差分近似 206

§8.1.2　有限体积法 207

§8.2　基于变分原理的差分格式 210

§8.2.1　基于 Ritz 方法的差分近似 213

§8.2.2　基于 Galerkin 方法的差分近似 218

§8.3　Laplace 方程的五点差分格式 222

§8.4　有限体积法 231

§8.5　Poisson 方程基于 Ritz 方法的差分格式 232

§8.5.1　二维椭圆型边值问题的变分形式 232

§8.5.2　差分格式推导 235

§8.6　正三角形和正六边形网格 238

§8.7　边界条件的处理 240

§8.7.1　Dirichlet 边界条件 240

§8.7.2　Neumann 边界条件 242

§8.7.3　Robbins 边界条件 244

§8.8　差分格式的收敛性分析 247

§8.9　极坐标下 Poisson 方程的差分格式 250

§8.10　练习 256

第九章　有限元方法 **258**

§9.1　Sobolev 空间 258

§9.2　迹定理 262

§9.3　变分边值问题 264

§9.3.1　边值问题的变分形式 264

§9.3.2　解的存在性和唯一性 265

§9.4　Galerkin 方法 268

§9.5　Galerkin 近似解的误差与收敛性 270

§9.6　Rayleigh-Ritz 方法 273

§9.7　有限元离散 274

§9.7.1　一维问题 275

§9.7.2　二维问题 278

§9.7.3　三维问题 283

§9.8　Hermite 插值基函数 285

§9.9　Gauss 求积公式 288

§9.9.1　一维求积公式 288

§9.9.2　四边形单元求积公式 288

§9.9.3　三角形单元求积公式 290

§9.10　误差分析 292

§9.10.1　二阶问题的误差 298

§9.11　等参元和数值积分影响 299

§9.11.1　等参变换 299

§9.11.2　数值积分影响 301

第十章　边界元方法 **302**

§10.1　位势问题 302

§10.2 广义 Green 公式 303

§10.3 Laplace 方程的基本解 304

§10.4 区域积分方程 306

§10.5 边界积分方程 309

　　§10.5.1 推导方法一 309

　　§10.5.2 推导方法二 311

§10.6 积分方程的离散 313

　　§10.6.1 常数元 314

　　§10.6.2 线性元 317

　　§10.6.3 等参二次元 320

§10.7 三维弹性问题 322

　　§10.7.1 基本方程 322

　　§10.7.2 区域积分方程 323

　　§10.7.3 边界积分方程 325

　　§10.7.4 积分方程的离散 327

第十一章　离散方程的求解 **329**

§11.1 残量校正法 329

　　§11.1.1 迭代格式 329

　　§11.1.2 收敛性分析 330

　　§11.1.3 迭代中止准则 333

§11.2 基本迭代法 334

　　§11.2.1 Jacobi 迭代格式 335

　　§11.2.2 Gauss-Seidel 迭代格式 338

　　§11.2.3 逐次超松弛 (SOR) 迭代格式 342

　　§11.2.4 对称与反对称超松弛迭代格式 343

　　§11.2.5 其他迭代格式 345

§11.3 预条件迭代方法 348

　　§11.3.1 预条件 Richardson (PR) 法 349

　　§11.3.2 预条件 Richardson 极小残量 (PRMR) 法 . . . 352

　　§11.3.3 预条件 Richardson 最速下降 (PRSD) 法 . . . 353

　　§11.3.4 共轭梯度 (CG) 法 354

　　§11.3.5 预条件共轭梯度 (PCG) 法 360

　　§11.3.6 预条件子 361

§11.4　Krylov 子空间迭代方法 363
　　§11.4.1　共轭梯度法方程残量 (CGNR) 法 363
　　§11.4.2　共轭梯度法方程误差 (CGNE) 法 364
　　§11.4.3　广义共轭残量 (GCR) 法 364
　　§11.4.4　Orthodir 方法 365
　　§11.4.5　广义极小残量 (GMRES) 法 366
　　§11.4.6　极小残量 (MINRES) 法 370
　　§11.4.7　双共轭梯度 (Bi-CG) 法 374
　　§11.4.8　拟极小残量 (QMR) 法 377
　　§11.4.9　共轭梯度平方 (CGS) 法 378
　　§11.4.10　双共轭梯度稳定化 (BiCGSTAB) 法 379
§11.5　多重网格法 381
　　§11.5.1　低频分量与高频分量 381
　　§11.5.2　网格变换 381
　　§11.5.3　粗网格校正 384
§11.6　练习 386

参考文献 389

索引 392

第一章　基础知识

§1.1 偏微分方程基本概念

许多物理现象或过程受多个因素的影响而按一定规律在变化, 描述这种现象或过程的数学形式常导致偏微分方程. 偏微分方程的一般形式是

$$F\left(x, y, \cdots, u, \frac{\partial u}{\partial x}, \frac{\partial u}{\partial y}, \cdots, \frac{\partial^2 u}{\partial x^2}, \frac{\partial^2 u}{\partial x \partial y}, \cdots\right) = 0,$$

其中 $x, y, \cdots$ 是自变量, u 是未知函数, $\dfrac{\partial u}{\partial x}, \dfrac{\partial u}{\partial y}, \cdots$ 是 u 的偏导数. 一个偏微分方程中所出现的未知函数导数的最高阶数, 称为该方程的阶, 最高阶导数的幂次称为该方程的次数. 例如

$$\frac{\partial^2 u}{\partial x^2} + \left(\frac{\partial u}{\partial y}\right)^3 = 2xy$$

是二阶一次偏微分方程, 而

$$\left(\frac{\partial u}{\partial x}\right)^2 + 2\frac{\partial u}{\partial y} = 0$$

是一阶二次偏微分方程. 当遇到的是相互依赖的几个偏微分方程时, 先把所有方程合并成一个单独方程再确定. 例如下列方程中虽然每个都含有一阶导数, 但是二阶的, 即

$$\frac{\partial u}{\partial x} + \frac{\partial v}{\partial y} = \frac{\partial v}{\partial x},$$

$$u = \frac{\partial w}{\partial x},$$

$$v = \frac{\partial w}{\partial y},$$

可以化为

$$\frac{\partial^2 w}{\partial x^2} + \frac{\partial^2 w}{\partial y^2} = \frac{\partial^2 w}{\partial xy},$$

因而是二阶偏微分方程.

如果微分方程中各项关于未知函数及其各阶导数都是一次, 则称为线性的. 在线性微分方程中, 不带未知函数及其导数的项, 称为自由项. 当自由项不恒为零时, 方程称为非齐次的, 否则称为齐次的. 一个微分方程, 如果不是线性的, 但对未知函数的所有最高阶导数都是线性的, 则称为拟线性的; 不是线性又不是拟线性的方程, 称为非线性的. 例如考虑一阶方程

$$a\frac{\partial u}{\partial x} + b\frac{\partial u}{\partial y} = c.$$

当系数 a, b, c 为常数或 x, y 的函数时, 方程是线性的; 若系数还是未知函数 u 的函数, 则是拟线性的; 若还是未知函数 u 的一阶偏导数的函数, 则是非线性的. 例如

$$y\frac{\partial^2 u}{\partial x^2} + 2xy\frac{\partial^2 u}{\partial y^2} + u = 1$$

是二阶一次线性非齐次方程,

$$\frac{\partial u}{\partial x} + u\frac{\partial u}{\partial y} = x^2$$

是一阶一次拟线性非齐次方程,

$$\frac{\partial u}{\partial x} + \left(\frac{\partial u}{\partial y}\right)^2 = 0$$

是一阶二次非线性齐次方程.

§1.1.1 方程的分类

考虑具有两个自变量的二阶偏微分方程

$$a\frac{\partial^2 u}{\partial x^2} + 2b\frac{\partial^2 u}{\partial x\partial y} + c\frac{\partial^2 u}{\partial y^2} + d\frac{\partial u}{\partial x} + e\frac{\partial u}{\partial y} + fu + g = 0. \tag{1.1.1}$$

由上可知, 如果 a, b, c 是常数或只是 x 和 y 的函数, 则是线性的; 如果 a, b, c 是 $x, y, u,$ $\frac{\partial u}{\partial x}, \frac{\partial u}{\partial y}$ 的函数, 则是拟线性的; 其他情况都是非线性的. 下面是几个典型的二阶线性偏微分方程

$$\frac{\partial^2 u}{\partial x^2} + \frac{\partial^2 u}{\partial y^2} = 0, \qquad \text{Laplace 方程}$$

$$\frac{\partial^2 u}{\partial x^2} + \frac{\partial^2 u}{\partial y^2} = f(x, y), \qquad \text{Poisson 方程}$$

每一个具有两个自变量的二阶线性偏微分方程都可化成三种标准形式, 即双曲型、抛物型或椭圆型. 方程分类的方法有多种, 按系数 a,b,c 的关系, 可分为

$$b^2 - ac > 0, \quad \text{双曲型方程}$$
$$b^2 - ac = 0, \quad \text{抛物型方程}$$
$$b^2 - ac < 0, \quad \text{椭圆型方程}$$

因此, 波动方程是双曲型的, 热传导方程或扩散方程是抛物型的, Laplace 和 Poisson 方程都是椭圆型的.

由于方程系数取值不同, 方程的类型也会发生变化, 如

$$\frac{\partial^2 u}{\partial x^2} + (1 - x^2 - y^2)\frac{\partial^2 u}{\partial y^2} = 0$$

在单位圆内是椭圆型, 在单位圆外是双曲型, 又如

$$y\frac{\partial^2 u}{\partial x^2} + x\frac{\partial^2 u}{\partial x \partial y} + y\frac{\partial^2 u}{\partial y^2} = 0$$

当 $x > 2y$ 时为双曲型, 当 $x = 2y$ 时为抛物型, 当 $x < 2y$ 时为椭圆型.

§1.1.2 方程的特征线

下面我们将看到双曲型偏微分方程具有两簇实特征线, 抛物型偏微分方程具有一簇实特征线, 而椭圆型偏微分方程则无实特征线.

方程 (1.1.1) 的三种标准形式可用新变量 ξ 和 η 表示为

$$u_{\xi\xi} - u_{\eta\eta} + \cdots = 0 \quad \text{或} \quad u_{\xi\eta} + \cdots = 0, \qquad \text{双曲型方程} \qquad (1.1.2)$$

$$u_{\xi\xi} + \cdots = 0, \qquad\qquad\qquad \text{抛物型方程} \qquad (1.1.3)$$

$$u_{\xi\xi} + u_{\eta\eta} + \cdots = 0, \qquad\qquad \text{椭圆型方程} \qquad (1.1.4)$$

引入隐式变量变换

$$\xi = \phi(x, y), \quad \eta = \psi(x, y), \qquad\qquad (1.1.5)$$

于是

$$
\begin{aligned}
u_x &= u_\xi \phi_x + u_\eta \psi_x, \\
u_y &= u_\xi \phi_y + u_\eta \psi_y, \\
u_{xx} &= u_{\xi\xi}\phi_x^2 + 2u_{\xi\eta}\phi_x\psi_x + u_{\eta\eta}\psi_x^2 + \cdots, \\
u_{xy} &= u_{\xi\xi}\phi_x\phi_y + u_{\xi\eta}(\phi_x\psi_y + \phi_y\psi_x) + u_{\eta\eta}\psi_x\psi_y + \cdots, \\
u_{yy} &= u_{\xi\xi}\phi_y^2 + 2u_{\xi\eta}\phi_y\psi_y + u_{\eta\eta}\psi_y^2 + \cdots.
\end{aligned}
\qquad (1.1.6)
$$

将 (1.1.6) 代入 (1.1.1) 中, 得

$$au_{xx} + 2bu_{xy} + cu_{yy} = Au_{\xi\xi} + 2Bu_{\xi\eta} + Cu_{\eta\eta} + \cdots, \qquad (1.1.7)$$

其中

$$A = a\phi_x^2 + 2b\phi_x\phi_y + c\phi_y^2, \tag{1.1.8}$$

$$B = a\phi_x\psi_x + b(\phi_x\psi_y + \phi_y\psi_x) + c\phi_y\psi_y, \tag{1.1.9}$$

$$C = a\psi_x^2 + 2b\psi_x\psi_y + c\psi_y^2. \tag{1.1.10}$$

由 (1.1.8)~(1.1.10) 可得 a, b, c 与 A, B, C 之间有如下关系

$$B^2 - AC = (b^2 - ac)(\phi_x\psi_y - \phi_y\psi_x)^2. \tag{1.1.11}$$

显然, 在这一变量变换情形下, $b^2 - ac$ 的符号与 $B^2 - AC$ 的符号保持一致, 而且变换的 Jacobi 行列式 $\left|\dfrac{\partial(\phi, \psi)}{\partial(x, y)}\right| = \phi_x\psi_y - \phi_y\psi_x$ 必须非零. 现在考虑 $b^2 - ac > 0$ 的情形.

当 $b^2 - ac > 0$ 时, 方程 (1.1.1) 能变换成 (1.1.2) 式中的任一种, 我们考虑 $u_{\xi\eta} + \cdots = 0$ 的情况. 由 (1.1.7) 知, 这需使 A, C 为零, 即

$$a\phi_x^2 + 2b\phi_x\phi_y + c\phi_y^2 = 0, \tag{1.1.12}$$

$$a\psi_x^2 + 2b\psi_x\psi_y + c\psi_y^2 = 0. \tag{1.1.13}$$

这两个方程的解分别为

$$\phi_x = \lambda_1\phi_y, \tag{1.1.14}$$

$$\psi_x = \lambda_2\psi_y, \tag{1.1.15}$$

其中 λ_1 和 λ_2 分别是方程 (1.1.12) 和 (1.1.13) 的特征值. (1.1.14)~(1.1.15) 均为 ϕ 和 ψ 的一阶线性偏微分方程, 分别有特征线

$$\frac{dy}{dx} + \lambda_1 = 0, \tag{1.1.16}$$

$$\frac{dy}{dx} + \lambda_2 = 0. \tag{1.1.17}$$

沿这两簇特征线, $\xi = \phi(x, y)$ 和 $\eta = \psi(x, y)$ 为常数. 将 (1.1.16) 和 (1.1.17) 分别代入 (1.1.14) 和 (1.1.15) 中, 得

$$\frac{dy}{dx} = -\frac{\phi_x}{\phi_y}, \quad \frac{dy}{dx} = -\frac{\psi_x}{\psi_y},$$

再代入 (1.1.12) 或 (1.1.13) 中, 得

$$a(dy)^2 - 2bdxdy + c(dy)^2 = 0. \tag{1.1.18}$$

这是关于 $\dfrac{dy}{dx}$ 的二次方程, 所以

$$\frac{dy}{dx} = \frac{b \pm \sqrt{b^2 - ac}}{a}, \tag{1.1.19}$$

由于 $b^2 - ac > 0$, 所以上式表示有两簇实特征线.

类似地可处理抛物型或椭圆型偏微分方程. 对抛物型方程, 有一个实根和一簇特征线, 这相当于 $\lambda_1 = \lambda_2 = -\dfrac{b}{a}$ 和 $\eta = \psi(x, y)$ 为常数; 对椭圆型方程, $b^2 - ac < 0$, 没有实数根.

对 n 个自变量 $(x_1, x_2, \cdots, x_n)$ 的二阶偏微分方程, 可写成如下形式

$$\sum_{i=1}^{n} \sum_{j=1}^{n} a_{ij} \frac{\partial^2 u}{\partial x_i \partial x_j} + H = 0, \tag{1.1.20}$$

其中 H 可以是 u 和 $\dfrac{\partial u}{\partial x_i}$ 的函数, 系数 a_{ij} 可以是自变量的函数. 与两个自变量的情况类似, 该方程可以根据矩阵 $A = (a_{ij})_{n \times n}$ 的特征值分类:

(1) 若有零特征值 (即 A 退化), 这时有 m 个特征曲面 ($1 \leqslant m < n$), 方程为抛物型.

(2) 若所有特征值不为零且为同号 (即 A 为正定或负定), 这时不存在实特征曲面, 方程为椭圆型.

(3) 若所有特征值不为零且除一个特征值以外所有特征值同号 (即 A 不退化又不是正定或负定), 这时有 n 个实特征曲面, 方程为双曲型.

(4) 若所有特征值不为零, 且至少有两个特征值为正、两个特征值为负, 即为超双曲型方程.

与方程 (1.1.20) 相应的标准形式是

$$\sum_{i=1}^{n} \frac{\partial^2 u}{\partial x_i^2} + H = 0, \quad 0 < m < n, \qquad \text{椭圆型方程}$$

$$\sum_{i=1}^{n-m} \frac{\partial^2 u}{\partial x_i^2} + H = 0, \quad 0 < m < n, \qquad \text{抛物型方程}$$

$$\frac{\partial^2 u}{\partial x_1^2} - \sum_{i=2}^{n} \frac{\partial^2 u}{\partial x_i^2} + H = 0, \qquad \text{双曲型方程}$$

$$\sum_{i=1}^{m} \frac{\partial^2 u}{\partial x_i^2} - \sum_{i=m+1}^{n} \frac{\partial^2 u}{\partial x_i^2} + H = 0, \quad 1 < m \leqslant n-2. \qquad \text{超双曲型方程}$$

§1.1.3 方程组的分类

经常会遇到偏微分方程组的情况, 如流体力学控制方程. n 个未知函数 m 个自变量的一阶偏微分方程组可写成

$$\sum_{k=1}^{m} A^k \frac{\partial \boldsymbol{u}}{\partial x_k} = E, \tag{1.1.21}$$

其中 $\boldsymbol{u} = (u_1, u_2, \cdots, u_n)^T$ 为未知函数向量, $E = (E_1, E_2, \cdots, E_n)^T$ 为右端项向量, $A^k = (a_{ij}^k)_{n \times n}$ 是系数矩阵. 称行列式

$$\det\left(\sum_{k=1}^{m} A^k \lambda_k\right) = 0 \tag{1.1.22}$$

为 (1.1.21) 的特征方程, $\boldsymbol{\lambda} = (\lambda_1, \lambda_2, \cdots, \lambda_m)$ 是特征面的法向量. 偏微分方程组 (1.1.21) 依据特征方程 (1.1.22) 的 n 个根 (特征值) 的分类如下:

(1) 若有 n 个不同的特征值 λ_k $(k = 1, \cdots, n)$ 且都是实根, 则方程组是双曲型的.

(2) 若至多有 $n-1$ 个不同的实根且没有复数根, 则方程组是抛物型的.

(3) 若没有实根, 则方程组是椭圆型的.

有时既有实根又有复数根, 如果有复数根出现, 我们认为是椭圆型方程.

三个自变量的一阶偏微分方程组可写成

$$A\frac{\partial \boldsymbol{u}}{\partial x} + B\frac{\partial \boldsymbol{u}}{\partial y} + C\frac{\partial \boldsymbol{u}}{\partial z} = E,$$

其特征方程为

$$|A\lambda_x + B\lambda_y + C\lambda_z| = 0.$$

两个自变量的一阶偏微分方程组

$$A\frac{\partial \boldsymbol{u}}{\partial x} + B\frac{\partial \boldsymbol{u}}{\partial y} = E \tag{1.1.23}$$

的特征方程为

$$|A\lambda_x + B\lambda_y| = 0, \tag{1.1.24}$$

这时 $\boldsymbol{\lambda} = (\lambda_x, \lambda_y)$ 是特征线的法线. 若令特征线方程为 $s(x, y) = 0$, 则特征线斜率为 $\frac{dy}{dx} = -\frac{s_x}{s_y} = -\frac{\lambda_x}{\lambda_y}$. 于是 (1.1.24) 可写成常规形式

$$\left|A\frac{dy}{dx} - B\right| = 0. \tag{1.1.25}$$

一般地, 可设 $m-1$ 维特征曲面 s 的方程为

$$s(x_1, x_2, \cdots, x_m) = 0,$$

则 $\lambda_i = \dfrac{\partial s}{\partial x_i}$ 是曲面 s 的法向分量.

考虑两个自变量、两个未知函数的一阶偏微分方程组的情况, 其一般形式为

$$\begin{aligned}
a_{11}\frac{\partial u}{\partial x} + a_{12}\frac{\partial v}{\partial x} + b_{11}\frac{\partial u}{\partial y} + b_{12}\frac{\partial v}{\partial y} &= E_1, \\
a_{21}\frac{\partial u}{\partial x} + a_{22}\frac{\partial v}{\partial x} + b_{21}\frac{\partial u}{\partial y} + b_{22}\frac{\partial v}{\partial y} &= E_2,
\end{aligned} \tag{1.1.26}$$

可写成 (1.1.23) 的形式, 其中

$$A = \begin{pmatrix} a_{11} & a_{12} \\ a_{21} & a_{22} \end{pmatrix}, \quad B = \begin{pmatrix} b_{11} & b_{12} \\ b_{21} & b_{22} \end{pmatrix}, \quad E = \begin{pmatrix} E_1 \\ E_2 \end{pmatrix}, \quad \boldsymbol{u} = \begin{pmatrix} u \\ v \end{pmatrix}.$$

由 (1.1.25) 知特征方程为

$$\begin{vmatrix} a_{11}\dfrac{dy}{dx} - b_{11} & a_{12}\dfrac{dy}{dx} - b_{12} \\ a_{21}\dfrac{dy}{dx} - b_{21} & a_{22}\dfrac{dy}{dx} - b_{22} \end{vmatrix} = 0,$$

即

$$(a_{11}a_{22} - a_{12}a_{21})\left(\frac{dy}{dx}\right)^2 - (a_{11}b_{22} - a_{21}b_{12} + a_{22}b_{11} - a_{12}b_{21})\frac{dy}{dx}$$
$$+ (b_{11}b_{22} - b_{21}b_{12}) = 0, \quad (1.1.27)$$

方程 (1.1.27) 有两个根, 方程 (1.1.26) 的分类由这两个根的情况确定. 记

$$\Delta = (a_{11}b_{22} - a_{21}b_{12} + a_{22}b_{11} - a_{12}b_{21})^2 - 4(a_{11}a_{22} - a_{12}a_{21})(b_{11}b_{22} - b_{21}b_{12}),$$

因此, 若 $\Delta < 0$, 无实根, 方程为椭圆型; 若 $\Delta = 0$, 只有一个实根, 方程为抛物型; 若 $\Delta > 0$, 有两个实根, 方程为双曲型.

§1.1.4 定解条件

为了完全确定偏微分方程的解, 还需要给出适当的定解条件. 定解条件分初始条件和边界条件. 微分方程与定解条件一起构成定解问题. 定解问题可分三类:

(1) 初值问题: 只有初始条件而没有边界条件的定解问题, 也称为 Cauchy 问题.

(2) 边值问题: 只有边界条件而没有初始条件的定解问题.

(3) 混合问题: 既有初始条件又有边界条件的定解问题, 有时也称为初边值问题.

一般说来, 边界条件具有下列形式

$$\alpha(x,y)u(x,y) + \beta(x,y)\frac{\partial u}{\partial n}(x,y) = \gamma(x,y),$$

其中 $\dfrac{\partial u}{\partial n}$ 为边界的外法向导数. 有如下几种特殊形式:

(1) Dirichlet (第一类) 条件: $\beta = 0$, 即 u 值给定.

(2) Neumann (第二类) 条件: $\alpha = 0$, 即 u 的外法向导数给定.

(3) Robbins (第三类) 条件: $\alpha \neq 0$, $\beta \neq 0$.

(4) Cauchy 条件: 有两个方程, 在一个方程中, $\beta = 0$, u 值给定; 在另一个方程中, $\alpha = 0$, u 的外法向导数给定.

通常双曲型方程与 Cauchy 条件有关, 抛物型方程与 Dirichlet 或 Neumann 条件有关, 椭圆型方程与 Dirichlet 或 Neumann 条件有关. 表 1.1 是常见的三类方程的基本性质.

表 1.1　常见三类方程定解问题的性质

描述的问题	方程类型	方程形式	定解条件	求解区域	解的光滑性
平衡问题	椭圆型	$\mathrm{div}(\mathrm{grad}u)=0$	边界条件	闭区域	解恒光滑
与耗散有关的问题	抛物型	$\dfrac{\partial u}{\partial t}=\alpha\,\mathrm{div}(\mathrm{grad}u)$	初边值条件	开区域	解恒光滑
与耗散无关的问题	双曲型	$\dfrac{\partial^2 u}{\partial t^2}=c^2\alpha\,\mathrm{div}(\mathrm{grad}u)$	初边值条件	开区域	解可不连续

§1.2　矩阵的基本概念

在用差分法数值求解偏微分方程的过程中, 微分方程经常被一个线性代数方程组所代替. 本节及之后的 1.2 节、1.3 节、1.4 节将介绍矩阵的一些基本概念、重要性质和定理, 更多内容可参考 [14, 32, 37] 等文献. 下面简要地介绍矩阵的一些基本概念和性质.

线性代数方程组

$$\sum_{j=1}^{n} a_{ij}x_j = b_i, \quad i=1,2,\cdots,n \tag{1.2.1}$$

可以写成矩阵形式

$$Ax = b, \tag{1.2.2}$$

其中 A 是 n 阶方阵, 元素为 a_{ij} $(i,j=1,2,\cdots,n)$, 是实数. 向量 x 和 b 均为 n 维列向量.

对矩阵 A, 记 A^{-1} 为 A 的逆, A^T 为 A 的转置, $|A|$ 为 A 的行列式, 也常记为 $\det(A)$. 记 Π 为置换矩阵, 即矩阵的元素仅为 0 和 1, 在每行和每列仅有一个非零元素.

对矩阵 $A=(a_{ij})$, 若 $|A|\neq 0$, 则称 A 为非奇异矩阵; 若 $A=A^T$, 则称 A 为对称矩阵; 若 $A^{-1}=A^T$, 则称 A 为正交矩阵; 若 $a_{ij}=0$ $(i,j=1,2,\cdots,n)$, 则称 A 为零矩阵; 若 $a_{ij}=0$ $(i\neq j)$, 则称 A 为对角矩阵; 若 $|a_{ii}|\geqslant\sum\limits_{j=1,j\neq i}^{n}|a_{ij}|$ 对任何 i 都成立, 则称 A 为对角占优; 若 $|a_{ii}|>\sum\limits_{j=1,j\neq i}^{n}|a_{ij}|$ 对任何 i 都成立, 则称 A 为严格对角占优; 若 $a_{ij}=0$, 当 $|i-j|>1$, 则称 A 为三对角矩阵; 若 $a_{ij}=0$ $(i>j)$, 则称 A 为上三角矩阵; 若 $a_{ij}=0$ $(j>i)$, 则称 A 为下三角矩阵; 若 $A=A^H$ (H 表示复共轭转置),

则称 A 为 Hermite 矩阵; 若 $AA^H = A^H A = I$, 则称 A 为酉矩阵; 若 $AA^H = A^H A$, 则称 A 为正规矩阵. 若不存在置换变换 $\Pi A \Pi^{-1}$, 使得 A 简化为

$$\begin{pmatrix} P & O \\ R & Q \end{pmatrix},$$

其中 P 和 Q 分别是 p 阶和 q 阶方阵, $p + q = n$, O 是 $p \times q$ 零矩阵, 则称矩阵 A 不可约. 若

$$A = \begin{pmatrix} B_1 & & & \\ & B_2 & & \\ & & \ddots & \\ & & & B_s \end{pmatrix},$$

其中 B_k $(k = 1, 2, \cdots, s)$ 是方阵, 阶数不必相等, 则称 A 为块对角矩阵.

A 的特征方程是 $|A - \lambda I| = 0$. A 的特征值是特征方程的根 λ_i $(i = 1, 2, \cdots, n)$. 对每个 λ_i, 右特征向量 $\boldsymbol{x}^{(i)}$ 由公式

$$A\boldsymbol{x}^{(i)} = \lambda_i \boldsymbol{x}^{(i)}, \quad \boldsymbol{x}^{(i)} \neq \boldsymbol{0}$$

给出, 左特征向量 $\boldsymbol{y}^{(i)}$ 由公式

$$\boldsymbol{y}^{(i)T} A = \lambda_i \boldsymbol{y}^{(i)T} \quad \text{或} \quad A^T \boldsymbol{y}^{(i)} = \lambda_i \boldsymbol{y}^{(i)}, \quad \boldsymbol{y}^{(i)} \neq \boldsymbol{0}$$

给出. 一般地, 在复数域, 左特征向量 $\boldsymbol{y}^{(i)}$ 由公式

$$\boldsymbol{y}^{(i)H} A = \lambda_i \boldsymbol{y}^{(i)H}$$

给出. 通常指的特征向量即右特征向量.

两个矩阵 A 和 B 称为相似, 若对某非奇异矩阵 S, 有 $B = S^{-1}AS$. $S^{-1}AS$ 是 A 的相似变换. 相似矩阵的行列式相等. 若存在酉矩阵 U, 使得 $U^H AU = U^{-1}AU = B$, 则称 A 酉相似于 B.

由正规矩阵的定义知, 对角矩阵、实对称矩阵、正交矩阵、Hermite 矩阵、酉矩阵都是正规矩阵.

例 1 若 $\boldsymbol{x}^{(i)}(i = 1, 2, \cdots, n)$ 是 A 的特征向量, $\boldsymbol{y}^{(j)}(j = 1, 2, \cdots, n)$ 是 A^T 的特征向量, 则

$$\boldsymbol{x}^{(i)T} \boldsymbol{y}^{(j)} = 0, \quad \lambda_i \neq \lambda_j,$$

其中 λ_i $(i = 1, 2, \cdots, n)$ 是 A 的特征值.

证明 A^T 的特征值由下式给出:

$$|A^T - \lambda I| = 0.$$

因为 A^T 的特征值与 A 相同, 所以相应于 λ_j 的特征向量 $\boldsymbol{y}^{(j)}$ 满足

$$A^T \boldsymbol{y}^{(j)} = \lambda_j \boldsymbol{y}^{(j)}, \tag{1.2.3}$$

另外

$$A\boldsymbol{x}^{(i)} = \lambda_i \boldsymbol{x}^{(i)},$$

两边取转置, 得

$$\boldsymbol{x}^{(i)T} A^T = \lambda_i \boldsymbol{x}^{(i)T}, \tag{1.2.4}$$

对 (1.2.4) 两端右乘 $\boldsymbol{y}^{(j)}$, 及 (1.2.3) 两端左乘 $\boldsymbol{x}^{(i)T}$, 再将两式相减, 得

$$0 = (\lambda_i - \lambda_j) \boldsymbol{x}^{(i)T} \boldsymbol{y}^{(j)}.$$

若 $\lambda_i \neq \lambda_j$, 则

$$\boldsymbol{x}^{(i)T} \boldsymbol{y}^{(j)} = 0.$$

例 2　证明一个矩阵的特征值在相似变换下不变.

证明　若 $A\boldsymbol{x} = \lambda \boldsymbol{x}$, $\boldsymbol{x} \neq \boldsymbol{0}$, 则

$$S^{-1} A \boldsymbol{x} = \lambda S^{-1} \boldsymbol{x} \quad (|S| \neq 0),$$

从而

$$S^{-1} A S S^{-1} \boldsymbol{x} = \lambda S^{-1} \boldsymbol{x},$$

因此

$$(S^{-1} A S) S^{-1} \boldsymbol{x} = \lambda S^{-1} \boldsymbol{x},$$

式中 $S^{-1}AS$ 即为 A 的相似变换. 因此特征值不变, 特征向量被乘以 S^{-1}.

例 3　若矩阵 A 的特征值相异, 证明存在一个相似变换, 该变换将 A 化简为对角形式且列为 A 的特征向量.

证明　设 A 的 n 个相异特征值为 $\lambda_1, \lambda_2, \cdots, \lambda_n$, 所对应的线性无关特征向量为 $\boldsymbol{x}^{(1)}, \boldsymbol{x}^{(2)}, \cdots, \boldsymbol{x}^{(n)}$, A^T 的特征值 λ_i $(i = 1, 2, \cdots, n)$ 所对应的线性无关特征向量为 $\boldsymbol{y}^{(i)}$ $(i = 1, 2, \cdots, n)$. 则有

$$\boldsymbol{y}^{(j)T} \boldsymbol{x}^{(i)} = 0, \quad i \neq j,$$

且使所选的 $\boldsymbol{y}^{(i)}$ 满足

$$\boldsymbol{y}^{(i)T} \boldsymbol{x}^{(i)} = 1, \quad i = 1, 2, \cdots, n,$$

这些关系蕴含第 j 行为 $\boldsymbol{y}^{(j)T}$ 的矩阵 Y^T 是第 i 列为 $\boldsymbol{x}^{(i)}$ 的矩阵 X 的逆. 因为

$$AX = X \mathrm{diag}(\lambda_i),$$

又 Y^T 是 X 的逆, 所以

$$X^{-1} A X = Y^T A X = \mathrm{diag}(\lambda_i).$$

结论得证.

§1.3 矩阵重要性质与定理

首先介绍矩阵的一些重要性质, 然后介绍矩阵的一些重要定理. 这些结果在稳定性分析中经常会遇到.

A 的 Jordan 子矩阵 (Jordan 块) 是一个如下的矩阵形式

$$J_i = \begin{pmatrix} \lambda_i & & & \\ 1 & \lambda_i & & \\ & \ddots & \ddots & \\ & & 1 & \lambda_i \end{pmatrix},$$

其中 λ_i 是 A 的特征值. A 的 Jordan 标准形 是由 Jordan 块构成的分块对角矩阵, 它是唯一的块排列方式. 任何矩阵 A 可以通过相似变换 S 被简化成 Jordan 标准形

$$J = S^{-1}AS,$$

其中 J 的对角元是 A 的特征值.

假如 A 有 n 个相异特征值, 则它的 Jordan 标准形是对角形式, 且它的 n 个特征向量是线性无关的, 它们形成一个完备的特征向量系并张成 n 维空间. 假如 A 没有 n 个相异特征值, 可以有或没有 n 个无关的特征向量. 若任何两个矩阵 A 和 B 可交换, 并有对角 Jordan 形式, 则它们有一个完全的联合特征向量.

一个 n 阶对称矩阵有: (1) 一个对角 Jordan 标准形; (2) n 个实特征值; (3) n 个相互正交的特征向量. 假如 A 和 B 是对称的, 且 $AB = BA$, 则 AB 是对称的.

为讨论正定矩阵, 先定义 n 维向量空间中两个向量 (可以是复向量) $\boldsymbol{x} = (x_1, x_2, \cdots, x_n)$ 和 $\boldsymbol{y} = (y_1, y_2, \cdots, y_n)$ 的内积

$$(\boldsymbol{x}, \boldsymbol{y}) = \sum_{i=1}^{n} x_i \bar{y}_i,$$

其中 $\bar{y}_i$ 是 y_i 的复共轭. 显然, 对任意 n 阶复矩阵 A, 有 $(\boldsymbol{x}, A\boldsymbol{y}) = (A^H \boldsymbol{x}, \boldsymbol{y})$ 成立.

若 A 是实矩阵, $\boldsymbol{x}$ 是复向量, 则 A 是正定的当

$$(\boldsymbol{x}, A\boldsymbol{x}) > 0$$

对所有的 $\boldsymbol{x} \neq \boldsymbol{0}$ 成立. 当 A 正定时, A 是对称的. 注意 $(\boldsymbol{x}, A\boldsymbol{x})$ 是实数.

若 A 是实矩阵, $\boldsymbol{x}$ 是实向量, 则 A 是正定的当

$$(\boldsymbol{x}, A\boldsymbol{x}) > 0$$

对所有 $\boldsymbol{x} \neq \boldsymbol{0}$ 成立, 这时 A 不一定对称.

矩阵 A 是半正定的, 若

$$(\boldsymbol{x}, A\boldsymbol{x}) \geqslant 0,$$

其中等号至少对一个 $x \neq 0$ 成立.

例 4　设 A 为实矩阵, 若对所有复向量 x, $(x, Ax) > 0$, 则 A 是对称的.

证明　设 $x = a + ib$, 其中 a 和 b 为实向量, 考虑内积

$$
\begin{aligned}
(x, Ax) &= (a + ib, A(a + ib)) \\
&= (a, Aa) + i(b, Aa) - i(a, Ab) + (b, Ab) \\
&= [(a, Aa) + (b, Ab)] - i[(a, Ab) - (b, Aa)] > 0,
\end{aligned}
$$

这仅当

$$(a, Ab) - (b, Aa) = (a, Ab) - (a, A^T b) = (a, (A - A^T)b) = 0$$

才可能. 因此

$$A = A^T,$$

即 A 对称.

例 5　若 A 是实对称正定矩阵, 则它的所有特征值都为正.

证明　因为 A 是实对称矩阵, 所以 A 有实特征值, 也即有实特征向量. 因此对任何特征向量 $x \neq 0$, 均有

$$(x, Ax) = (x, \lambda x) = \lambda(x, x),$$

但因为 A 是正定的和实的, 所以

$$(x, Ax) > 0,$$

从而

$$\lambda = \frac{(x, Ax)}{(x, x)} > 0.$$

例 6　设 A 是实矩阵, 证明 $A^T A$ 有非负特征值.

证明　设 $B = A^T A$, 则易知 B 是对称的. 因此 B 有实特征值, 对应的特征向量可取成实特征向量. 对任何非零向量 x,

$$(x, Bx) = (x, A^T A x) = (Ax, Ax) \geqslant 0,$$

因此 B 是半正定的, 根据上一例, $A^T A$ 有非负特征值.

§1.3.1 三对角矩阵特征值

定理 1.3.1　若 A 是一个 N 阶三对角矩阵

$$
\begin{pmatrix}
a & b & & & \\
c & a & \ddots & & \\
& \ddots & \ddots & b & \\
& & c & a &
\end{pmatrix}_{N \times N},
$$

其中 a, b, c 是实数, $bc > 0$, 则 A 的右特征值为

$$\lambda_s = a + 2b\sqrt{\frac{c}{b}} \cos \frac{s\pi}{N+1}, \quad s = 1, 2, \cdots, N,$$

对应的右特征向量为

$$\boldsymbol{x}_s = (x_j)_s = \left(\frac{c}{b}\right)^{\frac{j}{2}} \sin \frac{js\pi}{N+1}, \quad j, s = 1, 2, \cdots, N.$$

右特征向量构成右特征矩阵的列 $(s = 1, \cdots, N)$, 矩阵元素为

$$X = (x_{js}) = \left(\frac{c}{b}\right)^{\frac{j}{2}} \sin \frac{js\pi}{N+1}, \quad j, s = 1, 2, \cdots, N.$$

左特征值为

$$\gamma_s = a + 2c\sqrt{\frac{b}{c}} \cos \frac{s\pi}{N+1}, \quad s = 1, 2, \cdots, N,$$

对应的左特征向量为

$$\boldsymbol{y}_s = (y_j)_s = \frac{2}{N+1} \left(\frac{b}{c}\right)^{\frac{j}{2}} \sin \frac{js\pi}{N+1}, \quad j, s = 1, 2, \cdots, N.$$

左特征向量构成左特征矩阵的行 $(s = 1, \cdots, N)$, 矩阵元素为

$$Y = X^{-1} = (y_{sj}) = \frac{2}{N+1} \left(\frac{b}{c}\right)^{\frac{j}{2}} \sin \frac{js\pi}{N+1}, \quad j, s = 1, 2, \cdots, N.$$

证明 设 λ 为矩阵 A 的右特征值, $\boldsymbol{x} = (x_1, \cdots, x_N)^T$ 为相应的右特征向量, 则

$$A\boldsymbol{x} = \lambda\boldsymbol{x}.$$

若定义 $x_0 = x_{N+1} = 0$, 则上式可写成如下统一的差分方程形式

$$cx_{j-1} + (a - \lambda)x_j + bx_{j+1} = 0, \quad j = 1, \cdots, N, \tag{1.3.1}$$

这是一个齐次常系数线性差分方程, 其通解为

$$x_j = C_1\mu_1^j + C_2\mu_2^j, \tag{1.3.2}$$

其中 C_1, C_2 为待定常数, μ_1, μ_2 是差分方程 (1.3.1) 的特征方程

$$b\mu^2 + (a - \lambda)\mu + c = 0 \tag{1.3.3}$$

的两个根. 注意 $\mu_1 \neq \mu_2$, 因为若 $\mu_1 = \mu_2$, 则通解为

$$x_j = (C_1 + jC_2)\mu_1^j, \quad j = 1, \cdots, N.$$

再由 $x_0 = x_{N+1} = 0$ 知 $C_1 = C_2 \equiv 0$, 从而 $x_j = 0$, 这导致特征向量为零, 不可能.

现对 (1.3.2) 利用条件 $x_0 = x_{N+1} = 0$, 可得

$$C_1 + C_2 = 0, \quad C_1\mu_1^{N+1} + C_2\mu_2^{N+1} = 0,$$

由以上两式可解得

$$\left(\frac{\mu_1}{\mu_2}\right)^{N+1} = 1,$$

所以

$$\frac{\mu_1}{\mu_2} = e^{\mathrm{i}\frac{2s\pi}{N+1}}, \quad s = 1, \cdots, N, \tag{1.3.4}$$

其中 $\mathrm{i} = \sqrt{-1}$. 由 (1.3.3), 根据根与系数的关系, 有

$$\mu_1\mu_2 = \frac{c}{b}, \quad \mu_1 + \mu_2 = \frac{\lambda - a}{b}. \tag{1.3.5}$$

由 (1.3.4) 与 (1.3.5) 的第一式联立可解得

$$\mu_1 = \left(\frac{c}{b}\right)^{\frac{1}{2}} e^{\mathrm{i}\frac{s\pi}{N+1}}, \quad \mu_2 = \left(\frac{c}{b}\right)^{\frac{1}{2}} e^{-\mathrm{i}\frac{s\pi}{N+1}}, \quad s = 1, \cdots, N.$$

将以上两式代入 (1.3.5) 中第二式, 得右特征值 λ_s 为

$$\lambda_s = a + b\left(\frac{c}{b}\right)^{\frac{1}{2}}\left(e^{\mathrm{i}\frac{s\pi}{N+1}} + e^{-\mathrm{i}\frac{s\pi}{N+1}}\right) = a + 2b\left(\frac{c}{b}\right)^{\frac{1}{2}}\cos\frac{s\pi}{N+1}, \quad s = 1, \cdots, N. \tag{1.3.6}$$

将 (1.3.6) 代入 (1.3.2) 式得相应于右特征值 λ_s 的右特征向量 $\boldsymbol{x}_j$ 的分量

$$\begin{aligned}
x_{js} &= C_1\mu_1^j + C_2\mu_2^j \\
&= C_1\left(\frac{c}{b}\right)^{\frac{j}{2}}\left(e^{\mathrm{i}\frac{js\pi}{N+1}} - e^{-\mathrm{i}\frac{js\pi}{N+1}}\right) \\
&= 2\mathrm{i}C_1\left(\frac{c}{b}\right)^{\frac{j}{2}}\sin\frac{js\pi}{N+1}, \quad j, s = 1, \cdots, N,
\end{aligned} \tag{1.3.7}$$

不记常数因子 $2\mathrm{i}C_1$, 得右特征值 λ_s 对应的右特征向量为

$$\boldsymbol{x}_s = (x_j)_s = \left(\frac{c}{b}\right)^{\frac{j}{2}} \sin\frac{js\pi}{N+1}, \quad j,s = 1,\cdots,N.$$

由右特征向量构成右特征矩阵的列

$$X = (x_{js}) = \left(\frac{c}{b}\right)^{\frac{j}{2}} \sin\frac{js\pi}{N+1}, \quad j,s = 1,\cdots,N.$$

左特征值的情况完全类似. 设 γ_s 为 A 的左特征值, 对应的左特征向量为 $\boldsymbol{y} = (y_1, y_2, \cdots, y_N)^T$, 则有

$$\boldsymbol{y}^T A = \gamma \boldsymbol{y}^T.$$

若令 $y_0 = y_{N+1} = 0$, 则上式可写成一个齐次常系数线性差分方程

$$by_{j-1} + (a-\gamma)y_j + cy_{j+1} = 0, \quad j = 1,\cdots,N.$$

按照前面类似的推导, 可解得左特征值为

$$\gamma_s = a + 2c\left(\frac{b}{c}\right)^{\frac{1}{2}} \cos\frac{s\pi}{N+1}, \quad s = 1,\cdots,N,$$

及相应的左特征向量的分量为

$$y_{js} = 2\mathrm{i}C_1\left(\frac{b}{c}\right)^{\frac{j}{2}} \sin\frac{sj\pi}{N+1}, \quad j,s = 1,\cdots,N.$$

若取常数 $C_1 = \dfrac{1}{N+1}$, 并去掉因子虚数单位 i, 则得与左特征值 γ_s 相应的左特征向量为

$$\boldsymbol{y}_s = (y_j)_s = \frac{2}{N+1}\left(\frac{b}{c}\right)^{\frac{j}{2}} \sin\frac{js\pi}{N+1}, \quad j,s = 1,\cdots,N.$$

可以验证, 由该左特征向量构成的左特征矩阵 $Y = (y_{sj})$ 与右特征矩阵 $X = (x_{js})$ 有如下关系

$$Y = X^{-1}. \qquad\qquad \square$$

定理 1.3.2　(1) 三对角矩阵

$$\begin{pmatrix} 1 & -1 & & & \\ -1 & 2 & -1 & & \\ & \ddots & \ddots & \ddots & \\ & & -1 & 2 & -1 \\ & & & -1 & 2 \end{pmatrix}_{N \times N}$$

的特征值为

$$\lambda_s = 2 - 2\cos\frac{(2s-1)\pi}{2N+1}, \quad s = 1, \cdots, N,$$

特征向量为

$$\boldsymbol{x}_j = \cos\frac{(2s-1)\pi\widehat{x}_j}{2}, \quad \widehat{x}_j = \frac{2j-1}{2N+1}, \quad j, s = 1, \cdots, N.$$

(2) 三对角矩阵

$$\begin{pmatrix} 2 & -2 & & & & \\ -1 & 2 & -1 & & & \\ & \ddots & \ddots & \ddots & & \\ & & -1 & 2 & -1 \\ & & & -1 & 2 \end{pmatrix}_{N \times N}$$

的特征值为

$$\lambda_s = 2 - 2\cos\frac{(2s-1)\pi}{2N}, \quad s = 1, \cdots, N,$$

特征向量为

$$\boldsymbol{x}_j = \cos\frac{(2s-1)\pi\widehat{x}_j}{2}, \quad \widehat{x}_j = \frac{j-1}{N}, \quad j, s = 1, \cdots, N.$$

(3) 三对角矩阵

$$\begin{pmatrix} 2 & -2 & & & & \\ -1 & 2 & -1 & & & \\ & \ddots & \ddots & \ddots & & \\ & & -1 & 2 & -1 \\ & & & -2 & 2 \end{pmatrix}_{N \times N}$$

的特征值为

$$\lambda_s = 2 - 2\cos\frac{s\pi}{N-1}, \quad s = 0, 1, \cdots, N-1,$$

特征向量为

$$\boldsymbol{x}_s = \cos(s\pi\widehat{x}_j), \quad \widehat{x}_j = \frac{j-1}{N-1}, \quad j = 1, \cdots, N; s = 0, 1, \cdots, N-1.$$

证明　(1) 设 λ 为矩阵 A 的右特征值, $\boldsymbol{x} = (x_1, \cdots, x_N)^T$ 为相应的右特征向量, 则

$$A\boldsymbol{x} = \lambda\boldsymbol{x}. \tag{1.3.8}$$

若定义 $x_0 = x_1, x_{N+1} = 0$, 则 (1.3.8) 可写成

$$-x_{j-1} + 2x_j - x_{j+1} = \lambda x_j, \quad j = 1, \cdots, N, \tag{1.3.9}$$

其通解为

$$x_j = C_1\mu_1^j + C_2\mu_2^j, \tag{1.3.10}$$

其中 C_1, C_2 为待定常数, 且 μ_1, μ_2 满足

$$\mu_1\mu_2 = 1, \quad \mu_1 + \mu_2 = 2 - \lambda. \tag{1.3.11}$$

由 $x_0 = x_1$ 可得

$$C_1 + C_2 = C_1\mu_1 + C_2\mu_2,$$

即

$$C_1(1 - \mu_1) + C_2(1 - \mu_2) = 0. \tag{1.3.12}$$

再由 $x_{N+1} = 0$ 得

$$C_1\mu_1^{N+1} + C_2\mu_2^{N+1} = 0. \tag{1.3.13}$$

联立 (1.3.12) 和 (1.3.13) 解得

$$\frac{1 - \mu_1}{\mu_1^{N+1}} = \frac{1 - \mu_2}{\mu_2^{N+1}}, \tag{1.3.14}$$

再将 (1.3.11) 中的条件 $\mu_1\mu_2 = 1$ 代入上式得 $\mu_1^{2N+1} = -1$, 从而解得

$$\mu_1 = e^{\mathrm{i}\frac{2s-1}{2N+1}\pi}, \quad \mu_2 = e^{-\mathrm{i}\frac{2s-1}{2N+1}\pi}, \quad s = 1, \cdots, N. \tag{1.3.15}$$

由此求得特征值

$$\lambda_s = 2 - (\mu_1 + \mu_2) = 2 - 2\cos\frac{(2s-1)\pi}{2N+1}, \quad s = 1, \cdots, N. \tag{1.3.16}$$

由于

$$\frac{C_1}{C_2} = \frac{1}{\mu_1}, \tag{1.3.17}$$

取 $C_1 = \mu_1^{-\frac{1}{2}}$, $C_2 = \mu_1^{\frac{1}{2}}$, 代入 (1.3.10) 可得右特征向量 $\boldsymbol{x}_s$ 的分量

$$(x_j)_s = \mu_1^{j-\frac{1}{2}} + \mu_2^{j-\frac{1}{2}} = 2\cos\frac{(2s-1)(j-\frac{1}{2})}{2N+1}\pi, \quad j, s = 1, \cdots, N. \tag{1.3.18}$$

略去 cos 前的常数因子 2, 即得特征向量

$$\boldsymbol{x}_s = (x_j)_s = \cos\frac{(2s-1)(2j-1)}{2N+1}\pi, \quad j, s = 1, \cdots, N.$$

(2) 若定义 $x_0 = x_2$, $x_{N+1} = 0$, 则 (1.3.8) 可写成

$$-x_{j-1} + 2x_j - x_{j+1} = \lambda x_j, \quad j = 1, \cdots, N, \tag{1.3.19}$$

其通解为

$$x_j = C_1\mu_1^j + C_2\mu_2^j, \tag{1.3.20}$$

其中 C_1, C_2 为待定常数, 且 μ_1, μ_2 满足

$$\mu_1\mu_2 = 1, \quad \mu_1 + \mu_2 = 2 - \lambda. \tag{1.3.21}$$

由 $x_0 = x_2$ 和 $x_{N+1} = 0$ 分别可得

$$C_1(1 - \mu_1^2) + C_2(1 - \mu_2^2) = 0, \quad C_1\mu_1^{N+1} + C_2\mu_2^{N+1} = 0.$$

由此联立解得

$$\frac{1 - \mu_1^2}{\mu_1^{N+1}} = \frac{1 - \mu_2^2}{\mu_2^{N+1}}. \tag{1.3.22}$$

将 $\mu_1\mu_2 = 1$ 代入 (1.3.22) 得 $\mu_1^{2N} = -1$, 从而解得

$$\mu_1 = e^{\mathrm{i}\frac{2s-1}{2N}\pi}, \quad \mu_2 = e^{-\mathrm{i}\frac{2s-1}{2N}\pi}, \quad s = 1, \cdots, N. \tag{1.3.23}$$

由此求得特征值

$$\lambda_s = 2 - (\mu_1 + \mu_2) = 2 - 2\cos\frac{(2s-1)\pi}{2N}, \quad s = 1, \cdots, N. \tag{1.3.24}$$

由于

$$\frac{C_1}{C_2} = \frac{1}{\mu_1^2}, \tag{1.3.25}$$

取 $C_1 = \mu_1^{-1}$, $C_2 = \mu_1$, 代入 (1.3.21) 可得右特征向量 $\boldsymbol{x}_s$ 的分量

$$(x_j)_s = \mu_1^{j-1} + \mu_2^{j-1} = 2\cos\frac{(2s-1)(j-1)}{2N}\pi, \quad j, s = 1, \cdots, N. \tag{1.3.26}$$

略去 cos 前的常数因子 2, 即得特征向量

$$\boldsymbol{x}_s = (x_j)_s = \cos\frac{(2s-1)(j-1)}{2N}\pi, \quad j, s = 1, \cdots, N.$$

(3) 若定义 $x_0 = x_2$, $x_{N+1} = x_{N-1}$, 则 (1.3.8) 可写成

$$-x_{j-1} + 2x_j - x_{j+1} = \lambda x_j, \quad j = 1, \cdots, N, \tag{1.3.27}$$

其通解为

$$x_j = C_1\mu_1^j + C_2\mu_2^j, \tag{1.3.28}$$

其中 C_1, C_2 为待定常数, 且 μ_1, μ_2 满足

$$\mu_1\mu_2 = 1, \quad \mu_1 + \mu_2 = 2 - \lambda. \tag{1.3.29}$$

由 $x_0 = x_2$ 得

$$C_1 + C_2 = C_1\mu_1^2 + C_2\mu_2^2, \tag{1.3.30}$$

即

$$C_1(1 - \mu_1^2) + C_2(1 - \mu_2^2) = 0, \tag{1.3.31}$$

再由 $x_{N+1} = x_{N-1}$ 得

$$C_1\mu_1^{N-1} + C_2\mu_2^{N-1} = C_1\mu_1^{N+1} + C_2\mu_2^{N+1},$$

即

$$C_1\mu_1^{N-1}(1 - \mu_1^2) + C_2\mu_2^{N-1}(1 - \mu_2^2) = 0. \tag{1.3.32}$$

联立 (1.3.31) 和 (1.3.32) 解得

$$\mu_1^{N-1} = \mu_2^{N-1}.$$

再由 $\mu_1\mu_2 = 1$ 解得 $\mu_1^{2N-2} = 1$，从而

$$\mu_1 = e^{i\frac{s}{N-1}\pi}, \quad \mu_2 = e^{-i\frac{s}{N-1}\pi}, \quad s = 0, 1, \cdots, N-1. \tag{1.3.33}$$

因此特征值为

$$\lambda_s = 2 - (\mu_1 + \mu_2) = 2 - 2\cos\frac{s\pi}{N-1}, \quad s = 0, 1, \cdots, N-1. \tag{1.3.34}$$

由于

$$\frac{C_1}{C_2} = \frac{1}{\mu_1^2}, \tag{1.3.35}$$

取 $C_1 = \mu_1^{-1}$, $C_2 = \mu_1$, 代入 (1.3.28) 得右特征向量 $\boldsymbol{x}_s$ 的分量

$$(x_j)_s = \mu_1^{j-1} + \mu_2^{j-1} = 2\cos\frac{s(j-1)}{N-1}\pi, \quad s = 0, 1, \cdots, N-1; \ j = 1, \cdots, N. \tag{1.3.36}$$

因此特征向量

$$\boldsymbol{x}_s = (x_j)_s = \cos\frac{s(j-1)}{N-1}\pi, \quad s = 0, 1, \cdots, N-1; \ j = 1, \cdots, N. \tag{1.3.37}$$

$$\square$$

§1.3.2 矩阵特征值估计及非奇异性判定

定理 1.3.3 (Geršchgorin 圆盘定理) 矩阵 $A \in \mathbb{C}^{n \times n}$ 的特征值位于复平面上 n 个圆盘的并集中

$$|\lambda - a_{ss}| \leqslant \sum_{j=1, j \neq s}^{n} |a_{sj}|, \quad s = 1, 2, \cdots, n.$$

证明　设 λ 是 A 的一个特征值, $\boldsymbol{u}$ 是相应的特征向量. 令 $\boldsymbol{u} = (u_1, u_2, \cdots, u_n)^T$. 选择 s, 使得 $|u_s| \geqslant |u_j|$ $(j = 1, \cdots, n)$. 因为 λ 是特征值, $\boldsymbol{u}$ 是对应的特征向量, 所以

$$A\boldsymbol{u} = \lambda\boldsymbol{u}. \tag{1.3.38}$$

假如方程 (1.3.38) 的 s 行除以 u_s, 则得

$$\lambda = a_{s1}\frac{u_1}{u_s} + a_{s2}\frac{u_2}{u_s} + \cdots + a_{ss} + \cdots + a_{sn}\frac{u_n}{u_s}. \tag{1.3.39}$$

在 (1.3.39) 两边减去 a_{ss}, 并取绝对值, 再利用三角不等式, 即得要证明的结论. □

　　Gerschgorin 圆盘定理给出了特征值所在的范围, 但并不说明每个圆中都有特征值, 例如矩阵

$$A = \begin{pmatrix} 10 & 8 \\ 5 & 0 \end{pmatrix}$$

的特征值为 $5 \pm \mathrm{i}\sqrt{15}$, 均在圆盘 $G_1 = \{z: |z - 10| \leqslant 8\}$ 中, 而在 $G_2 = \{z: |z| \leqslant 5\}$ 中无特征值.

　　定义 1.3.1　设矩阵 $A \in \mathbb{C}^{n \times n}$, 特征值为 λ_i $(1 \leqslant i \leqslant n)$, 则称

$$\rho(A) = \max_i |\lambda_i|$$

为矩阵 A 的谱半径.

　　一般地, $\rho(A)$ 是复平面内中心在原点, 包含 A 的所有特征值的最小圆盘的半径. 由 Gerschgorin 定理 1.3.3 得

$$\rho(A) \leqslant \min\left(\max_i \sum_j |a_{ij}|; \max_j \sum_i |a_{ij}|\right).$$

　　定理 1.3.4　(Taussky 定理) 设矩阵 $A \in (a_{ij}) \in \mathbb{C}^{n \times n}$ 是严格对角占优矩阵, 则 A 非奇异.

　　证明　设 A 是 (行) 严格对角占优, 即

$$|a_{ii}| > \sum_{j=1, j\neq i}^{n} |a_{ij}|, \quad i = 1, \cdots, n. \tag{1.3.40}$$

由 Gerschgorin 圆盘定理知, 对 A 的任一特征值 λ, 一定存在一个圆盘, 例如

$$G_i(A) = \left\{ |z - a_{ii}| \leqslant \sum_{j=1, j\neq i}^{n} |a_{ij}| \right\}, \tag{1.3.41}$$

使得 $\lambda \in G_i(A)$. 这说明 $\lambda \neq 0$, 即 $G_i(A)$ 不含原点 $z = 0$. 否则 (1.3.41) 与 (1.3.40) 矛盾. 再注意到性质 $\det(A) = \prod_{i=1}^{n} \lambda_i$, 知 A 非奇异. □

引理 1.3.1 设 $A = (a_{ij}) \in \mathbb{C}^{n \times n}$, λ 是 A 的特征值且满足

$$|\lambda - a_{ii}| \geqslant \sum_{j=1, j \neq i}^{n} |a_{ij}|, \quad i = 1, \cdots, n.$$

设

$$A\boldsymbol{x} = \lambda \boldsymbol{x}, \quad \boldsymbol{x} = (x_1, \cdots, x_n)^T \neq \boldsymbol{0},$$

p 是一个指标使得

$$|x_p| = \max_{1 \leqslant i \leqslant n} |x_i| = \|\boldsymbol{x}\|_\infty \neq 0,$$

则 (1) 如果 k 是使 $|x_k| = |x_p|$ 成立的任一指标, 则

$$|\lambda - a_{kk}| = \sum_{j=1, j \neq k}^{n} |a_{kj}|,$$

也即 A 的第 k 个 Geršchgorin 圆通过 λ.

(2) 如果对某个 $k \, (k = 1, \cdots, n)$, 有 $|x_k| = |x_p|$ 及 $a_{kj} \neq 0 \, (j \neq k)$, 则 $|x_j| = |x_p|$.

证明 (1) 根据假设, 有

$$(\lambda - a_{ii})x_i = \sum_{j=1, j \neq i}^{n} a_{ij}x_j, \quad i = 1, \cdots, n,$$

所以

$$|\lambda - a_{ii}||x_i| = \left| \sum_{j=1, j \neq i}^{n} a_{ij}x_j \right| \leqslant \sum_{j=1, j \neq i}^{n} |a_{ij}x_j| \leqslant \sum_{j=1, j \neq i}^{n} |a_{ij}||x_j|$$

$$\leqslant \left(\sum_{j=1, j \neq i}^{n} |a_{ij}| \right) |x_p|, \quad i = 1, \cdots, n. \tag{1.3.42}$$

假如 k 是使 $|x_k| = |x_p|$ 成立的指标, 必有

$$|\lambda - a_{kk}| \leqslant \sum_{j=1, j \neq k}^{n} |a_{kj}|.$$

但根据假定

$$|\lambda - a_{ii}| \geqslant \sum_{j=1, j \neq i}^{n} |a_{ij}|, \quad i = 1, \cdots, n,$$

从而结论 (1) 成立.

(2) 因为 k 使得 $|x_k| = |x_p|$, 由结论 (1) 知, k 使得 (1.3.42) 取等号, 即

$$|\lambda - a_{kk}||x_k| = \sum_{j=1, j \neq k}^{n} |a_{kj}||x_j| = \sum_{j=1, j \neq k}^{n} |a_{kj}||x_k|.$$

由右边的等式可得

$$\sum_{j=1,j\neq k}^{n} |a_{kj}|(|x_k| - |x_j|) = 0, \tag{1.3.43}$$

因为每一项非负, 且 $a_{kj} \neq 0$ $(j \neq k)$, 故对其他 j, 也有 $|x_j| = |x_p|$. □

定理 1.3.5 设 $A = (a_{ij}) \in \mathbb{C}^{n \times n}$, λ 是 A 的特征值且是

$$G(A) = \bigcup_i G_i(A) = \bigcup_i \left\{ z : |z - a_{ii}| \leqslant \sum_{j=1,j\neq i}^{n} |a_{ij}| \right\}, \quad z \in \mathbb{C}$$

的边界点, 也即满足不等式

$$|\lambda - a_{ii}| \geqslant \sum_{j=1,j\neq i}^{n} |a_{ij}|, \quad i = 1, \cdots, n,$$

且 A 的所有元素不为零, 则

(1) A 的每个 Geršchgorin 圆通过 λ.

(2) 如果 $Ax = \lambda x$, $x = (x_1, \cdots, x_n) \neq \mathbf{0}$, 则 $|x_1| = \cdots = |x_n|$.

证明 设 $|x_p| = \max\limits_{1 \leqslant i \leqslant n} |x_i|$. 由引理 1.3.1 推得, $\sum\limits_{j=1,j=p}^{n} |a_{pj}|(|x_p| - |x_j|) = 0$. 又 A 的所有元素不为 0, $|x_p| = |x_j|$, 从而结论 (2) 成立. 再次利用引理 1.3.1 中的第一个结论, 知

$$|\lambda - a_{kk}| = \sum_{j=1,j\neq k}^{n} |a_{kj}|, \quad k = 1, \cdots, n,$$

也即 A 的每个 Geršchgorin 圆通过 λ. □

定理 1.3.6 (Brauer 定理) 矩阵 $A = (a_{ij}) \in \mathbb{C}^{n \times n}$ 的所有特征值位于 $\dfrac{n(n-1)}{2}$ 个 Cassini 卵形的并集

$$\bigcup_{i,j=1,i\neq j}^{n} \left\{ z \in \mathbb{C} : |z - a_{ii}||z - a_{jj}| \leqslant R_i R_j \right\} \tag{1.3.44}$$

中, 这里 $R_i = \sum\limits_{j=1,j\neq i}^{n} |a_{ij}|$.

证明 设 λ 是 A 的特征值. $x = (x_1, x_2, \cdots, x_n)^T \neq \mathbf{0}$ 是特征向量, 满足 $Ax = \lambda x$. 假设 x_p 是 $|x_i|$ 中的最大值, 即 $x_p \neq 0 \geqslant |x_i|$ $(i = 1, \cdots, n)$. 若 x 的所有其他分量为 0, 则 $Ax = \lambda x$ 意味 $a_{pp} = \lambda$. 因为 A 的所有对角元素在并集中, 所以当与 λ 相应的特征向量 x 仅有一个非零元素时, λ 也必在该并集中.

现假定特征向量 $\boldsymbol{x}$ 的分量至少有两个非零元素, 并设 x_q 是除 x_p 之外的最大值, 也即 $|x_p| \geqslant |x_q| \geqslant |x_i|$ $(i = 1, \cdots, n, i \neq p)$, 且 $x_p \neq 0, x_q \neq 0$, 则 $A\boldsymbol{x} = \lambda\boldsymbol{x}$ 蕴含

$$x_p(\lambda - a_{pp}) = \sum_{j=1, j \neq p}^{n} a_{pj} x_j,$$

于是

$$|x_p||\lambda - a_{pp}| = \left| \sum_{j=1, j \neq p}^{n} a_{pj} x_j \right| \leqslant \sum_{j=1, j \neq p}^{n} |a_{pj}||x_j| \leqslant \sum_{j=1, j \neq p}^{n} |a_{pj}||x_q| = R_p |x_q|,$$

或

$$|\lambda - a_{pp}| \leqslant R_p \frac{|x_q|}{|x_p|}. \tag{1.3.45}$$

同理, 我们有

$$x_q(\lambda - a_{qq}) = \sum_{j=1, j \neq q}^{n} a_{qj} x_j,$$

从而

$$|x_q||\lambda - a_{qq}| = \left| \sum_{j=1, j \neq q}^{n} a_{qj} x_j \right| \leqslant \sum_{j=1, j \neq q}^{n} |a_{qj}||x_j| \leqslant \sum_{j=1, j \neq p}^{n} |a_{qj}||x_p| = R_q |x_p|,$$

或

$$|\lambda - a_{qq}| \leqslant R_q \frac{|x_p|}{|x_q|}. \tag{1.3.46}$$

由 (1.3.45) 乘 (1.3.46), 得

$$|\lambda - a_{pp}| \cdot |\lambda - a_{qq}| \leqslant R_p R_q, \tag{1.3.47}$$

也即 λ 在并集 (1.3.44) 中. □

推论 1.3.1 若 $A = (a_{ij}) \in \mathbb{C}^{n \times n}$ 对所有 $i, j = 1, \cdots, n$ $(i \neq j)$ 满足

$$|a_{ii}| \cdot |a_{jj}| > R_i R_j, \tag{1.3.48}$$

则 A 非奇异.

证明 设 λ 是 A 的一个特征值, 则由 Brauer 定理 1.3.6 知, λ 必位于 A 的 Cassini 卵形中, 即

$$|\lambda - a_{ii}| \cdot |\lambda - a_{jj}| \leqslant R_i R_j.$$

若 $\lambda = 0$, 则 $|a_{ii}| \cdot |a_{jj}| \leqslant R_i R_j$, 这与已知条件矛盾. 故 $\lambda \neq 0$, 从而 A 非奇异. □

注意若 $A = (a_{ij}) \in \mathbb{C}^{n \times n}$ 严格对角占优, 则满足条件 (1.3.48), 从而 A 非奇异, 这就是定理 1.3.4.

在差分方程中, 常常出现对角占优 (非严格) 矩阵. 如果矩阵不可约对角占优, 则非奇异, 稍后我们将证明这一结论. 现在讨论不可约性.

矩阵的不可约性可通过矩阵的有向图来判断. 矩阵 $A = (a_{ij}) \in \mathbb{C}^{n \times n}$ 的有向图 $\Gamma(A)$ 是指对 n 个结点 $P_1, P_2, \cdots, P_n$ 当且仅当 $a_{ij} \neq 0$ 时用 P_i 到 P_j 的有向线段相连而形成的图形. 例如

$$A_1 = \begin{pmatrix} 1 & 1 \\ 0 & 0 \end{pmatrix}, \tag{1.3.49}$$

$\Gamma(A_1) = $ 　　$\underset{P_1}{\bullet} \quad\quad\quad\quad \underset{P_2}{\bullet}$

$$A_2 = \begin{pmatrix} 2 & 2 \\ 2 & 2 \end{pmatrix}, \tag{1.3.50}$$

$\Gamma(A_2) = $ 　　$\underset{P_1}{\bullet} \quad\quad\quad\quad \underset{P_2}{\bullet}$

$$A_3 = \begin{pmatrix} 0 & 3 \\ 3 & 0 \end{pmatrix}, \tag{1.3.51}$$

$\Gamma(A_3) = $ 　　$\underset{P_1}{\bullet} \quad\quad\quad\quad \underset{P_2}{\bullet}$

$$A_4 = \begin{pmatrix} 12 & 8 & 4 \\ 0 & 4 & 4 \\ 0 & 4 & 4 \end{pmatrix}. \tag{1.3.52}$$

$\Gamma(A_4) = $

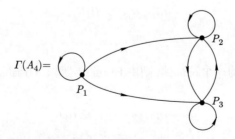

一个有向图称为强连通的, 如果任何两个不同结点 P_i 和 P_j $(i \neq j)$ 之间都可以沿有向线段直接或间接到达.

定义 1.3.2 称一个矩阵 $A = (a_{ij}) \in \mathbb{C}^{n \times n}$ 有性质 SC, 假若对每一对不同的整数 p, q $(1 \leqslant p, q \leqslant n)$, 存在一个不同整数组成的序列 $k_1 = p, k_2, k_3, \cdots, k_{m-1}, k_m = q$ $(1 \leqslant m \leqslant n)$, 使得矩阵元素 $a_{k_1,k_2}, a_{k_2,k_3}, \cdots, a_{k_{m-1},k_m}$ 均非零.

通过方向不难知道, 矩阵的 SC 性质、有向图强连通及不可约性三者都是等价的. 因此可以通过判断有向图是否强连通来判断矩阵是否可约. 例如上面的矩阵 A_1 和 A_4 均可约, A_2 和 A_3 均不可约.

定理 1.3.7 (Better 定理) 设 λ 是矩阵 $A = (a_{ij}) \in \mathbb{C}^{n \times n}$ 的特征值且是 Geršchgorin 圆盘的边界点, 也即对所有 $i = 1, \cdots, n$ 均满足

$$|\lambda - a_{ii}| \geqslant R_i = \sum_{j=1, j \neq i}^{n} |a_{ij}|.$$

若 A 不可约或具有 SC 性质, 则

(1) 每个 Geršchgorin 圆盘都通过 λ, 且

(2) 若 $Ax = \lambda x$, 且 $x = (x_1, x_2, \cdots, x_n)^T \neq \mathbf{0}$, 则 $|x_i| = |x_j|$ (对所有 $i, j = 1, \cdots, n$).

证明 设 x 是相应于 λ 的特征向量, 即 $Ax = \lambda x$. 又设 $|x_i| \leqslant |x_p| = \|x\|_\infty > 0$ (对所有 $i = 1, \cdots, n$), 则由引理 1.3.1 知

$$|\lambda - a_{pp}| = R_p = \sum_{j=1, j \neq p}^{n} |a_{pj}|.$$

设 $q \neq p$ $(1 \leqslant q \leqslant n)$. 因为 A 具有性质 SC (或不可约), 所以有互不相同的指标序列 $k_1 = p, k_2, k_3, \cdots, k_m = q$, 使矩阵元素 $a_{k_1,k_2}, \cdots, a_{k_{m-1},k_m}$ 都非负. 因为 $a_{k_1,k_2} = a_{p,k_2} \neq 0$, 由引理 1.3.1 结论 (2) 知, $|x_p| = |x_{k_2}|$, 同理由 $a_{k_2,k_3} \neq 0$ 知 $|x_{k_3}| = |x_{k_2}| = |x_p|$. 以此类推我们有 $|x_{k_i}| = |x_p|$ 对所有 $i = 1, \cdots, m$ 均成立. 由引理结论 (1) 知

$$|\lambda - a_{k_m,k_m}| = |\lambda - a_{qq}| = R_q = \sum_{j=1, j \neq q}^{n} |a_{qj}|,$$

也即第 q 个 Geršchgorin 圆通过 λ, 且 $|x_q| = |x_p|$. 由于 q 任意, 所以每个 Geršchgorin 圆都通过 λ, 且 $|x_i| = |x_p|$, $i = 1, \cdots, n$. $\qquad\square$

定理 1.3.8 若 $A = (a_{ij}) \in \mathbb{C}^{n \times n}$ 不可约弱对角占优, 则 A 非奇异.

证明 首先根据 Geršchgorin 圆盘定理, 我们易证 (读者自证) 下列事实: 对给定的 A 的一个特征值 λ, λ 不是任何一个 Geršchgorin 圆盘的内部点当且仅当对所有 $i = 1, \cdots, n$, 有

$$|\lambda - a_{ii}| \geqslant R_i = \sum_{j=1, j \neq i}^{n} |a_{ij}|, \tag{1.3.53}$$

然后用反证法证明该定理. 假设 A 不可逆 (奇异), 则 A 必有特征值 0, 因为 A 对角占优, 即

$$|a_{ii}| \geqslant R_i = \sum_{i=1, j \neq i}^{n} |a_{ij}|, \quad i = 1, \cdots, n \tag{1.3.54}$$

恒成立, 因此 $\lambda = 0$ 满足不等式 (1.3.53), 所以 0 不可能是任何 Geršchgorin 圆盘的内部点, 又 A 具有不可约性, 所以由 Better 定理 1.3.7 知, 每个 Geršchgorin 圆都必通过 0, 但因为 (1.3.54) 至少要对某一个 i 不等号严格成立 (弱对角占优), 不妨设 $|a_{ii}| > R_i$, 这说明第 i 个 Geršchgorin 圆不通过 0 点, 矛盾. 故 A 非奇异. □

§1.3.3 Schur 定理

记矩阵 $A \in \mathbb{C}^{n \times n}$ 的特征多项式 $|A - \lambda I|$ 的 n 个根为 $\lambda_1, \lambda_2, \cdots, \lambda_n$. 这些根的集合称为谱, 记为 $\lambda(A) = \{\lambda_1, \lambda_2, \cdots, \lambda_n\}$.

引理 1.3.2 若矩阵 $T \in \mathbb{C}^{n \times n}$ 可写成

$$T = \begin{pmatrix} T_{11} & T_{12} \\ 0 & T_{22} \end{pmatrix}, \tag{1.3.55}$$

其中 T_{11} 是 p 阶矩阵, T_{22} 是 q 阶矩阵, T_{12} 是 $p \times q$ 矩阵, 则 $\lambda(T) = \lambda(T_{11}) \cup \lambda(T_{22})$.

证明 设

$$T\boldsymbol{x} = \begin{pmatrix} T_{11} & T_{12} \\ 0 & T_{22} \end{pmatrix} \begin{pmatrix} \boldsymbol{x}_1 \\ \boldsymbol{x}_2 \end{pmatrix} = \lambda \begin{pmatrix} \boldsymbol{x}_1 \\ \boldsymbol{x}_2 \end{pmatrix},$$

其中 $\boldsymbol{x}_1 \in \mathbb{C}^p$, $\boldsymbol{x}_2 \in \mathbb{C}^q$. 如果 $\boldsymbol{x}_2 \neq \boldsymbol{0}$, 则 $T_{22}\boldsymbol{x}_2 = \lambda_2 \boldsymbol{x}_2$, 故 $\lambda \in \lambda(T_{22})$; 如果 $\boldsymbol{x}_2 = \boldsymbol{0}$, 则 $T_{11}\boldsymbol{x}_1 = \lambda\boldsymbol{x}_1$, 故 $\lambda \in \lambda(T_{11})$. 由此可知, $\lambda(T) \subset \lambda(T_{11}) \cup \lambda(T_{22})$. 但集合 $\lambda(T)$ 和集合 $\lambda(T_{11}) \cup \lambda(T_{22})$ 的基数相等, 因此 $\lambda(T) = \lambda(T_{11}) \cup \lambda(T_{22})$. □

引理 1.3.3 若矩阵 $A \in \mathbb{C}^{n \times n}$, $B \in \mathbb{C}^{p \times p}$, 且 $X \in \mathbb{C}^{n \times p}$ 满足

$$AX = XB, \quad \mathrm{rank}(X) = p, \tag{1.3.56}$$

则存在一个酉矩阵 $Q \in \mathbb{C}^{n \times n}$, 使得

$$Q^H AQ = T = \begin{pmatrix} T_{11} & T_{12} \\ 0 & T_{22} \end{pmatrix}, \tag{1.3.57}$$

其中 $\lambda(T_{11}) = \lambda(A) \cap \lambda(B)$, T_{11} 是 p 阶方阵, T_{22} 是 $n - p$ 阶方阵, T_{12} 是 $p \times (n-p)$ 矩阵.

证明 设

$$X = Q \begin{pmatrix} R_1 \\ 0 \end{pmatrix}, \quad Q \in \mathbb{C}^{n \times n}, \quad R_1 \in \mathbb{C}^{p \times p}$$

是 X 的一个 QR 分解, 代入 (1.3.56), 整理得

$$\begin{pmatrix} T_{11} & T_{12} \\ T_{21} & T_{22} \end{pmatrix} \begin{pmatrix} R_1 \\ 0 \end{pmatrix} = \begin{pmatrix} R_1 \\ 0 \end{pmatrix} B,$$

这里

$$Q^H A Q = \begin{pmatrix} T_{11} & T_{12} \\ T_{21} & T_{22} \end{pmatrix},$$

其中 $T_{11} \in \mathbb{C}^{p \times p}$, $T_{22} \in \mathbb{C}^{q \times q}$, $T_{12} \in \mathbb{C}^{p \times (n-p)}$, $T_{21} \in \mathbb{C}^{(n-p) \times p}$. 利用 R_1 的非奇异性以及方程 $T_{21} R_1 = 0$ 和 $T_{11} R_1 = R_1 B$, 得 $T_{21} = 0$ 和 $\lambda(T_{11}) = \lambda(B)$. 由引理 1.3.2 有 $\lambda(A) = \lambda(T) = \lambda(T_{11}) \cup \lambda(T_{22})$, 从而 $\lambda(T_{11}) = \lambda(A) \cap \lambda(B)$ 成立. $\qquad\square$

定理 1.3.9 (Schur 定理) 若 $A \in \mathbb{C}^{n \times n}$, 则存在一个酉矩阵 $Q \in \mathbb{C}^{n \times n}$, 使得

$$Q^H A Q = T = D + N,$$

其中 $D = \mathrm{diag}(\lambda_1, \cdots, \lambda_n)$, $N \in \mathbb{C}^{n \times n}$ 是严格上三角矩阵.

证明　用数学归纳法证明. 当 $n = 1$ 时, 定理显然成立. 假设当 $n-1$ 时定理成立, 如果 $Ax = \lambda x$ ($x \neq \mathbf{0}$), 则由引理 1.3.3 (取 $B = \lambda$), 存在一个酉矩阵 U, 使得

$$U^H A U = \begin{pmatrix} \lambda & W^H \\ 0 & V \end{pmatrix},$$

其中 $W^H \in \mathbb{C}^{1 \times (n-1)}$, $V \in \mathbb{C}^{(n-1) \times (n-1)}$. 由归纳假设, 存在一个酉矩阵 $\tilde{U}$ 使得 $\tilde{U}^H V \tilde{U}$ 是上三角矩阵, 这样, 如果 $Q = U \mathrm{diag}(1, \tilde{U})$, 那么 $Q^H A Q$ 是上三角矩阵. $\qquad\square$

Schur 定理也可说成任何一个 n 阶复矩阵 A 酉相似于一个上三角矩阵. 在稳定性的判断中, 我们会遇到正规矩阵. 作为 Schur 定理的应用, 考虑下面的定理.

定理 1.3.10 设 $A \in \mathbb{C}^{n \times n}$, 则 A 是正规矩阵的充要条件是存在酉矩阵 U, 使得

$$U^H A U = \mathrm{diag}(\lambda_1, \lambda_2, \cdots, \lambda_n),$$

其中 $\lambda_1, \lambda_2, \cdots, \lambda_n$ 是 A 的特征值.

证明　必要性　根据 Schur 定理知, 存在 n 阶酉矩阵, 使得

$$U^H A U = B,$$

其中 B 是上三角矩阵, 这表明 A 与 B 酉相似, 从而 B 也是正规矩阵, 再由 $BB^H = B^H B$ 可推知 B 一定是对角矩阵.

充分性　因为对角矩阵是正规矩阵, 而与正规矩阵酉相似的矩阵为正规矩阵, 故 A 是正规矩阵. $\qquad\square$

推论 1.3.2　n 阶正规矩阵 A 有 n 个线性无关的特征向量.

证明　由定理 1.3.10 知, 有酉矩阵 U, 使得 $U^H A U$ 为对角矩阵 Λ, 即

$$U^H A U = \operatorname{diag}(\lambda_1, \lambda_2, \cdots, \lambda_n) = \Lambda,$$

也即

$$A U = U \Lambda.$$

这表明 Λ 的对角元素是 A 的特征值, 注意矩阵 U 的各列是单位向量且两两正交. U 的 n 个列正是特征向量的正交组.　　　　　　□

§1.4 向量和矩阵的范数

定义 1.4.1　向量 $\boldsymbol{x}$ 的范数 (或模) $||\boldsymbol{x}||$ 是一个非负实数, 满足

(1) 正定性 $||\boldsymbol{x}|| > 0$,　$\boldsymbol{x} \neq \boldsymbol{0}$.

(2) 齐次性 $||c\boldsymbol{x}|| = |c|\,||\boldsymbol{x}||$, 这里 c 为任何复数.

(3) 三角不等式 $||\boldsymbol{x} + \boldsymbol{y}|| \leqslant ||\boldsymbol{x}|| + ||\boldsymbol{y}||$.

例 7　证明 $||\boldsymbol{x} - \boldsymbol{y}|| \geqslant |\,||\boldsymbol{x}|| - ||\boldsymbol{y}||\,|$.

证明　因为

$$||\boldsymbol{x}|| = ||\boldsymbol{x} - \boldsymbol{y} + \boldsymbol{y}|| \leqslant ||\boldsymbol{x} - \boldsymbol{y}|| + ||\boldsymbol{y}||,$$

所以

$$||\boldsymbol{x} - \boldsymbol{y}|| \geqslant ||\boldsymbol{x}|| - ||\boldsymbol{y}||.$$

同理, 由

$$||\boldsymbol{x} - \boldsymbol{y}|| = ||\boldsymbol{y} - \boldsymbol{x}|| \geqslant ||\boldsymbol{y}|| - ||\boldsymbol{x}||$$

得

$$||\boldsymbol{x} - \boldsymbol{y}|| \geqslant \Big|\,||\boldsymbol{x}|| - ||\boldsymbol{y}||\,\Big|.$$

对一个向量可赋予三种如下简单的 p–范数

$$||\boldsymbol{x}||_p = (|x_1|^p + |x_2|^p + \cdots + |x_n|^p)^{\frac{1}{p}}, \quad p = 1, 2, \infty,$$

其中 $\boldsymbol{x} = (x_1, x_2, \cdots, x_n)^T$. 可以验证上式满足向量范数的定义. 这三种范数分别称为 1–范数、2–范数 (Euclid 范数) 和 ∞–范数.

定理 1.4.1

$$||\boldsymbol{x}||_\infty = \max_i |x_i|.$$

证明

$$||\boldsymbol{x}||_p = \left(\sum_{i=1}^{n} |x_i|^p\right)^{\frac{1}{p}} = \max_i |x_i| \left(\sum_{i=1}^{n} \frac{|x_i|^p}{(\max_i |x_i|)^p}\right)^{\frac{1}{p}},$$

由于

$$1 \leqslant \left(\sum_{i=1}^{n} \frac{|x_i|^p}{(\max_i |x_i|)^p}\right)^{\frac{1}{p}} \leqslant n^{\frac{1}{p}},$$

故

$$||\boldsymbol{x}||_\infty = \lim_{p\to\infty} ||\boldsymbol{x}||_p = \max_i |x_i|. \qquad \square$$

类似地, 可定义矩阵范数.

定义 1.4.2 矩阵的范数是一个非负实数, 满足

(1) 正定性 $||A|| > 0$, 若 $A \neq 0$.

(2) 齐次性 $||cA|| = |c|\, ||A||$, c 为任何复数.

(3) 三角不等式 $||A + B|| \leqslant ||A|| + ||B||$.

(4) 相容性 $||AB|| \leqslant ||A||\, ||B||$.

向量的范数推广到矩阵的范数时, 增加了相容性条件. 向量的 1–范数推广到矩阵的范数为 $||A|| = \sum_{i=1}^{n}\sum_{j=1}^{n} |a_{ij}|$, 可以验证满足上面定义的条件, 但向量的 ∞–范数不能推广到矩阵范数, 例如取

$$A = \begin{pmatrix} 1 & 1 \\ 1 & 1 \end{pmatrix}, \quad B = \begin{pmatrix} 1 & 1 \\ 0 & 1 \end{pmatrix},$$

则

$$AB = \begin{pmatrix} 1 & 2 \\ 1 & 2 \end{pmatrix}, \quad ||A|| = 1, \quad ||B|| = 1, \quad ||AB|| = 2,$$

不满足矩阵乘法的相容性条件.

复数域上的 n 阶矩阵 $A = (a_{ij})$ 的一个常见范数是 Frobenius 范数 (也称 Euclid 范数)

$$||A||_F = \left(\sum_{i,j=1}^{n} |a_{ij}|^2\right)^{\frac{1}{2}}.$$

显然该范数是向量范数的推广. 矩阵范数还可以利用向量范数来定义, 这要用到向量范数与矩阵范数的相容性. 如果 $||A||$ 与 $||\boldsymbol{x}||$ 满足

$$||A\boldsymbol{x}|| \leqslant ||A||\, ||\boldsymbol{x}||, \quad \boldsymbol{x} \neq \boldsymbol{0}, \tag{1.4.1}$$

则称矩阵范数 $||A||$ 与向量范数 $||\boldsymbol{x}||$ 相容. 该式用来建立矩阵的诱导范数. 由向量 p-范数 $||\boldsymbol{x}||_p$ 所诱导的矩阵范数称为矩阵诱导p-范数

$$||A||_p = \sup_{||\boldsymbol{x}||_p \neq 0} \frac{||A\boldsymbol{x}||_p}{||\boldsymbol{x}||_p} = \sup_{||\boldsymbol{x}||_p = 1} ||A\boldsymbol{x}||_p, \quad 1 \leqslant p \leqslant \infty. \tag{1.4.2}$$

该式表示当 $\boldsymbol{x}$ 在模 $||\cdot||_p$ 为 1 的向量集上变化时, 矩阵 A 的模是向量 $A\boldsymbol{x}$ 模的上确界. 当 $p = 1, 2, \infty$, 即有

列和范数

$$||A||_1 = \sup_{||\boldsymbol{x}||_1 = 1} ||A\boldsymbol{x}||_1 = \max_j \sum_i |a_{ij}|. \tag{1.4.3}$$

谱范数

$$||A||_2 = \sup_{||\boldsymbol{x}||_2 = 1} ||A\boldsymbol{x}||_2 = \sqrt{\rho(A^H A)} = \sqrt{\lambda_{\max}(A^H A)}, \tag{1.4.4}$$

其中 $\lambda_{\max}(A^H A)$ 表示矩阵 $A^H A$ 特征值之最大值, 即 $||A||_2$ 是 A 的最大正特征值.

行和范数

$$||A||_\infty = \sup_{||\boldsymbol{x}||_\infty = 1} ||A\boldsymbol{x}||_\infty = \max_i \sum_j |a_{ij}|. \tag{1.4.5}$$

由列和范数及行和范数的表达式知

$$||A||_1 = ||A^T||_\infty.$$

§1.4.1 矩阵范数与谱半径的关系

定理 1.4.2 对任何矩阵 $A \in \mathbb{C}^{n \times n}$, $||A|| \geqslant \rho(A)$, 其中 $||A||$ 是 A 的任何一种范数.

证明 对 A 的任何特征值 λ 及相应的非零特征向量 $\boldsymbol{x}$, 满足

$$|\lambda| \cdot ||\boldsymbol{x}|| = ||A\boldsymbol{x}|| \leqslant ||A|| \cdot ||\boldsymbol{x}||,$$

所以对 A 的任何特征值 λ, 有

$$|\lambda| \leqslant ||A||,$$

因此

$$\rho(A) \leqslant ||A||. \qquad \square$$

例 8 证明若 A 是正规矩阵, 则 $\rho(A) = ||A||_2$.

证明

$$||A||_2^2 = \max_{\boldsymbol{x} \neq 0} \frac{||A\boldsymbol{x}||_2^2}{||\boldsymbol{x}||_2^2} = \max_{\boldsymbol{x} \neq 0} \frac{\boldsymbol{x}^H A^H A \boldsymbol{x}}{\boldsymbol{x}^H \boldsymbol{x}} = \rho(A^H A) = \rho^2(A),$$

即

$$\rho(A) = ||A||_2.$$

定理 1.4.3 对任何实矩阵 A, $||A||_2 = \sqrt{\rho(A^T A)}$.

证明 $A^T A$ 是对称和非负定的. 设 $\boldsymbol{x}^{(i)}(i = 1, 2, \cdots, n)$ 是 $A^T A$ 的实特征向量的一个正交系, 即

$$A^T A \boldsymbol{x}^{(i)} = \lambda_i \boldsymbol{x}^{(i)}, \quad 0 \leqslant \lambda_1 \leqslant \lambda_2 \leqslant \cdots \leqslant \lambda_n,$$

其中

$$\boldsymbol{x}^{(i)^T} \boldsymbol{x}^{(j)} = 0, \quad i \neq j,$$

及

$$\boldsymbol{x}^{(i)^T} \boldsymbol{x}^{(i)} = 1, \quad 1 \leqslant i \leqslant n.$$

在由 $\boldsymbol{x}^{(i)}(i = 1, 2, \cdots, n)$ 所张成的空间中, 任何其他非零向量 $\boldsymbol{x}$ 可以表示为

$$\boldsymbol{x} = \sum_{i=1}^{n} c_i \boldsymbol{x}^{(i)},$$

所以

$$\left(\frac{||A\boldsymbol{x}||_2}{||\boldsymbol{x}||_2} \right)^2 = \frac{(A\boldsymbol{x}, A\boldsymbol{x})}{(\boldsymbol{x}, \boldsymbol{x})} = \frac{\boldsymbol{x}^T A^T A \boldsymbol{x}}{\boldsymbol{x}^T \boldsymbol{x}}$$

$$= \frac{\left(\sum\limits_{i=1}^{n} c_i \boldsymbol{x}^{(i)} \right)^T \left(\sum\limits_{i=1}^{n} \lambda_i c_i \boldsymbol{x}^{(i)} \right)}{\left(\sum\limits_{i=1}^{n} c_i \boldsymbol{x}^{(i)} \right)^T \left(\sum\limits_{i=1}^{n} c_i \boldsymbol{x}^{(i)} \right)} = \frac{\sum\limits_{i=1}^{n} \lambda_i |c_i|^2}{\sum\limits_{i=1}^{n} |c_i|^2}.$$

由该式得到

$$0 \leqslant \lambda_1 \leqslant \left(\frac{||A\boldsymbol{x}||_2}{||\boldsymbol{x}||_2} \right)^2 \leqslant \lambda_n,$$

但 $\boldsymbol{x} = \boldsymbol{x}^{(n)}$ 表示右边的等号是可能的, 因此

$$||A||_2^2 = \max_{||\boldsymbol{x}||_2 \neq 0} \frac{||A\boldsymbol{x}||_2}{||\boldsymbol{x}||_2} = \lambda_n = \rho(A^T A). \qquad \Box$$

定理 1.4.4 若 A 是对称的, 则 $||A||_2 = \rho(A)$.

证明 $||A||_2^2 = \rho(A^T A) = \rho(A^2) = \rho^2(A)$, 即 $||A||_2 = \rho(A)$. $\qquad \Box$

§1.4.2 矩阵范数的估计

定理 1.4.5 对任何矩阵 $A \in \mathbb{C}^{n \times n}$ 和 $\varepsilon > 0$, 至少有一种从属矩阵范数, 使得

$$||A|| \leqslant \rho(A) + \varepsilon.$$

证明　对任一矩阵 A, 由 Schur 定理 1.3.9 知, 存在一个可逆矩阵 U, 使得 $U^{-1}AU$ 是上三角矩阵, 即

$$U^{-1}AU = \begin{pmatrix} \lambda_1 & t_{12} & t_{13} & \cdots & & t_{1n} \\ & \lambda_2 & t_{23} & \cdots & & t_{2n} \\ & & \ddots & \ddots & & \vdots \\ & & & & \lambda_{n-1} & t_{n-1,n} \\ & & & & & \lambda_n \end{pmatrix},$$

其中 λ_i 是矩阵 A 的特征值, 对任何数 $\delta \neq 0$, 作矩阵

$$D_\delta = \mathrm{diag}(1, \delta, \delta^2, \cdots, \delta^{n-1}),$$

于是

$$(UD_\delta)^{-1}A(UD_\delta) = \begin{pmatrix} \lambda_1 & \delta t_{12} & \delta^2 t_{13} & \cdots & & \delta^{n-1}t_{1n} \\ & \lambda_2 & \delta t_{23} & \cdots & & \delta^{n-2}t_{2n} \\ & & \ddots & \ddots & & \vdots \\ & & & & \lambda_{n-1} & \delta t_{n-1,n} \\ & & & & & \lambda_n \end{pmatrix}.$$

对给定的 $\varepsilon > 0$, 取定 $\delta > 0$, 使得

$$\sum_{j=i+1}^{n} |\delta^{j-i}t_{ij}| \leqslant \varepsilon, \quad 1 \leqslant i \leqslant n-1,$$

于是, 依赖于矩阵 A 和数 ε 的算子

$$||\cdot||: \ B_{n \times n} \to ||B|| = ||(UD_\delta)^{-1}B(UD_\delta)||_\infty,$$

这就是要找的范数. 因为一方面, 由于 δ 的选择以及矩阵范数 $||\cdot||_\infty$ 的定义 $(||(c_{ij})||_\infty = \max_i \sum_j |c_{ij}|)$, 故 $||A|| \leqslant \rho(A) + \varepsilon$; 另一方面, 这样定义的算子确实是矩阵的范数, 可以验证该范数是从属于向量范数

$$\boldsymbol{v} \in \mathbb{C}^n \to ||(UD_\delta)^{-1}\boldsymbol{v}||_\infty$$

的矩阵范数. □

推论 1.4.1　设 A 是 n 阶矩阵, $\rho(A) < 1$, 则存在矩阵范数 $||\cdot||_s$ 使得 $||A||_s < 1$.

证明　设 $\rho(A) = L_0 < L < 1$, 取 $\varepsilon = 1 - L > 0$, 由定理 1.4.5 知, 存在矩阵 A 的从属范数 $||\cdot||_s$, 满足

$$||A||_s \leqslant \rho(A) + \varepsilon < L + 1 - L = 1,$$

故结论成立. □

引理 1.4.1 若 n 阶实矩阵 A 半正定, 则对任何参数 $\sigma \geqslant 0$, 有估计式

$$||(I + \sigma A)^{-1}||_2 \leqslant 1, \tag{1.4.6}$$

其中 I 为单位矩阵.

证明

$$||(I + \sigma A)^{-1}||_2^2 = \max_{\boldsymbol{x} \neq \boldsymbol{0}} \frac{((I + \sigma A)^{-1}\boldsymbol{x}, (I + \sigma A)^{-1}\boldsymbol{x})}{(\boldsymbol{x}, \boldsymbol{x})}. \tag{1.4.7}$$

令

$$\boldsymbol{y} = (I + \sigma A)^{-1}\boldsymbol{x}, \tag{1.4.8}$$

则

$$
\begin{aligned}
||(I + \sigma A)^{-1}||_2^2 &= \max_{\boldsymbol{y} \neq \boldsymbol{0}} \frac{(\boldsymbol{y}, \boldsymbol{y})}{\big((I + \sigma A)\boldsymbol{y}, (I + \sigma A)\boldsymbol{y}\big)} \\
&= \frac{1}{\displaystyle\min_{\boldsymbol{y} \neq \boldsymbol{0}} \left\{ 1 + 2\sigma \frac{(A\boldsymbol{y}, \boldsymbol{y})}{(\boldsymbol{y}, \boldsymbol{y})} + \sigma^2 \frac{(A\boldsymbol{y}, A\boldsymbol{y})}{(\boldsymbol{y}, \boldsymbol{y})} \right\}},
\end{aligned}
\tag{1.4.9}
$$

因为 A 半正定, $\sigma \geqslant 0$, 故上式右端的分母不小于 1, 引理得证.

注: 若 A 正定, $\sigma > 0$, 则 $||(I + \sigma A)^{-1}||_2 < 1$.

引理 1.4.2 (Kellogg 引理) 若 n 阶实矩阵 A 半正定, 则对任何参数 $\sigma \geqslant 0$, 有估计式

$$||(I - \sigma A)(I + \sigma A)^{-1}||_2 \leqslant 1. \tag{1.4.10}$$

证明 注意到变换 (1.4.8), 有

$$
\begin{aligned}
||(I - \sigma A)(I + \sigma A)^{-1}||_2^2 &= \max_{\boldsymbol{x} \neq \boldsymbol{0}} \frac{((I - \sigma A)(I + \sigma A)^{-1}\boldsymbol{x}, (I - \sigma A)(I + \sigma A)^{-1}\boldsymbol{x})}{(\boldsymbol{x}, \boldsymbol{x})} \\
&= \max_{\boldsymbol{y} \neq \boldsymbol{0}} \frac{((I - \sigma A)\boldsymbol{y}, (I - \sigma A)\boldsymbol{y})}{((I + \sigma A)\boldsymbol{y}, (I + \sigma A)\boldsymbol{y})} \\
&= \max_{\boldsymbol{y} \neq \boldsymbol{0}} \frac{(\boldsymbol{y}, \boldsymbol{y}) - 2\sigma(A\boldsymbol{y}, \boldsymbol{y}) + \sigma^2(A\boldsymbol{y}, A\boldsymbol{y})}{(\boldsymbol{y}, \boldsymbol{y}) + 2\sigma(A\boldsymbol{y}, \boldsymbol{y}) + \sigma^2(A\boldsymbol{y}, A\boldsymbol{y})} \leqslant 1. \tag{1.4.11}
\end{aligned}
$$

$\square$

注 1: 若 A 正定, $\sigma > 0$, 则有

$$||(I - \sigma A)(I + \sigma A)^{-1}||_2 < 1. \tag{1.4.12}$$

注 2: 若 A 半正定, $\sigma \geqslant 0$, 则有

$$||(I + \sigma A)^{-1}(I - \sigma A)||_2 \leqslant 1. \tag{1.4.13}$$

这可由 $(I + \sigma A)^{-1}$ 和 $(I - \sigma A)$ 的可交换性得出. 由恒等式

$$(I - \sigma A)^{-1}(I - \sigma A) = (I + \sigma A)(I + \sigma A)^{-1}, \tag{1.4.14}$$

两端左乘 $(I - \sigma A)^{-1}(I - \sigma A)$, 并注意到 $(I + \sigma A)$ 与 $(I - \sigma A)$ 可交换, 得

$$(I + \sigma A)^{-1}(I - \sigma A) = (I - \sigma A)(I + \sigma A)^{-1}, \tag{1.4.15}$$

再对该式应用引理 1.4.2 即有结论 (1.4.13).

定理 1.4.6 设 $A \in \mathbb{C}^{n \times n}$ 满足 $\|A\| < 1$, 则 $I \pm A$ 为非奇异矩阵, 且

$$\frac{1}{1 + \|A\|} \leqslant \|(I - A)^{-1}\| \leqslant \frac{1}{1 - \|A\|}. \tag{1.4.16}$$

证明 若 $I - A$ 奇异, 则 $\det(I - A) = 0$. 于是存在 $\boldsymbol{x} \neq \boldsymbol{0}$, 满足 $(I - A)\boldsymbol{x} = \boldsymbol{0}$, 也即 $\boldsymbol{x} = A\boldsymbol{x}$, 所以

$$\|\boldsymbol{x}\| = \|A\boldsymbol{x}\| \leqslant \|A\| \, \|\boldsymbol{x}\|, \quad \|\boldsymbol{x}\| \neq 0,$$

即 $\|A\| \geqslant 1$, 与假设矛盾, 因此 $I - A$ 非奇异.

由等式 $(I - A)^{-1}(I - A) = I$ 得

$$(I - A)^{-1} = (I - A)^{-1}A + I, \tag{1.4.17}$$

所以

$$\|(I - A)^{-1}\| \leqslant 1 + \|(I - A)^{-1}\| \, \|A\|,$$

即

$$\|(I - A)^{-1}\| \leqslant \frac{1}{1 - \|A\|}. \tag{1.4.18}$$

由 (1.4.17) 得

$$I = (I - A)^{-1} - (I - A)^{-1}A,$$

所以

$$1 \leqslant \|(I - A)^{-1}\|(1 + \|A\|),$$

即

$$\|(I - A)^{-1}\| \geqslant \frac{1}{1 + \|A\|}. \tag{1.4.19}$$

由 (1.4.18) 和 (1.4.19) 知不等式 (1.4.16) 成立. 显然, 将 (1.4.16) 中的 A 替换成 $-A$ 时, (1.4.16) 仍成立. □

§1.4.3 矩阵序列的收敛性

给定矩阵序列 $\{A^{(k)}\} \in \mathbb{C}^{m \times n}$, 其中 $A^{(k)} = (a_{ij}^{(k)})_{m \times n}$. 当 mn 个数列 $\{a_{ij}^{(k)}\}$ 都有极限时, 即

$$\lim_{k \to \infty} a_{ij}^{(k)} = a_{ij}, \quad i = 1, \cdots, m; \ j = 1, \cdots, n,$$

则称矩阵序列 $\{A^{(k)}\}$ 收敛于 $A = (a_{ij})_{m \times n}$. 记为

$$\lim_{k \to \infty} A^{(k)} = A, \ 或 \ A^{(k)} \to A \ (k \to \infty).$$

矩阵序列的一种特殊情况是由方阵 $A \in \mathbb{C}^{n \times n}$ 的幂构成的矩阵序列 $\{A^{(k)}\}$.

定理 1.4.7 若 $||A|| < 1$, 则 $\lim\limits_{r \to \infty} A^r = 0$.

证明

$$||A^r|| = ||AA^{r-1}|| \leqslant ||A|| \ ||A^{r-1}|| \leqslant ||A||^2 \ ||A||^{r-2} \leqslant \cdots \leqslant ||A||^r,$$

因为 $||A|| < 1$, 两端取极限 $(r \to \infty)$ 即得

$$\lim_{r \to \infty} ||A^r|| = 0. \qquad \square$$

定理 1.4.8 若 $A \in \mathbb{C}^{n \times n}$, 则 $\lim\limits_{r \to \infty} A^r = 0$ 当且仅当 $\rho(A) < 1$.

证明一 必要性 已知 $\lim\limits_{r \to \infty} A^r = 0$. 设 $\rho(A) = |\lambda|$. 由于对任意 r 有 $\lambda^r \in \lambda(A^r)$, 由定理 1.4.2 知

$$\rho(A)^r = |\lambda|^r \leqslant \rho(A^r) \leqslant ||A^r|| \to 0 \quad (r \to \infty),$$

从而

$$\lim_{r \to \infty} \rho(A)^r = 0,$$

因此 $\rho(A) < 1$.

充分性 设已知 $\rho(A) < 1$. 由定理 1.4.5 知, 必有算子范数 $||\cdot||$ 使得 $||A|| < 1$, 从而

$$0 \leqslant ||A^r|| \leqslant ||A||^r \to 0 \quad (r \to \infty),$$

因此 $\lim\limits_{r \to \infty} A^r = 0$.

证明二 对给定的矩阵 A, 存在 $n \times n$ 非奇异矩阵 S, 将 A 化为 Jordan 标准形

$$SAS^{-1} = \begin{pmatrix} J_1 & & & \\ & J_2 & & \\ & & \ddots & \\ & & & J_r \end{pmatrix} := \tilde{A},$$

其中 A 的 Jordan 子矩阵是

$$J_l = \begin{pmatrix} \lambda_l & 1 & & & \\ & \lambda_l & 1 & & \\ & & \ddots & \ddots & \\ & & & \lambda_l & 1 \\ & & & & \lambda_l \end{pmatrix}_{n_l \times n_l}, \quad 1 \leqslant l \leqslant n.$$

于是

$$J_l^2 = \begin{pmatrix} \lambda_l^2 & 2\lambda_l & 1 & & \\ & \lambda_l^2 & 2\lambda_l & \ddots & \\ & & \ddots & \ddots & 1 \\ & & & \lambda_l^2 & 2\lambda_l \\ & & & & \lambda_l^2 \end{pmatrix}, \quad n_l \geqslant 3.$$

一般地

$$J_l^m = [d_{i,j}^{(m)}(l)], \quad 1 \leqslant i, j \leqslant n_l, \tag{1.4.20}$$

其中

$$d_{i,j}^{(m)}(l) = \begin{cases} 0, & j < i, \\ C_m^{j-i}\lambda_l^{m-j+i}, & i \leqslant j \leqslant \min\{n_l, m+i\}, \\ 0, & m+i < j \leqslant n_l, \end{cases}$$

式中 C_m^{j-i} 表示二项式系数. 由

$$\tilde{A}_m = \begin{pmatrix} J_1^m & & & \\ & J_2^m & & \\ & & \ddots & \\ & & & J_r^m \end{pmatrix} = SA^mS^{-1}, \quad m \geqslant 1,$$

若 A 收敛, 则 $\lim\limits_{m\to\infty} A^m = 0$, 从而 $\lim\limits_{m\to\infty} \tilde{A}^m = 0$. 因此必有 $\lim\limits_{m\to\infty} J_l^m = 0$. 由于 J_l 为上三角矩阵, 所以 J_l 的对角元素 λ_l 必须满足 $|\lambda_l| < 1$ ($1 \leqslant l \leqslant r$), 显然, $\rho(A) < 1$ 成立.

另一方面, 若 $\rho(A) = \rho(\tilde{A}) < 1$, 则 $|\lambda_l| < 1$ ($1 \leqslant l \leqslant r$), 由 (1.4.20) 和定理 1.4.8 知, $\lim\limits_{m\to\infty} d_{ij}^{(m)}(l) = 0$, $\lim\limits_{m\to\infty} J_l^m = 0$, 因此, $\lim\limits_{m\to\infty} \tilde{A}^m = 0$, $\lim\limits_{m\to\infty} A^m = \lim\limits_{m\to\infty} S\tilde{A}^mS = 0$. □

例 9　若

$$A = \begin{pmatrix} 0.8 & 0 \\ 0.5 & 0.7 \end{pmatrix},$$

证明 $\|A\|_1 > 1$ 和 $\|A\|_\infty > 1$, 但矩阵 A 是收敛的.

证明 这里 $\|A\|_1 = 1.3, \|A\|_\infty = 1.2$, 因为 A 的特征值为 0.7 和 0.8, 所以当 $r \to \infty$ 时, $A^r \to 0$.

§1.5 常用定理

§1.5.1 实系数多项式的根

下面是实系数多项式的根的绝对值不超过 1 的两个定理.

定理 1.5.1 实系数二次方程 $x^2 - bx - c = 0$ 的两根按模不大于 1 且其中至少有一根按模严格小于 1 的充要条件是

$$|b| \leqslant 1 - c, \quad |c| < 1. \tag{1.5.1}$$

证明 设 λ_1, λ_2 是方程的两个根, 由根与系数的关系, 有

$$\lambda_1 + \lambda_2 = b, \quad \lambda_1 \lambda_2 = -c, \tag{1.5.2}$$

从而

$$|b| \leqslant 1 - c \Leftrightarrow |\lambda_1 + \lambda_2| \leqslant 1 + \lambda_1 \lambda_2 \Leftrightarrow \lambda_1^2 + \lambda_2^2 \leqslant 1 + \lambda_1^2 \lambda_2^2$$
$$\Leftrightarrow (1 - \lambda_1^2)(1 - \lambda_2^2) \geqslant 0. \tag{1.5.3}$$

又

$$|c| = |\lambda_1| \cdot |\lambda_2|, \tag{1.5.4}$$

若 $|\lambda_1| \leqslant 1, |\lambda_2| < 1$ 或 $|\lambda_1| < 1, |\lambda_2| \leqslant 1$, 则由 (1.5.3) 和 (1.5.4) 知 (1.5.1) 成立, 此即必要性.

若条件 (1.5.1) 成立, 则由 (1.5.3) 和 (1.5.4) 知, 应有

$$\begin{cases} (1 - \lambda_1^2)(1 - \lambda_2^2) \geqslant 0, \\ |\lambda_1| \cdot |\lambda_2| < 1. \end{cases}$$

也即

$$\begin{cases} |\lambda_1| \leqslant 1, \ |\lambda_2| \leqslant 1 \quad \text{或} \quad |\lambda_1| \geqslant 1, |\lambda_2| \geqslant 1, \\ |\lambda_1| \cdot |\lambda_2| < 1. \end{cases}$$

从而

$$|\lambda_1| \leqslant 1, \ |\lambda_2| < 1 \quad \text{或} \quad |\lambda_1| < 1, \ |\lambda_2| \leqslant 1.$$

即充分性满足. □

类似地读者可证如下定理.

定理 1.5.2　实系数二次方程 $x^2 - bx - c = 0$ 的两根按模不大于 1 的充要条件是

$$|b| \leqslant 1 - c, \quad |c| \leqslant 1. \tag{1.5.5}$$

注意条件 (1.5.1) 可写成 $|b| \leqslant 1 - c < 2$, 条件 (1.5.5) 可写成 $|b| \leqslant 1 - c \leqslant 2$.

§1.5.2 Newton-Cotes 型数值积分公式

设 $f(x)$ 为有限区间 $[a, b]$ 上的可积函数, 要近似计算定积分 $\int_a^b f(x)dx$. 通常我们用容易积分且又逼近被积函数的 $\varphi(x)$ 代替 $f(x)$ 来构造积分公式. 常取 $\varphi(x)$ 为一个多项式, 例如 $\varphi(x)$ 为关于基点

$$a \leqslant x_1 < x_2 < \cdots < x_{n+1} = b$$

的 Lagrange 插值多项式

$$P_n(x) = \sum_{i=1}^{n+1} l_i(x) f(x_i),$$

其中 $l_i(x)$ 为 Lagrange 基本多项式

$$\begin{aligned} l_i(x) &= \frac{w_{n+1}(x)}{(x - x_i)w'_{n+1}(x_i)}, \quad i = 1, \cdots, n+1, \\ w_{n+1} &= (x - x_1)(x - x_2) \cdots (x - x_{n+1}). \end{aligned} \tag{1.5.6}$$

于是

$$I(f) := \int_a^b f(x)dx = \sum_{i=1}^{n+1} A_i f(x_i) + E_n(f), \tag{1.5.7}$$

其中

$$A_i = \int_a^b l_i(x)dx, \quad i = 1, \cdots, n+1. \tag{1.5.8}$$

此时

$$I_n(f) = \sum_{i=1}^{n+1} A_i f(x_i) \tag{1.5.9}$$

称为插值求积公式. 假设 $f(x)$ 具有 $n+1$ 阶连续导数, 则离散误差为

$$E_n(f) = \int_a^b \frac{f^{(n+1)}(\xi)}{(n+1)!} w_{n+1}(x)dx. \tag{1.5.10}$$

若结点为等距结点 $h = x_{i+1} - x_i = (b-a)/n$, (1.5.9) 称为 n 阶 Newton-Cotes 型求积公式, A_i 称为 Cotes 系数. 令 $x = a + th$, 则可算得 A_i 为

$$A_i = (-1)^{n+1-i} \frac{h}{(i-1)!(n+1-i)!} \int_0^n t(t-1)\cdots(t-n)dt, \quad i = 1, \cdots, n+1. \tag{1.5.11}$$

当 n 为偶数时, 离散误差为

$$E_n(f) = \frac{h^{n+3} f^{(n+2)}(\eta)}{(n+2)!} \int_0^n t^2(t-1)\cdots(t-n)dt, \quad \eta \in (a,b). \tag{1.5.12}$$

当 n 为奇数时, 离散误差为

$$E_n(f) = \frac{h^{n+2} f^{(n+1)}(\eta)}{(n+1)!} \int_0^n t(t-1)\cdots(t-n)dt, \quad \eta \in (a,b). \tag{1.5.13}$$

当 $n = 1$ 时, 有两个结点 $x_1 = a, x_2 = b$, 由 (1.5.11) 可算得

$$A_1 = (-1)(b-a) \int_0^1 (t-1)dt = \frac{b-a}{2}, \quad A_2 = (b-a) \int_0^1 t\,dt = \frac{b-a}{2}. \tag{1.5.14}$$

因此

$$I_1(f) = \frac{b-a}{2}[f(a) + f(b)], \tag{1.5.15}$$

此即梯形公式, 梯形公式的离散误差为

$$E_1(f) = -\frac{(b-a)^3}{12} f''(\xi), \quad \xi \in (a,b). \tag{1.5.16}$$

§1.5.3 Green 公式

在将边值问题化成相应的变分形式时, 常要用到 Green 公式.

定理 1.5.3 设 Ω 是平面中具有分段光滑边界 $\partial\Omega$ 的有界开区域, $u, v \in C^2(\Omega) \cap C^1(\bar{\Omega})$, 则

$$\iint_\Omega u\Delta v\,dxdy = \int_{\partial\Omega} u\frac{\partial v}{\partial n}ds - \iint_\Omega \nabla u \cdot \nabla v\,dxdy, \tag{1.5.17}$$

$$\iint_\Omega (u\Delta v - v\Delta u)dxdy = \int_{\partial\Omega} \left(u\frac{\partial v}{\partial n} - v\frac{\partial u}{\partial n} \right) ds, \tag{1.5.18}$$

其中 $\dfrac{\partial u}{\partial n}$ 表示函数 u 在 $\partial\Omega$ 上沿外法向 n 的导数, Δ 为 Laplace 算子, ∇ 为梯度算子.

证明 根据微积分中的 Green 公式

$$\iint_\Omega \left(\frac{\partial P}{\partial x} + \frac{\partial Q}{\partial y} \right) dxdy = \int_{\partial\Omega} Pdy - Qdx,$$

其中 $P(x,y), Q(x,y)$ 在 Ω 上有连续的一阶偏导数, 我们将上式变形为

$$\iint_\Omega \left(\frac{\partial P}{\partial x} + \frac{\partial Q}{\partial y} \right) dxdy = \int_{\partial\Omega} \left[P\cos(x,n) + Q\sin(x,n) \right] ds. \tag{1.5.19}$$

在上式中令 $P = u\dfrac{\partial v}{\partial x},\ Q = u\dfrac{\partial v}{\partial y}$, 得

$$\iint\limits_{\Omega} u\Delta v dx dy + \iint\limits_{\Omega} \nabla u \cdot \nabla v dx dy = \int_{\partial\Omega} \left[u\frac{\partial v}{\partial x}\cos(x,n) + u\frac{\partial v}{\partial y}\sin(x,n)\right] ds, \quad (1.5.20)$$

也即

$$\iint\limits_{\Omega} u\Delta v dx dy = \int_{\partial\Omega} u\frac{\partial v}{\partial n} ds - \iint\limits_{\Omega} \nabla u \cdot \nabla v dx dy, \quad\quad (1.5.21)$$

此即 (1.5.17).

交换 u, v 的地位, 由 (1.5.21) 得

$$\iint\limits_{\Omega} v\Delta u dx dy = \int_{\partial\Omega} v\frac{\partial u}{\partial n} ds - \iint\limits_{\Omega} \nabla u \cdot \nabla v dx dy. \quad\quad (1.5.22)$$

将 (1.5.21) 减去 (1.5.22), 得

$$\iint\limits_{\Omega} (u\Delta v - v\Delta u) dx dy = \int_{\partial\Omega} \left(u\frac{\partial v}{\partial n} - v\frac{\partial u}{\partial n}\right) ds, \quad\quad (1.5.23)$$

此即 (1.5.18). □

Green 公式 (1.5.17) 和 (1.5.18) 有如下变形. 若 $a(x,y) \in C^1(\Omega)$, 则还成立

$$\iint\limits_{\Omega} \left[\frac{\partial}{\partial x}\left(a\frac{\partial u}{\partial x}\right) + \frac{\partial}{\partial y}\left(a\frac{\partial u}{\partial y}\right)\right] v dx dy = \int_{\partial\Omega} a\frac{\partial u}{\partial n} v ds - \iint\limits_{\Omega} a\nabla u \cdot \nabla v dx dy,$$
$$(1.5.24)$$

$$\iint\limits_{\Omega} \left[u\nabla \cdot (a\nabla v) - v\nabla \cdot (a\nabla u)\right] dx dy = \int_{\partial\Omega} a\left(v\frac{\partial u}{\partial n} - u\frac{\partial v}{\partial n}\right) ds. \quad (1.5.25)$$

对 (1.5.24), 只要在 (1.5.19) 中令 $P = av\dfrac{\partial u}{\partial x}, Q = av\dfrac{\partial u}{\partial y}$, 再化简即可得 (1.5.24). 再类似定理的证明, 由 (1.5.24) 即可得 (1.5.25).

通常称 (1.5.17) 为第一 Green 公式, 称 (1.5.18) 为第二 Green 公式. 实际上, 这两个公式对 $\mathbb{R}^n$ 中具有分段光滑边界 $\partial\Omega$ 的有界开区域均成立.

§1.6 练习

1. 求矩阵

$$\begin{pmatrix} -2 & 1 & 0 \\ 1 & -2 & 1 \\ 0 & 1 & -2 \end{pmatrix}$$

的特征值并证明其特征向量相互正交.

2. 对 $A \in \mathbb{R}^{m \times n}$, 证明关系式

(1) $\|A\|_2 \leqslant \|A\|_F \leqslant \sqrt{n}\|A\|_2$.

(2) $\dfrac{1}{\sqrt{n}}\|A\|_\infty \leqslant \|A\|_2 \leqslant \sqrt{m}\|A\|_\infty$.

(3) $\dfrac{1}{\sqrt{m}}\|A\|_1 \leqslant \|A\|_2 \leqslant \sqrt{n}\|A\|_1$.

3. 若

$$A = \begin{pmatrix} \alpha & 4 \\ 0 & \alpha \end{pmatrix},$$

其中 α 是一个任意实数, 证明

$$\|A^m\|_2 = \alpha^m \left\{ 1 + 8\frac{m^2}{\alpha^2}\left[1 + \left(1 + \frac{\alpha^2}{4m^2} \right)^{\frac{1}{2}} \right] \right\}^{\frac{1}{2}}.$$

4. 设 $\|\boldsymbol{x}\|_\alpha$ 是向量范数, 则

$$\|A\|_\beta = \max_{\boldsymbol{x} \neq \boldsymbol{0}} \frac{\|A\boldsymbol{x}\|_\alpha}{\|\boldsymbol{x}\|_\alpha}$$

满足矩阵范数定义, 且 $\|A\|_\beta$ 是与向量范数 $\|\boldsymbol{x}\|_\alpha$ 相容的范数.

5. 证明 $\rho(A^2) \equiv \rho^2(A)$.

6. 求矩阵

$$\begin{pmatrix} 1 & 0 & \alpha \\ 0 & 1 & 0 \\ 0 & 0 & 1 \end{pmatrix}$$

的谱半径和谱模, 其中 α 是实数, 且证明当 $\alpha = 0$ 时谱半径和谱模相等.

7. 若

$$A = \begin{pmatrix} 2 & 1 \\ 1 & 2 \end{pmatrix},$$

证明 $\|A\|_2 = \rho(A)$, 但若

$$A = \begin{pmatrix} 2 & 1 \\ 0 & 2 \end{pmatrix},$$

则 $\|A\|_2 > \rho(A)$.

8. 证明 $\|A\|_2^2 \leqslant \|A\|_\infty \|A\|_1$.

9. 证明当 $r \to \infty$ 时,

$$\begin{pmatrix} \frac{1}{2} & 0 & 0 \\ 1 & \frac{1}{2} & 0 \\ 0 & 1 & \frac{1}{2} \end{pmatrix} \to \boldsymbol{0}.$$

10. 若 A 是 $n \times n$ 非奇异复矩阵, 证明 A 的特征值 λ 满足

$$\frac{1}{||A^{-1}||} \leqslant |\lambda| \leqslant ||A||.$$

11. 若 A 是 $n \times n$ 复矩阵, 则 $\lim\limits_{r \to \infty} A^r = I$ 当且仅当 $A = I$.

12. 设 $\lim\limits_{k \to \infty} A^{(k)} = A$. 证明 $\lim\limits_{k \to \infty} ||A^{(k)}|| = ||A||$, 其中 $A^{(k)}$ 与 A 均为 $m \times n$ 复矩阵, $|| \cdot ||$ 是矩阵的任一种范数.

13. 设 $A = (a_{ij}) \in \mathbb{C}^{n \times n}$ 不可约对角占优, 则 A 非奇异.

第二章 有限差分近似基础

本章介绍有限差分近似的基础知识. 有限差分法是一种离散方法, 离散过程本身是用一个插值多项式及其微分来代替偏微分方程的解. 首先要把所给方程的求解区域网格剖分, 然后再对方程中的导数进行充分近似, 得到关于网格点上未知函数的线性代数方程组. 我们以 Taylor 级数展开为基础, 介绍空间导数的近似方法, 并给出近似导数精确到任意阶精度的一般方法. 在此基础上, 介绍差分格式误差的 Fourier 分析.

§2.1 网格及有限差分记号

最简单的网格涉及时间和空间, 例如考虑下列初边值问题的求解

$$
\begin{cases}
\dfrac{\partial u}{\partial t} = \nu \dfrac{\partial^2 u}{\partial x^2}, & x \in (0,1), t > 0, & (2.1.1) \\[2mm]
u(x,0) = f(x), & x \in [0,1], & (2.1.2) \\[2mm]
u(0,t) = a(t), \quad u(1,t) = b(t), & t \geqslant 0, & (2.1.3)
\end{cases}
$$

其中 $f(0) = a(0), f(1) = b(0), \nu > 0$ 为常数.

如图 2.1, 首先对求解区域用网格剖分. 用时间间隔为 Δt、空间间隔为 Δx 的两组平行于坐标轴的直线把求解区域网格化, 两组直线的交点称为网格点或结点.

我们用 u_j^n ($j = 0, \cdots, M$) 表示 u 在点 $(j\Delta x, n\Delta t)$ 或 (j, n) 的近似值. 下一步对问题 (2.1.1)~(2.1.3) 进行近似. 注意

$$
\frac{\partial u(x,t)}{\partial t} = \lim_{\Delta t \to 0} \frac{u(x, t + \Delta t) - u(x,t)}{\Delta t},
$$

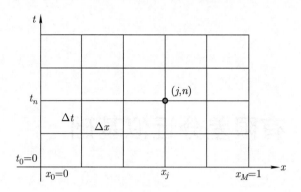

图 2.1　网格剖分示意图

所以 $\partial u(j\Delta x, n\Delta t)/\partial t$ 的一个合理近似是

$$\frac{\partial u(j\Delta x, n\Delta t)}{\partial t} \approx \frac{u_j^{n+1} - u_j^n}{\Delta t}.$$

类似地, 我们在结点 $(j\Delta x, n\Delta t)$ 处近似 $\partial^2 u/\partial x^2$, 即

$$\frac{\partial^2 u(j\Delta x, n\Delta t)}{\partial x^2} \approx \frac{\left(\frac{\partial u}{\partial x}\right)^n_{j+\frac{1}{2}} - \left(\frac{\partial u}{\partial x}\right)^n_{j-\frac{1}{2}}}{\Delta x}$$

$$\approx \frac{\frac{u_{j+1}^n - u_j^n}{\Delta x} - \frac{u_j^n - u_{j-1}^n}{\Delta x}}{\Delta x} \approx \frac{u_{j+1}^n - 2u_j^n + u_{j-1}^n}{\Delta x^2}.$$

因此偏微分方程 (2.1.1) 在点 $(j\Delta x, n\Delta t)$ 处可近似为

$$\frac{u_j^{n+1} - u_j^n}{\Delta t} = \nu \frac{u_{j+1}^n - 2u_j^n + u_{j-1}^n}{\Delta x^2}, \tag{2.1.4}$$

即

$$u_j^{n+1} = u_j^n + \nu \frac{\Delta t}{\Delta x^2}(u_{j+1}^n - 2u_j^n + u_{j-1}^n). \tag{2.1.5}$$

初边值条件 (2.1.2) 和 (2.1.3) 可近似为

$$u_j^0 = f(j\Delta x), \quad j = 0, \cdots, M, \tag{2.1.6}$$

$$u_0^{n+1} = a((n+1)\Delta t), \quad n = 0, 1, \cdots, \tag{2.1.7}$$

$$u_M^{n+1} = b((n+1)\Delta t), \quad n = 0, 1, \cdots. \tag{2.1.8}$$

　　现在我们得到了求解边值问题 (2.1.1)~(2.1.3) 的一个数值求解格式. 该格式是一个显式格式, 因为在 $(n+1)$ 时间层的量可以显式求解.

§2.2 空间导数近似

导数的差分近似可以通过 Taylor 级数展开来计算. 例如考虑 $u(x, t)$, 其中 t 固定. 为简单起见, 本小节将 $u(x, t)$ 中的 t 省写, 意指考虑的量在 t 处计算. 根据上面的记号, 记 $x = j\Delta x$, $u(x + k\Delta x) = u(j\Delta x + k\Delta x) = u_{j+k}$. 假定 $u(x, t)$ 可微, 对 x 作 Taylor 展开

$$u_{j+k} = u_j + (k\Delta x)\left(\frac{\partial u}{\partial x}\right)_j + \frac{1}{2}(k\Delta x)^2\left(\frac{\partial^2 u}{\partial x^2}\right)_j + \cdots + \frac{1}{n!}(k\Delta x)^n\left(\frac{\partial^n u}{\partial x^n}\right)_j + \cdots. \quad (2.2.1)$$

对一给定导数的差分近似可以通过 u_j 和 u_{j+k} $(k = \pm 1, \pm 2, \cdots)$ 的线性组合得到. 例如, 考虑 u_{j+1} 和 u_{j-1} 的 Taylor 展开

$$u_{j+1} = u_j + (\Delta x)\left(\frac{\partial u}{\partial x}\right)_j + \frac{1}{2}(\Delta x)^2\left(\frac{\partial^2 u}{\partial x^2}\right)_j + \cdots + \frac{1}{n!}(\Delta x)^n\left(\frac{\partial^n u}{\partial x^n}\right)_j + \cdots,$$

$$(2.2.2)$$

$$u_{j-1} = u_j - (\Delta x)\left(\frac{\partial u}{\partial x}\right)_j + \frac{1}{2}(\Delta x)^2\left(\frac{\partial^2 u}{\partial x^2}\right)_j - \cdots + \frac{(-1)^n}{n!}(\Delta x)^n\left(\frac{\partial^n u}{\partial x^n}\right)_j + \cdots.$$

$$(2.2.3)$$

由 (2.2.2) 得到

$$\frac{u_{j+1} - u_j}{\Delta x} = \left(\frac{\partial u}{\partial x}\right)_j + \frac{1}{2}(\Delta x)\left(\frac{\partial^2 u}{\partial x^2}\right)_j + \cdots, \quad (2.2.4)$$

于是只要 Δx 足够小, 表达式 $(u_{j+1} - u_j)/\Delta x$ 就可作为 $\left(\dfrac{\partial u}{\partial x}\right)_j$ 的一个合理近似. 类似地, 由 (2.2.3) 可得

$$\frac{u_j - u_{j-1}}{\Delta x} = \left(\frac{\partial u}{\partial x}\right)_j - \frac{1}{2}(\Delta x)\left(\frac{\partial^2 u}{\partial x^2}\right)_j + \cdots, \quad (2.2.5)$$

而由 (2.2.2) 减去 (2.2.3) 可得

$$\frac{u_{j+1} - u_{j-1}}{2\Delta x} = \left(\frac{\partial u}{\partial x}\right)_j + \frac{1}{6}(\Delta x)^2\left(\frac{\partial^3 u}{\partial x^3}\right)_j + \frac{1}{120}(\Delta x)^4\left(\frac{\partial^5 u}{\partial x^5}\right)_j + \cdots, \quad (2.2.6)$$

显然, $(u_{j+1} - u_{j-1})/(2\Delta x)$ 可作为一阶导数的另一种近似. 在 (2.2.4) 中表达式 $(u_{j+1} - u_j)/\Delta x$ 是对 $\left(\dfrac{\partial u}{\partial x}\right)_j$ 的一阶近似, 可以记为

$$\left(\frac{\partial u}{\partial x}\right)_j = \frac{u_{j+1} - u_j}{\Delta x} + O(\Delta x). \quad (2.2.7)$$

类似地, (2.2.5) 和 (2.2.6) 可记为

$$\left(\frac{\partial u}{\partial x}\right)_j = \frac{u_j - u_{j-1}}{\Delta x} + O(\Delta x), \quad (2.2.8)$$

$$\left(\frac{\partial u}{\partial x}\right)_j = \frac{u_{j+1} - u_{j-1}}{2\Delta x} + O(\Delta x^2). \quad (2.2.9)$$

称 (2.2.7) 和 (2.2.8) 为关于 x 的一阶导数的单边差分近似, 称 (2.2.9) 为关于 x 的一阶导数的中心差分近似 (注: 如无特殊说明, Δx^2 表示 $(\Delta x)^2$, 等等).

对 x 的二阶导数, 由 (2.2.2) 加上 (2.2.3), 消去一阶导数项, 得

$$\frac{u_{j+1} - 2u_j + u_{j-1}}{\Delta x^2} = \left(\frac{\partial^2 u}{\partial x^2}\right)_j + \frac{1}{12}(\Delta x)^2\left(\frac{\partial^4 u}{\partial x^4}\right)_j + \frac{1}{360}(\Delta x)^4\left(\frac{\partial^6 u}{\partial x^6}\right)_j + \cdots,$$

$$(2.2.10)$$

于是得到二阶导数 $\dfrac{\partial^2 u}{\partial x^2}$ 的二阶近似

$$\left(\frac{\partial^2 u}{\partial x^2}\right)_j = \frac{u_{j+1} - 2u_j + u_{j-1}}{\Delta x^2} + O(\Delta x^2). \qquad (2.2.11)$$

如要求得更高阶精度的差分计算, 可由 u_{j+1} $(j = \pm 1, \pm 2, \cdots)$ 的 Taylor 展开式再通过待定系数法得到. 例如, 考虑二阶导数 $\dfrac{\partial^2 u}{\partial x^2}$ 在点 $x = j\Delta x$, $x = (j \pm 1)\Delta x$, $x = (j \pm 2)\Delta x$ 处的 Taylor 展开可以得到四阶的近似精度. 考虑

$$\Delta x^2\left(\frac{\partial^2 u}{\partial x^2}\right)_j = c_1 u_{j-2} + c_2 u_{j-1} + c_3 u_j + c_4 u_{j+1} + c_5 u_{j+2} + O(\Delta x^6), \qquad (2.2.12)$$

其中系数 c_1, c_2, c_3, c_4, c_5 待定, 将上式右端各项在 $x = j\Delta x$ 处展成 Taylor 级数, 整理得

$$\begin{aligned}
\Delta x^2\left(\frac{\partial^2 u}{\partial x^2}\right)_j &= (c_1 + c_2 + c_3 + c_4 + c_5)u_j \\
&\quad + \left[\frac{(-2)}{1!}c_1 + \frac{(-1)}{1!}c_2 + \frac{(+1)}{1!}c_4 + \frac{(+2)}{1!}c_5\right](\Delta x)\left(\frac{\partial u}{\partial x}\right)_j \\
&\quad + \left[\frac{(-2)^2}{2!}c_1 + \frac{(-1)^2}{2!}c_2 + \frac{(+1)^2}{2!}c_4 + \frac{(+2)^2}{2!}c_5\right](\Delta x)^2\left(\frac{\partial^2 u}{\partial x^2}\right)_j \\
&\quad + \left[\frac{(-2)^3}{3!}c_1 + \frac{(-1)^3}{3!}c_2 + \frac{(+1)^3}{3!}c_4 + \frac{(+2)^3}{3!}c_5\right](\Delta x)^3\left(\frac{\partial^3 u}{\partial x^3}\right)_j \\
&\quad + \left[\frac{(-2)^4}{4!}c_1 + \frac{(-1)^4}{4!}c_2 + \frac{(+1)^4}{4!}c_4 + \frac{(+2)^4}{4!}c_5\right](\Delta x)^4\left(\frac{\partial^4 u}{\partial x^4}\right)_j \\
&\quad + \left[\frac{(-2)^5}{5!}c_1 + \frac{(-1)^5}{5!}c_2 + \frac{(+1)^5}{5!}c_4 + \frac{(+2)^5}{5!}c_5\right](\Delta x)^5\left(\frac{\partial^5 u}{\partial x^5}\right)_j \\
&\quad + O(\Delta x^6).
\end{aligned}$$

$$(2.2.13)$$

比较方程两端 u_j 及 u_j 的各阶导数项的系数, 得线性代数方程组

$$\begin{cases}
c_1 & + c_2 + c_3 + c_4 + c_5 & = 0, \\
-2c_1 & - c_2 + + c_4 + 2c_5 & = 0, \\
4c_1 & + c_2 + + c_4 + 4c_5 & = 2, \\
-8c_1 & - c_2 + + c_4 + 8c_5 & = 0, \\
16c_1 & + c_2 + + c_4 + 16c_5 & = 0.
\end{cases} \qquad (2.2.14)$$

由此解得

$$c_1 = -\frac{1}{12}, \ c_2 = \frac{4}{3}, \ c_3 = -\frac{5}{2}, \ c_4 = \frac{4}{3}, \ c_5 = -\frac{1}{12}. \tag{2.2.15}$$

该系数可使 (2.2.13) 中 $\left(\dfrac{\partial^5 u}{\partial x^5}\right)_j$ 前的系数为零, 从而可得二阶导数的一个四阶精度近似

$$\frac{\partial^2 u}{\partial x^2} = \frac{-u_{j-2} + 16u_{j-1} - 30u_j + 16u_{j+1} - u_{j+2}}{12\Delta x^2} + O(\Delta x^4). \tag{2.2.16}$$

故方程 (2.1.1) 的一个精度为 $O(\Delta t + \Delta x^4)$ 阶的格式为

$$u_j^{n+1} = u_j^n + \frac{\nu \Delta t}{12\Delta x^2}(-u_{j-2}^n + 16u_{j-1}^n - 30u_j^n + 16u_{j+1}^n - u_{j+2}^n). \tag{2.2.17}$$

也可能通过系数 $(\Delta x, \Delta t, \nu)$ 的特定选择得到更高阶的差分格式. 差分方程 (2.1.4) 可以表示为

$$u_j^{n+1} = u_j^n + \frac{\nu \Delta t}{\Delta x^2}(u_{j+1}^n - 2u_j^n + u_{j-1}^n). \tag{2.2.18}$$

该差分方程对时间和空间都是二阶精度, 因为

$$\begin{aligned}
&\frac{\partial u(j\Delta x, n\Delta t)}{\partial t} - \nu \frac{\partial^2 u(j\Delta x, n\Delta t)}{\partial x^2} \\
&= \frac{u_j^{n+1} - u_j^n}{\Delta t} - \frac{\nu}{\Delta x^2}(u_{j+1}^n - 2u_j^n + u_{j-1}^n) + O(\Delta t) + O(\Delta x^2).
\end{aligned} \tag{2.2.19}$$

对某些特殊的 Δx 和 Δt 的选择, 差分方程可达到更高的精度, 如在 (2.2.19) 中保留更多的项, 有

$$\begin{aligned}
&\left(\frac{\partial u}{\partial t} - \nu \frac{\partial^2 u}{\partial x^2}\right)_j^n - \left(\frac{\delta_t^+}{\Delta t} - \frac{\nu \delta_x^2}{\Delta x^2}\right)u_j^n \\
&= -\frac{\Delta t}{2}\left(\frac{\partial^2 u}{\partial t^2}\right)_j^n - \frac{\Delta t^2}{3!}\left(\frac{\partial^3 u}{\partial t^3}\right)_j^n - \cdots + \nu\left[\frac{2\Delta x^2}{4!}\left(\frac{\partial^4 u}{\partial x^4}\right)_j^n + 2\frac{\Delta x^4}{6!}\left(\frac{\partial^6 u}{\partial x^6}\right)_j^n + \cdots\right],
\end{aligned} \tag{2.2.20}$$

这里 $\delta_t^+ u_j^n = u_j^{n+1} - u_j^n$, $\delta_x^2 u_j^n = u_{j+1}^n - 2u_j^n + u_{j-1}^n$. 利用

$$\frac{\partial u}{\partial t} = \nu \frac{\partial^2 u}{\partial x^2} \quad \text{及} \quad \frac{\partial^2 u}{\partial t^2} = \nu^2 \frac{\partial^4 u}{\partial x^4},$$

可将 (2.2.20) 改写成

$$\begin{aligned}
&\left(\frac{\partial u}{\partial t} - \nu \frac{\partial^2 u}{\partial x^2}\right)_j^n - \left(\frac{\delta_t^+}{\Delta t} - \frac{\nu}{\Delta x^2}\delta_x^2\right)u_j^n \\
&= -\frac{\Delta t}{2}\nu^2\left(\frac{\partial^4 u}{\partial x^4}\right)_j^n - \frac{\Delta t^2}{3!}\left(\frac{\partial^3 u}{\partial t^3}\right)_j^n + \nu\frac{2\Delta x^2}{4!}\left(\frac{\partial^4 u}{\partial x^4}\right)_j^n + \nu\left[2\frac{\Delta x^4}{6!}\left(\frac{\partial^6 u}{\partial x^6}\right)_j^n + \cdots\right] \\
&= \nu\left(-\nu\frac{\Delta t}{2} + 2\frac{\Delta x^2}{4!}\right)\left(\frac{\partial^4 u}{\partial x^4}\right)_j^n + O(\Delta t^2) + O(\Delta x^4).
\end{aligned} \tag{2.2.21}$$

因此, 若选择 $\Delta t = \dfrac{\Delta x^2}{6\nu}$, 则可得一个时间为二阶精度、空间为四阶精度的格式.

§2.3　导数的算子表示

下面推导一阶导数和二阶导数的线性算子表示方法. 定义如下差分算子

$$
\begin{aligned}
&\Delta_x \text{ 前差算子}: && \Delta_x u_j = u_{j+1} - u_j, \\
&\nabla_x \text{ 后差算子}: && \nabla_x u_j = u_j - u_{j-1}, \\
&\delta_x \text{ 中心差分算子}: && \delta_x u_j = u_{j+\frac{1}{2}} - u_{j-\frac{1}{2}}, \\
&T_x \text{ 移位算子}: && T_x u_j = u_{j+1}, \\
&\mu_x \text{ 平均算子}: && \mu_x u_j = \frac{1}{2}(u_{j+\frac{1}{2}} + u_{j-\frac{1}{2}}), \\
&D_x \text{ 一阶偏导数算子}: && D_x = \frac{\partial}{\partial x}, \\
&I \text{ 恒等算子}: && I u_j = u_j.
\end{aligned}
\tag{2.3.1}
$$

根据上面定义, 前差、后差和中心差分算子均可用移位算子来表示.

$$
\begin{aligned}
&\Delta_x u_j = u_{j+1} - u_j = T_x u_j - I u_j = (T_x - I)u_j \\
&\Rightarrow \Delta_x = T_x - I \ \text{ 或 } \ T_x = I + \Delta_x,
\end{aligned}
\tag{2.3.2}
$$

$$
\begin{aligned}
&\nabla_x u_j = u_j - u_{j-1} = I u_j - T_x^{-1} u_j = (I - T_x^{-1})u_j \\
&\Rightarrow \nabla_x = I - T_x^{-1} \ \text{ 或 } \ T_x = (I - \nabla_x)^{-1},
\end{aligned}
\tag{2.3.3}
$$

$$
\begin{aligned}
&\delta_x u_j = u_{j+\frac{1}{2}} - u_{j-\frac{1}{2}} = T_x^{\frac{1}{2}} u_j - T_x^{-\frac{1}{2}} u_j = (T_x^{\frac{1}{2}} - T_x^{-\frac{1}{2}})u_j \\
&\Rightarrow \delta_x = T_x^{\frac{1}{2}} - T_x^{-\frac{1}{2}},
\end{aligned}
\tag{2.3.4}
$$

$$
\begin{aligned}
&\delta_x^2 u_j = u_{j+1} - 2u_j + u_{j-1} = (T_x - 2I + T_x^{-1})u_j \\
&\Rightarrow \delta_x^2 = T_x - 2I + T_x^{-1},
\end{aligned}
\tag{2.3.5}
$$

$$
\begin{aligned}
&\mu_x \delta_x u_j = \mu_x(u_{j+\frac{1}{2}} - u_{j-\frac{1}{2}}) = \frac{1}{2}(u_{j+1} - u_{j-1}) = \frac{1}{2}(T_x - T_x^{-1})u_j \\
&\Rightarrow \mu_x \delta_x = \frac{1}{2}(T_x - T_x^{-1}),
\end{aligned}
\tag{2.3.6}
$$

$$
\begin{aligned}
\mu_x^2 u_j &= \frac{1}{2}\mu_x(u_{j+\frac{1}{2}} + u_{j-\frac{1}{2}}) = \frac{1}{4}(u_{j+1} + 2u_j + u_{j-1}) \\
&= \frac{1}{4}(T_x + 2I + T_x^{-1})u_j \\
&\Rightarrow \mu_x^2 = \frac{1}{4}(T_x + 2I + T_x^{-1}).
\end{aligned}
\tag{2.3.7}
$$

将 (2.3.5) 与 (2.3.6) 相加, 得

$$
T_x = I + \frac{1}{2}\delta_x^2 + \mu_x \delta_x.
\tag{2.3.8}
$$

现将 u_{j+1} 在 u_j 处作 Taylor 展开, 得

$$u_{j+1} = u_j + h\left(\frac{\partial u}{\partial x}\right)_j + \frac{h^2}{2!}\left(\frac{\partial^2 u}{\partial x^2}\right)_j + \frac{h^3}{3!}\left(\frac{\partial^3 u}{\partial x^3}\right)_j + \cdots$$

$$= \left(I + \frac{h}{1!}D_x + \frac{h^2}{2!}D_x^2 + \frac{h^3}{3!}D_x^3 + \cdots\right)u_j$$

$$= e^{hD_x}u_j, \tag{2.3.9}$$

其中 $D_x = \dfrac{\partial}{\partial x}$, $D_x^2 = \dfrac{\partial^2}{\partial x^2}$, $\cdots$ 为偏导数算子, h 为空间步长. 于是有

$$T_x = e^{hD_x} \quad \text{或} \quad D_x = \frac{1}{h}\ln T_x, \tag{2.3.10}$$

由 T_x 的表达式 (2.3.2)~(2.3.4) 和 (2.3.8) 知, 一阶偏导数算子可用前差、后差、中心和平均差分算子表示. 将 (2.3.2) 和 (2.3.3) 分别代入 (2.3.10) 中, 可得 D_x 的前差、后差差分算子表示, 分别为

$$D_x = \frac{1}{h}\ln T_x = \frac{1}{h}\ln(I + \Delta_x) = \frac{1}{h}\left(\Delta_x - \frac{1}{2}\Delta_x^2 + \frac{1}{3}\Delta_x^3 - \cdots\right), \tag{2.3.11}$$

$$D_x = \frac{1}{h}\ln T_x = \frac{1}{h}\ln(I - \nabla_x)^{-1} = \frac{1}{h}\left(\nabla_x + \frac{1}{2}\nabla_x^2 + \frac{1}{3}\nabla_x^3 + \cdots\right). \tag{2.3.12}$$

将 (2.3.8) 代入 (2.3.10) 中, 并注意到 $\mu_x^2 = I + \frac{1}{4}\delta_x^2$, 可得 D_x 的平均差分算子表示

$$D_x = \frac{1}{h}\ln\left[I + \left(\frac{1}{2}\delta_x^2 + \mu_x\delta_x\right)\right] = \frac{1}{h}\mu_x\left(\delta_x - \frac{1}{6}\delta_x^3 + \frac{1}{30}\delta_x^5 - \cdots\right). \tag{2.3.13}$$

由 (2.3.4) 和 (2.3.10) 得

$$\delta_x = e^{\frac{1}{2}hD_x} - e^{-\frac{1}{2}hD_x} = 2\sinh\left(\frac{h}{2}D_x\right),$$

从而

$$D_x = \frac{2}{h}\sinh^{-1}\left(\frac{\delta_x}{2}\right) = \frac{1}{h}\left(\delta_x - \frac{1}{24}\delta_x^3 + \frac{3}{640}\delta_x^5 - \cdots\right). \tag{2.3.14}$$

有了 D_x 的各种表达式 (2.3.11)~(2.3.14), 即

$$D_x = \frac{1}{h}\begin{cases} \Delta_x - \dfrac{1}{2}\Delta_x^2 + \dfrac{1}{3}\Delta_x^3 - \cdots, \\[2mm] \nabla_x + \dfrac{1}{2}\nabla_x^2 + \dfrac{1}{3}\nabla_x^3 + \cdots, \\[2mm] \mu_x\delta_x - \dfrac{1}{6}\mu_x\delta_x^3 + \dfrac{1}{30}\mu_x\delta_x^5 - \cdots, \\[2mm] \delta_x - \dfrac{1}{24}\delta_x^3 + \dfrac{3}{640}\delta_x^5 - \cdots, \end{cases} \tag{2.3.15}$$

就可得到二阶或更高阶的偏导数算子的表达式. 例如, 对二阶偏导数算子 $D_x^2 = D_x D_x$, 有

$$D_x^2 = \frac{1}{h^2} \begin{cases} \Delta_x^2 - \Delta_x^3 + \dfrac{11}{12}\Delta_x^4 - \dfrac{5}{6}\Delta x^5 + \cdots, \\[2mm] \nabla_x^2 + \nabla_x^3 + \dfrac{11}{12}\nabla_x^4 + \dfrac{5}{6}\nabla x^5 + \cdots, \\[2mm] \mu_x^2\delta_x^2 - \dfrac{1}{3}\mu_x^2\delta_x^4 + \dfrac{17}{180}\mu_x^2\delta_x^6 - \cdots, \\[2mm] \delta_x^2 - \dfrac{1}{12}\delta_x^4 + \dfrac{1}{90}\delta_x^6 - \cdots. \end{cases} \tag{2.3.16}$$

一般地, r 阶偏导数算子可表示为

$$D_x^r = \frac{1}{h^r} \begin{cases} \Delta_x^r - \dfrac{r}{2}\Delta_x^{r+1} + \dfrac{r(3r+5)}{24}\Delta_x^{r+2} - \cdots, \\[2mm] \nabla_x^r + \dfrac{r}{2}\nabla_x^{r+1} + \dfrac{r(3r+5)}{24}\nabla_x^{r+2} + \cdots, \\[2mm] \mu_x\delta_x^r - \dfrac{r+3}{24}\mu_x\delta_x^{r+2} + \dfrac{5r^2+52r+135}{5760}\mu_x\delta_x^{r+4} - \cdots \quad (r \text{为奇数}), \\[2mm] \delta_x^2 - \dfrac{r}{24}\delta_x^{r+2} + \dfrac{r(5r+22)}{5760}\delta_x^{r+4} - \cdots \quad (r \text{为偶数}). \end{cases} \tag{2.3.17}$$

由上面的表达式还可导出导数算子的 Padé 差分近似, 分别取上面 D_x 表达式 (2.3.15) 中前两项, 得

$$D_x = \frac{1}{h}\left[\Delta_x - \frac{\Delta_x^2}{2} + O(\Delta_x^3)\right] = \frac{1}{h}\frac{\Delta_x}{1 + \dfrac{\Delta_x}{2}} + O(h^2), \tag{2.3.18}$$

$$D_x = \frac{1}{h}\left[\nabla_x + \frac{\nabla_x^2}{2} + O(\nabla_x^3)\right] = \frac{1}{h}\frac{\nabla_x}{1 - \dfrac{\nabla_x}{2}} + O(h^2), \tag{2.3.19}$$

$$D_x = \frac{1}{h}\left[\mu_x\delta_x - \frac{1}{6}\mu_x\delta_x^3 + O(\delta_x^5)\right] = \frac{1}{h}\frac{\mu_x\delta_x}{1 + \dfrac{\delta_x^2}{6}} + O(h^4), \tag{2.3.20}$$

$$D_x = \frac{1}{h}\left[\delta_x - \frac{1}{24}\delta_x^3 + O(\delta_x^5)\right] = \frac{1}{h}\frac{\delta_x}{1 + \dfrac{\delta_x^2}{24}} + O(h^4). \tag{2.3.21}$$

因此得到了一阶导数算子的前差、后差和中心差分算子表示, 其中前两式即 (2.3.18)～(2.3.19) 有二阶精度, 后两式即 (2.3.20)～(2.3.21) 有四阶精度. 类似地, 对二阶导数算子, 有三种算子的 Padé 差分形式

$$D_x^2 = \begin{cases} \dfrac{1}{h^2}\dfrac{\Delta_x^2}{1 + \Delta_x} + O(h^2), \\[3mm] \dfrac{1}{h^2}\dfrac{\nabla_x^2}{1 - \nabla_x} + O(h^2), \\[3mm] \dfrac{1}{h^2}\dfrac{\mu_x^2\delta_x^2}{1 + \dfrac{1}{3}\delta_x^2} + O(h^4), \\[4mm] \dfrac{1}{h^2}\dfrac{\delta_x^2}{1 + \dfrac{1}{12}\delta_x^2} + O(h^4). \end{cases} \tag{2.3.22}$$

§2.4 任意阶精度差分格式的建立

§2.4.1 Taylor 级数表

函数在某一点的 Taylor 展开可用于建立任意阶精度的有限差分算子. 一种简明的方法是作一张 Taylor 级数表. 表 2.1 是三个点的二阶导数近似, 其中导数在中点计算. 我们要求解表达式

$$\left(\frac{\partial^2 u}{\partial x^2}\right)_j - \frac{1}{\Delta x^2}(au_{j-1} + bu_j + cu_{j+1}) = ? \tag{2.4.1}$$

表 2.1 三点二阶导数近似的 Taylor 级数表

求和项	u_j	$\Delta x\left(\frac{\partial u}{\partial x}\right)_j$	$\Delta x^2\left(\frac{\partial^2 u}{\partial x^2}\right)_j$	$\Delta x^3\left(\frac{\partial^3 u}{\partial x^3}\right)_j$	$\Delta x^4\left(\frac{\partial^4 u}{\partial x^4}\right)_j$
$\Delta x^2\left(\frac{\partial^2 u}{\partial x^2}\right)_j$	0	0	1	0	0
$-au_{j-1}$	$-a$	$-a(-1)\frac{1}{1}$	$-a(-1)^2\frac{1}{2}$	$-a(-1)^3\frac{1}{6}$	$-a(-1)^4\frac{1}{24}$
$-bu_j$	$-b$	0	0	0	0
$-cu_{j+1}$	$-c$	$-c(1)\frac{1}{1}$	$-c(1)^2\frac{1}{2}$	$-c(1)^3\frac{1}{6}$	$-c(1)^4\frac{1}{24}$

注意 (2.4.1) 中的所有项在表的左列 (已经乘以 Δx^2 以简化表中的项). 表中每一列的第一项是这一列中的公共因子, 即为

$$\Delta x^k\left(\frac{\partial^k u}{\partial x^k}\right)_j, \quad k = 0, 1, 2, \cdots.$$

每一行构成一个 Taylor 展开, 例如最后一行相应于 $-cu_{j+1}$ 的 Taylor 展开

$$-cu_{j+1} = -cu_j - c(1)\frac{1}{1}\Delta x\left(\frac{\partial u}{\partial x}\right)_j - c(1)^2\frac{1}{2}\Delta x^2\left(\frac{\partial^2 u}{\partial x^2}\right)_j$$
$$-c(1)^3\frac{1}{6}\Delta x^3\left(\frac{\partial^3 u}{\partial x^3}\right)_j - c(1)^4\frac{1}{24}\Delta x^4\left(\frac{\partial^4 u}{\partial x^4}\right)_j - \cdots. \tag{2.4.2}$$

对表中的每一列进行求和, 为得到近似的最大阶数, 从左向右进行, 通过取适当的 a, b, c, 使前三列之和为零, 即

$$\begin{pmatrix} -1 & -1 & -1 \\ 1 & 0 & -1 \\ -1 & 0 & -1 \end{pmatrix} \begin{pmatrix} a \\ b \\ c \end{pmatrix} = \begin{pmatrix} 0 \\ 0 \\ -2 \end{pmatrix}.$$

由该方程解得 $a = 1, b = -2, c = 1$. 求和不为零的列构成截断误差. 第一个不为零的求和的列, 称为截断误差首项, 用 R_j 表示. 在表 2.1 中, R_j 在第五列中出现, 于是

$$R_j = \frac{1}{\Delta x^2} \left(\frac{-a}{24} + \frac{-c}{24} \right) \Delta x^4 \left(\frac{\partial^4 u}{\partial x^4} \right)_j = -\frac{\Delta x^2}{12} \left(\frac{\partial^4 u}{\partial x^4} \right)_j. \tag{2.4.3}$$

注意到已除以 Δx^2 以使误差项与 (2.4.1) 中的表示一致. 因此我们得到熟悉的关于二阶导数的三点中心差分格式

$$\left(\frac{\partial^2 u}{\partial x^2} \right)_j - \frac{1}{\Delta x^2} (u_{j-1} - 2u_j + u_{j+1}) = O(\Delta x^2). \tag{2.4.4}$$

现考虑一阶导数的三点向后差分近似

$$\left(\frac{\partial u}{\partial x} \right)_j - \frac{1}{\Delta x} (a_2 u_{j-2} + a_1 u_{j-1} + b u_j) = ?$$

其 Taylor 级数表见表 2.2. 令其中的前三列求和为零, 得到

$$\begin{pmatrix} -1 & -1 & -1 \\ 2 & 1 & 0 \\ -4 & -1 & 0 \end{pmatrix} \begin{pmatrix} a_2 \\ a_1 \\ b \end{pmatrix} = \begin{pmatrix} 0 \\ -1 \\ 0 \end{pmatrix},$$

解得 $(a_2, a_1, b) = \dfrac{1}{2}(1, -4, 3)$. 这时第四列给出截断误差首项

$$R_j = \frac{1}{\Delta x} \left(\frac{8a_2}{6} + \frac{a_1}{6} \right) \Delta x^3 \left(\frac{\partial^3 u}{\partial x^3} \right)_j = \frac{\Delta x^2}{3} \left(\frac{\partial^3 u}{\partial x^3} \right)_j. \tag{2.4.5}$$

由此得到一阶导数的二阶精度的向后差分近似

$$\left(\frac{\partial u}{\partial x} \right)_j - \frac{1}{2\Delta x} (u_{j-2} - 4u_{j-1} + 3u_j) = O(\Delta x^2). \tag{2.4.6}$$

表 2.2　一阶导数的三点向后近似的 Taylor 级数表

求和项	u_j	$\Delta x \left(\frac{\partial u}{\partial x} \right)_j$	$\Delta x^2 \left(\frac{\partial^2 u}{\partial x^2} \right)_j$	$\Delta x^3 \left(\frac{\partial^3 u}{\partial x^3} \right)_j$	$\Delta x^4 \left(\frac{\partial^4 u}{\partial x^4} \right)_j$
$\Delta x \left(\frac{\partial u}{\partial x} \right)_j$	0	1	0	0	0
$-a_2 u_{j-2}$	$-a_2$	$-a_2(-2)\frac{1}{1}$	$-a_2(-2)^2 \frac{1}{2}$	$-a_2(-2)^3 \frac{1}{6}$	$-a_2(-2)^4 \frac{1}{24}$
$-a_1 u_{j-1}$	$-a_1$	$-a_1(-1)\frac{1}{1}$	$-a_1(-1)^2 \frac{1}{2}$	$-a_1(-1)^3 \frac{1}{6}$	$-a_1(-1)^4 \frac{1}{24}$
$-b u_j$	$-b$	0	0	0	0

由该方法还可以求得导数更高阶精度的差分近似. 如考虑一阶导数的五点中心差分近似. 设

$$\left(\frac{\partial u}{\partial x}\right)_j - \frac{1}{\Delta x}(au_{j-2} + bu_{j-1} + cu_j + du_{j+1} + eu_{j+2}) = ? \tag{2.4.7}$$

建立如下 Taylor 级数表 2.3.

表 2.3   一阶导数的五点中心差分近似 Taylor 级数表

求和项	u_j	$\Delta x\left(\dfrac{\partial u}{\partial x}\right)_j$	$\Delta x^2\left(\dfrac{\partial^2 u}{\partial x^2}\right)_j$	$\Delta x^3\left(\dfrac{\partial^3 u}{\partial x^3}\right)_j$	$\Delta x^4\left(\dfrac{\partial^4 u}{\partial x^4}\right)_j$	$\Delta x^5\left(\dfrac{\partial^5 u}{\partial x^5}\right)_j$
$\Delta x\left(\dfrac{\partial u}{\partial x}\right)_j$	0	1	0	0	0	0
$-au_{j-2}$	$-a$	$-a(-2)\dfrac{1}{1}$	$-a(-2)^2\dfrac{1}{2}$	$-a(-2)^3\dfrac{1}{6}$	$-a(-2)^4\dfrac{1}{24}$	$-a(-2)^5\dfrac{1}{120}$
$-bu_{j-1}$	$-b$	$-b(-1)\dfrac{1}{1}$	$-b(-1)^2\dfrac{1}{2}$	$-b(-1)^3\dfrac{1}{6}$	$-b(-1)^4\dfrac{1}{24}$	$-b(-1)^5\dfrac{1}{120}$
$-cu_j$	$-c$	0	0	0	0	0
$-du_{j+1}$	$-d$	$-d(1)\dfrac{1}{1}$	$-b(1)^2\dfrac{1}{2}$	$-d(1)^3\dfrac{1}{6}$	$-d(1)^4\dfrac{1}{24}$	$-d(1)^5\dfrac{1}{120}$
$-eu_{j+2}$	$-e$	$-e(2)\dfrac{1}{1}$	$-e(2)^2\dfrac{1}{2}$	$-e(2)^3\dfrac{1}{6}$	$-e(2)^4\dfrac{1}{24}$	$-e(2)^5\dfrac{1}{120}$

对表 2.3 中的每一列进行求和, 使前五列均为零, 得到方程

$$\begin{pmatrix} 1 & 1 & 1 & 1 & 1 \\ -2 & -1 & 0 & 1 & 2 \\ 4 & 1 & 0 & 1 & 4 \\ -8 & -1 & 0 & 1 & 8 \\ 16 & 1 & 0 & 1 & 16 \end{pmatrix} \begin{pmatrix} a \\ b \\ c \\ d \\ e \end{pmatrix} = \begin{pmatrix} 0 \\ 1 \\ 0 \\ 0 \\ 0 \end{pmatrix}, \tag{2.4.8}$$

解得

$$(a, b, c, d, e) = \left(\frac{1}{12}, -\frac{8}{12}, 0, \frac{8}{12}, -\frac{1}{12}\right),$$

截断误差首项 R_j 为

$$R_j = \frac{1}{120\Delta x}(32a + b - d - 32e)\Delta x^5\left(\frac{\partial^5 u}{\partial x^5}\right)_j = \frac{1}{30}\Delta x^4\left(\frac{\partial^5 u}{\partial x^5}\right)_j, \tag{2.4.9}$$

于是得到一阶导数五点 (实际为四点) 四阶精度格式

$$\left(\frac{\partial u}{\partial x}\right)_j = \frac{u_{j-2} - 8u_{j-1} + 8u_{j+1} - u_{j+2}}{12\Delta x} + O(\Delta x^4). \tag{2.4.10}$$

§2.5 非均匀网格

对非均匀网格, 也可用 Taylor 展开方法导出差分方程. 考虑对热传导方程 $\dfrac{\partial u}{\partial t} = \dfrac{\partial^2 u}{\partial x^2}$ 在非均匀网格上近似. 首先取 $M+1$ 个结点

$$a = x_0 < x_1 < \cdots < x_i < \cdots < x_M = b,$$

将区间 $R = (a, b)$ 分成 M 个单元:

$$R_j : x_{j-1} \leqslant x \leqslant x_j, \quad j = 1, \cdots, M.$$

记 $h_j = x_j - x_{j-1}$, 称 $h = \max\{h_j\}$ 为最大网格步长, 记 $x_{j-\frac{1}{2}}$ 为相邻结点 x_{j-1} 和 x_j 的中点, 即 $x_{j-\frac{1}{2}} = (x_{j-1} + x_j)/2 \ (j = 1, \cdots, M)$. 考虑下列 Taylor 展开

$$u_{j+1}^n = u_j^n + \left(\frac{\partial u}{\partial x}\right)_j^n (h_{j+1}) + \frac{1}{2} \left(\frac{\partial^2 u}{\partial x^2}\right)_j^n (h_{j+1})^2 + O(h^3), \tag{2.5.1}$$

$$u_{j-1}^n = u_j^n + \left(\frac{\partial u}{\partial x}\right)_j^n (-h_j) + \frac{1}{2} \left(\frac{\partial^2 u}{\partial x^2}\right)_j^n (-h_j)^2 + O(h^3), \tag{2.5.2}$$

两式相减, 得

$$\frac{u_{j+1}^n - u_{j-1}^n}{h_j + h_{j+1}} = \left(\frac{\partial u}{\partial x}\right)_j^n + \frac{h_{j+1} - h_j}{2} \left(\frac{\partial^2 u}{\partial x^2}\right)_j^n + O(h^2). \tag{2.5.3}$$

类似地, 可得

$$\begin{aligned}
\frac{u_j^n - u_{j-1}^n}{h_j} &= \left(\frac{\partial u}{\partial x}\right)_{j-\frac{1}{2}}^n + \frac{h_j^2}{24} \left(\frac{\partial^3 u}{\partial x^3}\right)_{j-\frac{1}{2}}^n + O(h^3) \\
&= \left(\frac{\partial u}{\partial x}\right)_{j-\frac{1}{2}}^n + \frac{h_j^2}{24} \left(\frac{\partial^3 u}{\partial x^3}\right)_j^n + O(h^3),
\end{aligned} \tag{2.5.4}$$

及

$$\begin{aligned}
\frac{u_{j+1}^n - u_j^n}{h_{j+1}} &= \left(\frac{\partial u}{\partial x}\right)_{j+\frac{1}{2}}^n + \frac{h_{j+1}^2}{24} \left(\frac{\partial^3 u}{\partial x^3}\right)_{j+\frac{1}{2}}^n + O(h^3) \\
&= \left(\frac{\partial u}{\partial x}\right)_{j+\frac{1}{2}}^n + \frac{h_{j+1}^2}{24} \left(\frac{\partial^3 u}{\partial x^3}\right)_j^n + O(h^3),
\end{aligned} \tag{2.5.5}$$

(2.5.5) 减去 (2.5.4), 并除以 $\dfrac{h_j + h_{j+1}}{2}$, 得

$$\frac{2}{h_j + h_{j+1}} \left(\frac{u_{j+1}^n - u_j^n}{h_{j+1}} - \frac{u_j^n - u_{j-1}^n}{h_j} \right)$$

$$= \frac{2}{h_j + h_{j+1}} \left[\left(\frac{\partial u}{\partial x}\right)_{j+\frac{1}{2}}^n - \left(\frac{\partial u}{\partial x}\right)_{j-\frac{1}{2}}^n \right] + \frac{h_{j+1} - h_j}{12} \left(\frac{\partial^3 u}{\partial x^3}\right)_j^n + O(h^2)$$

$$= \left[\frac{\partial}{\partial x}\left(\frac{\partial u}{\partial x}\right)\right]_j^n + \frac{h_{j+1} - h_j}{4}\left(\frac{\partial^3 u}{\partial x^3}\right)_j^n + \frac{h_{j+1} - h_j}{12}\left(\frac{\partial^3 u}{\partial x^3}\right)_j^n + O(h^2)$$

$$= \left(\frac{\partial^2 u}{\partial x^2}\right)_j^n + \frac{h_{j+1} - h_j}{3}\left(\frac{\partial^3 u}{\partial x^3}\right)_j^n + O(h^2). \tag{2.5.6}$$

对时间偏导数仍取

$$\frac{u_j^{n+1} - u_j^n}{\Delta t} = \left(\frac{\partial u}{\partial t}\right)_j^n + O(\Delta t).$$

因此, 可得

$$\frac{u_j^{n+1} - u_j^n}{\Delta t} = \frac{2}{h_j + h_{j+1}}\left(\frac{u_{j+1}^n - u_j^n}{h_{j+1}} - \frac{u_j^n - u_{j-1}^n}{h_j}\right) + R(u),$$

其中截断误差

$$R(u) = \frac{h_j - h_{j+1}}{3}\left(\frac{\partial^3 u}{\partial x^3}\right)_j^n + O(h^2) + O(\Delta t), \tag{2.5.7}$$

略去误差项, 得时间与空间均为一阶精度的差分格式

$$\frac{u_j^{n+1} - u_j^n}{\Delta t} = \frac{2}{h_j + h_{j+1}}\left(\frac{u_{j+1}^n - u_j^n}{h_{j+1}} - \frac{u_j^n - u_{j-1}^n}{h_j}\right). \tag{2.5.8}$$

由 $R(u)$ 的表达式知, 当取均匀网格时差分格式的精度为 $O(\Delta t + h^2)$ 阶.

§2.6 Fourier 误差分析

一个有限差分格式的误差情况可以通过 Fourier 误差分析得到. 我们知道任意周期函数都可以写成它的 Fourier 分量 e^{ikx} 的形式, 其中 k 是波数. 因此我们检验一个有限差分算子近似 e^{ikx} 导数的情况. 下面讨论一阶导数近似, 但方法可以推广到高阶.

精确的 e^{ikx} 的一阶导数是

$$\frac{de^{ikx}}{dx} = \mathrm{i}ke^{ikx}. \tag{2.6.1}$$

假如对 $u_j = e^{ikx_j}$ 应用一个二阶中心差分格式, 其中 $x_j = j\Delta x$, 则

$$\left(\frac{\partial u}{\partial x}\right)_j = \frac{u_{j+1} - u_{j-1}}{2\Delta x} = \frac{e^{ik\Delta x(j+1)} - e^{ik\Delta x(j-1)}}{2\Delta x} = \frac{(e^{ik\Delta x} - e^{-ik\Delta x})e^{ikj\Delta x}}{2\Delta x}$$

$$= \frac{1}{2\Delta x}\left\{\left[\cos(k\Delta x) + \mathrm{i}\sin(k\Delta x)\right] - \left[\cos(k\Delta x) - \mathrm{i}\sin(k\Delta x)\right]\right\}e^{ikx_j}$$

$$= \mathrm{i}\frac{\sin(k\Delta x)}{\Delta x}e^{ikx_j} \triangleq \mathrm{i}k^* e^{ikx_j}, \tag{2.6.2}$$

其中 k^* 是修正波数, 它替代了正确波数应当出现的位置. 因此修正波数近似精确波数的程度是近似精度的一种度量. 对这里的二阶中心差分算子, 修正波数是

$$k^* = \frac{\sin(k\Delta x)}{\Delta x}. \tag{2.6.3}$$

注意 k^* 近似 k 到二阶精度, 事实上,

$$\frac{\sin(k\Delta x)}{\Delta x} = k - \frac{k^3\Delta x^2}{6} + \cdots. \tag{2.6.4}$$

对一阶导数的四点四阶中心差分格式 (2.4.10), 即

$$\left(\frac{\partial u}{\partial x}\right)_j = \frac{u_{j-2} - 8u_{j-1} + 8u_{j+1} - u_{j+2}}{12\Delta x} + O(\Delta x^4).$$

将 $u_j = e^{ikx_j}$ 代入上式, 得

$$\left(\frac{\partial u}{\partial x}\right)_j = \frac{e^{ikx_j}(e^{-i2k\Delta x} - 8e^{-ik\Delta x} + 8e^{ik\Delta x} - e^{i2k\Delta x})}{12\Delta x}$$

$$= i\frac{e^{ikx_j}\left[8\sin(k\Delta x) - \sin(2k\Delta x)\right]}{6\Delta x} := ik^* e^{ikx_j}, \tag{2.6.5}$$

修正波数 k^* 为

$$k^* = \frac{8\sin(k\Delta x) - \sin(2k\Delta x)}{6\Delta x}. \tag{2.6.6}$$

同理对一阶导数的四阶 Padé 格式或紧致格式 (3.1.9) 即

$$\left(\frac{\partial u}{\partial x}\right)_{j-1} + 4\left(\frac{\partial u}{\partial x}\right)_j + \left(\frac{\partial u}{\partial x}\right)_{j+1} = \frac{3}{\Delta x}(u_{j+1} - u_{j-1}),$$

将 $\left(\frac{\partial u}{\partial x}\right)_j = ik^* e^{ikx_j}$ 和 $u_j = e^{ikx_j}$ 代入上式, 可得该格式的修正波数满足

$$ik^* e^{-ik\Delta x} + 4ik^* + ik^* e^{ik\Delta x} = \frac{3}{\Delta x}(e^{ik\Delta x} - e^{-ik\Delta x}),$$

由此求得修正波数

$$k^* = \frac{3\sin(k\Delta x)}{[2 + \cos(k\Delta x)]\Delta x}.$$

图 2.2 显示了一阶导数的精确波数及其二阶中心差分近似、四阶中心差分近似和四阶 Padé 近似的修正波数, 显示的修正波数的范围是 $0 \leqslant k\Delta x \leqslant \pi$.

通常, 一阶导数的有限差分算子可以写成形式

$$(\delta_x)_j = (\delta_x^a)_j + (\delta_x^s)_j,$$

其中 $(\delta_x^a)_j$ 是一个反对称算子, $(\delta_x^s)_j$ 是一个对称算子. 如果我们限制网格在 $j - M$ 到 $j + M$, 则

$$(\delta_x^a)_j = \frac{1}{\Delta x}\sum_{m=1}^{M} c_m(u_{j+m} - u_{j-m}),$$

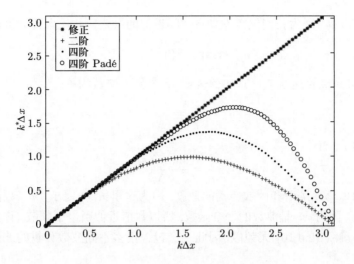

图 2.2 一阶导数三种格式的修正波数

和

$$(\delta_x^s)_j = \frac{1}{\Delta x}\Big[d_0 u_j + \sum_{m=1}^M d_m(u_{j+m} + u_{j-m})\Big].$$

于是可求得

$$\mathrm{i}k^* = \frac{1}{\Delta x}\Big[d_0 + 2\sum_{m=1}^M d_m \cos(mk\Delta x) + 2\mathrm{i}\sum_{m=1}^M c_m \sin(mk\Delta x)\Big]. \tag{2.6.7}$$

显然当有限差分算子是反对称算子(例如二阶中心差分算子)时, 修正波数是纯实数, 当包括一个对称分量时, 修正波数是复数.

在线性对流方程中, 误差有物理解释. 例如考虑如下形式的线性对流方程

$$\frac{\partial u}{\partial t} + a\frac{\partial u}{\partial x} = 0, \quad -\infty < x < \infty.$$

设解是波数为 k 的一个谐和函数形式

$$u(x,t) = f(t)e^{\mathrm{i}kx}, \tag{2.6.8}$$

其中 $f(t)$ 满足常微分方程

$$\frac{df}{dt} = -\mathrm{i}akf. \tag{2.6.9}$$

由此解得 $f(t) = f(0)e^{-\mathrm{i}akt}$, 再代入 (2.6.8) 中, 得到精确解

$$u(x,t) = f(0)e^{\mathrm{i}k(x-at)}. \tag{2.6.10}$$

假如空间一阶导数采用二阶中心差分格式, 则由前面 (2.6.2) 可知, 这时 $f(t)$ 应满足

$$\frac{df}{dt} = -\mathrm{i}a\frac{\sin(k\Delta x)}{\Delta x}f = -\mathrm{i}ak^* f. \tag{2.6.11}$$

精确求解该方程 (因为我们仅考虑来自空间近似的误差), 并代入到 (2.6.8) 中, 得

$$u_{数值}(x,t) = f(0)e^{ik(x-a^*t)}, \tag{2.6.12}$$

其中 a^* 是数值相位速度或修正相位速度, 且与修正波数相关:

$$\frac{a^*}{a} = \frac{k^*}{k}.$$

对上面的例子, 有

$$\frac{a^*}{a} = \frac{\sin(k\Delta x)}{k\Delta x}.$$

数值相位速度是谐和函数传播的速度. 因为这里 $a^*/a \leqslant 1$, 所以数值解比精确解传播得慢. 因为 a^* 是波数的一个函数, 所以数值近似引进了频散 (详见 §6.3), 尽管方程的精确解 (2.6.10) 无频散. 因此一个包含很多不同波数分量的波形最终将失去它原来的形状.

图 2.3 表示了空间一阶导数的三种差分格式即二阶中心差分格式、四阶中心差分格式和四阶 Padé 格式的数值相位速度. 根据采样定理, 对一给定的波, 每波长的采样点数是 $2\pi/(k\Delta x)$. 一个格式的求解效率可以依据低于指定相位误差所要求的每波长的网格点数来描述. 例如, 二阶中心格式每波长需要 80 个采样结点才能产生小于 0.1% 的相位速度误差, 四阶中心格式和四阶 Padé 格式分别需要 15 个点和 10 个点.

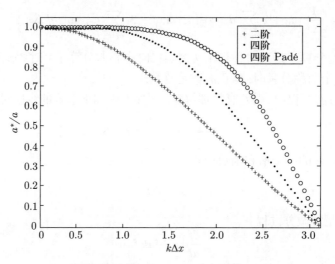

图 2.3 三种格式的数值相位速度

数值相位速度 a^* 与修正波数 k^* 有关, 修正波数一般是复数. 反对称算子如一阶导数的二阶中心差分格式, 修正波数是纯实数, 这导致相位速度误差. 对称算子的修正波数是纯虚数, 则导致解的振幅误差. 因此, 空间差分算子的反对称部分确定相位 (速度) 误差而对称部分确定振幅误差.

§2.7 练习

1. 对如下形式的一阶导数

$$\left(\frac{\partial u}{\partial x}\right)_j = \frac{1}{\Delta x}(au_{j-2} + bu_{j-1} + cu_j + du_{j+1})$$

推导其三阶精度的差分格式, 并求截断误差的首项.

2. 推导三阶导数形式为

$$\left(\frac{\partial^3 u}{\partial x^3}\right)_j = \frac{1}{\Delta x^3}(au_{j-2} + bu_{j-1} + cu_j + du_{j+1} + eu_{j+2})$$

的差分格式, 并求截断误差首项.

3. 对函数 e^{ikx} 作用二阶偏导数算子, 得

$$\frac{\partial^2 (e^{ikx})}{\partial x^2} = -k^2 e^{ikx},$$

作用二阶差分算子, 得

$$(\delta_x^2 e^{ikj\Delta x})_j = -k^{*2} e^{ikx},$$

由此定义二阶导数近似的修正波数 k^*. 分别求二阶导数的二阶中心差分格式、非紧致四阶差分算子, 即

$$\left(\frac{\partial^2 u}{\partial x^2}\right)_j = \frac{1}{12\Delta x^2}(-u_{j-2} + 16u_{j-1} - 30u_j + 16u_{j+1} - u_{j+2}) + O(\Delta x^4)$$

和紧致四阶算子的修正波数, 并画出 $(k^*\Delta x)^2$ 随 $k\Delta x$ $(0 \leqslant k\Delta x \leqslant \pi)$ 变化的图形.

4. 推导一阶导数的六阶非紧致和紧致格式, 并求相位误差小于 0.1% 时每波长所需的网格点数.

5. 分别求一阶导数

$$\left(\frac{\partial u}{\partial x}\right)_j = \frac{u_j - u_{j-1}}{\Delta x},$$

$$\left(\frac{\partial u}{\partial x}\right)_j = \frac{3u_j - 4u_{j-1} + u_{j-2}}{2\Delta x},$$

$$\left(\frac{\partial u}{\partial x}\right)_j = \frac{11u_j - 18u_{j-1} + 9u_{j-2} - 2u_{j-3}}{16\Delta x}$$

的一阶、二阶、三阶精度的单边差分格式的截断误差首项. 再分别推导三种格式的修正波数, 并画出 $k^*\Delta x$ 的实部和虚部随 $k\Delta x$ $(0 \leqslant k\Delta x \leqslant \pi)$ 变化的图形.

6. 用待定系数法证明, 仅用结点 $(j\Delta x)$ 和 $(j\pm1)\Delta x$ 可以得到 $\left(\frac{\partial^2 u}{\partial x^2}\right)_j$ 的三阶或更高阶精度的近似.

第三章　紧致差分格式

为了减小误差提高计算精度, 需要更多的网格点来作高阶导数近似, 这导致存储量和计算量的增加. 本章介绍紧致差分格式, 与传统的有限差分格式相比, 紧致差分格式可以用较少的结点构造出更高精度的格式. 紧致格式在计算流体和计算电磁场等问题中均有应用. 本章首先基于 Hermite 公式用第二章的 Taylor 级数方法来推导一阶导数的经典紧致格式, 然后简要介绍具有类似谱分辨率的各阶导数的紧致格式 [42], 以及交错网格上的紧致格式, 最后介绍同时含有一阶和二阶导数的紧致格式, 以及单边紧致格式.

§3.1　差分近似的推广

一般地, 对函数 $f(x)$, 在结点 i 处的 m 阶导数的差分近似可以写成 $p+q+1$ 个相邻点的形式

$$\left(\frac{\partial^m u}{\partial x^m}\right)_i - \sum_{k=-p}^{q} a_k u_{i+k} = R_k, \tag{3.1.1}$$

其中 a_k 是待定系数. 显然, 通过 Taylor 级数表可以求得这些系数, 求得任意阶导数的向前、向后、不对称或中心差分算子, 也可以推广到高维情形. 更一般地, 系数可以由插值方法得到. 下面考虑 Lagrange 和 Hermite 插值多项式. Lagrange 多项式由下式给出

$$f(x) = \sum_{k=0}^{K} a_k(x) f_k, \tag{3.1.2}$$

这里 $a_k(x)$ 是 x 的 K 次多项式. 对非等间距点的二次插值, $a_k(x)$ 的构造可以从简

单的 Lagrange 插值 (或外推) 得到

$$f(x) = f_0 \frac{(x_1 - x)(x_2 - x)}{(x_1 - x_0)(x_2 - x_0)} + f_1 \frac{(x_0 - x)(x_2 - x)}{(x_0 - x_1)(x_2 - x_1)} + f_2 \frac{(x_0 - x)(x_1 - x)}{(x_0 - x_2)(x_1 - x_2)}. \quad (3.1.3)$$

注意当 $x = x_k$ 时, f_k 的系数为 1; 当 x 取其他离散点时, f_k 的系数为 0. 若取等间距网格, 对 $f(x)$ 取一阶或二阶导数, 并在适当的点上计算这些导数, 可以导出前面给出的有限差分近似公式. 因此第二章用 Taylor 级数表构造差分近似的方法源于 Lagrange 插值公式的显式差分算子. 例如, 求一阶导数得

$$\frac{\partial f}{\partial x} = f_0 \frac{2x - (x_1 + x_2)}{2h^2} - f_1 \frac{2x - (x_0 + x_2)}{h^2} + f_2 \frac{2x_1 - (x_1 + x_0)}{2h^2},$$

其中 h 为网格间隔. 令 $\frac{\partial f}{\partial x}$ 在 x_1 处取值, 即得中心差分格式

$$\left. \frac{\partial f}{\partial x} \right|_{x=x_1} = \frac{f_2 - f_0}{2h}.$$

由 (3.1.2) 导出的有限差分公式称为 Lagrange 近似.

使用 Hermite 插值可以对 Lagrange 插值方法进行推广. 为构造关于 $u(x)$ 的一个多项式, Hermite 公式使用给定结点处的函数值和某些导数值. 使用函数值及其一阶导数的表达式为

$$f(x) = \sum a_k(x) f_k + \sum b_k(x) \left(\frac{\partial f}{\partial x} \right)_k. \quad (3.1.4)$$

下面对 Hermite 插值公式的一阶导数, 使用 Taylor 级数表构造一个隐式格式, (3.1.4) 可推广到包括相邻点的导数, 即

$$\sum_{k=-r}^{s} b_k \left(\frac{\partial^m f}{\partial x^m} \right)_{i+k} - \sum_{k=-p}^{q} a_k f_{i+k} = R_i. \quad (3.1.5)$$

对一阶导数的三点中心 Hermite 近似可表示为 (已将 j 点的一阶导数的系数取为 1, 以简化计算)

$$d \left(\frac{\partial f}{\partial x} \right)_{i-1} + \left(\frac{\partial f}{\partial x} \right)_i + e \left(\frac{\partial f}{\partial x} \right)_{i+1} - \frac{1}{\Delta x} (a f_{i-1} + b f_i + c f_{i+1}) = ? \quad (3.1.6)$$

表 3.1 是一阶导数的中心三点 Hermite 近似, 表中不仅包括了在结点 i 处的导数, 还包括了在结点 $i-1$ 和 $i+1$ 处的导数, 它们也必须用结点 i 处的 Taylor 级数来展开, 这要求 (2.2.2) 中的 Taylor 展开式推广为

$$\left(\frac{\partial^m f}{\partial x^m} \right)_{i+k} = \left\{ \left[\sum_{n=0}^{\infty} \frac{1}{n!} (k \Delta x)^n \frac{\partial^n}{\partial x^n} \right] \left(\frac{\partial^m f}{\partial x^m} \right) \right\}_i. \quad (3.1.7)$$

表 3.1　一阶导数的三点中心 Hermite 近似的 Taylor 级数表

求和项	u_j	$\Delta x\left(\dfrac{\partial f}{\partial x}\right)_i$	$\Delta x^2\left(\dfrac{\partial^2 f}{\partial x^2}\right)_i$	$\Delta x^3\left(\dfrac{\partial^3 f}{\partial x^3}\right)_i$	$\Delta x^4\left(\dfrac{\partial^4 f}{\partial x^4}\right)_i$	$\Delta x^5\left(\dfrac{\partial^5 f}{\partial x^5}\right)_i$
$\Delta x d\left(\dfrac{\partial f}{\partial x}\right)_{i-1}$	0	d	$d(-1)\dfrac{1}{1}$	$d(-1)^2\dfrac{1}{2}$	$d(-1)^3\dfrac{1}{6}$	$d(-1)^4\dfrac{1}{24}$
$\Delta x\left(\dfrac{\partial f}{\partial x}\right)_i$	0	1	0	0	0	0
$\Delta x e\left(\dfrac{\partial f}{\partial x}\right)_{i+1}$	0	e	$e(1)\dfrac{1}{1}$	$e(1)^2\dfrac{1}{2}$	$e(1)^3\dfrac{1}{6}$	$e(1)^4\dfrac{1}{24}$
$-af_{i-1}$	$-a$	$-a(-1)\dfrac{1}{1}$	$-a(-1)^2\dfrac{1}{2}$	$-a(-1)^3\dfrac{1}{6}$	$-a(-1)^4\dfrac{1}{24}$	$-a(-1)^5\dfrac{1}{120}$
$-bf_i$	$-b$	0	0	0	0	0
$-cf_{i+1}$	$-c$	$-c(1)\dfrac{1}{1}$	$-c(1)^2\dfrac{1}{2}$	$-c(1)^3\dfrac{1}{6}$	$-c(1)^4\dfrac{1}{24}$	$-c(1)^5\dfrac{1}{120}$

为达到最大阶的精度, 必须满足

$$\begin{pmatrix} -1 & -1 & -1 & 0 & 0 \\ 1 & 0 & -1 & 1 & 1 \\ -1 & 0 & -1 & -2 & 2 \\ 1 & 0 & -1 & 3 & 3 \\ -1 & 0 & -1 & -4 & 4 \end{pmatrix}\begin{pmatrix} a \\ b \\ c \\ d \\ e \end{pmatrix}=\begin{pmatrix} 0 \\ -1 \\ 0 \\ 0 \\ 0 \end{pmatrix},$$

解得

$$(a,b,c,d,e)=\left(-\frac{3}{4},0,\frac{3}{4},\frac{1}{4},\frac{1}{4}\right).$$

截断误差首项为

$$R_i=\left(\frac{d+e}{24}+\frac{a-c}{120}\right)\Delta x^4\left(\frac{\partial^5 u}{\partial x^5}\right)_i=\frac{\Delta x^4}{120}\left(\frac{\partial^5 u}{\partial x^5}\right)_i. \tag{3.1.8}$$

因此, 所得的表达式为

$$\left(\frac{\partial f}{\partial x}\right)_{i-1}+4\left(\frac{\partial f}{\partial x}\right)_i+\left(\frac{\partial f}{\partial x}\right)_{i+1}+\frac{3}{\Delta x}(f_{j-1}-f_{j+1})=O(\Delta x^4). \tag{3.1.9}$$

从而得到 $f(x)$ 一阶导数的 4 阶精度经典的 Padé 格式或紧致格式

$$\frac{h}{3}\left[\left(\frac{\partial f}{\partial x}\right)_{i-1}+4\left(\frac{\partial f}{\partial x}\right)_i+\left(\frac{\partial f}{\partial x}\right)_{i+1}\right]=-f_{i-1}+f_{i+1}. \tag{3.1.10}$$

为讨论简洁起见, 下面记 $h=\Delta x$. 类似地, 可求得 $f(x)$ 的二阶导数的经典的 4 阶精度的紧致差分格式

$$\frac{h^2}{12}\left[\left(\frac{\partial^2 f}{\partial x^2}\right)_{i-1}+10\left(\frac{\partial^2 f}{\partial x^2}\right)_i+\left(\frac{\partial^2 f}{\partial x^2}\right)_{i+1}\right]=f_{i-1}-2f_i+f_{i+1}. \tag{3.1.11}$$

推导紧致格式可用 Taylor 级数表的方法. 基本思想是将近似式展开成 x_i 处的 Taylor 级数, 合并 h 的同阶项, 再令 h^j $(j = 0, 1, 2, \cdots)$ 的系数为零, 求出待定系数. 由于通常线性无关的方程数小于所求的待定系数的个数, 因此求得的解带自由参数, 如果再进一步分析截断误差的首项, 选择一些特殊的值, 则可得到更高精度的格式.

§3.2 各阶导数的紧致格式

§3.2.1 一阶导数近似

一阶导数的紧致格式的一般形式是

$$\sum_{j=-N}^{N} \beta_j \left(\frac{\partial f}{\partial x} \right)_{i+j} = \frac{1}{h} \sum_{j=-M}^{M} \alpha_j f_{i+j}, \tag{3.2.1}$$

其中 $\beta_0 = 1$, $\beta_j = \beta_{-j}$. 隐式和显式表达式中所用的点数分别为 $2N + 1$ 和 $2M + 1$. 现考虑如下一阶导数的近似

$$\beta_2 \left(\frac{\partial f}{\partial x} \right)_{i-2} + \beta_1 \left(\frac{\partial f}{\partial x} \right)_{i-1} + \left(\frac{\partial f}{\partial x} \right)_i + \beta_1 \left(\frac{\partial f}{\partial x} \right)_{i+1} + \beta_2 \left(\frac{\partial f}{\partial x} \right)_{i+2}$$
$$= \alpha_3 \frac{f_{i+3} - f_{i-3}}{6h} + \alpha_2 \frac{f_{i+2} - f_{i-2}}{4h} + \alpha_1 \frac{f_{i+1} - f_{i-1}}{2h}. \tag{3.2.2}$$

根据 Taylor 展开, 可知系数达到不同的精度需满足一定的约束条件, 例如, 要达到 2 阶、4 阶、6 阶和 8 阶精度分别需要满足下列条件

$$2 \text{ 阶精度:} \qquad \alpha_1 + \alpha_2 + \alpha_3 = 1 + 2\beta_1 + 2\beta_2, \tag{3.2.3}$$

$$4 \text{ 阶精度:} \qquad \alpha_1 + 2^2\alpha_2 + 3^2\alpha_3 = 2\frac{3!}{2!}(\beta_1 + 2^2\beta_2), \tag{3.2.4}$$

$$6 \text{ 阶精度:} \qquad \alpha_1 + 2^4\alpha_2 + 3^4\alpha_3 = 2\frac{5!}{4!}(\beta_1 + 2^4\beta_2), \tag{3.2.5}$$

$$8 \text{ 阶精度:} \qquad \alpha_1 + 2^6\alpha_2 + 3^6\alpha_3 = 2\frac{7!}{6!}(\beta_1 + 2^6\beta_2). \tag{3.2.6}$$

当 $\beta_2 = 0$ 时, 若选择 $\alpha_3 = 0$, 以 β_1 为自由参数, 得到一族 4 阶精度的格式

$$\beta_2 = 0, \quad \alpha_1 = \frac{2}{3}(\beta_1 + 2), \quad \alpha_2 = \frac{1}{3}(4\beta_1 - 1), \quad \alpha_3 = 0. \tag{3.2.7}$$

特别地, 取 $\beta_1 = 1/4$, 即是经典的 Padé 格式, (3.2.2) 右端的截断误差首项为 $\frac{4}{5!}(3\beta_1 - 1)h^4 f_i^{(5)}$.

当 $\beta_1 = \frac{1}{3}$, $\beta_2 = 0$ 时, 即

$$\beta_1 = \frac{1}{3}, \quad \beta_2 = 0, \quad \alpha_1 = \frac{14}{9}, \quad \alpha_2 = \frac{1}{9}, \quad \alpha_3 = 0, \tag{3.2.8}$$

可以达到 6 阶精度, 截断误差首项为 $\frac{4}{7!}h^6 f_i^{(7)}$.

当 $\beta_2 = 0, \alpha_3 \neq 0$ 时, 以 β_1 为自由参数, 可得到一族 6 阶精度格式

$$\beta_2 = 0, \quad \alpha_3 = \frac{-3\beta_1 + 1}{10}, \quad \alpha_2 = \frac{32\beta_1 - 9}{15}, \quad \alpha_1 = \frac{\beta_1 + 9}{6}. \tag{3.2.9}$$

截断误差首项为 $\frac{12}{7!}(-8\beta_1 + 3)h^6 f_i^{(7)}$. 特别地, 当 $\beta_1 = 3/8$ 时, 是一个 8 阶精度格式.

以 β_2, β_1 为自由参数的一族 6 阶精度格式是

$$\alpha_3 = \frac{1 - 3\beta_1 + 12\beta_2}{10}, \quad \alpha_2 = \frac{-9 + 32\beta_1 + 62\beta_2}{15}, \quad \alpha_1 = \frac{-1 + 3\beta_1}{6}. \tag{3.2.10}$$

另一族 6 阶精度格式是 ($\beta_2 \neq 0, \alpha_3 = 0, \beta_1$ 为自由参数)

$$\beta_2 = \frac{-1 + 3\beta_1}{12}, \quad \alpha_3 = 0, \quad \alpha_2 = \frac{-17 + 57\beta_1}{18}, \quad \alpha_1 = \frac{8 - 3\beta_1}{9}. \tag{3.2.11}$$

特别地, 当 $\beta_1 = 4/9$ 时, 可得到一个 8 阶精度格式

$$\beta_2 = \frac{1}{36}, \quad \beta_1 = \frac{4}{9}, \quad \alpha_2 = \frac{25}{216}, \quad \alpha_1 = \frac{20}{27}. \tag{3.2.12}$$

§3.2.2 二阶导数近似

类似于一阶导数, 二阶导数的紧致格式可写成

$$\beta_2 \left[\left(\frac{\partial^2 f}{\partial x^2}\right)_{i+2} + \left(\frac{\partial^2 f}{\partial x^2}\right)_{i-2} \right] + \beta_1 \left[\left(\frac{\partial^2 f}{\partial x^2}\right)_{i+1} + \left(\frac{\partial^2 f}{\partial x^2}\right)_{i-1} \right] + \left(\frac{\partial^2 f}{\partial x^2}\right)_i$$

$$= \alpha_3 \frac{f_{i+3} - 2f_i + f_{i-3}}{9h^2} + \alpha_2 \frac{f_{i+2} - 2f_i + f_{i-2}}{4h^2} + \alpha_1 \frac{f_{i+1} - 2f_i + f_{i-1}}{h^2}, \tag{3.2.13}$$

根据 Taylor 级数展开, 这些系数达到不同的精度需满足如下的约束条件:

$$\text{2 阶精度:} \qquad \alpha_1 + \alpha_2 + \alpha_3 = 1 + 2\beta_1 + 2\beta_2, \tag{3.2.14}$$

$$\text{4 阶精度:} \qquad \alpha_1 + 2^2\alpha_2 + 3^2\alpha_3 = \frac{4!}{2!}(\beta_1 + 2^2\beta_2), \tag{3.2.15}$$

$$\text{6 阶精度:} \qquad \alpha_1 + 2^4\alpha_2 + 3^4\alpha_3 = \frac{6!}{4!}(\beta_1 + 2^4\beta_2), \tag{3.2.16}$$

$$\text{8 阶精度:} \qquad \alpha_1 + 2^6\alpha_2 + 3^6\alpha_3 = \frac{8!}{6!}(\beta_1 + 2^6\beta_2), \tag{3.2.17}$$

$$\text{10 阶精度:} \qquad \alpha_1 + 2^8\alpha_2 + 3^8\alpha_3 = \frac{10!}{8!}(\beta_1 + 2^8\beta_2). \tag{3.2.18}$$

当 $\beta_2 = 0, \alpha_3 = 0$ 时, 得到以 β_1 为自由参数的一族 4 阶精度格式

$$\beta_2 = 0, \quad \alpha_3 = 0, \quad \alpha_2 = \frac{-1 + 10\beta_1}{3}, \quad \alpha_1 = \frac{4(1 - \beta_1)}{3}. \tag{3.2.19}$$

当 $\beta_1 = 1/10$ 时, 即 (3.1.11). 当 $\beta_1 = 2/11$ 时, 得到一个 6 阶精度格式

$$\beta_2 = 0, \quad \beta_1 = \frac{2}{11}, \quad \alpha_3 = 0, \quad \alpha_2 = \frac{3}{11}, \quad \alpha_1 = \frac{2}{11}. \tag{3.2.20}$$

当 $\beta_2 \neq 0, \quad \alpha_3 \neq 0$ 时, 得到以 $\beta_2, \beta_1, \alpha_3$ 为自由参数的一族 4 阶精度格式

$$\alpha_2 = \frac{-1 + 10\beta_1 + 46\beta_2 - 8\alpha_3}{3}, \quad \alpha_1 = \frac{4 - 4\beta_1 - 40\beta_2 + 5\alpha_3}{3}. \tag{3.2.21}$$

若取

$$\alpha_3 = \frac{2 - 11\beta_1 + 124\beta_2}{20}, \quad \alpha_2 = \frac{-3 + 24\beta_1 - 6\beta_2}{5}, \quad \alpha_1 = \frac{6 - 9\beta_1 - 12\beta_2}{4}, \tag{3.2.22}$$

可得以两个自由参数 β_1, β_2 表示的 6 阶精度格式.

§3.2.3 三阶导数近似

考虑三阶导数的三点紧致格式

$$\beta \left[\left(\frac{\partial^3 f}{\partial x^3} \right)_{i-1} + \left(\frac{\partial^3 f}{\partial x^3} \right)_{i+1} + \left(\frac{\partial^3 f}{\partial x^3} \right)_i \right] = b \frac{f_{i+3} - 3f_{i+1} + 3f_{i-1} - f_{i-3}}{8h^3}$$
$$+ a \frac{f_{i+2} - 2f_{i+1} + 2f_{i-1} - f_{i-2}}{2h^3}, \tag{3.2.23}$$

要满足 4 阶精度的条件是

$$a = 2, \quad b = 2\beta - 1, \tag{3.2.24}$$

(3.2.23) 的截断误差首项为 $\frac{1}{5!}(16\beta - 7)h^4 f_i^{(7)}$. 当

$$\beta = \frac{7}{16}, \quad a = 2, \quad b = -\frac{1}{8}, \tag{3.2.25}$$

得到一个 6 阶精度格式, 截断误差首项为 $\frac{4}{8!} h^6 f_i^{(9)}$.

§3.2.4 四阶导数近似

考虑四阶导数的紧致差分格式

$$\beta \left[\left(\frac{\partial^4 f}{\partial x^4} \right)_{i-1} + \left(\frac{\partial^3 f}{\partial x^3} \right)_{i+1} + \left(\frac{\partial^3 f}{\partial x^3} \right)_i \right] = b \frac{f_{i+3} - 9f_{i+1} + 16f_i - 9f_{i-1} + f_{i-3}}{6h^4}$$
$$+ a \frac{f_{i+2} - 4f_{i+1} + 6f_i - 4f_{i-1} + f_{i-2}}{h^4}. \tag{3.2.26}$$

以 β 为自由参数的一族 4 阶精度格式是

$$a = 2(1-\beta), \quad b = 4\beta - 1. \tag{3.2.27}$$

当

$$\beta = \frac{7}{26}, \quad a = \frac{19}{13}, \quad b = \frac{1}{13}, \tag{3.2.28}$$

得到一个 6 阶精度格式.

§3.3 交错网格上的紧致格式

§3.3.1 一阶导数

考虑如下近似

$$\beta_2\left[\left(\frac{\partial f}{\partial x}\right)_{i-2} + \left(\frac{\partial f}{\partial x}\right)_{i+2}\right] + \beta_1\left[\left(\frac{\partial f}{\partial x}\right)_{i-1} + \left(\frac{\partial f}{\partial x}\right)_{i+1}\right] + \left(\frac{\partial f}{\partial x}\right)_i$$
$$= c\frac{f_{i+\frac{5}{2}} - f_{i-\frac{5}{2}}}{5h} + b\frac{f_{i+\frac{3}{2}} - f_{i-\frac{3}{2}}}{3h} + a\frac{f_{i+\frac{1}{2}} - f_{i-\frac{1}{2}}}{h}. \tag{3.3.1}$$

4 阶精度的一般取值为

$$a = \frac{1}{8}(9 - 6\beta_1 - 78\beta_2 + 16c), \quad b = \frac{1}{8}(-1 + 22\beta_1 + 94\beta_2 - 24c). \tag{3.3.2}$$

特别地, 若取

$$\beta_2 = 0, \quad a = \frac{3}{8}(3 - 2\beta_1), \quad b = \frac{1}{8}(22\beta_1 - 1), \quad c = 0, \tag{3.3.3}$$

即为经典 Padé 格式.

6 阶精度格式是

$$a = \frac{225 - 206\beta_1 - 254\beta_2}{192}, \quad b = \frac{414\beta_1 - 114\beta_2 - 25}{128},$$
$$c = \frac{9 - 62\beta_1 + 1618\beta_2}{384}. \tag{3.3.4}$$

§3.3.2 二阶导数

考虑如下近似

$$\beta_2\left[\left(\frac{\partial^2 f}{\partial x^2}\right)_{i-2} + \left(\frac{\partial^2 f}{\partial x^2}\right)_{i+2}\right] + \beta_1\left[\left(\frac{\partial^2 f}{\partial x^2}\right)_{i-1} + \left(\frac{\partial^2 f}{\partial x^2}\right)_{i+1}\right] + \left(\frac{\partial^2 f}{\partial x^2}\right)_i$$
$$= 4c\frac{f_{i+\frac{5}{2}} - 2f_i + f_{i-\frac{5}{2}}}{25h^2} + 4b\frac{f_{i+\frac{3}{2}} - 2f_i + f_{i-\frac{3}{2}}}{9h^2} + 4a\frac{f_{i+\frac{1}{2}} - 2f_i + f_{i-\frac{1}{2}}}{h^2}. \tag{3.3.5}$$

4 阶精度的一般表达式是

$$a = \frac{1}{8}(9 - 30\beta_1 - 174\beta_2 + 16c), \quad b = \frac{1}{8}(-1 + 46\beta_1 + 190\beta_2 - 24c). \tag{3.3.6}$$

特别地, 若取

$$\beta = 0, \quad a = \frac{3}{8}(3 - 10\alpha), \quad b = \frac{1}{8}(46\alpha - 1), \quad c = 0, \tag{3.3.7}$$

即是经典 Padé 格式.

6 阶精度格式是

$$a = \frac{75 - 234\beta_1 + 534\beta_2}{64}, \quad b = \frac{718\beta_1 - 2738\beta_2 - 25}{128},$$
$$c = \frac{3 + 6\beta_1 + 1926\beta_2}{128}. \tag{3.3.8}$$

§3.4 联合一阶和二阶导数的紧致格式

考虑格式

$$a_1 \left(\frac{\partial f}{\partial x}\right)_{i-1} + a_0 \left(\frac{\partial f}{\partial x}\right)_i + a_2 \left(\frac{\partial f}{\partial x}\right)_{i+1}$$
$$+ h \left[b_1 \left(\frac{\partial^2 f}{\partial x^2}\right)_{i-1} + b_0 \left(\frac{\partial^2 f}{\partial x^2}\right)_i + b_2 \left(\frac{\partial^2 f}{\partial x^2}\right)_{i+1} \right]$$
$$= \frac{1}{h}(c_1 f_{i-2} + c_2 f_{i-1} + c_0 f_i + c_3 f_{i+1} + c_4 f_{i+2}). \tag{3.4.1}$$

下面分系数对称和非对称两种情况考虑.

§3.4.1 系数对称

系数对称情况, 即 $a_0 = 1, a_1 = a_2, b_1 = -b_2, c_1 = -c_4, c_2 = -c_3$. (3.4.1) 简化为

$$a_1 \left(\frac{\partial f}{\partial x}\right)_{i-1} + \left(\frac{\partial f}{\partial x}\right)_i + a_1 \left(\frac{\partial f}{\partial x}\right)_{i+1}$$
$$+ h \left[-b_2 \left(\frac{\partial^2 f}{\partial x^2}\right)_{i-1} + b_0 \left(\frac{\partial^2 f}{\partial x^2}\right)_i + b_2 \left(\frac{\partial^2 f}{\partial x^2}\right)_{i+1} \right]$$
$$= \frac{1}{h}(-c_4 f_{i-2} - c_3 f_{i-1} + c_0 f_i + c_3 f_{i+1} + c_4 f_{i+2})$$
$$= \frac{1}{h}\left[c_0 f_i + c_3(f_{i+1} - f_{i-1}) + c_4(f_{i+2} - f_{i-2}) \right]. \tag{3.4.2}$$

2 阶精度 (b_2 任意)

$$a_1 = -\frac{1}{2} + c_3 + 2c_4. \tag{3.4.3}$$

4 阶精度

$$a_1 = -\frac{1}{2} + c_3 + 2c_4, \quad b_2 = \frac{1}{12}\big[3 - 4(c_3 - c_4)\big]. \tag{3.4.4}$$

当 $c_4 = 0$, $c_3 = 3/4$ 时得到经典的一阶导数的 4 阶精度的 Padé 格式.

6 阶精度

$$a_1 = \frac{7}{16} - \frac{15}{4}c_4, \quad b_2 = \frac{1}{16}(-1 + 36c_4), \quad c_3 = \frac{15}{16} - \frac{23}{4}c_4. \tag{3.4.5}$$

当 $c_4 = 1/36$ 时得到一阶导数的 6 阶精度的 Padé 格式.

8 阶精度

$$a_1 = \frac{17}{36}, \quad b_2 = -\frac{1}{12}, \quad c_3 = \frac{107}{108}, \quad c_4 = -\frac{1}{108}. \tag{3.4.6}$$

§3.4.2 系数非对称

选择系数满足

$$a_0 = 1, \ b_0 = 1, \ b_1 = b_2, \ c_1 = c_4, \ c_2 = c_3, \ a_1 = -a_2, \tag{3.4.7}$$

(3.4.1) 化为

$$
\begin{aligned}
a_0 &\left(\frac{\partial f}{\partial x}\right)_i + a_2\left[\left(\frac{\partial f}{\partial x}\right)_{i+1} - \left(\frac{\partial f}{\partial x}\right)_{i-1}\right] \\
&+ h\left[b_1\left(\frac{\partial^2 f}{\partial x^2}\right)_{i-1} + \left(\frac{\partial^2 f}{\partial x^2}\right)_i + b_1\left(\frac{\partial^2 f}{\partial x^2}\right)_{i+1}\right] \\
&= \frac{1}{h}\big[c_1(f_{i-2} + f_{i+2}) + c_2(f_{i-1} + f_{i+1}) + c_0 f_i\big].
\end{aligned}
\tag{3.4.8}
$$

2 阶精度

$$c_0 = -2(c_1 + c_2), \quad a_2 = \frac{1}{2}(-1 - 2b_1 + 4c_1 + c_2). \tag{3.4.9}$$

4 阶精度

$$c_0 = -2(c_1 + c_2), \quad a_2 = -\frac{3}{4} + c_1 + \frac{5}{8}c_2, \quad b_1 = \frac{1}{4} + c_1 - \frac{c_2}{8}. \tag{3.4.10}$$

当 $c_1 = 0, c_2 = 6/5$ 时即得到经典的二阶导数的 4 阶精度 Padé 格式.

6 阶精度

$$c_0 = -6 + 54c_1, \quad c_2 = 3 - 28c_1, \quad a_2 = \frac{9}{8} - \frac{33}{2}c_1, \quad b_1 = -\frac{1}{8} + \frac{9}{2}c_1. \tag{3.4.11}$$

当 $c_1 = 3/44$ 时即得到经典的二阶导数的 6 阶精度 Padé 格式.

8 阶精度

$$c_0 = -\frac{13}{2}, \quad c_1 = -\frac{1}{108}, \quad c_2 = \frac{88}{27}, \quad a_2 = \frac{23}{18}, \quad b_1 = -\frac{1}{6}. \tag{3.4.12}$$

§3.5 单边格式

在处理非周期边界条件时, 经常需要考虑导数的单边近似. 例如, 在边界 $i = 1$ 处, 对一阶导数, 考虑向右的紧致差分格式

$$\left(\frac{\partial f}{\partial x}\right)_1 + \beta \left(\frac{\partial f}{\partial x}\right)_2 = \frac{1}{h}(af_1 + bf_2 + cf_3 + df_4), \tag{3.5.1}$$

其中 a, b, c, d 为待定系数.

2 阶精度

$$a = -\frac{3 + \beta + d}{2}, \quad b = 2 + 3d, \quad c = -\frac{1 - \beta + 6d}{2}. \tag{3.5.2}$$

3 阶精度

$$a = -\frac{11 + 2\beta}{6}, \quad b = \frac{6 - \beta}{2}, \quad c = \frac{2\beta - 3}{2}, \quad d = \frac{2 - \beta}{6}. \tag{3.5.3}$$

4 阶精度

$$\beta = 3, \quad a = -\frac{17}{16}, \quad b = \frac{3}{2}, \quad c = \frac{3}{2}, \quad d = -\frac{1}{6}. \tag{3.5.4}$$

对二阶导数, 在边界 $i = 1$ 处, 考虑向右的紧致格式近似

$$\left(\frac{\partial^2 f}{\partial x^2}\right)_1 + \beta \left(\frac{\partial^2 f}{\partial x^2}\right)_2 = \frac{1}{h^2}(af_1 + bf_2 + cf_3 + df_4 + ef_5). \tag{3.5.5}$$

取不同的系数, 可以得到不同精度的格式.

2 阶精度

$$a = \beta + 2 + e, \quad b = -(2\beta + 5 + 4e), \quad c = \beta + 4 + 6e, \quad d = -(1 + 4e). \tag{3.5.6}$$

3 阶精度

$$a = \frac{11\beta + 35}{12}, \quad b = -\frac{5\beta + 26}{3}, \quad c = \frac{\beta + 19}{2}, \quad d = \frac{\beta - 14}{3}, \quad e = \frac{11 - \beta}{12}. \tag{3.5.7}$$

§3.6 练习

1. 推导一阶导数

$$a \left(\frac{\partial u}{\partial x}\right)_{j-1} + \left(\frac{\partial u}{\partial x}\right)_j = \frac{1}{\Delta x}(bu_{j-1} + cu_j + du_{j+1})$$

的差分格式, 并求截断误差首项.

2. 推导二阶导数

$$d \left(\frac{\partial^2 u}{\partial x^2}\right)_{j-1} + \left(\frac{\partial^2 u}{\partial x^2}\right)_j + e \left(\frac{\partial^2 u}{\partial x^2}\right)_{j+1} = \frac{1}{\Delta x^2}(au_{j-1} + bu_j + cu_{j+1})$$

的一个紧致 Padé 差分格式.

3. 推导一阶导数的 6 阶非紧致和紧致格式, 并求相位误差小于 0.1% 时每波长所需的网格点数.

4. 考虑一阶导数的如下形式的紧致格式

$$\beta_2 \left[\left(\frac{\partial f}{\partial x} \right)_{i-2} + \left(\frac{\partial f}{\partial x} \right)_{i+2} \right] + \beta_1 \left[\left(\frac{\partial f}{\partial x} \right)_{i-1} + \left(\frac{\partial f}{\partial x} \right)_{i+1} \right] + f_i$$

$$= \frac{c}{2}(f_{i+\frac{5}{2}} + f_{i-\frac{5}{2}}) + \frac{b}{2}(f_{i+\frac{3}{2}} + f_{i-\frac{3}{2}}) + \frac{a}{2}(f_{i+\frac{1}{2}} + f_{i-\frac{1}{2}}).$$

分别求 4 阶精度、6 阶精度、8 阶精度和 10 阶精度的系数取值.

第四章　差分格式稳定性分析

偏微分方程离散后得到的差分方程能否用来计算, 还需要考虑差分格式与方程的相容性及格式的收敛性或稳定性. 本章结合例题首先给出差分格式收敛性和相容性的概念. 然后重点讨论差分格式稳定性的判断. Lax 定理告诉我们在相容性和稳定性成立的条件下可以推出格式的收敛性, 而相容性和稳定性相对容易判断. 本节重点通过较多的例子来说明如何判断格式的稳定性.

§4.1　收敛性

§4.1.1　初值问题

我们首先考虑初值问题

$$\begin{cases} Lu = F, \\ u(x,0) = f(x), \quad -\infty < x < +\infty, \end{cases} \tag{4.1.1}$$

其中函数 u 和 F 定义在整个实轴上. 假定差分格式为

$$\begin{cases} L_j^n u_j^n = G_j^n, \\ u_j^0 = f(j\Delta x), \quad j = -\infty, \cdots, \infty, \end{cases} \tag{4.1.2}$$

其中 n 为时间指标, j 为空间指标, 时间步长为 Δt, 空间步长为 Δx. 首先定义差分方程 (4.1.2) 的解 u_j^n 逐点收敛到偏微分方程 (4.1.1) 的解的概念.

定义 4.1.1　差分格式 $L_j^n u_j^n = G_j^n$ 是近似偏微分方程 $Lu = F$ 的一个逐点收敛格式, 若对任何 x 和 t, 当 $\Delta x \to 0, \Delta t \to 0$ 且 $(j\Delta x, n\Delta t) \to (x, t)$ 时, 有 $u_j^n \to u(x, t)$.

例 1　对差分格式

$$\begin{cases} u_j^{n+1} = (1 - 2r)u_j^n + r(u_{j+1}^n + u_{j-1}^n), & (4.1.3) \\ u_j^0 = f(j\Delta x), & (4.1.4) \end{cases}$$

其中 $r = \nu\Delta t/\Delta x^2$, $0 < r \leqslant 1/2$, 证明其解逐点收敛到初值问题

$$\begin{cases} \dfrac{\partial u}{\partial t} = \nu \dfrac{\partial^2 u}{\partial x^2}, & x \in \mathbb{R}, \ t > 0, & (4.1.5) \\ u(x,0) = f(x), & x \in \mathbb{R}. & (4.1.6) \end{cases}$$

证明　设 $u(x,t)$ 是初值问题 (4.1.5)~(4.1.6) 的精确解, 令

$$z_j^n = u(j\Delta x, n\Delta t) - u_j^n. \tag{4.1.7}$$

由

$$\begin{aligned} &\left(\frac{\partial u}{\partial t}\right)_j^n - \nu\left(\frac{\partial^2 u}{\partial x^2}\right)_j^n \\ &= \frac{u_j^{n+1} - u_j^n}{\Delta t} - \frac{\nu}{\Delta x^2}(u_{j+1}^n - 2u_j^n + u_{j-1}^n) + O(\Delta t) + O(\Delta x^2) \end{aligned} \tag{4.1.8}$$

可知

$$\begin{aligned} u(j\Delta x, (n+1)\Delta t) = {}&(1 - 2r)u(j\Delta x, n\Delta t) + r(u((j+1)\Delta x, n\Delta t) \\ &+ u((j-1)\Delta x, n\Delta t)) + O(\Delta t^2) + O(\Delta t\Delta x^2), \end{aligned} \tag{4.1.9}$$

其中 $r = \nu\Delta t/\Delta x^2$. 将 (4.1.9) 减去 (4.1.3) 知 z_j^n 满足

$$z_j^{n+1} = (1 - 2r)z_j^n + r(z_{j+1}^n + z_{j-1}^n) + O(\Delta t^2) + O(\Delta t\Delta x^2). \tag{4.1.10}$$

若 $0 < r \leqslant 1/2$, 则 (4.1.10) 中右端的系数非零, 于是

$$|z_j^{n+1}| \leqslant (1 - 2r)|z_j^n| + r|z_{j+1}^n| + r|z_{j-1}^n| + C(\Delta t^2 + \Delta t\Delta x^2), \tag{4.1.11}$$

其中 C 是常数, 因为假定 u 的高阶导数 u_{tt} 和 u_{xxxx} 在 $\mathbb{R} \times [0, t]$ 上一致有界. 对上式取 j 的上确界, 令 $Z^n = \sup\limits_j |z_j^n|$, 则得

$$Z^{n+1} \leqslant Z^n + C(\Delta t^2 + \Delta t\Delta x^2). \tag{4.1.12}$$

从而

$$\begin{aligned} Z^n &\leqslant Z^{n-1} + C(\Delta t^2 + \Delta t\Delta x^2) \\ &\leqslant Z^{n-2} + 2C(\Delta t^2 + \Delta t\Delta x^2) \\ &\leqslant \cdots \leqslant Z^0 + nC(\Delta t^2 + \Delta t\Delta x^2). \end{aligned}$$

因为 $Z^0 = 0, |u_j^n - u(j\Delta x, n\Delta t)| \leqslant Z^n$, 所以

$$|u_j^n - u(j\Delta x, n\Delta t)| \leqslant n\Delta t C(\Delta t + \Delta x^2) \to 0, \quad \Delta t \to 0, \Delta x \to 0.$$

因此, 对任何 x 和 t, 当 $\Delta t \to 0, \Delta x \to 0$ 且 $(j\Delta x, n\Delta t) \to (x, t)$ 时, 有 $u_j^n \to u(x, t)$. 所以当 $0 < r \leqslant 1/2$ 时, 差分格式是逐点收敛的.

通常逐点收敛较难证明, 且不如一致收敛常用. 下面给出一致收敛的概念. 在点 $(j\Delta x, n\Delta t)$ $(j = -\infty, \cdots, \infty)$ 处, 令差分方程的解向量为 $\boldsymbol{u}^n = (\cdots, u_{-1}^n, u_0^n, u_1^n, \cdots)^T$, 微分方程的解向量为 $\boldsymbol{v}^n = (\cdots, v_{-1}^n, v_0^n, v_1^n, \cdots)^T$.

定义 4.1.2 在 t 处近似偏微分方程 $Lu = F$ 的差分格式 $L_j^n u_j^n = G_j^n$ 是一个收敛格式, 若对任何 t, 当 $\Delta x \to 0, \Delta t \to 0$ 且 $n\Delta t \to t$ 时, 有

$$\|\boldsymbol{u}^n - \boldsymbol{v}^n\| \to 0. \tag{4.1.13}$$

收敛的快慢依据收敛阶来衡量. 下面给出 (p, q) 收敛阶的定义.

定义 4.1.3 近似偏微分方程 $Lu = F$ 的差分格式 $L_j^n u_j^n = G_j^n$ 是一个 (p, q) 阶的收敛格式, 若对任何 t, 当 $\Delta x \to 0, \Delta t \to 0$ 且 $n\Delta t \to t$ 时, 有

$$\|\boldsymbol{u}^n - \boldsymbol{v}^n\| = O(\Delta x^p) + O(\Delta t^q), \tag{4.1.14}$$

也即存在常数 C, 使得

$$\|\boldsymbol{u}^n - \boldsymbol{v}^n\| \leqslant C(\Delta x^p + \Delta t^q).$$

在定义 4.1.1 中, u_j^n 收敛于 $u(x, t)$ 的速度在不同的 x 或 j 处会有很大变化. 而在定义 4.1.2 中, 若 $\boldsymbol{u}^n$ 依某范数接近于 $\boldsymbol{v}^n$, 则我们知道对所有的 j, u_j^n 一致收敛于 $u(j\Delta x, n\Delta t)$.

§4.1.2 初边值问题

对初边值问题, 差分格式的收敛性概念与初值问题差分格式的收敛性本质上相同, 不同的是范数 $\|\cdot\|$ 是一个有限维空间上的与 Δx_j 相关的范数, 记为 $\|\cdot\|_j$.

例 2 当 $0 < r \leqslant 1/2$ 时, 对差分格式

$$\begin{cases} u_j^{n+1} = (1 - 2r)u_j^n + r(u_{j-1}^n + u_{j+1}^n), & n \geqslant 0, \tag{4.1.15} \\ u_0^{n+1} = u_M^{n+1} = 0, & n \geqslant 0, \tag{4.1.16} \\ u_j^0 = f(j\Delta x), & j = 0, \cdots, M, \tag{4.1.17} \end{cases}$$

证明其解以上确界范数收敛到初边值问题

$$\begin{cases} \dfrac{\partial u}{\partial t} = \nu \dfrac{\partial^2 u}{\partial x^2}, & x \in (0, 1), t > 0, \tag{4.1.18} \\ u(x, 0) = f(x), & x \in [0, 1], \tag{4.1.19} \\ u(0, t) = u(1, t) = 0, & t > 0. \tag{4.1.20} \end{cases}$$

证明　证明过程与初值问题的情况类似, 除了向量的长度是有限的且是变化的. 假定用 $\Delta x_j = 1/M_j$ 的均匀网格剖分, 则有 $M_j - 1$ 个结点, 令 X_j 是 $M_j - 1$ 维向量空间, 上确界范数为

$$||(u_1, \cdots, u_{M_j-1})^T||_{M_j-1,\infty} = \sup_{1 \leqslant j \leqslant M_j-1} |u_j|. \tag{4.1.21}$$

再令

$$z_j^n = u_j^n - u(j\Delta x_j, n\Delta t), \tag{4.1.22}$$

则由前面例 1 知 z_j^n 满足

$$z_j^{n+1} = (1-2r)z_j^n + r(z_{j+1}^n + z_{j-1}^n) + O(\Delta t^2) + O(\Delta t\Delta x_j^2), \quad j = 1, \cdots, M_j - 1. \tag{4.1.23}$$

若 $0 < r \leqslant 1/2$, 则 (4.1.23) 右端的系数非负（注意 z_0^n 和 $z_{M_j}^n$ 为零）, 于是

$$|z_j^{n+1}| \leqslant (1-2r)|z_j^n| + r|z_{j+1}^n| + r|z_{j-1}^n| + C(\Delta t^2 + \Delta t\Delta x_j^2).$$

两端对 j 取上确界, 得

$$\sup_{1 \leqslant j \leqslant M_j-1} |z_j^{n+1}| \leqslant \sup_{1 \leqslant j \leqslant M_j-1} |z_j^n| + C(\Delta t^2 + \Delta t\Delta x^2),$$

从而

$$\sup_{1 \leqslant j \leqslant M_j-1} |z_j^n| \leqslant \sup_{1 \leqslant j \leqslant M_j-1} |z_j^0| + nC(\Delta t^2 + \Delta t\Delta x_j^2).$$

注意 $z_j^0 = 0$, 并记

$$||(z_1^n, \cdots, z_{M_j-1}^n)^T||_{M_j-1,\infty} = ||\boldsymbol{z}^n||_{M_j-1,\infty} = \sup_{1 \leqslant j \leqslant M_j-1} |z_j^n|.$$

所以

$$||\boldsymbol{z}^n||_{M_j-1,\infty} \leqslant n\Delta t C(\Delta t + \Delta x_j^2), \tag{4.1.24}$$

其中 $\boldsymbol{z}^n = (z_1^n, \cdots, z_{M_j-1}^n)^T$. 因此, 当 $\Delta t \to 0$ 且 $n\Delta t \to t$ 及 $j \to \infty$ 时, 有

$$||\boldsymbol{u}^n - \boldsymbol{v}^n||_{M_j-1,\infty} \to 0. \tag{4.1.25}$$

即格式收敛.

注意, 定义 4.1.2 与 4.1.3 很容易推广到多维情况. 例如, 对二维情况, 解向量 $\boldsymbol{u}^n = \{u_{j,k}^n\}$, 空间网格点用两个指标 j, k 来表示, 该向量也可看成一个一维向量.

§4.2 相容性

§4.2.1 初值问题

考虑偏微分方程 $Lu = F$ 与其相应的差分近似 $L_j^n u_j^n = G_j^n$ 之间的相容性. 首先给出逐点相容的定义.

定义 4.2.1 差分格式 $L_j^n u_j^n = G_j^n$ 与微分方程 $Lu = F$ 在点 (x, t) 处是逐点相容的, 若对任何光滑函数 $\phi = \phi(x, t)$, 当 $\Delta x \to 0, \Delta t \to 0$ 且 $(j\Delta x, n\Delta t) \to (x, t)$ 时,

$$(L\phi - F)_j^n - [L_j^n \phi(j\Delta x, n\Delta t) - G_j^n] \to 0. \tag{4.2.1}$$

特别地, 在 (4.2.1) 中, 若选择 ϕ 是偏微方程的解 $u(x, t)$, 则 (4.2.1) 简化为

$$L_j^n u(j\Delta x, n\Delta t) - G_j^n \to 0, \quad \Delta x \to 0, \quad \Delta t \to 0. \tag{4.2.2}$$

(4.2.2) 常用来检验格式的逐点相容性, 下面给出一个更强的相容性定义, 即模相容的定义. 假如可以将二层格式写成

$$\boldsymbol{u}^{n+1} = Q\boldsymbol{u}^n + \Delta t G^n, \tag{4.2.3}$$

其中

$$\boldsymbol{u}^n = (\cdots, u_{-1}^n, u_0^n, u_1^n, \cdots)^T,$$
$$G^n = (\cdots, G_{-1}^n, G_0^n, G_1^n, \cdots)^T,$$

Q 是一个作用在适当空间上的算子.

定义 4.2.2 差分格式 (4.2.3) 与偏微分方程关于 $\|\cdot\|$ 是相容的, 假如偏微分方程的解 v 满足

$$\boldsymbol{v}^{n+1} = Q\boldsymbol{v}^n + \Delta t\boldsymbol{G}^n + \Delta t\boldsymbol{\tau}^n, \tag{4.2.4}$$

及当 $\Delta x \to 0, \Delta t \to 0$ 时,

$$\|\boldsymbol{\tau}^n\| \to 0, \tag{4.2.5}$$

其中 $\boldsymbol{v}^n$ 表示该向量的第 j 个分量是 $v(j\Delta x, n\Delta t)$.

模相容性是使向量 $\boldsymbol{\tau}^n$ 的所有分量以一种一致的方式收敛到零. 假如逐点相容性用于 (4.2.2), 则等价于当 $\Delta x \to 0, \Delta t \to 0$ 时, $\tau_j^n \to 0$. 因此, 两种定义的差别在于 $\boldsymbol{\tau}^n$ 收敛到零是分量方式还是向量方式. 差分格式的阶是根据 $\boldsymbol{\tau}^n$ 趋于零的阶来定义的.

定义 4.2.3 差分格式 (4.2.3) 是 (p, q) 阶精度, 假如

$$\|\boldsymbol{\tau}^n\| = O(\Delta x^p) + O(\Delta t^q), \tag{4.2.6}$$

其中 $\boldsymbol{\tau}^n$ 或 $\|\boldsymbol{\tau}^n\|$ 称为截断误差.

容易看到, 假如格式是 (p,q) $(p \geqslant 1, q \geqslant 1)$ 阶的, 则它是一个相容的格式, 另外, 假如一个格式是 (模) 相容或 (p,q) 阶的, 则该格式是逐点相容的.

例 1　讨论显式格式

$$\frac{u_j^{n+1} - u_j^n}{\Delta t} = \nu \frac{u_{j+1}^n - 2u_j^n + u_{j-1}^n}{\Delta x^2} \tag{4.2.7}$$

与偏微分方程

$$\frac{\partial u}{\partial t} = \nu \frac{\partial^2 u}{\partial x^2}, \quad -\infty < x < \infty \tag{4.2.8}$$

的相容性.

解　为证明相容性将 (4.2.7) 写成 (4.2.3) 的形式, 即

$$u_j^{n+1} = u_j^n + r(u_{j+1}^n - 2u_j^n + u_{j-1}^n), \tag{4.2.9}$$

其中 $r = \nu \dfrac{\Delta t}{\Delta x^2}$. 根据定义 4.2.2, 令 v 是偏微分方程 (4.2.8) 的解, 则

$$
\begin{aligned}
\Delta t \tau_j^n &= v_j^{n+1} - [v_j^n + r(v_{j+1}^n - 2v_j^n + v_{j-1}^n)] \\
&= v_j^n + \left(\frac{\partial v}{\partial t}\right)_t^n \Delta t + \frac{\partial^2 u}{\partial t^2}(j\Delta x, t_1)\frac{\Delta t^2}{2} \\
&\quad - \left\{ v_j^n + r\left[v_j^n + \left(\frac{\partial v}{\partial x}\right)_j^n \Delta x + \left(\frac{\partial^2 v}{\partial x^2}\right)_j^n \frac{\Delta x^2}{2} \right.\right. \\
&\quad + \left(\frac{\partial^3 v}{\partial x^3}\right)_j^n \frac{\Delta x^3}{6} + \frac{\partial^4 v}{\partial x^4}(x_1, n\Delta t)\frac{\Delta x^4}{24} - 2v_j^n + v_j^n - \left(\frac{\partial v}{\partial x}\right)_j^n \Delta x \\
&\quad \left.\left. + \left(\frac{\partial^2 v}{\partial x^2}\right)_j^n \frac{\Delta x^2}{2} - \left(\frac{\partial^3 v}{\partial x^3}\right)_j^n \frac{\Delta x^3}{6} + \frac{\partial^4 v}{\partial x^4}(x_2, n\Delta t)\frac{\Delta x^4}{24} \right] \right\},
\end{aligned}
$$

也即

$$
\begin{aligned}
\Delta t \tau_j^n &= \left(\frac{\partial v}{\partial t}\right)_j^n \Delta t - r\Delta x^2 \left(\frac{\partial^2 v}{\partial x^2}\right)_j^n + \frac{\partial^2 v}{\partial t^2}(j\Delta x, t_1)\frac{\Delta t^2}{2} \\
&\quad - r\frac{\partial^4 v}{\partial x^4}(x_1, n\Delta t)\frac{\Delta x^4}{24} - r\frac{\partial^4 v}{\partial x^4}(x_2, n\Delta t)\frac{\Delta x^4}{24} \\
&= \left(\frac{\partial v}{\partial t} - \nu \frac{\partial^2 v}{\partial x^2}\right)_j^n \Delta t + \frac{\partial^2 v}{\partial t^2}(j\Delta x, t_1)\frac{\Delta t^2}{2} \\
&\quad - \nu \frac{\partial^4 v}{\partial x^4}(x_1, n\Delta t)\frac{\Delta x^2}{24}\Delta t - \nu \frac{\partial^4 v}{\partial x^4}(x_2, n\Delta t)\frac{\Delta x^2}{24}\Delta t, \tag{4.2.10}
\end{aligned}
$$

其中 t_1, x_1, x_2 是 Taylor 级数余项中适当的点. 由于 $v_t - \nu v_{xx} = 0$, 所以

$$\tau_j^n = \frac{\partial^2 v}{\partial t^2}(j\Delta x, t_1)\frac{\Delta t}{2} - \nu \left[\frac{\partial^4 v}{\partial x^4}(x_1, n\Delta t) + \frac{\partial^4 v}{\partial x^4}(x_2, n\Delta t)\right]\frac{\Delta x^2}{24}.$$

假定 $\dfrac{\partial^2 v}{\partial t^2}$ 和 $\dfrac{\partial^4 v}{\partial x^4}$ 在 $\mathbb{R} \times [0, t_0]\,(t_0 > t)$ 上一致有界, 则差分格式在上确界模即

$$\|\boldsymbol{u}\|_\infty = \|(\cdots, u_{-1}, u_0, u_1, \cdots)^T\|_\infty = \sup_{-\infty < j < \infty} |u_j| \tag{4.2.11}$$

的意义下, 是 $(2, 1)$ 阶精度的, 从而也相容.

假如 $\dfrac{\partial^2 v}{\partial t^2}$ 和 $\dfrac{\partial^4 v}{\partial x^4}$ 对任何 Δx 和 Δt 满足

$$\sum_{j=-\infty}^{\infty} \left[\left(\frac{\partial^2 v}{\partial t^2} \right)_j^n \right]^2 < C_1 < \infty$$

及

$$\sum_{j=-\infty}^{\infty} \left[\left(\frac{\partial^4 v}{\partial x^4} \right)_j^n \right]^2 < C_2 < \infty,$$

其中 C_1, C_2 为某常数, 则差分格式关于 l_2 模即

$$\|\boldsymbol{u}\|_{l_2} = \|(\cdots, u_{-1}, u_0, u_1, \cdots)^T\|_{l_2} = \left(\sum_{j=-\infty}^{\infty} |u_j|^2 \right)^{\frac{1}{2}} \tag{4.2.12}$$

是 $(2, 1)$ 阶精度, 从而也相容.

例 2　讨论差分格式

$$L_j^n u_j^n = \frac{u_j^{n+1} - u_j^n}{\Delta t} - \frac{\nu}{\Delta x^2} \delta_x^2 u_j^{n+1} = F_j^{n+1} \tag{4.2.13}$$

与偏微分方程 $\dfrac{\partial u}{\partial t} = \nu \dfrac{\partial^2 u}{\partial x^2} + F$ 的相容性, 其中 δ_x^2 是关于 x 的二阶中心差分算子, $F_j^{n+1} = F(j\Delta x, (n+1)\Delta t)$.

解　假定 v 是偏微分方程的解, 进行下面的展开

$$
\begin{aligned}
L_j^n v_j^n - F_j^{n+1} &= \frac{v_j^{n+1} - v_j^n}{\Delta t} - \frac{\nu}{\Delta x^2} \left(v_{j+1}^{n+1} - 2v_j^{n+1} + v_{j-1}^{n+1} \right) - F_j^{n+1} \\
&= \frac{1}{\Delta t} \left[v_j^{n+1} - v_j^{n+1} - \left(\frac{\partial v}{\partial t} \right)_j^{n+1} (-\Delta t) - \left(\frac{\partial^2 v}{\partial t^2} \right)_j^{n+1} \frac{(-\Delta t)^2}{2!} - \cdots \right] \\
&\quad - \frac{\nu}{\Delta x^2} \left[v_j^{n+1} + \left(\frac{\partial v}{\partial x} \right)_j^{n+1} \Delta x + \left(\frac{\partial^2 v}{\partial x^2} \right)_j^{n+1} \frac{(\Delta x)^2}{2!} \right. \\
&\quad + \left(\frac{\partial^3 v}{\partial x^3} \right)_j^{n+1} \frac{\Delta x^3}{3!} + \left(\frac{\partial^4 v}{\partial x^4} \right)_j^{n+1} \frac{\Delta x^4}{4!} + \cdots - 2v_j^{n+1} + v_j^{n+1} \\
&\quad + \left(\frac{\partial v}{\partial x} \right)_j^{n+1} (-\Delta x) + \left(\frac{\partial^2 v}{\partial x^2} \right)_j^{n+1} \frac{(-\Delta x)^2}{2!} \\
&\quad \left. + \left(\frac{\partial^3 v}{\partial x^3} \right)_j^{n+1} \frac{(-\Delta x)^3}{3!} + \left(\frac{\partial^4 v}{\partial x^4} \right)_j^{n+1} \frac{(-\Delta x)^4}{4!} + \cdots \right] - F_j^{n+1}
\end{aligned}
$$

$$= \left(\frac{\partial v}{\partial t}\right)_j^{n+1} - \frac{\Delta t}{2}\left(\frac{\partial^2 v}{\partial t^2}\right)_j^{n+1} + \cdots - \nu\left(\frac{\partial^2 v}{\partial x^2}\right)_j^{n+1}$$

$$-2\nu\left(\frac{\partial^4 v}{\partial x^4}\right)_j^{n+1}\frac{\Delta x^2}{4!} + \cdots - F_j^{n+1}$$

$$= -\frac{\Delta t}{2}\left(\frac{\partial^2 v}{\partial t^2}\right)_j^{n+1} - 2\nu\left(\frac{\partial^4 v}{\partial x^4}\right)_j^{n+1}\frac{\Delta x^2}{4!} + \cdots$$

$$= O(\Delta t) + O(\Delta x^2). \tag{4.2.14}$$

因此, 假定 $\frac{\partial^2 v}{\partial t^2}$ 和 $\frac{\partial^4 v}{\partial x^4}$ 在点 (x,t) 附近存在和有界, 由逐点相容性定义知隐式格式 (4.2.13) 是逐点相容的.

为了解格式是否模相容, 将 (4.2.13) 写成下列形式

$$Q_1 \boldsymbol{u}^{n+1} = Q\boldsymbol{u}^n + \Delta t F^{n+1},$$

其中 $Q_1 = \mathrm{diag}(-r, 1+2r, -r)$, $Q = I$ 是单位矩阵, $r = \nu\Delta t/\Delta x^2$. 再将 (4.2.14) 写成

$$Q_1 \boldsymbol{v}^{n+1} = Q\boldsymbol{v}^n + \Delta t F^{n+1} + \Delta t \widetilde{\boldsymbol{\tau}}^n, \tag{4.2.15}$$

其中 $\widetilde{\boldsymbol{\tau}}^n$ 是 (4.2.14) 中的误差. 由于

$$\boldsymbol{v}^{n+1} = Q_1^{-1} Q\boldsymbol{v}^n + \Delta t Q_1^{-1} F^{n+1} + \Delta t Q_1^{-1} \widetilde{\boldsymbol{\tau}}^n. \tag{4.2.16}$$

于是根据定义 4.2.2 或 4.2.3, 有

$$||\boldsymbol{\tau}^n|| = ||Q_1^{-1}\widetilde{\boldsymbol{\tau}}^n|| \leqslant ||Q_1^{-1}|| \, ||\widetilde{\boldsymbol{\tau}}^n||. \tag{4.2.17}$$

假如当 $\Delta x \to 0, \Delta t \to 0$ 时, $||Q_1^{-1}||$ 一致有界, 则格式关于 $||\cdot||$ 的相容性由 $\widetilde{\boldsymbol{\tau}}^n$ 确定.

因此, 假定偏微分方程适当的导数有界, 则差分格式 (4.2.13) 关于上确界范数精确到 $(2,1)$ 阶.

假如对任何 Δx 和 Δt, 导数 $\frac{\partial^2 u}{\partial t^2}$ 和 $\frac{\partial^4 u}{\partial x^4}$ 满足

$$\sum_{j=-\infty}^{\infty}\left[\left(\frac{\partial^2 u}{\partial t^2}\right)_j^n\right]^2 < C_1 < \infty$$

及

$$\sum_{j=-\infty}^{\infty}\left[\left(\frac{\partial^4 u}{\partial x^4}\right)_j^n\right]^2 < C_1 < \infty,$$

其中 C_1, C_2 为某正常数, 则差分格式 (4.2.13) 关于 l_2 模相容 (只要 Q_1^{-1} 关于 l_2 模有界).

例 3 验证方程 $\dfrac{\partial u}{\partial t} - \dfrac{\partial^2 u}{\partial x^2} = 0$ 在 $(j\Delta x, n\Delta t)$ 的差分格式

$$\frac{u_j^{n+1} - u_j^{n-1}}{2\Delta t} - \frac{u_{j+1}^n - 2[\theta u_j^{n+1} + (1-\theta)u_j^{n-1}] + u_{j-1}^n}{\Delta x^2} = 0 \qquad (4.2.18)$$

在 $(j\Delta x, n\Delta t)$ 处的局部截断误差为

$$\frac{\Delta t^2}{6}\frac{\partial^3 u}{\partial t^3} - \frac{\Delta x^2}{12}\frac{\partial^4 u}{\partial x^4} + (2\theta-1)\frac{2\Delta t}{\Delta x^2}\frac{\partial u}{\partial t} + \frac{\Delta t^2}{\Delta x^2}\frac{\partial^2 u}{\partial t^2} + O\left(\frac{\Delta t^3}{\Delta x^2} + \Delta t^4 + \Delta x^4\right). \quad (4.2.19)$$

讨论 (1) $\Delta t = r\Delta x$, (2) $\Delta t = r\Delta x^2$ 两种情况下差分格式与方程的相容性, 其中 r 是一个正常数, θ 是一个变数.

解 将 $u_j^{n+1}, u_j^{n-1}, u_{j+1}^n, u_j^n$ 在点 $(j\Delta x, n\Delta t)$ 处展成 Taylor 级数

$$u_{j+1}^n = u_j^n + \Delta x\left(\frac{\partial u}{\partial x}\right)_j^n + \frac{\Delta x^2}{2}\left(\frac{\partial^2 u}{\partial x^2}\right)_j^n + \frac{\Delta x^3}{6}\left(\frac{\partial^3 u}{\partial x^3}\right)_j^n + \cdots,$$

$$u_{j-1}^n = u_j^n - \Delta x\left(\frac{\partial u}{\partial x}\right)_j^n + \frac{\Delta x^2}{2}\left(\frac{\partial^2 u}{\partial x^2}\right)_j^n - \frac{\Delta x^3}{6}\left(\frac{\partial^3 u}{\partial x^3}\right)_j^n + \cdots,$$

$$u_j^{n+1} = u_j^n + \Delta t\left(\frac{\partial u}{\partial t}\right)_j^n + \frac{\Delta t^2}{2}\left(\frac{\partial^2 u}{\partial t^2}\right)_j^n + \frac{\Delta t^3}{6}\left(\frac{\partial^3 u}{\partial t^3}\right)_j^n + \cdots,$$

$$u_j^{n-1} = u_j^n - \Delta t\left(\frac{\partial u}{\partial t}\right)_j^n + \frac{\Delta t^2}{2}\left(\frac{\partial^2 u}{\partial t^2}\right)_j^n - \frac{\Delta t^3}{6}\left(\frac{\partial^3 u}{\partial t^3}\right)_j^n + \cdots.$$

将上面四式代入 (4.2.18), 可得局部截断误差 R_j^n 为

$$R_j^n = \left(\frac{\partial u}{\partial t} - \frac{\partial^2 u}{\partial x^2}\right)_j^n + \left[\frac{\Delta t^2}{6}\frac{\partial^3 u}{\partial t^3} - \frac{\Delta x^2}{12}\frac{\partial^4 u}{\partial x^4} + (2\theta-1)\frac{2\Delta t}{\Delta x^2}\frac{\partial u}{\partial t}\right.$$
$$\left. + \frac{\Delta t^2}{\Delta x^2}\frac{\partial^2 u}{\partial t^2}\right]_j^n + O\left(\frac{\Delta t^3}{\Delta x^2} + \Delta t^4 + \Delta x^4\right). \qquad (4.2.20)$$

由于 $\dfrac{\partial u}{\partial t} - \dfrac{\partial^2 u}{\partial x^2} = 0$, 即得截断误差 (4.2.19). 下面考虑相容性.

(1) $\Delta t = r\Delta x$.

当 $\Delta t \to 0, \Delta x \to 0$ 时, 局部截断误差 R_j^n 为

$$R_j^n \to \left[\frac{\partial u}{\partial t} - \frac{\partial^2 u}{\partial x^2} + (2\theta-1)\frac{2r}{\Delta x}\frac{\partial u}{\partial t} + r^2\frac{\partial^2 u}{\partial t^2}\right]_j^n.$$

当 $\theta \neq 1/2$ 时, 第三项趋于无穷; 当 $\theta = 1/2$ 时, R_j^n 为

$$\frac{\partial u}{\partial t} - \frac{\partial^2 u}{\partial x^2} + r^2\frac{\partial^2 u}{\partial t^2}.$$

在这种情况下, 有限差分方程与下面双曲型方程

$$\frac{\partial u}{\partial t} - \frac{\partial^2 u}{\partial x^2} + r^2\frac{\partial^2 u}{\partial t^2} = 0$$

相容. 因此, 当 $\Delta t = r\Delta x$ 时, 有限差分格式不与 $\dfrac{\partial u}{\partial t} - \dfrac{\partial^2 u}{\partial x^2} = 0$ 相容.

(2) $\Delta t = r\Delta x^2$.

当 $\Delta t \to 0, \Delta x \to 0$ 时, 局部截断误差 R_j^n 为

$$R_j^n \to \left[\frac{\partial u}{\partial t} - \frac{\partial^2 u}{\partial x^2} + 2(2\theta - 1)r\frac{\partial u}{\partial t}\right]_j^n.$$

当 $\theta \neq 1/2$ 时, 差分格式与下面抛物型方程

$$[1 + 2(2\theta - 1)r]\frac{\partial u}{\partial t} - \frac{\partial^2 u}{\partial x^2} = 0$$

相容. 因此当 $\Delta t = r\Delta x^2$ 并且当且仅当 $\theta = 1/2$ 时, 差分格式与给定的微分方程相容.

§4.2.2 初边值问题

初边值问题的逐点相容性与初值问题的逐点相容性一样, 除了要考虑边界条件的近似. 初边值问题的模相容性要在有限维空间序列 X_j 中考虑范数 $\|\cdot\|_j$. 定义也类似, 只要将定义 4.2.2 和 4.2.3 中的范数 $\|\cdot\|$ 换成范数序列 $\|\cdot\|_j$ 即可.

例 4 讨论差分格式

$$\begin{cases} u_j^{n+1} = (1-2r)u_j^n + r(u_{j+1}^n + u_{j-1}^n), & j = 1, \cdots, M-1, & (4.2.21) \\ u_M^{n+1} = 0, & (4.2.22) \\ u_0^{n+1} = (1-2r)u_0^n + 2ru_1^n & (4.2.23) \end{cases}$$

与初边值问题

$$\begin{cases} \dfrac{\partial u}{\partial t} = \nu \dfrac{\partial^2 u}{\partial x^2}, & x \in (0,1), \ t > 0, & (4.2.24) \\ u(1,t) = 0, & t > 0, & (4.2.25) \\ \dfrac{\partial u(0,t)}{\partial x} = 0, & t > 0 & (4.2.26) \end{cases}$$

的相容性, 其中 $r = \nu\Delta t/\Delta x^2$.

解 由前面知道, 差分格式 (4.2.21) 是一个 $O(\Delta t) + O(\Delta x^2)$ 精度的格式, 而 (4.2.23) 是一个 $O(\Delta x^2)$ 精度的格式. 因此格式 (4.2.21)~(4.2.23) 是一个 $O(\Delta t) + O(\Delta x^2)$ 的逐点相容近似.

现考虑模相容性. 将差分格式 (4.2.21)~(4.2.23) 写成矩阵形式

$$\boldsymbol{u}^{n+1} = Q\boldsymbol{u}^n, \tag{4.2.27}$$

其中 $\boldsymbol{u}^n = (u_0^n, \cdots, u_{M-1}^n)^T$,

$$Q = \begin{pmatrix} 1-2r & 2r & & & & \\ r & 1-2r & r & & & \\ & \ddots & \ddots & \ddots & & \\ & & r & 1-2r & r & \\ & & & r & 1-2r & \end{pmatrix}_{M \times M} .$$

显然, 现在考虑的空间是 M 维. 设 v 是初边值问题 (4.2.24)~(4.2.26) 的解, 则相应有

$$v^{n+1} = Qv^n + \Delta t \tau^n. \tag{4.2.28}$$

将 (4.2.28) 写成矩阵形式时可知, 当 $j = 1, \cdots, M-1$ 时, τ_j^n 是 $O(\Delta t) + O(\Delta x^2)$ 量. 下面考虑 $j = 0$ 时的情况, 由 (4.2.28) 得

$$\Delta t \tau_0^n = v_0^{n+1} - (1-2r)v_0^n - 2rv_1^n$$

$$= v_0^n + \left(\frac{\partial v}{\partial t}\right)_0^n \Delta t + \left(\frac{\partial^2 v}{\partial t^2}\right)_0^n \frac{\Delta t^2}{2} + \cdots - \Big\{ (1-2r)v_0^n$$

$$+ 2r \left[v_0^n + \left(\frac{\partial v}{\partial x}\right)_0^n \Delta x + \left(\frac{\partial^2 v}{\partial x^2}\right)_0^n \frac{\Delta x^2}{2} + \left(\frac{\partial^3 v}{\partial x^3}\right)_0^n \frac{\Delta x^3}{6} + \cdots \right] \Big\}$$

$$= \left[\left(\frac{\partial v}{\partial t}\right)_0^n - \nu \left(\frac{\partial^2 v}{\partial x^2}\right)_0^n \right] \Delta t - 2r\Delta x \left(\frac{\partial v}{\partial x}\right)_0^n + \left(\frac{\partial^2 v}{\partial t^2}\right)_0^n \frac{\Delta t^2}{2} - \frac{\nu \Delta x \Delta t}{3} \left(\frac{\partial^3 v}{\partial x^3}\right)_0^n + \cdots,$$

利用 $\left(\dfrac{\partial v}{\partial x}\right)_0^n = 0$ 和 $\left(\dfrac{\partial v}{\partial t}\right)_0^n - \left(\nu \dfrac{\partial^2 v}{\partial x^2}\right)_0^n = 0$, 得

$$\tau_0^n = \frac{\Delta t}{2} \left(\frac{\partial^2 v}{\partial t^2}\right)_0^n - \frac{\nu \Delta x}{3} \left(\frac{\partial^3 v}{\partial x^3}\right)_0^n + \cdots. \tag{4.2.29}$$

尽管对点 $j = 1, \cdots, M-1$, 差分格式是 $O(\Delta t) + O(\Delta x^2)$ 阶精度, 但在点 $j = 0$ 处, 仅是 $O(\Delta t) + O(\Delta x)$ 阶精度. 因此, 差分格式 (4.2.21)~(4.2.23) 关于上确界模或 l_2 模是相容的, 且精确到 $O(\Delta t) + O(\Delta x)$.

例 5 讨论差分格式

$$\begin{cases} u_j^{n+1} = (1-2r)u_j^n + r(u_{j+1}^n + u_{j-1}^n), & j = 1, \cdots, M-1, & (4.2.30) \\ u_M^{n+1} = 0, & (4.2.31) \\ u_0^n = u_1^n & (4.2.32) \end{cases}$$

与初边值问题 (4.2.24)~(4.2.26) 的相容性, 其中 $r = \nu \Delta t / \Delta x^2$.

解 由前面可知, (4.2.30) 对方程 (4.2.24) 是一个 $O(\Delta t) + O(\Delta x^2)$ 阶近似, 而 (4.2.32) 对边界条件 (4.2.26) 是一个 $O(\Delta x)$ 阶近似, 因此差分格式 (4.2.30)~ (4.2.32) 是对初边值问题 (4.2.24)~(4.2.26) 的一个 $O(\Delta t) + O(\Delta x)$ 阶逐点相容近似.

下面考虑模相容性, 将差分方程写成

$$\boldsymbol{u}^{n+1} = Q\boldsymbol{u}^n, \tag{4.2.33}$$

其中 $\boldsymbol{u}^n = (u_1^n, \cdots, u_{M-1}^n)^T$,

$$Q = \begin{pmatrix} 1-r & r & & & & \\ r & 1-2r & r & & & \\ & \ddots & \ddots & \ddots & & \\ & & r & 1-2r & r & \\ & & & r & 1-2r & \end{pmatrix}.$$

若 $\boldsymbol{u}$ 取偏微分方程的解 $\boldsymbol{v}$, 则 (4.2.33) 成为

$$\boldsymbol{v}^{n+1} = Q\boldsymbol{v}^n + \Delta t \boldsymbol{\tau}^n. \tag{4.2.34}$$

与上例不同的是, 现在考虑的空间是 $M-1$ 维空间. 易知, 结合边界条件后, 当 $j = 2, \cdots, M-1$ 时, (4.2.30) 是 $O(\Delta t) + O(\Delta x^2)$ 阶精度, 当 $j = 1$ 时,

$$u_1^{n+1} = (1-2r)u_1^n + r(u_2^n + u_0^n) = (1-r)u_1^n + ru_2^n. \tag{4.2.35}$$

下面计算 $\Delta t\tau_1^n$.

$$\begin{aligned}
\Delta t\tau_1^n &= v_1^{n+1} - [(1-r)v_1^n + rv_2^n] \\
&= \left[v_1^n + \left(\frac{\partial v}{\partial t}\right)_1^n \Delta t + \left(\frac{\partial^2 v}{\partial t^2}\right)_1^n \frac{\Delta t^2}{2} + \cdots \right] - \left\{ (1-r)v_1^n \right. \\
&\quad \left. + r\left[v_1^n + \left(\frac{\partial v}{\partial x}\right)_1^n \Delta x + \left(\frac{\partial^2 v}{\partial x^2}\right)_1^n \frac{\Delta x^2}{2} + \left(\frac{\partial^3 v}{\partial x^3}\right)_1^n \frac{\Delta x^3}{6} + \cdots \right] \right\} \\
&= \left(\frac{\partial v}{\partial t}\right)_1^n \Delta t - r\Delta x \left(\frac{\partial v}{\partial x}\right)_1^n - r\frac{\Delta x^2}{2}\left(\frac{\partial^2 v}{\partial x^2}\right)_1^n + \frac{\Delta t^2}{2}\left(\frac{\partial^2 v}{\partial t^2}\right)_1^n - r\frac{\Delta x^3}{6}\left(\frac{\partial^3 v}{\partial x^3}\right)_1^n + \cdots.
\end{aligned} \tag{4.2.36}$$

因为

$$0 = \left(\frac{\partial v}{\partial x}\right)_0^n = \left(\frac{\partial v}{\partial x}\right)_1^n + \left(\frac{\partial^2 v}{\partial x^2}\right)_1^n (-\Delta x) + \left(\frac{\partial^3 v}{\partial x^3}\right)_1^n \frac{(-\Delta x)^2}{2} + \cdots,$$

所以

$$\left(\frac{\partial v}{\partial x}\right)_1^n = \Delta x \left(\frac{\partial^2 v}{\partial x^2}\right)_1^n - \frac{\Delta x^2}{2}\left(\frac{\partial^3 v}{\partial x^3}\right)_1^n + \cdots.$$

将上式代入 (4.2.35), 得

$$\begin{aligned}
\Delta t\tau_1^n &= \left(\frac{\partial v}{\partial t}\right)_1^n \Delta t - r\Delta x \left[\Delta x \left(\frac{\partial^2 v}{\partial x^2}\right)_1^n - \frac{\Delta x^2}{2}\left(\frac{\partial^3 v}{\partial x^3}\right)_1^n + \cdots \right] \\
&\quad - r\frac{\Delta x^2}{2}\left(\frac{\partial^2 v}{\partial x^2}\right)_1^n + \frac{\Delta t^2}{2}\left(\frac{\partial^2 v}{\partial t^2}\right)_1^n - r\frac{\Delta x^3}{6}\left(\frac{\partial^3 v}{\partial x^3}\right)_1^n + \cdots
\end{aligned}$$

$$= \left(\frac{\partial v}{\partial t} - \nu \frac{3}{2} \frac{\partial^2 v}{\partial x^2} \right)_1^n \Delta t + O(\Delta t \Delta x) + O(\Delta t^2)$$

$$= -\frac{\nu}{2} \left(\frac{\partial^2 v}{\partial x^2} \right)_1^n \Delta t + O(\Delta t \Delta x) + O(\Delta t^2).$$

因为 $\dfrac{\partial v}{\partial t} - \nu \dfrac{\partial^2 v}{\partial x^2} = 0$, 所以

$$\tau_1^n = -\frac{\nu}{2} \left(\frac{\partial^2 v}{\partial x^2} \right)_1^n + O(\Delta x) + O(\Delta t). \tag{4.2.37}$$

根据定义 4.2.2, 格式 (4.2.30)~(4.2.32) 与偏微分方程 (4.2.24)~(4.2.26) 不相容.

对不相容的格式, 我们不能根据后面的 Lax 定理来证明格式的收敛性, 然而该格式是收敛的.

如同在初值问题中一样, 下面再给出一例, 说明 (初) 边值问题隐式格式的相容性比显式格式困难.

例 6 考虑差分格式

$$\begin{cases} \dfrac{u_j^{n+1} - u_j^n}{\Delta t} = \dfrac{\nu}{\Delta x^2} \delta_x^2 u_j^{n+1}, & (4.2.38) \\[2mm] u_0^{n+1} = u_M^{n+1} = 0 & (4.2.39) \end{cases}$$

与边值问题

$$\begin{cases} \dfrac{\partial u}{\partial t} = \nu \dfrac{\partial^2 u}{\partial x^2}, & x \in (0,1),\ t > 0, & (4.2.40) \\[2mm] u(0,t) = u(1,t) = 0, & t > 0 & (4.2.41) \end{cases}$$

的相容性.

解 将差分格式写成矩阵形式

$$Q_1 \boldsymbol{u}^{n+1} = Q \boldsymbol{u}^n, \tag{4.2.42}$$

其中 Q 是单位矩阵, Q_1 是 $M-1$ 阶矩阵

$$Q_1 = \begin{pmatrix} 1+2r & -r & & & & \\ -r & 1+2r & -r & & & \\ & \ddots & \ddots & \ddots & & \\ & & -r & 1+2r & -r & \\ & & & -r & 1+2r \end{pmatrix},$$

且 $r = \dfrac{\nu \Delta t}{\Delta x^2}$. 逐点相容性如本节例 2 中的分析一样. 假若 $\dfrac{\partial^2 u}{\partial t^2}$ 和 $\dfrac{\partial^4 u}{\partial x^4}$ 有界, 差分格

式与方程逐点相容. 关于模相容性, 由例 2 中的 (4.2.17), 有

$$\|\tau^n\| \leqslant \|Q_1^{-1}\|\,\|\tilde{\tau}^n\|,$$

其中 $\tilde{\tau}^n = O(\Delta t) + O(\Delta x^2)$. 因此只要 $\|Q_1^{-1}\|$ 一致有界, 当 $\Delta t \to 0, \Delta x \to 0$ 时, 有 $\|\tau^n\| \to 0$. 从而格式模相容. 其中模或为上确界模, 或为 l_2 模, 这依赖于对 u 的导数的假定.

首先证明 Q_1^{-1} 的上确界模 $\|Q_1^{-1}\|_\infty$ 有界. 因为

$$Q_1\alpha_j = -r\alpha_{j-1} + (1+2r)\alpha_j - r\alpha_{j+1} := \beta_j,$$

利用

$$\|\alpha_j\|_\infty = \|\alpha_{j\pm1}\|_\infty,$$

也即将序列 α_j 的指标变换成 $+1$ 或 -1, 其上确界模仍相等, 所以

$$\begin{aligned}\|Q_1\alpha_j\|_\infty &= \|-r\alpha_{j-1} + (1+2r)\alpha_j - r\alpha_{j+1}\|_\infty \\ &\geqslant (1+2r)\|\alpha_j\|_\infty - 2r\|\alpha_j\|_\infty \\ &= \|\alpha_j\|_\infty.\end{aligned}$$

因此 $\|Q_1^{-1}\|_\infty$ 有界.

其次证明 $\|Q_1^{-1}\|_{l_2}$ 有界. 因为 $\|Q_1^{-1}\|_{l_2} = \dfrac{1}{|\lambda_{\min}|}$, 其中 $\lambda_{\min}$ 是 Q_1 的最小特征值, 又 Q_1 的特征值为

$$\lambda = 1 + 2r - 2r\cos\frac{j\pi}{M} = 1 + 4r\sin^2\frac{j\pi}{2M}, \quad j = 1,\cdots,M-1,$$

所以

$$\|Q_1^{-1}\|_{l_2} = \frac{1}{\lambda_{\min}} = \frac{1}{\min\left\{1 + 4\pi\sin^2\dfrac{j\pi}{2M}\right\}} \leqslant 1.$$

因此 $\|Q_1^{-1}\|_{l_2}$ 有界.

§4.3　稳定性

上面讨论了相容性和收敛性, 现在讨论稳定性. 如在相容性讨论中所看到, 大多数格式是相容的. 证明收敛性的主要目标是要得到稳定性.

对如下形式的二层格式

$$\boldsymbol{u}^{n+1} = Q\boldsymbol{u}^n, \quad n \geqslant 0,\ (n+1)\Delta t \leqslant T, \tag{4.3.1}$$

定义关于初值的稳定性.

定义 4.3.1 差分格式 (4.3.1) 称为关于 $||\cdot||$ 是稳定的, 假定存在正常数 Δx_0 和 Δt_0, 以及非负常数 K, 使得

$$||\boldsymbol{u}^{n+1}|| \leqslant K||\boldsymbol{u}^0|| \qquad (4.3.2)$$

对 $0 < \Delta x \leqslant \Delta x_0$ 及 $0 < \Delta t \leqslant \Delta t_0$ 成立.

注意这是稳定性的一种较强的定义, 蕴含差分方程的解必须是有界的, 有无限制 $(n+1)\Delta t \leqslant T$ 均可, 然而, 方程的解可以随着时间 (不是时间步数) 增长, 当无限制条件 $(n+1)\Delta t \leqslant T$ 时, (4.3.2) 可用下式代替:

$$||\boldsymbol{u}^{n+1}|| \leqslant Ke^{\beta t}||\boldsymbol{u}^0||, \qquad (4.3.3)$$

其中 β 是非负数. 显然 (4.3.3) 与限制条件 $0 < (n+1)\Delta t \leqslant T$ 蕴含不等式 (4.3.2).

命题 4.3.1 差分格式 (4.3.1) 关于模 $||\cdot||$ 是稳定的当且仅当存在正常数 Δx_0 和 Δt_0 以及非负常数 K 使得

$$||Q^{n+1}|| \leqslant K \qquad (4.3.4)$$

对 $0 < \Delta x \leqslant \Delta x_0$, $0 < \Delta t \leqslant t_0$ 成立.

证明 **充分性** 因为

$$\boldsymbol{u}^{n+1} = Q\boldsymbol{u}^n = Q(Q\boldsymbol{u}^{n-1}) = Q^2\boldsymbol{u}^{n-1} = \cdots = Q^{n+1}\boldsymbol{u}^0, \qquad (4.3.5)$$

所以

$$||\boldsymbol{u}^{n+1}|| = ||Q^{n+1}\boldsymbol{u}^0|| \leqslant K||\boldsymbol{u}^0||,$$

或

$$\frac{||Q^{n+1}\boldsymbol{u}^0||}{||\boldsymbol{u}^0||} \leqslant K.$$

在两边对所有非零向量 $||\boldsymbol{u}^0||$ 取上确界, 得

$$||Q^{n+1}|| \leqslant K. \qquad (4.3.6)$$

必要性

$$||Q^{n+1}\boldsymbol{u}^0|| \leqslant ||Q^{n+1}|| \, ||\boldsymbol{u}^0||$$

和不等式 (4.3.4) 蕴含不等式 (4.3.2) (即稳定性).   □

注意, 同样 (4.3.4) 蕴含限制条件 $(n+1)\Delta t \leqslant T$. 更一般地, 若无限制条件 $(n+1)\Delta t \leqslant T$, 则 (4.3.4) 可由下式代替:

$$||Q^{n+1}|| \leqslant Ke^{\beta t},$$

其中 β 为非负常数. 不失一般性, 下面的讨论均假定有条件 $(n+1)\Delta t \leqslant T$ (T 为某常数) 及偏微分方程问题本身的解有界.

例 1　证明差分格式

$$u_j^{n+1} = (1 - 2r)u_j^n + r(u_{j+1}^n + u_{j-1}^n) \tag{4.3.7}$$

关于上确界范数是稳定的, 其中 $r = \nu\Delta t/\Delta x^2$ (ν 为常数).

解　注意当 $r \leqslant 1/2$ 时, (4.3.7) 右端各项系数为正, 所以

$$|u_j^{n+1}| \leqslant (1 - 2r)|u_j^n| + r|u_{j+1}^n| + r|u_{j-1}^n| \leqslant ||\boldsymbol{u}^n||_\infty,$$

在两边关于 j 取上确界范数, 得到

$$||\boldsymbol{u}^{n+1}||_\infty \leqslant ||\boldsymbol{u}^n||_\infty.$$

根据稳定性定义 4.3.1, 格式稳定.

格式 (4.3.7) 的稳定性要求是 $r \leqslant 1/2$, 在这种情况下, 称它为条件稳定, 如果稳定性对 Δt 和 Δx 无任何限制, 则称格式绝对稳定或无条件稳定.

例 2　讨论 FTFS 差分格式

$$u_j^{n+1} = u_j^n - a\frac{\Delta t}{\Delta x}(u_{j+1}^n - u_j^n), \quad a < 0 \tag{4.3.8}$$

的稳定性.

解　该格式是抛物型方程

$$\frac{\partial u}{\partial t} + a\frac{\partial u}{\partial x} = 0, \quad a < 0 \tag{4.3.9}$$

关于上确界模和 l_2 模的一个相容格式.

将差分格式 (4.3.8) 改写成

$$u_j^{n+1} = (1 + r)u_j^n - ru_{j+1}^n, \tag{4.3.10}$$

其中 $r = a\Delta t/\Delta x$. 注意到

$$\sum_{j=-\infty}^{\infty} |u_j^{n+1}|^2 = \sum_{j=-\infty}^{\infty} |(1+r)u_j^n - ru_{j+1}^n|^2$$

$$\leqslant \sum_{j=-\infty}^{\infty} \left(|1+r|^2|u_j^n|^2 + 2|1+r|\,|r|\,|u_j^n|\,|u_{j+1}^n| + |r|^2|u_{j+1}^n|^2\right)$$

$$\leqslant \sum_{j=-\infty}^{\infty} \left(|1+r|^2 + 2|1+r|\,|r| + |r|^2\right)|u_j^n|^2$$

$$= (|1+r| + |r|)^2 \sum_{j=-\infty}^{\infty} |u_j^n|^2.$$

该式可写成 l_2 模的形式

$$||\boldsymbol{u}^{n+1}||_{l_2} \leqslant K_1||\boldsymbol{u}^n||_{l_2},$$

其中 $K_1 = |1+r| + |r|$. 重复该过程 n 次, 得

$$||\boldsymbol{u}^{n+1}||_{l_2} \leqslant K_1^{n+1}||\boldsymbol{u}^0||_{l_2}.$$

将该不等式与 (4.3.2) 比较, 有

$$(|1+r| + |r|)^{n+1} \leqslant K.$$

这只要限制 $|1+r|+|r| \leqslant 1$ 即可满足, 于是取 $K = 1$, 因为 $r < 0$. 这要求 $|1+r| \leqslant 1+r$, 即 $-1 \leqslant r < 0$. 因此, 差分格式 (4.3.8) 条件稳定, 稳定性条件是 $-1 \leqslant r < 0$ 或 $-1 \leqslant a\dfrac{\Delta t}{\Delta x} < 0$.

关于初边值问题的稳定性, 如同在收敛性和相容性中一样, 我们假定有一空间网格剖分序列 $\{\Delta x_j\}$, 从而有一有限维空间序列 $\{X_j\}$, 其模为 $||\cdot||_j$. 我们称关于初边值问题的差分格式是稳定的, 假如该格式对模 $||\cdot||_j$ 满足不等式 (4.3.2) 或 (4.3.3).

例 3　对初边值问题

$$
\begin{cases}
\dfrac{\partial u}{\partial t} = \nu\dfrac{\partial^2 u}{\partial x^2}, & x \in (0,1), \ t > 0, & (4.3.11) \\[2mm]
u(x,0) = f(x), & x \in [0,1], & (4.3.12) \\[2mm]
u(0,t) = u(1,t) = 0, & t \geqslant 0 & (4.3.13)
\end{cases}
$$

的差分格式 (取 $\Delta x = 1/M$)

$$
\begin{cases}
u_j^{n+1} = u_j^n + r\delta_x^2 u_j^n, & j = 1,\cdots,M-1, & (4.3.14) \\[2mm]
u_0^{n+1} = u_M^{n+1} = 0, & & (4.3.15) \\[2mm]
u_j^0 = f(j\Delta x) = 0, & j = 0,\cdots,M. & (4.3.16)
\end{cases}
$$

证明当 $r \leqslant 1/2$ 时, 差分格式 (4.3.14)~(4.3.16) 稳定.

解　考虑 $[0,1]$ 区间上的任何一个剖分序列 $\{\Delta x_j\}$, 相应的空间为 $\{X_j\}$, 模为 $||\cdot||_j$. 假定 X_j 为 $M_j - 1$ 维向量空间, 其中 $M_j\Delta x_j = 1$. 现令 $||\cdot||_j$ 为上确界模.

当 $r \leqslant 1/2$ 时, 有

$$
\begin{aligned}
|u_j^{n+1}| &= |(1-2r)u_j^n + r(u_{j+1}^n + u_{j-1}^n)| \\[2mm]
&\leqslant |(1-2r)| \cdot |u_j^n| + r|u_{j+1}^n| + r|u_{j-1}^n| \\[2mm]
&\leqslant (1-2r)||\boldsymbol{u}^n||_j + r||\boldsymbol{u}^n||_j + r||\boldsymbol{u}^n||_j,
\end{aligned}
$$

从而

$$||\boldsymbol{u}^{n+1}||_j \leqslant ||\boldsymbol{u}^n||_j. \tag{4.3.17}$$

重复利用该不等式, 得

$$||\boldsymbol{u}^{n+1}||_j \leqslant ||\boldsymbol{u}^0||_j.$$

因此, 差分格式 (4.3.14)~(4.3.16) 稳定.

§4.4 Lax 定理

定理 4.4.1 (Lax 等价定理) 对一个适定的线性初值问题, 一个相容的二层格式收敛当且仅当该格式稳定.

由该定理知道, 只要有一个相容的格式, 则格式收敛性和稳定性等价. 如果相容的差分格式不稳定, 则也不收敛. 下面给出一个比上面定理更强形式的定理并加以证明.

定理 4.4.2 (Lax 定理) 假如一个二层格式

$$\boldsymbol{u}^{n+1} = Q\boldsymbol{u}^n + \Delta t \boldsymbol{G}^n \tag{4.4.1}$$

关于模 $||\cdot||$ 对一个适定的线性初值问题精确到 (p,q) 阶且稳定, 则该格式关于模 $||\cdot||$ 是 (p,q) 阶收敛的.

证明 设 $\boldsymbol{v}^n$ 是初值问题的精确解, 因为差分格式精确到 $O(\Delta x^p) + O(\Delta t^q)$ 阶, 则 $\boldsymbol{v}^n$ 满足

$$\boldsymbol{v}^{n+1} = Q\boldsymbol{v}^n + \Delta t \boldsymbol{G}^n + \Delta t \boldsymbol{\tau}^n, \tag{4.4.2}$$

其中 $||\boldsymbol{\tau}^n|| = O(\Delta x^p) + O(\Delta t^q)$. 定义 $\boldsymbol{w}^n = \boldsymbol{v}^n - \boldsymbol{u}^n$, 则 $\boldsymbol{w}^n$ 满足

$$\boldsymbol{w}^{n+1} = Q\boldsymbol{w}^n + \Delta t \boldsymbol{\tau}^n. \tag{4.4.3}$$

重复应用 (4.4.3), 得

$$\begin{aligned}
\boldsymbol{w}^{n+1} &= Q\boldsymbol{w}^n + \Delta t \boldsymbol{\tau}^n \\
&= Q(Q\boldsymbol{w}^{n-1} + \Delta t \boldsymbol{\tau}^{n-1}) + \Delta t \boldsymbol{\tau}^n \\
&= Q^2 \boldsymbol{w}^{n-1} + \Delta t Q \boldsymbol{\tau}^{n-1} + \Delta t \boldsymbol{\tau}^n \\
&= Q^{n+1} \boldsymbol{w}^0 + \Delta t \sum_{j=0}^{n} Q^j \boldsymbol{\tau}^{n-j}.
\end{aligned} \tag{4.4.4}$$

因为 $\boldsymbol{w}^0 = \boldsymbol{0}$, 所以

$$\boldsymbol{w}^{n+1} = \Delta t \sum_{j=0}^{n} Q^j \boldsymbol{\tau}^{n-j}. \tag{4.4.5}$$

差分格式稳定蕴含对任何 j, 存在非负常数 K 满足

$$||Q^j|| \leqslant K. \tag{4.4.6}$$

在 (4.4.5) 两边取模再利用 (4.4.6), 得

$$||\boldsymbol{w}^{n+1}|| \leqslant \Delta t \sum_{j=0}^{n} ||Q^j||\ ||\boldsymbol{\tau}^{n-j}||$$

$$\leqslant \Delta t K \sum_{j=0}^{n} ||\boldsymbol{\tau}^{n-j}||$$

$$= \Delta t K \sum_{j=0}^{n} C((n-j)\Delta t)(\Delta x^p + \Delta t^q)$$

$$\leqslant (n+1)\Delta t K C^*(t)(\Delta x^p + \Delta t^q), \tag{4.4.7}$$

其中

$$C^*(t) = \sup_{0 \leqslant s < t} C(s), \quad s = (n-j)\Delta t, \quad j = 0, \cdots, n.$$

$C(s)$ 是与 $||\boldsymbol{\tau}^{n-j}||$ 有关的常数. 考虑到收敛性定义 4.1.2, 取 $\Delta x \to 0, \Delta t \to 0$ 且 $(n+1)\Delta t \to t$, 这时有

$$(n+1)\Delta t K C^*(t)(\Delta x^p + \Delta t^q) \to t K C^*(t)0 = 0, \tag{4.4.8}$$

即

$$||\boldsymbol{w}^{n+1}|| \to 0.$$

注意 (4.4.7) 可改写成

$$||\boldsymbol{u}^{n+1} - \boldsymbol{v}^{n+1}|| \leqslant K(t)(\Delta x^p + \Delta t^q)$$

$$= O(\Delta x^p) + O(\Delta t^q).$$

根据收敛阶定义 4.1.3, 收敛阶是 (p, q) 阶的.   □

　　注意在相容性和稳定性中使用的模应是一样的, 而且收敛性也是关于该模给出. 前面我们已证当 $r \leqslant 1/2$ 时, 显式格式 (4.3.7) 精确到 $(2,1)$ 阶且关于上确界范数是稳定的. 因此, 根据 Lax 定理 4.4.2 知, 当 $r \leqslant 1/2$ 时, 差分格式 (4.3.7) 关于上确界模是 $(2,1)$ 阶收敛的. 对于初边值问题的 Lax 定理, 只要定理 4.4.2 中的模 $||\cdot||$ 换成 $||\cdot||_j$ 即可. 另外, 我们看到, 考虑格式的相容性仅考虑逐点相容是不够的.

§4.5 稳定性分析方法

　　本节介绍差分格式稳定性分析的方法: Fourier 级数法 (也称 von Neumann 法)、矩阵分析法和能量法, 重点介绍前两种方法.

§4.5.1 Fourier 级数法 (即 von Neumann 法)

考虑下面实直线 $\mathbb{R}$ 上的一个初值问题

$$\begin{cases} \dfrac{\partial u}{\partial t} = \dfrac{\partial^2 u}{\partial x^2}, & x \in \mathbb{R}, \ t > 0, \\[3mm] u(x,0) = f(x), & x \in \mathbb{R}. \end{cases} \tag{4.5.1}$$

$$\text{(4.5.2)}$$

定义 u 关于 x 的空间 Fourier 变换为

$$\widetilde{u}(\omega,t) = \frac{1}{\sqrt{2\pi}} \int_{-\infty}^{+\infty} u(x,t) e^{-\mathrm{i}\omega x} dx, \tag{4.5.3}$$

逆 Fourier 变换为

$$u(x,t) = \frac{1}{\sqrt{2\pi}} \int_{-\infty}^{+\infty} \widetilde{u}(\omega,t) e^{\mathrm{i}\omega x} d\omega. \tag{4.5.4}$$

假定偏微分方程的解在 $\pm\infty$ 处足够好使得积分存在且在 $\pm\infty$ 处为零. Fourier 变换的一个性质是 Parseval 等式 , 即

$$||u||_{L_2(R)} = ||\widetilde{u}||_{L_2(R)}.$$

Parseval 等式表示函数的模与其变换后的模在各自的空间中相等.

为分析关于初值问题差分格式的稳定性, 需要考虑离散 Fourier 变换. 假定在实或复 l_2 空间中给定向量 $\boldsymbol{u} = (\cdots, u_{-1}, u_0, u_1, \cdots)^T$. 定义

$$||\boldsymbol{u}||_{l_2} = \sqrt{\sum_{m=-\infty}^{\infty} |u_m|^2}.$$

定义 4.5.1　$\boldsymbol{u} \in l_2$ 的离散 Fourier 变换是函数 $\hat{u} \in L_2[-\pi,\pi]$, 定义为

$$\hat{u}(\xi) = \frac{1}{\sqrt{2\pi}} \sum_{m=-\infty}^{\infty} e^{-\mathrm{i}m\xi} u_m. \tag{4.5.5}$$

命题 4.5.1　若 $\boldsymbol{u} \in l_2$ 及 $\hat{u}$ 是 $\boldsymbol{u}$ 的离散 Fourier 变换, 则

$$u_m = \frac{1}{\sqrt{2\pi}} \int_{-\pi}^{\pi} e^{\mathrm{i}m\xi} \hat{u}(\xi) d\xi. \tag{4.5.6}$$

证明

$$\frac{1}{\sqrt{2\pi}} \int_{-\pi}^{\pi} e^{\mathrm{i}m\xi} \hat{u}(\xi) d\xi$$

$$= \frac{1}{2\pi} \int_{-\pi}^{\pi} e^{\mathrm{i}m\xi} \sum_{j=-\infty}^{\infty} e^{-\mathrm{i}j\xi} u_j d\xi$$

$$= \frac{1}{2\pi} \sum_{j=-\infty}^{\infty} u_j \int_{-\pi}^{\pi} e^{-\mathrm{i}(j-m)\xi} d\xi$$

$$= \frac{1}{2\pi} \sum_{j=-\infty, j \neq m}^{\infty} u_j \left[\frac{e^{-i(j-m)\xi}}{-i(j-m)} \right]_{-\pi}^{\pi} + \frac{1}{2\pi} u_m \int_{-\pi}^{\pi} d\xi$$

$$= \frac{1}{2\pi} \sum_{j=-\infty, j \neq m}^{\infty} u_m \frac{1}{i(j-m)} [e^{i(j-m)\pi} - e^{-i(j-m)\pi}] + u_m$$

$$= u_m,$$

即

$$u_m = \frac{1}{2\pi} \int_{-\pi}^{\pi} e^{im\xi} \hat{u}(\xi) d\xi. \qquad \square$$

命题 4.5.2 若 $u \in l_2$ 及 $\hat{u}$ 是 u 的离散 Fourier 变换, 则 Parseval 等式成立, 即

$$\|\hat{u}\|_{L_2[-\pi,\pi]} = \|u\|_{l_2}. \qquad (4.5.7)$$

证明

$$\begin{aligned}
\|\hat{u}\|_{L_2[-\pi,\pi]}^2 &= \int_{-\pi}^{\pi} |\hat{u}(\xi)|^2 d\xi \\
&= \int_{-\pi}^{\pi} \overline{\hat{u}(\xi)} \frac{1}{\sqrt{2\pi}} \sum_{m=-\infty}^{\infty} e^{-im\xi} u_m d\xi \\
&= \frac{1}{\sqrt{2\pi}} \sum_{m=-\infty}^{\infty} u_m \int_{-\pi}^{\pi} e^{-im\xi} \overline{\hat{u}(\xi)} d\xi \\
&= \sum_{m=-\infty}^{\infty} u_m \overline{\frac{1}{\sqrt{2\pi}} \int_{-\pi}^{\pi} e^{im\xi} \hat{u}(\xi) d\xi} \\
&= \sum_{m=-\infty}^{\infty} u_m \bar{u}_m = \|u\|_{l_2}^2,
\end{aligned}$$

即

$$\|\hat{u}\|_{L_2[-\pi,\pi]} = \|u\|_{l_2}. \qquad (4.5.8)$$

$$\square$$

回想在稳定性定义 4.3.1 中, 若取 l_2 能量模, 则不等式 (4.3.2) 变为

$$\|u^{n+1}\|_{l_2} \leqslant K \|u^0\|_{l_2}. \qquad (4.5.9)$$

因为

$$\|u^{n+1}\|_{l_2} = \|\hat{u}\|_{L_2[-\pi,\pi]},$$

假如能找到一个非负常数 K 满足

$$\|\hat{u}^{n+1}\|_{L_2[-\pi,\pi]} \leqslant K \|\hat{u}^0\|_{L_2[-\pi,\pi]}, \qquad (4.5.10)$$

则相同的 K 将满足 (4.5.9). 当不等式 (4.5.10) 成立时, 表示序列 $\{\hat{u}^n\}$ 在变换空间 $L_2[-\pi,\pi]$ 中稳定. 因此 u 在 l_2 中的稳定性可通过其离散 Fourier 变换在其变换空间 $L_2[-\pi,\pi]$ 中来考虑. 因此, 我们有下述定理.

定理 4.5.1 序列 $\{u^n\}$ 在 l_2 中稳定当且仅当序列 $\{\hat{u}^n\}$ 在 $L_2[-\pi, \pi]$ 中稳定.

例 1 分析初值问题 (4.5.1)~(4.5.2) 的差分格式

$$u_j^{n+1} = ru_{j-1}^n + (1-2r)u_j^n + ru_{j+1}^n, \quad -\infty < j < \infty \qquad (4.5.11)$$

的稳定性, 其中 $r = \Delta t / \Delta x^2$.

解 在 (4.5.11) 两边取离散 Fourier 变换, 得

$$\hat{u}^{n+1}(\xi) = \frac{1}{\sqrt{2\pi}} \sum_{j=-\infty}^{\infty} e^{-ij\xi} \left[ru_{j-1}^n + (1-2r)u_j^n + ru_{j+1}^n \right]$$

$$= r\frac{1}{\sqrt{2\pi}} \sum_{j=-\infty}^{\infty} e^{-ij\xi} u_{j-1}^n + (1-2r)\frac{1}{\sqrt{2\pi}} \sum_{j=-\infty}^{\infty} e^{-ij\xi} u_j^n + r\frac{1}{\sqrt{2\pi}} \sum_{j=-\infty}^{\infty} e^{-ij\xi} u_{j+1}^n$$

$$= r\frac{1}{\sqrt{2\pi}} \sum_{j=-\infty}^{\infty} e^{-ij\xi} u_{j-1}^n + (1-2r)\hat{u}^n(\xi) + r\frac{1}{\sqrt{2\pi}} \sum_{j=-\infty}^{\infty} e^{-ij\xi} u_{j+1}^n. \qquad (4.5.12)$$

作变量替换 $m = j \pm 1$, 得

$$\frac{1}{\sqrt{2\pi}} \sum_{j=-\infty}^{\infty} e^{-ij\xi} u_{j\pm 1}^n = \frac{1}{\sqrt{2\pi}} \sum_{m=-\infty}^{\infty} e^{-i(m\mp 1)\xi} u_m^n$$

$$= e^{\pm i\xi} \frac{1}{\sqrt{2\pi}} \sum_{j=-\infty}^{\infty} e^{-ij\xi} u_j^n$$

$$= e^{\pm i\xi} \hat{u}(\xi). \qquad (4.5.13)$$

利用上式, (4.5.12) 可化为

$$\hat{u}^{n+1}(\xi) = re^{-i\xi}\hat{u}^n(\xi) + (1-2r)\hat{u}^n(\xi) + re^{i\xi}\hat{u}^n(\xi)$$

$$= [re^{-i\xi} + (1-2r) + re^{i\xi}]\hat{u}^n(\xi)$$

$$= [2r\cos\xi + (1-2r)]\hat{u}^n(\xi)$$

$$= \left(1 - 4r\sin^2\frac{\xi}{2}\right)\hat{u}^n(\xi). \qquad (4.5.14)$$

定义 $\hat{u}^{n+1}(\xi)/\hat{u}^n(\xi)$ 的系数

$$G(\xi) := 1 - 4r\sin^2\frac{\xi}{2}, \qquad (4.5.15)$$

称为差分格式 (4.5.11) 的象征 (symbol), 也称为增长因子或放大因子. 增长因子也常记为 $G(\xi, \Delta t)$, 以强调与时间步长 Δt 有关. 应用 (4.5.14) $n+1$ 次, 得

$$\hat{u}^{n+1}(\xi) = \left(1 - 4r\sin^2\frac{\xi}{2}\right)^{n+1} \hat{u}^0(\xi). \qquad (4.5.16)$$

若限制 r 满足

$$\left| 1 - 4r \sin^2 \frac{\xi}{2} \right| \leqslant 1, \tag{4.5.17}$$

则不等式 (4.5.10) 成立, 其中 $K = 1$. 由 (4.5.17) 解得 $r \leqslant 1/2$. 因此 $r \leqslant 1/2$ 是稳定性的充分条件.

当 $r > 1/2$ 时, 至少对某些 ξ, 如 $\xi = \pi$, 有

$$4r \sin^2 \frac{\xi}{2} > 2,$$

或

$$\left| 1 - 4r \sin^2 \frac{\xi}{2} \right| > 1.$$

从而对任何 Δt (只要 $(n+1)\Delta t \to t$) 和 Δx, 只要 r 保持常数且大于 $1/2$, 对足够大的 n 值均有

$$\left| 1 - 4r \sin^2 \frac{\xi}{2} \right|^{n+1} > K, \tag{4.5.18}$$

其中 K 为任意正数. 因此条件 (4.5.17) 也是稳定的必要条件. 因此, $r \leqslant 1/2$ 是差分格式 (4.5.11) 稳定的充要条件. 再由 Lax 等价定理知, $r \leqslant 1/2$ 也是该格式收敛的充要条件.

例 2 考虑偏微分方程

$$\frac{\partial u}{\partial t} + a \frac{\partial u}{\partial x} = 0, \quad a < 0 \tag{4.5.19}$$

的差分格式

$$u_j^{n+1} = (1+r)u_j^n - ru_{j+1}^n, \quad j = 0, \pm 1, \pm 2, \cdots \tag{4.5.20}$$

的稳定性, 其中 $r = a\Delta t / \Delta x$.

解 易知对 (4.5.20) 作离散 Fourier 变换, 得

$$\hat{u}^{n+1}(\xi) = (1+r)\hat{u}^n - re^{i\xi}\hat{u}^n(\xi) = [(1+r) - r\cos\xi - ir\sin\xi]\hat{u}^n(\xi),$$

于是

$$G(\xi) = 1 + r - r\cos\xi - ir\sin\xi.$$

为满足不等式 (4.5.10), 必须使 $|G(\xi)| \leqslant 1$. 因为

$$|G(\xi)|^2 = (1+r)^2 - 2r(1+r)\cos\xi + r^2, \quad \xi \in [-\pi, \pi],$$

关于 ξ 微分, 并令其为零

$$\frac{\partial |G(\xi)|^2}{\partial \xi} = 2r(1+r)\sin\xi = 0.$$

从而知道 ξ 在 0 和 $\pm\pi$ 处可能取得极大值, 又

$$|G(0)| = 1, \quad |G(\pm\pi)| = |1 + 2r|,$$

所以要求 $|1 + 2r| \leqslant 1$, 因为 $r < 0$, 所以解得格式 (4.5.20) 的稳定性条件为 $r \geqslant -1$.

　　例 3　分析差分格式

$$-\alpha r u_{j-1}^{n+1} + (1 + 2\alpha r)u_j^{n+1} - \alpha r u_{j+1}^{n+1}$$
$$= (1 - \alpha)r u_{j-1}^n + [1 - 2(1 - \alpha)r]u_j^n + (1 - \alpha)r u_{j+1}^n, \quad j = 0, \pm 1, \cdots \quad (4.5.21)$$

的稳定性, 其中 $\alpha \in [0, 1]$.

　　解　对 (4.5.21) 两端作离散 Fourier 变换, 得

$$-\alpha r e^{-i\xi}\hat{u}^{n+1} + (1 + 2\alpha r)\hat{u}^{n+1} - \alpha r e^{i\xi}\hat{u}^{n+1}$$
$$= (1 - \alpha)r e^{-i\xi}\hat{u}^n + [1 - 2(1 - \alpha)r]\hat{u}^n + (1 - \alpha)r e^{i\xi}\hat{u}^n, \quad (4.5.22)$$

化简得

$$\hat{u}^{n+1} = G(\xi)\hat{u}^n,$$

其中

$$G(\xi) = \frac{1 - 4(1 - \alpha)r\sin^2\dfrac{\xi}{2}}{1 + 4\alpha r\sin^2\dfrac{\xi}{2}}. \quad (4.5.23)$$

由 $|G(\xi)| \leqslant 1$ 解得: 当 $\alpha \geqslant \dfrac{1}{2}$, $r > 0$ 时, $|G(\xi)| \leqslant 1$ 恒成立; 当 $\alpha < \dfrac{1}{2}$ 时, $r \leqslant \dfrac{1}{2(1 - 2\alpha)}$, $|G(\xi)| \leqslant 1$. 因此, 当 $\alpha \geqslant \dfrac{1}{2}$ 时, 格式无条件稳定; 当 $\alpha < \dfrac{1}{2}$ 时, 格式条件稳定, 稳定性条件为 $r \leqslant \dfrac{1}{2(1 - 2\alpha)}$.

　　例 4　考虑偏微分方程

$$\frac{\partial v}{\partial t} = \frac{\partial^2 v}{\partial x^2} + bv, \quad t > 0, x \in \mathbb{R} \quad (4.5.24)$$

的差分格式

$$u_j^{n+1} = r u_{j-1}^n + (1 - 2r + b\Delta t)u_j^n + r u_{j+1}^n, \quad j = \pm 1, \pm 2, \cdots \quad (4.5.25)$$

的收敛性.

　　解　与前面一样, 可求得差分格式 (4.5.25) 的增长因子为

$$G(\xi) = \left(1 - 4r\sin^2\frac{\xi}{2}\right) + b\Delta t.$$

由例 1 的计算知当 $r \leqslant 1/2$ 时,

$$\left|\left(1 - 4r\sin^2\frac{\xi}{2}\right) + b\Delta t\right| \leqslant 1 + b\Delta t \leqslant e^{b\Delta t}.$$

因此

$$||\hat{u}^{n+1}||_{L_2[-\pi,\pi]} \leqslant e^{b\Delta t}||\hat{u}^n||_{L_2[-\pi,\pi]} \leqslant e^{b(n+1)\Delta t}||\hat{u}^0||_{L_2[-\pi,\pi]} \leqslant K||\hat{u}^0||_{L_2[-\pi,\pi]},$$

其中 $K = e^{bT}$, 且假定 $0 < (n+1)\Delta t \leqslant T$, 即序列 $\{\hat{u}^n\}$ 在 $L_2[-\pi,\pi]$ 中稳定, 由定理 4.5.1 知, 格式 (4.5.25) 关于 l_2 模稳定, 稳定性条件是 $r \leqslant 1/2$.

注意例 2、例 3 和例 4 由 $|G(\xi)| \leqslant 1$ 求得的稳定性条件都是必要条件, 但由下面的定理 4.5.2 和定理 4.5.3 可知, 这三例中的必要条件也都是充分条件, 因为所考虑的差分格式都是二层格式.

定理 4.5.2 差分格式

$$\boldsymbol{u}^{n+1} = Q\boldsymbol{u}^n \tag{4.5.26}$$

关于 l_2 模是稳定的当且仅当存在正常数 Δt_0 和 Δx_0 及非负常数 K 使得

$$|G(\xi)|^{n+1} \leqslant K, \quad \forall \xi \in [-\pi, \pi] \tag{4.5.27}$$

对 $0 < \Delta t \leqslant \Delta t_0$ 和 $0 < \Delta x \leqslant \Delta x_0$ 成立, 其中 $G(\xi)$ 是差分格式 (4.5.26) 的象征.

定理 4.5.3 差分格式

$$\boldsymbol{u}^{n+1} = Q\boldsymbol{u}^n \tag{4.5.28}$$

关于 l_2 模稳定, 当且仅当存在正常数 $\Delta t_0, \Delta x_0$ 和 C, 使得

$$|G(\xi)| \leqslant 1 + C\Delta t, \quad \forall \xi \in [-\pi, \pi] \tag{4.5.29}$$

对 $0 < \Delta t \leqslant \Delta t_0$ 和 $0 < \Delta x \leqslant \Delta x_0$ 都成立.

定理 4.5.2 和定理 4.5.3 的证明见 [16]. 不等式 (4.5.29) 称为 von Neumann 条件. 由定理 4.5.3 知, 对二层格式, von Neumann 条件是格式稳定的充要条件. 但对多层格式仅是必要条件, 若差分格式满足 von Neumann 条件, 则格式不一定稳定, 或假设格式稳定, 则必须满足 von Neumann 条件.

定理 4.5.4 若差分格式

$$\boldsymbol{u}^{n+1} = Q\boldsymbol{u}^n \tag{4.5.30}$$

稳定, 则差分格式

$$\boldsymbol{u}^{n+1} = (Q + b\Delta t I)\boldsymbol{u}^n \tag{4.5.31}$$

对任何数 b 稳定.

证明　显然, 差分格式 (4.5.31) 的象征为

$$G_1 = G + b\Delta t,$$

其中 G 是差分格式 (4.5.30) 的象征, 假如 (4.5.30) 稳定, 则由定理 4.5.3 知, 对某个 C, G 满足

$$|G| \leqslant 1 + C\Delta t.$$

因此, G_1 满足

$$|G_1| \leqslant |G| + |b|\Delta t \leqslant 1 + (C + |b|)\Delta t,$$

再次使用定理 4.5.3, 知差分格式 (4.5.31) 也稳定.　　　　　　　　　　□

上面考虑的是初值问题的 Fourier 级数法的稳定性分析, 如 (4.5.5) 所示, 离散 Fourier 变换是定义在整个实数轴 $\mathbb{R}$ 上. 对初边值问题, 首先要利用周期延拓的方法, 将函数延拓到整个实数轴, 然后再用离散 von Neumann 方法来分析.

现考虑如下初边值问题

$$\begin{cases} \dfrac{\partial u}{\partial t} = \dfrac{\partial^2 u}{\partial x^2}, & x \in (0, l), \ t > 0, & (4.5.32) \\[2mm] u(0, t) = u(l, t) = 0, & & (4.5.33) \\[2mm] u(x, 0) = f(x) & & (4.5.34) \end{cases}$$

的差分格式

$$\begin{cases} u_j^{n+1} = r u_{j-1}^n + (1 - 2r) u_j^n + r u_{j+1}^n, & j = 1, \cdots, M-1, & (4.5.35) \\[2mm] u_0^{n+1} = 0, \ u_M^{n+1} = 0, & n = 0, 1, 2, \cdots, & (4.5.36) \\[2mm] u_j^0 = f(j\Delta x), & j = 0, \cdots, M & (4.5.37) \end{cases}$$

的稳定性, 其中 $r = \Delta t / \Delta x^2$.

设 $\bar{u}_j^n$ 是定义在结点 $j = 0, \cdots, M$ 上的离散值, 构造函数

$$u^n(x) = \begin{cases} \bar{u}_j^n, & x_j - \dfrac{\Delta x}{2} < x \leqslant x_j + \dfrac{\Delta x}{2}, \ j = 1, \cdots, M-1, \\[3mm] 0, & x_0 \leqslant x \leqslant x_0 + \dfrac{\Delta x}{2} \ \text{或} \ x_M - \dfrac{\Delta x}{2} < x \leqslant x_M, \end{cases}$$

然后关于 $x = 0$ 作奇延拓, 再周期性地延拓到整个实数轴上. 这样 $u^n(x)$ 就是定义在实数轴上周期为 $[-l, l]$ 的周期函数. 再根据复数形式的 Fourier 级数, 函数 $u^n(x)$ 可以表示成

$$u^n(x) = \sum_{k=-\infty}^{\infty} c_k^n e^{\mathrm{i}\frac{k\pi x}{l}}, \tag{4.5.38}$$

其中

$$c_k^n = \frac{1}{2l} \int_{-l}^{l} u^n(x) e^{-\mathrm{i}\frac{k\pi x}{l}} dx, \quad k = 0, \pm 1, \pm 2, \cdots,$$

这里 $x = j\Delta x$, 在 c_k^n 中的上标 n 表示依赖于 t. 假如要求函数 (4.5.38) 在每个结点上满足方程 (4.5.35), 则得

$$
\begin{aligned}
u_j^{n+1} &= \sum_{k=-\infty}^{\infty} c_k^{n+1} e^{i\frac{k\pi x}{l}} \\
&= ru_{j-1}^n + (1-2r)u_j^n + ru_{j+1}^n \\
&= r\sum_{k=-\infty}^{\infty} c_k^n e^{i\frac{k\pi(x-\Delta x)}{l}} + (1-2r)\sum_{k=-\infty}^{\infty} c_k^n e^{i\frac{k\pi x}{l}} + r\sum_{k=-\infty}^{\infty} c_k^n e^{i\frac{k\pi(x+\Delta x)}{l}} \\
&= \sum_{k=-\infty}^{\infty} c_k^n \left(1 - 4r\sin^2\frac{k\pi\Delta x}{2l}\right) e^{i\frac{k\pi x}{l}},
\end{aligned}
$$

所以

$$
\sum_{k=-\infty}^{\infty} c_k^{n+1} e^{i\frac{k\pi x}{l}} = \sum_{k=-\infty}^{\infty} c_k^n \left(1 - 4r\sin^2\frac{k\pi\Delta x}{2l}\right) e^{i\frac{k\pi x}{l}}.
$$

两边乘以 $e^{\frac{-im\pi x}{l}}$ 再对 x 从 $-l$ 到 l 积分, 得

$$
c_m^{n+1} = c_m^n \left(1 - 4r\sin^2\frac{m\pi\Delta x}{2l}\right), \quad m = 0, \pm 1, \pm 2, \cdots. \tag{4.5.39}
$$

令

$$
G(\sigma, \Delta t) = 1 - 4r\sin^2(\sigma\Delta x), \quad \sigma = \frac{m\pi}{2l}.
$$

结合(4.5.38), 由 (4.5.39) 得

$$
||u(x)^{n+1}||_2 = ||u(x)^0 G^{n+1}||_2 \leqslant ||\boldsymbol{c}^0||_2 \cdot |G^{n+1}|.
$$

要使格式稳定, 必有 $|G|^{n+1} \leqslant K$, 这里 K 为某非负常数. 这等价于 $|G| \leqslant 1 + C\Delta t$. 因此由 (4.5.39) 可知, von Neumann 条件正好是限制任意结点的有限 Fourier 系数不无界增长的条件. 注意离散 von Neumann 稳定性分析不考虑边界条件, 这意味着当边界条件不引起不稳定性时, 格式是稳定的.

在上面推导中, 实际上可只考虑一个离散 Fourier 分量, 以简化计算. 将任一分量

$$
u_j^n = \hat{u}^n(\xi)e^{ij\xi\Delta x}, \quad \forall \xi \in [-\pi, \pi] \tag{4.5.40}
$$

代入 (4.5.35) 也导出增长因子, 其中 $-\infty \leqslant j \leqslant \infty$, $\hat{u}^n(\xi)$ 表示与波数分量 ξ 对应的系数. 而且这种方法也可用于初值问题, 对例 1 来说, 将分量 (4.5.40) 代入 (4.5.11) 中, 得到

$$
\begin{aligned}
u_j^{n+1} &= \hat{u}(\xi)^{n+1} e^{ij\xi\Delta x} \\
&= ru_{j-1}^n + (1-2r)u_j^n + ru_{j+1}^n \\
&= r\hat{u}^n(\xi)e^{i(j-1)\xi\Delta x} + (1-2r)\hat{u}^n(\xi)e^{ij\xi\Delta x} + r\hat{u}^n(\xi)e^{i(j+1)\xi\Delta x} \\
&= \hat{u}^n(\xi)e^{ij\xi\Delta x}[re^{-i\xi\Delta x} + (1-2r) + re^{i\xi\Delta x}],
\end{aligned}
$$

由此得到

$$\hat{u}^{n+1}(\xi) = \hat{u}^n(\xi)G(\xi, \Delta t),$$

其中

$$G(\xi, \Delta t) = re^{-\mathrm{i}\xi\Delta x} + (1 - 2r) + re^{\mathrm{i}\xi\Delta x}$$

$$= 1 - 2r(1 - \cos\xi\Delta x) = 1 - 4r\sin^2\frac{\xi\Delta x}{2}.$$

由 $|G(\xi, \Delta t)| \leqslant 1$ 解得稳定性条件为 $r \leqslant 1/2$. 该条件为充分条件. 与前面的例 1 中的结果一样. 注意其中的 Δx 并非是本质的.

上面采用 Fourier 分量的形式进行 Fourier 分析的方法称为离散 von Neumann 稳定性分析.

在用 Fourier 级数法分析三层或多层问题的差分格式时, 增长因子变成增长矩阵. 根据前面的稳定性分析及

$$[\rho(G(\sigma, \Delta t))]^n = \rho[G^n(\sigma, \Delta t)] \leqslant ||G^n(\sigma, \Delta t)|| \leqslant K,$$

再注意到上式与

$$\rho(G(\sigma, \Delta t)) \leqslant 1 + C\Delta t \tag{4.5.41}$$

的等价性, 知 von Neumann 必要条件是 (4.5.41). 在某些情况下, 该条件可成为充分条件. 下面给出定理 4.5.5 和定理 4.5.6, 其证明可见 [16].

定理 4.5.5 如果对 $0 < \Delta t < \Delta t_0$ 及所有波数 σ, $G(\sigma, \Delta t)$ 有界, 且 G 的所有 M 个特征值都位于单位圆内部 (可以有一个除外), 即

$$|\lambda_1| \leqslant 1 + C\Delta t,$$

$$|\lambda_i| \leqslant \delta < 1, \quad i = 2, \cdots, M,$$

则 von Neumann 条件是关于矩阵 2–范数稳定的充要条件.

定理 4.5.6 设 $G(\sigma, \Delta t)$ 是 n 阶增长矩阵, 若对任意波数 σ, 满足 (1) $G^{(\mu)}(\sigma, \Delta t) = \gamma_\mu I, \mu = 0, \cdots, s-1$; (2) $G^{(s)}(\sigma, \Delta t)$ 有 n 个不同的特征值, 则 von Neumann 稳定性条件是充要条件. 其中 $G^{(\mu)}(\sigma, \Delta t)$ 表示 $G(\sigma, \Delta t)$ 关于 σ 的 μ 阶导数矩阵.

推论 4.5.1 若 $G(\sigma, \Delta t)$ 有互不相同的特征值, 则 von Neumann 条件是关于矩阵 2–范数稳定的充要条件.

下面考虑一个三层差分格式的稳定性条件.

例 5　考虑一维热传导方程

$$\frac{\partial u}{\partial t} = a\frac{\partial^2 u}{\partial x^2}$$

的五点差分格式

$$\frac{3}{2}\frac{u_j^{n+1}-u_j^n}{\Delta t} - \frac{1}{2}\frac{u_j^n-u_j^{n-1}}{\Delta t} = a\frac{u_{j+1}^{n+1}-2u_j^{n+1}+u_{j-1}^{n+1}}{\Delta x^2}$$

的稳定性.

解 该格式是一个三层差分格式. 令 $u_j^{n-1}=v_j^n$, 可将其化为

$$\begin{cases} 3(u_j^{n+1}-u_j^n)-(u_j^n-v_j^n)=2r(u_{j+1}^{n+1}-2u_j^{n+1}+u_{j-1}^{n+1}), \\ u_j^{n-1}=v_j^n, \end{cases}$$

其中 $r=a\Delta t/\Delta x^2$. 从而可写成

$$\begin{pmatrix} 2r & 0 \\ 0 & 0 \end{pmatrix}\begin{pmatrix} u_{j-1}^{n+1} \\ v_{j-1}^{n+1} \end{pmatrix} + \begin{pmatrix} -4r-3 & 0 \\ 0 & 1 \end{pmatrix}\begin{pmatrix} u_j^{n+1} \\ v_j^{n+1} \end{pmatrix} + \begin{pmatrix} 2r & 0 \\ 0 & 0 \end{pmatrix}\begin{pmatrix} u_{j+1}^{n+1} \\ v_{j+1}^{n+1} \end{pmatrix}$$

$$= \begin{pmatrix} -4 & 1 \\ 1 & 0 \end{pmatrix}\begin{pmatrix} u_j^n \\ v_j^n \end{pmatrix}.$$

设 $\boldsymbol{w}_j^n=(u_j^n,v_j^n)^T$, 则上式可写成

$$\begin{pmatrix} 2r & 0 \\ 0 & 0 \end{pmatrix}\boldsymbol{w}_{j-1}^{n+1} + \begin{pmatrix} -4r-3 & 0 \\ 0 & 1 \end{pmatrix}\boldsymbol{w}_j^{n+1} + \begin{pmatrix} 2r & 0 \\ 0 & 0 \end{pmatrix}\boldsymbol{w}_{j+1}^{n+1} = \begin{pmatrix} -4 & 1 \\ 1 & 0 \end{pmatrix}\boldsymbol{w}_j^n.$$

令 $\boldsymbol{w}_j^n=\hat{\boldsymbol{w}}(\xi)e^{ij\xi\Delta x}$ 代入上式, 则得

$$\begin{pmatrix} -3-8r\sin^2\sigma & 0 \\ 0 & 1 \end{pmatrix}\hat{\boldsymbol{w}}^{n+1}(\xi) = \begin{pmatrix} -4 & 1 \\ 1 & 0 \end{pmatrix}\hat{\boldsymbol{w}}^n(\xi),$$

其中 $\sigma=\dfrac{\xi\Delta x}{2}$. 于是

$$\hat{\boldsymbol{w}}^{n+1}(\xi) = \begin{pmatrix} \dfrac{4}{3+8r\sin^2\sigma} & -\dfrac{1}{3+8r\sin^2\sigma} \\ 1 & 0 \end{pmatrix}\hat{\boldsymbol{w}}^n(\xi).$$

因此得增长矩阵为

$$G = \begin{pmatrix} \dfrac{4}{3+8r\sin^2\sigma} & -\dfrac{1}{3+8r\sin^2\sigma} \\ 1 & 0 \end{pmatrix}.$$

G 的特征值 λ 应满足方程

$$\lambda^2 - b\lambda + c = 0, \quad b = \frac{4}{3+8r\sin^2\sigma}, \quad c = \frac{1}{3+8r\sin^2\sigma}.$$

根据定理 1.5.1, 欲使两根按模不大于 1 且其中一根严格小于 1, 应满足

$$|b| \leqslant 1+c, \quad |c| < 1.$$

易验证上述不等式对任意 $r>0$ 均成立. 因此格式绝对稳定.

§4.5.2 矩阵分析法

上面介绍了初边值问题稳定性分析的 Fourier 级数法, 对初边值问题, 还可以用矩阵法来进行分析. 初边值问题的差分格式可以写成下面的形式

$$\boldsymbol{u}^{n+1} = Q\boldsymbol{u}^n. \tag{4.5.42}$$

如果是隐式格式

$$Q_1\boldsymbol{u}^{n+1} = Q_2\boldsymbol{u}^n,$$

则可变成

$$\boldsymbol{u}^{n+1} = Q_1^{-1}Q_2\boldsymbol{u}^n = Q\boldsymbol{u}^n,$$

还是 (4.5.42) 的形式. 根据命题 4.3.1, 稳定性需要寻找满足不等式 (4.3.4) 的 K. 要计算 Q^{n+1} 的模是困难的. 若 $\rho(Q)$ 为矩阵 Q 的谱半径, 因为 $\rho(Q) \leqslant \|Q\|$ 恒成立, 于是得到下面的结果.

定理 4.5.7 差分格式 (4.5.42) 稳定的必要条件是

$$\rho(Q) \leqslant 1 + C\Delta t, \tag{4.5.43}$$

其中 C 是某一与 Δt 无关的非负常数.

证明 若格式稳定, 则根据命题 4.3.1, 有

$$\|Q^{n+1}\| \leqslant K, \tag{4.5.44}$$

其中 K 为某非负常数, 于是

$$[\rho(Q)]^{n+1} = \rho(Q^{n+1}) \leqslant \|Q^{n+1}\| \leqslant K. \tag{4.5.45}$$

特别地, 取 $n = \dfrac{T}{\Delta t}$, 则

$$
\begin{aligned}
\rho(Q) \leqslant K^{\frac{1}{n+1}} &\leqslant K^{\frac{\Delta t}{T+\Delta t}} = e^{\frac{\Delta t}{T+\Delta t}\ln K} \\
&= 1 + \Delta t\left(\frac{\ln K}{T+\Delta t}\right) + \frac{\Delta t^2}{2}\left(\frac{\ln K}{T+\Delta t}\right)^2 + \frac{\Delta t^3}{3!}\left(\frac{\ln K}{T+\Delta t}\right)^3 + \cdots \\
&= 1 + \frac{\Delta t\ln K}{T+\Delta t}\left[1 + \frac{\Delta t}{2}\frac{\ln K}{T+\Delta t} + \frac{\Delta t^2}{3!}\left(\frac{\ln K}{T+\Delta t}\right)^2 + \cdots\right] \\
&\leqslant 1 + \frac{\Delta t\ln K}{T+\Delta t}\left[1 + \Delta t\frac{\ln K}{T+\Delta t} + \frac{\Delta t^2}{2}\left(\frac{\ln K}{T+\Delta t}\right)^2 + \cdots\right] \\
&= 1 + \frac{\Delta t\ln K}{T+\Delta t}e^{\frac{\Delta t\ln K}{T+\Delta t}} \\
&\leqslant 1 + \Delta t\frac{\ln K}{T}e^{\Delta t_0\frac{\ln K}{T}}, \quad \Delta t \leqslant \Delta t_0 \\
&= 1 + C\Delta t,
\end{aligned}
$$

其中 $C = \dfrac{\ln K}{T} e^{\Delta t_0 \frac{\ln K}{T}}$. 此即 (4.5.43). $\qquad\qquad\qquad\qquad\qquad$ □

实际上, (4.5.43) 是 von Neumann 条件在稳定性的矩阵分析下的表示, 也称为 von Neumann 条件. von Neumann 条件是稳定性的必要条件, 在某些情况下, 可成为差分格式 (4.5.42) 的充分条件.

定理 4.5.8 若 Q 是对称的, 则 von Neumann 条件是差分格式关于矩阵 2-范数稳定的充要条件.

证明 若 von Neumann 条件成立, 则对对称矩阵 Q, 有如下事实

$$||Q^{n+1}||_2 = \rho(Q^{n+1}) = [\rho(Q)]^{n+1} \leqslant (1 + C\Delta t)^{n+1} \leqslant e^{C\Delta t(n+1)} \leqslant e^{CT}.$$

因此, 取 $K = e^{CT}$, 则不等式 (4.3.4) 满足. $\qquad\qquad\qquad\qquad\qquad$ □

定理 4.5.8 中矩阵 Q 的对称性可以放宽到 Q 与一个对称矩阵相似, 即有下面的结论.

定理 4.5.9 若 Q 与一个对称矩阵以 $||S||$ 和 $||S^{-1}||$ 一致有界的方式相似 (S 为相似变换), 则 von Neumann 条件是关于矩阵 2-范数稳定的充要条件.

证明 假如 Q 与 $\widetilde{Q}$ 相似, 则 Q 和 $\widetilde{Q}$ 有相同的特征值, 所以有相同的谱半径, 即 $\rho(Q) = \rho(\widetilde{Q})$, 又

$$Q^n = (S\widetilde{Q}S^{-1})^n = S\widetilde{Q}^n S^{-1},$$

及 von Neumann 条件成立, 于是

$$||Q^n||_2 \leqslant ||S||_2 \, ||\widetilde{Q}^n||_2 \, ||S^{-1}||_2 = ||S||_2 \, ||S^{-1}||_2 \, [\rho(Q)]^n \leqslant e^{CT} ||S||_2 \, ||S^{-1}||_2 = K.$$

因此格式稳定. $\qquad\qquad\qquad\qquad\qquad$ □

推论 4.5.2 若 Q 有互不相同的特征值, 则 von Neumann 条件是关于矩阵 2-范数稳定的充要条件.

证明 因为 Q 有互不相同的特征值, 所以存在非奇异矩阵 S, 使得

$$SQS^{-1} = D,$$

其中 D 是对角矩阵, 对角元素由 Q 的特征值组成. 上式表明 Q 与 D 相似, 根据定理 4.5.9, 知 von Neumann 条件是稳定性的充分条件. $\qquad\qquad\qquad\qquad\qquad$ □

定理 4.5.10 如果 Q 是正规矩阵, 则 von Neumann 条件是关于矩阵 2-范数稳定的充要条件.

证明 当 Q 是正规矩阵时, Q^n 也为正规矩阵, 而正规矩阵的 $||\cdot||_2$ 模等于谱半径, 故有

$$||Q^n||_2 = \rho(Q^n) = [\rho(Q)]^n \leqslant (1 + C\Delta t)^n \leqslant e^{Cn\Delta t} \leqslant e^{CT} = K, \qquad (4.5.46)$$

即格式稳定.   □

可以验证, 实对称矩阵、酉矩阵 ($Q^H Q = I$) 和 Hermite 矩阵 ($Q^H = Q$) 都是正规矩阵. 这里 H 表示复共轭转置.

定理 4.5.11 若 $Q^H Q$ 的谱半径满足

$$\rho(Q^H Q) \leqslant 1 + C\Delta t, \tag{4.5.47}$$

则 von Neumann 条件是关于矩阵 2–范数稳定的充要条件.

证明一   由于 $Q^H Q$ 是正规矩阵, 所以结论可直接由定理 4.5.10 得出.

证明二   注意矩阵 Q 的 2–范数是矩阵 $Q^H Q$ 的谱半径的平方根. 因为

$$
\begin{aligned}
||Q||_2^2 &= \sup_{||\boldsymbol{v}||_2 = 1} ||Q\boldsymbol{v}||_2^2 = \sup_{||\boldsymbol{v}||_2 = 1} ||(Q\boldsymbol{v})^H||_2 \cdot \sup_{||\boldsymbol{v}||_2 = 1} ||(Q\boldsymbol{v})||_2 \\
&= \rho(Q^H Q) \leqslant 1 + C\Delta t,
\end{aligned}
\tag{4.5.48}
$$

所以

$$||Q||_2^n \leqslant (1 + C\Delta t)^{\frac{n}{2}} \leqslant e^{CT/2} = K.$$

因此格式稳定.   □

定理 4.5.12 若 $\rho(Q) < 1$, 则 von Neumann 条件是关于矩阵 2–范数稳定的充要条件.

证明   根据定理 1.4.5, 由于 $\rho(Q) < 1$, 故存在 Q 的某种从属矩阵范数 $||\cdot||_s$, 使得 $||Q||_s < 1$, 从而 $\rho(Q) < ||Q||_s < 1$, 所以

$$\rho(Q^n) < ||Q^n||_s \leqslant ||Q||_s^n < 1,$$

即 $||Q^n||_s < 1$, 再利用矩阵范数的等价性, 存在某正常数 K, 有

$$||Q^n||_2 \leqslant K||Q^n||_s < K.$$

因此格式稳定.   □

例 6 分析差分格式

$$\boldsymbol{u}^{n+1} = \begin{pmatrix} u_1^{n+1} \\ u_2^{n+1} \\ \vdots \\ u_{M-2}^{n+1} \\ u_{M-1}^{n+1} \end{pmatrix} = Q\boldsymbol{u}^n$$

$$= \begin{pmatrix} 1-2r & r & & & \\ r & 1-2r & r & & \\ & \ddots & \ddots & \ddots & \\ & & r & 1-2r & r \\ & & & r & 1-2r \end{pmatrix} \begin{pmatrix} u_1^n \\ u_2^n \\ \vdots \\ u_{M-2}^n \\ u_{M-1}^n \end{pmatrix} \tag{4.5.49}$$

的稳定性.

解 矩阵 Q 的特征值是

$$\lambda_j = 1 - 2r + 2r\cos\frac{j\pi}{M} = 1 - 4r\sin^2\frac{j\pi}{2M},$$

由 $\rho(Q) \leqslant 1$ 解得

$$r \leqslant \frac{1}{2}, \quad \forall \Delta x \in (0, \Delta x_0].$$

又因为 Q 对称, 由定理 4.5.8 知条件 $r \leqslant 1/2$ 是 (4.5.49) 稳定的充要条件.

例 7 考虑初边值问题

$$\begin{cases} \dfrac{\partial u}{\partial t} + a\dfrac{\partial u}{\partial x} = 0(a < 0), & x \in (0,1), t > 0, & (4.5.50) \\[2mm] u(1,t) = 0, & t > 0, & (4.5.51) \\[2mm] u(x,0) = f(x), & x \in [0,1] & (4.5.52) \end{cases}$$

的差分格式

$$\begin{cases} u_j^{n+1} = (1+r)u_j^n - ru_{j+1}^n, & j = 0, \cdots, M-1, & (4.5.53) \\[2mm] u_M^n = 0, & n = 1, 2, \cdots, & (4.5.54) \\[2mm] u_j^0 = f(j\Delta x), & j = 0, \cdots, M & (4.5.55) \end{cases}$$

的稳定性条件, 其中 $r = a\Delta t/\Delta x$.

解 将该差分格式写成 $\boldsymbol{u}^{n+1} = Q\boldsymbol{u}^n$ 的形式, 其中 $\boldsymbol{u}^n = (u_0^n, u_1^n, \cdots, u_{M-1}^n)^T$,

$$Q = \begin{pmatrix} 1+r & -r & & & \\ & 1+r & -r & & \\ & & \ddots & \ddots & \\ & & & 1+r & -r \\ & & & & 1+r \end{pmatrix}_{M \times M}. \tag{4.5.56}$$

因为 Q 是上对角矩阵, 所有特征值为 $1+r$, 于是 $\rho(Q) = |1+r|$, 根据定理 4.5.8, 条件

$$-2 \leqslant r \leqslant 0 \tag{4.5.57}$$

是 (4.5.53)~(4.5.55) 稳定的必要条件, 因为 Q 不对称, 所以不能应用定理 4.5.8 确定 (4.5.57) 是否是充分条件. 但根据本节例 2 的结果我们知道, 作为初值问题的差分格式 (4.5.53) 当且仅当 $-1 \leqslant r$ 是稳定的. 所以条件 (4.5.57) 是不充分的.

例 8　讨论差分格式

$$
\begin{cases}
u_j^{n+1} = (1 - 2r)u_j^n + r(u_{j+1}^n + u_{j-1}^n), & j = 1, \cdots, M-1, & (4.5.58) \\
u_M^{n+1} = 0, \quad n = 0, 1, 2, \cdots, & & (4.5.59) \\
u_0^{n+1} = (1 - 2r)u_0^n + 2ru_1^n & & (4.5.60)
\end{cases}
$$

的稳定性和收敛性.

解　该差分格式可以写成 $\boldsymbol{u}^{n+1} = Q\boldsymbol{u}^n$ 的形式, 其中 $\boldsymbol{u}^n = (u_0^n, u_1^n, \cdots, u_{M-1}^n)^T$, Q 是 M 阶方阵,

$$
Q = \begin{pmatrix}
1-2r & 2r & & & \\
r & 1-2r & r & & \\
& \ddots & \ddots & \ddots & \\
& & r & 1-2r & r \\
& & & r & 1-2r
\end{pmatrix}
$$

$$
= \begin{pmatrix}
1 & & & & \\
& 1 & & & \\
& & \ddots & & \\
& & & 1 & \\
& & & & 1
\end{pmatrix} - r \begin{pmatrix}
2 & -2 & & & \\
-1 & 2 & -1 & & \\
& \ddots & \ddots & \ddots & \\
& & -1 & 2 & -1 \\
& & & -1 & 2
\end{pmatrix}.
$$

由第一章定理 1.3.2 得到 Q 的特征值为

$$
\lambda_j = 1 - r\left[2 - 2\cos\frac{(2j+1)\pi}{2M}\right] = 1 - 4r\sin^2\frac{(2j+1)\pi}{4M}, \quad j = 0, 1, \cdots, M-1.
$$

由定理 4.5.7 得到差分格式稳定的必要条件是 $r \leqslant 1/2$. 再注意

$$
S^{-1}QS = \begin{pmatrix}
1-2r & \sqrt{2}r & & & \\
\sqrt{2}r & 1-2r & r & & \\
& \ddots & \ddots & \ddots & \\
& & r & 1-2r & r \\
& & & r & 1-2r
\end{pmatrix}_{M \times M},
$$

其中 S 是一个对角矩阵, 其对角线元素为 $\sqrt{2}, 1, \cdots, 1$, 故 Q 与一个对称矩阵相似. 因此根据定理 4.5.9, $r \leqslant 1/2$ 是差分格式 (4.5.58)~ (4.5.60) 稳定 (从而收敛) 的充要条件.

由上可知, 在对初边值问题用矩阵稳定性方法时, 要确定矩阵特征值界的情况. Gerschgorin 圆盘定理 1.3.3 是确定矩阵特征值界的一个工具.

例 9 对初边值问题

$$\begin{cases} \dfrac{\partial u}{\partial t} = \nu \dfrac{\partial^2 u}{\partial x^2}, \quad x \in (0,1), t > 0, & (4.5.61) \\[2mm] \dfrac{\partial u}{\partial x}(0,t) = h_1(u(0,t) - g_1), \quad t \geqslant 0, & (4.5.62) \\[2mm] \dfrac{\partial u}{\partial x}(1,t) = -h_2(u(1,t) - g_2), \quad t \geqslant 0, & (4.5.63) \\[2mm] u(x,0) = f(x), \quad x \in [0,1] & (4.5.64) \end{cases}$$

用差分格式

$$\begin{cases} \dfrac{u_1^n - u_{-1}^n}{2\Delta x} = h_1(u_0^n - g_1), & (4.5.65) \\[2mm] u_j^{n+1} = r u_{j-1}^n + (1-2r)u_j^n + r u_{j+1}^n, \quad j = 0, \cdots, M, & (4.5.66) \\[2mm] \dfrac{u_{M+1}^n - u_{M-1}^n}{2\Delta x} = -h_2(u_M^n - g_2) & (4.5.67) \end{cases}$$

近似, 其中 $h_1 \geqslant 0$, $h_2 \geqslant 0$, g_1, g_2 均为常数, $r = \nu\Delta t/\Delta x^2$. 分析差分格式 (4.5.65)$\sim$ (4.5.67) 的稳定性.

解 在 (4.5.65)$\sim$(4.5.67) 中, Neumann 边界条件具有二阶精度. 由 (4.5.65) 和 (4.5.67) 分别解得 u_{-1}^n 和 u_{M+1}^n, 然后在 (4.5.66) 中分别取 $j = 0$ 和 $j = M$, 消去 u_{-1}^n 和 u_{M+1}^n, 所得的差分格式可以写成

$$\begin{cases} u_0^{n+1} = (1 - 2r - 2r\Delta x h_1)u_0^n + 2r u_1^n + 2r\Delta x g_1 h_1, \\[1mm] u_j^{n+1} = r u_{j-1}^n + (1-2r)u_j^n + r u_{j+1}^n, \quad j = 1, \cdots, M-1, \\[1mm] u_M^{n+1} = 2r u_{M-1}^n + (1 - 2r - 2r\Delta x h_2)u_M^n + 2r\Delta x g_2 h_2. \end{cases}$$

写成矩阵形式

$$\boldsymbol{u}^{n+1} = Q\boldsymbol{u}^n + G,$$

其中 $\boldsymbol{u}^{n+1} = (u_0^{n+1}, u_1^{n+1}, \cdots, u_{M-1}^{n+1}, u_M^{n+1})^T$, Q 和 G 分别为

$$Q = \begin{pmatrix} 1 - 2r - 2r\Delta x h_1 & 2r & & & & \\ r & 1-2r & r & & & \\ & \ddots & \ddots & \ddots & & \\ & & r & 1-2r & & r \\ & & & 2r & & 1 - 2r - 2r\Delta x h_2 \end{pmatrix},$$

$$G = \begin{pmatrix} 2r\Delta x g_1 h_1 \\ 0 \\ \vdots \\ 0 \\ 2r\Delta x g_2 h_2 \end{pmatrix}.$$

下面利用 Gerschgorin 圆盘定理 1.3.3 来分析稳定性. 因为 Q 是非对称的, 所以得到的是稳定性的必要条件. 根据 Gerschgorin 圆盘定理 1.3.3, 假如 λ 是 Q 的一个特征值, 则

$$\begin{cases} \left|\lambda - (1 - 2r - 2r\Delta x h_1)\right| \leqslant 2r, \\ \left|\lambda - (1 - 2r)\right| \leqslant 2r, \\ \left|\lambda - (1 - 2r - 2r\Delta x h_2)\right| \leqslant 2r. \end{cases} \tag{4.5.68}$$

令

$$a = 1 - 2r - 2r\Delta x h_1, \quad b = 1 - 2r, \quad c = 1 - 2r - 2r\Delta x h_2,$$

则为保证 Q 的所有特征值都满足 $|\lambda| \leqslant 1$, 由 (4.5.68) 可得

$$\begin{cases} -1 \leqslant a - 2r \leqslant \lambda \leqslant 2r + a \leqslant 1, \\ -1 \leqslant b - 2r \leqslant \lambda \leqslant 2r + b \leqslant 1, \\ -1 \leqslant c - 2r \leqslant \lambda \leqslant 2r + c \leqslant 1. \end{cases} \tag{4.5.69}$$

以上三式最右端不等式都成立, 由最左端的不等式分别解得

$$r \leqslant \frac{1}{2 + \Delta x h_1}, \qquad r \leqslant \frac{1}{2}, \qquad r \leqslant \frac{1}{2 + \Delta x h_2}.$$

因此稳定性的必要条件是

$$r \leqslant \min\left\{\frac{1}{2 + h_1\Delta x}, \frac{1}{2 + h_2\Delta x}\right\}. \tag{4.5.70}$$

如果在例 9 中不考虑边界条件, 则用 von Neumann 方法直接对差分方程 (4.5.66) 分析, 可得稳定性的充要条件为 $r \leqslant 1/2$. 显然, 包括非 Dirichlet 边界条件的影响给出一个更有限制的条件. 因此对所有充分小的 Δx, 当 $0 < \Delta x \leqslant \Delta x_0$ 时, 条件简化为

$$r \leqslant \min\left\{\frac{1}{2 + h_1\Delta x_0}, \frac{1}{2 + h_2\Delta x_0}\right\}.$$

例 10　分析初边值问题

$$\begin{cases} \dfrac{\partial u}{\partial t} = a\dfrac{\partial^2 u}{\partial x^2}, \quad x \in (0,1), \ t > 0, & (4.5.71) \\[2mm] u(x,0) = f(x), \quad x \in [0,1], & (4.5.72) \\[2mm] u(0,t) = \alpha(t), \quad u(1,t) = \beta(t) & (4.5.73) \end{cases}$$

的 CN 格式

$$
\begin{cases}
-\dfrac{r}{2}u_{j-1}^{n+1} + (1+r)u_j^{n+1} - \dfrac{r}{2}u_{j+1}^{n+1} = \dfrac{r}{2}u_{j-1}^n + (1-r)u_j^n + \dfrac{r}{2}u_{j+1}^n, & (4.5.74)\\
\qquad j = 1, \cdots, M-1, \\
u_j^0 = f(j\Delta x), \quad j = 0, \cdots, M, & (4.5.75)\\
u_0^{n+1} = \alpha^{n+1}, \quad u_M^{n+1} = \beta^{n+1}, \quad n = 0,1,2,\cdots & (4.5.76)
\end{cases}
$$

的稳定性. 其中 $r = a\Delta t/\Delta x^2$, $f(0) = \alpha(0)$, $f(1) = \beta(0)$.

解 将 CN 格式写成

$$Q_1 \boldsymbol{u}^{n+1} = Q_2 \boldsymbol{u}^n + F^n, \tag{4.5.77}$$

其中 $\boldsymbol{u}^n = (u_1^n, \cdots, u_{M-1}^n)^T$, $F^n = \left(\dfrac{r}{2}\alpha^{n+1} + \dfrac{r}{2}u_0^n, \cdots, \dfrac{r}{2}\beta_M^{n+1} + \dfrac{r}{2}u_M^n\right)^T$,

$$
Q_1 = \begin{pmatrix}
1+r & -\dfrac{r}{2} & & & \\
-\dfrac{r}{2} & 1+r & -\dfrac{r}{2} & & \\
& \ddots & \ddots & \ddots & \\
& & -\dfrac{r}{2} & 1+r & -\dfrac{r}{2} \\
& & & -\dfrac{r}{2} & 1+r
\end{pmatrix},
$$

$$
Q_2 = \begin{pmatrix}
1-r & \dfrac{r}{2} & & & \\
\dfrac{r}{2} & 1-r & \dfrac{r}{2} & & \\
& \ddots & \ddots & \ddots & \\
& & \dfrac{r}{2} & 1-r & \dfrac{r}{2} \\
& & & \dfrac{r}{2} & 1-r
\end{pmatrix}.
$$

(4.5.77) 可以改写成 $(Q_1 \equiv B)$

$$B\boldsymbol{u}^{n+1} = (2I - B)\boldsymbol{u}^n + F^n,$$

于是

$$\boldsymbol{u}^{n+1} = B^{-1}(2I - B)\boldsymbol{u}^n + B^{-1}F^n := QU^n + B^{-1}F^n.$$

若 λ 是 B 的特征值, 则 $\mu = \dfrac{2}{\lambda} - 1$ 是 Q 的特征值, 于是要求 $Q := B^{-1}(2I - B)$ 的特征值的绝对值小于或等于 1. 由

$$|\mu| = \left|\dfrac{2}{\lambda} - 1\right| \leqslant 1$$

解得 $\lambda \geqslant 1$.

因为 λ 是 B 的特征值, 根据 Geršchgorin 定理 1.3.3, 有

$$|\lambda - (1+r)| \leqslant \frac{r}{2}, \qquad (4.5.78)$$

或

$$|\lambda - (1+r)| \leqslant r. \qquad (4.5.79)$$

显然, λ 满足 (4.5.78) 必满足 (4.5.79). 由 (4.5.79) 解得

$$1 \leqslant \lambda < 1 + 2r.$$

因此, $\lambda \geqslant 1$ 恒成立. 也即 Q 的特征值的绝对值始终小于或等于 1.

注意 B 是对称矩阵, 又

$$Q^T = [B^{-1}(2I-B)]^T = (2I-B)^T(B^{-1})^T = (2I-B)B^{-1}$$
$$= (2B^{-1}B - B)B^{-1} = B^{-1}(2I-B) = Q,$$

因此 Q 也是对称矩阵. Q 的对称性蕴含稳定性条件是充要的, 因此 CN 格式是无条件稳定的.

§4.6 练习

1. 对偏微分方程

$$\frac{\partial u}{\partial t} + a\frac{\partial u}{\partial x} = 0,$$

确定下列差分格式的精度

(1) $u_j^{n+1} = u_j^{n-1} - r\delta_x^0 u_j^n,$

(2) $u_j^{n+1} = u_j^{n-1} - r\delta_x^0 u_j^n + \frac{r}{6}\delta_x^2\delta_x^0 u_j^n,$

(3) $u_j^{n+2} = u_j^{n-2} - \frac{2r}{3}\left(1 - \frac{1}{6}\delta_x^2\right)\delta_x^0\left(2u_j^{n+1} - u_j^n + 2u_j^{n-1}\right),$

其中 $r = a\Delta t/\Delta x$, $\delta_x^0 u_j^n = u_{j+1}^n - u_{j-1}^n$, $\delta_x^2 u_j^n = u_{j+1}^n - 2u_j^n + u_{j-1}^n$.

2. 确定下列差分格式与偏微分方程

$$\frac{\partial u}{\partial t} + a\frac{\partial u}{\partial x} = \nu\frac{\partial^2 u}{\partial x^2}$$

的相容性

(1) 显式格式

$$u_j^{n+1} = u_j^n - \frac{a\Delta t}{2\Delta x}\delta_x^0 u_j^n + \frac{\nu\Delta t}{\Delta x^2}\delta_x^2 u_j^n,$$

(2) 隐式格式

$$u_j^{n+1} + \frac{a\Delta t}{2\Delta x}\delta_x^0 u_j^{n+1} - \frac{\nu\Delta t}{\Delta x^2}\delta_x^2 u_j^{n+1} = u_j^n,$$

其中 $\delta_x^0 u_j^n = u_{j+1}^n - u_{j-1}^n,\ \delta_x^2 u_j^n = u_{j+1}^n - 2u_j^n + u_{j-1}^n$.

3. 确定 CN 格式

$$u_j^{n+1} - u_j^n = \frac{\nu \Delta t}{2\Delta x^2} \delta_x^2 (u_j^{n+1} + u_j^n)$$

与偏微分方程

$$\frac{\partial u}{\partial t} = \nu \frac{\partial^2 u}{\partial x^2}$$

的相容性, 说明为何对该 CN 格式在点 $(j\Delta x, (n+1/2)\Delta t)$ 处考虑相容性是合理的.

4. 证明近似方程

$$\frac{\partial u}{\partial t} = \frac{\partial^2 u}{\partial x^2}$$

的 Du Fort-Frankel 格式 $(r = \Delta t / \Delta x)$

$$u_j^{n+1} = \frac{2r}{1+2r}(u_{j+1}^n + u_{j-1}^n) + \frac{1-2r}{1+2r} u_j^{n-1}$$

的截断误差的首项为

$$\frac{\Delta t^2}{6} \frac{\partial^3 u}{\partial t^3} - \frac{\Delta x^2}{12} \frac{\partial^4 u}{\partial x^4} + \frac{\Delta t^2}{\Delta x^2} \frac{\partial^2 u}{\partial t^2}.$$

若 $\dfrac{\Delta t}{\Delta x} \to c\ (\Delta x \to 0)$, 则差分格式近似双曲型方程

$$\frac{\partial u}{\partial t} + c^2 \frac{\partial^2 u}{\partial t^2} - \frac{\partial^2 u}{\partial x^2} = 0,$$

从而指出要与原方程相容的条件.

5. 确定近似初边值问题

$$\begin{cases} \dfrac{\partial u}{\partial t} + a\dfrac{\partial u}{\partial x} = \nu \dfrac{\partial^2 u}{\partial x^2}, & x \in (0,1), t > 0, \\ u(x,0) = f(x), & x \in [0,1], \\ u(1,t) = 0, & t \geqslant 0, \\ \dfrac{\partial u(0,t)}{\partial x} = \alpha(t), & t \geqslant 0 \end{cases}$$

的差分格式

$$\begin{cases} u_j^{n+1} + \dfrac{a\Delta t}{2\Delta x} \delta_x^0 u_j^{n+1} - \dfrac{\nu \Delta t}{\Delta x^2} \delta_x^2 u_j^{n+1} = u_j^n, & j = 1, \cdots, M-1, \\ u_j^0 = f(j\Delta x), & j = 1, \cdots, M, \\ u_M^{n+1} = 0, & n = 0, 1 \cdots, \\ \dfrac{u_1^{n+1} - u_0^{n+1}}{\Delta x} = \alpha((n+1)\Delta t), & n = 0, 1, 2 \cdots \end{cases}$$

的精度, 其中 $\delta_x^0 u_j^n = u_{j+1}^n - u_{j-1}^n,\ \delta_x^2 u_j^n = u_{j+1}^n - 2u_j^n + u_{j-1}^n$.

6. 证明初边值问题

$$\begin{cases} \dfrac{\partial u}{\partial t} + a \dfrac{\partial u}{\partial x} = 0 \ (a < 0), \quad x \in (0,1), \ t > 0, \\ u(x,0) = f(x), \quad x \in [0,1], \\ u(1,t) = 0, \quad t \geqslant 0 \end{cases}$$

的差分格式

$$\begin{cases} u_j^{n+1} = (1+r)u_j^n - ru_{j+1}^n, \quad j = 0, \cdots, M-1, \\ u_M^{n+1} = 0, \quad n = 0, 1, \cdots, \\ u_j^0 = f(j\Delta x), \quad j = 0, \cdots, M \end{cases}$$

的稳定性条件是 $-1 \leqslant r < 0$, 其中 $\Delta x = 1/M, r = a\Delta t/\Delta x$.

第五章　抛物型方程

本章介绍抛物型方程的差分方法. 首先讨论常系数扩散方程的一些典型的差分格式及相应的稳定性分析, 然后讨论变系数及非线性抛物型方程的差分方法, 最后讨论高维抛物型方程及抛物型方程组的差分方法.

§5.1　一维常系数扩散方程

考虑一维常系数扩散方程

$$\frac{\partial u}{\partial t} = a\frac{\partial^2 u}{\partial x^2}, \quad x \in \mathbb{R}, \quad t > 0, \tag{5.1.1}$$

其中 $a > 0$ 为常数. 设时间 t 的步长为 Δt, 空间 x 的步长为 h, 记 $u(x,t) = u(jh, k\Delta t)$. 下面推导一些典型的差分格式.

§5.1.1　向前和向后差分格式

向前差分格式为

$$\frac{u_j^{k+1} - u_j^k}{\Delta t} - a\frac{u_{j+1}^k - 2u_j^k + u_{j-1}^k}{h^2} = 0, \tag{5.1.2}$$

截断误差阶为 $O(\Delta t + h^2)$, 其增长因子为

$$G(\Delta t, \sigma) = 1 - 4ar\sin^2\frac{\sigma h}{2}, \tag{5.1.3}$$

其中 $r = \Delta t/h^2$. 如果 $ar \leqslant 1/2$, 则 $|G(\Delta t, \sigma)| \leqslant 1$, 即 von Neumann 条件满足, 由于 (5.1.2) 是单层格式, 所以向前差分格式的稳定性条件是 $ar \leqslant 1/2$.

向后差分格式为

$$\frac{u_j^k - u_j^{k-1}}{\Delta t} - a\frac{u_{j+1}^k - 2u_j^k + u_{j-1}^k}{h^2} = 0, \tag{5.1.4}$$

截断误差阶为 $O(\Delta t + h^2)$, 其增长因子为

$$G(\Delta t, \sigma) = \frac{1}{1 + 4ar\sin^2\dfrac{\sigma h}{2}}. \tag{5.1.5}$$

由于 $a > 0$, 所以对任何网格比 r, 都有 $|G(\Delta t, \sigma)| \leqslant 1$. 该格式无条件稳定. 向前和向后差分格式都是时间一阶精度、空间二阶精度的二层格式. 向前格式是显式, 向后格式是隐式.

§5.1.2 加权隐式格式

该格式是向前显式格式

$$\frac{u_j^k - u_j^{k-1}}{\Delta t} - a\frac{u_{j+1}^{k-1} - 2u_j^{k-1} + u_{j-1}^{k-1}}{h^2} = 0 \tag{5.1.6}$$

和向后隐式格式

$$\frac{u_j^k - u_j^{k-1}}{\Delta t} - a\frac{u_{j+1}^k - 2u_j^k + u_{j-1}^k}{h^2} = 0 \tag{5.1.7}$$

的加权组合

$$\frac{u_j^k - u_j^{k-1}}{\Delta t} = a\theta\frac{u_{j+1}^k - 2u_j^k + u_{j-1}^k}{h^2} + a(1-\theta)\frac{u_{j+1}^{k-1} - 2u_j^{k-1} + u_{j-1}^{k-1}}{h^2}, \tag{5.1.8}$$

或

$$\frac{u_j^k - u_j^{k-1}}{\Delta t} = a\theta\frac{1}{h^2}\delta_x^2 u_j^k + a(1-\theta)\frac{1}{h^2}\delta_x^2 u_j^{k-1}. \tag{5.1.9}$$

其中 $0 \leqslant \theta \leqslant 1$ 是权系数, 称 (5.1.8) 为加权隐式格式, 结点分布如图 5.1.

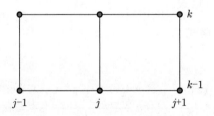

图 5.1　差分格式结点示意图

设 $u(x,t)$ 是方程 (5.1.1) 的充分光滑解, 将 (5.1.8) 在 (x_j, t_k) 处作 Taylor 级数展开, 并化简得截断误差

$$E = a\left(\frac{1}{2} - \theta\right)\Delta t\left[\frac{\partial^3 u}{\partial x^2 \partial t}\right]_j^k + O(\Delta t^2 + h^2). \tag{5.1.10}$$

由此可看出, 当 $\theta \neq 1/2$ 时, 截断误差阶为 $O(\Delta t + h^2)$; 当 $\theta = 1/2$ 时, 截断误差阶为 $O(\Delta t^2 + h^2)$. 称 $\theta = 1/2$ 时的差分格式

$$\frac{u_j^{k+1} - u_j^k}{\Delta t} = \frac{a}{2h^2} \delta_x^2 (u_j^{k+1} + u_j^k) \tag{5.1.11}$$

为 Crank-Nicolson 格式或 CN 格式, 这是一个二阶精度格式. 当 $\theta = 1$ 时, 即向后差分格式; 当 $\theta = 0$ 时, 即向前差分格式.

用 Fourier 方法分析 (5.1.8) 的稳定性, 求得其增长因子为

$$G(\Delta t, \sigma) = \frac{1 - 4(1-\theta)ar\sin^2 \dfrac{\sigma h}{2}}{1 + 4\theta ar\sin^2 \dfrac{\sigma h}{2}}.$$

由 $|G(\Delta t, \sigma)| \leqslant 1$, 得

$$-1 \leqslant \frac{1 - 4(1-\theta)ar\sin^2 \dfrac{\sigma h}{2}}{1 + 4\theta ar\sin^2 \dfrac{\sigma h}{2}} \leqslant 1.$$

经计算, 右边不等式对 $r \geqslant 0$ 总成立, 左边不等式要求 $2ar(1-2\theta) \leqslant 1$, 因此加权隐式格式的稳定性条件为:

$$\begin{aligned}
&当 \ 0 \leqslant \theta < \frac{1}{2} \ 时, \quad r \leqslant \frac{1}{2a(1-2\theta)}; \\
&当 \ \frac{1}{2} \leqslant \theta \leqslant 1 \ 时, \quad 无条件稳定.
\end{aligned} \tag{5.1.12}$$

所以向后格式和 CN 格式均无条件稳定, 而向前格式的稳定性条件为 $ar \leqslant 1/2$.

§5.1.3 三层显式格式

二阶精度的 Richardson 格式, 即

$$\frac{u_j^{k+1} - u_j^{k-1}}{2\Delta t} - a\frac{u_{j+1}^k - 2u_j^k + u_{j-1}^k}{h^2} = 0 \tag{5.1.13}$$

是不稳定的格式(习题), 1953 年, Du Fort 和 Frankel 对 Richardson 格式进行了如下修正

$$\frac{u_j^{k+1} - u_j^{k-1}}{2\Delta t} - a\frac{u_{j+1}^k - (u_j^{k+1} + u_j^{k-1}) + u_{j-1}^k}{h^2} = 0, \tag{5.1.14}$$

即用 $u_j^{k+1} + u_j^{k-1}$ 代替了 Richardson 格式中的 $2u_j^k$. 差分格式 (5.1.14) 称为 Du Fort-Frankel 格式, 但该格式与微分方程 (5.1.1) 条件相容. 因为 (5.1.14) 的截断误差为

$$\frac{u(x_j, t_k + \Delta t) - u(x_j, t_k - \Delta t)}{2\Delta t} - a\frac{u(x_j + h, t_k) - u(x_j, t_k + \Delta t) + u(x_j - h, t_k)}{h^2}$$

$$= \left[\frac{\partial u}{\partial t}\right]_j^k - a\left[\frac{\partial^2 u}{\partial x^2}\right]_j^k + a\left(\frac{\Delta t}{h}\right)^2 \left[\frac{\partial^2 u}{\partial t^2}\right]_j^k + O(\Delta t^2 + h^2) + O\left(\frac{\Delta t^4}{h^2}\right).$$

相容性要求当 $\Delta t \to 0$ 时, 有 $\Delta t/h \to 0$, 即差分方程 (5.1.14) 与微分方程相容的充要条件是 Δt 趋于 0 的速度要比 h 趋于 0 的速度快. 如果 $\Delta t/h$ 为常数 c, 则差分格式 (5.1.14) 与双曲型方程

$$\frac{\partial u}{\partial t} - a\frac{\partial^2 u}{\partial x^2} + ac^2 \frac{\partial^2 u}{\partial t^2} = 0 \qquad (5.1.15)$$

相容.

例 1　分析 Du Fort-Frankel 格式的稳定性.

解　将三层格式 (5.1.14) 化成与其等价的二层差分格式

$$\begin{cases} (1+2ar)u_j^{k+1} = (1-2ar)v_j^k + 2ar(u_{j+1}^k + u_{j-1}^k), \\ v_j^{k+1} = u_j^k, \end{cases} \qquad (5.1.16)$$

其中 $r = \dfrac{\Delta t^2}{h^2}$. 令 $\boldsymbol{u} = (u,v)^T$, 则上面的方程组写可成

$$\begin{pmatrix} 1+2ar & 0 \\ 0 & 1 \end{pmatrix} \boldsymbol{u}_j^{k+1} = \begin{pmatrix} 2ar & 0 \\ 0 & 0 \end{pmatrix} \boldsymbol{u}_{j-1}^k + \begin{pmatrix} 0 & 1-2ar \\ 1 & 0 \end{pmatrix} \boldsymbol{u}_j^k + \begin{pmatrix} 2ar & 0 \\ 0 & 0 \end{pmatrix} \boldsymbol{u}_{j+1}^k.$$

令 $\boldsymbol{u}_j^k = \boldsymbol{v}^k e^{\mathrm{i}\sigma jh}$ (其中 $\mathrm{i}^2 = -1$), 代入上式, 得增长矩阵

$$G(\Delta t, \sigma) = \begin{pmatrix} 1+2ar & 0 \\ 0 & 1 \end{pmatrix}^{-1} \begin{pmatrix} 4ar\cos(\sigma h) & 1-2ar \\ 1 & 0 \end{pmatrix} = \begin{pmatrix} \dfrac{2\alpha\cos(\sigma h)}{1+\alpha} & \dfrac{1-\alpha}{1+\alpha} \\ 1 & 0 \end{pmatrix},$$

其中 $\alpha = 2ar$. $G(\Delta t, \sigma)$ 的特征方程为

$$\mu^2 - \left(\frac{2\alpha}{1+\alpha}\cos(\sigma h)\right)\mu - \frac{1-\alpha}{1+\alpha} = 0. \qquad (5.1.17)$$

根据定理 1.5.2 知, 特征方程 (5.1.17) 的两个根 μ_1, μ_2 满足 $|\mu_i| \leqslant 1$ $(i=1,2)$, 所以 von Neumann 条件满足. 其根的表达式为

$$\mu_{1,2} = \frac{\alpha\cos(\sigma h) \pm \sqrt{1-\alpha^2\sin^2(\sigma h)}}{1+\alpha}. \qquad (5.1.18)$$

分两种情况讨论:

(1) 重根, $\mu_1 = \mu_2 = \dfrac{\alpha\cos(\sigma h)}{1+\alpha}$, 此时有 $|\mu_i| < 1$ $(i=1,2)$.

(2) 两根互异, 此时有 $|\mu_i| \leqslant 1$ $(i=1,2)$.

不论哪种情况, 都能使 von Neumann 条件成为充要条件, 因此, Du Fort-Frankel 格式是无条件稳定的.

§5.1.4 三层隐式格式

Richardson 和 Du Fort-Frankel 格式都是三层显式格式, 现在讨论三层隐式格式. 第一个格式是

$$\frac{3}{2}\frac{u_j^{k+1} - u_j^k}{\Delta t} - \frac{1}{2}\frac{u_j^k - u_j^{k-1}}{\Delta t} - a\frac{u_{j+1}^{k+1} - 2u_j^{k+1} + u_{j-1}^{k+1}}{h^2} = 0, \tag{5.1.19}$$

其截断误差阶为 $O(\Delta t^2 + h^2)$. 事实上, (5.1.19) 在 t 方向加权为 3/2 和 $-1/2$. 该格式无条件稳定.

另一方面, 可以将 CN 格式 (5.1.11) 的两个时间层推广到三个时间层, 所得的隐式格式为

$$\frac{u_j^{k+1} - u_j^{k-1}}{2\Delta t} - a\frac{1}{3h^2}(\delta_x^2 u_j^{k+1} + \delta_x^2 u_j^k + \delta_x^2 u_j^{k-1}) = 0, \tag{5.1.20}$$

其截断误差阶为 $O(\Delta t^2 + h^2)$. 分析 (5.1.20) 的截断误差, 得到如下更高阶的格式

$$\frac{u_j^{k+1} - u_j^{k-1}}{2\Delta t} = \frac{a}{3h^2}(\delta_x^2 u_j^{k+1} + \delta_x^2 u_j^k + \delta_x^2 u_j^{k-1}) - \frac{1}{24\Delta t}(\delta_x^2 u_j^{k+1} - \delta_x^2 u_j^{k-1}), \tag{5.1.21}$$

该格式的截断误差阶为 $O(\Delta t^2 + h^4)$, 其结点分布如图 5.2 所示.

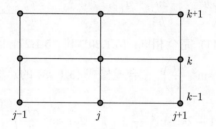

图 5.2　结点分布示意图

为讨论稳定性, 将隐式格式 (5.1.20) 写成如下形式

$$\left(1 - \frac{2}{3}ar\delta_x^2\right)u_j^{k+1} = \frac{2}{3}ar\delta_x^2 u_j^k + \left(1 + \frac{2}{3}ar\delta_x^2\right)u_j^{k-1}, \tag{5.1.22}$$

并将其化为等价的二层差分格式

$$\begin{cases} \left(1 - \dfrac{2}{3}ar\delta_x^2\right)u_j^{k+1} = \dfrac{2}{3}ar\delta_x^2 u_j^k + \left(1 + \dfrac{2}{3}ar\delta_x^2\right)v_j^k, \\ v_j^{k+1} = u_j^k. \end{cases} \tag{5.1.23}$$

求得 (5.1.23) 的增长矩阵是

$$G(\Delta t, \sigma) = \begin{pmatrix} 1 + \dfrac{8}{3}ar\sin^2\dfrac{\sigma h}{2} & 0 \\ 0 & 1 \end{pmatrix}^{-1} \begin{pmatrix} -\dfrac{8}{3}ar\sin^2\dfrac{\sigma h}{2} & 1 - \dfrac{8}{3}ar\sin^2\dfrac{\sigma h}{2} \\ 1 & 0 \end{pmatrix}$$

$$= \begin{pmatrix} -\dfrac{\alpha}{1+\alpha} & \dfrac{1-\alpha}{1+\alpha} \\ 1 & 0 \end{pmatrix}, \tag{5.1.24}$$

其中 $\alpha = \dfrac{8}{3}ar\sin^2\dfrac{\sigma h}{2}$. G 的特征方程是

$$\mu^2 + \frac{\alpha}{1+\alpha}\mu - \frac{1-\alpha}{1+\alpha} = 0. \tag{5.1.25}$$

利用定理 1.5.2, 有 $|\mu_i| \leqslant 1$ ($i = 1, 2$), 从而差分格式 (5.1.20) 是无条件稳定的.

§5.1.5 预测 – 校正格式

考虑将向前显式和向后隐式结合. 首先用向前显式格式 (5.1.2) 计算 $k+1/2$ 层上的值, 然后再用向后隐式格式 (5.1.4) 计算 $k+1$ 层上的值, 这两步过程可分别写成

$$\frac{u_j^{k+1/2} - u_j^k}{\Delta t/2} - a\frac{u_{j+1}^k - 2u_j^k + u_{j-1}^k}{h^2} = 0, \tag{5.1.26}$$

$$\frac{u_j^{k+1} - u_j^{k+1/2}}{\Delta t/2} - a\frac{u_{j+1}^{k+1} - 2u_j^{k+1} + u_j^{k+1}}{h^2} = 0. \tag{5.1.27}$$

该格式称为预测 – 校正格式. 为分析稳定性, 将两个方程相加, 得

$$\frac{u_j^{k+1} - u_j^k}{\Delta t} = \frac{a}{2}\left(\frac{u_{j+1}^k - 2u_j^k + u_{j-1}^k}{h^2} + \frac{u_{j+1}^{k+1} - 2u_j^{k+1} + u_{j-1}^{k+1}}{h^2}\right). \tag{5.1.28}$$

该式与 CN 格式 (5.1.11) 完全相同. (5.1.26) 和 (5.1.27) 的增长因子分别为 $1 - 2ar\sin^2\dfrac{\sigma h}{2}$ 和 $\left(1 + 2ar\sin^2\dfrac{\sigma h}{2}\right)^{-1}$, 合成格式 (5.1.28) 的总增长因子为

$$\left(1 - 2ar\sin^2\frac{\sigma h}{2}\right)\left(1 + 2ar\sin^2\frac{\sigma h}{2}\right)^{-1}. \tag{5.1.29}$$

上式和 CN 格式的增长因子一样. 因此这一组合格式是无条件稳定的, 误差阶为 $O(\Delta t^2 + h^2)$.

如果先用向后隐式格式计算, 再用向前显式格式计算, 则结果为

$$\frac{u_j^{k+1} - u_j^k}{\Delta t} - a\frac{u_{j+1}^{k+1} - 2u_j^{k+1} + u_{j-1}^{k+1}}{h^2} = 0, \tag{5.1.30}$$

$$\frac{u_j^{k+2} - u_j^{k+1}}{\Delta t} - a\frac{u_{j+1}^{k+1} - 2u_j^{k+1} + u_{j-1}^{k+1}}{h^2} = 0. \tag{5.1.31}$$

以上两式相加, 得合成格式

$$\frac{u_j^{k+2} - u_j^k}{2\Delta t} - a\frac{u_{j+1}^{k+1} - 2u_j^{k+1} + u_{j-1}^{k+1}}{h^2} = 0. \tag{5.1.32}$$

(5.1.32) 恰好是 Richardson 显式格式 (5.1.13) 中的上标 k 增加 1. Richardson 格式是完全不稳定的, 但组合后 (5.1.32) 的增长因子是

$$\left(1 - 4ar\sin^2\frac{\sigma h}{2}\right)\left(1 + 4ar\sin^2\frac{\sigma h}{2}\right)^{-1},$$

因而是无条件稳定的, 误差为 $O(\Delta t^2 + h^2)$.

由上看出, 一种无条件稳定的格式和一种条件稳定的格式组成的预测 – 校正格式, 其结果是一种无条件稳定的格式, 而且还能达到更高的精度, 即从 $O(\Delta t + h^2)$ 提高到 $O(\Delta t^2 + h^2)$.

§5.1.6 不对称格式

Saul'yev(1964) 对 (5.1.1) 给出了一系列不对称近似格式, 这些格式都是无条件稳定的显式格式. 采用如下近似

$$\frac{\partial u}{\partial t} = \frac{u_j^{k+1} - u_j^k}{\Delta t} + O(\Delta t), \tag{5.1.33}$$

$$\frac{\partial^2 u}{\partial x^2} = \frac{\left(\dfrac{\partial u}{\partial x}\right)_{j+\frac{1}{2}}^k - \left(\dfrac{\partial u}{\partial x}\right)_{j-\frac{1}{2}}^k}{h} + O(h^2), \tag{5.1.34}$$

也即对 $\dfrac{\partial u}{\partial t}$ 用向前差分, 对 $\dfrac{\partial^2 u}{\partial x^2} = \dfrac{\partial}{\partial x}\left(\dfrac{\partial u}{\partial x}\right)$ 采用中心差分. Saul'yev 用 $\left(\dfrac{\partial u}{\partial x}\right)_{j-\frac{1}{2}}^{k+1}$ 代替 $\left(\dfrac{\partial u}{\partial x}\right)_{j-\frac{1}{2}}^k$, 于是 (5.1.34) 为

$$\frac{\partial^2 u}{\partial x^2} = \frac{\left(\dfrac{\partial u}{\partial x}\right)_{j+\frac{1}{2}}^k - \left(\dfrac{\partial u}{\partial x}\right)_{j-\frac{1}{2}}^{k+1}}{h} + O(\Delta t + h^2) \tag{5.1.35}$$

$$= \frac{1}{h^2}(u_{j+1}^k - u_j^k - u_j^{k+1} + u_{j-1}^{k+1}) + O(\Delta t + h^2). \tag{5.1.36}$$

由 (5.1.33) 和 (5.1.36), 可得 (5.1.1) 的差分格式

$$u_j^{k+1} = \frac{1 - ar}{1 + ar}u_j^k + \frac{ar}{1 + ar}(u_{j-1}^{k+1} + u_{j+1}^k), \tag{5.1.37}$$

这里 $r = \Delta t/h^2$, 截断误差前三项为

$$\frac{\Delta t}{h}\frac{\partial^3 u}{\partial x^3} - \frac{h^2}{12}\frac{\partial^4 u}{\partial x^4} - \frac{\Delta t^2}{12}\frac{\partial^6 u}{\partial x^6},$$

故误差阶为 $O\left(\Delta t^2 + h^2 + \dfrac{\Delta t}{h}\right)$ 阶. 该格式所用的网格点如图 5.3 所示. 若边界值 u_0^{k+1} 已知, 则由 (5.1.37) 可显式求出 $u_j^{k+1}(j = 1, \cdots)$ 之值, 即计算从左边界开始逐步向右移动.

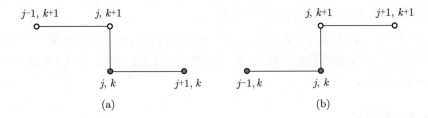

图 5.3　计算结点示意图

若在 (5.1.34) 中用 $\left(\dfrac{\partial u}{\partial x}\right)^{k+1}_{j+\frac{1}{2}}$ 代替 $\left(\dfrac{\partial u}{\partial x}\right)^{k}_{j+\frac{1}{2}}$, 则

$$\frac{\partial^2 u}{\partial x^2} = \frac{\left(\dfrac{\partial u}{\partial x}\right)^{k+1}_{j+\frac{1}{2}} - \left(\dfrac{\partial u}{\partial x}\right)^{k}_{j-\frac{1}{2}}}{h} + O(h^2) \tag{5.1.38}$$

$$= \frac{1}{h^2}(u^{k+1}_{j+1} - u^{k+1}_{j} - u^{k}_{j} + u^{k}_{j-1}) + O(h^2), \tag{5.1.39}$$

于是得另一个类似的格式

$$u^{k+1}_{j} = \frac{1-ar}{1+ar}u^{k}_{j} + \frac{ar}{1+ar}(u^{k+1}_{j+1} + u^{k}_{j-1}). \tag{5.1.40}$$

其截断误差前三项为

$$-\frac{\Delta t}{h}\frac{\partial^3 u}{\partial x^3} - \frac{h^2}{12}\frac{\partial^4 u}{\partial x^4} - \frac{\Delta t^2}{12}\frac{\partial^6 u}{\partial x^6},$$

故误差阶为 $O\left(\Delta t^2 + h^2 + \dfrac{\Delta t}{h}\right)$ 阶. 如果计算从右边界向左边界移动, 则 (5.1.40) 也是显式格式.

如果 ar 为常数且与原方程相容, 则截断误差阶为 $O(\Delta t^2 + h)$. Larkin(1964) 提出了使用 Saul'yev 近似格式易于使用的各种算法, 这些算法是:

1. 只使用 (5.1.37), 在时间方向上一条线一条线地进行计算, 在同一条线上始终从左到右.

2. 只使用 (5.1.40), 在同一条线上始终从右到左进行计算.

3. 交替使用 (5.1.37) 和 (5.1.40), 在某一条线上使用 (5.1.37), 在下一条线上使用 (5.1.40), 这时截断误差阶为 $O\left(\Delta t^2 + h^2 + \left(\dfrac{\Delta t}{h}\right)^2\right)$.

4. 在同一条直线上同时使用 (5.1.37) (从左到右) 和 (5.1.40) (从右到左), 然后把所得结果取平均值作为结果, 这种取平均值的方法可以抵消截断误差, 其计算过程

可以写成

$$P_j^{k+1} = \frac{1-ar}{1+ar}u_j^k + \frac{ar}{1+ar}(P_{j-1}^{k+1} + u_{j+1}^k), \quad j = 1, \cdots, J-1, \tag{5.1.41}$$

$$Q_j^{k+1} = \frac{1-ar}{1+ar}u_j^k + \frac{ar}{1+ar}(Q_{j+1}^{k+1} + u_{j-1}^k), \quad j = J-1, \cdots, 1, \tag{5.1.42}$$

$$u_j^{k+1} = \frac{P_j^{k+1} + Q_j^{k+1}}{2}. \tag{5.1.43}$$

Barakat 和 Clark (1966) 提出保留前一时刻中的 P_j^k 和 Q_j^k, 结果得到

$$P_j^{k+1} = \frac{1-ar}{1+ar}P_j^k + \frac{ar}{1+ar}(P_{j-1}^{k+1} + P_{j+1}^k), \quad j = 1, \cdots, J-1, \tag{5.1.44}$$

$$Q_j^{k+1} = \frac{1-ar}{1+ar}Q_j^k + \frac{ar}{1+ar}(Q_{j+1}^{k+1} + Q_{j-1}^k), \quad j = J-1, \cdots, 1, \tag{5.1.45}$$

$$u_j^{k+1} = \frac{P_j^{k+1} + Q_j^{k+1}}{2}. \tag{5.1.46}$$

Liu (1969) 提出对 $\left(\dfrac{\partial u}{\partial x}\right)_{j+\frac{1}{2}}^k$ 和 $\left(\dfrac{\partial u}{\partial x}\right)_{j-\frac{1}{2}}^k$ 使用高阶近似, 所得的差分格式为

$$u_j^{k+1} = \frac{2-4ar}{2+3ar}u_j^k + \frac{ar}{2+3ar}(u_{j-1}^k + 3u_{j+1}^k - u_{j-2}^{k+1} + 4u_{j-1}^{k+1}), \tag{5.1.47}$$

$$u_j^{k+1} = \frac{2-4ar}{2+3ar}u_j^k + \frac{ar}{2+3ar}(u_{j+1}^k + 3u_{j-1}^k - u_{j+2}^{k+1} + 4u_{j+1}^{k+1}), \tag{5.1.48}$$

所用的网格点如图 5.4 所示.

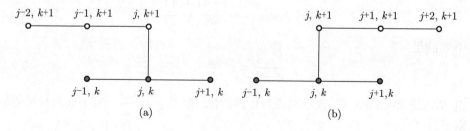

图 5.4 差分格式结点示意图

格式 (5.1.47) 和 (5.1.48) 与 Saul'yev 方法完全相似, 不同的是在任一时间上都必须用其他方法求得第一个点的值, 从而也都是显式格式, 这两种显式格式可以按 Saul'yev 格式那样任意组合后再使用.

上面每一种格式和它们的组合都是无条件稳定的. 以 (5.1.37) 为例, 采用 von Neumann 稳定性分析方法, 可得其增长因子为

$$G(\Delta t, \sigma) = \frac{1-ar+are^{\mathrm{i}\sigma h}}{1-ar+are^{-\mathrm{i}\sigma h}} \equiv \frac{N}{D}, \tag{5.1.49}$$

该式的分子 (N) 和分母 (D) 都是虚数, 且虚部相等, 所以如果

$$\text{Re}(D)^2 - \text{Re}(N)^2 = 4ar[1 - \cos(\sigma h)] \geqslant 0, \tag{5.1.50}$$

则 $|G(\Delta t, \sigma)| \leqslant 1$. 由于 $ar[1 - \cos(\sigma h)] \geqslant 0$ 恒成立 (a 恒大于 0), 所以格式 (5.1.37) 无条件稳定.

对格式 (5.1.47), 可求得其增长因子为

$$G(\Delta t, \sigma) = \frac{\left(\dfrac{ar}{2} - 4\right) + e^{-\mathrm{i}\sigma h} + 3e^{\mathrm{i}\sigma h}}{\left(\dfrac{ar}{2} + 3\right) + e^{-2\mathrm{i}\sigma h} - 4e^{\mathrm{i}\sigma h}}. \tag{5.1.51}$$

可证 $|G(\Delta t, \sigma)| \leqslant 1$, 格式 (5.1.47) 是无条件稳定的.

§5.2　对流扩散方程

当对流和扩散都存在时, 如边界层流动, 就要考虑对流扩散方程. 考虑 Burgers 方程

$$\frac{\partial u}{\partial t} + u\frac{\partial u}{\partial x} = \nu\frac{\partial^2 u}{\partial x^2}, \tag{5.2.1}$$

当对流和扩散相互平衡时, 达到一个稳态. 方程 (5.2.1) 满足边界条件

$$\begin{cases} u(0, t) = u_0, \\ u(L, t) = 0 \end{cases} \tag{5.2.2}$$

的稳定精确解是

$$u(x) = u_0\bar{u}\frac{1 - e^{-\bar{u}R_{eL}(1-\frac{x}{L})}}{1 + e^{-\bar{u}R_{eL}(1-\frac{x}{L})}}, \tag{5.2.3}$$

其中 $\bar{u}$ 满足

$$\frac{\bar{u} - 1}{\bar{u} + 1} = e^{-\bar{u}R_{eL}}, \tag{5.2.4}$$

这里 R_{eL} 是 Reynolds 数, 表示对流与扩散的比, 为 $R_{eL} = \dfrac{u_0 L}{\nu}$. 有下面两种重要的极限情形:

(1) $R_{eL} \to 0$, 这时 $\bar{u} \approx \sqrt{\dfrac{2}{R_{eL}}}$ 是高黏性流动, 解是 $u(x) = u_0\left(1 - \dfrac{x}{L}\right)$.

(2) $R_{eL} \to \infty$, 这时 $\bar{u} \to 1$ 是非黏性流动, 解是

$$\begin{cases} u(x) = u_0, \quad 0 \leqslant x < L, \\ u(L) = 0. \end{cases} \tag{5.2.5}$$

下面我们考虑一个较简单的线性 Burgers 方程

$$\frac{\partial u}{\partial t} + c\frac{\partial u}{\partial x} = \nu\frac{\partial^2 u}{\partial x^2}. \tag{5.2.6}$$

在该模型中, 速度 c 是常数, 相应的定常解是

$$u(x) = u_0 \frac{1 - e^{-R_{eL}(1-\frac{x}{L})}}{1 - e^{-R_{eL}}}, \tag{5.2.7}$$

其中 $R_{eL} = \dfrac{cL}{\nu}$.

§5.2.1 FTCS 格式

Roach (1972) 给出了方程 (5.2.6) 的时间向前空间中心 (FTCS) 的差分格式

$$\frac{u_j^{k+1} - u_j^k}{\Delta t} + c \frac{u_{j+1}^k - u_{j-1}^k}{2h} = \nu \frac{u_{j+1}^k - 2u_j^k + u_{j-1}^k}{h^2}. \tag{5.2.8}$$

在 (j, k) 处的截断误差为

$$E_j^k = \left(\frac{\partial u}{\partial t}\right)_j^k + \frac{\Delta t}{2}\left(\frac{\partial^2 u}{\partial t^2}\right)_j^k + O(\Delta t^2) + c\left[\frac{\partial u}{\partial x} + \frac{h^2}{3!}\frac{\partial^3 u}{\partial x^3} + O(h^4)\right]_j^k$$

$$- \nu\left[\frac{\partial^2 u}{\partial x^2} + \frac{h^2}{4!}\frac{\partial^4 u}{\partial x^4} + O(h^4)\right]_j^k$$

$$= O(\Delta t + h^2). \tag{5.2.9}$$

因此 FTCS 格式是一个相容的时间一阶精度、空间二阶精度格式. 下面讨论稳定性, 令 $s = c\Delta t/h$, $r = \nu\Delta t/h^2$, 将形式解 $u_j^k = g^k e^{\mathrm{i}j\sigma h}$ 代入 (5.2.8), 可求得增长因子为

$$G = 1 - 2r[1 - \cos(\sigma h)] - \mathrm{i}s\sin(\sigma h). \tag{5.2.10}$$

因此

$$|G|^2 = 1 + \left\{8r^2 - 4r + (s^2 - 4r^2)\left[1 + \cos(\sigma h)\right]\right\}\left[1 - \cos(\sigma h)\right]. \tag{5.2.11}$$

若格式稳定, 则对任意 σh, $|G|^2 \leqslant 1$. 于是 (1) 若 $s^2 - 4r^2 \leqslant 0$, 则得条件 $2r \leqslant 1$. (2) 若 $s^2 - 4r^2 \geqslant 0$, 则得条件 $s^2 \leqslant 2r$. 因此

$$s^2 \leqslant 2r \leqslant 1. \tag{5.2.12}$$

若定义单元 Reynolds 数 $R_{eh} = \dfrac{s}{r}$, 则稳定性条件要求

$$R_{eh} \leqslant \frac{2}{s}. \tag{5.2.13}$$

一个好的求解 Burgers 方程的有限差分格式是格式不产生振荡. 当单元 Reynolds 数满足

$$2 \leqslant R_{eh} \leqslant \frac{2}{s} \tag{5.2.14}$$

时, FTCS 格式产生振荡.

§5.2.2 单元法

Keller (1970) 对抛物型偏微分方程引进了单元 (Box) 法, 二阶导数通过一个新变量的一阶导数来计算. 考虑方程 (5.2.6), 将其改写成一阶方程组

$$\begin{cases} \dfrac{\partial u}{\partial t} + c\dfrac{\partial u}{\partial x} = \nu\dfrac{\partial v}{\partial x}, \\[2mm] \dfrac{\partial u}{\partial x} = v. \end{cases} \tag{5.2.15}$$

然后在每个单元 $(x_{j-1}, x_j) \times (t_k, t_{k+1})$ 内使用四个单元角点上的值进行离散

$$\begin{cases} \dfrac{1}{2}\left(\dfrac{u_{j-1}^{k+1} - u_{j-1}^{k}}{\Delta t} + \dfrac{u_j^{k+1} - u_j^{k}}{\Delta t}\right) + \dfrac{c}{2}\left(\dfrac{u_j^{k+1} - u_{j-1}^{k+1}}{h} + \dfrac{u_j^{k} - u_{j-1}^{k}}{h}\right) \\[3mm] = \dfrac{\nu}{2}\left(\dfrac{v_j^{k+1} - v_{j-1}^{k+1}}{h} + \dfrac{v_j^{k} - v_{j-1}^{k}}{h}\right), \\[3mm] \dfrac{u_j^{k+1} - u_{j-1}^{k+1}}{h} = \dfrac{1}{2}(v_{j-1}^{k+1} + v_j^{k+1}). \end{cases} \tag{5.2.16}$$

该格式是隐式差分格式, 且导致一个块三对角方程组, 可以用块消元法求解. 对该简单的模型方程, 中间变量 v 可以由联立方程 (5.2.16) 消掉. 记 $\delta u_j = u_j^{k+1} - u_j^{k}$, 则导致一个 δ 形式

$$\left(\frac{1}{4\Delta t} - \frac{c}{4h} - \frac{\nu}{2h^2}\right)\delta u_{j-1} + \left(\frac{1}{2\Delta t} + \frac{\nu}{h^2}\right)\delta u_j + \left(\frac{1}{4\Delta t} + \frac{c}{4h} - \frac{\nu}{2h^2}\right)\delta u_{j+1}$$
$$= -c\frac{u_{j+1}^{k} - u_{j-1}^{k}}{2h} + \nu\frac{u_{j+1}^{k} - 2u_j^{k} + u_{j-1}^{k}}{h^2}. \tag{5.2.17}$$

该格式与 CN 格式的不同在于时间导数项的系数. 对均匀网格, 该格式在时间和空间方向上都是二阶精度.

§5.2.3 混合型格式

讨论无黏性 Burgers 方程

$$\frac{\partial u}{\partial t} + \frac{\partial}{\partial x}\left(\frac{u^2}{2}\right) = 0 \tag{5.2.18}$$

的混合型显式差分格式. 该格式的特点是根据局部点的特征方向进行离散.

(1) $u_{j-\frac{1}{2}}^{k} > 0$, $u_{j+\frac{1}{2}}^{k} > 0$ (超音速点)

$$\frac{u_j^{k+1} - u_j^{k}}{\Delta t} + u_{j-\frac{1}{2}}^{k}\frac{u_j^{k} - u_{j-1}^{k}}{h} = 0. \tag{5.2.19}$$

(2) $u_{j-\frac{1}{2}}^{k} > 0$, $u_{j+\frac{1}{2}}^{k} < 0$ (激波点)

$$\frac{u_j^{k+1} - u_j^{k}}{\Delta t} + u_{j-\frac{1}{2}}^{k}\frac{u_j^{k} - u_{j-1}^{k}}{h} + u_{j+\frac{1}{2}}^{k}\frac{u_{j+1}^{k} - u_j^{k}}{h} = 0. \tag{5.2.20}$$

(3) $u_{j-\frac{1}{2}}^k < 0$, $u_{j+\frac{1}{2}}^k > 0$ (音速点)

$$\frac{u_j^{k+1} - u_j^k}{\Delta t} + u_j^{k+1} \frac{u_{j+1}^k - u_{j-1}^k}{2h} = 0. \tag{5.2.21}$$

(4) $u_{j-\frac{1}{2}}^k < 0$, $u_{j+\frac{1}{2}}^k < 0$ (亚音速点)

$$\frac{u_j^{k+1} - u_j^k}{\Delta t} + u_{j+\frac{1}{2}}^k \frac{u_{j+1}^k - u_j^k}{h} = 0, \tag{5.2.22}$$

其中中值取平均

$$u_{j-\frac{1}{2}} = \frac{u_{j-1} + u_j}{2}. \tag{5.2.23}$$

该格式也易推广到黏性 Burgers 方程 (5.2.6), 只要右端项加上一个二阶中心差分格式.

下面分析格式的相容性和精度. 设 $F(u) = \dfrac{u^2}{2}$ 是通量函数, 格式 (5.2.19)、(5.2.20) 和 (5.2.22) 可以写成守恒的有限差分方程形式. 例如对 (5.2.20), 有

$$\frac{u_j^{k+1} - u_j^k}{\Delta t} + \frac{F_j^k - F_{j-1}^k}{h} + \frac{F_{j+1}^k - F_j^k}{h} = 0, \tag{5.2.24}$$

截断误差是

$$E_j^k = \left[\frac{\partial u}{\partial t} + \frac{\Delta t}{2} \frac{\partial^2 u}{\partial t^2} \right]_j^k + O(\Delta t^2) + \left[\frac{\partial F}{\partial x} - \frac{h}{2} \frac{\partial^2 F}{\partial x^2} + \frac{\partial F}{\partial x} + \frac{h}{2} \frac{\partial^2 F}{\partial x^2} \right]_j^k + O(h^2)$$

$$= \left[\frac{\partial u}{\partial t} + 2 \frac{\partial F}{\partial x} \right]_j^k + O(\Delta t + h). \tag{5.2.25}$$

在激波点, (5.2.20) 与偏微分方程不相容, 但格式 (5.2.19) 和 (5.2.22) 与方程相容, 精度为 $O(\Delta t + h)$ 阶.

对格式 (5.2.21), 因为

$$E_j^k = \Delta t \left[\frac{1}{2} \frac{\partial^2 u}{\partial t^2} + \frac{\partial u}{\partial t} \frac{\partial u}{\partial x} \right]_j^k + \frac{h^2}{6} u_j^k \frac{\partial^3 u_j^k}{\partial x^3} + O(\Delta t^2 + \Delta t h^2 + h^4) = O(\Delta t + h^2), \tag{5.2.26}$$

显然, 时间是一阶精度, 空间是二阶精度, 然而, 它不守恒, 但当网格步长趋于零时, 守恒误差趋于零.

在使用 von Neumann 方法分析稳定性之前必须线性化, 考虑包括格式 (5.2.19) 和 (5.2.22) 的激波点格式 (5.2.24), 其线性化格式为

$$\frac{u_j^{k+1} - u_j^k}{\Delta t} + (u_{j-1}^k + u_{j+1}^k) \frac{u_{j+1}^k - u_{j-1}^k}{2h} = 0. \tag{5.2.27}$$

采用冻结系数法, 设 $c = u_{j-1}^k + u_{j+1}^k$. 激波区域的一个重要特征是特征波速 $u_{j\pm\frac{1}{2}}^k$ 符号的改变, 解释这一特征的线性化格式为

$$\frac{u_j^{k+1} - u_j^k}{\Delta t} + c^+ \frac{u_j^k - u_{j-1}^k}{h} + c^- \frac{u_{j+1}^k - u_j^k}{h} = 0, \tag{5.2.28}$$

其中 $c^+ = u_{j-\frac{1}{2}}^k > 0$ 和 $c^- = u_{j+\frac{1}{2}}^k < 0$. 现在, 用 von Neumann 方法分析稳定性, 将 $u_j^k = g^k e^{ij\sigma h}$ 代入, 得增长因子

$$
\begin{aligned}
G &= 1 - s^+(1 - e^{-i\sigma h}) + s^-(e^{i\sigma h} - 1) \\
&= 1 - (s^- + s^+)(1 - \cos(\sigma h)) + i(s^- - s^+)\sin(\sigma h),
\end{aligned}
\tag{5.2.29}
$$

其中 $s^+ = c^+\left(\dfrac{\Delta t}{h}\right) > 0$, $s^- = -c^-\left(\dfrac{\Delta t}{h}\right) > 0$. 由于 $|G|^2 \leqslant 1$ 等价于

$$
(s^- + s^+)[1 - (s^- + s^+)] \geqslant 0,
\tag{5.2.30}
$$

所以稳定性条件是

$$
s^- + s^+ \leqslant 1.
\tag{5.2.31}
$$

也即

$$
\Delta t \leqslant \frac{h}{u_{j-\frac{1}{2}}^k - u_{j+\frac{1}{2}}^k}
\tag{5.2.32}
$$

此即 (5.2.20) 的稳定性条件. 由此立即得 (5.2.19) 和 (5.2.22) 的稳定性条件, 分别为

$$
\Delta t \leqslant \frac{h}{u_{j-\frac{1}{2}}^k}
\tag{5.2.33}
$$

和

$$
\Delta t \leqslant -\frac{h}{u_{j+\frac{1}{2}}^k}.
\tag{5.2.34}
$$

对格式 (5.2.21), 记 $\widetilde{\Delta} = \Delta t \dfrac{u_{j+1}^k - u_{j-1}^k}{2h} \geqslant 0$, 可求得增长因子为

$$
G = \frac{1}{1 + \widetilde{\Delta}} \leqslant 1.
\tag{5.2.35}
$$

因此格式 (5.2.21) 是无条件稳定的格式.

若格式 (5.2.19)~(5.2.22) 中的空间导数可用隐式差分来代替, 则相应地得到混合型隐式格式

(1) $u_{j-\frac{1}{2}}^k > 0$, $u_{j+\frac{1}{2}}^k > 0$ (超音速点)

$$
\frac{u_j^{k+1} - u_j^k}{\Delta t} + u_{j-\frac{1}{2}}^k \frac{u_j^{k+1} - u_{j-1}^{k+1}}{\Delta x} = 0.
\tag{5.2.36}
$$

(2) $u_{j-\frac{1}{2}}^k > 0$, $u_{j+\frac{1}{2}}^k < 0$ (激波点)

$$
\frac{u_j^{k+1} - u_j^k}{\Delta t} + u_{j-\frac{1}{2}}^k \frac{u_j^{k+1} - u_{j-1}^{k+1}}{h} + u_{j+\frac{1}{2}}^k \frac{u_{j+1}^{k+1} - u_j^{k+1}}{h} = 0.
\tag{5.2.37}
$$

(3) $u_{j-\frac{1}{2}}^k < 0,\, u_{j+\frac{1}{2}}^k > 0$ (音速点)

$$\frac{u_j^{k+1} - u_j^k}{\Delta t} + u_j^{k+1}\frac{u_{j+1}^k - u_{j-1}^k}{2h} = 0. \tag{5.2.38}$$

(4) $u_{j-\frac{1}{2}}^k < 0,\, u_{j+\frac{1}{2}}^k < 0$ (亚音速点)

$$\frac{u_j^{k+1} - u_j^k}{\Delta t} + u_{j+\frac{1}{2}}^k\frac{u_{j+1}^k - u_j^{k+1}}{h} = 0. \tag{5.2.39}$$

可以证明, 格式 (5.2.36)~(5.2.39) 是主对角占优的, 从而是无条件稳定的.

§5.3 二维热传导方程

现讨论二维热传导方程

$$\frac{\partial u}{\partial t} = \frac{\partial^2 u}{\partial x^2} + \frac{\partial^2 u}{\partial y^2}, \quad (x,y) \in \Omega \tag{5.3.1}$$

的各种差分格式, 其中 $\Omega = \{(x,y)|0 < x < 1, 0 < y < 1\}$. 显然, 对方程 (5.3.1) 还须附加初始条件和边界条件. 为了便于计算, 将 x 和 y 方向上取成等步长, $\Delta x = \Delta y = h$.

§5.3.1 加权差分格式

显然, 关于 $\dfrac{\partial^2 u}{\partial x^2}$ 和 $\dfrac{\partial^2 u}{\partial y^2}$ 的显式和隐式近似有多种表达式, 它们都可以通过加权隐式公式得到. 方程 (5.3.1) 的加权差分格式是

$$\begin{aligned}
\frac{u_{i,j}^{k+1} - u_{i,j}^k}{\Delta t} &= \frac{\theta_1}{h^2}(u_{i+1,j}^{k+1} - 2u_{i,j}^{k+1} + u_{i-1,j}^{k+1}) + \frac{1-\theta_1}{h^2}(u_{i+1,j}^k - 2u_{i,j}^k + u_{i-1,j}^k) \\
&\quad + \frac{\theta_2}{h^2}(u_{i,j+1}^{k+1} - 2u_{i,j}^{k+1} + u_{i,j-1}^{k+1}) + \frac{1-\theta_2}{h^2}(u_{i,j+1}^k - 2u_{i,j}^k + u_{i,j-1}^k),
\end{aligned} \tag{5.3.2}$$

其中 $0 \leqslant \theta_1 \leqslant 1, 0 \leqslant \theta_2 \leqslant 1$. 若取 $\theta_1 = \theta_2 = 0$, 就得显式差分格式

$$u_{i,j}^{k+1} = u_{i,j}^k + r(u_{i+1,j}^k + u_{i-1,j}^k + u_{i,j+1}^k + u_{i,j-1}^k - 4u_{i,j}^k), \tag{5.3.3}$$

其中 $r = \Delta t/h^2$. 易知格式 (5.3.3) 的局部截断误差阶为 $O(\Delta t + h^2)$. 在已知 $k = 0$ 的初始条件下, 就可以沿着 t 方向递推计算. 利用 von Neumann 方法可以得到格式 (5.3.3) 的增长因子为

$$G = 1 - 4r\left[\sin^2\left(\frac{\sigma_1 h}{2}\right) + \sin^2\left(\frac{\sigma_2 h}{2}\right)\right]. \tag{5.3.4}$$

由 $|G| \leqslant 1$ 求得稳定性条件为

$$r \leqslant \frac{1}{4}. \tag{5.3.5}$$

若不是等步长, 则稳定性条件变为

$$\Delta t \leqslant \frac{1}{2\left(\dfrac{1}{\Delta x^2} + \dfrac{1}{\Delta y^2}\right)}. \tag{5.3.6}$$

格式 (5.3.3) 在 $x - y$ 平面上用到了四个点. 增加网格点数可以放宽稳定性条件. 可以构造如下九个点的差分格式

$$\begin{aligned}
u_{i,j}^{k+1} &= u_{i,j}^k + r(\delta_x^2 + \delta_y^2)u_{i,j}^k + r^2\delta_x^2\delta_y^2 u_{i,j}^k \\
&= u_{i,j}^k + r(u_{i+1,j}^k + u_{i-1,j}^k + u_{i,j+1}^k + u_{i,j-1}^k - 4u_{i,j}^k) \\
&\quad + r^2\Big[(u_{i+1,j+1}^k - 2u_{i,j+1}^k + u_{i-1,j+1}^k) - 2(u_{i+1,j}^k - 2u_{i,j}^k + u_{i-1,j}^k) \\
&\quad + (u_{i+1,j-1}^k - 2u_{i,j-1}^k + u_{i-1,j-1}^k)\Big],
\end{aligned} \tag{5.3.7}$$

其稳定性条件为 $r \leqslant 1/2$. 截断误差阶仍为 $O(\Delta t + h^2)$. 若取 $r = 1/6$, 则截断误差阶为 $O(\Delta t^2 + h^2)$. 格式 (5.3.3) 和 (5.3.7) 均为显式格式, 但由于都是条件稳定, 在实际问题中很少使用, 下面将 Saul'yev 和 Du Fort-Frankel 格式加以推广.

§5.3.2 Saul'yev 不对称格式

二维 Saul'yev 近似的基本思想是对 u_{xx} 和 u_{yy} 的替换, 仿照 (5.1.36) 和 (5.3.2) 可以得到

$$\begin{aligned}
\frac{u_{i,j}^{k+1} - u_{i,j}^k}{\Delta t} &= \frac{\theta_1}{h^2}(u_{i-1,j}^{k+1} - u_{i,j}^{k+1} - u_{i,j}^k + u_{i+1,j}^k) \\
&\quad + \frac{1-\theta_1}{h^2}(u_{i+1,j}^k - 2u_{i,j}^k + u_{i-1,j}^k) + \frac{\theta_2}{h^2}(u_{i,j-1}^{k+1} - u_{i,j}^{k+1} - u_{i,j}^k + u_{i,j+1}^k) \\
&\quad + \frac{1-\theta_2}{h^2}(u_{i,j+1}^k - 2u_{i,j}^k + u_{i,j-1}^k).
\end{aligned} \tag{5.3.8}$$

显然当 $\theta_1 = \theta_2 = 0$ 时, 上式即是 (5.3.3). 将 (5.3.8) 重新整理成

$$\begin{aligned}
u_{i,j}^{k+1} = \frac{r}{1+(\theta_1+\theta_2)r}\Big[&\theta_1 u_{i-1,j}^{k+1} + \theta_2 u_{i,j-1}^{k+1} + (1-\theta_1)u_{i-1,j}^k \\
&+ (1-\theta_2)u_{i,j-1}^k + u_{i+1,j}^k + u_{i,j+1}^k - \left(4-\theta_1-\theta_2-\frac{1}{r}\right)u_{i,j}^k\Big].
\end{aligned} \tag{5.3.9}$$

因为 (5.3.9) 右端有 $u_{i-1,j}^{k+1}$ 和 $u_{i,j-1}^{k+1}$, 所以形式上是隐式, 但如果计算从网格空间的左上角开始并沿一条线向右推进, 则唯一的未知数是 $u_{i,j}^{k+1}$. 因为 $u_{i-1,j}^{k+1}$ 和 $u_{i,j-1}^{k+1}$ 是初始边界值, 已预先算出, 所以计算过程中只有一个未知数 $u_{i,j}^{k+1}$, 这是一种显式算法. 类似地, 仿照 (5.1.40) 和 (5.3.2) 可以写出

$$\begin{aligned}
u_{i,j}^{k+1} = \frac{r}{1+r(\theta_1+\theta_2)}\Big[&\theta_1 u_{i+1,j}^{k+1} + \theta_2 u_{i,j+1}^{k+1} + (1-\theta_1)u_{i+1,j}^k \\
&+ (1-\theta_2)u_{i,j+1}^k + u_{i-1,j}^k + u_{i,j-1}^k - \left(4-\theta_1-\theta_2-\frac{1}{r}\right)u_{i,j}^k\Big].
\end{aligned} \tag{5.3.10}$$

该格式是从网格空间的右下角开始沿一条线向左计算, 也是显式格式. 另外, 与一维情形类似, 还可以将 (5.3.9) 和 (5.3.10) 组合在一起取平均值. (5.3.9) 和 (5.3.10) 的局部截断误差阶为 $O(\theta_1 h + \theta_2 h + \Delta t + h^2)$, 组合后的稳定性条件为

$$r \leqslant \frac{1}{2(2 - \theta_1 - \theta_2)}.$$

当 $\theta_1 = \theta_2 = 0$ 时, 上式变成 (5.3.5).

§5.3.3 Du Fort-Frankel 格式

一维 Du Fort-Frankel 方法可推广到二维, 首先写出二维 Richardson 显式格式

$$\frac{u_{i,j}^{k+1} - u_{i,j}^{k-1}}{2\Delta t} = \frac{u_{i+1,j}^k - 2u_{i,j}^k + u_{i-1,j}^k}{h^2} + \frac{u_{i,j+1}^k - 2u_{i,j}^k + u_{i,j-1}^k}{h^2}. \tag{5.3.11}$$

与一维一样, 该格式是无条件不稳定格式. 作如下替换

$$u_{i,j}^k = \frac{1}{2}(u_{i,j}^{k+1} + u_{i,j}^{k-1}), \tag{5.3.12}$$

代入 (5.3.11), 得

$$u_{i,j}^{k+1} = \frac{2r}{1+4r}(u_{i+1,j}^k + u_{i-1,j}^k + u_{i,j+1}^k + u_{i,j-1}^k) + \frac{1-4r}{1+4r}u_{i,j}^{k-1}. \tag{5.3.13}$$

该式是显式格式, 而且无条件稳定, 截断误差阶为 $O\left(\Delta t^2 + h^2 + \dfrac{\Delta t^2}{h^2}\right)$. 计算时, 需要已知两个时间层上的值, 其中 $k = 0$ 上的值由初始条件给出, $k = 1$ 上的值由前面其他公式或 $r = 1/4$ 时的 (5.3.13) 来计算. 该格式的优点是显式且绝对稳定, 但若 $\Delta t/h$ 保持为 $O(1)$, 则与 (5.3.13) 相容的方程是

$$\frac{\partial u}{\partial t} + \frac{2h^2}{\Delta t^2}\frac{\partial^2 u}{\partial t^2} = \frac{\partial^2 u}{\partial x^2} + \frac{\partial^2 u}{\partial y^2} \tag{5.3.14}$$

而不是 (5.3.1).

格式 (5.1.44) 和 (5.1.45) 也可推广到二维, 为

$$\frac{P_{i,j}^{k+1} - P_{i,j}^k}{\Delta t} = \frac{P_{i+1,j}^k - P_{i,j}^k - P_{i,j}^{k+1} + P_{i-1,j}^{k+1}}{h^2} + \frac{P_{i,j+1}^k - P_{i,j}^k - P_{i,j}^{k+1} + P_{i,j-1}^{k+1}}{h^2}, \tag{5.3.15}$$

$$\frac{Q_{i,j}^{k+1} - Q_{i,j}^k}{\Delta t} = \frac{Q_{i+1j}^{k+1} - Q_{i,j}^{k+1} - Q_{i,j}^k + Q_{i-1,j}^k}{h^2} + \frac{Q_{i,j+1}^{k+1} - Q_{i,j}^{k+1} - Q_{i,j}^k + Q_{i,j-1}^k}{h^2}, \tag{5.3.16}$$

其中 $u_{i,j}^{k+1}$ 值由 $P_{i,j}^{k+1}$ 和 $Q_{i,j}^{k+1}$ 的平均值计算:

$$u_{i,j}^{k+1} = \frac{P_{i,j}^{k+1} + P_{i,j}^{k+1}}{2}, \tag{5.3.17}$$

$P_{i,j}^{k+1}$ 和 $Q_{i,j}^{k+1}$ 均可显式计算, 其中 $P_{i,j}^{k+1}$ 按从左至右的方向计算, $Q_{i,j}^{k+1}$ 按从右至左的方向计算. 格式 (5.3.15)~(5.3.17) 不仅无条件稳定, 局部截断误差阶为 $O(\Delta t^2 + h^2)$, 而且与原方程相容.

§5.3.4 交替方向隐式 (ADI) 格式

如果在加权差分格式 (5.3.2) 中取 $\theta_1 = \theta_2 = 1/2$, 则得到 CN 格式, 可以写成

$$\left(I - \frac{r}{2}\delta_x^2 - \frac{r}{2}\delta_y^2\right) u_{i,j}^{k+1} = \left(I + \frac{r}{2}\delta_x^2 + \frac{r}{2}\delta_y^2\right) u_{i,j}^k, \tag{5.3.18}$$

其中 $r = \Delta t/h^2$. 该式是二阶精度无条件稳定的, 但需要求解一个五对角线性方程组, 当 n 很大时, 计算上不实用. Peaceman 和 Rachford (1956) 首先提出一种分裂格式, 称为 PR 格式. 将方程 (5.3.18) 两端分别加上

$$\frac{r^2}{4}\delta_x^2\delta_y^2 u_{i,j}^{k+1} \quad \text{和} \quad \frac{r^2}{4}\delta_x^2\delta_y^2 u_{i,j}^k,$$

得到

$$\left(I - \frac{r}{2}\delta_x^2\right)\left(I - \frac{r}{2}\delta_y^2\right) u_{i,j}^{k+1} = \left(I + \frac{r}{2}\delta_x^2\right)\left(I + \frac{r}{2}\delta_y^2\right) u_{i,j}^k. \tag{5.3.19}$$

然后按下面两步计算

$$\left(I - \frac{r}{2}\delta_x^2\right) u_{i,j}^{k+\frac{1}{2}} = \left(I + \frac{r}{2}\delta_y^2\right) u_{i,j}^k, \tag{5.3.20}$$

$$\left(I - \frac{r}{2}\delta_y^2\right) u_{i,j}^{k+1} = \left(I + \frac{r}{2}\delta_x^2\right) u_{i,j}^{k+\frac{1}{2}}. \tag{5.3.21}$$

即第一步是沿 x 方向利用 Thomas 算法逐行求解三对角方程, 得到 $u_{i,j}^{k+\frac{1}{2}}$, 然后沿 y 方向逐列求解三对角方程, 得到 $u_{i,j}^{k+1}$, 由于每步只需求解一组三对角方程, 且两个方向交替变换, 故通称这类格式为交替方向隐式格式. 可以验证, 由 (5.3.20)~(5.3.21) 消去中间变量 $u_{i,j}^{k+\frac{1}{2}}$ 即得 (5.3.19). 实际上, 将 (5.3.20) 加上 (5.3.21) 得

$$u_{i,j}^{k+1} - u_{i,j}^k = r\delta_x^2 u_{i,j}^{k+\frac{1}{2}} + \frac{r}{2}\delta_y^2(u_{i,j}^{k+1} + u_{i,j}^k), \tag{5.3.22}$$

再将 (5.3.20) 减去 (5.3.21) 得

$$2u_{i,j}^{k+\frac{1}{2}} = (u_{i,j}^{k+1} + u_{i,j}^k) - \frac{r}{2}\delta_y^2(u_{i,j}^{k+1} - u_{i,j}^k). \tag{5.3.23}$$

将 (5.3.23) 代入 (5.3.22) 得

$$\left(1 + \frac{r^2}{4}\delta_x^2\delta_y^2\right)(u_{i,j}^{k+1} - u_{i,j}^k) = \frac{r}{2}(\delta_x^2 + \delta_y^2)(u_{i,j}^{k+1} + u_{i,j}^k), \tag{5.3.24}$$

此即 (5.3.19).

可用 von Neumann 法分析 PR 格式的稳定性, 其中第一式的放大因子为

$$G_a(\Delta t, \sigma_1, \sigma_2) = \frac{1 - 2r \sin^2\left(\dfrac{\sigma_2 h}{2}\right)}{1 + 2r \sin^2\left(\dfrac{\sigma_1 h}{2}\right)}, \tag{5.3.25}$$

第二式的放大因子为

$$G_b(\Delta t, \sigma_1, \sigma_2) = \frac{1 - 2r \sin^2\left(\dfrac{\sigma_1 h}{2}\right)}{1 + 2r \sin^2\left(\dfrac{\sigma_2 h}{2}\right)}. \tag{5.3.26}$$

显然两个因子都有一个有限的稳定界限, 即每个方程单独使用时都是条件稳定的, 但组合后的放大因子 $G_{PR} = G_a \cdot G_b$ 满足 $|G_{PR}| \leqslant 1$, 因此 PR 格式是无条件稳定的.

Mitchell 和 Fairweather (1964) 推导了一种高精度的 ADI 格式, 称为 MF 格式

$$\left[I - \frac{1}{2}\left(r - \frac{1}{6}\right)\delta_x^2\right]u_{i,j}^{k+\frac{1}{2}} = \left[I + \frac{1}{2}\left(r + \frac{1}{6}\right)\delta_y^2\right]u_{i,j}^k, \tag{5.3.27}$$

$$\left[I - \frac{1}{2}\left(r - \frac{1}{6}\right)\delta_y^2\right]u_{i,j}^{k+1} = \left[I + \frac{1}{2}\left(r + \frac{1}{6}\right)\delta_x^2\right]u_{i,j}^{k+\frac{1}{2}}. \tag{5.3.28}$$

该格式的增长因子为

$$G_{MF} = \frac{\left[2\left(r + \dfrac{1}{6}\right)\sin^2\left(\dfrac{\sigma_2 h}{2}\right) - 1\right]\left[2\left(r + \dfrac{1}{6}\right)\sin^2\left(\dfrac{\sigma_1 h}{2}\right) - 1\right]}{\left[2\left(r - \dfrac{1}{6}\right)\sin^2\left(\dfrac{\sigma_2 h}{2}\right) + 1\right]\left[2\left(r - \dfrac{1}{6}\right)\sin^2\left(\dfrac{\sigma_1 h}{2}\right) + 1\right]}. \tag{5.3.29}$$

由于 $|G_{MF}| \leqslant 1$ 对所有 r 成立, 故 MF 格式无条件稳定, 虽然 MF 格式中单个的分裂格式并不与原偏微分方程相容, 但消去中间变量后, 得

$$\left[1 - \frac{1}{2}\left(r - \frac{1}{6}\right)\delta_x^2\right]\left[1 - \frac{1}{2}\left(r - \frac{1}{6}\right)\delta_y^2\right]u_{i,j}^{k+1}$$

$$= \left[1 + \frac{1}{2}\left(r + \frac{1}{6}\right)\delta_x^2\right]\left[1 + \frac{1}{2}\left(r + \frac{1}{6}\right)\delta_y^2\right]u_{i,j}^k. \tag{5.3.30}$$

从而可证明与原方程相容, 局部截断误差阶为 $O(\Delta t^2 + h^4)$, 截断误差的首项是

$$\frac{-r\left(r^2 - \dfrac{1}{20}\right)}{10\left(r + \dfrac{5}{6}\right)^2}h^6\left(\frac{\partial^6 u}{\partial x^6} + \frac{\partial^6 u}{\partial y^6}\right). \tag{5.3.31}$$

由上式知, 若取 $r = \dfrac{1}{2\sqrt{5}}$, 则可使 MF 格式精确到 $O(\Delta t^2 + h^6)$ 阶.

§5.3.5 局部一维 (LOD) 法

对二维热传导方程 (5.3.1), 局部一维化 (LOD) 法相当于求解

$$\frac{1}{2}\frac{\partial u}{\partial t} = \frac{\partial^2 u}{\partial x^2}, \quad t \in [t^k, t^{k+\frac{1}{2}}], \tag{5.3.32}$$

$$\frac{1}{2}\frac{\partial u}{\partial t} = \frac{\partial^2 u}{\partial y^2}, \quad t \in [t^{k+\frac{1}{2}}, t^{k+1}]. \tag{5.3.33}$$

每个方程都只含有一个空间变量 (x 和 y), 因此可用一维方法来近似每个方程. 如用显式格式

$$\frac{1}{2}\frac{u_{i,j}^{k+\frac{1}{2}} - u_{i,j}^k}{\Delta t/2} = \frac{\delta_x^2 u_{i,j}^k}{h^2}, \tag{5.3.34}$$

$$\frac{1}{2}\frac{u_{i,j}^{k+1} - u_{i,j}^{k+\frac{1}{2}}}{\Delta t/2} = \frac{\delta_y^2 u_{i,j}^{k+\frac{1}{2}}}{h^2}, \tag{5.3.35}$$

即

$$\begin{aligned} u_{i,j}^{k+\frac{1}{2}} &= (1 + r\delta_x^2)u_{i,j}^k, \\ u_{i,j}^{k+1} &= (1 + r\delta_y^2)u_{i,j}^{k+\frac{1}{2}}, \end{aligned} \tag{5.3.36}$$

其中 $r = \Delta t/h^2$. 通常用无条件稳定的 CN 格式近似 (5.3.32)~(5.3.33), 为

$$\left(1 - \frac{r}{2}\delta_x^2\right) u_{i,j}^{k+\frac{1}{2}} = \left(1 + \frac{r}{2}\delta_x^2\right) u_{i,j}^k, \tag{5.3.37}$$

$$\left(1 - \frac{r}{2}\delta_y^2\right) u_{i,j}^{k+1} = \left(1 + \frac{r}{2}\delta_y^2\right) u_{i,j}^{k+\frac{1}{2}}. \tag{5.3.38}$$

若 δ_x^2 和 δ_y^2 可以互易 (即 (x,y) 的区域是矩形区域), 则又回到了 PR 格式, 即 (5.3.20)~(5.3.21). 实际上, 可以先从 PR 格式出发, 通过交换右端项 $\left(1 + \frac{r}{2}\delta_x^2\right)$ 和 $\left(1 + \frac{r}{2}\delta_y^2\right)$ 而得到 LOD 格式 (5.3.37)~(5.3.38), 该式对应三对角方程组, 且无条件稳定, 精度为 $O(\Delta t^2 + h^2)$ 阶.

类似地, 对应于 MF 格式 (5.3.27)~(5.3.28), LOD 格式为

$$\left[1 - \frac{1}{2}\left(r - \frac{1}{6}\right)\delta_x^2\right] u_{i,j}^{k+\frac{1}{2}} = \left[1 + \frac{1}{2}\left(r + \frac{1}{6}\right)\delta_x^2\right] u_{i,j}^k, \tag{5.3.39}$$

$$\left[1 - \frac{1}{2}\left(r - \frac{1}{6}\right)\delta_y^2\right] u_{i,j}^{k+1} = \left[1 + \frac{1}{2}\left(r + \frac{1}{6}\right)\delta_y^2\right] u_{i,j}^{k+\frac{1}{2}}. \tag{5.3.40}$$

同样, 只有当 δ_x^2 和 δ_y^2 可以互易时, MF 格式与 LOD 格式才等价. 对于矩形区域, LOD 格式的中间变量 $u_{i,j}^{k+\frac{1}{2}}$ 的边界值可取为

$$u_{i,j}^{k+\frac{1}{2}} = \psi_{i,j}^{k+\frac{1}{2}}, \quad (i,j) \in \partial\Omega. \tag{5.3.41}$$

交替方向隐式格式和局部一维化方法均可以推广到三维.

§5.4 练习

1. 证明近似方程 $\dfrac{\partial u}{\partial t} = \dfrac{\partial^2 u}{\partial x^2} + f$ 的 Hermite 差分格式

$$\left(1 + \frac{1}{12}\delta_x^2\right)(u^{n+1} - u^n) = \frac{r}{2}\delta_x^2(u^{n+1} + u^n) + \frac{1}{2}\Delta t\left[f^{n+1} + \left(1 + \frac{1}{6}\delta_x^2\right)f^n\right]$$

对固定的 $r = \Delta t/h^2$ 的截断误差阶为 $O(\Delta t^2)$.

2. 推导极坐标下混合问题

$$\begin{cases} \dfrac{\partial u}{\partial t} = \dfrac{\partial}{r\partial r}\left(r\dfrac{\partial u}{\partial r}\right) + \dfrac{1}{r^2}\dfrac{\partial^2 u}{\partial \theta^2} + F(r,\theta,t), & 0 \leqslant r \leqslant 1, 0 \leqslant \theta < 2\pi, \ t > 0, \\ u(1,\theta,t) = g(\theta,t), & 0 \leqslant \theta < 2\pi, \ t > 0, \\ u(r,\theta,0) = f(r,\theta), & 0 \leqslant r \leqslant 1, 0 \leqslant \theta < 2\pi \end{cases}$$

的 CN 格式.

3. 证明三维 PR 格式

$$\left(1 - \frac{r_x}{3}\delta_x^2\right)u_{j,k}^{n+\frac{1}{3}} = \left(1 + \frac{r_y}{3}\delta_y^2 + \frac{r_z}{3}\delta_z^2\right)u_{j,k}^n,$$

$$\left(1 - \frac{r_y}{3}\delta_y^2\right)u_{j,k}^{n+\frac{2}{3}} = \left(1 + \frac{r_x}{3}\delta_x^2 + \frac{r_z}{3}\delta_z^2\right)u_{j,k}^{n+\frac{1}{3}},$$

$$\left(1 - \frac{r_z}{3}\delta_z^2\right)u_{j,k}^{n+1} = \left(1 + \frac{r_x}{3}\delta_x^2 + \frac{r_y}{3}\delta_y^2\right)u_{j,k}^{n+\frac{2}{3}}$$

是条件稳定的, 精度为 $O(\Delta t + \Delta x^2 + \Delta y^2 + \Delta z^2)$ 阶. 其中 $r_x = \Delta t/\Delta x^2$, $r_y = \Delta t/\Delta y^2$, $r_z = \Delta t/\Delta z^2$.

4. 对一维热传导初边值问题

$$\begin{cases} \dfrac{\partial u}{\partial t} = \dfrac{\partial^2 u}{\partial x^2}, & 0 \leqslant x \leqslant 1, \\ u(x,0) = \sin(\pi x), & 0 \leqslant x \leqslant 1, \\ u(0,t) = u(1,t) = 0, & t \geqslant 0. \end{cases}$$

验证用分量变量法可得方程的解析解为 $u(x,t) = e^{-\pi t^2}\sin(\pi x)$. 取 $\Delta x = 0.1$, $r = 0.1$, 用显式格式数值求解, 检验数值解的精度.

5. 对均匀绝热杆中的温度变化问题

$$\begin{cases} \dfrac{\partial u}{\partial t} = \dfrac{\partial^2 u}{\partial x^2}, & 0 \leqslant x \leqslant 1, \\ u(x,0) = 1, & 0 \leqslant x \leqslant 1, \\ u(0,t) = u(1,t), & t \geqslant 0 \end{cases}$$

用分量变量法验证解析解为

$$u(x,t) = \frac{4}{\pi}\sum_{n=0}^{\infty}\frac{1}{(2n+1)}e^{-(2n+1)^2\pi^2 t}\sin(2n+1)\pi x,$$

并取 $\Delta x = 0.1$, $r = 0.1$, 分别用显式格式和隐式格式求解, 比较数值解的精度.

6. 试选择扩散方程差分格式

$$\frac{u_j^{k+1} - u_j^k}{\Delta t} = \frac{1}{h^2}[\theta\delta_x^2 u_j^{k+1} + (1-\theta)\delta_x^2 u_j^k]$$

中的 θ 使截断误差阶为 $O(\Delta t^2 + h^4)$.

7. 用有限体积法推导一维热传导方程 $\frac{\partial u}{\partial t} = \frac{\partial^2 u}{\partial x^2}$ 的 CN 格式.

8. 构造二维扩散方程

$$\frac{\partial u}{\partial t} = \frac{\partial^2 u}{\partial x^2} + \frac{\partial^2 u}{\partial y^2}$$

的 Du Fort-Frankel 格式, 并讨论其稳定性.

9. 证明近似一维热传导方程 $\frac{\partial u}{\partial t} = a\frac{\partial^2 u}{\partial x^2}$ $(a > 0)$ 的 Richardson 格式

$$\frac{u_j^{k+1} - u_j^{k-1}}{2\Delta t} - a\frac{u_{j+1}^k - 2u_j^k + u_{j-1}^k}{h^2} = 0$$

是一个绝对不稳定的格式.

第六章 双曲型方程

双曲型偏微分方程可以用来模拟很多物理现象, 如波的传播、弦的振动、空气动力学流动. 本章讨论双曲型方程的差分方程. 首先介绍线性对流或输运方程的一些典型差分格式, 然后介绍特征线与差分格式、数值频散和耗散, 再介绍双曲型方程组和波动方程的差分格式, 最后简要介绍一维守恒律方程和高分辨率的差分格式. 关于波动方程差分格式的更多内容可参考文献 [16], 关于一维守恒律方程和高分辨率的差分格式的更多内容可进一步参考文献 [3, 15, 26, 31, 40, 41, 57] 等.

§6.1 线性对流方程

考虑最简单的双曲型偏微分方程

$$\frac{\partial u}{\partial t} + a\frac{\partial u}{\partial x} = 0, \tag{6.1.1}$$

其中 $a \neq 0$ 为常数, 该方程有多种差分近似方法, 例如对 $\dfrac{\partial u}{\partial t}$ 和 $\dfrac{\partial u}{\partial x}$ 都用中心差分, 或者对 $\dfrac{\partial u}{\partial t}$ 用向后差分而对 $\dfrac{\partial u}{\partial x}$ 用中心差分, 等等, 可组合成多种差分格式.

§6.1.1 迎风格式

首先容易建立如下三种差分格式:

左偏心格式

$$\frac{u_m^{n+1} - u_m^n}{\Delta t} + a\frac{u_m^n - u_{m-1}^n}{h} = 0. \tag{6.1.2}$$

右偏心格式

$$\frac{u_m^{n+1} - u_m^n}{\Delta t} + a\frac{u_{m+1}^n - u_m^n}{h} = 0. \tag{6.1.3}$$

中心差分格式

$$\frac{u_m^{n+1} - u_m^n}{\Delta t} + a\frac{u_{m+1}^n - u_{m-1}^n}{2h} = 0. \tag{6.1.4}$$

前两个格式的截断误差阶为 $O(\Delta t + h)$, 第三个格式的截断误差阶为 $O(\Delta t + h^2)$. 显然这三个格式和相应的微分方程相容, 也即当 $\Delta t \to 0$, $h \to 0$ 时, 差分方程 (6.1.2)~(6.1.4) 分别逼近微分方程 (6.1.1). 差分格式 (6.1.2)~(6.1.3) 通常称为迎风格式. 后面将看到, 迎风格式与特征线的走向有关.

下面用 von Neumann 稳定性方法分析迎风格式 (6.1.2)~(6.1.4) 的稳定性. 令 $u_m^n = v^n e^{i\sigma x} = v^n e^{i\sigma m h}$ (其中 $i = \sqrt{-1}$, σ 为实数), 分别代入 (6.1.2)~(6.1.4) 中, 得到三种格式的增长因子分别为 (其中 $r = \Delta t / h$)

左偏心格式

$$G_1(\Delta t, \sigma) = are^{-i\sigma h} + (1 - ar). \tag{6.1.5}$$

右偏心格式

$$G_2(\Delta t, \sigma) = (1 + ar) - are^{i\sigma h}. \tag{6.1.6}$$

中心差分格式

$$G_3(\Delta t, \sigma) = 1 - iar\sin(\sigma h). \tag{6.1.7}$$

对左偏心格式, 由 $|G_1(\Delta t, \sigma)|^2 \leqslant 1$, 即要求 $ar(1 - ar)\sin^2\left(\frac{\sigma h}{2}\right) \geqslant 0$ 得稳定性条件为 $a > 0$, 且 $a\Delta t / h \leqslant 1$.

对右偏心格式, 由 $|G_2(\Delta t, \sigma)|^2 \leqslant 1$, 即要求 $ar(1 + ar)\sin^2\left(\frac{\sigma h}{2}\right) \leqslant 0$ 得稳定性条件为 $a < 0$, 且 $|a|\Delta t / h \leqslant 1$.

对中心差分格式, $|G_3(\Delta t, \sigma)|^2 = 1 + a^2 r^2 \sin^2(\sigma h)$, 不论对任何 r, 只要 $\sin^2(\sigma h) \neq 0$, 增长因子的绝对值恒大于 1, 格式不稳定, 因此中心差分格式是绝对不稳定的格式, 不能用于计算.

类似地, 还可以得到其他格式, 同上面的格式一起列于表 6.1 中, 这些差分格式的结点分布见图 6.1.

§6.1.2 Lax-Friedrichs 格式

Lax-Friedrichs 格式是

$$\frac{u_m^{n+1} - \frac{1}{2}(u_{m-1}^n + u_{m+1}^n)}{\Delta t} + a\frac{u_{m+1}^n - u_{m-1}^n}{2h} = 0, \tag{6.1.8}$$

也称 Lax 格式. 实际上, 相当于将 $\frac{1}{2}(u_{m+1}^n + u_{m-1}^n)$ 代替中心差分格式 (6.1.4) 中的 u_m^n. 该格式的截断误差为

$$\frac{\Delta t}{2}\frac{\partial^2 u_m^n}{\partial t^2} - \frac{h^2}{2\Delta t}\frac{\partial^2 u_m^n}{\partial^2 x} + O\left(h^2 + \frac{h^4}{\Delta t}\right) = O\left(\Delta t + \frac{h^2}{\Delta t} + h^2\right),$$

所以与方程 (6.1.1) 条件相容. 在计算中, 通常取 $h/\Delta t$ 为常数, 所以 Lax-Friedrichs 格式的精度仍为 $O(\Delta t + h)$ 阶. 令 $u_m^n = v^n e^{\mathrm{i}\sigma m h}$, 代入 (6.1.8), 可得增长因子为

$$G(\Delta t, \sigma) = \frac{1}{2}(e^{\mathrm{i}\sigma h} + e^{-\mathrm{i}\sigma h}) - \frac{ar}{2}(e^{\mathrm{i}\sigma h} - e^{-\mathrm{i}\sigma h}) = \cos(\sigma h) - \mathrm{i}ar\sin(\sigma h),$$

其中 $r = \Delta t/h$, 从而有

$$|G(\Delta t, \sigma)|^2 = \cos^2(\sigma h) + a^2 r^2 \sin^2(\sigma h) = 1 - (1 - a^2 r^2)\sin^2(\sigma h).$$

由 $|G| \leqslant 1$ 得稳定性条件 $|a|r \leqslant 1$.

表 6.1　双曲型方程 (6.1.1) 的常见差分格式

差分格式	稳定性条件	精度	显隐式	格式编号
$\dfrac{u_m^{n+1} - u_m^n}{\Delta t} + a\dfrac{u_m^n - u_{m-1}^n}{h} = 0$	$a > 0, ar \leqslant 1$	$O(\Delta t + h)$	显式	(a)
$\dfrac{u_m^{n+1} - u_m^n}{\Delta t} + a\dfrac{u_{m+1}^n - u_m^n}{h} = 0$	$a < 0, |a|r \leqslant 1$	$O(\Delta t + h)$	显式	(b)
$\dfrac{u_m^{n+1} - u_m^n}{\Delta t} + a\dfrac{u_{m+1}^n - u_{m-1}^n}{2h} = 0$	不稳定	$O(\Delta t + h^2)$	显式	(c)
$\dfrac{u_m^{n+1} - u_m^{n-1}}{2\Delta t} + a\dfrac{u_{m+1}^n - u_{m-1}^n}{2h} = 0$	$|a|r < 1$	$O(\Delta t^2 + h^2)$	显式	(d)
$\dfrac{u_m^{n+1} - u_m^{n-1}}{2\Delta t} + a\dfrac{u_m^n - u_{m-1}^n}{h} = 0$	不稳定	$O(\Delta t^2 + h)$	显式	(e)
$\dfrac{u_m^{n+1} - u_m^n}{\Delta t} + a\dfrac{u_{m+1}^{n+1} - u_{m-1}^{n+1}}{2h} = 0$	稳定	$O(\Delta t + h^2)$	隐式	(f)
$\dfrac{u_m^{n+1} - u_m^{n-1}}{2\Delta t} + a\dfrac{u_{m+1}^{n+1} - u_{m-1}^{n+1}}{2h} = 0$	稳定	$O(\Delta t^2 + h^2)$	隐式	(g)
$\dfrac{u_m^{n+1} - u_m^n}{\Delta t} + a\dfrac{u_m^{n+1} - u_{m-1}^{n+1}}{h} = 0$	稳定	$O(\Delta t + h)$	显隐式	(h)
$\dfrac{u_m^{n+1} - u_m^n}{\Delta t} + a\dfrac{u_{m+1}^{n+1} - u_m^{n+1}}{h} = 0$	稳定	$O(\Delta t + h)$	显隐式	(i)

例 1　分析表 6.1 中的蛙跳格式即

$$\frac{u_m^{n+1} - u_m^{n-1}}{2\Delta t} + a\frac{u_{m+1}^n - u_{m-1}^n}{2h} = 0 \tag{6.1.9}$$

的稳定性.

解　首先将 (6.1.9) 化成一个等价的二层差分格式. 令 $v_m^n = u_m^{n-1}$, 则 (6.1.9) 可化成

$$\begin{cases} u_m^{n+1} = v_m^n - ar(u_{m+1}^n - u_{m-1}^n), \\ v_m^{n+1} = u_m^n. \end{cases} \tag{6.1.10}$$

令 $\boldsymbol{w} = (u, v)^T$, 将 (6.1.10) 写成向量形式

$$\boldsymbol{w}_m^{n+1} = \begin{pmatrix} -ar & 0 \\ 0 & 0 \end{pmatrix} \boldsymbol{w}_{m+1}^n + \begin{pmatrix} 0 & 1 \\ 1 & 0 \end{pmatrix} \boldsymbol{w}_m^n + \begin{pmatrix} ar & 0 \\ 0 & 0 \end{pmatrix} \boldsymbol{w}_{m-1}^n.$$

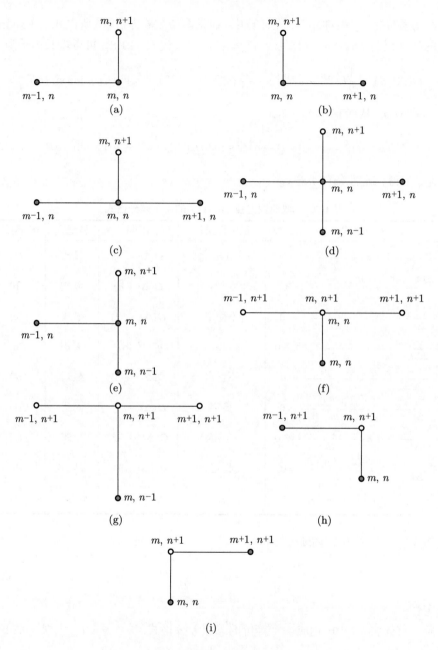

图 6.1　表 6.1 中各种差分格式的结点示意图

令 $\boldsymbol{w}_m^n = g^n e^{\mathrm{i}\sigma mh}$, 代入上式得增长矩阵

$$G(\Delta t, \sigma) = \begin{pmatrix} -2ar\mathrm{i}\sin(\sigma h) & 1 \\ 1 & 0 \end{pmatrix},$$

其特征值为

$$\lambda_{1,2} = -ari\sin(\sigma h) \pm \sqrt{1 - a^2 r^2 \sin^2(\sigma h)}. \tag{6.1.11}$$

若 $|a|r \leqslant 1$, 则 $|\lambda_{1,2}| = 1$, 此时满足 von Neumann 条件. 若 $|a|r < 1$, 则 $G(\Delta t, \sigma)$ 有两个互不相同的特征值, 格式稳定. 当 $|a|r = 1$ 时, 取 $ar = 1$, $\sigma h = \dfrac{\pi}{2}$, 则

$$G = \begin{pmatrix} -2i & 1 \\ 1 & 0 \end{pmatrix}, \quad G^2 = \begin{pmatrix} -3 & -2i \\ -2i & 1 \end{pmatrix}, \quad G^4 = \begin{pmatrix} 5 & 4i \\ 4i & -3 \end{pmatrix},$$

$$[G(\Delta t, \sigma)]^{2^n} = (-1)^n \begin{pmatrix} 2^n + 1 & 2^n i \\ 2^n i & 1 - 2^n \end{pmatrix}, \quad n \geqslant 2,$$

所以 $||G^{2^n}||_\infty = 2^{n+1} + 1 > 1$, 因此当 $|a|r = 1$ 时格式不稳定. 故蛙跳格式的稳定性条件为 $|a|r < 1$.

§6.1.3 Lax-Wendroff 格式

考虑 u_m^{n+1} 的 Taylor 展开

$$u_m^{n+1} = u_m^n + \Delta t \left(\frac{\partial u}{\partial t}\right)_m^n + \frac{\Delta t^2}{2} \left(\frac{\partial^2 u}{\partial t^2}\right)_m^n + O(\Delta t^3),$$

将

$$\frac{\partial u}{\partial t} = -a\frac{\partial u}{\partial x}, \quad \frac{\partial^2 u}{\partial t^2} = a^2\frac{\partial^2 u}{\partial x^2}$$

代入上式, 得到

$$u_m^{n+1} = u_m^n - a\Delta t \left(\frac{\partial u}{\partial x}\right)_m^n + \frac{a^2 \Delta t^2}{2} \left(\frac{\partial^2 u}{\partial x^2}\right)_m^n + O(\Delta t^3).$$

将上式中的空间导数采用中心差分, 得

$$u_m^{n+1} = u_m^n - a\Delta t \frac{u_{m+1}^n - u_{m-1}^n}{2h} + \frac{a^2 \Delta t^2}{2} \frac{u_{m+1}^n - 2u_m^n + u_{m-1}^n}{h^2} + O(\Delta t^3),$$

从而得差分格式

$$\frac{u_m^{n+1} - u_m^n}{\Delta t} + a\frac{u_{m+1}^n - u_{m-1}^n}{2h} - \frac{a^2 \Delta t}{2} \frac{u_{m+1}^n - 2u_m^n + u_{m-1}^n}{h^2} = 0, \tag{6.1.12}$$

或

$$u_m^{n+1} = u_m^n - \frac{ar}{2}(u_{m+1}^n - u_{m-1}^n) + \frac{a^2 r^2}{2}(u_{m+1}^n - 2u_m^n + u_{m-1}^n), \tag{6.1.13}$$

其中 $r = \Delta t/h$. 该格式称为 Lax-Wendroff 格式. 在点 (m, n) 处的截断误差为

$$E_m^n = \frac{\Delta t^2}{6} \left(\frac{\partial^3 u}{\partial t^3}\right)_m^n + \frac{ah^2}{6} \left(\frac{\partial^3 u}{\partial x^3}\right)_m^n - \frac{a^2 \Delta t h^2}{24} + O(h^4 + \Delta t^3)$$

$$= \frac{\Delta t^2}{6} \left(\frac{\partial^3 u}{\partial t^3}\right)_m^n + \frac{ah^2}{6} \left(\frac{\partial^3 u}{\partial x^3}\right)_m^n + O(\Delta t h^2 + \Delta t^3 + h^4)$$

$$= \frac{\Delta t^2}{6}\left(\frac{\partial^3 u}{\partial t^3}\right)^n_m + \frac{ah^2}{6}\left(\frac{\partial^3 u}{\partial x^3}\right)^n_m + O(rh^3 + \Delta t^3 + h^4)$$

$$= O(\Delta t^2 + h^2).$$

因此 Lax-Wendroff 格式是一个时间和空间二阶精度的格式. 当 $ar = 1$ 时, 格式简化为 $u^{n+1}_m = u^n_{m-1}$, 得到精确解. 令 $u^n_m = v^n e^{i\sigma mh}$, 代入 (6.1.13) 得

$$G(\Delta t, \sigma) = 1 - \frac{ar}{2}(e^{i\sigma h} - e^{-i\sigma h}) + \frac{a^2 r^2}{2}(e^{i\sigma h} - 2 + e^{-i\sigma h})$$

$$= 1 - 2a^2 r^2 \sin^2 \frac{\sigma h}{2} - iar\sin(\sigma h),$$

$$|G(\Delta t, \sigma)|^2 = 1 - 4a^2 r^2(1 - a^2 r^2)\sin^4\frac{\sigma h}{2}.$$

由 $|G|^2 \leqslant 1$ 得稳定性条件为 $|a|r \leqslant 1$.

§6.1.4 MacCormack 格式

1969 年 MacCormack 引进了一个新的两步预测 – 校正格式

$$\overline{u}^{n+1}_m = u^n_m - a\Delta t \frac{u^n_{m+1} - u^n_m}{h}, \tag{6.1.14}$$

$$u^{n+1}_m = \frac{1}{2}\left(u^n_m + \overline{u}^{n+1}_m - a\Delta t \frac{\overline{u}^{n+1}_m - \overline{u}^{n+1}_{m-1}}{h}\right). \tag{6.1.15}$$

下面推导该格式. 由 Taylor 展开

$$u^{n+1}_m = u^n_m + \left(\frac{\partial u}{\partial t}\right)^n_m \Delta t + \frac{1}{2}\Delta t^2\left(\frac{\partial^2 u}{\partial t^2}\right)^n_m + O(\Delta t^3),$$

并将

$$\left(\frac{\partial u}{\partial t}\right)^n_m = -a\left(\frac{\partial u}{\partial x}\right)^n_m, \quad \left(\frac{\partial^2 u}{\partial t^2}\right)^n_m = a^2\left(\frac{\partial^2 u}{\partial x^2}\right)^n_m$$

代入上式, 得

$$u^{n+1}_m = u^n_m - a\Delta t\left(\frac{\partial u}{\partial x}\right)^n_m + \frac{1}{2}a^2\Delta t^2\left(\frac{\partial^2 u}{\partial x^2}\right)^n_m + O(\Delta t^3). \tag{6.1.16}$$

再将中心差分格式

$$\left(\frac{\partial u}{\partial x}\right)^n_m = \frac{u^n_{m+1} - u^n_{m-1}}{2h} + O(h^2), \quad \left(\frac{\partial^2 u}{\partial x^2}\right)^n_m = \frac{u^n_{m+1} - 2u^n_m + u^n_{m-1}}{h^2} + O(h^2)$$

代入 (6.1.16) 得差分格式

$$u^{n+1}_m = u^n_m - \frac{a\Delta t}{2h}(u^n_{m+1} - u^n_{m-1}) + \frac{a^2\Delta t^2}{2h^2}(u^n_{m+1} - 2u^n_m + u^n_{m+1})$$

$$= \frac{1}{2}u^n_m + \frac{1}{2}\left[u^n_m - \frac{a\Delta t}{h}(u^n_{m+1} - u^n_m)\right] - \frac{a\Delta t}{2h}\left\{\left[u^n_m - \frac{a\Delta t}{h}(u^n_{m+1} - u^n_m)\right]\right.$$

$$\left. - \left[u^n_{m-1} - \frac{a\Delta t}{h}(u^n_m - u^n_{m-1})\right]\right\}. \tag{6.1.17}$$

令

$$\overline{u}_m^{n+1} = u_m^n - a\frac{\Delta t}{h}(u_{m+1}^n - u_m^n),\tag{6.1.18}$$

则 (6.1.17) 可写成

$$u_m^{n+1} = \frac{1}{2}\left[u_m^n + \overline{u}_m^{n+1} - a\frac{\Delta t}{h}(\overline{u}_m^{n+1} - \overline{u}_{m-1}^{n+1})\right].\tag{6.1.19}$$

由 (6.1.18) 和 (6.1.19) 即构成预测 – 校正格式(6.1.14) 和 (6.1.15). 该格式称为 Mac-Cormack 格式, 是一个二阶精度格式, 稳定性条件为 $|a|r \leqslant 1$.

对线性方程, 如这里讨论的线性对流方程, MacCormack 格式等同于 Lax-Wendroff 格式. 实际上, 联立 (6.1.14) 和 (6.1.15) 消去校正步 (6.1.15) 中的预测值, 即得到 (6.1.12).

§6.1.5 Wendroff 隐式格式

如图 6.2(a), 在点 $P\left(m-\frac{1}{2}, n+\frac{1}{2}\right)$ 处建立差分格式, 将 $\left(\dfrac{\partial u}{\partial t}\right)_P$ 与 $\left(\dfrac{\partial u}{\partial x}\right)_P$ 分别用 $\dfrac{1}{2}\left[\left(\dfrac{\partial u}{\partial t}\right)_G + \left(\dfrac{\partial u}{\partial t}\right)_E\right]$ 与 $\dfrac{1}{2}\left[\left(\dfrac{\partial u}{\partial x}\right)_H + \left(\dfrac{\partial u}{\partial x}\right)_F\right]$ 来近似, 即将方程 (6.1.1) 在 P 点的值

$$\left(\frac{\partial u}{\partial t} + a\frac{\partial u}{\partial x}\right)_P = 0$$

用

$$\frac{1}{2}\left[\left(\frac{\partial u}{\partial t}\right)_G + \left(\frac{\partial u}{\partial t}\right)_E\right] + \frac{a}{2}\left[\left(\frac{\partial u}{\partial x}\right)_H + \left(\frac{\partial u}{\partial x}\right)_F\right] = 0$$

代替, 然后再对上式用中心差分格式近似

$$\frac{1}{2}\left(\frac{u_D - u_A}{\Delta t} + \frac{u_C - u_B}{\Delta t}\right) + \frac{a}{2}\left(\frac{u_B - u_A}{h} + \frac{u_C - u_D}{h}\right) = 0,\tag{6.1.20}$$

也即

$$\frac{1}{2}\left(\frac{u_m^{n+1} - u_m^n}{\Delta t} + \frac{u_{m-1}^{n+1} - u_{m-1}^n}{\Delta t}\right) + \frac{a}{2}\left(\frac{u_m^n - u_{m-1}^n}{h} + \frac{u_m^{n+1} - u_{m-1}^{n+1}}{h}\right) = 0.\tag{6.1.21}$$

此即 Wendroff 格式. 对初边值问题, 可将 (6.1.21) 改写成显式形式

$$u_m^{n+1} = u_{m-1}^n + \frac{1 - ar}{1 + ar}(u_m^n - u_{m-1}^{n+1}),\tag{6.1.22}$$

其中 $r = \Delta t/h$. 易知截断误差阶为 $O(\Delta t^2 + h^2)$, 增长因子为

$$G(\Delta t, \sigma) = \frac{(1 - ar)e^{i\sigma h} + (1 + ar)}{(1 + ar)e^{i\sigma h} + (1 - ar)}.\tag{6.1.23}$$

由于

$$|G|^2 = \frac{(1 + a^2 r^2) + (1 - a^2 r^2)\cos(\sigma h)}{(1 + a^2 r^2) + (1 - a^2 r^2)\cos(\sigma h)} = 1$$

恒成立, 故 Wendroff 格式绝对稳定.

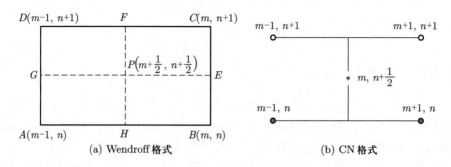

图 6.2　Wendroff 格式与 CN 格式结点示意图

§6.1.6 Crank-Nicolson 格式

如图 6.2(b), Crank-Nicolson 格式 (CN 格式) 是在结点 $(m, n+1)$ 和 (m, n) 的连线中点 $(m, n+\frac{1}{2})$ 上建立的. $u(x, t)$ 关于时间 t 的一阶导数用中心差分近似, 关于 x 的一阶导数用 $n+1$ 层和 n 层的二阶中心差分的平均来近似, 得

$$\frac{u_m^{n+1} - u_m^n}{\Delta t} + \frac{a}{4h}(u_{m+1}^{n+1} - u_{m-1}^{n+1} + u_{m+1}^n - u_{m-1}^n) = 0. \tag{6.1.24}$$

CN 格式与 Wendroff 格式一样, 也是一个二阶精度的格式. 现进一步推广, 将差分格式建立在结点 $(m, n+1)$ 和 (m, n) 连线的任意点 $(m, n+\theta)$ 上, 其中 $0 \leqslant \theta \leqslant 1$ 为参数. 可以得到

$$\frac{u_m^{n+1} - u_m^n}{\Delta t} + \frac{a}{2h}\Big[\theta(u_{m+1}^{n+1} - u_{m-1}^{n+1}) + (1-\theta)(u_{m+1}^n - u_{m-1}^n)\Big] = 0, \tag{6.1.25}$$

易知, 增长因子为

$$G = \frac{1 - iar(1-\theta)\sin(\sigma h)}{1 + iar\theta\sin(\sigma h)},$$

其中 $r = \Delta t/h$. 当 $\frac{1}{2} \leqslant \theta \leqslant 1$ 时, 无条件稳定, 其余情况不稳定.

§6.2 特征线与差分格式

先讨论方程 (6.1.1) 的特征线. 在 (6.1.1) 中, u 包含两个方向的微商, 一个是 t 方向, 另一个是 x 方向. 现考虑 u 沿直线 $l : x - at = c$ (c 为常数) 的方向导数

$$\frac{du}{dt}\Big|_l = \frac{\partial u}{\partial t} + \frac{\partial u}{\partial x}\frac{dx}{dt} = \frac{\partial u}{\partial t} + a\frac{\partial u}{\partial x}. \tag{6.2.1}$$

由 (6.1.1) 知 $\frac{du}{dt}\big|_l = 0$, 即沿直线 l u 值保持不变, 这种直线是特征线. 图 6.3 是 $a > 0$ 和 $a < 0$ 时的特征线示意图.

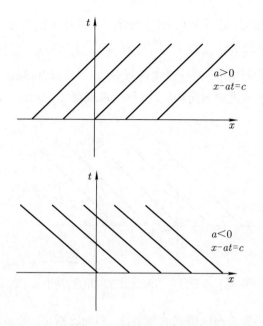

图 6.3 $a > 0$ 和 $a < 0$ 时的特征线, 特征线斜率为 $1/a$

假定边界条件是周期性的, 则可用分离变量法来求解 (6.1.1). 设

$$u(x,t) = u(mh, n\Delta t) = v(t)e^{i\beta mh}, \tag{6.2.2}$$

代入 (6.1.1) 中, 得

$$\frac{dv}{dt}e^{i\beta mh} + a\frac{\partial u}{\partial x} = 0. \tag{6.2.3}$$

令

$$\frac{\partial u}{\partial x} = \frac{u_m^n - u_{m-1}^n}{h}, \tag{6.2.4}$$

则

$$\frac{dv}{dt}e^{i\beta mh} + \frac{a}{h}(ve^{i\beta mh} - ve^{i\beta(m-1)h}) = 0, \tag{6.2.5}$$

即

$$\frac{dv}{dt} = -\frac{a}{h}(1 - e^{-i\beta h})v := \alpha v, \tag{6.2.6}$$

其中

$$\alpha = -\frac{a}{h}(1 - e^{-i\beta h}), \tag{6.2.7}$$

由此解得

$$v = Ce^{\alpha t}, \tag{6.2.8}$$

其中 C 为某常数. 为保证当时间增加时, 解 $u(x,t) = v(t)e^{i\beta mh}$ 有界, 必须要求 v 有界, 即 $\mathrm{Re}(\alpha) < 0$, 故 $a > 0$. 所以对方程 (6.1.1), 用空间向后差分近似 $\dfrac{\partial u}{\partial x}$, 为使计算

稳定, 要求 $a > 0$. 反之, 若 $a < 0$, 则空间导数必须用向前差分, 否则不稳定. 由此可见迎风格式与特征线的走向有关. $\dfrac{\partial u}{\partial x}$ 的系数 a 表示波运动的速度, $a > 0$ 说明波沿 x 正方向运动. 此时用向后差分格式近似空间一阶导数可保证差分格式条件稳定, 由于差分的指向与波前进的方向相反, 故称迎风或逆风. 如图 6.4 所示.

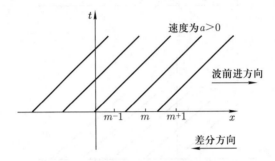

图 6.4　差分方向与波前进方向相反, 其中 $a > 0$

下面通过特征线分析迎风格式的稳定性. 前面已指出, 当 $a > 0$ 时, 稳定性条件是 $ar \leqslant 1$, 其中 $r = \Delta t / h$, 也即 $\Delta t / h \leqslant 1/a$, 而 $1/a$ 正是微分方程 (6.1.1) 所对应特征线的斜率, 因此稳定性条件 $\Delta t / h \leqslant 1/a$ 表明, 差分格式的依赖区域 $\triangle ABC$ 必须包含微分方程的依赖区域 $\triangle ABD$. 如图 6.5 所示.

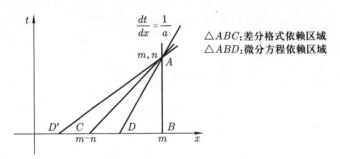

图 6.5　差分格式与微分方程的依赖区域

差分格式的依赖区域包含微分方程的依赖区域. 这个条件称为 Courant-Fried-richs-Lewy 条件, 简称 CFL 条件. 要注意 CFL 条件是格式稳定 (对线性偏微分方程初边值问题的相容差分格式, 稳定性条件与收敛性等价) 的必要条件, 不是充分条件, 如对中心差分格式 (6.1.4), CFL 条件也是 $|a|r \leqslant 1$, 但我们已经知道, 在此条件下, 格式 (6.1.4) 既不稳定也不收敛, 中心差分格式 (6.1.4) 是一个不稳定的格式.

下面用特征线方法来构造差分格式. 设 $a > 0$, 如图 6.6 所示. 假定第 n 时间层的值 u_m^n 已知, 现求点 $P(m, n+1)$ 的值 u_m^{n+1}. 过 P 作特征线与 n 时间层相交于 Q 点, 假定 CFL 条件成立, 即 Q 在线段 BC 上. 由特征线的性质知, $u(P) = u(Q)$, 由于 $u(A), u(B), u(C), u(D)$ 均已知, 所以可以用下面几种方式来求出 $u(Q)$ 的值, 从而

得到 $u(P)$ 的值.

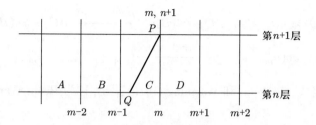

图 6.6 用特征线方法来构造差分格式

1. $u(B)$ 和 $u(C)$ 两点线性插值, 即

$$u(P) = u(Q) \approx u(B)\frac{\overline{CQ}}{h} + u(C)\frac{h - \overline{CQ}}{h} = u_{m-1}^n \frac{a\Delta t}{h} + u_m^n \frac{h - a\Delta t}{h}, \qquad (6.2.9)$$

即

$$u_m^{n+1} = (1 - ar)u_m^n + aru_{m-1}^n, \qquad (6.2.10)$$

其中 $r = \Delta t/h$. 此即迎风格式 (6.1.2).

2. $u(B)$ 和 $u(D)$ 两点线性插值, 即

$$\begin{aligned} u(P) = u(Q) &\approx \frac{1}{2}(1 - ar)u(D) + \frac{1}{2}(1 + ar)u(B) \\ &= \frac{1}{2}(1 - ar)u_{m+1}^n + \frac{1}{2}(1 + ar)u_{m-1}^n, \end{aligned} \qquad (6.2.11)$$

即

$$\begin{aligned} u_m^{n+1} &= \frac{1}{2}(1 - ar)u_{m+1}^n + \frac{1}{2}(1 + ar)u_{m-1}^n \\ &= \frac{1}{2}(u_{m-1}^n + u_{m+1}^n) - \frac{ar}{2}(u_{m+1}^n - u_{m-1}^n), \end{aligned} \qquad (6.2.12)$$

此即 Lax-Friedrichs 格式 (6.1.8).

3. $u(B)$, $u(C)$ 和 $u(D)$ 三点抛物型插值, 即

$$\begin{aligned} u(P) = u(Q) &\approx u(C) - ar[u(C) - u(B)] - \frac{ar(1 - ar)}{2}[u(B) - 2u(C) + u(D)] \\ &= u(C) - \frac{ar}{2}[u(D) - u(B)] + \frac{a^2r^2}{2}[u(B) - 2u(C) + u(D)] \\ &= u_m^n - \frac{ar}{2}(u_{m+1}^n - u_{m-1}^n) + \frac{a^2r^2}{2}(u_{m+1}^n - 2u_m^n + u_{m-1}^n), \end{aligned} \qquad (6.2.13)$$

即

$$u_m^{n+1} = u_m^n - \frac{ar}{2}(u_{m+1}^n - u_{m-1}^n) + \frac{a^2r^2}{2}(u_{m+1}^n - 2u_m^n + u_{m-1}^n), \qquad (6.2.14)$$

此即 Lax-Wendroff 格式 (6.1.13).

4. $u(A), u(B)$ 和 $u(C)$ 三点抛物型插值, 即

$$u(P) = u(Q) \approx u(C) - ar[u(C) - u(B)] - \frac{ar(1-ar)}{2}[u(C) - 2u(B) + u(A)]$$

$$= u_m^n - ar(u_m^n - u_{m-1}^n) - \frac{ar(1-ar)}{2}(u_m^n - 2u_{m-1}^n + u_{m-2}^n), \tag{6.2.15}$$

此即二阶迎风格式, 由 Beam 和 Warming (1976) 提出, 称为 Beam-Warming 格式, 其增长因子为

$$G(\Delta t, \sigma) = 1 - 2ar\sin^2\frac{\sigma h}{2} - ar(1-ar)\left[4\sin^4\frac{\sigma h}{2} - \sin^2(\sigma h)\right]$$

$$-\mathrm{i}ar\sin(\sigma h)\left[1 + (1-ar)\sin^2\frac{\sigma h}{2}\right]. \tag{6.2.16}$$

所以

$$|G|^2 = 1 - 4ar(1-ar)^2(2-ar)\sin^4\frac{\sigma h}{2}. \tag{6.2.17}$$

由 $|G|^2 \leqslant 1$ 得稳定性条件 $ar \leqslant 2$. 类似地, 若 $a < 0$ 时, 则 Beam-Warming 格式 (6.2.15) 成为

$$u_m^{n+1} = u_m^n - ar(u_{m+1}^n - u_m^n) + \frac{ar}{2}(1+ar)(u_{m+2}^n - 2u_{m+1}^n + u_m^n), \tag{6.2.18}$$

稳定性条件为 $|a|r \leqslant 2$.

§6.3　数值耗散和数值频散

§6.3.1　偏微分方程的频散和耗散

当我们解析求解一个偏微分方程如 (6.1.1) 时, 经常利用分离变量方法, 即设解为

$$u(x,t) = \hat{u}e^{\mathrm{i}(\omega t + k_x x)} = \hat{u}e^{\mathrm{i}\omega t}e^{\mathrm{i}k_x x}. \tag{6.3.1}$$

该式描述了空间和时间中的一个波, 其中 ω 是波的频率, k_x 是空间波数, λ 是波长为 $\lambda = \frac{2\pi}{k_x}$. 将 (6.3.1) 代入 (6.1.1), 可知只有当 $\omega = -ak_x$ 时, 所设的解 u 才是方程 (6.1.1) 的解,

$$u(x,t) = \hat{u}e^{i\omega t}e^{ik_x x} = \hat{u}e^{ik_x(x-at)}. \tag{6.3.2}$$

我们称 ω 与 k_x 之间的关系 $\omega = \omega(k_x)$ 为频散关系. 通常我们看到, 当 ω 是实数时, 波传播的速度是 $-\omega/k_x$, 振幅没有衰减. 当 $\omega(k_x)$ 是线性关系时, 传播速度与频率无关. 假如各种频率成分不随时间增长且至少有一个频率成分是衰减的, 则称偏微分方程的解有耗散 (dissipative). 假如各种频率成分既不增长也不衰减, 则称偏微分方

程的解非耗散 (nondissipative); 假如不同波长的频率成分以不同速度传播, 则称偏微分方程的解有频散(dispersion).

例 1 考虑下面两个偏微分方程的频散和耗散关系

(1) $\dfrac{\partial u}{\partial t} = \nu \dfrac{\partial^2 u}{\partial x^2}$, (2) $\dfrac{\partial u}{\partial t} + c \dfrac{\partial^3 u}{\partial x^3} = 0$.

解 (1) 将形式解 $u(x,t) = \hat{u}e^{\mathrm{i}(\omega t + k_x x)}$ 代入原方程中, 得频散关系 $\omega = \mathrm{i}\nu k_x^2$, 其解为

$$u(x,t) = \hat{u}e^{-\nu k_x^2 t}e^{\mathrm{i}k_x x}.$$

可以看到, 波不随时间移动但随时间衰减. 当 ω 是纯虚数时, 波的振幅或者增长或者衰减, 这是抛物型方程的特征.

(2) 同样将形式解 $u(x,t) = \hat{u}e^{\mathrm{i}(\omega t + k_x x)}$ 代入, 得频散关系为 $\omega = k_x^3 c$, 解为

$$u(x,t) = \hat{u}e^{\mathrm{i}(k^3 ct + k_x x)} = \hat{u}e^{\mathrm{i}k_x(x + k_x^2 ct)}.$$

可以看到, 波传播的速度为 $-k_x^2 c$. 显然, 不同的波数以不同的速度 $-k_x^2 c$ 传播, 因此, 方程的解有频散, 但没有耗散.

§6.3.2 差分格式的频散与耗散

下面分析与微分方程相容的差分格式的频散与耗散关系. 我们希望差分格式有与相应的微分方程相同的频散和耗散关系, 但通常不是这样. 类似地, 考虑解的离散 Fourier 形式

$$u_m^n = \hat{u}e^{\mathrm{i}(\omega n\Delta t + k_x mh)}. \tag{6.3.3}$$

取 $\omega = \omega(k_x)$ 以使该解满足差分方程. 函数 $\omega(k_x)$ 称为离散频散关系. 差分方程的频散关系 $\omega = \omega(k_x)$ 一般是复数, 因此, 我们令 $\omega = \alpha + \mathrm{i}\beta$, 其中 $\alpha = \alpha(k_x)$ 和 $\beta = \beta(k_x)$ 是实数. α 和 β 分别称为实离散频散关系和虚离散频散关系, 将 $\omega = \alpha + \mathrm{i}\beta$ 代入 (6.3.3), 得

$$u_m^n = \hat{u}e^{\mathrm{i}(\alpha n\Delta t + \mathrm{i}\beta n\Delta t + k_x mh)} = \hat{u}e^{-\beta\Delta t n}e^{\mathrm{i}k_x(mh - (-\frac{\alpha}{k_x})n\Delta t)}. \tag{6.3.4}$$

因此, 有

(1) 若对某 k_x, $\beta > 0$, 则格式有耗散.

(2) 若对某 k_x, $\beta < 0$, 则差分方程的解无界, 格式不稳定.

(3) 若对所有 k_x, $\beta = 0$, 则格式非耗散.

同样

(1) 若 $\alpha = 0$, 则没有波的传播.

(2) 若 $\alpha \neq 0$, 则波以 $-\dfrac{\alpha}{k_x}$ 的速度传播.

(3) 若 $-\dfrac{\alpha}{k_x}$ 是 k_x 的非平凡函数, 则格式有频散.

例 2　分析差分格式

$$u_m^{n+1} = u_m^n + r(u_{m+1}^n - 2u_m^n + u_{m+1}^n) \tag{6.3.5}$$

的频散和耗散关系, 其中 $r = \nu \Delta t / h^2$.

　　解　由前面的分析可知, 当且仅当 $r \leqslant 1/2$ 时差分格式 (6.3.5) 稳定, 将 (6.3.3) 代入 (6.3.5) 中, 得

$$\hat{u}e^{i[\omega(n+1)\Delta t + k_x mh]} = \hat{u}e^{i(\omega n \Delta t + k_x mh)} + r\Big[\hat{u}e^{i(\omega n \Delta t + k_x(m+1)h)}$$
$$- 2\hat{u}e^{i(\omega n \Delta t + k_x mh)} + \hat{u}e^{i(\omega n \Delta t + k_x(m-1)h)}\Big],$$

化简得

$$e^{i\omega \Delta t} = 1 + r(e^{ik_x h} - 2 + e^{-ik_x h}) = 1 - 4r\sin^2\frac{k_x h}{2}.$$

因为最后一项是实数, 假如令 $\omega = \alpha + i\beta$, 则可写成

$$e^{i\omega \Delta t} = e^{-\beta \Delta t}e^{i\alpha \Delta t} = 1 - 4\sin^2\frac{k_x h}{2}.$$

于是 $\alpha = 0$, 因此没有传播. 而 $\omega = i\beta$, 其中

$$\beta = -\frac{1}{\Delta t}\ln\left| 1 - 4r\sin^2\frac{k_x h}{2}\right|.$$

因此, 离散频散关系为

$$\omega(k_x) = -\frac{i}{\Delta t}\ln\left| 1 - 4r\sin^2\frac{k_x h}{2}\right|.$$

例 3　分析格式

$$u_m^{n+1} = u_m^n - r(u_{m+1}^n - u_m^n) \tag{6.3.6}$$

的耗散和频散关系, 其中 $r = a\Delta t / h$.

　　解　格式的稳定性条件是 $a < 0$, $|r| \leqslant 1$. 先考虑耗散关系. 将解的离散 Fourier 形式 (6.3.3) 代入 (6.3.6) 中, 两端再除以 $\hat{u}e^{i(\omega n \Delta t + k_x mh)}$, 得离散频散关系

$$e^{i\omega \Delta t} = e^{i\alpha \Delta t}e^{-\beta \Delta t} = 1 + r - r\cos(k_x h) - ir\sin(k_x h). \tag{6.3.7}$$

因此

$$e^{-\beta \Delta t} = |1 + r - r\cos(k_x h) - ir\sin(k_x h)| = \sqrt{(1+r)^2 - 2r(1+r)\cos(k_x h) + r^2}, \tag{6.3.8}$$

从而所有 $k_x \neq 0$ 的分量均衰减, $k_x = 0$ 的分量既不增长也不衰减, 因此, 格式有耗散. 注意当 $r = -1$, $\beta = 0$ 时, 对所有的 k_x, 格式非耗散 (当取 $r = -1$ 时, 可以得到偏微分方程的精确解).

下面考虑频散关系, 若在 (6.3.7) 两边除以其右端的振幅, 得

$$e^{\mathrm{i}\alpha\Delta t} = \cos(\alpha\Delta t) + \mathrm{i}\sin(\alpha\Delta t) = \frac{1 + r - r\cos(k_x h) - \mathrm{i}r\sin(k_x h)}{\left|1 + r - r\cos(k_x h) - \mathrm{i}r\sin(k_x h)\right|}, \tag{6.3.9}$$

或

$$\tan(\alpha\Delta t) = \frac{-r\sin(k_x h)}{1 + r - r\cos(k_x h)}. \tag{6.3.10}$$

因此实离散频散关系可以写成

$$\alpha(k_x) = -\frac{1}{\Delta t}\arctan\frac{r\sin(k_x h)}{1 + 2r\sin^2\dfrac{k_x h}{2}}. \tag{6.3.11}$$

因为 $\alpha(k_x)$ 不是 k_x 的线性函数 $\left(\dfrac{d^2\alpha}{dk_x^2} \neq 0\right)$, 因此差分格式是频散的.

下面由实离散频散关系 (6.3.11) 来分析波传播的速度. 采用渐近方法来分析. 当 $k_x h$ 接近 π 时 (高频波 k_x 大, 波长 λ 小), 有

$$\alpha \approx -\frac{1}{\Delta t}\arctan 0.$$

为确定 $\arctan 0$ 之值, 考虑方程 (6.3.9). 当 $k_x h$ 接近 π 时, $\sin(\alpha\Delta t)$ 接近 0 (符号由 $-r\sin(k_x h)$ 确定), $\cos(\alpha\Delta t)$ 接近

$$\frac{1 + 2r}{|1 + 2r|}.$$

当 $r < -1/2$ 时, 正弦为正, 余弦为负, 在第二象限中, 从而取 $\alpha \approx \arctan 0 = \pi$; 当 $-1/2 < r < 0$ 时, 正弦为正, 余弦为正, 在第一象限中, 从而取 $\alpha \approx \arctan 0 = 0$. 因此当 $k_x h$ 接近 π 时, 高频波的传播速度为

$$-\frac{\alpha}{k_x} = \begin{cases} 0, & r > -\dfrac{1}{2}, \\ \dfrac{a}{r}, & r < -\dfrac{1}{2}. \end{cases}$$

对低频波 (k_x 小, 波长 λ 大), 利用 $\sin z$, $\sin^2\dfrac{z}{2}$, $\dfrac{1}{1+z}$ 和 $\arctan z$ 的 Taylor 展开式, 即

$$\frac{1}{1+z} = \sum_{n=0}^{\infty}(-1)^n z^n = 1 - z + z^2 + O(z^3) \quad (|z| < 1), \tag{6.3.12}$$

$$\sin z = \sum_{n=0}^{\infty}\frac{(-1)^n}{(2n+1)!}z^{2n+1} = z - \frac{z^3}{6} + O(z^5) \quad (z \in \mathbb{C}), \tag{6.3.13}$$

$$\sin^2 z = \left[\sum_{n=0}^{\infty}\frac{(-1)^n}{(2n+1)!}z^{2n+1}\right]^2 = z^2 + O(z^4) \quad (z \in \mathbb{C}), \tag{6.3.14}$$

$$\arctan z = \sum_{n=0}^{\infty}(-1)^n\frac{z}{2n+1} = z - \frac{z^3}{3} + O(z^5) \quad (|z| < 1), \tag{6.3.15}$$

来化简 α (注意 $k_x h$ 较小)

$$
\begin{aligned}
\alpha &= -\frac{1}{\Delta t}\arctan\left\{r\sin(k_x h)\left[1 - 2r\sin^2\frac{k_x h}{2} + 4r^2\sin^4\frac{k_x h}{2}\right] + O((k_x h)^6)\right\} \\
&= -\frac{1}{\Delta t}\arctan\left\{r\left[(k_x h) - \frac{(k_x h)^3}{6} + O((k_x h)^5)\right]\left[1 - 2r\frac{(k_x h)^2}{4} + O((k_x h)^4)\right]\right\} \\
&= -\frac{1}{\Delta t}\arctan\left\{r\left[(k_x h) - r\frac{(k_x h)^3}{2} - \frac{(k_x h)^3}{6} + O((k_x h)^5)\right]\right\} \\
&= -\frac{1}{\Delta t}\left\{r\left[(kx_h) - \frac{r(k_x h)^3}{2} - \frac{(k_x h)^3}{6}\right] - \frac{r^3}{3}\left[(kx_h) - \frac{r(k_x h)^3}{2} - \frac{(k_x h)^3}{6}\right]^3 + O((k_x h)^5)\right\} \\
&= -\frac{1}{\Delta t}\left\{r\left[(kx_h) - \frac{r(k_x h)^3}{2} - \frac{(k_x h)^3}{6} - \frac{r^2(k_x h)^3}{3}\right] + O((k_x h)^4)\right\} \\
&= -\frac{1}{\Delta t}\left[rk_x h - \frac{r}{6}(1 + 3r + 2r^2)(k_x h)^3 + O(k_x h)^4\right],
\end{aligned}
$$

也即

$$
\alpha = -\frac{1}{\Delta t}\left[rk_x h - \frac{r}{6}(1 + 3r + 2r^2)(k_x h)^3 + O(k_x h)^4\right],
$$

或

$$
\alpha \approx -ak_x\left[1 - \frac{1}{6}(1 + 2r)(1 + r)(k_x h)^2\right].
$$

因此波的形式解可以近似写成

$$
\begin{aligned}
u_m^n &= \hat{u}e^{\mathrm{i}(\omega n\Delta t + k_x mh)} = \hat{u}e^{\mathrm{i}((\alpha + \mathrm{i}\beta)n\Delta t + k_x mh)} \\
&= \hat{u}e^{-\beta n\Delta t}e^{\mathrm{i}(\alpha n\Delta t + k_x mh)} \\
&\approx \hat{u}e^{-\beta n\Delta t}e^{\mathrm{i}[-ak_x n\Delta t(1 - \frac{1}{6}(1+2r)(1+r)(k_x h)^2) + k_x mh]} \\
&= \hat{u}e^{-\beta n\Delta t}e^{\mathrm{i}k_x[mh - (a - \frac{a}{6}(1+2r)(1+r)(k_x h)^2)n\Delta t]}.
\end{aligned}
$$

所以当 $r = -\frac{1}{2}$ 或 $r = -1$ 时, 由上式知波的速度是 a, 这与解析解中的情况一样.

当 $-\frac{1}{2} < r \leqslant 0$ 时, 波速为

$$
a - \frac{a}{6}(1 + 2r)(1 + r)(k_x h)^2 > a.
$$

当 $-1 \leqslant r < -\frac{1}{2}$ 时, 波速为

$$
a - \frac{a}{6}(1 + 2r)(1 + r)(k_x h)^2 < a.
$$

因此, 当 $|r| < \frac{1}{2}$ 时, 由差分格式算出的低频分量波比解析确定的高频分量波慢 ($a < 0$); 当 $\frac{1}{2} < |r| \leqslant 1$ 时, 由差分格式算出的低频分量波比解析确定的高频分量波快.

为了得到相位误差需求解

$$\tan(\alpha\Delta t) = \frac{-r\sin(k_x h)}{1 + 2r\sin^2\dfrac{k_x h}{2}}.$$

由 (6.3.9) 知

$$\sin(\alpha\Delta t) = \frac{-r\sin(k_x h)}{e^{-\beta\Delta t}},$$

$$\cos(\alpha\Delta t) = \frac{1 + r - r\cos(k_x h)}{e^{-\beta\Delta t}} = \frac{1 + 2r\sin^2\dfrac{k_x h}{2}}{e^{-\beta\Delta t}}.$$

对任意 $r < 0$, $-r\sin(k_x h) \geqslant 0$, $\alpha\Delta t$ 必须在第一和第二象限. 因为 $1 + 2r\sin^2\dfrac{k_x h}{2}$ 的符号由正变到负, 所以

$$\arctan\frac{-r\sin(k_x h)}{1 + 2r\sin^2\dfrac{k_x h}{2}} \qquad (6.3.16)$$

将通过 $\pi/2$. 对本例, 取值在 $[0, \pi]$ 中. 微分方程 (6.3.1) 的相速度为 a, 而差分格式的相速度为 (6.3.16), 因而相位误差为

$$a - \arctan\frac{-r\sin(k_x h)}{1 + 2r\sin^2\dfrac{k_x h}{2}}, \quad 0 \leqslant k_x h \leqslant \pi. \qquad (6.3.17)$$

例 4　分析 CN 格式

$$u_m^{n+1} + \frac{r}{4}(u_{m+1}^{n+1} - u_{m-1}^{n+1}) = u_m^n - \frac{r}{4}(u_{m+1}^n - u_{m-1}^n) \qquad (6.3.18)$$

的耗散和频散关系, 其中 $r = a\Delta t/h$.

解　由上面求离散频散关系的方法可知, CN 格式的离散频散关系由下式给出:

$$e^{\mathrm{i}\omega t} = G(\Delta t, k_x h), \qquad (6.3.19)$$

其中 G 就是差分格式的增长因子, 上式表示 G 完全确定了格式的耗散和频散性质. 考虑耗散, 计算

$$e^{-\beta\Delta t} = |G(\Delta t, k_x h)|$$

或

$$\beta(k_x) = -\frac{1}{\Delta t}\ln|G(\Delta t, k_x h)|$$

即可. 考虑频散, 计算

$$\tan(\alpha\Delta t) = \frac{\operatorname{Im} G(\Delta t, k_x h)}{\operatorname{Re} G(\Delta t, k_x h)} \qquad (6.3.20)$$

即可, 其中 $\mathrm{Im}(z)$ 和 $\mathrm{Re}(z)$ 表示对复数 z 取虚部和实部. 因为 CN 格式的增长因子为

$$G(\Delta t, k_x h) = \frac{1 - \dfrac{\mathrm{i}r}{2}\sin(k_x h)}{1 + \dfrac{\mathrm{i}r}{2}\sin(k_x h)}, \tag{6.3.21}$$

所以

$$e^{-\beta\Delta t} = |G(\Delta t, k_x h)| = 1,$$

因此 CN 格式 (6.3.18) 无耗散.

再由 (6.3.20) 和 (6.3.21) 知, 有

$$\tan(\alpha\Delta t) = \frac{-r\sin(k_x h)}{1 - \dfrac{r^2}{4}\sin^2(k_x h)}.$$

因此 Fourier 分量为 $k_x h$ 的波的相位传播速度误差为

$$a - \left(-\frac{\alpha}{k_x}\right) = a - \frac{-a}{rk_x h}\arctan\frac{-r\sin(k_x h)}{1 - \dfrac{r^2}{4}\sin^2(k_x h)}, \quad 0 \leqslant k_x h \leqslant \pi. \tag{6.3.22}$$

例 5　考虑 (6.1.1) 的中心差分格式

$$u_m^{n+1} = u_m^n - \frac{ar}{2}(u_{m+1}^n - u_{m-1}^n) \tag{6.3.23}$$

的频散与耗散关系, 其中 $r = \Delta t/h$.

解　将 $u_m^n = \hat{u}e^{\mathrm{i}(\omega n\Delta t + k_x m h)}$ 代入上式得

$$e^{\mathrm{i}\omega\Delta t} = 1 - \mathrm{i}ar\sin(k_x h).$$

令 $\omega = \alpha + \mathrm{i}\beta$, 代入上式得

$$e^{\mathrm{i}\omega\Delta t} = e^{\mathrm{i}\alpha\Delta t}e^{-\beta\Delta t} = 1 - \mathrm{i}ar\sin(k_x h).$$

因此耗散和频散关系分别为

$$\beta(k_x) = -\frac{1}{\Delta t}\ln\sqrt{1 + a^2 r^2 \sin^2(k_x h)}, \tag{6.3.24}$$

$$\omega(k_x) = \frac{\arctan[-ar\sin(k_x h)]}{\Delta t}. \tag{6.3.25}$$

由 (6.3.24) 可知, 当 $\beta < 0$ 时, u_m^n 将随时间无限增长, 因此格式不稳定.

例 6　分析 Lax-Friedrichs 差分格式 (6.1.8) 即

$$\frac{u_m^{n+1} - \frac{1}{2}(u_{m+1}^n + u_{m-1}^n)}{\Delta t} + a\frac{u_{m+1}^n - u_{m-1}^n}{2h} = 0$$

的耗散与频散关系.

解 将 $u_m^n = \hat{u}e^{i(\omega n\Delta t + k_x mh)}$ 代入该格式中, 化简得

$$e^{i\omega\Delta t} = \cos(k_x h) - iar\sin(k_x h), \qquad (6.3.26)$$

其中 $r = \Delta t/h$. 因此耗散和频散关系分别为

$$\beta(k_x) = -\frac{1}{\Delta t}\ln\sqrt{\cos^2(k_x h) + a^2 r^2 \sin^2(k_x h)}$$
$$= -\frac{1}{\Delta t}\ln\sqrt{1 - (1 - a^2 r^2)\sin^2(k_x h)}, \qquad (6.3.27)$$

$$\omega(k_x) = \frac{\arctan[-ar\tan(k_x h)]}{\Delta t}. \qquad (6.3.28)$$

例 7 分析蛙跳格式 (6.1.9) 即

$$\frac{u_m^{n+1} - u_m^{n-1}}{2\Delta t} + a\frac{u_{m+1}^n - u_{m-1}^n}{2h} = 0 \qquad (6.3.29)$$

的耗散和频散关系.

解 蛙跳格式是一个三层格式, 分析也类似于二层格式, 将离散 Fourier 形式 $u_m^n = \hat{u}e^{i(\omega n\Delta t + k_x mh)}$ 代入差分格式 (6.1.9) 中, 两端消去 $\hat{u}e^{i(\omega n\Delta t + k_x mh)}$, 得离散的频散关系

$$e^{i\omega\Delta t} = e^{-i\omega\Delta t} - r(e^{ik_x h} - e^{-ik_x h}),$$

即

$$(e^{i\omega\Delta t})^2 + 2iar\sin(k_x h)e^{i\omega\Delta t} - 1 = 0,$$

其中 $r = \Delta t/h$. 令 $\omega = \alpha + i\beta$, 由此得

$$e^{i\omega\Delta t} = e^{i(\alpha+i\beta)\Delta t} = e^{i\alpha\Delta t}e^{-\beta\Delta t} = \pm\sqrt{1 - a^2 r^2 \sin^2(k_x h)} - iar\sin(k_x h). \qquad (6.3.30)$$

注意 (6.3.30) 右端表达式与蛙跳格式增长矩阵的特征值 (6.1.11) 一样, 所以我们假定 $|ar| < 1$ (当 $|ar| \geqslant 1$ 时不稳定).

对波数 k_x, 蛙跳格式有两个波. 由于

$$\left| iar\sin(k_x h) \pm \sqrt{1 - a^2 r^2 \sin^2(k_x h)} \right| = 1, \qquad k_x \in [0, \pi], \qquad (6.3.31)$$

故

$$e^{-\beta\Delta t} = 1, \quad \beta(k_x) = 0.$$

因此, 蛙跳格式没有耗散. 离散频散关系为

$$e^{i\alpha\Delta t} = \pm\sqrt{1 - a^2 r^2 \sin^2(k_x h)} - iar\sin(k_x h), \qquad (6.3.32)$$

或

$$\alpha_\pm = -\frac{1}{\Delta t}\arctan\frac{ar\sin(k_x h)}{\pm\sqrt{1-a^2 r^2 \sin^2(k_x h)}}.\tag{6.3.33}$$

由 (6.3.33) 知, 蛙跳格式有两个波速, 符号相反, 但方程 (6.1.1) 的波速为 a, 显然, 令 $\alpha_+ = -\alpha_-$ 来近似 a 是不可能的.

利用 $\dfrac{1}{\sqrt{1-z}}$ 的 Taylor 展开式

$$\frac{1}{\sqrt{1-z}} = 1+\sum_{n=1}^\infty \frac{1\cdot 3\cdot 5\cdots(2n-1)}{2\cdot 4\cdot 6\cdots(2n)}z^n = 1+\frac{1}{2}z+\frac{1}{2}\cdot\frac{3}{4}z^2+\frac{1}{2}\cdot\frac{3}{4}\cdot\frac{5}{6}z^3+\cdots,\quad |z|<1$$

及 $\sin z$ 和 $\arctan z$ 的 Taylor 展开式 (6.3.13) 和 (6.3.15), 对 (6.3.33) 展开 (假定 $k_x h$ 是小量), 有

$$\begin{aligned}
-\alpha_\pm &= \pm\frac{1}{\Delta t}\arctan\left[ar\sin(k_x h)\left(1+\frac{a^2 r^2\sin^2(k_x h)}{2}+O((k_x h)^2)\right)\right]\\
&= \pm\frac{1}{\Delta t}\arctan\left[ar\sin(k_x h)+O((k_x h)^3)+\frac{a^3 r^3(k_x h)^3}{2}+O((k_x h)^4)\right]\\
&= \pm\frac{1}{\Delta t}\arctan\left[ar\sin(k_x h)+O((k_x h)^3)\right]\\
&= \pm\frac{ark_x h}{\Delta t} = \pm k_x a + O((k_x h)^2).
\end{aligned}$$

因此

$$-\frac{\alpha}{k_x} = \pm a + O((k_x h)^2).$$

称近似传播速度的根 α_+ 为主根, 另一个根 α_- 为寄生根. 若波数 $k_x = 2\pi j(j=0,\cdots,M-1)$, $h=1/M$, 则与主根相联系的 Fourier 分量的传播速度是

$$-\frac{\alpha_+}{k_x} = a + O\left(\left(\frac{2\pi j}{M}\right)^2\right),\quad j=0,\cdots,M-1;$$

与寄生根相联系的 Fourier 分量的传播速度是

$$-\frac{\alpha_-}{k_x} = -a + O\left(\left(\frac{2\pi j}{M}\right)^2\right),\quad j=0,\cdots,M-1.$$

由于 $\left(\dfrac{2\pi j}{M}\right)^2$ 与 a 相比较小, 因此 $O\left(\left(\dfrac{2\pi j}{M}\right)^2\right)$ 对波速贡献不大.

§6.4 一阶双曲型方程组

§6.4.1 特征形式

考虑

$$\frac{\partial \boldsymbol{u}}{\partial t} + \frac{\partial F(\boldsymbol{u})}{\partial x} = \boldsymbol{q}\tag{6.4.1}$$

或

$$\frac{\partial \boldsymbol{u}}{\partial t} + A\frac{\partial \boldsymbol{u}}{\partial x} = \boldsymbol{q}, \tag{6.4.2}$$

其中 $\boldsymbol{u} = (u_1, u_2, \cdots, u_M)^T$ 是列向量, $F(\boldsymbol{u})$ 是 $\boldsymbol{u}$ 的函数, $A = \partial F/\partial \boldsymbol{u}$ 是 Jacobi 矩阵. 如果上述方程是双曲型方程组, 则 A 是 $M \times M$ 矩阵, 且有 M 个互不相等的实特征值 $\lambda_1, \cdots, \lambda_M$, 从而必存在一个非奇异矩阵 P, 使得

$$\Lambda = P^{-1}AP = \begin{pmatrix} \lambda_1 & & & \\ & \lambda_2 & & \\ & & \ddots & \\ & & & \lambda_M \end{pmatrix}. \tag{6.4.3}$$

于是可将方程 (6.4.2) 化成特征型方程组

$$P^{-1}\frac{\partial \boldsymbol{u}}{\partial t} + \Lambda P^{-1}\frac{\partial \boldsymbol{u}}{\partial x} = P^{-1}\boldsymbol{q}, \tag{6.4.4}$$

矩阵 P^{-1} 的元素 p_{ij} 可由左特征值对应的行特征向量 (左特征向量) 构成, 或 P 的元素由右特征值对应的列特征向量 (右特征向量) 构成. 只有双曲型方程组才有可能化成特征型, (6.4.4) 的分量形式为

$$\sum_{j=1}^{M} p_{ij}\left(\frac{\partial u_j}{\partial t} + \lambda_i\frac{\partial u_j}{\partial x} - q_j\right) = 0, \quad i = 1, 2, \cdots, M, \tag{6.4.5}$$

其特征线为

$$\frac{dx_i}{dt} = \lambda_i, \quad i = 1, 2, \cdots, M. \tag{6.4.6}$$

可以证明, 方程组 (6.4.2) 的解的小扰动在 $x - t$ 平面上是沿 M 族特征线传播的, 也即小扰动以特征速度 $\lambda_1, \lambda_2, \cdots, \lambda_M$ 传播. 当 $\lambda_i > 0$ 时向 x 正方向传播, 当 $\lambda_i < 0$ 时向 x 负方向传播. 根据特征线, 可以明确边界条件的提法. 若求解区域为 $0 \leqslant x \leqslant X$, $0 \leqslant t \leqslant T$, 在左边界 $x = 0$ 处, 设 λ_i 中有 r 个为正, 则在左边界上向下引的特征线有 r 条在界外, r 个特征关系失效, 这时应补充 r 个左边界条件; 反之, 在右边界 $x = X$ 处, 若 λ_i 中有 s 个为负, 则在右边界上向下引的特征线有 s 条在界外, 在右边界处, 这 s 个特征关系失效, 这时应补充 s 个右边界条件.

例 1 将一维非定常无黏性流动

$$\begin{cases} \dfrac{\partial \rho}{\partial t} + u\dfrac{\partial \rho}{\partial x} + \rho\dfrac{\partial u}{\partial x} = 0, \\[2mm] \dfrac{\partial u}{\partial t} + u\dfrac{\partial u}{\partial x} + \dfrac{1}{\rho}\dfrac{\partial p}{\partial x} = 0, \\[2mm] \dfrac{\partial p}{\partial t} + \rho c^2\dfrac{\partial u}{\partial x} + u\dfrac{\partial p}{\partial x} = 0 \end{cases} \tag{6.4.7}$$

化成特征型方程组, 其中 c 为音速, ρ 为密度, p 为压力, u 为速度.

解　方程 (6.4.7) 可写成

$$\frac{\partial \boldsymbol{u}}{\partial t} + A\frac{\partial \boldsymbol{u}}{\partial x} = \boldsymbol{0}, \tag{6.4.8}$$

其中

$$\boldsymbol{u} = \begin{pmatrix} \rho \\ u \\ p \end{pmatrix}, \quad A = \begin{pmatrix} u & \rho & 0 \\ 0 & u & \dfrac{1}{\rho} \\ 0 & \rho c^2 & u \end{pmatrix}.$$

矩阵 A 的特征值为

$$\lambda_1 = u - c, \quad \lambda_2 = u, \quad \lambda_3 = u + c,$$

对应的行特征向量为

$$l_1 = (0, -\rho c, 1), \quad l_2 = (-c^2, 0, 1), \quad l_3 = (0, \rho c, 1).$$

于是

$$\Lambda = \begin{pmatrix} u-c & 0 & 0 \\ 0 & u & 0 \\ 0 & 0 & u+c \end{pmatrix}, \quad P^{-1} = \begin{pmatrix} 0 & -\rho c & 1 \\ -c^2 & 0 & 1 \\ 0 & \rho c & 1 \end{pmatrix}.$$

由于

$$l_i A = \lambda_i l_i, \quad i = 1, 2, 3,$$

用 l_i 左乘 (6.4.8) 得

$$\sum_{j=1}^{3} p_{ij}\left(\frac{\partial u_j}{\partial t} + \lambda_i \frac{\partial u_j}{\partial x}\right) = 0, \quad i = 1, 2, 3. \tag{6.4.9}$$

因此特征型方程组为

$$\begin{cases} -\rho c\left[\dfrac{\partial}{\partial t} + (u-c)\dfrac{\partial}{\partial x}\right]u + \left[\dfrac{\partial}{\partial t} + (u-c)\dfrac{\partial}{\partial x}\right]p = 0, \\ -c^2\left(\dfrac{\partial}{\partial t} + u\dfrac{\partial}{\partial x}\right)\rho + \left(\dfrac{\partial}{\partial t} + u\dfrac{\partial}{\partial x}\right)p = 0, \\ \rho c\left[\dfrac{\partial}{\partial t} + (u+c)\dfrac{\partial}{\partial x}\right]u + \left[\dfrac{\partial}{\partial t} + (u+c)\dfrac{\partial}{\partial x}\right]p = 0. \end{cases} \tag{6.4.10}$$

例 2　将二阶方程

$$\frac{\partial^2 u}{\partial x^2} - u^2\frac{\partial^2 u}{\partial t^2} = 0 \tag{6.4.11}$$

化成特征型方程组.

解　令 $\dfrac{\partial u}{\partial t} = f$, $\dfrac{\partial u}{\partial x} = g$, 则 (6.4.11) 可写成

$$\frac{\partial \boldsymbol{u}}{\partial t} + A\frac{\partial \boldsymbol{u}}{\partial x} = \boldsymbol{0}, \tag{6.4.12}$$

其中

$$U = \begin{pmatrix} f \\ g \end{pmatrix}, \qquad A = \begin{pmatrix} 0 & -\dfrac{1}{u^2} \\ -1 & 0 \end{pmatrix}.$$

矩阵 A 的特征值为

$$\lambda_1 = \frac{1}{u}, \quad \lambda_2 = -\frac{1}{u}.$$

对应的行特征向量为

$$l_1 = (u, -1), \quad l_2 = (u, 1).$$

从而

$$\Lambda = \begin{pmatrix} \dfrac{1}{u} & 0 \\ 0 & -\dfrac{1}{u} \end{pmatrix}, \quad P^{-1} = \begin{pmatrix} u & -1 \\ u & 1 \end{pmatrix}.$$

因此由 (6.4.9) 知特征型方程组为

$$\begin{cases} u\left(\dfrac{\partial}{\partial t} + \dfrac{1}{u}\dfrac{\partial}{\partial x}\right) f - \left(\dfrac{\partial}{\partial t} + \dfrac{1}{u}\dfrac{\partial}{\partial x}\right) g = 0, \\ u\left(\dfrac{\partial}{\partial t} - \dfrac{1}{u}\dfrac{\partial}{\partial x}\right) f + \left(\dfrac{\partial}{\partial t} - \dfrac{1}{u}\dfrac{\partial}{\partial x}\right) g = 0. \end{cases} \tag{6.4.13}$$

§6.4.2 差分格式

前面讨论的对流方程的差分格式均可用于一阶双曲型方程组.

1. 特征型差分格式 (一阶迎风格式)

沿特征线上的网格对特征型方程组的每个方程分别差分. 如采用迎风差分格式, 则 (6.4.5) 的差分格式为

$$\sum_{j=1}^{M} (p_{ij})_m^n \left[\frac{(u_j)_m^{n+1} - (u_j)_m^n}{\Delta t} + \lambda_i \frac{(u_j)_{m+1}^n - (u_j)_{m-1}^n}{2h} \right.$$
$$\left. -|\lambda_i| \frac{(u_j)_{m+1}^n - 2(u_j)_m^n + (u_j)_{m-1}^n}{2h} - (q_j)_m^n \right] = 0, \quad i = 1, \cdots, M, \tag{6.4.14}$$

其精度为一阶. 为求解未知量 $(u_j)_m^{n+1}, j = 1, \cdots, M$, 需要求解联立方程组. 当 $\lambda_i \geqslant 0$ 时, (6.4.14) 为左偏心格式, 当 $\lambda_i < 0$ 时, (6.4.14) 为右偏心格式. CFL 条件为 $\Delta t < h/\max|\lambda_i|$, 其中 λ_i 为特征值. 将对流方程的一些主要格式用于方程 (6.4.1) 可得如下的一些格式.

2. 中心差分显式格式

$$\frac{\boldsymbol{u}_m^{n+1} - \boldsymbol{u}_m^n}{\Delta t} + \frac{F(\boldsymbol{u}_{m+1}^n) - F(\boldsymbol{u}_{m-1}^n)}{2h} = \boldsymbol{q}_m^n, \tag{6.4.15}$$

其精度为 $O(\Delta t + h^2)$ 阶, 绝对不稳定.

3. 中心差分隐式格式

$$\frac{\boldsymbol{u}_m^{n+1} - \boldsymbol{u}_m^n}{\Delta t} + \frac{F(\boldsymbol{u}_{m+1}^{n+1}) - F(\boldsymbol{u}_{m-1}^{n+1})}{2h} = \boldsymbol{q}_m^{n+1}, \tag{6.4.16}$$

其精度为 $O(\Delta t + h^2)$ 阶, 绝对稳定.

4. Lax-Wendroff 格式

根据 Taylor 展开

$$\boldsymbol{u}_m^{n+1} = \boldsymbol{u}_m^n + \Delta t \left(\frac{\partial \boldsymbol{u}}{\partial t}\right)_m^n + \frac{\Delta t^2}{2}\left(\frac{\partial^2 U}{\partial t^2}\right)_m^n + O(\Delta t^3), \tag{6.4.17}$$

又由 (6.4.1) 得 (取 $\boldsymbol{q} = \boldsymbol{0}$ 的情况)

$$\frac{\partial^2 \boldsymbol{u}}{\partial t^2} = -\frac{\partial}{\partial t}\left(\frac{\partial F}{\partial x}\right) = -\frac{\partial}{\partial x}\left(\frac{\partial F}{\partial \boldsymbol{u}}\frac{\partial \boldsymbol{u}}{\partial t}\right) = \frac{\partial}{\partial x}\left(A\frac{\partial F}{\partial x}\right). \tag{6.4.18}$$

代入 (6.4.17) 并略去高阶量, 得

$$\boldsymbol{u}_m^{n+1} = \boldsymbol{u}_m^n - \Delta t\left(\frac{\partial F}{\partial x}\right)_m^n + \frac{\Delta t^2}{2}\frac{\partial}{\partial x}\left(A\frac{\partial F}{\partial x}\right)_m^n. \tag{6.4.19}$$

将 $\dfrac{\partial F}{\partial x}$ 及 $\dfrac{\partial}{\partial x}\left(A\dfrac{\partial F}{\partial x}\right)$ 均以中心差分近似, 得

$$\boldsymbol{u}_m^{n+1} = \boldsymbol{u}_m^n - \frac{\Delta t}{2h}(F_{m+1}^n - F_{m-1}^n) + \frac{\Delta t^2}{2h^2}\left[A_{m+\frac{1}{2}}^n(F_{m+1}^n - F_m^n) - A_{m-\frac{1}{2}}^n(F_m^n - F_{m-1}^n)\right],$$
$$\tag{6.4.20}$$

此即 (6.4.1) 的 Lax-Wendroff 格式, 其中 $A_{m\pm\frac{1}{2}}^n$ 可取

$$A_{m\pm\frac{1}{2}}^n = A(\boldsymbol{u}_{m\pm\frac{1}{2}}^n),$$
$$\boldsymbol{u}_{m\pm\frac{1}{2}}^n = \frac{1}{2}(\boldsymbol{u}_m^n + \boldsymbol{u}_{m\pm1}^n), \tag{6.4.21}$$

或

$$A_{m\pm\frac{1}{2}}^n = \frac{1}{2}(A_m^n + A_{m\pm1}^n). \tag{6.4.22}$$

精度为 $O(\Delta t^2 + h^2)$ 阶, 稳定性条件为 $\Delta t < \dfrac{h}{\max|\lambda_i|}$.

5. Lax-Friedrichs 格式

$$\frac{\boldsymbol{u}_m^{n+1} - \boldsymbol{u}_m^n}{\Delta t} + \frac{F(\boldsymbol{u}_{m+1}^n) - F(\boldsymbol{u}_{m-1}^n)}{2h} - \frac{\Delta t(\boldsymbol{u}_{m-1}^n - 2\boldsymbol{u}_m^n + \boldsymbol{u}_{m+1}^n)}{2h^2} = \boldsymbol{q}_m^n, \tag{6.4.23}$$

精度为 $O(\Delta t + h^2)$ 阶, 稳定性条件为 $\Delta t < \dfrac{h}{\max|\lambda_i|}$.

6. 两步 Lax-Wendroff 格式 ($\boldsymbol{q} = \boldsymbol{0}$)

$$\begin{cases} \boldsymbol{u}_m^{n+1} = \dfrac{1}{2}(\boldsymbol{u}_{m+1}^n + \boldsymbol{u}_{m-1}^n) - \dfrac{\Delta t}{2h}(F_{m+1}^n - F_{m-1}^n), \\ \boldsymbol{u}_m^{n+2} = \boldsymbol{u}_m^n - \dfrac{\Delta t}{h}(F_{m+1}^{n+1} - F_{m-1}^{n+1}). \end{cases} \tag{6.4.24}$$

7. MacCormack 格式 ($\boldsymbol{q} = \boldsymbol{0}$)

采用两步预测 – 校正格式

预测

$$\overline{\boldsymbol{u}}_m^{n+1} = \boldsymbol{u}_m^n - \frac{\Delta t}{h}(F_{m+1}^n - F_m^n). \tag{6.4.25}$$

校正

$$\widetilde{\boldsymbol{u}}_m^{n+1} = \overline{\boldsymbol{u}}_m^{n+1} - \frac{\Delta t}{h}(\widetilde{F}_m^{n+1} - \widetilde{F}_{m-1}^{n+1}). \tag{6.4.26}$$

计算

$$\boldsymbol{u}_m^{n+1} = \frac{\boldsymbol{u}_m^n + \widetilde{\boldsymbol{u}}_m^{n+1}}{2}. \tag{6.4.27}$$

预测步也可用空间前差. 当 (6.4.2) 中的 A 为常数矩阵时, 格式 (6.4.25)~(6.4.27) 可写成

预测

$$\overline{\boldsymbol{u}}_m^{n+1} = \boldsymbol{u}_m^n - \frac{\Delta t}{h}A(\boldsymbol{u}_{m+1}^n - \boldsymbol{u}_m^n). \tag{6.4.28}$$

校正

$$\widetilde{\boldsymbol{u}}_m^{n+1} = \overline{\boldsymbol{u}}_m^{n+1} - \frac{\Delta t}{h}A(\overline{\boldsymbol{u}}_m^{n+1} - \overline{\boldsymbol{u}}_{m-1}^{n+1}). \tag{6.4.29}$$

计算

$$\boldsymbol{u}_m^{n+1} = \frac{\boldsymbol{u}_m^n + \widetilde{\boldsymbol{u}}_m^{n+1}}{2}. \tag{6.4.30}$$

不难验证, 这时格式即为 Lax-Wendroff 格式 (6.4.20) 在 A 为常数时的特例, 即

$$\boldsymbol{u}_m^{n+1} = \boldsymbol{u}_m^n - \frac{\Delta t A}{2h}(\boldsymbol{u}_{m+1}^n - \boldsymbol{u}_{m-1}^n) + \frac{\Delta t^2 A^2}{2h^2}(\boldsymbol{u}_{m+1}^n - 2\boldsymbol{u}_m^n + \boldsymbol{u}_{m-1}^n). \tag{6.4.31}$$

8. 交错网格法

对于含有多个未知函数的方程组, 可以构造交错网格差分格式, 例如对两个未知函数的方程组

$$\begin{cases} \dfrac{\partial u}{\partial t} - a\dfrac{\partial v}{\partial x} = f, \\ \dfrac{\partial v}{\partial t} - a\dfrac{\partial u}{\partial x} = g, \end{cases} \tag{6.4.32}$$

其中 $a > 0$. 可以将 u, v, f, g 放在不同类型的结点上, 如

$$u_{m+\frac{1}{2}}^n, \quad v_m^{n+\frac{1}{2}}, \quad f_{m+\frac{1}{2}}^{n+\frac{1}{2}}, \quad g_m^{n+1}.$$

然后对两个方程分别用菱形差分格式, 得到

$$\begin{cases} \dfrac{1}{\Delta t}(u_{m+\frac{1}{2}}^{n+1} - u_{m+\frac{1}{2}}^n) - \dfrac{a}{h}(v_{m+1}^{n+\frac{1}{2}} - v_m^{n+\frac{1}{2}}) = f_{m+\frac{1}{2}}^{n+\frac{1}{2}}, \\ \dfrac{1}{\Delta t}(v_m^{n+\frac{1}{2}+1} - v_m^{n+\frac{1}{2}}) - \dfrac{a}{h}(u_{m+\frac{1}{2}}^{n+1} - u_{m-\frac{1}{2}}^{n+1}) = g_m^{n+1}. \end{cases} \tag{6.4.33}$$

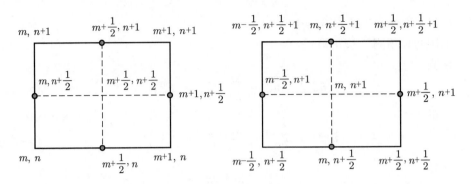

图 6.7　交错网格差分格式的网格点

网格点如图 6.7 所示, 其中第一个方程在 $(m + 1/2, n + 1/2)$ 处建立差分格式, 第二个方程在 $(m, n + 1)$ 处建立差分格式, 系数矩阵的特征方程是

$$\lambda^2 + \Big(4\frac{a^2 \Delta t^2}{h^2} \sin^2 \frac{\sigma h}{2} - 2\Big)\lambda + 1 = 0.$$

由此得稳定性条件为 $\dfrac{\Delta t}{h} \leqslant \dfrac{1}{a}$. 若方程 (6.4.32) 在 (m, n) 处用菱形公式, 仍有同样的精度与稳定性, 但是三层格式.

§6.5　一阶二维双曲型方程

考虑一阶二维双曲型方程

$$\frac{\partial u}{\partial t} + a_1 \frac{\partial u}{\partial x} + a_2 \frac{\partial u}{\partial y} = 0, \tag{6.5.1}$$

通常假定 x, y 的网格步长相等, $\Delta x = \Delta y = h$. 分别用下标 j, m, n 表示 x, y, t 的网格点指标.

§6.5.1　典型差分格式

1. FFF 型显式格式 $(a_1 > 0, a_2 > 0)$

一阶偏导数均用向前差商近似

$$u_{j,m}^{n+1} = (1 - r_1 \delta_x^+ - r_2 \delta_y^+) u_{j,m}^n, \tag{6.5.2}$$

其中 $r_1 = a_1 \Delta t / h, r_2 = a_2 \Delta t / h, \delta_x^+$ 和 δ_y^+ 分别为 x 和 y 方向的一阶向前差分算子, 即

$$\begin{aligned} \delta_x^+ u_{j,m}^n &= u_{j+1,m}^n - u_{j,m}^n, \\ \delta_y^+ u_{j,m}^n &= u_{j,m+1}^n - u_{j,m}^n. \end{aligned} \tag{6.5.3}$$

格式 (6.5.2) 的精度为 $O(\Delta t + h)$ 阶. 令 $u_{j,m}^n = v^n e^{\mathrm{i}(\sigma_1 jh + \sigma_2 mh)}$, 代入 (6.5.2) 中得

$$v^{n+1} = \left[1 - r_1(e^{\mathrm{i}\sigma_1 h} - 1) - r_2(e^{\mathrm{i}\sigma_2 h} - 1)\right]v^n$$
$$= \left\{1 + r_1\left[1 - \cos(\sigma_1 h)\right] + r_2\left[1 - \cos(\sigma_2 h)\right] - \mathrm{i}\left[r_1 \sin(\sigma_1 h) + r_2 \sin(\sigma_2 h)\right]\right\}v^n.$$

于是增长因子为

$$G = 1 + r_1\left[1 - \cos(\sigma_1 h)\right] + r_2\left[1 - \cos(\sigma_2 h)\right] - i\left[r_1 \sin(\sigma_1 h) + r_2 \sin(\sigma_2 h)\right].$$

由 $|G| \leqslant 1$ 解得稳定性条件为 $r_1 + r_2 \leqslant 1$. 当 $r_1 = r_2$ 时, 稳定性条件为 $r_1 = r_2 \leqslant 1/2$.

2. Lax-Friedrichs 格式

$$\frac{u_{j,m}^{n+1} - \frac{1}{4}(u_{j,m+1}^n + u_{j,m-1}^n + u_{j+1,m}^n + u_{j-1,m}^n)}{\Delta t}$$
$$+ a_1 \frac{u_{j+1,m}^n - u_{j-1,m}^n}{2h} + a_2 \frac{u_{j,m+1}^n - u_{j,m-1}^n}{2h} = 0 \qquad (6.5.4)$$

也是一阶精度格式, 增长因子为

$$G = \frac{1}{2}\left[\cos(\sigma_1 h) + \cos(\sigma_2 h)\right] - \mathrm{i}\left[r_1 \sin\sigma_1 h + r_2 \sin(\sigma_2 h)\right].$$

稳定性条件为 $r_1^2 + r_2^2 \leqslant 1/2$, 这比一维 Lax-Wendroff 格式 (6.1.8) 的稳定性条件严格.

3. Lax-Wendroff 格式

假定 (6.5.1) 的解充分光滑, 将 Taylor 展开式

$$u_{j,m}^{n+1} = u_{j,m}^n + \Delta t \left(\frac{\partial u}{\partial t}\right)_{j,m}^n + \frac{\Delta t^2}{2}\left(\frac{\partial^2 u}{\partial t^2}\right)_{j,m}^n + O(\Delta t^3) \qquad (6.5.5)$$

中的时间导数用空间导数代替

$$\frac{\partial u}{\partial t} = -a_1 \frac{\partial u}{\partial x} - a_2 \frac{\partial u}{\partial y},$$
$$\frac{\partial^2 u}{\partial t^2} = -\frac{\partial}{\partial t}\left(a_1 \frac{\partial u}{\partial x} + a_2 \frac{\partial u}{\partial y}\right)$$
$$= a_1^2 \frac{\partial^2 u}{\partial x^2} + 2a_1 a_2 \frac{\partial^2 u}{\partial x \partial y} + a_2^2 \frac{\partial^2 u}{\partial y^2},$$

得

$$u_{j,m}^{n+1} = u_{j,m}^n - \Delta t \left(a_1 \frac{\partial u}{\partial x} + a_2 \frac{\partial u}{\partial y}\right)_{j,m}^n$$
$$+ \frac{\Delta t^2}{2}\left(a_1^2 \frac{\partial^2 u}{\partial x^2} + 2a_1 a_2 \frac{\partial^2 u}{\partial x \partial y} + a_2^2 \frac{\partial^2 u}{\partial y^2}\right)_{j,m}^n + O(\Delta t^3).$$

空间导数用中心差分近似, 得

$$u_{j,m}^{n+1} = \left[1 - \frac{r_1}{2}\delta_x^0 - \frac{r_2}{2}\delta_y^0 + \frac{1}{2}(r_1^2\delta_x^2 + r_2^2\delta_y^2) + \frac{r_1 r_2}{4}\delta_x^0\delta_y^0 \right] u_{j,m}^n, \tag{6.5.6}$$

这里 δ_x^2 和 δ_y^2 分别为 x 和 y 的二阶中心差分算子, δ_x^0 和 δ_y^0 分别为 x 和 y 的一阶中心差分算子, 且

$$\delta_x^0 u_{j,m}^n = u_{j+1,m}^n - u_{j-1,m}^n, \qquad \delta_y^0 u_{j,m}^n = u_{j,m+1}^n - u_{j,m-1}^n.$$

显然显式格式 (6.5.6) 是一个二阶精度格式, 增长因子为

$$G = 1 - r_1^2\big[1 - \cos(\sigma_1 h)\big] - r_2^2\big[1 - \cos(\sigma_2 h)\big]$$
$$- r_1 r_2 \sin(\sigma_1 h)\sin(\sigma_2 h) - \mathrm{i}\big[r_1\sin(\sigma_1 h) + r_2\sin(\sigma_2 h)\big],$$

稳定性条件为 $|r_1| \leqslant \dfrac{1}{2\sqrt{2}}$, $|r_2| \leqslant \dfrac{1}{2\sqrt{2}}$.

当 $r_2 = 0$ 时, (6.5.6) 变为一维 Lax-Wendroff 格式, 即 (6.1.13), 但若由 (6.1.13) 直接推到二维, 即

$$u_{j,m}^{n+1} = u_{j,m}^n - \left(\frac{r_1}{2}\delta_x^0 + \frac{r_2}{2}\delta_y^0 \right) u_{j,m}^n + \left(\frac{r_1^2}{2}\delta_x^2 + \frac{r_2^2}{2}\delta_y^2 \right) u_{j,m}^n, \tag{6.5.7}$$

其增长因子为

$$G = 1 - r_1^2[1 - \cos(\sigma_1 h)] - r_2^2[1 - \cos(\sigma_2 h)] - \mathrm{i}[r_1\sin(\sigma_1 h) + r_2\sin(\sigma_2 h)].$$

可以证明该格式 (6.5.7) 是不稳定的, 这说明一维差分格式推广到二维或三维并不是直接的.

4. Wendroff 格式

$$\left[1 + \frac{1}{2}(1 + r_2)\delta_y^+ \right]\left[1 + \frac{1}{2}(1 + r_1)\delta_x^+ \right] u_{j,m}^{n+1}$$
$$= \left[1 + \frac{1}{2}(1 - r_2)\delta_y^+ \right]\left[1 + \frac{1}{2}(1 - r_1)\delta_x^+ \right] u_{j,m}^n, \tag{6.5.8}$$

其中 δ_x^+ 和 δ_y^+ 分别为 x 和 y 的一阶向前差分算子, 即 $\delta_x^+ u_{j,m}^n = u_{j+1,m}^n - u_{j,m}^n$, $\delta_y^+ u_{j,m}^n = u_{j,m+1}^n - u_{j,m}^n$. 该格式的增长因子为

$$G = \frac{\left[\cos\left(\dfrac{\sigma_2 h}{2}\right) - \mathrm{i}r_2\sin\left(\dfrac{\sigma_2 h}{2}\right) \right]\left[\cos\left(\dfrac{\sigma_1 h}{2}\right) - \mathrm{i}r_1\sin\left(\dfrac{\sigma_1 h}{2}\right) \right]}{\left[\cos\left(\dfrac{\sigma_2 h}{2}\right) + \mathrm{i}r_2\sin\left(\dfrac{\sigma_2 h}{2}\right) \right]\left[\cos\left(\dfrac{\sigma_1 h}{2}\right) + \mathrm{i}r_1\sin\left(\dfrac{\sigma_1 h}{2}\right) \right]}.$$

格式无条件稳定. 式中包含 8 个网格点上的值, 如果边值条件已知, 则可以显式计算 $u_{j,m}^{n+1}$ 的值, 即

$$u_{j+1,m+1}^{n+1} = u_{j,m}^n + \frac{1 - r_1}{1 + r_1}(u_{j+1,m}^n - u_{j,m+1}^{n+1}) + \frac{1 - r_2}{1 + r_2}(u_{j,m+1}^n - u_{j+1,m}^{n+1})$$
$$+ \frac{(1 - r_1)(1 - r_2)}{(1 + r_1)(1 + r_2)}(u_{j+1,m+1}^n - u_{j,m}^{n+1}). \tag{6.5.9}$$

5. Crank-Nicolson 格式

$$\frac{u_{j,m}^{n+1} - u_{j,m}^n}{\Delta t} + \frac{1}{2}\left(a_1\frac{u_{j+1,m}^{n+1} - u_{j-1,m}^{n+1}}{2h} + a_2\frac{u_{j,m+1}^{n+1} - u_{j,m-1}^{n+1}}{2h}\right)$$
$$+ \frac{1}{2}\left(a_1\frac{u_{j+1,m}^n - u_{j-1,m}^n}{2h} + a_2\frac{u_{j,m+1}^n - u_{j,m-1}^n}{2h}\right) = 0, \quad (6.5.10)$$

即

$$\left(1 + \frac{r_1}{4}\delta_x^0 + \frac{r_2}{4}\delta_y^0\right)u_{j,m}^{n+1} = \left(1 - \frac{r_1}{4}\delta_x^0 - \frac{r_2}{4}\delta_y^0\right)u_{j,m}^n, \quad (6.5.11)$$

或

$$\left[1 + \frac{r_2}{4}(\delta_y^+ + \delta_y^-)\right]\left[1 + \frac{r_1}{4}(\delta_x^+ + \delta_x^-)\right]u_{j,m}^{n+1}$$
$$= \left[1 - \frac{r_2}{4}(\delta_y^+ + \delta_y^-)\right]\left[1 - \frac{r_1}{4}(\delta_x^+ + \delta_x^-)\right]u_{j,m}^n. \quad (6.5.12)$$

该格式的截断误差阶为 $O(\Delta t^2 + h^2)$, 增长因子为

$$G = \frac{1 - \mathrm{i}\dfrac{r_1}{2}\sin(\sigma_1 h) - \mathrm{i}\dfrac{r_2}{2}\sin(\sigma_2 h)}{1 + \mathrm{i}\dfrac{r_1}{2}\sin(\sigma_1 h) + \mathrm{i}\dfrac{r_2}{2}\sin(\sigma_2 h)},$$

由 $|G|^2 = 1$ 知格式 (6.5.10) 无条件稳定.

Lax-Wendroff 格式、Wendroff 格式及 Crank-Nicolson 格式的网格点如图 6.8 所示.

§6.5.2 交替方向隐式 (ADI) 格式

当用隐式格式求解方程 (6.5.1) 时, 要求解的二维抛物型问题的代数方程组有较宽的带宽. 如抛物型问题一样, 可以用交替方向隐式格式.

考虑 CN 格式 (6.5.10) 或 (6.5.12). 若在 (6.5.12) 两边加减适当的项, 则可写成

$$\left(1 + \frac{r_1}{4}\delta_x^0\right)\left(1 + \frac{r_2}{4}\delta_y^0\right)u_{j,m}^{n+1}$$
$$= \left(1 - \frac{r_1}{4}\delta_x^0\right)\left(1 - \frac{r_2}{4}\delta_y^0\right)u_{j,m}^n + \frac{r_1 r_2}{16}\delta_x^0\delta_y^0(u_{j,m}^{n+1} - u_{j,m}^n). \quad (6.5.13)$$

最后一项是 $O(\Delta t^3)$, 略去就得一个关于时间和空间均为二阶的差分格式

$$\left(1 + \frac{r_1}{4}\delta_x^0\right)\left(1 + \frac{r_2}{4}\delta_y^0\right)u_{j,m}^{n+1} = \left(1 - \frac{r_1}{4}\delta_x^0\right)\left(1 - \frac{r_2}{4}\delta_y^0\right)u_{j,m}^n. \quad (6.5.14)$$

该格式称为 Beam-Warming 格式, 通常写成 ADI 形式

$$\left(1 + \frac{r_1}{4}\delta_x^0\right)\overline{u}_{j,m}^{n+1} = \left(1 - \frac{r_1}{4}\delta_x^0\right)\left(1 - \frac{r_2}{4}\delta_y^0\right)u_{j,m}^n, \quad (6.5.15)$$

$$\left(1 + \frac{r_2}{4}\delta_y^0\right)u_{j,m}^{n+1} = \overline{u}_{j,m}^{n+1}. \quad (6.5.16)$$

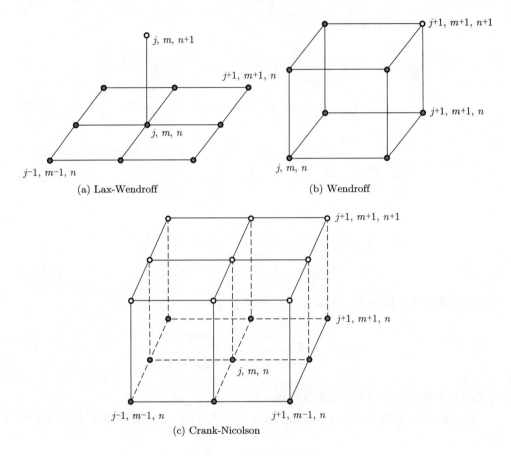

图 6.8　三种格式的网格点

Beam-Warming 格式的增长因子为

$$G = \frac{\left[1 - \mathrm{i}\dfrac{r_1}{2}\sin(\sigma_1 h)\right]\left[1 - \mathrm{i}\dfrac{r_2}{2}\sin(\sigma_2 h)\right]}{\left[1 + \mathrm{i}\dfrac{r_1}{2}\sin(\sigma_1 h)\right]\left[1 + \mathrm{i}\dfrac{r_2}{2}\sin(\sigma_2 h)\right]}, \tag{6.5.17}$$

由 $|G|^2 = 1$ 知, 该格式无条件稳定.

若在 (6.5.14) 两端减去

$$\left(1 + \frac{r_1}{4}\delta_x^0\right)\left(1 + \frac{r_2}{4}\delta_y^0\right)u_{j,m}^n, \tag{6.5.18}$$

则 (6.5.15) 和 (6.5.16) 可写成

$$\left(1 + \frac{r_1}{4}\delta_x^0\right)\delta\overline{u}_{j,m}^{n+1} = \left(-\frac{r_1}{2}\delta_x^0 - \frac{r_2}{2}\delta_y^0\right)u_{j,m}^n, \tag{6.5.19}$$

$$\left(1 + \frac{r_2}{4}\delta_y^0\right)\delta u_{j,m}^{n+1} = \delta\overline{u}_{j,m}^{n+1}, \tag{6.5.20}$$

其中 $\delta u_{j,m}^{n+1} = u_{j,m}^{n+1} - u_{j,m}^n$, 该格式称为 δ 公式.

对 Lax-Wendroff 格式, 也可以写成两步的形式. 对一维情形, Lax-Wendroff 格式 (6.1.13) 可写成 $(r_1 = ar = a\Delta t/h)$

$$u_m^{n+1} = (1 - r_1^2)u_m^n - \frac{r_1(1 - r_1)}{2}u_{m+1}^n + \frac{r_1(1 + r_1)}{2}u_{m-1}^n. \tag{6.5.21}$$

两步形式为

$$u_m^{n+\frac{1}{2}} = \frac{1}{2}(u_{m+1}^n + u_{m-1}^n) - \frac{r_1}{4}(\delta_x^+ + \delta_x^-)u_m^n, \tag{6.5.22}$$

$$u_m^{n+1} = u_m^n - \frac{r_1}{2}(\delta_x^+ + \delta_x^-)u_m^{n+\frac{1}{2}}, \tag{6.5.23}$$

这里引进了中间值 $u_m^{n+\frac{1}{2}}$. (6.5.22) 和 (6.5.23) 的合成结果为

$$u_m^{n+1} = u_m^n - \frac{r_1}{4}(u_{m+2}^n - u_{m-2}^n) + \frac{r_1^2}{8}(u_{m+2}^n - 2u_m^n + u_{m-2}^n). \tag{6.5.24}$$

该式相当于步长为 $2h$ 时的 (6.5.21). 若将 (6.5.22)~(6.5.23) 写成

$$u_{m+\frac{1}{2}}^{n+\frac{1}{2}} = \frac{1}{2}(u_{m+1}^n + u_m^n) - \frac{r_1}{2}(u_{m+1}^n - u_m^n), \tag{6.5.25}$$

$$u_m^{n+1} = u_m^n - r_1(u_{m+\frac{1}{2}}^{n+\frac{1}{2}} - u_{m-\frac{1}{2}}^{n+\frac{1}{2}}), \tag{6.5.26}$$

再合成即得 (6.5.21).

对于二维情形, 类似于 (6.5.22)~(6.5.23), 有

$$\widetilde{u}_{j,m}^{n+1} = \overline{u}_{j,m}^n - \frac{r_1}{4}(\delta_x^+ + \delta_x^-)u_{j,m}^n - \frac{r_2}{4}(\delta_y^+ + \delta_y^-)u_{j,m}^n, \tag{6.5.27}$$

$$u_{j,m}^{n+1} = u_{j,m}^n - \frac{r_1}{2}(\delta_x^+ + \delta_x^-)\widetilde{u}_{j,m}^{n+1} - \frac{r_2}{2}(\delta_y^+ + \delta_y^-)\widetilde{u}_{j,m}^{n+1}, \tag{6.5.28}$$

其中

$$\overline{u}_{j,m}^n = \frac{1}{4}(u_{j+1,m}^n + u_{j-1,m}^n + u_{j,m+1}^n + u_{j,m-1}^n). \tag{6.5.29}$$

若 $r_1 = r_2$, 则稳定性条件为 $|r_1| = |r_2| < 1/\sqrt{8}$. (6.5.27)~(6.5.29) 等价于步长为 $2\Delta t$ 的公式. 对单个 Δt 步长, 有

$$u_{j,m}^{n+\frac{1}{2}} = \overline{u}_{j,m}^n - \frac{r_1}{2}(u_{j+\frac{1}{2},m}^n - u_{j-\frac{1}{2},m}^n) - \frac{r_2}{2}(u_{j,m+\frac{1}{2}}^n - u_{j,m-\frac{1}{2}}^n), \tag{6.5.30}$$

$$u_{j,m}^{n+1} = u_{j,m}^n - r_1(u_{j+\frac{1}{2},m}^{n+\frac{1}{2}} - u_{j-\frac{1}{2},m}^{n+\frac{1}{2}}) - r_2(u_{j,m+\frac{1}{2}}^{n+\frac{1}{2}} - u_{j,m-\frac{1}{2}}^{n+\frac{1}{2}}), \tag{6.5.31}$$

其中

$$\overline{u}_{j,m}^n = \frac{1}{4}\left(u_{j+\frac{1}{2},m}^n + u_{j-\frac{1}{2},m}^n + u_{j,m+\frac{1}{2}}^n + u_{j,m-\frac{1}{2}}^n\right). \tag{6.5.32}$$

若 $r_1 = r_2$, 稳定性条件为 $|r_1| = |r_2| < 1/\sqrt{2}$. 公式 (6.5.27)~(6.5.29) 或 (6.5.30)~(6.5.32) 最初由 Richtmyer 提出, 通常称为 Richtmyer 公式. (6.5.30)~(6.5.32) 的计算

结点如图 6.9(a) 所示, 是菱形. Wilson (1970) 提出了这一公式的两个变形, 第一个称为修正格式, 使用了不同的平均, 结点如图 6.9(b) 所示, 可写为

$$u_{j,m}^{n+\frac{1}{2}} = \frac{1}{4}(u_{j+\frac{1}{2},m+\frac{1}{2}}^{n} + u_{j-\frac{1}{2},m+\frac{1}{2}}^{n} + u_{j+\frac{1}{2},m-\frac{1}{2}}^{n} + u_{j-\frac{1}{2},m-\frac{1}{2}}^{n})$$
$$- \frac{r_1}{2}(u_{j+\frac{1}{2},m}^{n} - u_{j-\frac{1}{2},m}^{n}) - \frac{r_2}{2}(u_{j,m+\frac{1}{2}}^{n} - u_{j,m-\frac{1}{2}}^{n}), \tag{6.5.33}$$

$$u_{j,m}^{n+1} = u_{j,m}^{n} - r_1(u_{j+\frac{1}{2},m}^{n+\frac{1}{2}} - u_{j-\frac{1}{2},m}^{n+\frac{1}{2}}) - r_2(u_{j,m+\frac{1}{2}}^{n+\frac{1}{2}} - u_{j,m-\frac{1}{2}}^{n+\frac{1}{2}}). \tag{6.5.34}$$

若 $r_1 = r_2$, 则稳定性条件为 $|r_1| = |r_2| < 1/\sqrt{2}$.

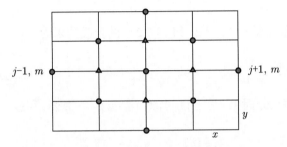

(a) Richtmyer格式

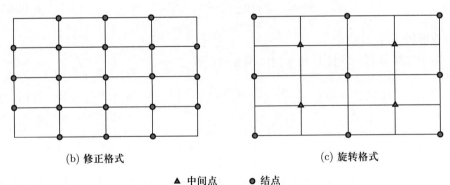

(b) 修正格式　　　　　　　　　　(c) 旋转格式

▲ 中间点　　　● 结点

图 6.9　四种不同格式的计算结点

第二个格式称为旋转格式, 是把图 6.9(a) 中的网格点旋转 $\frac{\pi}{4}$ 角度. 可写成

$$u_{j,m}^{n+\frac{1}{2}} = \frac{1}{4}(u_{j+\frac{1}{2},m+\frac{1}{2}}^{n} + u_{j-\frac{1}{2},m+\frac{1}{2}}^{n} + u_{j+\frac{1}{2},m-\frac{1}{2}}^{n} + u_{j-\frac{1}{2},m-\frac{1}{2}}^{n})$$
$$- \frac{r_1}{4}(u_{j+\frac{1}{2},m+\frac{1}{2}}^{n} + u_{j+\frac{1}{2},m-\frac{1}{2}}^{n} - u_{j-\frac{1}{2},m+\frac{1}{2}}^{n} - u_{j-\frac{1}{2},m-\frac{1}{2}}^{n})$$
$$- \frac{r_2}{4}(u_{j+\frac{1}{2},m+\frac{1}{2}}^{n} + u_{j-\frac{1}{2},m+\frac{1}{2}}^{n} - u_{j+\frac{1}{2},m-\frac{1}{2}}^{n} - u_{j-\frac{1}{2},m-\frac{1}{2}}^{n}), \tag{6.5.35}$$

$$u_{j,m}^{n+1} = u_{j,m}^{n} - \frac{r_1}{2}(u_{j+\frac{1}{2},m+\frac{1}{2}}^{n+\frac{1}{2}} + u_{j+\frac{1}{2},m-\frac{1}{2}}^{n+\frac{1}{2}} - u_{j-\frac{1}{2},m+\frac{1}{2}}^{n+\frac{1}{2}} - u_{j-\frac{1}{2},m-\frac{1}{2}}^{n+\frac{1}{2}})$$
$$- \frac{r_2}{2}(u_{j+\frac{1}{2},m+\frac{1}{2}}^{n+\frac{1}{2}} + u_{j-\frac{1}{2},m+\frac{1}{2}}^{n+\frac{1}{2}} - u_{j+\frac{1}{2},m-\frac{1}{2}}^{n+\frac{1}{2}} - u_{j-\frac{1}{2},m-\frac{1}{2}}^{n+\frac{1}{2}}). \tag{6.5.36}$$

若 $r_1 = r_2$, 则稳定性条件为 $|r_1| = |r_2| < 1$.

Wendroff 格式 (6.5.8) 是一个隐式格式, 可用交替方向来求解, 写成

$$\left[1 + \frac{1}{2}(1 + r_2)\delta_y^+\right] u_{j,m}^{n+\frac{1}{2}} = \left[1 + \frac{1}{2}(1 - r_1)\delta_x^+\right] u_{j,m}^n, \tag{6.5.37}$$

$$\left[1 + \frac{1}{2}(1 + r_1)\delta_x^+\right] u_{j,m}^{n+1} = \left[1 + \frac{1}{2}(1 - r_2)\delta_y^+\right] u_{j,m}^{n+\frac{1}{2}}. \tag{6.5.38}$$

其求解过程为先在半个 Δt 步长处沿 y 方向求解, 再在整个 Δt 步长处沿 x 方向求解. 因为方程的左端只有向前差分算子 δ_x^+ 和 δ_y^+, 也就是说只有两个点值, 且其中一个是已知的初值, 所以 (6.5.37)~(6.5.38) 实质上可以按显式计算.

§6.5.3 非线性方程

考虑如下非线性双曲型方程

$$\frac{\partial u}{\partial t} + \frac{\partial f(u)}{\partial x} + \frac{\partial g(u)}{\partial y} = 0 \tag{6.5.39}$$

的差分格式. 在下列格式中, $r_1 = \Delta t/\Delta x$, $r_2 = \Delta t/\Delta y$.

1. 两步 Wendroff 格式

可以写成

$$\begin{aligned}
\widetilde{u}_{j,m}^{n+1} = \ &\frac{1}{4}(u_{j-1,m-1}^n + u_{j+1,m-1}^n + u_{j+1,m+1}^n + u_{j-1,m+1}^n) \\
&- \frac{r_1}{4}(f_{j+1,m}^n - f_{j-1,m}^n) - \frac{r_2}{4}(g_{j,m+1}^n - g_{j,m-1}^n),
\end{aligned} \tag{6.5.40}$$

$$u_{j,m}^{n+1} = u_{j,m}^n - \frac{r_1}{2}(\widetilde{f}_{j+1,m}^{n+1} - \widetilde{f}_{j-1,m}^{n+1}) - \frac{r_2}{2}(\widetilde{g}_{j,m+1}^n - \widetilde{g}_{j,m-1}^n), \tag{6.5.41}$$

其中 $\widetilde{u}_{j,m}^{n+1}$ 是中间值.

另一种格式 (Wilson, 1972) 是

$$\begin{aligned}
u_{j+\frac{1}{2},m}^{n+\frac{1}{2}} = \ &\frac{1}{2}(u_{j,m}^n + u_{j+1,m}^n) - \frac{r_1}{2}(f_{j+1,m}^n - f_{j,m}^n) \\
&- \frac{r_2}{8}(g_{j,m+1}^n + g_{j+1,m+1}^n - g_{j,m-1}^n - g_{j+1,m-1}^n),
\end{aligned} \tag{6.5.42}$$

$$\begin{aligned}
u_{j,m+\frac{1}{2}}^{n+\frac{1}{2}} = \ &\frac{1}{2}(u_{j,m}^n + u_{j,m+1}^n) - \frac{r_2}{2}(g_{j,m+1}^n - g_{j,m}^n) \\
&- \frac{r_1}{8}(f_{j+1,m}^n + f_{j+1,m+1}^n - f_{j-1,m}^n - f_{j-1,m+1}^n),
\end{aligned} \tag{6.5.43}$$

$$u_{j,m}^{n+1} = u_{j,m}^n - r_1(f_{j+\frac{1}{2},m}^{n+\frac{1}{2}} - f_{j-\frac{1}{2},m}^{n+\frac{1}{2}}) - r_2(g_{j,m+\frac{1}{2}}^{n+\frac{1}{2}} - g_{j,m-\frac{1}{2}}^{n+\frac{1}{2}}). \tag{6.5.44}$$

增长因子为

$$\begin{aligned}
G = \ &1 - \mathrm{i}(r_1 \sin\sigma_1 h + r_2 \sin\sigma_2 h) \\
&- \left[r_1^2(1 - \cos\sigma_1 h) + r_2^2(1 - \cos\sigma_2 h) + r_1 r_2 \sin\sigma_1 h \sin\sigma_2 h\right].
\end{aligned}$$

定义算子

$$\mu_x u_{j,m}^n := \frac{1}{2}(u_{j+\frac{1}{2},m}^n + u_{j-\frac{1}{2},m}^n),$$

$$\delta_x^0 u_{j,m}^n := (u_{j+\frac{1}{2},m}^n - u_{j-\frac{1}{2},m}^n),$$

$$\delta_x^0 \mu_x u_{j,m}^n := \frac{1}{2}(u_{j+1,m}^n + u_{j-1,m}^n),$$

则 (6.5.42)~(6.5.44) 可写成更简单的算子形式

$$\overline{u}_{j+\frac{1}{2},m}^{n+1} = \left[\mu_x u - \frac{r_1}{2}\delta_x^0 f - \frac{r_2}{2}\mu_x \delta_y^0 \mu_y g\right]_{j+\frac{1}{2},m}^n, \tag{6.5.45}$$

$$\widetilde{u}_{j,m+\frac{1}{2}}^{n+1} = \left[\mu_y u - \frac{r_1}{2}\delta_y^0 \delta_x^0 \mu_x f - \frac{r_2}{2}\delta_y^0 g\right]_{j+\frac{1}{2},m+\frac{1}{2}}^n, \tag{6.5.46}$$

$$u_{j,m}^{n+1} = u_{j,m}^n - r_1 \delta_x \overline{f}_{j,m}^{n+1} - r_2 \delta_y \widetilde{g}_{j,m}^{n+1}. \tag{6.5.47}$$

2. 跳点格式

$$\begin{aligned}
u_{j,m}^{n+1} &= u_{j,m}^{n-1} - r_1 \delta_x^0 \mu_x f_{j,m}^n - r_2 \delta_y^0 \mu_y g_{j,m}^n \\
&= u_{j,m}^{n-1} - \frac{r_1}{2}(f_{j+1,m}^n - f_{j-1,m}^n) - \frac{r_2}{2}(g_{j,m+1}^n - g_{j,m-1}^n),
\end{aligned} \tag{6.5.48}$$

其增长因子为

$$G = -\mathrm{i}(r_1 \sin \sigma_1 h + r_2 \sin \sigma_2 h) + \left[1 - (r_1 \sin \sigma_1 h + r_2 \sin \sigma_2 h)^2\right]^{\frac{1}{2}}.$$

3. 摇摆跳点格式

$$\begin{aligned}
u_{j,m}^{n+1} &= u_{j,m}^n - \frac{1}{2}\left(r_1 \mu_x \delta_x^0 f_{j,m}^{n+\frac{1}{2}} + r_2 \mu_y \delta_y^0 g_{j,m}^{n+\frac{1}{2}}\right) \\
&= u_{j,m}^n - \frac{r_1}{4}\left(f_{j+1,m}^{n+\frac{1}{2}} - f_{j-1,m}^{n+\frac{1}{2}}\right) - \frac{r_2}{4}\left(g_{j,m+1}^{n+\frac{1}{2}} - g_{j,m-1}^{n+\frac{1}{2}}\right),
\end{aligned} \tag{6.5.49}$$

其增长因子为

$$\begin{aligned}
G = {}&1 - \frac{1}{2}(r_1 \sin \sigma_1 h + r_2 \sin \sigma_2 h)^2 \\
&+ \mathrm{i}(r_1 \sin \sigma_1 h + r_2 \sin \sigma_2 h)\left[1 - \frac{1}{4}(r_1 \sin \sigma_1 h + r_2 \sin \sigma_2 h)^2\right]^{\frac{1}{2}}.
\end{aligned}$$

§6.6 波动方程

本节分别考虑二阶双曲型方程即一维波动方程和二维波动方程的典型差分格式. 关于波动方程的更多差分格式可参考 [16].

§6.6.1 一维波动方程

考虑一维波动方程

$$\frac{\partial^2 u}{\partial t^2} = a^2 \frac{\partial^2 u}{\partial x^2}, \tag{6.6.1}$$

其中 $a > 0$ 为常数, 我们先用解析法来求解. 定义两个新变量

$$\xi = x + at, \quad \eta = x - at, \tag{6.6.2}$$

则可将方程 (6.6.1) 简化为

$$\frac{\partial^2 u}{\partial \xi \partial \eta} = 0. \tag{6.6.3}$$

对 (6.6.3) 积分两次解得

$$u(x,t) = f_1(x+at) + f_2(x-at), \tag{6.6.4}$$

其中 f_1 和 f_2 为任意二次可微函数. f_1 (或 f_2) 可看作是以 $\pm a$ 向左 (或向右) 移动的波. 直线 $x \pm at = c$ (c 为常数) 是方程 (6.6.1) 的两族特征线. 如图 6.10, 设两条特征线相交于 C, 与 x 轴的交点分别为 A 和 B, 则交点 C 处的解 u 仅依赖于 $t = 0$ 上的区间 AB 上的初值. 三角形 ABC 称为依赖区域, 底边 AB 称为依赖区间. 若考虑的是经典的 Cauchy 问题, 如无限长弦 ($-\infty \leqslant x \leqslant +\infty$) 的振动, 初始条件为

$$u(x,0) = \varphi(x) \qquad \left. \frac{\partial u}{\partial t} \right|_{t=0} = \psi(x), \tag{6.6.5}$$

由 (6.6.4) 得

$$f_1(x) + f_2(x) = \varphi(x), \quad af_1'(x) - af_2'(x) = \psi(x). \tag{6.6.6}$$

由此可得

$$u(x,t) = \frac{1}{2}[\varphi(x+at) + \varphi(x-at)] + \frac{1}{2a}\int_{x-at}^{x+at} \psi(\xi)d\xi, \tag{6.6.7}$$

此即 D'Alembert 公式. 该式表明 u 在 $C(x^*, t^*)$ 处的值 $u(x^*, t^*)$ 仅依赖于 x 轴上由 $x^* - at^*$ 到 $x^* + at^*$ 之间的初值 φ 和 ψ. 也即仅由依赖区域内的信息确定, 而 C 点的解 $u(x^*, t^*)$ 的变化将影响到区域 II 中的解, 区域 II 称为点 (x^*, t^*) 的影响区域, 物理上, 这由通过求解区域的有限传播速度 (速度为 a) 引起.

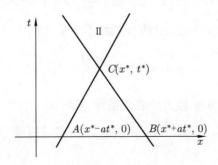

图 6.10　微分方程的依赖区域与影响区域

1. 显式格式

设时间步长为 Δt, 空间步长为 h, 则 (6.6.1) 的一个明显的格式是

$$\frac{u_m^{n+1} - 2u_m^n + u_m^{n-1}}{\Delta t^2} = a^2 \frac{u_{m+1}^n - 2u_m^n + u_{m-1}^n}{h^2}, \tag{6.6.8}$$

截断误差阶为 $O(\Delta t^2 + h^2)$. 下面考虑初始条件 (6.6.5) 的离散, 一种差分格式为

$$u_m^0 = \varphi_m, \quad \frac{u_m^1 - u_m^0}{\Delta t} = \psi_m, \tag{6.6.9}$$

其中第二式是一阶精度. 为与方程 (6.6.8) 的二阶精度一致, 引进虚网格点 u_m^{-1}, 采用近似

$$\frac{u_m^1 - u_m^{-1}}{2\Delta t} = \psi_m. \tag{6.6.10}$$

再令差分方程 (6.6.8) 在 $n = 0$ 处成立, 即

$$\frac{u_m^1 - 2u_m^0 + u_m^{-1}}{\Delta t^2} = a^2 \frac{u_{m+1}^0 - 2u_m^0 + u_{m-1}^0}{h^2}. \tag{6.6.11}$$

由 (6.6.10) 和 (6.6.11) 两式联立消去 u_m^{-1}, 得

$$u_m^1 = (1 - r^2)u_m^0 + \frac{r^2}{2}(u_{m+1}^0 + u_{m-1}^0) + \Delta t \psi_m. \tag{6.6.12}$$

这是一个 $O(\Delta t^2)$ 阶精度的边界近似方程, 再结合条件 $u_m^0 = \varphi_m$ 即可求解. 格式 (6.6.8) 稳定的充要条件是 $r = a\Delta t/h < 1$.

例 1　用 von Neumann 方法分析格式 (6.6.8) 的稳定性.

解法一　将 $u_m^n = v^n e^{i\sigma x} = v^n e^{i\sigma mh}$ 代入 (6.6.8), 知增长因子 G 满足

$$G = 2(1 - r^2) + r^2(e^{i\sigma h} + e^{-i\sigma h}) - G^{-1},$$

即

$$G^2 - 2\Big(1 - 2r^2 \sin^2 \frac{\sigma h}{2}\Big)G + 1 = 0.$$

由定理 1.5.2 知, 该实系数一元二次方程两根不大于 1 的充要条件是

$$\Big|1 - 2r^2 \sin^2 \frac{\sigma h}{2}\Big| \leqslant 1,$$

从而 $r \leqslant 1$, 此即格式 (6.6.8) 稳定的必要条件.

解法二　令 $v = \dfrac{\partial u}{\partial t}$, $w = a\dfrac{\partial u}{\partial x}$, 则一维波动方程可写成

$$\begin{cases} \dfrac{\partial v}{\partial t} = a\dfrac{\partial w}{\partial x}, \\ \dfrac{\partial w}{\partial t} = a\dfrac{\partial v}{\partial x}. \end{cases} \tag{6.6.13}$$

建立如下显式格式

$$\begin{cases} \dfrac{v_m^{n+1} - v_m^n}{\Delta t} = a\dfrac{w_{m+\frac{1}{2}}^n - w_{m-\frac{1}{2}}^n}{h}, \\[3mm] \dfrac{w_{m-\frac{1}{2}}^{n+1} - w_{m-\frac{1}{2}}^n}{\Delta t} = a\dfrac{v_m^{n+1} - v_{m-1}^{n+1}}{h}, \end{cases} \qquad (6.6.14)$$

其中

$$v_m^n = \frac{u_m^n - u_m^{n-1}}{\Delta t}, \qquad w_{m-\frac{1}{2}}^n = a\frac{u_m^n - u_{m-1}^n}{h}. \qquad (6.6.15)$$

将 (6.6.15) 代入 (6.6.14) 可验证, 显式格式 (6.6.14) 与格式 (6.6.8) 等价. 现采用 von Neumann 方法来分析格式 (6.6.14) 的稳定性. 令

$$v_m^n = z_1^n e^{i\sigma m h}, \qquad w_m^n = z_2^n e^{i\sigma m h},$$

代入 (6.6.14) 中可得

$$\begin{pmatrix} z_1^{n+1} \\ z_2^{n+1} \end{pmatrix} = G(\sigma, \Delta t) \begin{pmatrix} z_1^n \\ z_2^n \end{pmatrix},$$

其中增长矩阵 G 为

$$G(\sigma, \Delta t) = \begin{pmatrix} 1 & ic \\ ic & 1 - c^2 \end{pmatrix},$$

这里 $c = 2r\sin\dfrac{\sigma h}{2}$. G 的特征方程为

$$\lambda^2 - (2 - c^2)\lambda + 1 = 0,$$

特征方程的两个根为

$$\lambda_{1,2} = 1 - 2r^2\sin^2\frac{\sigma h}{2} \pm i\sqrt{4r^2\sin^2\frac{\sigma h}{2}\left(1 - r^2\sin^2\frac{\sigma h}{2}\right)}. \qquad (6.6.16)$$

两根按模不大于 1 的充要条件是 $r \leqslant 1$. 由于 G 不是正规矩阵, 故条件 $r \leqslant 1$ 是格式 (6.6.8) 稳定的必要条件.

为得到充要条件, 我们作如下分析: 令 $\omega = \sigma h$, 则

$$G = \begin{pmatrix} 1 & i2r\sin\dfrac{\omega}{2} \\ i2r\sin\dfrac{\omega}{2} & 1 - 4r^2\sin^2\dfrac{\omega}{2} \end{pmatrix},$$

$$\frac{dG}{d\omega} = \begin{pmatrix} 0 & ir\cos\dfrac{\omega}{2} \\ i\cos\dfrac{\omega}{2} & -2r^2\sin\omega \end{pmatrix}.$$

当 $r < 1, \omega = \sigma h \neq 2k\pi$ 时, 由 (6.6.16) 知 G 有两个不同的特征值, 故格式稳定. 当 $r < 1, \omega = \sigma h = 2k\pi$ 时, G 有两个相同的特征值 $\lambda_{1,2} = 1$, 但

$$\frac{dG}{d\omega} = \begin{pmatrix} 0 & \mathrm{i}(-1)^k r \\ \mathrm{i}(-1)^k r & 0 \end{pmatrix}$$

有两个不同的特征值 $\pm \mathrm{i} r$. 根据定理 4.5.6 知, 当 $r < 1$ 时, 格式稳定. 当 $r = 1$ 时, 取 $\omega = \sigma h = k\pi$, 则

$$G = \begin{pmatrix} 1 & 2\mathrm{i} \\ 2\mathrm{i} & -3 \end{pmatrix}$$

有两个实特征值 $\lambda_{1,2} = -1$, 因此存在非奇异矩阵 S, 使得

$$G = S \begin{pmatrix} -1 & 1 \\ 0 & -1 \end{pmatrix} S^{-1},$$

从而

$$G^k = S \begin{pmatrix} (-1)^k & (-1)^k k \\ 0 & (-1)^k \end{pmatrix} S^{-1}, \qquad k = 1, 2, \cdots,$$

因为 G^k 无界, 从而当 $r = 1$ 时格式不收敛. 因此格式收敛的充要条件是 $r < 1$.

2. 隐式格式

隐式格式近似有多种, 例如

$$\frac{u_m^{n+1} - 2u_m^n + u_m^{n-1}}{\Delta t^2} = \frac{a^2 \delta_x^2 u_m^{n+1}}{h^2}, \tag{6.6.17}$$

或 CN 格式

$$\frac{u_m^{n+1} - 2u_m^n + u_m^{n-1}}{\Delta t^2} = a^2 \frac{\delta_x^2 u_m^{n+1} + \delta_x^2 u_m^{n-1}}{2h^2}, \tag{6.6.18}$$

或在 $n+1, n$ 及 $n-1$ 三个时间层的加权格式

$$\frac{u_m^{n+1} - 2u_m^n + u_m^{n-1}}{\Delta t^2} = \frac{a^2}{h^2} \big[\theta \delta_x^2 u_m^{n+1} + (1 - 2\theta)\delta_x^2 u_m^n + \theta \delta_x^2 u_m^{n-1} \big], \tag{6.6.19}$$

其中 $0 \leqslant \theta \leqslant 1$. 当 $\theta = 0$ 时, 即显式格式 (6.6.8). 当 $\theta = 1/2$ 时, 即为 (6.6.18). 格式 (6.6.19) 的截断误差阶是 $O(\Delta t^2 + h^2)$, 截断误差首项是

$$a^2 \Delta t^2 h^2 \left[\frac{1}{12}\Big(1 - \frac{\Delta t^2}{h^2}\Big) + \theta \frac{\Delta t^2}{h^2} \right] \frac{\partial^4 u}{\partial x^4}.$$

用 von Neumann 方法得增长因子 G 满足

$$G - 2 + \frac{1}{G} = r^2 \left[\theta G + (1 - 2\theta) + \frac{\theta}{G} \right] (e^{\mathrm{i}\sigma h} - 2 + e^{-\mathrm{i}\sigma h}),$$

其中 $r = a\Delta t/h$. 进一步化简, 得

$$G^2 - \left[2 - \frac{4r^2 \sin^2 \frac{\sigma h}{2}}{1 + 4\theta r^2 \sin^2 \frac{\sigma h}{2}}\right] G + 1 = 0.$$

稳定性条件为:

(1) 当 $\theta \geqslant 1/4$ 时, 无条件稳定.

(2) 当 $0 < \theta < 1/4$ 时, 稳定性条件为 $0 < r < 1/\sqrt{1 - 4\theta}$.

3. FC 格式

令 $v = \dfrac{\partial u}{\partial t}$, $w = a\dfrac{\partial u}{\partial x}$, 则 (6.6.1) 可写成一个一阶偏微分方程组

$$\begin{cases} \dfrac{\partial v}{\partial t} = a\dfrac{\partial w}{\partial x}, \\ \dfrac{\partial w}{\partial t} = a\dfrac{\partial v}{\partial x}. \end{cases} \tag{6.6.20}$$

在 (m, n) 处, 对上式用时间前差空间中心差分的格式近似 (FC 格式), 得

$$\frac{v_m^{n+1} - v_m^n}{\Delta t} = \frac{a(w_{m+1}^n - w_{m-1}^n)}{2h}, \tag{6.6.21}$$

$$\frac{w_m^{n+1} - w_m^n}{\Delta t} = \frac{a(v_{m+1}^n - v_{m-1}^n)}{2h}. \tag{6.6.22}$$

用 von Neumann 方法来分析稳定性. 将 $v_m^n = z_1^n e^{i\sigma mh}$, $w_m^n = z_2^n e^{i\sigma mh}$ 代入 (6.6.21)~(6.6.22), 得

$$\begin{pmatrix} z_1^{n+1} \\ z_2^{n+1} \end{pmatrix} = G \begin{pmatrix} z_1^n \\ z_2^n \end{pmatrix}, \tag{6.6.23}$$

其中增长矩阵 G 为

$$G = \begin{pmatrix} 1 & r(e^{i\sigma h} - e^{-i\sigma h})/2 \\ r(e^{i\sigma h} - e^{-i\sigma h})/2 & 1 \end{pmatrix} = \begin{pmatrix} 1 & ir\sin(\sigma h) \\ ir\sin(\sigma h) & 1 \end{pmatrix},$$

这里 $r = a\Delta t/h$. G 的特征值为

$$\lambda = 1 \pm ir\sin(\sigma h).$$

因为 $|\lambda|^2 = 1 + r^2\sin^2(\sigma h)$. 当 $\sigma h \neq k\pi$ 时, $|\lambda|$ 恒大于 1. 故 (6.6.21)~(6.6.22) 恒不稳定.

若将 (6.6.21)~(6.6.22) 中的 v_m^n 用平均值 $\dfrac{1}{2}(v_{m+1}^n + v_{m-1}^n)$ 代替, w_m^n 也用平均值 $\dfrac{1}{2}(w_{m+1}^n + w_{m-1}^n)$ 代替, 则不稳定的格式 (7.10.29)~(7.10.30) 变成一个条件稳定

的格式, 为

$$\frac{v_m^{n+1} - \frac{1}{2}(v_{m+1}^n + v_{m-1}^n)}{\Delta t} = \frac{a(w_{m+1}^n - w_{m-1}^n)}{2h}, \tag{6.6.24}$$

$$\frac{w_m^{n+1} - \frac{1}{2}(w_{m+1}^n + w_{m-1}^n)}{\Delta t} = \frac{a(v_{m+1}^n - v_{m-1}^n)}{2h}. \tag{6.6.25}$$

通过分析可知, 该公式的稳定条件是 $r \leqslant 1$. 该格式的计算网格点如图 6.11 所示.

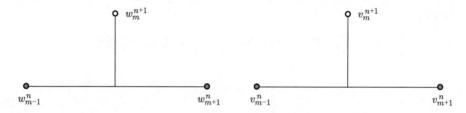

图 6.11　交错网格的计算结点示意图

另一个条件稳定的公式是

$$\frac{v_m^{n+1} - v_m^n}{\Delta t} = \frac{a(w_{m+1}^n - w_{m-1}^n)}{2h}, \tag{6.6.26}$$

$$\frac{w_m^{n+1} - w_m^n}{\Delta t} = \frac{a(v_{m+1}^{n+1} - v_{m-1}^{n+1})}{2h}. \tag{6.6.27}$$

易知增长矩阵为

$$G = \begin{pmatrix} 1 & ir\sin(\sigma h) \\ ir\sin(\sigma h) & 1 - r^2\sin^2(\sigma h) \end{pmatrix}.$$

G 的特征方程为

$$\lambda^2 - \lambda[2 - r^2\sin^2(\sigma h)] + 1 = 0,$$

由 $|\lambda_{1,2}| \leqslant 1$ 解得 $r \leqslant 2$, 由于 G 是正规矩阵, 因此格式稳定的充要条件是 $r \leqslant 2$.

4. CN 隐式格式

$$\frac{v_m^{n+1} - v_m^n}{\Delta t} = \frac{a}{2h}\left[\left(w_{m+\frac{1}{2}}^n - w_{m-\frac{1}{2}}^n\right) + \left(w_{m+\frac{1}{2}}^{n+1} - w_{m-\frac{1}{2}}^{n+1}\right)\right], \tag{6.6.28}$$

$$\frac{w_{m-\frac{1}{2}}^{n+1} - w_{m-\frac{1}{2}}^n}{\Delta t} = \frac{a}{2h}\left[\left(v_m^n - v_{m-1}^n\right) + \left(v_m^{n+1} - v_{m-1}^{n+1}\right)\right]. \tag{6.6.29}$$

两式组合后等价于原方程 $\dfrac{\partial^2 u}{\partial t^2} = a^2 \dfrac{\partial^2 u}{\partial x^2}$ 的下列隐式格式

$$\frac{u_m^{n+1} - 2u_m^n + u_m^{n-1}}{\Delta t^2} = a^2 \frac{\delta_x^2 u_m^{n+1} + 2\delta_x^2 u_m^n + \delta_x^2 u_m^{n-1}}{4h^2}, \tag{6.6.30}$$

其增长因子为

$$G = \frac{1}{1 + \alpha^2/4} \begin{pmatrix} 1 - \dfrac{\alpha^2}{4} & i\alpha \\ i\alpha & 1 - \dfrac{\alpha^2}{4} \end{pmatrix},$$

其中 $\alpha = 2r/\sin\dfrac{\sigma h}{2}$. 该矩阵的两个特征值的绝对值都为 1, 又 G 为正规矩阵, 因此, CN 隐式格式 (6.6.28)~(6.6.29) 无条件稳定.

5. 加权 CN 格式

$$\frac{v_m^{n+1} - v_m^n}{\Delta t} = \frac{a}{h}\left[\alpha_1(w_m^{n+1} - w_{m-1}^{n+1}) + \beta_1(w_m^{n+1} - w_{m-1}^n)\right], \tag{6.6.31}$$

$$\frac{w_m^{n+1} - w_m^n}{\Delta t} = \frac{a}{h}\left[\alpha_2(v_{m+1}^{n+1} - v_m^{n+1}) + \beta_2(v_{m+1}^n - v_m^n)\right], \tag{6.6.32}$$

其中 $\alpha_1, \beta_1, \alpha_2, \beta_2$ 为加权因子, 当 $\alpha_1 = 0, \beta_1 = 1, \alpha_2 = 1, \beta_2 = 0$ 时, 上式成为

$$\frac{v_m^{n+1} - v_m^n}{\Delta t} = \frac{a(w_m^n - w_{m-1}^n)}{h}, \tag{6.6.33}$$

$$\frac{w_m^{n+1} - w_m^n}{\Delta t} = \frac{a(v_{m+1}^{n+1} - v_m^{n+1})}{h}. \tag{6.6.34}$$

求得增长矩阵为

$$G = \begin{pmatrix} 1 & r(1 - e^{-i\sigma h}) \\ -r(1 - e^{-i\sigma h}) & 1 - r^2(1 - e^{-i\sigma h})(1 - e^{i\sigma h}) \end{pmatrix}.$$

G 的特征方程为

$$\lambda^2 - 2\lambda\left(1 - 2r^2\sin\frac{\sigma h}{2}\right) + 1 = 0,$$

由 $|G| \leqslant 1$ 解得 $r \leqslant 1$. 由于 G 不是正规矩阵, 故格式 (6.6.33)~(6.6.34) 稳定的充要条件是 $r < 1$. 该格式类似抛物型方程中的 Richardson 格式.

6. 交错网格中心差分格式

$$v_m^{n+1} = v_m^n + r(w_{m+\frac{1}{2}}^n - w_{m-\frac{1}{2}}^n), \tag{6.6.35}$$

$$w_{m-\frac{1}{2}}^{n+1} = w_{m-\frac{1}{2}}^n + r(v_m^{n+1} - v_{m-1}^{n+1}). \tag{6.6.36}$$

两个未知数 v_m^{n+1} 和 $w_{m-\frac{1}{2}}^{n+1}$ 是在不同的网格点上计算的, 在每一时间层上, 由 (6.6.35) 进行隔点计算, 而漏下的点 (半整数网格点) 由 (6.6.36) 计算, 均为显式. 在上节例 1 中已求得格式稳定的充要条件是 $r < 1$. 计算网格点如图 6.12 所示.

§6.6.2 二维波动方程

考虑二维声波方程

$$\frac{\partial^2 u}{\partial t^2} = \frac{\partial^2 u}{\partial x^2} + \frac{\partial^2 u}{\partial y^2}. \tag{6.6.37}$$

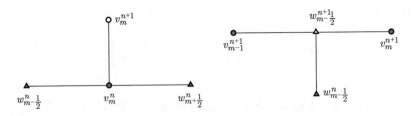

图 6.12　格式 (6.6.35)~(6.6.36) 的计算结点

若求解区域无界, 仅给出初始条件

$$u(0, x, y) = \varphi_1(x, y), \quad \frac{\partial u}{\partial t}(0, x, y) = \varphi_2(x, y) \tag{6.6.38}$$

即可求解, 这是初值问题. 实际计算时, 区域总有界, 要给定边界条件, 如

$$\begin{cases} u(t, a, y) = \psi_1(t), & u(t, b, y) = \psi_2(t), \\ u(t, x, a) = \psi_3(t), & u(t, x, b) = \psi_4(t), \end{cases} \tag{6.6.39}$$

这是一个混合问题, 其中假定 x 和 y 均在区间 $[a, b]$ 上变化. (6.6.37) 的一个显式格式是

$$\frac{u_{j,m}^{n+1} - 2u_{j,m}^n + u_{j,m}^{n-1}}{\Delta t^2} = \frac{u_{j+1,m}^n - 2u_{j,m}^n + u_{j-1,m}^n}{h^2} + \frac{u_{j,m+1}^n - 2u_{j,m}^n + u_{j,m-1}^n}{h^2}, \tag{6.6.40}$$

精度为 $O(\Delta t^2 + h^2)$ 阶, 截断误差首项是

$$\frac{1}{12}h^2 \left[(1 - r^2) \left(\frac{\partial^4 u}{\partial x^4} + \frac{\partial^4 u}{\partial y^4} \right) - 2r^2 \frac{\partial^4 u}{\partial x^2 \partial y^2} \right],$$

其中 $r = \Delta t / h$. 将 $u_{j,m}^n = z^n e^{i\sigma_1 jh} e^{i\sigma_2 mh}$ 代入 (6.6.40) 中, 并令增长因子 $G = z^{n+1}/z^n$, 则有

$$G^2 - 2 \left[1 - 2r^2 \left(\sin^2 \frac{\sigma_1 h}{2} + \sin^2 \frac{\sigma_2 h}{2} \right) \right] G + 1 = 0.$$

假定 $\sigma_1 h = \sigma_2 h = \sigma h$, 则其两根为

$$\lambda_{1,2} = 1 - 4r^2 \sin^2 \frac{\sigma h}{2} \pm \sqrt{\left(1 - 4r^2 \sin^2 \frac{\sigma h}{2} \right)^2 - 1}. \tag{6.6.41}$$

欲使 $|\lambda_{1,2}| \leqslant 1$, 由定理 1.5.2 得稳定性条件为 $r \leqslant 1/\sqrt{2}$. 这是必要条件, 与二维情况的 CFL 条件相同. 由该条件知, (6.6.41) 中的根号为负, 即

$$\lambda_{1,2} = 1 - 4r^2 \sin^2 \frac{\sigma h}{2} \pm i\sqrt{1 - \left(1 - 4r^2 \sin^2 \frac{\sigma h}{2} \right)^2},$$

由此得 $|\lambda_{1,2}| \equiv 1$. 从而由定理 1.5.1 知, 稳定性的充要条件是 $r < 1/\sqrt{2}$.

格式 (6.6.40) 是一个显式格式, 其中 $n = 0, 1$ 上的数据由初始条件 (6.6.38) 的差分近似得到, 再结合边界条件 (6.6.39), 就可计算 $n = 2$ 时间层上的所有 $u(x, y, t)$ 值.

类似于一维问题, 还可以导出方程 (6.6.37) 的隐式格式, 但这些隐式格式通常不实用. 下面考虑 ADI 和 LOD 格式.

首先给出有关 ADI 的格式. 第一个加权隐式格式

$$\widetilde{u}_{j,m}^{n+1} - 2u_{j,m}^n + u_{j,m}^{n-1} = r^2\delta_x^2[\theta\widetilde{u}_{j,m}^{n+1} + (1-2\theta)u_{j,m}^n + \theta u_{j,m}^{n-1}]$$
$$+ r^2\delta_y^2[(1-2\theta)u_{j,m}^n + 2\theta u_{j,m}^{n-1}], \tag{6.6.42}$$

$$u_{j,m}^{n+1} = \widetilde{u}_{j,m}^{n+1} + \theta r^2\delta_y^2(u_{j,m}^{n+1} - u_{j,m}^{n-1}), \tag{6.6.43}$$

其中 $0 \leqslant \theta \leqslant 1$, $\widetilde{u}_{j,m}^{n+1}$ 是中间值. 上式可改写成下面的形式

$$(1 - \theta r^2\delta_x^2)\widetilde{u}_{j,m}^{n+1} = 2u_{j,m}^n - u_{j,m}^{n-1} + r^2\delta_x^2[(1-2\theta)u_{j,m}^n + \theta u_{j,m}^{n-1}]$$
$$+ r^2\delta_y^2[(1-2\theta)u_{j,m}^n + 2\theta u_{j,m}^{n-1}], \tag{6.6.44}$$

$$(1 - \theta r^2\delta_y^2)u_{j,m}^{n+1} = \widetilde{u}_{j,m}^{n+1} - \theta r^2\delta_y^2 u_{j,m}^{n-1}. \tag{6.6.45}$$

这两个公式的左端都有三个未知数, 第一个公式对应 x 方向, 第二个公式对应 y 方向, 都是分别求解一个三对角方程组. 两式的组合形式为

$$u_{j,m}^{n+1} - 2u_{j,m}^n + u_{j,m}^{n-1} = r^2(\delta_x^2 + \delta_y^2)[\theta u_{j,m}^{n+1} + (1-2\theta)u_{j,m}^n + \theta u_{j,m}^{n-1}]$$
$$- r^4\theta^2\delta_x^2\delta_y^2(u_{j,m}^{n+1} - u_{j,m}^{n-1}), \tag{6.6.46}$$

截断误差阶是 $O(\Delta t^2 + h^2)$. 当 $\theta > 1/4$ 时, 格式无条件稳定.

第二个格式是

$$\widetilde{u}_{j,m}^{n+1} = 2u_{j,m}^n - u_{j,m}^{n-1} + r^2\delta_x^2[\theta\widetilde{u}_{j,m}^{n+1} + (1-2\theta)u_{j,m}^n + \theta u_{j,m}^{n-1}] + r^2\delta_y^2 u_{j,m}^n, \tag{6.6.47}$$

$$u_{j,m}^{n+1} = \widetilde{u}_{j,m}^{n+1} + \theta r^2\delta_y^2(u_{j,m}^{n+1} - 2u_{j,m}^n + u_{j,m}^{n-1}). \tag{6.6.48}$$

组合后的格式为

$$u_{j,m}^{n+1} - 2u_{j,m}^n + u_{j,m}^{n-1} = r^2(\delta_x^2 + \delta_y^2)[\theta u_{j,m}^{n+1} + (1-2\theta)u_{j,m}^n + \theta u_{j,m}^{n-1}]$$
$$- r^4\theta^2\delta_x^2\delta_y^2(u_{j,m}^{n+1} - 2u_{j,m}^n + u_{j,m}^{n-1}). \tag{6.6.49}$$

该格式的精度也为 $O(h^2 + \Delta t^2)$ 阶. 当 $\theta > 1/4$ 时, 格式也无条件稳定.

Fairweather 和 Mitchell 提出, (6.6.46) 和 (6.6.49) 是下列公式的特殊情形:

$$u_{j,m}^{n+1} - 2u_{j,m}^n + u_{j,m}^{n-1} = -(\delta_x^2 + \delta_y^2)(au_{j,m}^{n+1} + bu_{j,m}^n + cu_{j,m}^{n-1})$$
$$- \delta_x^2\delta_y^2(du_{j,m}^{n+1} + eu_{j,m}^n + fu_{j,m}^{n-1}). \tag{6.6.50}$$

该式的分裂形式是

$$\widetilde{u}_{j,m}^{n+1} = 2u_{j,m}^{n} - u_{j,m}^{n-1} - \delta_x^2(a\widetilde{u}_{j,m}^{n+1} + bu_{j,m}^{n} + cu_{j,m}^{n-1})$$
$$-\delta_y^2\left[\left(b - \frac{e}{a}\right)u_{j,m}^{n} + \left(c - \frac{f}{a}\right)u_{j,m}^{n-1}\right], \tag{6.6.51}$$

$$u_{j,m}^{n+1} = \widetilde{u}_{j,m}^{n+1} - \delta_y^2(au_{j,m}^{n+1} + \frac{e}{a}u_{j,m}^{n} + \frac{f}{a}u_{j,m}^{n-1}), \tag{6.6.52}$$

这里要求 $d = a^2$. 利用 Taylor 级数展开可以确定系数 a, b, c, e, f 的值,

$$a = c = \frac{1}{12}(1 - r^2), \qquad b = -\frac{1}{6}(1 + 5r^2),$$
$$d = f = \frac{1}{144}(1 - r^2)^2, \qquad e = -\frac{1}{72}(1 + 10r^2 + r^4). \tag{6.6.53}$$

公式 (6.6.50) 或 (6.6.51)~(6.6.53) 均是 $O(\Delta t^6 + h^6)$ 阶, 稳定性条件是 $r \leqslant \sqrt{3} - 1$.

下面考虑一系列局部一维格式 (LOD). 将方程 (6.6.37) 改写成

$$\frac{1}{2}\frac{\partial^2 u}{\partial t^2} = \frac{\partial^2 u}{\partial x^2}, \tag{6.6.54}$$

$$\frac{1}{2}\frac{\partial^2 u}{\partial t^2} = \frac{\partial^2 u}{\partial y^2}. \tag{6.6.55}$$

在每一时间步长 Δt 上, 用一维的 CN 公式

$$2\frac{u_{j,m}^{n+\frac{1}{2}} - 2u_{j,m}^{n} + u_{j,m}^{n-\frac{1}{2}}}{\Delta t^2} = \frac{1}{2h^2}(\delta u_{j,m}^{n+\frac{1}{2}} + \delta u_{j,m}^{n-\frac{1}{2}}) \tag{6.6.56}$$

进行近似, 得

$$\left(1 - \frac{r^2}{4}\delta_y^2\right)(u_{j,m}^{n+\frac{1}{2}} + u_{j,m}^{n-\frac{1}{2}}) = 2u_{j,m}^{n}, \tag{6.6.57}$$

$$\left(1 - \frac{r^2}{4}\delta_x^2\right)(u_{j,m}^{n+1} + u_{j,m}^{n}) = 2u_{j,m}^{n+\frac{1}{2}}. \tag{6.6.58}$$

当 (x, y) 的求解区域是方形时, 算子 δ_x^2 和 δ_y^2 可交换, (6.6.57) 和 (6.6.58) 可合成为

$$\left(1 - \frac{r^2}{4}\delta_x^2\right)\left(1 - \frac{r^2}{4}\delta_y^2\right)(u_{j,m}^{n+1} - 2u_{j,m}^{n} + u_{j,m}^{n-1}) = r^2\left[(\delta_x^2 + \delta_y^2) - \frac{r^2}{4}\delta_x^2\delta_y^2\right]u_{j,m}^{n}. \tag{6.6.59}$$

在用 (6.6.57)~(6.6.58) 求解时, $u_{j,m}^{0}$ 和 $u_{j,m}^{1}$ 可由初始条件得到, $u_{j,m}^{n+\frac{1}{2}}$ 可由边界条件和 (6.6.57) 得到, 这样, 就可沿时间层递推, 每次只是求解两个三对角方程组.

一般地, 可考虑如下的合成形式

$$(1 + a\delta_x^2)(1 + a\delta_y^2)(u_{j,m}^{n+1} - 2u_{j,m}^{n} + u_{j,m}^{n-1}) = r^2[(\delta_x^2 + \delta_y^2) + b\delta_x^2\delta_y^2]u_{j,m}^{n}, \tag{6.6.60}$$

要求 $b = 2a + \frac{r^2}{4}$. 该式可以分裂成下面的 LOD 形式

$$(1 + a\delta_x^2)(u_{j,m}^{n-1} - 2u_{j,m}^{n-\frac{1}{2}} + u_{j,m}^{n}) = \frac{1}{2}r^2\delta_x^2 u_{j,m}^{n-\frac{1}{2}}, \tag{6.6.61}$$

$$(1 + a\delta_y^2)(u_{j,m}^{n+\frac{1}{2}} - 2u_{j,m}^n + u_{j,m}^{n-\frac{1}{2}}) = \frac{1}{2}r^2\delta_y^2 u_{j,m}^n, \tag{6.6.62}$$

$$(1 + a\delta_x^2)(u_{j,m}^n - 2u_{j,m}^{n+\frac{1}{2}} + u_{j,m}^{n+1}) = \frac{1}{2}r^2\delta_x^2 u_{j,m}^{n+\frac{1}{2}}, \tag{6.6.63}$$

若 $a = b = -\dfrac{r^2}{4}$, 即为 $(6.6.57)\sim(6.6.58)$.

若取 $a = \dfrac{1}{12} - \theta r^2$, $b = \dfrac{1}{6}$, 其中 θ 为参数, 则 $(6.6.60)$ 变为

$$\left[1 + \left(\frac{1}{12} - \theta r^2\right)\delta_x^2\right]\left[1 + \left(\frac{1}{12} - \theta r^2\right)\delta_y^2\right](u_{j,m}^{n+1} - 2u_{j,m}^n + u_{j,m}^{n-1}).$$

$$= r^2\left[\left(\delta_x^2 + \delta_y^2\right) + \frac{1}{6}\delta_x^2\delta_y^2\right]u_{j,m}^n. \tag{6.6.64}$$

取 $\theta = 1/12$, 得到 Fairweather-Mitchell 格式. 可以证明, 当 $\theta \geqslant 1/4$ 时, $(6.6.64)$ 对所有的 $r > 0$ 都稳定, 当 $\theta = 1/12$ 时, 其局部截断误差为 $O(\Delta t^6 + h^6)$ 阶, 当 $\theta \neq 1/12$ 时, 其局部截断误差为 $O(\Delta t^4 + h^4)$ 阶.

§6.7 练习

1. 对一维波动方程 $\dfrac{\partial^2 u}{\partial x^2} = \dfrac{\partial^2 u}{\partial t^2}$. 令 $p = \dfrac{\partial u}{\partial x}$, $q = \dfrac{\partial u}{\partial t}$, 将其化成一阶双曲型方程组

$$\begin{cases} \dfrac{\partial p}{\partial x} = \dfrac{\partial q}{\partial t}, \\[2mm] \dfrac{\partial q}{\partial x} = \dfrac{\partial p}{\partial t}. \end{cases}$$

构造相应的 Leap-frog 差分格式

$$(1)\begin{cases} \dfrac{p_{j+1}^n - p_{j-1}^n}{2\Delta x} = \dfrac{q^{n+1} - \dfrac{1}{2}(q_{j+1}^n + q_{j-1}^n)}{\Delta t}, \\[4mm] \dfrac{q_{j+1}^n - q_{j-1}^n}{2\Delta x} = \dfrac{p^{n+1} - \dfrac{1}{2}(p_{j+1}^n + p_{j-1}^n)}{\Delta t}. \end{cases}$$

$$(2)\begin{cases} \dfrac{p_{j+\frac{1}{2}}^n - p_{j-\frac{1}{2}}^n}{\Delta x} = \dfrac{q_j^{n+1} - q_j^n}{\Delta t}, \\[4mm] \dfrac{q_j^{n+1} - q_{j-1}^{n+1}}{\Delta x} = \dfrac{p_{j-\frac{1}{2}}^{n+1} - p_{j-\frac{1}{2}}^n}{\Delta t}. \end{cases}$$

证明这两种格式的稳定性条件均为 $\Delta x/\Delta t \leqslant 1$.

2. 写出三维问题

$$\frac{\partial u}{\partial t} + a_1\frac{\partial u}{\partial x} + a_2\frac{\partial u}{\partial y} + a_3\frac{\partial u}{\partial z} = 0$$

的 Lax-Friedrichs 差分格式, 并分析稳定性.

3. 用迎风格式和 Lax-Wendroff 格式近似无黏 Burger 方程的初边值问题

$$
\begin{cases}
\dfrac{\partial u}{\partial t} + \dfrac{\partial}{\partial x}\left(\dfrac{u^2}{2}\right) = 0, \\[2mm]
u(x,0) = u_0(x) = \begin{cases} 2, & x \leqslant 0, \\ -1, & x > 0, \end{cases} \\[2mm]
u(-2,t) = 2, \quad u(2,t) = -1.
\end{cases}
$$

4. 求差分格式

$$
u_j^{n+1} = u_j^{n-1} - \frac{4r}{3}\delta_x^0 u_j^n + \frac{r}{6}(u_{j+2}^n - u_{j-2}^n)
$$

近似方程

$$
\frac{\partial u}{\partial t} + a\frac{\partial u}{\partial x} = 0
$$

的精度, 并证明该格式是稳定的, 其中 $r = a\Delta t/\Delta x$, $\delta_x^0 u_j^n = u_{j+1}^n - u_{j-1}^n$.

5. 证明差分格式

$$
u_j^{n+1} = u_j^n - \frac{r}{2}\left(1 - \frac{1}{6}\delta_x^2\right)\delta_x^0 u_j^n + \frac{r^2}{2}\left(\frac{4}{3} + r^2\right)\delta_x^2 u_j^n - \frac{r^2}{8}\left(\frac{1}{3} + R^2\right)(\delta_x^0)^2 u_j^n
$$

是对方程 $\dfrac{\partial u}{\partial t} + a\dfrac{\partial u}{\partial x} = 0$ 的 $O(\Delta t^2) + O(\Delta x^4)$ 阶近似, 并求稳定性条件. 其中 $r = a\Delta t/\Delta x$, $\delta_x^0 u_j^n = u_{j+1}^n - u_j^n$, $\delta_x^2 u_j^n = u_{j+1}^n - 2u_j^n + u_{j-1}^n$.

6. 确定下列近似方程 $\dfrac{\partial u}{\partial t} + a\dfrac{\partial u}{\partial x} = 0$ 的差分格式的精度和稳定性条件

(1) $u^{n+1} = u_j^{n-1} - r\delta_x^0 u_j^n$.

(2) $u_j^{n+1} = u_j^{n-1} - r\delta_x^0 u_j^n + \dfrac{r^2}{6}\delta_x^2\delta_x^0 u_j^n$.

(3) $u_j^{n+1} = u_j^{n-1} - r\delta_x^0 u_j^n + \dfrac{r}{6}\delta_x^2\delta_x^0 u_j^n - \dfrac{r}{30}\delta_x^4\delta_x^0 u_j^n$.

(4) $u_j^{n+2} = u^{n-2} - \dfrac{2r}{3}\left(1 - \dfrac{1}{6}\delta_x^2\right)\delta_x^0(2u_j^{n+1} - u_j^n + 2_j^{n-1})$.

其中 $r = a\Delta t/\Delta x$, $\delta_x^2 = u_{j+1}^n - 2u_j^n + u_{j-1}^n$, $\delta_x^0 u_j^n = u_{j+1}^n - u_{j-1}^n$.

第七章 流体力学方程

本章简要介绍流体力学的基本控制方程及若干典型方程的差分方法, 包括一维守恒律方程的差分格式、守恒型方程组的矢通量分裂法等. 更多内容可参考计算流体力学方面的专著, 如 [15, 19, 26, 31, 40, 41, 57] 等.

§7.1 流体力学的控制方程

流体力学的控制方程可通过动量守恒、牛顿第二定律和能量守恒来导出, 分别得到连续性方程、动量方程和能量方程. 具体推导可参考 [30, 31, 19] 等.

1. *黏性流方程* (Navier-Stokes 方程)

当流体的输运有摩擦、热传导和（或）物质扩散现象时, 流动具有黏性, 这种输运是耗散的, 流动的熵总是增加的. 描述如下:

(1) 连续方程

　　非守恒形式

$$\frac{D\rho}{Dt} + \rho \nabla \cdot \mathbf{v} = 0. \tag{7.1.1}$$

　　守恒形式

$$\frac{\partial \rho}{\partial t} + \nabla \cdot (\rho \mathbf{v}) = 0. \tag{7.1.2}$$

(2) 动量方程

　　非守恒形式

$$\rho \frac{Du}{Dt} = -\frac{\partial p}{\partial x} + \frac{\tau_{xx}}{\partial x} + \frac{\tau_{xy}}{\partial y} + \frac{\tau_{xz}}{\partial z} + \rho f_x, \tag{7.1.3}$$

$$\rho \frac{Dv}{Dt} = -\frac{\partial p}{\partial y} + \frac{\tau_{yx}}{\partial x} + \frac{\tau_{yy}}{\partial y} + \frac{\tau_{yz}}{\partial z} + \rho f_y, \tag{7.1.4}$$

$$\rho \frac{Dw}{Dt} = -\frac{\partial p}{\partial z} + \frac{\tau_{zx}}{\partial x} + \frac{\tau_{zy}}{\partial y} + \frac{\tau_{zz}}{\partial z} + \rho f_z. \tag{7.1.5}$$

守恒形式

$$\frac{\partial (\rho u)}{\partial t} + \nabla \cdot (\rho u \mathbf{v}) = -\frac{\partial p}{\partial x} + \frac{\tau_{xx}}{\partial x} + \frac{\tau_{xy}}{\partial y} + \frac{\tau_{xz}}{\partial z} + \rho f_x, \tag{7.1.6}$$

$$\frac{\partial (\rho v)}{\partial t} + \nabla \cdot (\rho v \mathbf{v}) = -\frac{\partial p}{\partial y} + \frac{\tau_{yx}}{\partial x} + \frac{\tau_{yy}}{\partial y} + \frac{\tau_{yz}}{\partial z} + \rho f_y, \tag{7.1.7}$$

$$\frac{\partial (\rho w)}{\partial t} + \nabla \cdot (\rho w \mathbf{v}) = -\frac{\partial p}{\partial z} + \frac{\tau_{zx}}{\partial x} + \frac{\tau_{zy}}{\partial y} + \frac{\tau_{zz}}{\partial z} + \rho f_z. \tag{7.1.8}$$

(3) 能量方程

非守恒形式

$$\rho \frac{D}{Dt}\left(e + \frac{V^2}{2}\right) = \rho \dot{q} + \frac{\partial}{\partial x}\left(\kappa \frac{\partial T}{\partial x}\right) + \frac{\partial}{\partial y}\left(\kappa \frac{\partial T}{\partial y}\right) + \frac{\partial}{\partial z}\left(\kappa \frac{\partial T}{\partial z}\right)$$
$$-\frac{\partial (up)}{\partial x} - \frac{\partial (vp)}{\partial y} - \frac{\partial (wp)}{\partial z} + \frac{\partial (u\tau_{xx})}{\partial x} + \frac{\partial (u\tau_{yx})}{\partial y}$$
$$+\frac{\partial (u\tau_{zx})}{\partial z} + \frac{\partial (v\tau_{xy})}{\partial x} + \frac{\partial (v\tau_{yy})}{\partial y}$$
$$+\frac{\partial (v\tau_{zy})}{\partial z} + \frac{\partial (w\tau_{xz})}{\partial x} + \frac{\partial (w\tau_{yz})}{\partial y} + \frac{\partial (w\tau_{zz})}{\partial z} + \rho \boldsymbol{f} \cdot \mathbf{v}. \tag{7.1.9}$$

守恒形式

$$\frac{\partial}{\partial t}\left[\rho\left(e + \frac{V^2}{2}\right)\right] + \nabla \cdot \left[\rho\left(e + \frac{V^2}{2}\right)\mathbf{v}\right]$$
$$= \rho \dot{q} + \frac{\partial}{\partial x}\left(\kappa \frac{\partial T}{\partial x}\right) + \frac{\partial}{\partial y}\left(\kappa \frac{\partial T}{\partial y}\right)$$
$$+\frac{\partial}{\partial z}\left(\kappa \frac{\partial T}{\partial z}\right) - \frac{\partial (up)}{\partial x} - \frac{\partial (vp)}{\partial y} - \frac{\partial (wp)}{\partial z} + \frac{\partial (u\tau_{xx})}{\partial x}$$
$$+\frac{\partial (u\tau_{yx})}{\partial y} + \frac{\partial (u\tau_{zx})}{\partial z} + \frac{\partial (v\tau_{xy})}{\partial x} + \frac{\partial (v\tau_{yy})}{\partial y}$$
$$+\frac{\partial (v\tau_{zy})}{\partial z} + \frac{\partial (w\tau_{xz})}{\partial x} + \frac{\partial (w\tau_{yz})}{\partial y} + \frac{\partial (w\tau_{zz})}{\partial z} + \rho \boldsymbol{f} \cdot \mathbf{v}. \tag{7.1.10}$$

上式中, $\dot{q}$ 是每单位质量体积的热增加的速率, μ 是分子黏性系数, λ 是第二黏性系数, 并且假定 $\lambda = -2\mu/3$. e 是每单位质量的由于分子随机运动所致的内能, $V^2/2$ 是每单位质量的动能, $e + V^2/2$ 是总能量, $\boldsymbol{f}$ 是外力, $\mathbf{v} = u\boldsymbol{i} + v\boldsymbol{j} + w\boldsymbol{k}$ 是流场速度, τ_{ij} 是应力, ρ 是密度, p 是压力, $\dot{q}_x, \dot{q}_y, \dot{q}_z$ 分别是 x, y, z 方向的热通量. 根据热传导定律, 由于热传导所引起的热通量正比于局部温度梯度, 即

$$\dot{q}_x = -\kappa \frac{\partial T}{\partial x}, \quad \dot{q}_y = -\kappa \frac{\partial T}{\partial y}, \quad \dot{q}_z = -\kappa \frac{\partial T}{\partial z}, \tag{7.1.11}$$

其中 κ 是热传导系数, T 是绝对温度,

$$\frac{D}{Dt} \equiv \frac{\partial}{\partial t} + u\frac{\partial}{\partial x} + v\frac{\partial}{\partial y} + w\frac{\partial}{\partial z}. \tag{7.1.12}$$

2. 无黏性流方程 (Euler 方程)

无黏性就是耗散、黏性、物质扩散和热传导可以忽略, 由上面的方程去掉涉及摩擦及热传导项即可得三维可压无黏性流方程. 描述如下:

(1) 连续方程

非守恒形式

$$\frac{D\rho}{Dt} + \rho\nabla\cdot\mathbf{v} = 0. \tag{7.1.13}$$

守恒形式

$$\frac{\partial\rho}{\partial t} + \nabla\cdot(\rho\mathbf{v}) = 0. \tag{7.1.14}$$

(2) 动量方程

非守恒形式

$$\rho\frac{Du}{Dt} = -\frac{\partial\rho}{\partial x} + \rho f_x, \tag{7.1.15}$$

$$\rho\frac{Dv}{Dt} = -\frac{\partial\rho}{\partial y} + \rho f_y, \tag{7.1.16}$$

$$\rho\frac{Dw}{Dt} = -\frac{\partial\rho}{\partial z} + \rho f_z. \tag{7.1.17}$$

守恒形式

$$\frac{\partial\rho u}{\partial t} + \nabla\cdot(\rho u\mathbf{v}) = -\frac{\partial p}{\partial x} + \rho f_x, \tag{7.1.18}$$

$$\frac{\partial\rho v}{\partial t} + \nabla\cdot(\rho v\mathbf{v}) = -\frac{\partial p}{\partial y} + \rho f_y, \tag{7.1.19}$$

$$\frac{\partial\rho w}{\partial t} + \nabla\cdot(\rho w\mathbf{v}) = -\frac{\partial p}{\partial z} + \rho f_z. \tag{7.1.20}$$

(3) 能量方程

非守恒形式

$$\rho\frac{\partial D}{Dt}\left(e + \frac{V^2}{2}\right) = \rho\dot{q} - \frac{\partial up}{\partial x} - \frac{\partial vp}{\partial y} - \frac{\partial wp}{\partial z} + \rho\boldsymbol{f}\cdot\mathbf{v}. \tag{7.1.21}$$

守恒形式

$$\frac{\partial}{\partial t}\left[\rho\left(e + \frac{V^2}{2}\right)\right] + \nabla\cdot\left[\rho\left(e + \frac{V^2}{2}\right)\mathbf{v}\right] = \rho\dot{q} - \frac{\partial up}{\partial x} - \frac{\partial vp}{\partial y} - \frac{\partial wp}{\partial z} + \rho\boldsymbol{f}\cdot\mathbf{v}. \tag{7.1.22}$$

注记:

1. 对于动量和能量方程, 守恒和非守恒的差别是方程的左边, 方程右边一样, 守恒形式的方程在左边含有某一个量的散度形式, 由于这个原因, 守恒形式的控制方程有时也称为散度形式的控制方程.

2. 方程中的应力是速度梯度的函数. Newton 流体假定流体中的应力正比于应变的时间变化律, 即速度梯度, 实际上, 所有的空气动力学问题都可以假定流体是 Newton 流体, 这时有如下关系式 (Stokes, 1845)

$$\tau_{xx} = \lambda(\nabla \cdot \mathbf{v}) + 2\mu\frac{\partial u}{\partial x}, \tag{7.1.23}$$

$$\tau_{yy} = \lambda(\nabla \cdot \mathbf{v}) + 2\mu\frac{\partial v}{\partial y}, \tag{7.1.24}$$

$$\tau_{zz} = \lambda(\nabla \cdot \mathbf{v}) + 2\mu\frac{\partial w}{\partial z}, \tag{7.1.25}$$

$$\tau_{xy} = \tau_{yx} = \mu\left(\frac{\partial v}{\partial x} + \frac{\partial u}{\partial y}\right), \tag{7.1.26}$$

$$\tau_{xz} = \tau_{zx} = \mu\left(\frac{\partial u}{\partial z} + \frac{\partial w}{\partial x}\right), \tag{7.1.27}$$

$$\tau_{yz} = \tau_{zy} = \mu\left(\frac{\partial w}{\partial y} + \frac{\partial v}{\partial z}\right). \tag{7.1.28}$$

3. 上面 Navier-Stokes 方程或 Euler 方程中, 有五个方程 (一个连续方程、三个动量方程和一个能量方程), 六个未知变量: ρ, p, u, v, w, e. 在空气动力学中, 假定是理想气体 (分子内力忽略), 对理想气体, 状态方程是

$$p = \rho RT, \tag{7.1.29}$$

其中 $R = 8.31$ J·K^{-1}·Mol^{-1} 是气体常数, T 是温度, 再根据内能公式 $e = e(p, T)$, 对理想气体, 有

$$e = c_v T, \tag{7.1.30}$$

其中 c_v 是定体比热容.

4. 控制方程的守恒形式可以写成简单的矩阵形式

$$\frac{\partial U}{\partial t} + \frac{\partial F}{\partial x} + \frac{\partial G}{\partial y} + \frac{\partial H}{\partial z} = J, \tag{7.1.31}$$

其中 U 为解向量, J 为源项, F, G, H 为通量函数. 读者自己写出具体表达式. 对于定常流, 方程 (7.1.31) 可写成

$$\frac{\partial F}{\partial x} = J - \frac{\partial G}{\partial y} - \frac{\partial H}{\partial z}, \tag{7.1.32}$$

其中 F 成为解向量.

流体力学的方程组的类型经常是不定的. 如二维定常不可压 Euler 方程组

$$\begin{cases} \dfrac{\partial u}{\partial x} + \dfrac{\partial v}{\partial y} = 0, \\[2mm] u\dfrac{\partial u}{\partial x} + v\dfrac{\partial u}{\partial y} + \dfrac{1}{\rho}\dfrac{\partial p}{\partial x} = 0, \\[2mm] u\dfrac{\partial v}{\partial x} + v\dfrac{\partial v}{\partial y} + \dfrac{1}{\rho}\dfrac{\partial p}{\partial y} = 0 \end{cases} \tag{7.1.33}$$

是一个一阶拟线性偏微分方程组, 它的特征行列式的特征值是 v/u 和 $\pm i$, 即有实根和虚根, 方程既不是双曲型的也不是椭圆型的, 类型不定.

§7.2 二维非定常可压黏性流方程

假定没有体力及绝热, 则二维非守恒形式的非定常可压黏性流方程为

$$\frac{\partial \rho}{\partial t} = -\left(\rho \frac{\partial u}{\partial x} + u \frac{\partial \rho}{\partial x} + \rho \frac{\partial v}{\partial y} + v \frac{\partial \rho}{\partial y}\right), \tag{7.2.1}$$

$$\frac{\partial u}{\partial t} = -\left(u \frac{\partial u}{\partial x} + v \frac{\partial u}{\partial y} + \frac{1}{\rho} \frac{\partial p}{\partial x}\right), \tag{7.2.2}$$

$$\frac{\partial v}{\partial t} = -\left(u \frac{\partial v}{\partial x} + v \frac{\partial v}{\partial y} + \frac{1}{\rho} \frac{\partial p}{\partial y}\right), \tag{7.2.3}$$

$$\frac{\partial e}{\partial t} = -\left(u \frac{\partial e}{\partial x} + v \frac{\partial e}{\partial y} + \frac{p}{\rho} \frac{\partial u}{\partial x} + \frac{p}{\rho} \frac{\partial v}{\partial y}\right). \tag{7.2.4}$$

在低速时, 该方程组对时间是抛物型方程, 在任一时刻则为椭圆型方程; 在高速时, 对时间接近双曲型方程. 给定初边值条件, 问题是适定的混合问题.

§7.2.1 Lax-Wendroff 格式

Lax-Wendroff 方法通过对时间作 Taylor 展开来求得下一时间层上变量的值. 用 (i, j, k) 表示 (x, y, t) 处的网格点. 对 ρ, u, v, e 关于时间的 Taylor 展开为 (取前三项)

$$\rho_{i,j}^{k+1} = \rho_{i,j}^k + \left(\frac{\partial \rho}{\partial t}\right)_{i,j}^k \Delta t + \left(\frac{\partial^2 \rho}{\partial t^2}\right)_{i,j}^k \frac{(\Delta t)^2}{2}, \tag{7.2.5}$$

$$u_{i,j}^{k+1} = u_{i,j}^k + \left(\frac{\partial u}{\partial t}\right)_{i,j}^k \Delta t + \left(\frac{\partial^2 u}{\partial t^2}\right)_{i,j}^k \frac{(\Delta t)^2}{2}, \tag{7.2.6}$$

$$v_{i,j}^{k+1} = v_{i,j}^k + \left(\frac{\partial v}{\partial t}\right)_{i,j}^k \Delta t + \left(\frac{\partial^2 v}{\partial t^2}\right)_{i,j}^k \frac{(\Delta t)^2}{2}, \tag{7.2.7}$$

$$e_{i,j}^{k+1} = e_{i,j}^k + \left(\frac{\partial e}{\partial t}\right)_{i,j}^k \Delta t + \left(\frac{\partial^2 e}{\partial t^2}\right)_{i,j}^k \frac{(\Delta t)^2}{2}. \tag{7.2.8}$$

在 (7.2.5)~(7.2.8) 中, 出现 ρ, u, v, e 的时间一阶导数, 这些一阶导数分别由原方程 (7.2.1)~(7.2.4) 对空间采用中心差分离散得到, 即

$$\left(\frac{\partial \rho}{\partial t}\right)_{i,j}^k = -\left(\rho_{i,j}^k \frac{u_{i+1,j}^k - u_{i-1,j}^k}{2\Delta x} + u_{i,j}^k \frac{\rho_{i+1,j}^k - \rho_{i-1,j}^k}{2\Delta x}\right.$$

$$\left. + \rho_{i,j}^k \frac{v_{i,j+1}^k - v_{i,j-1}^k}{2\Delta y} + v_{i,j}^k \frac{\rho_{i,j+1}^k - \rho_{i,j-1}^k}{2\Delta y}\right), \tag{7.2.9}$$

$$\left(\frac{\partial u}{\partial t}\right)^k_{i,j} = -\left(u^k_{i,j}\frac{u^k_{i+1,j}-u^k_{i-1,j}}{2\Delta x} + v^k_{i,j}\frac{u^k_{i,j+1}-u^k_{i,j-1}}{2\Delta y} + \frac{1}{\rho^k_{i,j}}\frac{p^k_{i+1,j}-p^k_{i-1,j}}{2\Delta x}\right),$$
$$\tag{7.2.10}$$

$$\left(\frac{\partial v}{\partial t}\right)^k_{i,j} = -\left(u^k_{i,j}\frac{v^k_{i+1,j}-v^k_{i-1,j}}{2\Delta x} + v^k_{i,j}\frac{v^k_{i,j+1}-v^k_{i,j-1}}{2\Delta y} + \frac{1}{\rho^k_{i,j}}\frac{p^k_{i,j+1}-p^k_{i,j-1}}{2\Delta y}\right),$$
$$\tag{7.2.11}$$

$$\left(\frac{\partial e}{\partial t}\right)^k_{i,j} = -\left(u^k_{i,j}\frac{e^k_{i+1,j}-e^k_{i-1,j}}{2\Delta x} + v^k_{i,j}\frac{e^k_{i,j+1}-e^k_{i,j-1}}{2\Delta y}\right.$$
$$\left. + \frac{p^k_{i,j}}{\rho^k_{i,j}}\frac{u^k_{i+1,j}-u^k_{i-1,j}}{2\Delta x} + \frac{p^k_{i,j}}{\rho^k_{i,j}}\frac{v^k_{i,j+1}-v^k_{i,j-1}}{2\Delta y}\right).$$
$$\tag{7.2.12}$$

在 (7.2.5)~(7.2.8) 中的二阶导数项, 可由方程 (7.2.1)~ (7.2.4) 分别对 t 微分得到, 例如 ρ 关于 t 的二阶导数为

$$\frac{\partial^2\rho}{\partial t^2} = -\left(\rho\frac{\partial^2 u}{\partial x\partial t} + \frac{\partial u}{\partial x}\frac{\partial\rho}{\partial t} + u\frac{\partial^2\rho}{\partial x\partial t} + \frac{\partial\rho}{\partial x}\frac{\partial u}{\partial t} + \rho\frac{\partial^2 v}{\partial y\partial t} + \frac{\partial v}{\partial y}\frac{\partial\rho}{\partial t} + v\frac{\partial^2\rho}{\partial y\partial t} + \frac{\partial\rho}{\partial y}\frac{\partial v}{\partial t}\right).$$
$$\tag{7.2.13}$$

在 (7.2.13) 中的混合导数, 如 $\dfrac{\partial^2 u}{\partial x\partial t}$, 也可由 (7.2.1)~(7.2.4) 对空间求导数得到, 例如

$$\frac{\partial^2 u}{\partial x\partial t} = -\left[u\frac{\partial^2 u}{\partial x^2} + \left(\frac{\partial u}{\partial x}\right)^2 + v\frac{\partial^2 u}{\partial x\partial y} + \frac{\partial u}{\partial y}\frac{\partial v}{\partial x} + \frac{1}{\rho}\frac{\partial^2 p}{\partial x^2} - \frac{1}{\rho^2}\frac{\partial p}{\partial x}\frac{\partial\rho}{\partial x}\right], \tag{7.2.14}$$

然后对 (7.2.13) 和 (7.2.14) 分别用中心差分公式近似, 即可得到 $\left(\dfrac{\partial^2\rho}{\partial t^2}\right)^k_{i,j}$ 之值. 同理对 (7.2.6)~(7.2.8) 中的二阶导数也可类似计算. 最后, 将 (7.2.9)~(7.2.12) 及 $\left(\dfrac{\partial^2\rho}{\partial t^2}\right)^k_{i,j}, \left(\dfrac{\partial^2 u}{\partial t^2}\right)^k_{i,j}, \left(\dfrac{\partial^2 v}{\partial t^2}\right)^k_{i,j}, \left(\dfrac{\partial^2 e}{\partial t^2}\right)^k_{i,j}$ 的差分近似式代入 (7.2.5)~(7.2.8), 即可得 Lax-Wendroff 格式.

§7.2.2 MacCormack 格式

仍假定流场在 t 时刻即 k 时间层上已知, 则 (7.2.1)~(7.2.4) 的 MacCormack 格式为

$$\rho^{k+1}_{i,j} = \rho^k_{i,j} + \left(\frac{\partial\rho}{\partial t}\right)_{av}\Delta t, \tag{7.2.15}$$

$$u^{k+1}_{i,j} = u^k_{i,j} + \left(\frac{\partial u}{\partial t}\right)_{av}\Delta t, \tag{7.2.16}$$

$$v^{k+1}_{i,j} = v^k_{i,j} + \left(\frac{\partial v}{\partial t}\right)_{av}\Delta t, \tag{7.2.17}$$

$$e^{k+1}_{i,j} = e^k_{i,j} + \left(\frac{\partial e}{\partial t}\right)_{av}\Delta t, \tag{7.2.18}$$

其中 $(\cdot)_{av}$ 表示相应的量在 k 和 $k+1$ 时间层上的平均. 分预测和校正两步来求这些平均值.

预测步对原方程 (7.2.1)~(7.2.4) 中空间导数作向前差分, 即

$$
\left(\frac{\partial \rho}{\partial t}\right)_{i,j}^{k} = -\left(\rho_{i,j}^{k}\frac{u_{i+1,j}^{k} - u_{i,j}^{k}}{\Delta x} + u_{i,j}^{k}\frac{\rho_{i+1,j}^{k} - \rho_{i,j}^{k}}{\Delta x}\right.
$$
$$
\left. + \rho_{i,j}^{k}\frac{v_{i,j+1}^{k} - v_{i,j}^{k}}{\Delta y} + v_{i,j}^{k}\frac{\rho_{i,j+1}^{k} - \rho_{i,j}^{k}}{\Delta y}\right),
\tag{7.2.19}
$$

$$
\left(\frac{\partial u}{\partial t}\right)_{i,j}^{k} = -\left(u_{i,j}^{k}\frac{u_{i+1,j}^{k} - u_{i,j}^{k}}{\Delta x} + v_{i,j}^{k}\frac{u_{i,j+1}^{k} - u_{i,j}^{k}}{\Delta y} + \frac{1}{\rho_{i,j}^{k}}\frac{p_{i+1,j}^{k} - p_{i,j}^{k}}{\Delta x}\right),
\tag{7.2.20}
$$

$$
\left(\frac{\partial v}{\partial t}\right)_{i,j}^{k} = -\left(u_{i,j}^{k}\frac{v_{i+1,j}^{k} - v_{i,j}^{k}}{\Delta x} + v_{i,j}^{k}\frac{v_{i,j+1}^{k} - v_{i,j}^{k}}{\Delta y} + \frac{1}{\rho_{i,j}^{k}}\frac{p_{i,j+1}^{k} - p_{i,j}^{k}}{\Delta y}\right),
\tag{7.2.21}
$$

$$
\left(\frac{\partial e}{\partial t}\right)_{i,j}^{k} = -\left(u_{i,j}^{k}\frac{e_{i+1,j}^{k} - e_{i,j}^{k}}{\Delta x} + v_{i,j}^{k}\frac{e_{i,j+1}^{k} - e_{i,j}^{k}}{\Delta y}\right.
$$
$$
\left. + \frac{p_{i,j}^{k}}{\rho_{i,j}^{k}}\frac{u_{i+1,j}^{k} - u_{i,j}^{k}}{\Delta x} + \frac{p_{i,j}^{k}}{\rho_{i,j}^{k}}\frac{v_{i,j+1}^{k} - v_{i,j}^{k}}{\Delta y}\right).
\tag{7.2.22}
$$

然后由下式算得预测值

$$
\bar{\rho}_{i,j}^{k+1} = \rho_{i,j}^{k} + \left(\frac{\partial \rho}{\partial t}\right)_{i,j}^{k}\Delta t,
\tag{7.2.23}
$$

$$
\bar{u}_{i,j}^{k+1} = u_{i,j}^{k} + \left(\frac{\partial u}{\partial t}\right)_{i,j}^{k}\Delta t,
\tag{7.2.24}
$$

$$
\bar{v}_{i,j}^{k+1} = v_{i,j}^{k} + \left(\frac{\partial v}{\partial t}\right)_{i,j}^{k}\Delta t,
\tag{7.2.25}
$$

$$
\bar{e}_{i,j}^{k+1} = e_{i,j}^{k} + \left(\frac{\partial e}{\partial t}\right)_{i,j}^{k}\Delta t.
\tag{7.2.26}
$$

校正步由预测值重新计算下一阶导数量, 即将 $\bar{\rho}_{i,j}^{k+1}$, $\bar{u}_{i,j}^{k+1}$, $\bar{v}_{i,j}^{k+1}$ 和 $\bar{e}_{i,j}^{k+1}$ 分别代替 (7.2.19)~(7.2.22) 中的 $\rho_{i,j}^{k}, u_{i,j}^{k}, v_{i,j}^{k}$ 和 $e_{i,j}^{k}$, 由此算得

$$
\left(\frac{\partial \bar{\rho}}{\partial t}\right)_{i,j}^{k+1}, \quad \left(\frac{\partial \bar{u}}{\partial t}\right)_{i,j}^{k+1}, \quad \left(\frac{\partial \bar{v}}{\partial t}\right)_{i,j}^{k+1}, \quad \left(\frac{\partial \bar{e}}{\partial t}\right)_{i,j}^{k+1},
\tag{7.2.27}
$$

然后计算

$$
\left(\frac{\partial \rho}{\partial t}\right)_{av} = \frac{1}{2}\left[\left(\frac{\partial \rho}{\partial t}\right)_{i,j}^{k} + \left(\frac{\partial \bar{\rho}}{\partial t}\right)_{i,j}^{k+1}\right],
\tag{7.2.28}
$$

$$
\left(\frac{\partial u}{\partial t}\right)_{av} = \frac{1}{2}\left[\left(\frac{\partial u}{\partial t}\right)_{i,j}^{k} + \left(\frac{\partial \bar{u}}{\partial t}\right)_{i,j}^{k+1}\right],
\tag{7.2.29}
$$

$$\left(\frac{\partial v}{\partial t}\right)_{av} = \frac{1}{2}\left[\left(\frac{\partial v}{\partial t}\right)_{i,j}^{k} + \left(\frac{\partial \bar{v}}{\partial t}\right)_{i,j}^{k+1}\right], \tag{7.2.30}$$

$$\left(\frac{\partial e}{\partial t}\right)_{av} = \frac{1}{2}\left[\left(\frac{\partial e}{\partial t}\right)_{i,j}^{k} + \left(\frac{\partial \bar{e}}{\partial t}\right)_{i,j}^{k+1}\right], \tag{7.2.31}$$

再分别代入 (7.2.15)~(7.2.18) 中算出 $k+1$ 时间层上的流场.

Lax-Wendroff 格式和 MacCormack 方法都是二阶精度的显式格式, 但后者不用求二阶导数, 更简单. 这两种格式都不适合用来求解椭圆型问题, 不过, 非定常 Navier-Stokes 方程是抛物型和椭圆型的混合, 都可用这两种格式来求解.

§7.3　二维非定常不可压黏性流

由不可压 Navier-Stokes 方程描述的不可压黏性流表现出椭圆型和抛物型的混合特性. 半隐式压力校正方法 (SIMPLE), 由 Patankar 和 Spalding (1972) 提出, 实质是一种在交错网格上计算压力的预测 – 校正方法. 令密度 ρ 为常数, 则守恒形式为

$$\frac{\partial \rho u}{\partial x} + \frac{\partial \rho v}{\partial y} = 0, \tag{7.3.1}$$

$$\frac{\partial \rho u}{\partial t} + \frac{\partial \rho u^2}{\partial x} + \frac{\partial \rho uv}{\partial y} - \frac{\partial}{\partial x}\left(\mu\frac{\partial u}{\partial x}\right) - \frac{\partial}{\partial y}\left(\mu\frac{\partial u}{\partial y}\right) = -\frac{\partial p}{\partial x}, \tag{7.3.2}$$

$$\frac{\partial \rho v}{\partial t} + \frac{\partial \rho uv}{\partial x} + \frac{\partial \rho v^2}{\partial y} - \frac{\partial}{\partial x}\left(\mu\frac{\partial v}{\partial x}\right) - \frac{\partial}{\partial y}\left(\mu\frac{\partial v}{\partial y}\right) = -\frac{\partial p}{\partial y}. \tag{7.3.3}$$

压力校正法是一个迭代的方法, 迭代过程如下:

1. 给定压力场的初始猜测 p^*, 根据动量方程, 由 p^* 求得速度分量 u^*, v^*.

2. 由连续方程, 建立初始猜测压力场的校正量 p', 求出 p' 加到 p^* 上, 即

$$p = p^* + p'. \tag{7.3.4}$$

相应地, 由 p' 算出速度场 u^* 和 v^*, 校正 u' 和 v', 并计算

$$u = u^* + u', \quad v = v^* + v'. \tag{7.3.5}$$

3. 将 ρ, u, v 作为新的猜测, 重复前面的步骤, 直至速度场满足连续方程.

下面对压力和速度在不同的网格点上建立差分格式. 在 (i,j) 点对 (7.3.1) 建立相应的中心差分格式

$$\frac{(\rho u)_{i+\frac{1}{2},j} - (\rho u)_{i-\frac{1}{2},j}}{\Delta x} + \frac{(\rho v)_{i,j+\frac{1}{2}} - (\rho v)_{i,j-\frac{1}{2}}}{\Delta y} = 0. \tag{7.3.6}$$

在 $(i+1/2, j)$ 处对 (7.3.2) 建立时间向前、空间中心的差分格式

$$(\rho u)_{i+\frac{1}{2},j}^{n+1} = (\rho u)_{i+\frac{1}{2},j}^{n} + A\Delta t - \frac{\Delta t}{\Delta x}(p_{i+1,j}^n - p_{i,j}^n), \tag{7.3.7}$$

其中

$$A = -\left[\frac{(\rho u^2)^n_{i+\frac{3}{2},j} - (\rho u^2)^n_{i-\frac{1}{2},j}}{2\Delta x} + \frac{(\rho uv)^n_{i+\frac{1}{2},j+1} - (\rho uv)^n_{i+\frac{1}{2},j-1}}{2\Delta y}\right]$$

$$+ \frac{\mu_{i+1,j}(u^n_{i+\frac{3}{2},j} - u^n_{i+\frac{1}{2},j}) - \mu_{i,j}(u^n_{i+\frac{1}{2},j} - u^n_{i-\frac{1}{2},j})}{\Delta x^2}$$

$$+ \frac{\mu_{i+\frac{1}{2},j+\frac{1}{2}}(u^n_{i+\frac{1}{2},j+1} - u^n_{i+\frac{1}{2},j}) - \mu_{i+\frac{1}{2},j}(u^n_{i+\frac{1}{2},j} - u^n_{i+\frac{1}{2},j-1})}{\Delta y^2}.$$

类似地, 对 (7.3.3) 在 $(i, j+1/2)$ 处建立时间向前、空间中心的差分格式

$$(\rho v)^{n+1}_{i,j+\frac{1}{2}} = (\rho v)^n_{i,j+\frac{1}{2}} + B\Delta t - \frac{\Delta t}{\Delta y}(p^n_{i,j+1} - p^n_{i,j}), \tag{7.3.8}$$

其中

$$B = -\left[\frac{(\rho vu)^n_{i+1,j+\frac{1}{2}} - (\rho vu)^n_{i-1,j+\frac{1}{2}}}{2\Delta x} + \frac{(\rho v^2)^n_{i,j+\frac{3}{2}} - (\rho v^2)^n_{i,j-\frac{1}{2}}}{2\Delta y}\right]$$

$$+ \frac{\mu_{i+\frac{1}{2},j+\frac{1}{2}}(v^n_{i+1,j+\frac{1}{2}} - v^n_{i,j+\frac{1}{2}}) - \mu_{i-\frac{1}{2},j+\frac{1}{2}}(v^n_{i,j+\frac{1}{2}} - v^n_{i-1,j+\frac{1}{2}})}{\Delta x^2}$$

$$+ \frac{\mu_{i,j+1}(v^n_{i,j+\frac{3}{2}} - v^n_{i,j+\frac{1}{2}}) - \mu_{i,j}(v^n_{i,j+\frac{1}{2}} - v^n_{i,j-\frac{1}{2}})}{\Delta y^2}.$$

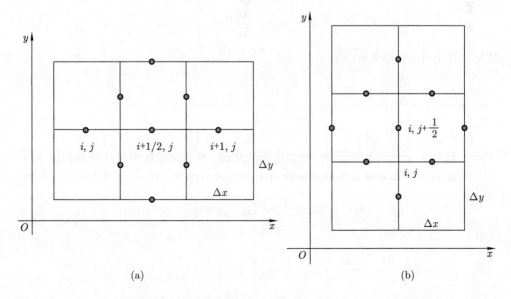

图 7.1 两个差分格式的网格点: (a) 格式 (7.3.7); (b) 格式 (7.3.8)

在迭代开始时, 令 $p = p^*$, 代入 (7.3.7) 和 (7.3.8) 分别计算 $(u^*)^{n+1}$ 和 $(v^*)^{n+1}$, 即

$$(\rho u^*)_{i+\frac{1}{2},j}^{n+1} = (\rho u^*)_{i+\frac{1}{2},j}^n + A^*\Delta t - \frac{\Delta t}{\Delta x}\left[(p^*)_{i+1,j}^n - (p^*)_{i,j}^n\right], \tag{7.3.9}$$

$$(\rho v^*)_{i,j+\frac{1}{2}}^{n+1} = (\rho v^*)_{i,j+\frac{1}{2}}^n + B^*\Delta t - \frac{\Delta t}{\Delta y}\left[(p^*)_{i,j+1}^n - (p^*)_{i,j}^n\right]. \tag{7.3.10}$$

定义 $p' = p - p^*$(其他量类似), 由 (7.3.7) 减去 (7.3.9), 得

$$(\rho u')_{i+\frac{1}{2},j}^{n+1} = (\rho u')_{i+\frac{1}{2},j}^n + A'\Delta t - \frac{\Delta t}{\Delta x}\left[(p')_{i+1,j}^n - (p')_{i,j}^n\right]. \tag{7.3.11}$$

同理, 由 (7.3.8) 减去 (7.3.10), 得

$$(\rho v')_{i,j+\frac{1}{2}}^{n+1} = (\rho v')_{i,j+\frac{1}{2}}^n + B'\Delta t - \frac{\Delta t}{\Delta y}\left[(p')_{i,j+1}^n - (p')_{i,j}^n\right]. \tag{7.3.12}$$

由 (7.3.11) 和 (7.3.12) 即可求得 $(\rho u')_{i,j+\frac{1}{2}}^n$ 和 $(p')_{i,j+\frac{1}{2}}^n$. 为简化起见, 作近似. 当解收敛时, $p' \to 0$, $u' \to 0$, $v' \to 0$. 在 (7.3.11) 和 (7.3.12) 中分别令 $A', B', (\rho u')^n$ 和 $(\rho v')^n$ 为零, 则得到一种较为简单的计算校正量的格式

$$(\rho u')_{i+\frac{1}{2},j}^{n+1} = -\frac{\Delta t}{\Delta x}\left[(p')_{i+1,j}^n - (p')_{i,j}^n\right], \tag{7.3.13}$$

$$(\rho v')_{i,j+\frac{1}{2}}^{n+1} = -\frac{\Delta t}{\Delta y}\left[(p')_{i,j+1}^n - (p')_{i,j}^n\right], \tag{7.3.14}$$

也即

$$(\rho u)_{i+\frac{1}{2},j}^{n+1} = (\rho u^*)_{i+\frac{1}{2},j}^n - \frac{\Delta t}{\Delta x}\left[(p')_{i+1,j}^n - (p')_{i,j}^n\right], \tag{7.3.15}$$

$$(\rho v)_{i,j+\frac{1}{2}}^{n+1} = (\rho v^*)_{i,j+\frac{1}{2}}^n - \frac{\Delta t}{\Delta y}\left[(p')_{i,j+1}^n - (p')_{i,j}^n\right], \tag{7.3.16}$$

代入 (7.3.6) 中, 去掉上标, 得

$$\frac{\left[(\rho u^*)_{i+\frac{1}{2},j} - \frac{\Delta t}{\Delta x}(p'_{i+1,j} - p'_{i,j})\right] - \left[(\rho u^*)_{i-\frac{1}{2},j} - \frac{\Delta t}{\Delta x}(p'_{i,j} - p'_{i-1,j})\right]}{\Delta x}$$
$$+ \frac{\left[(\rho v^*)_{i,j+\frac{1}{2}} - \frac{\Delta t}{\Delta y}(p'_{i,j+1} - p'_{i,j})\right] - \left[(\rho v^*)_{i,j-\frac{1}{2}} - \frac{\Delta t}{\Delta y}(p'_{i,j} - p'_{i,j-1})\right]}{\Delta y} = 0, \tag{7.3.17}$$

也即

$$ap'_{i,j} + bp'_{i+1,j} + bp'_{i-1,j} + cp'_{i,j+1} + cp'_{i,j-1} + d = 0, \tag{7.3.18}$$

其中

$$a = 2\left(\frac{\Delta t}{\Delta x^2} + \frac{\Delta t}{\Delta y^2}\right), \quad b = -\frac{\Delta t}{\Delta x^2}, \quad c = -\frac{\Delta t}{\Delta y^2},$$
$$d = \frac{1}{\Delta x}\left[(\rho u^*)_{i+\frac{1}{2},j} - (\rho u^*)_{i-\frac{1}{2},j}\right] + \frac{1}{\Delta y}\left[(\rho v^*)_{i,j+\frac{1}{2}} - (\rho v^*)_{i,j-\frac{1}{2}}\right].$$

(7.3.18) 即是压力校正公式, 其中 d 是源项, 迭代开始时, u^* 和 v^* 不满足连续方程, 当速度场收敛于满足连续方程的场时, $d = 0$. 注意 (7.3.18) 是通过 (7.3.11) 和 (7.3.12) 中的 A', B', $(\rho u')$ 和 $(\rho v')^n$ 为零而得到的. (7.3.18) 是一个涉及五个点的格式.

§7.4 一维守恒律方程的差分格式

考虑标量守恒律方程

$$\frac{\partial u}{\partial t} + \frac{\partial F(u)}{\partial x} = 0, \tag{7.4.1}$$

其守恒差分格式的一般形式是

$$u_j^{n+1} = u_j^n - r(S_{j+\frac{1}{2}}^n - S_{j-\frac{1}{2}}^n), \tag{7.4.2}$$

其中 $r = \Delta t/\Delta x$. 首先介绍熵 (Entropy) 或 E 格式的概念.

定义 7.4.1 差分格式 (7.4.2) 称为熵或 E 格式, 如果

$$\begin{aligned} &\text{当 } u_j < u_{j+1} \text{ 时}, \quad S_{j+\frac{1}{2}} \leqslant F(u), \quad u \in [u_j, u_{j+1}]; \\ &\text{当 } u_{j+1} < u_j \text{ 时}, \quad S_{j+\frac{1}{2}} \geqslant F(u), \quad u \in [u_{j+1}, u_j]. \end{aligned} \tag{7.4.3}$$

注意对 $[u_j, u_{j+1}]$ 中的所有 u 值条件 (7.4.3) 都要满足, 若 F 是凸的, 则条件 (7.4.3) 将满足. E 格式有一个好的性质, 就是当其收敛, 其收敛解是 (7.4.1) 的弱解而且也是无黏性解.

例 1 方程 (7.4.1) 的 FTFS 格式 (时间前差、空间前差)

$$u_j^{n+1} = u_j^n - r(F_{j+1}^n - F_j^n) \tag{7.4.4}$$

是 E 格式, 其中 $r = \Delta t/\Delta x$.

解 由该格式知

$$S_{j+\frac{1}{2}}^n = F_{j+1}^n = F(u_{j+1}^n).$$

由于格式要满足 CFL 条件, 故有 $-1 \leqslant rF' \leqslant 0$. 从而 $F' < 0$. 因此 F 是减函数. 于是, 当 $u_j < u_{j+1}$ 时,

$$S(u_j, u_{j+1}) = F(u_{j+1}) \leqslant F(u), \quad u \in [u_j, u_{j+1}];$$

当 $u_{j+1} < u_j$ 时,

$$S(u_j, u_{j+1}) = F(u_{j+1}) \geqslant F(u), \quad u \in [u_{j+1}, u_j].$$

因此, FTFS 格式是 E 格式.

定义 7.4.2 如下形式的差分格式

$$u_j^{n+1} = Q(u_{j-p-1}^n, \cdots, u_{j+q}^n) \tag{7.4.5}$$

称为单调的, 如果函数 Q 关于其每一个自变量都是一个单调增加函数.

例 2 近似方程

$$\frac{\partial u}{\partial t} + a\frac{\partial u}{\partial x} = 0, \quad a \neq 0 \tag{7.4.6}$$

的 FTBS 格式 (时间前差、空间后差)

$$u_j^{n+1} = u_j^n - ar\delta_x^- u_j^n = u_j^n - ar(u_j^n - u_{j-1}^n)$$

是一个单调格式, 其中 $r = \Delta t/\Delta x$.

解 由

$$Q(u_{j-1}^n, u_j^n) = u_j^n - ar(u_j^n - u_{j-1}^n) = aru_{j-1}^n + (1 - ar)u_j^n$$

得

$$\frac{\partial Q}{\partial u_{j-1}^n} = ar, \quad \frac{\partial Q}{\partial u_j^n} = 1 - ar.$$

因此当 $ar \geqslant 0$ 及 $1 - ar \geqslant 0$ 时, FTBS 格式是单调的. 由于该格式的稳定性条件是 $0 < ar \leqslant 1$, 因此, 当 $0 < ar \leqslant 1$ 时, FTBS 格式是单调的.

例 3 方程 (7.4.6) 的 Lax-Wendroff 格式

$$u_j^{n+1} = u_j^n - \frac{ar}{2}(u_{j+1}^n - u_{j-1}^n) + \frac{a^2 r^2}{2}(u_{j+1}^n - 2u_j^n + u_{j-1}^n)$$

不是单调格式, 其中 $r = \Delta t/\Delta x$.

证明 由

$$Q(u_{j-1}^n, u_j^n, u_{j+1}^n) = u_j^n - \frac{ar}{2}(u_{j+1}^n - u_{j-1}^n) + \frac{a^2 r^2}{2}(u_{j+1}^n - 2u_j^n + u_{j-1}^n)$$

$$= \left(\frac{ar}{2} + \frac{a^2 r^2}{2}\right)u_{j-1}^n + (1 - a^2 r^2)u_j^n + \left(\frac{a^2 r^2}{2} - \frac{ar}{2}\right)u_{j+1}^n$$

得

$$\frac{\partial Q}{\partial u_{j-1}^n} = \frac{ar}{2} + \frac{a^2 r^2}{2}, \quad \frac{\partial Q}{\partial u_j^n} = 1 - a^2 r^2, \quad \frac{\partial Q}{\partial u_{j+1}^n} = -\frac{ar}{2} + \frac{a^2 r^2}{2}.$$

格式的单调性要求

$$\frac{ar}{2} + \frac{a^2 r^2}{2} \geqslant 0 \Rightarrow ar = 0 \ \text{或} \ ar > 0 \ \text{或} \ ar \leqslant -1,$$

$$1 - a^2 r^2 \geqslant 0 \Rightarrow -1 \leqslant ar \leqslant 1,$$

$$-\frac{ar}{2} + \frac{a^2 r^2}{2} \geqslant 0 \Rightarrow ar = 0 \ \text{或} \ ar \geqslant 1 \ \text{或} \ ar < 0.$$

仅当 $ar = 0$ 或 $ar = \pm 1$ 时上面三式同时成立. 由于 Lax-Wendroff 格式的稳定性条件为 $|a|r \leqslant 1$, 所以不存在单调性区域, 因此 Lax-Wendroff 格式不是单调的.

例 4 考虑守恒方程 (7.4.1) 的 Lax-Friedrichs 格式

$$u_j^{n+1} = \frac{1}{2}(u_{j-1}^n + u_{j+1}^n) - \frac{r}{2}(F_{j+1}^n - F_{j-1}^n)$$

的单调性, $r = \Delta t/\Delta x$.

解 由

$$Q(u_{j-1}^n, u_j^n, u_{j+1}^n) = \frac{1}{2}(u_{j-1}^n + u_{j+1}^n) - \frac{r}{2}(F_{j+1}^n - F_{j-1}^n)$$

得

$$\frac{\partial Q}{\partial u_{j-1}^n} = \frac{1}{2} + \frac{1}{2}rF'(u_{j-1}^n),$$

$$\frac{\partial Q}{\partial u_j^n} = 0,$$

$$\frac{\partial Q}{\partial u_{j+1}^n} = \frac{1}{2} - \frac{1}{2}rF'(u_{j+1}^n).$$

由于 Lax-Wendroff 格式的 CFL 条件是 $r|F'| \leqslant 1$, 因此 $1 \pm rF'(u_{j\pm 1}^n) \geqslant 0$. 因此 Lax-Wendroff 格式是一个单调格式.

定义 7.4.3 一个差分格式称为总变差减少 (TVD) 格式, 如果该格式的解对所有的 $n \geqslant 0$ 都有

$$TV(\boldsymbol{u}^{n+1}) \leqslant TV(\boldsymbol{u}^n), \tag{7.4.7}$$

其中 $TV(\boldsymbol{u})$ 为网格函数的总变差, 定义为

$$TV(\boldsymbol{u}) = \sum_{j=-\infty}^{+\infty} |\delta_x^+ u_j| = \sum_{j=-\infty}^{+\infty} |u_{j+1} - u_j|. \tag{7.4.8}$$

例 5 一维波动方程

$$\frac{\partial u}{\partial t} + a\frac{\partial u}{\partial x} = 0, \quad a > 0$$

的 FTBS 格式

$$u_j^{n+1} = u_j^n - ar(u_j^n - u_{j-1}^n)$$

是一个 TVD 格式, 其中 $r = \Delta t/\Delta x$.

证明 注意格式的稳定性条件是 $0 < ar \leqslant 1$. 又

$$TV(\boldsymbol{u}^{n+1}) = \sum_{j=-\infty}^{+\infty} |\delta_x^+ u_j^{n+1}| = \sum_{j=-\infty}^{+\infty} |\delta_x^+ u_j^n - ar\delta_x^+ \delta_x^- u_j^n|$$

$$= \sum_{j=-\infty}^{+\infty} |\delta_x^+ u_j^n - ar\delta_x^+(u_j^n - u_{j-1}^n)|$$

$$= \sum_{j=-\infty}^{+\infty} \left| (1-ar)\delta_x^+ u_j^n + ar\delta_x^+ u_{j-1}^n \right|$$

$$\leqslant (1-ar) \sum_{j=-\infty}^{+\infty} \left| \delta_x^+ u_j^n \right| + ar \sum_{j=-\infty}^{+\infty} \left| \delta_x^+ u_{j-1}^n \right|$$

$$= \sum_{j=-\infty}^{+\infty} \left| \delta_x^+ u_j^n \right| = TV(\boldsymbol{u}^n), \tag{7.4.9}$$

其中 δ_x^+ 和 δ_x^- 分别为一阶前差和后差算子. 因此, FTBS 格式是一个 TVD 格式.

定义 7.4.4 一个差分格式称为本性无振荡 (ENO) 格式, 如果对所有的 $n \geqslant 0$ 和某个 p 都有

$$TV(\boldsymbol{u}^{n+1}) \leqslant TV(\boldsymbol{u}^n) + O(\Delta x^p). \tag{7.4.10}$$

定义 7.4.5 形如

$$u_j^{n+1} = u_j^n + C_{j+\frac{1}{2}}^n \delta_x^+ u_j^n - D_{j-\frac{1}{2}}^n \delta_x^- u_j^n \tag{7.4.11}$$

的差分格式称为增量型或 I 型格式, 其中 $C_{j+\frac{1}{2}}^n$ 和 $D_{j-\frac{1}{2}}^n$ 依赖于 u_j^n 及其相邻的值.

假定有一个增量型格式, 则该格式可以写成守恒形式, 对应的数值通量函数可以写成

$$S_{j+\frac{1}{2}}^n = F(u_j^n) - \frac{1}{r} C_{j+\frac{1}{2}}^n \delta_x^+ u_j^n = F(u_{j+1}^n) - \frac{1}{r} D_{j+\frac{1}{2}}^n \delta_x^+ u_j^n. \tag{7.4.12}$$

另一方面, 若给定一个差分格式的数值通量函数 S, 则可以写成增量型格式, 其中 C 和 D 定义为

$$C_{j+\frac{1}{2}}^n = -r \frac{S_{j+\frac{1}{2}}^n - F(u_j^n)}{\delta_x^+ u_j^n}, \tag{7.4.13}$$

$$D_{j+\frac{1}{2}}^n = -r \frac{S_{j+\frac{1}{2}}^n - F(u_{j+1}^n)}{\delta_x^+ u_j^n}. \tag{7.4.14}$$

若上式中的分母 $\delta_x^+ u_j^n$ 为零, 则 $C_{j+\frac{1}{2}}^n$ 和 $D_{j+\frac{1}{2}}^n$ 可定义为其他值. 一个差分格式的 I 型格式的表示并不唯一. 下面给出一个 TVD 格式的充分条件.

命题 7.4.1 考虑形如 (7.4.11) 的 I 型格式, 即

$$\begin{aligned} u_j^{n+1} &= u_j^n + C_{j+\frac{1}{2}}^n \delta_x^+ u_j^n - D_{j-\frac{1}{2}}^n \delta_x^- u_j^n \\ &= u_j^n + C_{j+\frac{1}{2}}^n (u_{j+1}^n - u_j^n) - D_{j-\frac{1}{2}}^n (u_j^n - u_{j-1}^n). \end{aligned} \tag{7.4.15}$$

若

$$C_{j+\frac{1}{2}}^n \geqslant 0, \quad D_{j+\frac{1}{2}}^n \geqslant 0, \quad C_{j+\frac{1}{2}}^n + D_{j+\frac{1}{2}}^n \leqslant 1, \tag{7.4.16}$$

则该格式是一个 TVD 格式.

证明 注意到关系式

$$\delta_x^- u_{j+1}^n = \delta_x^+ u_j^n, \qquad \delta_x^- u_j^n = \delta_x^+ u_{j-1}^n.$$

由 I 型格式 (7.4.15) 计算网格函数 $\boldsymbol{u}$ 的总变差, 即

$$
\begin{aligned}
& TV(\boldsymbol{u}^{n+1}) \\
&= \sum_{j=-\infty}^{+\infty} \left| \delta_x^+ u_j^{n+1} \right| = \sum_{j=-\infty}^{+\infty} \left| \delta_x^+ u_j^n + \delta_x^+(C_{j+\frac{1}{2}}^n \delta_x^+ u_j^n) - \delta_x^+(D_{j-\frac{1}{2}}^n \delta_x^- u_j^n) \right| \\
&= \sum_{j=-\infty}^{+\infty} \left| \delta_x^+ u_j^n + C_{j+\frac{3}{2}}^n \delta_x^+ u_{j+1}^n - C_{j+\frac{1}{2}}^n \delta_x^+ u_j^n - D_{j+\frac{1}{2}}^n \delta_x^- u_{j+1}^n + D_{j-\frac{1}{2}}^n \delta_x^- u_j^n \right| \\
&= \sum_{j=-\infty}^{+\infty} \left| \delta_x^+ u_j^n + C_{j+\frac{3}{2}}^n \delta_x^+ u_{j+1}^n - C_{j+\frac{1}{2}}^n \delta_x^+ u_j^n - D_{j+\frac{1}{2}}^n \delta_x^+ u_j^n + D_{j-\frac{1}{2}}^n \delta_x^+ u_{j-1}^n \right| \\
&\leqslant \sum_{j=-\infty}^{+\infty} C_{j+\frac{3}{2}}^n \left| \delta_x^+ u_{j+1}^n \right| + \sum_{j=-\infty}^{+\infty} (1 - C_{j+\frac{1}{2}}^n - D_{j+\frac{1}{2}}^n) \left| \delta_x^+ u_j^n \right| + \sum_{j=-\infty}^{+\infty} D_{j-\frac{1}{2}}^n \left| \delta_x^+ u_{j-1}^n \right| \\
&= \sum_{j=-\infty}^{+\infty} C_{j+\frac{1}{2}}^n \left| \delta_x^+ u_j^n \right| + \sum_{j=-\infty}^{+\infty} (1 - C_{j+\frac{1}{2}}^n - D_{j+\frac{1}{2}}^n) \left| \delta_x^+ u_j^n \right| + \sum_{j=-\infty}^{+\infty} D_{j+\frac{1}{2}}^n \left| \delta_x^+ u_j^n \right| \\
&= \sum_{j=-\infty}^{+\infty} \left| \delta_x^+ u_j^n \right| = TV(\boldsymbol{u}^n),
\end{aligned}
$$

即当条件 (7.4.16) 满足时, I 型格式 (7.4.15) 是一个 TVD 格式. □

Lax-Wendroff 格式

$$u_j^{n+1} = u_j^n - \frac{ar}{2}(u_{j+1}^n - u_{j-1}^n) + \frac{a^2 r^2}{2}(u_{j+1}^n - 2u_j^n + u_{j-1}^n)$$

可以写成 I 型格式, 其中

$$C_{j+\frac{1}{2}}^n = -\frac{ar}{2} + \frac{a^2 r^2}{2}, \quad D_{j+\frac{1}{2}}^n = \frac{ar}{2} + \frac{a^2 r^2}{2},$$

由条件 (7.4.16) 解得 $r = \pm 1$, 即仅当 $r = \pm 1$ 时, 该格式才是 TVD 格式.

可以证明, 当且仅当条件 (7.4.16) 满足时, I 型格式 (7.4.11) 是 TVD 格式. 一个 I 型 TVD 格式至多是一阶精度.

例 6 近似方程

$$\frac{\partial u}{\partial t} + a\frac{\partial u}{\partial x} = 0, \quad a < 0$$

的 FTFS 格式

$$u_j^{n+1} = u_j^n - ar(u_{j+1}^n - u_j^n) = u_j^n - ar\delta_x^+ u_j^n$$

是一个 TVD 格式, 其中 $r = \Delta t/\Delta x$.

证明 因为

$$C_{j+\frac{1}{2}}^n = -ar, \quad D_{j+\frac{1}{2}}^n = 0,$$

于是由条件 (7.4.16) 可知, 当 $-1 \leqslant ar < 0$ 时, 该格式是一个 TVD 格式. 该格式的稳定性条件也为 $-1 \leqslant ar < 0$.

命题 7.4.2 满足条件

$$r \left| (S_{j+\frac{1}{2}}^n - F_j^n) + (S_{j+\frac{1}{2}}^n - F_{j+1}^n) \right| \leqslant |\delta_x^+ u_j^n|$$

的守恒 E 格式是 TVD 格式.

证明 考虑守恒的 E 格式 (7.4.2). 可将该 E 格式写成 I 型格式, 其中 $C_{j+\frac{1}{2}}^n$ 和 $D_{j+\frac{1}{2}}^n$ 分别由 (7.4.13) 和 (7.4.14) 给出, 即

$$C_{j+\frac{1}{2}}^n = -r \frac{S_{j+\frac{1}{2}}^n - F(u_j^n)}{\delta_x^+ u_j^n}, \quad D_{j+\frac{1}{2}}^n = -r \frac{S_{j+\frac{1}{2}}^n - F(u_{j+1}^n)}{\delta_x^+ u_j^n}.$$

若 $u_j^n < u_{j+1}^n$, 因为是 E 格式, 所以

$$S_{j+\frac{1}{2}}^n \leqslant F(u_j^n), \quad C_{j+\frac{1}{2}}^n \geqslant 0,$$
$$S_{j+\frac{1}{2}}^n \leqslant F(u_{j+1}^n), \quad D_{j+\frac{1}{2}}^n \geqslant 0.$$

类似地, 若 $u_{j+1}^n > u_j^n$, 有

$$C_{j+\frac{1}{2}}^n \geqslant 0, \quad D_{j+\frac{1}{2}}^n \geqslant 0.$$

又因为

$$C_{j+\frac{1}{2}}^n + D_{j+\frac{1}{2}}^n = -r \frac{S_{j+\frac{1}{2}}^n - F_j^n}{\delta_x^+ u_j^n} - r \frac{S_{j+\frac{1}{2}}^n - F_{j+1}^n}{\delta_x^+ u_j^n}$$
$$= r \left| \frac{S_{j+\frac{1}{2}}^n - F_j^n}{\delta_x^+ u_j^n} + \frac{S_{j+\frac{1}{2}}^n - F_{j+1}^n}{\delta_x^+ u_j^n} \right| \leqslant 1,$$

故满足条件 (7.4.16), 因此是 TVD 格式. □

E 格式至多一阶精度 [45], 很多格式是 E 格式.

命题 7.4.3 三点守恒的单调格式是 E 格式.

证明 将格式写成守恒形式

$$u_j^{n+1} = u_j^n - r \left(S_{j+\frac{1}{2}}^n - S_{j-\frac{1}{2}}^n \right)$$
$$= u_j^n - r \left(S(u_j^n, u_{j+1}^n) - S(u_{j-1}^n, u_j^n) \right). \tag{7.4.17}$$

格式的单调性表明 S 关于其第一个变量是增函数, 关于其第二个变量是减函数, 又格式的相容性蕴含 $S(u, u) = F(u)$, 因此, 当 $u_j < u_{j+1}$ 时, 有

$$S_{j+\frac{1}{2}} = S(u_j, u_{j+1})$$
$$\leqslant S(u, u_{j+1}) \leqslant S(u, u) = F(u), \quad \forall u \in [u_j, u_{j+1}]. \tag{7.4.18}$$

同理, 当 $u_{j+1} < u_j$ 时, 有

$$S_{j+\frac{1}{2}} = S(u_j, u_{j+1})$$
$$\geqslant S(u_j, u) \geqslant S(u, u) = F(u), \quad \forall u \in [u_{j+1}, u_j]. \tag{7.4.19}$$

因此是一个 E 格式. □

命题 7.4.4 线性 TVD 差分格式至多是一阶精度.

证明 考虑如下形式的差分格式

$$u_j^{n+1} = \sum_{k=-q}^{p} a_k u_{j+k}^n \tag{7.4.20}$$

和函数

$$u_j^n = \begin{cases} 1, & j \leqslant 0, \\ 0, & j > 0. \end{cases}$$

于是

$$TV(\boldsymbol{u}^n) = 1,$$
$$TV(\boldsymbol{u}^{n+1}) = \sum_{j=-\infty}^{+\infty} |\delta_x^+ u_j^{n+1}| = \sum_{j=-\infty}^{+\infty} \Big| \sum_{k=-q}^{p} a_k \delta_x^+ u_{j+k}^n \Big| = \sum_{k=-q}^{p} |a_k|.$$

差分格式 (7.4.20) 相容的条件是

$$\sum_{k=-q}^{p} a_k = 1.$$

因此若对某个 k, $a_k < 0$, 则

$$TV(\boldsymbol{u}^{n+1}) = \sum_{k=-q}^{p} |a_k| > 1 = TV(\boldsymbol{u}^n).$$

该格式不是 TVD 格式. 因此, 对所有 $-q \leqslant k \leqslant p$, 必有 $a_k \geqslant 0$. 该格式是单调的, 而单调守恒格式是 TVD 格式. 矛盾. □

下面介绍另一种单调 E 格式, 即 Godunov 格式. Godunov 格式是用分段线性常数函数来近似初始条件, 然后在小的时间间隔上求解局部 Riemann 问题. 设 u_j^n 是守恒方程

$$\frac{\partial u}{\partial t} + \frac{\partial F(u)}{\partial x} = 0, \quad x \in \mathbb{R}, \quad t > 0 \tag{7.4.21}$$

的数值解, 其中初始条件是

$$u(x, 0) = f(x), \quad x \in \mathbb{R}. \tag{7.4.22}$$

现用 u_j^n 来定义一个分段线性函数 $\overline{u}(x, t_n)$:

$$\overline{u}(x, t_n) = \begin{cases} u_{j-1}^n, & x < x_{j-\frac{1}{2}}, \\ u_j^n, & x \geqslant x_{j-\frac{1}{2}}. \end{cases} \tag{7.4.23}$$

函数 $\overline{u}(x, t_n)$ 在 $(x_{j-\frac{1}{2}}, x_{j+\frac{1}{2}})$ 上为常数, 为简单起见, 可取 u_j 在 x_j 处的值. 然后以 $\overline{u}(x, t_n)$ 为初始数据, 精确求解如下的局部 Riemann 问题

$$\begin{cases} \dfrac{\partial \overline{u}}{\partial t} + \dfrac{\partial F(\overline{u})}{\partial x} = 0, & x \in \mathbb{R}, \ t > t_n, \tag{7.4.24} \\ \overline{u}(x, t_n) = \begin{cases} u_{j-1}^n, & x < x_{j-\frac{1}{2}}, \\ u_j^n, & x \geqslant x_{j-\frac{1}{2}}, \end{cases} & \tag{7.4.25} \end{cases}$$

得到 $t_n \leqslant t \leqslant t_{n+1}$ 的 $\overline{u}(x, t)$ 值. 由于初始数据是分段常数, 因此, 该局部 Riemann 问题在一个短时间内可以精确求解. 在得到区间 $[t_n, t_{n+1}]$ 上的精确值后, 定义近似解

$$u_j^{n+1} = \frac{1}{\Delta x} \int_{x_{j-\frac{1}{2}}}^{x_{j+\frac{1}{2}}} \overline{u}^n(x, t_{n+1}) dx, \tag{7.4.26}$$

然后再由 u_j^{n+1} 定义新的分段常数函数 $\overline{u}^{n+1}(x, t_{n+1})$, 一直重复该过程.

实际上, 单元积分 (7.4.26) 不用具体计算, 可以基于守恒的积分形式来得到 u_j^{n+1}. 对 (7.4.24) 在 $[x_{j-\frac{1}{2}}, x_{j+\frac{1}{2}}]$ 上关于 x 积分及在 $[t_n, t_{n+1}]$ 上关于 t 积分, 得到

$$\int_{x_{j-\frac{1}{2}}}^{x_{j+\frac{1}{2}}} [\overline{u}(x, t_{n+1}) - \overline{u}(x, t_n)] \, dx + \int_{t_n}^{t_{n+1}} \left[F(\overline{u}\left(x_{j+\frac{1}{2}}, t\right)) - F\left(\overline{u}(x_{j-\frac{1}{2}}, t)\right) \right] dt = 0. \tag{7.4.27}$$

上式两端乘以 $1/\Delta x$, 利用 (7.4.26), 可将 (7.4.27) 化为

$$u_j^{n+1} = u_j^n - \frac{1}{\Delta x} \int_{t_n}^{t_{n+1}} \left[F\left(\overline{u}(x_{j+\frac{1}{2}}, t)\right) - F\left(\overline{u}(x_{j-\frac{1}{2}}, t)\right) \right] dt. \tag{7.4.28}$$

定义数值通量函数

$$S_{j\pm\frac{1}{2}}^n = \frac{1}{\Delta t} \int_{t_n}^{t_{n+1}} F\left(\overline{u}(x_{j\pm\frac{1}{2}}, t)\right) dt, \tag{7.4.29}$$

则 (7.4.28) 可写成

$$u_j^{n+1} = u_j^n - r \left(S_{j+\frac{1}{2}}^n - S_{j-\frac{1}{2}}^n \right). \tag{7.4.30}$$

这就是 Godunov 格式, 其中 $r = \Delta t / \Delta x$. 注意 Godunov 格式 (7.4.30) 是守恒格式.

§7.5 高分辨率格式

本节推导标量守恒格式的高分辨率格式. 高分辨率格式通常都是二阶精度 (或更高阶精度), 无振荡, 能够精确求出解中的不连续性, 从前面的讨论知道, 高分辨率格式一定是一个非线性格式. 下面介绍两类高分辨率格式的算法, 即通量限制器法和斜率限制器法.

§7.5.1 通量限制器法

该方法依据前面格式的数值通量函数来定义新格式的数值通量函数. 特别地, 将格式的数值通量函数写成

$$S_{j+\frac{1}{2}}^n = L_{j+\frac{1}{2}}^n + \phi_j^n [H_{j+\frac{1}{2}}^n - L_{j+\frac{1}{2}}^n], \tag{7.5.1}$$

或

$$S_{j+\frac{1}{2}}^n = H_{j+\frac{1}{2}}^n - (1 - \phi_j^n)[H_{j+\frac{1}{2}}^n - L_{j+\frac{1}{2}}^n], \tag{7.5.2}$$

其中 L 和 H 分别是低阶格式和高阶格式的数值通量函数, 系数 ϕ_j^n 待定. 基本思想是新格式中的数值通量函数有低阶格式光滑的性质, 且有可能具有高阶格式的精度. 因此, 在解的光滑部分将 ϕ_j^n 定义成 1, 这时, $S_{j+\frac{1}{2}} \approx H_{j+\frac{1}{2}}$; 而在解的不连续或梯度大的部分, 将 ϕ_j^n 定义成 0, 这时, $S_{j+\frac{1}{2}} \approx L_{j+\frac{1}{2}}$.

为简单起见, 考虑线性双曲型方程

$$\frac{\partial u}{\partial t} + a\frac{\partial u}{\partial x} = 0, \quad a > 0. \tag{7.5.3}$$

求解该方程的 Lax-Wendroff 格式的数值通量函数是

$$S_{j+\frac{1}{2}}^n = au_j^n + \frac{1}{2}a(1 - ar)\delta_x^+ u_j^n. \tag{7.5.4}$$

该格式可以写成低阶通量加上一项修正项

$$S = L + (H - L), \tag{7.5.5}$$

其中

$$L_{j+\frac{1}{2}}^n = au_j^n, \tag{7.5.6}$$

$$H_{j+\frac{1}{2}}^n = au_j^n + \frac{1}{2}a(1 - ar)\delta_x^+ u_j^n. \tag{7.5.7}$$

易知, 其中 $L_{j+\frac{1}{2}}^n$ 是一阶精度左偏心 (FTBS) 格式的数值通量函数, $H_{j+\frac{1}{2}}^n$ 是 Lax-Wendroff 格式的数值通量函数. 为构造高分辨率格式, 现将 (7.5.4) 替换成

$$\begin{aligned} S_{j+\frac{1}{2}}^n &= L_{j+\frac{1}{2}}^n + \phi_j^n (H_{j+\frac{1}{2}}^n - L_{j+\frac{1}{2}}^n) \\ &= au_j^n + \phi_j^n \frac{1}{2}a(1 - ar)\delta_x^+ u_j^n. \end{aligned} \tag{7.5.8}$$

函数 ϕ_j^n 称为通量限制器, 选为非负以保持反扩散通量的符号. 一个常用方法取 $\phi_j^n = \phi(\theta_j^n)$, 其中 θ_j^n 定义为

$$\theta_j^n = \frac{\delta_x^- u_j^n}{\delta_x^+ u_j^n} := \frac{u_j^n - u_{j-1}^n}{u_{j+1}^n - u_j^n}, \tag{7.5.9}$$

用来度量解的光滑程度, 称为光滑参数. 当解 u_j^n 变化不大时, θ_j^n 接近 1. 当解变化大时, θ_j^n 远离 1. 然后考虑

$$
\begin{aligned}
u_j^{n+1} &= u_j^n - r(S_{j+\frac{1}{2}}^n - S_{j-\frac{1}{2}}^n) \\
&= u_j^n - ar\delta_x^- u_j^n - \frac{1}{2}ar(1-ar)\phi_j^n \delta_x^+ u_j^n \\
&\quad + \frac{1}{2}ar(1-ar)\phi_{j-1}^n \delta_x^+ u_{j-1}^n \\
&= u_j^n - ar\delta_x^- u_j^n - \frac{1}{2}ar(1-ar)\delta_x^-(\phi_j^n \delta_x^+ u_j^n).
\end{aligned}
\tag{7.5.10}
$$

在 (7.5.10) 中, ϕ 的不同选择将得到不同的差分格式, $\phi(\theta) = 0$ 即为左偏心 (FTBS) 格式, $\phi(\theta) = 1$ 即为 Lax-Wendroff 格式, $\phi(\theta) = \theta$ 则可得 Beam-Warming 格式.

下面讨论如何选择 ϕ, 使得所得的格式是一个二阶的 TVD 格式. 将 (7.5.10) 改写成 I 型格式

$$
u_j^{n+1} = u_j^n - \left[ar - \frac{1}{2}ar(1-ar)\phi_{j-1}^n + \frac{1}{2}ar(1-ar)\phi_j^n \frac{\delta_x^+ u_j^n}{\delta_x^- u_j^n}\right]\delta_x^- u_j^n,
\tag{7.5.11}
$$

于是

$$
C_{j+\frac{1}{2}}^n = 0,
\tag{7.5.12}
$$

$$
D_{j-\frac{1}{2}}^n = ar - \frac{1}{2}ar(1-ar)\phi_{j-1}^n + \frac{1}{2}ar(1-ar)\phi_j^n \frac{\delta_x^+ u_j^n}{\delta_x^- u_j^n}.
\tag{7.5.13}
$$

由命题 7.4.1 知, 当 (7.5.13) 满足

$$
0 \leqslant D_{j-\frac{1}{2}}^n \leqslant 1
\tag{7.5.14}
$$

时, 格式 (7.5.11) 即为 TVD 格式. 将 (7.5.13) 改写成

$$
D_{j-\frac{1}{2}}^n = ar - \frac{1}{2}ar(1-ar)\phi(\theta_{j-1}^n) + \frac{1}{2}ar(1-ar)\frac{\phi(\theta_j^n)}{\theta_j^n}
\tag{7.5.15}
$$

$$
= ar - \frac{1}{2}ar(1-ar)\left[\phi(\theta_{j-1}^n) - \frac{\phi(\theta_j^n)}{\theta_j^n}\right].
\tag{7.5.16}
$$

若 $\phi(\theta)$ 满足

$$
\left|\frac{\phi(\theta_j)}{\theta_j} - \phi(\theta_{j-1})\right| \leqslant 2, \quad \forall j,
\tag{7.5.17}
$$

则 (7.5.14) 满足 (注意 CFL 条件要求 $0 < ar \leqslant 1$).

当 $\theta \leqslant 0$ 时, 不等式 (7.5.17) 可用来选择限制器函数 ϕ, 另外要求 ϕ 非负, 并假定 $\phi(\theta) = 0$. 可以证明, 若 ϕ 满足

$$
0 \leqslant \frac{\phi(\theta)}{\theta} \leqslant 2, \quad 0 \leqslant \phi(\theta) \leqslant 2,
\tag{7.5.18}
$$

则 (7.5.17) 满足, 从而是 TVD 格式. 由 (7.5.18) 所确定的图形如图 7.2 中的阴影部分所示. 显然有很多函数可以落在阴影区域中, 下面的命题给出了差分格式 (7.5.10) 的一般性质.

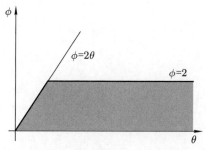

图 7.2 限制器函数 ϕ 示意图

命题 7.5.1 (1) 假如通量限制函数 ϕ 有界, 则差分格式 (7.5.10) 与方程 (7.5.3) 相容. (2) 若 $\phi(1) = 1$, 且 ϕ 在 $\theta = 1$ 处 Lipschitz 连续, 则差分格式 (7.5.10) 具有二阶精度.

由该命题可知, 二阶精度格式的限制器 ϕ 经过点 $(1,1)$. 例如 Lax-Wendroff 格式的 $\phi(\theta) = 1$ 和 Beam-Warming 格式的 $\phi(\theta) = \theta$ 都经过 $(1,1)$, 所以都具有二阶精度, 但它们不完全包含在图 7.2 的阴影区域中, 故不是 TVD 格式, 下面是一些典型的限制器的选择. 见图 7.3.

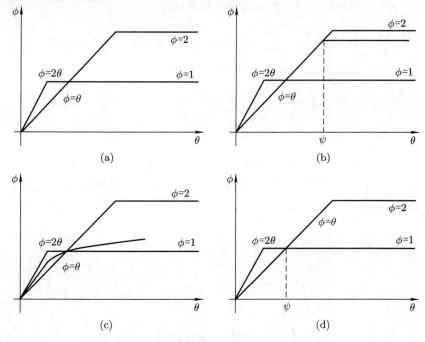

图 7.3 四种限制器函数 ϕ 的示意图

(1) Superbee 限制器

$$\phi(\theta) = \max \Big\{ 0, \min\{1, 2\theta\}, \min\{0, 2\} \Big\}.$$

(2) Van Leer 限制器

$$\phi(\theta) = \frac{|\theta| + \theta}{1 + |\theta|}.$$

(3) C-O 限制器

$$\phi(\theta) = \max \Big\{ 0, \min\{\theta, \psi\} \Big\}, \quad 1 \leqslant \psi \leqslant 2.$$

(4) BW-LW 限制器

$$\phi(\theta) = \max \Big\{ 0, \min\{\theta, 1\} \Big\}.$$

§7.5.2 斜率限制器法

斜率限制器类似于 Godunov 格式, 与 Godunov 格式不同的是, 在单元 $(x_{j-\frac{1}{2}}, x_{j+\frac{1}{2}})$ 上的 $\overline{u}(x, t_n)$ 不是用常数来表示, 而是用一斜率为 σ_j^n 的直线来表示, 即定义的局部 Riemann 问题的初始数据为

$$\overline{u}(x, t_n) = \begin{cases} u_{j-1}^n + \sigma_{j-1}^n(x - x_{j-1}), & x_{j-\frac{3}{2}} \leqslant x \leqslant x_{j-\frac{1}{2}}, \\ u_j^n + \sigma_j^n(x - x_j), & x_{j-\frac{1}{2}} \leqslant x \leqslant x_{j+\frac{1}{2}}. \end{cases} \tag{7.5.19}$$

记 $\overline{u}(x, t_n) = v_0^n$, 然后结合守恒律方程求解初值问题

$$\begin{cases} \dfrac{\partial \overline{u}}{\partial t} + a \dfrac{\partial \overline{u}}{\partial x} = 0, & a > 0, \ x \in \mathbb{R}, \ t_n > 0, \\ \overline{u}(x, t_n) = v_0^n. \end{cases} \tag{7.5.20}$$

易知, 解 $\overline{u}(x, t_{n+1})$ 可表示为

$$\begin{aligned} u(x, t_{n+1}) &= v_0^n(x - at) \\ &= \begin{cases} u_{j-1}^n + \sigma_{j-1}^n(x - a\Delta t - x_{j-1}), & x_{j-\frac{3}{2}} \leqslant x - at \leqslant x_{j-\frac{1}{2}}, \\ u_j^n + \sigma_j^n(x - a\Delta t - x_j), & x_{j-\frac{1}{2}} \leqslant x - at \leqslant x_{j+\frac{1}{2}}. \end{cases} \end{aligned} \tag{7.5.21}$$

于是 u_j^{n+1} 可写成

$$\begin{aligned} u_j^{n+1} &= \frac{1}{\Delta x} \int_{x_{j-\frac{1}{2}}}^{x_{j+\frac{1}{2}}} v_0^n(x - at) dx \\ &= \frac{1}{\Delta x} \int_{x_{j-\frac{1}{2}}}^{x_{j-\frac{1}{2}}+a\Delta t} \big[u_{j-1}^n + \sigma_{j-1}^n(x - a\Delta t - x_{j-1}) \big] dx \\ &\quad + \frac{1}{\Delta x} \int_{x_{j-\frac{1}{2}}+a\Delta t}^{x_{j+\frac{1}{2}}} \big[u_j^n + \sigma_j^n(x - a\Delta t - x_j) \big] dx. \end{aligned} \tag{7.5.22}$$

经积分计算得

$$u_j^{n+1} = u_j^n - ar\delta_x^- u_j^n - \frac{ar}{2}(1 - ar)\Delta x \delta_x^- \sigma_j^n. \tag{7.5.23}$$

若取 $\sigma_j^n = \delta_x^+ u_j^n/\Delta x$ 即为 Lax-Wendroff 格式 ($a > 0$). 为了获得 TVD 格式, 必须对斜率 σ_j^n 作限制, 因此称为斜率限制器法. 一个简单的斜率限制器是

$$\sigma_j^n = \frac{1}{\Delta x} \min \text{mod}(\delta_x^+ u_j^n, \delta_x^- u_j^n), \tag{7.5.24}$$

其中 $\min \text{mod}$ 函数定义为

$$\min \text{mod}(a, b) = \begin{cases} a, & |a| < |b| \text{ 且 } ab > 0, \\ b, & |a| > |b| \text{ 且 } ab > 0, \\ 0, & ab \leqslant 0. \end{cases} \tag{7.5.25}$$

§7.6 守恒形式方程的矢通量分裂法

守恒形式的 Navier-Stokes 方程由 (7.1.31) 给出, 即

$$\frac{\partial U}{\partial t} + \frac{\partial F}{\partial x} + \frac{\partial G}{\partial y} + \frac{\partial H}{\partial z} = J, \tag{7.6.1}$$

其中 U, F, G, H 和 J 是关于通量变量的列向量. 通量向量 F, G, H 可表示为 U 的函数, $F = F(U)$, $G = G(U)$ 和 $H = H(U)$, 由于这些关系通常为非线性函数, 因此 (7.6.1) 是非线性的. (7.6.1) 可以写成

$$\frac{\partial U}{\partial t} + \frac{\partial F}{\partial U}\frac{\partial U}{\partial x} + \frac{\partial G}{\partial U}\frac{\partial U}{\partial y} + \frac{\partial H}{\partial U}\frac{\partial U}{\partial z} = J, \tag{7.6.2}$$

其中 $\frac{\partial F}{\partial U}, \frac{\partial G}{\partial U}, \frac{\partial H}{\partial U}$ 分别称为通量向量 F, G 和 H 的 Jacobi 行列式矩阵. 记

$$A \equiv \frac{\partial F}{\partial U}, \quad B \equiv \frac{\partial G}{\partial U}, \quad C \equiv \frac{\partial H}{\partial U}, \tag{7.6.3}$$

则 (7.6.1) 可写成

$$\frac{\partial U}{\partial t} + A\frac{\partial U}{\partial x} + B\frac{\partial U}{\partial y} + C\frac{\partial U}{\partial z} = J, \tag{7.6.4}$$

该方程是 U 的线性形式, 是一个拟线性方程, 方程的性质由 Jacobi 矩阵 A, B, C 的特征表示. 对没有体力的一维非定常无黏性流, 守恒形式的方程为

$$\frac{\partial U}{\partial t} + \frac{\partial F}{\partial x} = 0, \tag{7.6.5}$$

其中

$$U = \begin{pmatrix} \rho \\ \rho u \\ \rho E \end{pmatrix}, \tag{7.6.6}$$

$$F = \begin{pmatrix} \rho u \\ \rho u^2 + \rho \\ \rho u E + p u \end{pmatrix}, \tag{7.6.7}$$

这里 E 表示每单位质量的总能量, 即 $E = e + V^2/2$.

对理想气体, 定体比热容 $c_v = R/(\gamma - 1)$, $e = c_v T$, $R = 8.31\ \mathrm{J \cdot K^{-1} \cdot mol^{-1}}$ 为气体常数, T 为温度; 状态方程为 $p = \rho R T$, 于是

$$p = (\gamma - 1)\frac{R}{\gamma - 1}\rho T = (\gamma - 1)\rho c_v T = (\gamma - 1)\rho e. \tag{7.6.8}$$

由这些关系式, 可导出非定常一维流拟线性守恒形式的方程, 为

$$\frac{\partial U}{\partial t} + A\frac{\partial U}{\partial x} = 0, \tag{7.6.9}$$

其中 U 即 (7.6.6), Jacobi 矩阵 A 为

$$A = \begin{pmatrix} 0 & 1 & 0 \\ (\gamma - 3)\dfrac{u^2}{2} & (3 - \gamma)u & \gamma - 1 \\ (\gamma - 1)u^3 - \gamma u E & -\dfrac{3}{2}(\gamma - 1)u^2 + \gamma E & \gamma u \end{pmatrix}. \tag{7.6.10}$$

矩阵 A 有三个互不相同的实特征值, 分别为 $u, u+c, u-c$, 其中 c 为音速, 故方程组是双曲型的. Jacobi 矩阵的特征值给出了场流动或传播的方向.

1979 年 Steger 和 Warming 提出的矢通量分裂法, 是一种求解守恒型的双曲型方程组的方法, 现仍以一维守恒型的双曲型方程组 (7.6.5) 为例说明. 考虑与 (7.6.5) 对应的拟线性方程组 (7.6.9), 因为 Jacobi 矩阵 A 即 (7.6.10) 有三个互不相同的特征值, 即 $\lambda_1 = u$, $\lambda_2 = u + c$, $\lambda_3 = u - c$, 所以方程组 (7.6.9) 是双曲型的, 从而存在矩阵 P, 使矩阵 A 对角化, 对角矩阵的元素为特征值, 即有

$$P^{-1}AP = \Lambda = \begin{pmatrix} \lambda_1 & 0 & 0 \\ 0 & \lambda_2 & 0 \\ 0 & 0 & \lambda_3 \end{pmatrix}. \tag{7.6.11}$$

定义

$$\Lambda^+ = \begin{pmatrix} u & 0 & 0 \\ 0 & u+c & 0 \\ 0 & 0 & 0 \end{pmatrix}, \quad \Lambda^+ = \begin{pmatrix} 0 & 0 & 0 \\ 0 & 0 & 0 \\ 0 & 0 & u-c \end{pmatrix}, \tag{7.6.12}$$

及

$$A^+ = P\Lambda^+ P^{-1}, \quad A^- = P\Lambda^- P^{-1}. \tag{7.6.13}$$

由 (7.6.7) 知, 矢通量 $F(U)$ 是 U 的一阶齐次函数, A 是 F 的 Jacobi 矩阵, 故 F 和 U 之间有关系

$$F = AU. \tag{7.6.14}$$

从而可将矢通量 F 分成两部分

$$F = F^+ + F^-, \tag{7.6.15}$$

其中 F^+ 与矩阵 A 的正特征值相联系, F^- 与 A 的负特征值相联系. 实际由 (7.6.14) 可知

$$\begin{aligned} F^+ &= A^+U = P\Lambda^+P^{-1}U, \\ F^- &= A^-U = P\Lambda^-P^{-1}U. \end{aligned} \tag{7.6.16}$$

从而方程组 (7.6.5) 可写成

$$\frac{\partial U}{\partial t} + \frac{\partial F^+}{\partial x} + \frac{\partial F^-}{\partial x} = 0. \tag{7.6.17}$$

矢通量分裂格式要求: 相应于 F^+, 通量沿 x 正向从左向右传播, 空间导数 $\dfrac{\partial F^+}{\partial x}$ 用向后差分格式近似; 相应于 F^-, 通量沿 x 负向从右向左传播, 空间导数 $\dfrac{\partial F^-}{\partial x}$ 用向前差分格式近似. 因此, 矢通量差分格式是一类迎风格式. 下面给出几种矢通量差分格式.

1. 显式格式

$$U_i^{n+1} = U_i^n - \Delta t \frac{(F_i^+)^n - (F_{i-1}^+)^n}{\Delta x} - \Delta t \frac{(F_{i+1}^-)^n - (F_i^-)^n}{\Delta x}, \tag{7.6.18}$$

这是一个时间和空间均为一阶精度的格式, 稳定性条件是 $|\lambda_i^{\pm}| \dfrac{\Delta t}{\Delta x} \leqslant 1$. 其中 $\lambda_i^{\pm}$ 分别表示对角矩阵 Λ^+ 和 Λ^- 的对角元.

2. MacCormack 格式

MacComack 是空间二阶精度、时间一阶精度的显式格式, 分两步完成. 用于矢通量分裂格式, 为

$$\bar{U}_j^{n+1} = U_j^n - \Delta t \frac{(F_j^+)^n - (F_{j-1}^+)^n}{\Delta x} - \Delta t \frac{(F_{j+1}^-)^n - (F_j^-)^n}{\Delta x}, \tag{7.6.19}$$

$$U_j^{n+1} = \frac{1}{2}(U_j^n + \bar{U}_j^{n+1}) - \frac{\Delta t}{2}\left[\frac{(\bar{F}_j^+)^{n+1} - (\bar{F}_{j-1}^+)^{n+1}}{\Delta x} - \frac{(\bar{F}_{j+1}^-)^{n+1} - (\bar{F}_j^-)^{n+1}}{\Delta x} \right]. \tag{7.6.20}$$

3. 隐式格式

$$\left[I + \frac{\theta \Delta t}{1+\xi}\left[\frac{(A_j^+)^n - (A_{j-1}^+)^n}{\Delta x} + \frac{(A_{j+1}^-)^n - (A_j^-)^n}{\Delta x} \right] \right] \Delta U_j^n$$

$$= -\left(\frac{\Delta t}{1+\xi}\right)\left[\frac{(F_j^+)^n - (F_{j-1}^+)^n}{\Delta x} + \frac{(F_{j+1}^-)^n - (F_j^-)^n}{\Delta x} \right] + \frac{\xi}{1+\xi}\Delta U_j^{n-1}, \tag{7.6.21}$$

其中 θ, ξ 为参数, 用来控制时间导数的差分精度:

$\theta = \dfrac{1}{2}$, $\xi = 0$: 梯形公式, 时间二阶精度.

$\theta = 1$, $\xi = 0$: 时间用两点向前差分, 时间一阶精度.

$\theta = 1$, $\xi = \dfrac{1}{2}$: 时间用三点向后差分, 时间二阶精度.

若对空间一阶导数采用三点来近似, 则 (7.6.21) 为

$$\left[I + \frac{\theta \Delta t}{1+\xi} \left[\delta_x^- (A_j^+)^n + \delta_x^+ (A_j^+)^n \right] \right] \Delta U_j^n$$
$$= -\left(\frac{\Delta t}{1+\xi} \right) \left[\delta_x^- (F_j^+)^n + \delta_x^+ (F_j^-)^n \right] + \frac{\xi}{1+\xi} \Delta U_j^{n-1}, \qquad (7.6.22)$$

其中 δ_x^+ 和 δ_x^- 为空间一阶导数的向前和向后三点二阶精度差分算子

$$\delta_x^- F_j = \frac{3F_j - 4F_{j-1} + F_{j-2}}{2\Delta x}, \quad \delta_x^+ F_j = \frac{-3F_j + 4F_{j+1} + F_{j+2}}{2\Delta x}. \qquad (7.6.23)$$

(7.6.21) 与 (7.6.22) 均可用近似因子分解的方法求解, 例如对 (7.6.22) 作近似因子分解, 为

$$\left[I + \frac{\theta \Delta t}{1+\xi} \delta_x^- (A_j^+)^n \right] \left[1 + \frac{\theta \Delta t}{1+\xi} \delta_x^+ (A_j^-)^n \right] U_j^n$$
$$= -\left(\frac{\Delta t}{1+\xi} \right) \left[\delta_x^- (F_j^+)^n + \delta_x^+ (F_j^-)^n \right] + \frac{\xi}{1+\xi} \Delta U_j^{n-1}. \qquad (7.6.24)$$

分三步求解该式

$$\left[I + \frac{\theta \Delta t}{1+\xi} \delta_x^- (A_j^+)^n \right] \Delta U_j^* = -\left(\frac{\Delta t}{1+\xi} \right) \left[\delta_x^- (F_j^+)^n + \delta_x^+ (F_j^-)^n \right] + \frac{\xi}{1+\xi} \Delta U_j^{n-1},$$
$$\left[I + \frac{\theta \Delta t}{1+\xi} \delta_x^+ (A_j^-)^n \right] \Delta U_j^n = \Delta U^*,$$
$$U_j^{n+1} = U_j^n + \Delta U_j^n. \qquad (7.6.25)$$

用 (7.6.22) 求解时, 需要解一个以 3×3 块矩阵为元的三对角矩阵, 而 (7.6.25) 则是求解以 3×3 块矩阵为元的上三角或下三角矩阵.

第八章　椭圆型方程

本章讨论椭圆型偏微分方程的数值解法. 椭圆型方程描述定常态物理现象, 例如, 弹性力学中的平衡问题、无黏性流体的无旋流动、位势场 (如静电场和引力场) 问题、热传导中的温度分布问题都可用椭圆型定解问题来描述. 最简单的椭圆型方程是 Laplace 方程, 为

$$\Delta u = \frac{\partial^2 u}{\partial x^2} + \frac{\partial^2 u}{\partial y^2} = 0,$$

其中 $\Delta = \dfrac{\partial^2}{\partial x^2} + \dfrac{\partial^2}{\partial y^2}$ 为 Laplace 算子 (也常记为 ∇^2). Poisson 方程

$$\Delta u = -f(x, y)$$

和双调和方程

$$\Delta \Delta u = \frac{\partial^4 u}{\partial x^4} + 2\frac{\partial^4 u}{\partial x^2 \partial y^2} + \frac{\partial^4 u}{\partial y^4} = 0$$

也都是典型的椭圆型方程. 本章先介绍一维二阶两点边值问题差分方程的建立, 然后介绍 Laplace 方程和 Poisson 方程的差分格式, 并分析收敛性.

§8.1　两点边值问题的差分格式

考虑二阶线性常微分方程的两点边值问题

$$\begin{cases} -\dfrac{d}{dx}\left(p\dfrac{du}{dx}\right) + r\left(\dfrac{du}{dx}\right) + qu = f, & x \in (a, b), & (8.1.1) \\ u(a) = \alpha, \quad u(b) = \beta, & & (8.1.2) \end{cases}$$

其中 $p(x) \in C^1[a, b]; r(x), q(x), f(x) \in C[a, b]; p(x) \geqslant p_{\min} > 0, q(x) \geqslant 0, \alpha$ 和 β 为给定常数. 上述系数条件保证问题 (8.1.1)~(8.1.2) 是适定的.

为简单起见, 将求解区间 $[a, b]$ 用步长 $h = (b - a)/N$ 剖分成 N 等份, 得到结点

$$x_i = a + ih, \quad i = 0, \cdots, N.$$

下面用直接差分近似和有限体积两种方法来讨论问题的差分格式.

§8.1.1 差分近似

设 $x_i\ (i = 1, 2, \cdots, N - 1)$ 是任一内结点. 在点 x_i 处, 对充分光滑的函数 u, 有

$$\left(\frac{du}{dx}\right)_i = \frac{u_{i+1} - u_{i-1}}{2h} + O(h^2), \tag{8.1.3}$$

$$\left[\frac{d}{dx}\left(p\frac{du}{dx}\right)\right]_i = \frac{1}{h}\left[\left(p\frac{du}{dx}\right)_{i+\frac{1}{2}} - \left(p\frac{du}{dx}\right)_{i-\frac{1}{2}}\right] + O(h^2). \tag{8.1.4}$$

又

$$
\begin{aligned}
p_{i+\frac{1}{2}}\frac{u_{i+1} - u_i}{h} &= \left(p\frac{du}{dx}\right)_{i+\frac{1}{2}} + \frac{h^2}{24}\left(p\frac{d^3u}{dx^3}\right)_{i+\frac{1}{2}} + O(h^3) \\
&= \left(p\frac{du}{dx}\right)_{i+\frac{1}{2}} + \frac{h^2}{24}\left(p\frac{d^3u}{dx^3}\right)_i + O(h^3),
\end{aligned}
\tag{8.1.5}
$$

$$
\begin{aligned}
p_{i-\frac{1}{2}}\frac{u_i - u_{i-1}}{h} &= \left(p\frac{du}{dx}\right)_{i-\frac{1}{2}} + \frac{h^2}{24}\left(p\frac{d^3u}{dx^3}\right)_{i-\frac{1}{2}} + O(h^3) \\
&= \left(p\frac{du}{dx}\right)_{i-\frac{1}{2}} + \frac{h^2}{24}\left(p\frac{d^3u}{dx^3}\right)_i + O(h^3),
\end{aligned}
\tag{8.1.6}
$$

其中 $p_{i+\frac{1}{2}} = p(x_{i+\frac{1}{2}})$, $r_i = r(x_i)$, $q_i = q(x_i)$, $f_i = f(x_i)$. 将 (8.1.5)~(8.1.6) 代入 (8.1.4) 中, 得

$$\left[\frac{d}{dx}\left(p\frac{du}{dx}\right)\right]_i = \frac{1}{h}\left(p_{i+\frac{1}{2}}\frac{u_{i+1} - u_i}{h} - p_{i-\frac{1}{2}}\frac{u_i - u_{i-1}}{h}\right) + O(h^2). \tag{8.1.7}$$

将 (8.1.4)~ (8.1.7) 代入 (8.1.1) 中, 即得二阶精度的差分方程

$$-\frac{1}{h^2}\left[p_{i+\frac{1}{2}}u_{i+1} - (p_{i+\frac{1}{2}} + p_{i-\frac{1}{2}})u_i + p_{i-\frac{1}{2}}u_{i-1}\right] + r_i\frac{u_{i+1} - u_{i-1}}{2h} + q_iu_i = f_i,$$
$$i = 1, 2, \cdots, N - 1. \tag{8.1.8}$$

边值条件对应的差分方程为

$$u_0 = \alpha, \quad u_N = \beta. \tag{8.1.9}$$

将 (8.1.8)~(8.1.9) 写成如下矩阵形式

$$A\boldsymbol{u} = \boldsymbol{g}, \tag{8.1.10}$$

其中

$$A = \begin{pmatrix} b_1 & -c_1 & & & \\ -a_2 & b_2 & -c_2 & & \\ & \ddots & \ddots & \ddots & \\ & & -a_{N-2} & b_{N-2} & -c_{N-2} \\ & & & -a_{N-1} & b_{N-1} \end{pmatrix}, \tag{8.1.11}$$

$$\boldsymbol{g} = (g_1 + a_1\alpha, g_2, \cdots, g_{N-2}, g_{N-1} + c_{N-1}\beta)^T,$$
$$\boldsymbol{u} = (u_1, u_2, \cdots, u_{N-1})^T,$$
$$a_i = 2p_{i-\frac{1}{2}}/h + r_i, \quad i = 2, \cdots, N-1,$$
$$b_i = 2(p_{i+\frac{1}{2}} + p_{i-\frac{1}{2}})/h + 2hq_i, \quad i = 1, \cdots, N-1,$$
$$c_i = 2p_{i+\frac{1}{2}}/h - r_i, \quad i = 1, \cdots, N-2,$$
$$g_i = 2hf_i, \quad i = 1, \cdots, N-1.$$

可以验证, 当 h 充分小时, 关系式

$$|b_i| \geqslant |a_i| + |c_i|, \quad i = 2, \cdots, N-2,$$
$$|b_1| > |c_1|, \quad |b_{N-1}| > |a_{N-1}|$$

成立, 也即矩阵 A 具有对角占优性 (当 $q(x) \neq 0$ 时严格对角占优). 实际上后两式显然成立, 对第一式, 注意 h 充分小及 $p(x) \geqslant p_{\min}$, 必有

$$|a_i| + |c_i| = \left| \frac{2p_{i-\frac{1}{2}}}{h} + r_i \right| + \left| \frac{2p_{i+\frac{1}{2}}}{h} - r_i \right|$$
$$= \frac{2(p_{i-\frac{1}{2}} + p_{i+\frac{1}{2}})}{h} \leqslant |b_i|, \quad i = 2, \cdots, N-2,$$

又矩阵 A 不可约. 因此 A 是非奇异矩阵, 差分方程 (8.1.10) 有唯一解.

§8.1.2 有限体积法

有限体积法也称积分插值法. 考虑方程 (8.1.1) 的守恒形式 ($r = 0$), 即

$$-\frac{d}{dx}\left(p\frac{du}{dx} \right) + q(x)u = f(x), \quad x \in (a, b). \tag{8.1.12}$$

在 (a, b) 的任意子区间 $[x', x'']$ 上, 对方程 (8.1.12) 积分, 得到

$$\left(p\frac{du}{dx} \right)_{x'} - \left(p\frac{du}{dx} \right)_{x''} + \int_{x'}^{x''} q(x)u(x)dx = \int_{x'}^{x''} f(x)dx, \quad \forall [x', x''] \subset (a, b), \tag{8.1.13}$$

为在内结点 $x_i (1 \leqslant i \leqslant N-1)$ 上建立差分方程, 特别地, 取区间 $[x', x''] = [x_{i-\frac{1}{2}}, x_{i+\frac{1}{2}}]$, 则 (8.1.13) 成为

$$\left(p\frac{du}{dx} \right)_{x_{i-\frac{1}{2}}} - \left(p\frac{du}{dx} \right)_{x_{i+\frac{1}{2}}} + \int_{x_{i-\frac{1}{2}}}^{x_{i+\frac{1}{2}}} q(x)u(x)dx = \int_{x_{i-\frac{1}{2}}}^{x_{i+\frac{1}{2}}} f(x)dx. \tag{8.1.14}$$

利用数值积分中的中矩形公式

$$\int_{x_{i-\frac{1}{2}}}^{x_{i+\frac{1}{2}}} q(x)u(x)dx = q_i u_i h + O(h^3), \tag{8.1.15}$$

$$\int_{x_{i-\frac{1}{2}}}^{x_{i+\frac{1}{2}}} f(x)dx = f_i h + O(h^3), \tag{8.1.16}$$

将 (8.1.5)~(8.1.6) 与 (8.1.15)~(8.1.16) 代入 (8.1.14) 中, 得二阶精度的差分格式

$$-\frac{1}{h}\left[p_{i+\frac{1}{2}}(u_{i+1} - u_i) - p_{i-\frac{1}{2}}(u_i - u_{i-1})\right] + hq_i u_i = hf_i, \quad i = 1, \cdots, N-1. \tag{8.1.17}$$

该式实质上是当 $r_i = 0$ 时 (8.1.8) 的特殊情况.

前面我们考虑了第一类边界条件, 对于第二类或第三类边界条件, 如

$$-p(a)\left(\frac{du}{dx}\right)_a + \alpha_0 u(a) = \alpha_1, \tag{8.1.18}$$

$$p(b)\left(\frac{du}{dx}\right)_b + \beta_0 u(b) = \beta_1, \tag{8.1.19}$$

其中 $\alpha_0, \beta_0 \geqslant 0$ 为常数, 用积分插值法处理更加简单. 由 (8.1.18) 得

$$\left(p\frac{du}{dx}\right)_{x_0=a} = \alpha_0 u_0 - \alpha_1, \tag{8.1.20}$$

再在 (8.1.13) 中取积分区间 $[x', x''] = [a, x_{\frac{1}{2}}]$, 得

$$\left(p\frac{du}{dx}\right)_{x_0} - \left(p\frac{du}{dx}\right)_{x_{\frac{1}{2}}} + \int_{x_0}^{x_{\frac{1}{2}}} q(x)u(x)dx = \int_{x_0}^{x_{\frac{1}{2}}} f(x)dx. \tag{8.1.21}$$

又

$$\left(p\frac{du}{dx}\right)_{x_{\frac{1}{2}}} = p_{\frac{1}{2}}\frac{u_1 - u_0}{h} + O(h^2), \tag{8.1.22}$$

$$\int_{x_0}^{x_{\frac{1}{2}}} q(x)u(x)dx = \frac{h}{2}q_0 u_0 + O(h^2), \tag{8.1.23}$$

$$\int_{x_0}^{x_{\frac{1}{2}}} f(x)dx = \frac{h}{2}f_0 + O(h^2). \tag{8.1.24}$$

将 (8.1.20) 及 (8.1.22)~(8.1.24) 代入 (8.1.21) 中, 得到近似边界条件 (8.1.18) 的差分方程

$$-p_{\frac{1}{2}}\frac{u_1 - u_0}{h} + \left(\alpha_0 + \frac{h}{2}q_0\right)u_0 = \alpha_1 + \frac{h}{2}f_0. \tag{8.1.25}$$

同理, 由边界条件 (8.1.19) 得

$$\left(p\frac{du}{dx}\right)_{x_N=b} = \beta_1 - \beta_0 u_N. \tag{8.1.26}$$

在 (8.1.13) 中取积分区间 $[x', x''] = [x_{N-\frac{1}{2}}, b]$, 得

$$\left(p\frac{du}{dx}\right)_{x_{N-\frac{1}{2}}} - \left(p\frac{du}{dx}\right)_{x_N} + \int_{x_{N-\frac{1}{2}}}^{x_N} q(x)u(x)dx = \int_{x_{N-\frac{1}{2}}}^{x_N} f(x)dx. \tag{8.1.27}$$

又

$$\left(p\frac{du}{dx}\right)_{x_{N-\frac{1}{2}}} = p_{N-\frac{1}{2}}\frac{u_N - u_{N-1}}{h} + O(h^2), \tag{8.1.28}$$

$$\int_{x_{N-\frac{1}{2}}}^{x_N} q(x)u(x)dx = \frac{h}{2}q_N u_N + O(h^2), \tag{8.1.29}$$

$$\int_{x_{N-\frac{1}{2}}}^{x_N} f(x)dx = \frac{h}{2}f_N + O(h^2). \tag{8.1.30}$$

将 (8.1.26) 及 (8.1.28)~(8.1.30) 代入 (8.1.27) 中, 得边界条件 (8.1.19) 的差分方程

$$p_{N-\frac{1}{2}}\frac{u_N - u_{N-1}}{h} + \left(\beta_0 + \frac{h}{2}q_N\right)u_N = \beta_1 + \frac{h}{2}f_N. \tag{8.1.31}$$

由 (8.1.17)、(8.1.25) 和 (8.1.31) 可构成方程组

$$-p_{i-\frac{1}{2}}u_{i-1} + (p_{i-\frac{1}{2}} + p_{i+\frac{1}{2}} + h^2 q_i)u_i - p_{i+\frac{1}{2}}u_{i+1} = h^2 f_i, \quad i = 1, \cdots, N-1, \tag{8.1.32}$$

$$\left(p_{\frac{1}{2}} + h\alpha_0 + \frac{h^2}{2}q_0\right)u_0 - p_{\frac{1}{2}}u_1 = h\alpha_1 + \frac{h^2}{2}f_0, \tag{8.1.33}$$

$$-p_{N-\frac{1}{2}}u_{N-1} + \left(p_{N-\frac{1}{2}} + h\beta_0 + \frac{h^2}{2}q_N\right)u_N = h\beta_1 + \frac{h^2}{2}f_N. \tag{8.1.34}$$

写成矩阵形式为

$$A\boldsymbol{u} = \boldsymbol{f},$$

其中

$$A = \begin{pmatrix} a_0 & b_0 & & & & \\ b_0 & a_1 & b_1 & & & \\ & b_1 & a_2 & b_2 & & \\ & & \ddots & \ddots & \ddots & \\ & & & b_{N-2} & a_{N-1} & b_{N-1} \\ & & & & b_{N-1} & a_N \end{pmatrix},$$

以及

$$a_0 = p_{\frac{1}{2}} + h\alpha_0 + \frac{h^2}{2}q_0,$$

$$a_N = -p_{N-\frac{1}{2}} + h\beta_0 + \frac{h^2}{2}q_N,$$

$$a_i = p_{i-\frac{1}{2}} + p_{i+\frac{1}{2}} + h^2 q_i, \quad i = 1, \cdots, N-1,$$

$$b_i = -p_{i+\frac{1}{2}}, \quad i = 0, \cdots, N-1,$$

$$\boldsymbol{f} = \left(h\alpha_1 + \frac{h^2}{2}f_0, h^2 f_1, \cdots, h^2 f_{N-1}, h\beta_1 + \frac{h^2}{2}f_N \right)^T,$$

$$\boldsymbol{u} = (u_0, u_1, \cdots, u_N)^T.$$

可以看到, 所得的系数矩阵 A 是对称的, 而且严格对角占优, 因此 A 非奇异, 方程有唯一解. 如果直接用前面导数近似的方法去逼近第二类或第三类边界条件, 或者引进虚结点的方法 (后面讨论) 近似导数, 则破坏系数矩阵的对称性.

§8.2　基于变分原理的差分格式

本节讨论基于变分原理的差分格式, 其基本思想是首先将偏微分方程问题转化为一个泛函的极值问题或变分问题, 然后对转化后的问题进行差分离散, 导出差分格式. 在推导差分格式之前, 我们先介绍下面两个定理, 即 Lax-Milgram 引理和迹定理.

考虑如下变分方程. 设 V 是 Hilbert 空间, $A : (u, v) \in V \times V \to A(u, v) \in \mathbb{R}$ 是一个双线性泛函, $F(v)$ 是连续线性泛函, 求 $u \in V$, 使得

$$A(u, v) = F(v), \quad \forall v \in V. \tag{8.2.1}$$

该方程解的存在性和唯一性由 Lax-Milgram 引理给出.

定理 8.2.1　(Lax-Milgram 引理) 设 V 是 Hilbert 空间, $||\cdot||$ 是其范数, $A(u, v) : V \times V \to \mathbb{R}$ 是双线性泛函, $F(v) : V \to \mathbb{R}$ 是连续线性泛函. 若 $A(\cdot, \cdot)$ 满足条件

(1) 连续性, 即 $\exists \gamma > 0$, 使得

$$|A(w, v)| \leqslant \gamma ||w|| \cdot ||v||, \quad \forall w, v \in V. \tag{8.2.2}$$

(2) 强制性, 即 $\exists \alpha > 0$, 使得

$$A(v, v) \geqslant \alpha ||v||^2, \quad \forall v \in V, \tag{8.2.3}$$

则方程 (8.2.1) 存在唯一解 u, 且

$$||u|| \leqslant \frac{1}{\alpha} ||F||_{V^*}, \tag{8.2.4}$$

其中 V^* 为 V 的对偶空间.

证明　根据 Ritz 表示定理, 有

$$F(v) = (GF, v)_V, \quad \forall v \in V, \tag{8.2.5}$$

且对每一固定的 $w \in V$,

$$A(w, v) = (\tilde{A}w, v)_V, \quad \forall v \in V, \tag{8.2.6}$$

其中 $(\cdot, \cdot)_V$ 是 V 上的内积. $G: V^* \to V$ 是双射, 且为等距算子, 因为

$$||GF|| = \sup_{v \in V, v \neq 0} \frac{|(GF, v)_V|}{||v||} = \sup_{v \in V, v \neq 0} \frac{|F(v)|}{||v||} = ||F||_{V^*}. \qquad (8.2.7)$$

$\widetilde{A}: V \to V$ 是连续算子, 因为

$$||\widetilde{A}w|| = \sup_{v \in V, v \neq 0} \frac{\left|(\widetilde{A}w, v)_V\right|}{||v||} = \sup_{v \in V, v \neq 0} \frac{|A(w, v)|}{||v||} \leqslant \gamma ||w||. \qquad (8.2.8)$$

因此求解变分方程 (8.2.1) 等价于:

求 $u \in V$, 使得对每个 $F \in V^*$,

$$\widetilde{A}u = GF. \qquad (8.2.9)$$

这只要证明 $\widetilde{A}$ 是双射即可.

首先证明 $\widetilde{A}$ 是单射或一对一的. 因为

$$||v||^2 \leqslant \frac{1}{\alpha}(\widetilde{A}v, v)_V \leqslant \frac{1}{\alpha}||\widetilde{A}v|| \, ||v||, \quad \forall v \in V, \qquad (8.2.10)$$

所以

$$||v|| \leqslant \frac{1}{\alpha}||\widetilde{A}v||. \qquad (8.2.11)$$

该式蕴含 $\widetilde{A}v_1 = \widetilde{A}v_2$ 必有 $v_1 = v_2$ (或 $v_1 \neq v_2$ 必有 $Av_1 \neq Av_2$). 因此 $\widetilde{A}$ 是单射. 唯一性得证.

其次证明 $\widetilde{A}$ 为满射. 现证 $\widetilde{A}$ 的值域 $\mathcal{R}(\widetilde{A})$ 是闭的且 $\mathcal{R}(\widetilde{A})^\perp = \{0\}$, 从而 $\mathcal{R}(\widetilde{A}) = V$ 也即 $\widetilde{A}$ 是满射. 假设 $\widetilde{A}v_n \to w \in V$, 由 (8.2.11), 得

$$||v_n - v_m|| \leqslant \frac{1}{\alpha}||\widetilde{A}v_n - \widetilde{A}v_m||.$$

因此 v_n 是 Cauchy 序列. 令 $v = \lim_{n \to \infty} v_n$. 因为 $\widetilde{A}$ 连续, 所以 $\widetilde{A}v_n \to \widetilde{A}v = w$, 因此 $\mathcal{R}(\widetilde{A})$ 闭. 再取 $z \in \mathcal{R}(A)^\perp$, 则由强制性条件知

$$0 = (\widetilde{A}z, z)_V = A(z, z) \geqslant \alpha ||z||^2,$$

即 $z = 0$. 因此 $\widetilde{A}$ 是满射.

由上可知, 对每个 $F \in V^*$, (8.2.9) 存在唯一解. 在 (8.2.1) 中取 $v = u$, 由 $A(\cdot, \cdot)$ 的强制性和 $F(\cdot)$ 的有界性, 得到

$$||u||^2 \leqslant \frac{1}{\alpha}A(u, u) = \frac{1}{\alpha}F(u) \leqslant \frac{1}{\alpha}||F||_{V^*}||u||,$$

即

$$||u|| \leqslant \frac{1}{\alpha}||F||_{V^*}.$$

得证. □

推论 8.2.1 若定理 8.2.1 中的双线性形式 $A(\cdot, \cdot)$ 对称, 即

$$A(w, v) = A(v, w), \quad \forall w, v \in V, \tag{8.2.12}$$

则变分方程 (8.2.1) 与下述变分问题等价:

求 $u \in V$, 使得

$$J(u) = \min_{v \in V} J(v), \tag{8.2.13}$$

其中

$$J(v) := \frac{1}{2} A(v, v) - F(v) \tag{8.2.14}$$

是二次泛函.

证明 先证变分方程 (8.2.1) 的解必是变分问题的解, 任取 $v \in V$, 利用 $A(\cdot, \cdot)$ 的对称性, 计算

$$
\begin{aligned}
J(u + v) - J(u) &= \frac{1}{2} A(u + v, u + v) - F(u + v) - \left[\frac{1}{2} A(u, u) - F(u) \right] \\
&= A(u, v) - F(v) + \frac{1}{2} A(v, v) \\
&= \frac{1}{2} A(v, v) \geqslant \frac{\alpha}{2} \|v\|^2 \geqslant 0, \quad \forall v \in V,
\end{aligned}
$$

即

$$J(u + v) \geqslant J(u),$$

当 $v = 0$ 时等号成立. 因此

$$J(u) = \min_{v \in V} J(v).$$

其次, 若 $u \in V$ 是变分问题 (8.2.13) 的解, $\forall v \in V$ 和实数 λ, 则

$$
\begin{aligned}
J(u + \lambda v) &= \frac{1}{2} A(u, u) + \lambda A(u, v) + \frac{1}{2} \lambda^2 A(v, v) - F(u) - \lambda F(v) \\
&\geqslant J(u) = \frac{1}{2} A(u, u) - F(u),
\end{aligned}
$$

即

$$\frac{1}{2} \lambda^2 A(v, v) + \lambda [A(u, v) - F(v)] \geqslant 0.$$

由于对任意 v 和 λ 都成立, 故必有 $A(u, v) = F(v)$. □

定理 8.2.2 (迹定理) 设 Ω 是具有 Lipschitz 连续边界 $\partial\Omega$ 的有界开集, $s > \dfrac{1}{2}$, 则

(1) 存在唯一的线性连续映射 $\gamma_0 : H^s(\Omega) \longrightarrow H^{s-\frac{1}{2}}(\partial\Omega)$, 使得对每个 $v \in H^s(\Omega) \cap C^0(\bar{\Omega})$, 有 $\gamma_0 v = v|_{\partial\Omega}$.

(2) 存在一个线性连续映射 $\mathcal{R}_0 : H^{s-\frac{1}{2}}(\partial\Omega) \longrightarrow H^s(\Omega)$, 使得对每个 $\varphi \in H^{s-\frac{1}{2}}(\partial\Omega)$, 有 $\gamma_0 \mathcal{R}_0 \varphi = \varphi$.

§8.2.1 基于 Ritz 方法的差分近似

一切自共轭微分方程问题都可以归结为求一个函数使某泛函达到极小值的等价问题. 例如, 两点边值问题

$$
\begin{cases}
-\dfrac{d}{dx}\left(p(x)\dfrac{du}{dx}\right) + q(x)u = f(x), \quad x \in (0,1), & (8.2.15) \\[2mm]
p(0)\left(\dfrac{\partial u}{\partial x}\right)_{x=0} = \alpha_0 u(0) - \alpha_1, & (8.2.16) \\[2mm]
-p(1)\left(\dfrac{\partial u}{\partial x}\right)_{x=1} = \beta_0 u(1) - \beta_1, & (8.2.17)
\end{cases}
$$

其中 $p(x) \in C^1[0,1]$, $q(x), f(x) \in C[0,1]$, $p(x) \geqslant p_{\min} > 0$, $q(x) \geqslant q_{\min} > 0$, $\alpha_1 \geqslant 0$, $\alpha_0 > 0, \beta_0 > 0, \ \beta_1 \geqslant 0$.

若令

$$
a(u,v) = \int_0^1 [p(x)u'(x)v'(x) + q(x)u(x)v(x)]dx + \alpha_0 u(0)v(0) + \beta_0 u(1)v(1), \quad (8.2.18)
$$

$$
F(v) = \int_0^1 f(x)v(x)dx + \alpha_1 v(0) + \beta_1 v(0), \quad (8.2.19)
$$

则易知边值问题 (8.2.15)~(8.2.17) 对应的变分问题为: 求 $u \in H^1(0,1)$, 使得

$$
a(u,v) = F(v), \quad \forall v \in H^1(0,1). \quad (8.2.20)
$$

由于 $a(u,v)$ 的对称性, 可作二次泛函

$$
J(u) = \frac{1}{2}a(u,u) - F(u), \quad (8.2.21)
$$

因此也等价于下列二次泛函的极小值问题, 即: 求 $u \in H^1(0,1)$, 使得

$$
J(u) = \min_{v \in H^1(0,1)} J(v). \quad (8.2.22)
$$

利用 Lax-Milgram 引理 8.2.1, 若 $a(u,v)$ 满足有界性、强制性及 $F(u)$ 有界, 就知泛函 $J(u)$ 的极小值存在唯一.

注意到 $p(x), q(x)$ 的条件, 由 Cauchy-Schwarz 不等式和迹定理 8.2.2, 可得

$$
\begin{aligned}
|a(u,v)| &\leqslant \max\left\{\|p\|_{C[0,1]}, \|q\|_{C[0,1]}\right\} \|u\|_{H^1(0,1)}\|v\|_{H^1(0,1)} \\
&\quad + \max\left\{\alpha_0, \beta_0\right\}\|u\|_{H^1(0,1)}\|v\|_{H^1(0,1)} \\
&\leqslant C\|u\|_{H^1(0,1)}\|v\|_{H^1(0,1)}, \quad (8.2.23)
\end{aligned}
$$

其中 $C = 2\max\left\{\|p\|_{C[0,1]}, \|q\|_{C[0,1]}, \alpha_0, \beta_0\right\}$. 因此 $a(u,v)$ 有界.

类似地, 注意 $p(x) > 0,\ q(x) \geqslant q_{\min} > 0,\ \alpha_0 > 0,\ \beta_0 > 0$, 可得

$$a(u, u) = \int_0^1 \left[p(u')^2 + qu^2 \right] dx + \alpha_0 u^2(0) + \beta_0 u^2(1)$$
$$\geqslant \min \left\{ p(x), q(x) \right\} \|u\|_{H^1(0,1)}^2 = C\|u\|_{H^1(0,1)}^2, \tag{8.2.24}$$

其中 $C = \min\limits_{x \in [0,1]} \left\{ p(x), q(x) \right\}.$

同理利用迹定理 8.2.2, 并注意 $f(x) \in C[0,1]$, 对 $F(u)$ 有

$$|F(u)| \leqslant \|f\|_{C[0,1]} \|u\|_{H^1(0,1)} + \max \left\{ \alpha_1, \beta_1 \right\} \|u\|_{H^1(0,1)} \leqslant C\|u\|_{H^1(0,1)}, \tag{8.2.25}$$

其中 $C = 2\max \left\{ \|f\|_{C[0,1]}, \alpha_1, \beta_1 \right\}.$

注意 $a(u, v)$ 对称, 由 (8.2.23)~(8.2.25) 知, 满足 Lax-Milgram 引理的推论 8.2.1 的条件, 因此, (8.2.20) 或变分问题 (8.2.21)~(8.2.22) 在 $H^1(0,1)$ 中有唯一解, 且即为原边值问题 (8.2.15)~(8.2.17) 的解.

下面用 Ritz 方法近似求出泛函 $J(u)$ 取极小值的近似解. 设 $H^1(0,1)$ 是泛函 $J(u)$ 取极小值的空间, 我们构造有限维子空间序列空间 $V_h \subset H^1(0,1)$ 来取代 $H^1(0,1)$, 从而在 V_h 中求泛函的极小值. 假设 $\dim(V_h) = N + 1$, $\varphi_i^{(N+1)} (i = 0, \cdots, N)$ 是 V_h 的基, 则对任意的元素 $u_h \in V_h$, 有

$$u_h = \sum_{i=0}^N c_i \varphi_i^{(N+1)}. \tag{8.2.26}$$

将该式近似 u 并代入泛函 $J(u)$ 中, 得到 $N + 1$ 个变量 $c_0, c_1, \cdots, c_N$ 的函数. 该函数达到极值时系数 c_i 应满足方程组

$$\frac{\partial J}{\partial c_i} = 0, \quad i = 0, 1, \cdots, N. \tag{8.2.27}$$

因此解得系数 c_i, 再代入 (8.2.26) 中即得近似解. 当 $h \to 0$ 时为使近似解 u_h 收敛于精确解 u, 必须使选取的 $\{\varphi_0^{(N+1)}, \cdots, \varphi_N^{(N+1)}\}$ 张成的有限维子空间 V_h 在某种意义下逼近空间 $H^1(0,1)$.

将 (8.2.26) 代入 (8.2.21) 中, 得

$$J(u_h) = \frac{1}{2} a \left(\sum_{i=0}^N c_i \varphi_i^{(N+1)}, \sum_{i=0}^N c_i \varphi_i^{(N+1)} \right) - \int_0^1 f \sum_{i=0}^N c_i \varphi_i^{(N+1)} dx$$
$$- \alpha_1 \sum_{i=0}^N c_i \varphi_i^{(N+1)}(0) - \beta_1 \sum_{i=0}^N c_i \varphi_i^{(N+1)}(1)$$
$$= \frac{1}{2} \sum_{i,j=0}^N a_{i,j} c_i c_j - \sum_{i=0}^N b_i c_i, \tag{8.2.28}$$

其中

$$a_{i,j} = a_{j,i} = a(\varphi_i^{(N+1)}, \varphi_j^{(N+1)}), \tag{8.2.29}$$

$$b_i = \int_0^1 f(x)\varphi_i^{(N+1)}(x)dx + \alpha_1\varphi_i^{(N+1)}(0) + \beta_1\varphi_i^{(N+1)}(1). \tag{8.2.30}$$

由 $\dfrac{\partial J(u_h)}{\partial c_i} = 0$ 得下列关于 c_i 的方程组

$$\sum_{j=0}^N a_{i,j}c_j - b_i = 0, \quad i = 0, 1, \cdots, N. \tag{8.2.31}$$

取步长 $h = 1/N$, 对 $[0,1]$ 作等步长剖分, 得结点 $x_i = ih, i = 0, 1, \cdots, N$. 若将函数 $\varphi_i^{(N+1)}(x)$ 取成只有当 $|x - x_i| \leqslant h(x \in [0,1])$ 时不等于零, 则它们将在 (8.2.18) 的意义下, 当 $|i - j| \geqslant 2$ 时正交. $H^1(0,1)$ 中满足这种要求的最简单的函数是

$$\varphi_i^{(N+1)}(x) = \begin{cases} 0, & 0 \leqslant x \leqslant x_{i-1}, \quad x_{i+1} \leqslant x \leqslant 1, \\ (x - x_{i-1})/h, & x_{i-1} \leqslant x \leqslant x_i, \\ (x_{i+1} - x)/h, & x_i \leqslant x \leqslant x_{i+1}. \end{cases} \tag{8.2.32}$$

$$\varphi_0^{(N+1)}(x) = \begin{cases} (h - x)/h, & 0 \leqslant x \leqslant h \\ 0, & h \leqslant x \leqslant 1. \end{cases} \tag{8.2.33}$$

$$\varphi_N^{(N+1)}(x) = \begin{cases} (x - 1 + h)/h, & 1 - h \leqslant x \leqslant 1, \\ 0, & 0 \leqslant x \leqslant 1 - h. \end{cases} \tag{8.2.34}$$

该函数的图形见图 8.1.

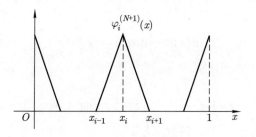

图 8.1 基函数示意图

如果基函数取作 (8.2.32)~(8.2.34), 而展开式 (8.2.26) 中的参数 c_i 取作结点上的函数值 u_i, 则子空间 V_h 将由分段线性连续函数组成. 在 $h \to 0$ 时这些子空间能充分逼近 $H^1(0,1)$. 对应的方程组 (8.2.31) 具有如下形式

$$\begin{cases} a_{i,i-1}u_{i-1} + a_{i,i}u_i + a_{i,i+1}u_{i+1} - b_i = 0, \quad i = 1, \cdots, N - 1, \\ a_{0,0}u_0 + a_{0,1}u_1 - b_0 = 0, \\ a_{N,N-1}u_{N-1} + a_{N,N}u_N - b_N = 0. \end{cases} \tag{8.2.35}$$

现在来计算 (8.2.35) 中的系数 $a_{i,j}$ 和 b_i, 由 (8.2.18) 和 (8.2.29) 得

$$a_{i,i} = h^{-2} \left[\int_{x_{i-1}}^{x_{i+1}} p(x)dx + \int_{x_{i-1}}^{x_i} q(x)(x - x_{i-1})^2 dx + \int_{x_i}^{x_{i+1}} q(x)(x - x_{i+1})^2 dx \right],$$
$$\quad i = 1, \cdots, N-1,$$

$$a_{0,0} = h^{-2} \left[\int_0^h p(x)dx + \int_0^h q(x)(x-h)^2 dx \right] + \alpha_0,$$

$$a_{N,N} = h^{-2} \left[\int_{1-h}^1 p(x)dx + \int_{1-h}^1 q(x)(x-1+h)^2 dx \right] + \beta_0,$$

$$a_{i,i+1} = a_{i+1,i} = h^{-2} \left[-\int_{x_i}^{x_{i+1}} p(x)dx + \int_{x_i}^{x_{i+1}} q(x)(x_{i+1}-x)(x-x_i)dx \right], \quad (8.2.36)$$
$$\quad i = 0, \cdots, N-1,$$

$$b_i = h^{-1} \left[\int_{x_{i-1}}^{x_i} f(x)(x - x_{i-1})dx + \int_{x_i}^{x_{i+1}} f(x)(x_{i+1}-x)dx \right], \quad i = 1, \cdots, N-1,$$

$$b_0 = h^{-1} \int_0^h f(x)(h-x)dx + \alpha_1,$$

$$b_N = h^{-1} \int_{1-h}^1 f(x)(x-1+h)dx + \beta_1.$$

由于采用的基函数是分段线性连续函数, 而线性插值误差是 $O(h^2)$ 阶, 因此差分问题 (8.2.28) 逼近问题 (8.2.15)~(8.2.17) 的误差是 $O(h^2)$ 阶.

上面通过寻找基函数求解泛函极小值来得到近似解, 我们还可以直接对泛函本身进行差分逼近, 即用求积公式近似泛函表达式中的积分, 导数用差商近似. 例如对泛函 (8.2.21), 即

$$J(u) = \frac{1}{2}a(u, u) - F(u),$$

其中

$$a(u, u) = \int_0^1 \left[p(x)(u'(x))^2 + q(x)u^2(x) \right] dx + \alpha_0 u^2(0) + \beta(0)u^2(1),$$

$$F(u) = \int_0^1 f(x)u(x)dx + \alpha_1 u(0) + \beta_1 u(0).$$

第一个积分用中矩形公式代替, 后两个积分用梯形公式代替, 在 $x_i - h/2$ 处的导数值用中心差分公式代替, 则可得

$$J(u_h) = \frac{1}{2}\sum_{i=1}^N p_{i-\frac{h}{2}} \left(\frac{u_i - u_{i-1}}{h} \right)^2 h + \frac{h}{4}(q_0 u_0^2 + q_N u_N^2 - 2f_0 u_0 - 2f_N u_N)$$

$$+ \frac{1}{2}\sum_{i=1}^{N-1}(q_i u_i^2 - 2f_i u_i)h + \frac{\alpha_0}{2}u_0^2 + \frac{\beta_0}{2}u_N^2 - \alpha_1 u_0 - \beta_1 u_N, \quad (8.2.37)$$

其中 $q_0 = q(0)$, $q_N = q(1)$, $f_0 = f(0)$, $f_N = f(1)$. 令 $\dfrac{\partial J(u_h)}{\partial u_i} = 0$, $i = 1, 2 \cdots, N-1$, 得到方程

$$-p_{i+\frac{1}{2}}\frac{u_{i+1}-u_i}{h} + p_{i-\frac{1}{2}}\frac{u_i-u_{i-1}}{h} + hq_iu_i - hf_i = 0, \quad i = 1, 2, \cdots, N-1. \quad (8.2.38)$$

当 $i = 0, N$ 时, 有

$$-p_{\frac{1}{2}}\frac{u_1-u_0}{h} + \frac{h}{2}q_0u_0 - \frac{h}{2}f_0 + \alpha_0 u_0 - \alpha_1 = 0, \quad (8.2.39)$$

$$p_{N-\frac{1}{2}}\frac{u_N-u_{N-1}}{h} + \frac{h}{2}q_Nu_N - \frac{h}{2}f_N + \beta_0 u_N - \beta_1 = 0. \quad (8.2.40)$$

将 (8.2.38)~(8.2.40) 分别改写成

$$-\frac{1}{h}\left(p_{i+\frac{1}{2}}\frac{u_{i+1}-u_i}{h} - p_{i-\frac{1}{2}}\frac{u_i-u_{i-1}}{h}\right) + q_iu_i = f_i, \quad i = 1, 2, \cdots, N-1, \quad (8.2.41)$$

$$p_{\frac{1}{2}}\frac{u_1-u_0}{h} = \left(\alpha_0 + \frac{h}{2}q_0\right)u_0 - \left(\alpha_1 + \frac{h}{2}f_0\right), \quad (8.2.42)$$

$$-p_{N-\frac{1}{2}}\frac{u_N-u_{N-1}}{h} = \left(\beta_0 + \frac{h}{2}q_N\right)u_N - \left(\beta_1 + \frac{h}{2}f_N\right). \quad (8.2.43)$$

(8.2.41)~(8.2.43) 即为原问题的差分格式. 这与前面积分插值法所得的结果 (8.1.32)~(8.1.34) 完全相同, 所以方程与边值条件都具有 $O(h^2)$ 阶精度.

上面直接近似泛函而不是选取基函数的方法对处理高阶方程更为简单, 例如考虑问题

$$\begin{cases} \dfrac{\partial^4 u}{\partial x^4} + qu(x) = f(x), \quad x \in (0, 1), & (8.2.44) \\[3mm] \left(\dfrac{\partial^2 u}{\partial x^2}\right)_{x=0} = \left(\dfrac{\partial^3 u}{\partial x^3}\right)_{x=0} = \left(\dfrac{\partial^2 u}{\partial x^2}\right)_{x=1} = \left(\dfrac{\partial^3 u}{\partial x^3}\right)_{x=1} = 0, & (8.2.45) \end{cases}$$

其中 q 为常数, 不难推知该问题等价于寻找函数 $u(x)$, 使得泛函

$$J(u) = \int_0^1 \left(\frac{\partial^2 u}{\partial x^2} + qu^2\right)dx - 2\int_0^1 u(x)f(x)dx \quad (8.2.46)$$

取极小值. 我们用梯形求积公式来近似该泛函中的积分, 注意利用边界条件 $\left(\dfrac{\partial^2 u}{\partial x^2}\right)_{x=0} = \left(\dfrac{\partial^2 u}{\partial x^2}\right)_{x=1}$, 可得

$$J(u_h) = \sum_{i=1}^{N-1}\left(\frac{u_{i-1}-2u_i+u_{i+1}}{h^2}\right)^2 h + \sum_{i=1}^{N-1}(qu_i^2 - 2f_iu_i)h$$
$$+ \frac{h}{2}\left(qu_0^2 + qu_N^2 - 2f_0u_0 - 2f_Nu_N\right).$$

令 $\dfrac{\partial J(u_h)}{\partial u_i} = 0, i = 2, \cdots, N-2$, 得

$$\frac{2}{h^3}(u_{i-2} - 2u_{i-1} + u_i) - \frac{4}{h^3}(u_{i-1} - 2u_i + u_{i+1})$$
$$+ \frac{2}{h^3}(u_i - 2u_{i+1} + u_{i+2}) + 2hqu_i - 2hf_i = 0. \tag{8.2.47}$$

利用边界条件, 可得

当 $i = 0$ 时,
$$\frac{2}{h^3}(u_0 - 2u_1 + u_2) + hqu_0 - hf_0 = 0. \tag{8.2.48}$$

当 $i = 1$ 时,
$$-\frac{4}{h^3}(u_0 - 2u_1 + u_2) + \frac{2}{h^3}(u_1 - 2u_2 + u_3) + 2(qu_1 - 2f_1) = 0. \tag{8.2.49}$$

当 $i = N - 1$ 时,
$$\frac{2}{h^3}(u_{N-3} - 2u_{N-2} + u_{N-1}) - \frac{4}{h^3}(u_{N-2} - 2u_{N-1} + u_N) + 2hqu_{N-1} - 2hf_{N-1} = 0. \tag{8.2.50}$$

当 $i = N$ 时,
$$\frac{2}{h^3}(u_{N-2} - 2u_{N-1} + u_N) + hqu_N - hf_N = 0. \tag{8.2.51}$$

于是问题 (8.2.44)~(8.2.45) 的差分格式为

$$\begin{cases} u_{i-2} - 4u_{i-1} + (6 + h^4 q)u_i - 4u_{i+1} + u_{i+2} = h^4 f_i, & i = 2, \cdots, N-2, \\ (2 + h^4 q)u_0 - 4u_1 + 2u_2 = h^4 f_0, \\ 2u_0 - (5 + h^3 q)u_1 + 4u_2 - u_3 = -2h^3 f_1, \\ u_{N-3} - 4u_{N-2} + (5 + h^4 q)u_{N-1} - 2u_N = h^4 f_{N-1}, \\ 2u_{N-2} - 4u_{N-1} + (2 + h^4 q)u_N = h^4 f_N. \end{cases} \tag{8.2.52}$$

该差分格式是 $O(h^2)$ 阶精度.

§8.2.2　基于 Galerkin 方法的差分近似

Galerkin 方法比前面的 Ritz 方法范围更广, 当方程为非自共轭时, 可采用 Galerkin 方法. 考虑问题

$$\begin{cases} -\dfrac{d}{dx}\left(p(x)\dfrac{du}{dx}\right) + r(x)\dfrac{du}{dx} + q(x)u = f(x), & x \in (0, 1), \\ p(0)\left(\dfrac{\partial u}{\partial x}\right)_{x=0} = \alpha_0 u(0) - \alpha_1, \\ -p(1)\left(\dfrac{\partial u}{\partial x}\right)_{x=1} = \beta_0 u(1) - \beta_1. \end{cases} \tag{8.2.53}$$

当 $p(x) \in C^1[0,1]$ 且 $p(x) \geqslant p_{\min} > 0$; $q(x) \in C[0,1]$, $q(x) \geqslant 0$; $r(x), f(x) \in C[0,1]$; $\alpha_0, \alpha_1, \beta_0, \beta_1$ 均为常数, 且 α_0, β_0 非负时, 问题 (8.2.53) 有唯一解 $u(x) \in C^2[0,1]$. 当 $p(x) \in C[0,1]$, $p(x) > 0$; $r(x), q(x), f(x) \in L_2[0,1]$ 且 $q(x), \alpha_0, \beta_0$ 非负时, 上式有唯一解 $u(x) \in H^1(0,1)$.

同 Ritz 方法一样, Galerkin 方法也是在有限维子空间序列 V_h 中求解问题 (8.2.1). 假定 $h \to 0$ 时, V_h 能完全逼近 V, 即假设对所有 $v \in V$, 有

$$\inf_{v_h \in V_h} ||v - v_h|| \to 0, \quad h \to 0,$$

则求解变分方程问题:

寻找 $u \in V$, 使得

$$A(u, v) = F(v), \quad \forall v \in V, \tag{8.2.54}$$

成为求解问题:

寻找 $u_h \in V_h$, 使得

$$A(u_h, v_h) = F(v_h), \quad \forall v_h \in V_h. \tag{8.2.55}$$

定理 8.2.3 (Céa 引理) 在 Lax-Milgram 引理 8.2.1 的条件下, 问题 (8.2.55) 有唯一解 u_h, 且满足

$$||u_h|| \leqslant \frac{||F||_{V^*}}{\alpha}, \tag{8.2.56}$$

而且若 u 是问题 (8.2.54) 的解, 则

$$||u - u_h|| \leqslant \frac{\gamma}{\alpha} \inf_{v_h \in V_h} ||u - v_h||, \tag{8.2.57}$$

因此 u_h 收敛到 u.

证明 因为 $V_h \subset V$, 所以问题 (8.2.55) 满足 Lax-Milgram 引理 8.2.1 的条件, 故存在唯一的一个解 u_h, 而且, 取 $v_h = u_h$, 再由强制性条件得

$$\alpha ||u_h||^2 \leqslant A(u_h, u_h) = F(u_h) \leqslant ||F||_{V^*} ||u_h||,$$

即

$$||u_h|| \leqslant \frac{||F||_{V^*}}{\alpha}.$$

由于 $||F||_{V^*}$ 与 α 均与网格步长 h 无关, 由该式可知解 u_h 稳定.

设 $v \in V_h$, 则 (8.2.54) 减 (8.2.55), 得

$$A(u - u_h, v_h) = 0, \quad \forall v_h \in V_h.$$

再根据 $A(\cdot, \cdot)$ 的连续性和强制性, 并在上式中取 $v_h = w_h - u_h$, $w_h \in V_h$, 则有

$$\alpha ||u - u_h||^2 \leqslant A(u - u_h, u - u_h) = A(u - u_h, u - w_h)$$
$$\leqslant \gamma ||u - u_h|| \cdot ||u - w_h||, \quad \forall w_h \in V_h,$$

即

$$\|u - u_h\| \leqslant \frac{\gamma}{\alpha} \inf_{v_h \in V_h} \|u - v_h\|.$$

因此 u_h 收敛到 u. □

下面求问题 (8.2.53) 的解 $u \in H^1(0,1)$. 易知, 该问题的变分方程满足

$$\int_0^1 \big[p(x)u'(x)v'(x) + r(x)u'(x)v(x) + q(x)u(x)v(x) - f(x)v(x) \big] dx$$
$$+ \beta_0 u(1)v(1) + \alpha_0 u(0)v(0) - \beta_1 v(1) - \alpha_1 v(0) = 0. \tag{8.2.58}$$

假定 V_h 是空间 $H^1(0,1)$ 的有限维子空间序列, 我们寻求近似解 $u_h(x) \in V_h$, 使之对一切函数 $v_h(x) \in V_h$ 满足等式 (8.2.58). 现设 V_h 是前面引进的分段线性连续函数空间, $\varphi_i^{(N+1)}(x)(i = 0, 1, \cdots, N)$ 是基函数, 则寻求形如

$$u_h = \sum_{j=0}^N u_j \varphi_j^{(N+1)} \tag{8.2.59}$$

的近似解. 在 (8.2.58) 中令 $v(x) = \varphi_i^{(N+1)}(x)$, 并将 (8.2.59) 代入 (8.2.58) 中, 得

$$\sum_{j=0}^N \bigg\{ \int_0^1 \bigg[p(x)u_j \frac{d}{dx}\varphi_j^{(N+1)} \frac{d}{dx}\varphi_i^{(N+1)} + r(x)u_j \frac{d}{dx}\varphi_j^{(N+1)} \varphi_i^{(N+1)}$$

$$+ q(x)u_j \varphi_i^{(N+1)} \varphi_j^{(N+1)} - f(x)\varphi_i^{(N+1)} \bigg] dx + \alpha_0 u_j \varphi_j^{(N+1)}(0)\varphi_i^{(N+1)}(0)$$

$$+ \beta_0 u_j \varphi_j^{(N+1)}(1)\varphi_i^{(N+1)}(1) - \alpha_1 \varphi_i^{(N+1)}(0) - \beta_1 \varphi_i^{(N+1)}(1) \bigg\} = 0.$$

由此得到方程组

$$\begin{cases} a_{i,i-1}u_{i-1} + a_{i,i}u_i + a_{i,i+1}u_{i+1} - b_i = 0, & i = 1, 2, \cdots, N-1, \\ a_{0,0}u_0 + a_{0,1}u_1 - b_0 = 0, \\ a_{N,N-1}u_{N-1} + a_{N,N}u_N - b_N = 0, \end{cases} \tag{8.2.60}$$

其中当 $i = 1, \cdots, N-1$ 时,

$$a_{i,i-1} = h^{-2}\Big[-\int_{x_{i-1}}^{x_i} p(x)dx - \int_{x_{i-1}}^{x_i} (x - x_{i-1})r(x)dx$$

$$+ \int_{x_{i-1}}^{x_i} (x_i - x)(x - x_{i-1})q(x)dx \Big],$$

$$a_{i,i} = h^{-2}\Big[\int_{x_{i-1}}^{x_{i+1}} p(x)dx + \int_{x_{i-1}}^{x_i} (x - x_{i-1})r(x)dx - \int_{x_i}^{x_{i+1}} (x_{i+1} - x)r(x)dx$$

$$+ \int_{x_{i-1}}^{x_i} (x - x_{i-1})^2 q(x)dx + \int_{x_i}^{x_{i+1}} (x_{i+1} - x)^2 q(x)dx \Big],$$

$$a_{i,i+1} = h^{-2}\Big[-\int_{x_i}^{x_{i+1}} p(x)dx + \int_{x_i}^{x_{i+1}} (x_{i+1} - x)r(x)dx$$

$$+ \int_{x_i}^{x_{i+1}} (x - x_i)(x_{i+1} - x)q(x)dx \Big].$$

当 $i = 0$ 时,

$$a_{0,0} = h^{-2} \Big[\int_0^h p(x)dx - \int_0^h (h - x)r(x)dx + \int_0^h (h - x)^2 q(x)dx \Big] + \alpha_0,$$

$$a_{0,1} = h^{-2} \Big[- \int_0^h p(x)dx + \int_0^h (h - x)r(x)dx + \int_0^h x(h - x)q(x)dx \Big].$$

当 $i = N$ 时,

$$a_{N,N-1} = h^{-2} \Big[- \int_{1-h}^1 p(x)dx - \int_{1-h}^1 (x - 1 + h)r(x)dx$$

$$+ \int_{1-h}^1 (1 - x)(x - 1 + h)q(x)dx \Big],$$

$$a_{N,N} = h^{-2} \Big[\int_{1-h}^1 p(x)dx + \int_{1-h}^1 (x - 1 + h)r(x)dx + \int_{1-h}^1 (x - 1 + h)^2 q(x)dx \Big] + \beta_0.$$

$$b_i = h^{-1} \Big[\int_{x_{i-1}}^{x_i} (x - x_{i-1})f(x)dx + \int_{x_i}^{x_{i+1}} (x_{i+1} - x)f(x)dx \Big], \quad i = 1, 2, \cdots, N - 1,$$

$$b_0 = h^{-1} \int_0^h (h - x)f(x)dx - \alpha_1,$$

$$b_N = h^{-1} \int_{1-h}^1 (x - 1 + h)f(x)dx - \beta_1.$$

同前面一样, 也可以采取直接近似变分方程 (8.2.58) 中的积分来得到差分格式, 若在 (8.2.58) 中第一个积分项用中矩形公式, 其余积分项用梯形公式近似, 则

$$\sum_{i=1}^N p_{i-\frac{1}{2}} \left(\frac{u_i - u_{i-1}}{h} \right) \left(\frac{v_i - v_{i-1}}{h} \right) h + \sum_{i=1}^{N-1} \left(r_i \frac{u_{i+1} - u_{i-1}}{2h} v_i + q_i u_i v_i - f_i v_i \right) h$$

$$+ \frac{h}{2} \left(r_0 \frac{u_1 - u_0}{h} v_0 + r_N \frac{u_N - u_{N-1}}{h} v_N \right) + \frac{h}{2} (q_0 u_0 v_0 - f_0 v_0 + q_N u_N v_N - f_N v_N)$$

$$+ \alpha_0 u_0 v_0 + \beta_0 u_N v_N - \alpha_1 v_0 - \beta_1 v_N = 0. \tag{8.2.61}$$

在 (8.2.61) 中, v_i 是任意的网格函数, 逐个选取 $v_i(i = 0, 1, \cdots, N)$, 使 v_i 在第 i 个结点上取值为 1, 其余结点取值为 0 (也即令 $v_i = \delta(i - j)$, $j = 0, 1, \cdots, N$), 则

$$\begin{cases} p_{i-\frac{1}{2}} \dfrac{u_i - u_{i-1}}{h} + \left(r_i \dfrac{u_{i+1} - u_{i-1}}{2h} + q_i u_i - f_i \right) h = 0, \quad i = 1, \cdots, N - 1, \\[3mm] \left(-p_{\frac{1}{2}} + \dfrac{h}{2} r_0 \right) \dfrac{u_1 - u_0}{h} = - \left(\alpha_0 + \dfrac{h}{2} q_0 \right) u_0 + \alpha_1 + \dfrac{h}{2} f_0, \\[3mm] \left(p_{N-\frac{1}{2}} + \dfrac{h}{2} r_N \right) \dfrac{u_N - u_{N-1}}{h} = - \left(\beta_0 + \dfrac{h}{2} q_N \right) u_N + \beta_1 + \dfrac{h}{2} f_N. \end{cases} \tag{8.2.62}$$

也即

$$
\begin{cases}
-(2p_{i-\frac{1}{2}}+r_ih)u_{i-1}+(2p_{i-\frac{1}{2}}+2h^2q_i)u_i+r_ihu_{i+1}=2h^2f_i, \quad i=1,\cdots,N-1,\\
(2p_{\frac{1}{2}}-hr_0+2h\alpha_0+h^2q_0)u_0+(hr_0-2p_{\frac{1}{2}})u_1=2h\alpha_1+h^2f_0,\\
-(2p_{N-\frac{1}{2}}+hr_N)u_{N-1}+(2p_{N-\frac{1}{2}}+hr_N+2h\beta_0+h^2q_N)u_N=2h\beta_1+h^2f_N.
\end{cases}
$$

$$(8.2.63)$$

可以验证该格式对原问题是 $O(h)$ 阶近似的差分格式. 为了得到 $O(h^2)$ 阶近似的格式, 我们对变分方程 (8.2.58) 中的第一、第二积分项用中矩形公式, 第三、第四积分项用梯形公式, 得到

$$
\sum_{i=1}^{N}p_{i-\frac{1}{2}}\left(\frac{u_i-u_{i-1}}{h}\right)\left(\frac{v_i-v_{i-1}}{h}\right)h+\sum_{i=1}^{N}r_{i-\frac{1}{2}}\frac{u_i-u_{i-1}}{2h}v_ih+\sum_{i=1}^{N-1}(q_iu_iv_i-f_iv_i)h
$$
$$
+\frac{h}{2}(q_0u_0v_0-f_0v_0+q_Nu_Nv_N-f_Nv_N)+\alpha_0u_0v_0+\beta_0u_Nv_N-\alpha_1v_0-\beta_1v_N=0.
$$

同理可得

$$
\begin{cases}
p_{i-\frac{1}{2}}\dfrac{u_i-u_{i-1}}{h}+r_{i-\frac{1}{2}}(u_i-u_{i-1})+(q_iu_i-f_i)h=0, \quad i=1,\cdots,N-1,\\
-p_{\frac{1}{2}}\dfrac{u_1-u_0}{h}=-\left(\alpha_0+\dfrac{h}{2}q_0\right)u_0+\alpha_1+\dfrac{h}{2}f_0,\\
p_{N-\frac{1}{2}}\dfrac{u_N-u_{N-1}}{h}=-\left(\beta_0+\dfrac{h}{2}q_N\right)u_N+\beta_1+\dfrac{h}{2}f_N,
\end{cases}
$$

$$(8.2.64)$$

也即

$$
\begin{cases}
(p_{i-\frac{1}{2}}+r_{i-\frac{1}{2}}h)u_{i-1}+(p_{i-\frac{1}{2}}+r_{i-\frac{1}{2}}h+h^2q_i)u_i=2h^2f_i, \quad i=1,\cdots,N-1,\\
(2p_{\frac{1}{2}}+2h\alpha_0+h^2q_0)u_0-2p_{\frac{1}{2}}u_1=2h\alpha_1+h^2f_0,\\
-(2p_{N-\frac{1}{2}}+2r_{N-\frac{1}{2}}h)u_{N-1}+(2p_{N-\frac{1}{2}}+2r_{N-\frac{1}{2}}h+2h\beta_0+h^2q_N)u_N=2h\beta_1+h^2f_N.
\end{cases}
$$

$$(8.2.65)$$

可以验证该格式为 $O(h^2)$ 阶的差分格式.

§8.3 Laplace 方程的五点差分格式

考虑 Laplace 方程的 Dirichlet 边值问题

$$
\begin{cases}
\dfrac{\partial^2u}{\partial x^2}+\dfrac{\partial^2u}{\partial y^2}=0, \quad (x,y)\in\Omega=\{0<x<1,0<y<1\}, & (8.3.1)\\
u(x,y)=f(x,y), \quad (x,y)\in\partial\Omega, & (8.3.2)
\end{cases}
$$

其中 $\partial\Omega$ 为区域 Ω 的边界.

对正方形区域用两组平行于坐标轴的直线 $x_i = ih$, $y_j = jh$ 进行剖分, 假定步长为 $h = 1/M$, 则共有 $(M-1)^2$ 个内结点. 在每个内结点 (i,j) 上, 用二阶中心差分格式代替方程 (8.3.1) 中的二阶偏导数, 得

$$\frac{u_{i+1,j} - 2u_{i,j} + u_{i-1,j}}{h^2} + \frac{u_{i,j+1} - 2u_{i,j} + u_{i,j-1}}{h^2} = 0, \tag{8.3.3}$$

即

$$u_{i,j} = \frac{1}{4}(u_{i+1,j} + u_{i-1,j} + u_{i,j+1} + u_{i,j-1}). \tag{8.3.4}$$

显然 $u_{i,j}$ 是作为四个相邻点的平均值来计算的, 这就是 Laplace 方程在等步长情况下最简单的五点有限差分近似. 该格式具有二阶精度, 其近似的截断误差可由 Taylor 级数展开方法得到 (假定高阶导数总是存在)

$$u_{i+1,j} = \left(u + h\frac{\partial u}{\partial x} + \frac{h^2}{2}\frac{\partial^2 u}{\partial x^2} + \frac{h^3}{6}\frac{\partial^3 u}{\partial x^3} + \frac{h^4}{24}\frac{\partial^4 u}{\partial x^4} + \cdots\right)_{i,j},$$

$$u_{i-1,j} = \left(u - h\frac{\partial u}{\partial x} + \frac{h^2}{2}\frac{\partial^2 u}{\partial x^2} - \frac{h^3}{6}\frac{\partial^3 u}{\partial x^3} + \frac{h^4}{24}\frac{\partial^4 u}{\partial x^4} - \cdots\right)_{i,j},$$

$$u_{i,j+1} = \left(u + h\frac{\partial u}{\partial x} + \frac{h^2}{2}\frac{\partial^2 u}{\partial y^2} + \frac{h^3}{6}\frac{\partial^3 u}{\partial y^3} + \frac{h^4}{24}\frac{\partial^4 u}{\partial y^4} + \cdots\right)_{i,j},$$

$$u_{i,j-1} = \left(u - h\frac{\partial u}{\partial x} + \frac{h^2}{2}\frac{\partial^2 u}{\partial y^2} - \frac{h^3}{6}\frac{\partial^3 u}{\partial y^3} + \frac{h^4}{24}\frac{\partial^4 u}{\partial y^4} - \cdots\right)_{i,j},$$

将上述四式代入 (8.3.3) 中, 得

$$\frac{u_{i+1,j} - 2u_{i,j} + u_{i-1,j}}{h^2} + \frac{u_{i,j+1} - 2u_{i,j} + u_{i,j-1}}{h^2}$$

$$= \left(\frac{\partial^2 u}{\partial x^2} + \frac{\partial^2 u}{\partial y^2}\right)_{i,j} + \frac{h^2}{12}\left(\frac{\partial^4 u}{\partial x^4} + \frac{\partial^4 u}{\partial y^4}\right)_{i,j} + \cdots, \tag{8.3.5}$$

因此截断误差阶为 $O(h^2)$. 若记截断误差为 $R(u)$,

$$M = \max_{\Omega}\left\{\left|\frac{\partial^4 u}{\partial x^4}\right|, \left|\frac{\partial^4 u}{\partial y^4}\right|\right\}, \tag{8.3.6}$$

则

$$|R(u)| \leqslant \frac{h^2}{6}M. \tag{8.3.7}$$

由差分格式 (8.3.4) 再结合边界条件的差分格式即 $u_{i,j} = f_{i,j}$, $(i,j) \in \partial\Omega$ 即可求得内结点上的近似值. 下面通过例题来说明.

例 1 对边值问题

$$\begin{cases} \dfrac{\partial^2 u}{\partial x^2} + \dfrac{\partial^2 u}{\partial y^2} = 0, & 0 < x < 2,\ 0 < y < 2, \\[2mm] u(0,y) = 0,\ u(2,y) = y(2-y), & 0 < y < 2, \\[2mm] u(x,0) = 0,\ \ u(x,2) = \begin{cases} x, & 0 < x < 1, \\ 2-x, & 1 \leqslant x < 2. \end{cases} \end{cases}$$

分别取步长 $h = 2/3$ 和 $h = 1/2$ 求解.

　　解　(1) 当取 $h = 2/3$ 时, 求解区域的结点如图 8.2(a) 所示, 其中已标出边界上的函数值. 在内结点上应用五点有限差分近似, 可得

$$\begin{cases} -4u_{11}+ & u_{21}+ & u_{12}+ & 0 = 0, \\ u_{11}- & 4u_{21}+ & 0+ & u_{22} = -\dfrac{8}{9}, \\ u_{11}+ & 0- & 4u_{12}+ & u_{22} = -\dfrac{2}{3}, \\ 0+ & u_{21}+ & u_{12}- & 4u_{22} = -\dfrac{14}{9}. \end{cases}$$

又记 $\boldsymbol{u} = (u_{11}, u_{21}, u_{12}, u_{22})^T$, 则上述差分方程可写成矩阵形式

$$\begin{pmatrix} -4 & 1 & 1 & 0 \\ 1 & -4 & 0 & 1 \\ 1 & 0 & -4 & 1 \\ 0 & 1 & 1 & -4 \end{pmatrix} \begin{pmatrix} u_{11} \\ u_{21} \\ u_{12} \\ u_{22} \end{pmatrix} = \begin{pmatrix} 0 \\ -\dfrac{8}{9} \\ -\dfrac{2}{3} \\ -\dfrac{14}{9} \end{pmatrix}, \tag{8.3.8}$$

解得 $\boldsymbol{u} = (u_{11}, u_{21}, u_{12}, u_{22})^T = \left(\dfrac{7}{36}, \dfrac{5}{12}, \dfrac{13}{36}, \dfrac{7}{12} \right)^T.$

　　(2) 当取 $h = 1/2$ 时, 结点如图 8.2(b) 所示, 边界上的函数值也已标出. 类似地可得差分方程

$$\begin{cases} u_{21} + u_{12} + & 0 + & 0 - 4u_{11} = 0, \\ u_{31} + u_{22} + u_{11} + & 0 - 4u_{21} = 0, \\ \dfrac{3}{4} + u_{32} + u_{21} + & 0 - 4u_{31} = 0, \\ u_{22} + u_{13} + u_{11} + & 0 - 4u_{12} = 0, \\ u_{32} + u_{23} + u_{12} + u_{21} - 4u_{22} = 0, \\ 1 + u_{33} + u_{22} + u_{31} - 4u_{32} = 0, \\ u_{23} + \dfrac{1}{2} + & 0 + u_{12} - 4u_{13} = 0, \\ u_{33} + 1 + u_{13} + u_{22} - 4u_{23} = 0, \\ \dfrac{3}{4} + \dfrac{1}{2} + u_{23} + u_{32} - 4u_{33} = 0. \end{cases} \tag{8.3.9}$$

由此解得

$$\begin{aligned} \boldsymbol{u} &= (u_{11}, u_{21}, u_{31}, u_{12}, u_{22}, u_{32}, u_{13}, u_{23}, u_{33})^T \\ &= \left(\dfrac{7}{64}, \dfrac{51}{224}, \dfrac{177}{448}, \dfrac{47}{224}, \dfrac{13}{32}, \dfrac{135}{224}, \dfrac{145}{448}, \dfrac{131}{224}, \dfrac{39}{64} \right)^T. \end{aligned}$$

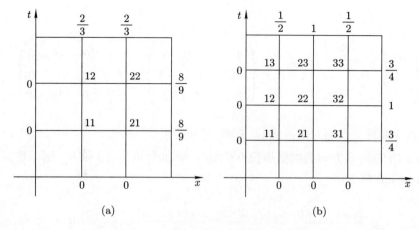

图 8.2 $h = \dfrac{2}{3}$ 和 $h = \dfrac{1}{2}$ 时的网格剖分图

一般地, Laplace 方程第一边值问题用五点差分格式离散后, 若有 $M \times M$ 个内结点, 并记

$$\boldsymbol{u} = (u_{11}, u_{21}, \cdots, u_{M1}, u_{12}, u_{22}, \cdots, u_{M2}, u_{1M}, u_{2M}, \cdots, u_{MM})^T,$$

则所得的线性代数方程组的系数矩阵是块三对角的形式

$$\begin{pmatrix} B & -I & & & \\ -I & B & -I & & \\ & \ddots & \ddots & \ddots & \\ & & -I & B & -I \\ & & & -I & B \end{pmatrix}_{M \times M},$$

其中 I 是 M 阶单位矩阵, B 是 M 阶三对角方阵

$$B = \begin{pmatrix} 4 & -1 & & & \\ -1 & 4 & -1 & & \\ & \ddots & \ddots & \ddots & \\ & & -1 & 4 & -1 \\ & & & -1 & 4 \end{pmatrix}_{M \times M}.$$

例如方程组 (8.3.8) 和 (8.3.9) 的系数矩阵可以分别写成

$$\begin{pmatrix} B & -I \\ -I & B \end{pmatrix}, \quad B = \begin{pmatrix} 4 & -1 \\ -1 & 4 \end{pmatrix}, \quad I = \begin{pmatrix} 1 & 0 \\ 0 & 1 \end{pmatrix}$$

和

$$\begin{pmatrix} B & -I & \\ -I & B & -I \\ & -I & B \end{pmatrix}, \quad B = \begin{pmatrix} 4 & -1 & 0 \\ -1 & 4 & -1 \\ 0 & -1 & 4 \end{pmatrix}, \quad I = \begin{pmatrix} 1 & 0 & 0 \\ 0 & 1 & 0 \\ 0 & 0 & 1 \end{pmatrix}.$$

显然这两个矩阵是严格对角占优的, 有唯一解.

当 x 方向和 y 方向的网格步长不相等时, 例如分别为 h_1 和 h_2, 则不难推得差分方程 (8.3.3) 将变成

$$\frac{2(u_{i+1,j} + u_{i-1,j})}{1 + \beta^2} + \frac{2\beta^2(u_{i,j+1} + u_{i,j-1})}{1 + \beta^2} - 4u_{i,j} = 0, \tag{8.3.10}$$

其中 $\beta = h_1/h_2$. 截断误差阶为 $O(h_1^2) + O(h_2^2)$.

一般地, 如图 8.3 所示, 对 Laplace 方程, 我们希望能导出这样一种差分近似

$$\frac{\partial^2 u}{\partial x^2} + \frac{\partial^2 u}{\partial y^2} = \alpha_1 u_1 + \alpha_2 u_2 + \alpha_3 u_3 + \alpha_4 u_4 - \alpha_0 u_0 = 0, \tag{8.3.11}$$

其中 u_1, u_2, u_3, u_4 是围绕 u_0 选定的网格点上的 u 值, $\alpha_0, \cdots, \alpha_4$ 是待定系数. 为求这些系数, 首先将 u_1, u_2, u_3, u_4 在 u_0 处作 Taylor 级数展开 (取前两项)

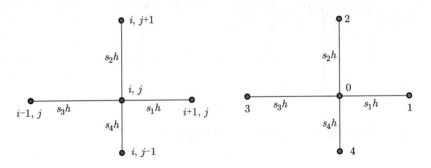

图 8.3　不等间距网格结点示意图

$$u_1 = u(i + s_1 h, j) = \left[u + (s_1 h)\frac{\partial u}{\partial x} + \frac{(s_1 h)^2}{2}\frac{\partial^2 u}{\partial x^2} + \frac{(s_1 h)^3}{6}\frac{\partial^3 u}{\partial x^3} + \frac{(s_1 h)^4}{24}\frac{\partial^4 u}{\partial x^4} \right]_0,$$

$$u_3 = u(i - s_3 h, j) = \left[u + (-s_3 h)\frac{\partial u}{\partial x} + \frac{(-s_3 h)^2}{2}\frac{\partial^2 u}{\partial x^2} + \frac{(-s_3 h)^3}{6}\frac{\partial^3 u}{\partial x^3} + \frac{(-s_3 h)^4}{24}\frac{\partial^4 u}{\partial x^4} \right]_0,$$

$$u_2 = u(i, j + s_2 h) = \left[u + (s_2 h)\frac{\partial u}{\partial y} + \frac{(s_2 h)^2}{2}\frac{\partial^2 u}{\partial y^2} + \frac{(s_2 h)^3}{6}\frac{\partial^3 u}{\partial y^3} + \frac{(s_2 h)^4}{24}\frac{\partial^4 u}{\partial y^4} \right]_0,$$

$$u_4 = u(i, j - s_4 h) = \left[u + (-s_4 h)\frac{\partial u}{\partial y} + \frac{(-s_4 h)^2}{2}\frac{\partial^2 u}{\partial y^2} + \frac{(-s_4 h)^3}{6}\frac{\partial^3 u}{\partial y^3} + \frac{(-s_4 h)^4}{24}\frac{\partial^4 u}{\partial y^4} \right]_0.$$

再将这些表达式代入 (8.3.11) 中, 整理得

$$
\begin{aligned}
\frac{\partial^2 u}{\partial x^2} + \frac{\partial^2 u}{\partial y^2} =\ & u_0(-\alpha_0 + \alpha_1 + \alpha_2 + \alpha_3 + \alpha_4) \\
& + \frac{\partial u}{\partial x}(\alpha_1 s_1 h - \alpha_3 s_3 h) + \frac{\partial u}{\partial y}(\alpha_2 s_2 h - \alpha_4 s_4 h) \\
& + \frac{1}{2}\frac{\partial^2 u}{\partial x^2}[\alpha_1(s_1 h)^2 + \alpha_3(s_3 h)^2] + \frac{1}{2}\frac{\partial^2 u}{\partial y^2}[\alpha_2(s_2 h)^2 + \alpha_4(s_4 h)^2] \\
& + \frac{1}{6}\frac{\partial^3 u}{\partial x^3}[\alpha_1(s_1 h)^3 - \alpha_3(s_3 h)^3] + \frac{1}{6}\frac{\partial^3 u}{\partial y^3}[\alpha_2(s_2 h)^3 - \alpha_4(s_4 h)^3] \\
& + \frac{1}{24}\frac{\partial^4 u}{\partial x^4}[\alpha_1(s_1 h)^4 + \alpha_3(s_3 h)^4] + \frac{1}{24}\frac{\partial^4 u}{\partial y^4}[\alpha_2(s_2 h)^4 + \alpha_4(s_4 h)^4].
\end{aligned}
$$

比较方程两端的系数, 得到含有五个未知数 $\alpha_0, \cdots, \alpha_4$ 的方程组

$$
\begin{cases}
-\alpha_0 + \alpha_1 + \alpha_2 + \alpha_3 + \alpha_4 = 0, \\
\alpha_1 s_1 h - \alpha_3 s_3 h = 0, \\
\alpha_2 s_2 h - \alpha_4 s_4 h = 0, \\
\alpha_1(s_1 h)^2 + \alpha_3(s_3 h)^2 = 2, \\
\alpha_2(s_2 h)^2 + \alpha_4(s_4 h)^2 = 2.
\end{cases}
\tag{8.3.12}
$$

求得唯一解

$$
\begin{aligned}
\alpha_0 &= 2\Big(\frac{1}{s_2 s_3 h^2} + \frac{1}{s_2 s_4 h^2}\Big), \\
\alpha_1 &= \frac{2}{s_1 h(s_1 h + s_3 h)}, \\
\alpha_2 &= \frac{2}{s_2 h(s_2 h + s_4 h)}, \\
\alpha_3 &= \frac{2}{s_3 h(s_1 h + s_3 h)}, \\
\alpha_4 &= \frac{2}{s_4 h(s_2 h + s_4 h)}.
\end{aligned}
\tag{8.3.13}
$$

由这些系数就可以得到不等间距情形下 Laplace 方程的五点差分格式

$$
\alpha_0 u_0 = \alpha_1 u_1 + \alpha_2 u_2 + \alpha_3 u_3 + \alpha_4 u_4. \tag{8.3.14}
$$

当 $s_1 = s_2 = s_3 = s_4 = 1$ 时, 即等间距网格, 这时 $\alpha_0 = 4$, $\alpha_1 = \alpha_2 = \alpha_3 = \alpha_4 = 1$, 上式即为 (8.3.3), 当 $s_1 = s_3$, $s_2 = s_4$ 时, 即得 (8.3.10).

　　例 2　考虑不等间距网格点上的椭圆型偏微分方程

$$
\frac{\partial^2 u}{\partial x^2} + \frac{\partial^2 u}{\partial y^2} + L\frac{\partial u}{\partial y} = 0 \tag{8.3.15}
$$

的差分格式, 其中 L 为常数.

解　对方程 (8.3.15), 仍以下式来近似 (参考图 8.3):

$$\left(\frac{\partial^2 u}{\partial x^2} + \frac{\partial^2 u}{\partial y^2} + L\frac{\partial u}{\partial y}\right)_0 = \alpha_1 u_1 + \alpha_2 u_2 + \alpha_3 u_3 + \alpha_4 u_4 - \alpha_0 u_0 = 0, \qquad (8.3.16)$$

其中参数 $\alpha_0, \cdots, \alpha_4$ 待定. 同前面的推导类似, 将 u_1, u_2, u_3, u_4 在 u_0 处作 Taylor 展开, 并将这些展开式代入上式, 可得方程组

$$\begin{cases} -\alpha_0 + \alpha_1 + \alpha_2 + \alpha_3 + \alpha_4 = 0, \\ \alpha_1 s_1 h - \alpha_3 s_3 h = 0, \\ \alpha_2 s_2 h - \alpha_4 s_4 h = L, \\ \alpha_1 (s_1 h)^2 + \alpha_3 (s_3 h)^2 = 2, \\ \alpha_2 (s_2 h)^2 + \alpha_4 (s_4 h)^2 = 2. \end{cases}$$

由此解得

$$\alpha_0 = \frac{2}{s_1 s_3 h^2} + \frac{2}{s_2 s_4 h^2} + \frac{(s_4 - s_2)h}{s_2 s_4 h^2},$$

$$\alpha_1 = \frac{2}{s_1(s_1 + s_3)h^2}, \quad \alpha_2 = \frac{2 + s_2 hL}{s_2(s_2 + s_4)h^2}, \qquad (8.3.17)$$

$$\alpha_3 = \frac{2}{s_3(s_1 + s_3)h^2}, \quad \alpha_4 = \frac{2 - s_4 hL}{s_4(s_2 + s_4)h^2}.$$

将这些表达式代入 (8.3.15), 即可得 (8.3.17) 的差分格式. 对于等间距的网格点, (8.3.17) 成为

$$\alpha_0 = \frac{4}{h^2}, \quad \alpha_1 = \alpha_3 = \frac{1}{h^2},$$

$$\alpha_2 = \frac{2 + hL}{2h^2}, \quad \alpha_4 = \frac{2 - hL}{2h^2}.$$

上面推导了 Laplace 方程的几种五点差分格式, 现推导高阶差分格式. 方法是采用 $\frac{\partial^2 u}{\partial x^2}$ 和 $\frac{\partial^2 u}{\partial y^2}$ 的高阶近似公式. 根据二阶导数算子的近似公式 (2.3.16), 知

$$\frac{\partial^2 u}{\partial x^2} = \frac{1}{h^2}\left(\delta_x^2 - \frac{1}{12}\delta_x^4\right) + O(h^4),$$

$$\frac{\partial^2 u}{\partial y^2} = \frac{1}{h^2}\left(\delta_y^2 - \frac{1}{12}\delta_y^4\right) + O(h^4).$$

于是对图 8.4(a) 所示的网格点, 可得二阶偏导数的四阶精度格式

$$\left(\frac{\partial^2 u}{\partial x^2}\right)_0 = \frac{1}{12h^2}(-u_7 + 16u_3 - 30u_0 + 16u_1 - u_5) + O(h^4),$$

$$\left(\frac{\partial^2 u}{\partial y^2}\right)_0 = \frac{1}{12h^2}(-u_6 + 16u_2 - 30u_0 + 16u_4 - u_8) + O(h^4).$$

代入 Laplace 方程, 可得其 $O(h^4)$ 阶精度的差分格式为

$$u_0 = \frac{1}{60}(-u_7 + 16u_3 + 16u_1 - u_5 - u_6 + 16u_2 + 16u_4 - u_8).\qquad(8.3.18)$$

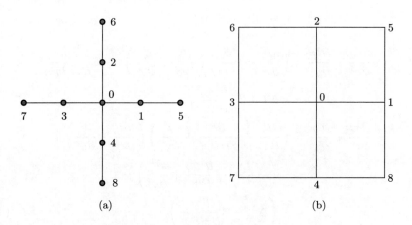

图 8.4　九点有限差分格式的网格点

对图 8.4(b) 的网格点, 可以令

$$\frac{\partial^2 u}{\partial x^2} + \frac{\partial^2 u}{\partial y^2} = -\alpha_0 u_0 + \sum_{i=1}^{9} \alpha_i u_i,\qquad(8.3.19)$$

然后采用前面的方法可类似地求得系数 α_i, 特别地, 对等间距网格, 为

$$\alpha_0 = \frac{10}{3h^2}, \quad \alpha_1 = \alpha_2 = \alpha_3 = \alpha_4 = \frac{2}{3h^2},$$
$$\alpha_5 = \alpha_6 = \alpha_7 = \alpha_8 = \frac{1}{6h^2}.\qquad(8.3.20)$$

因此 Laplace 方程的另一个 $O(h^4)$ 阶精度的差分格式为

$$u_0 = \frac{1}{20}[4(u_1 + u_2 + u_3 + u_4) + (u_5 + u_6 + u_7 + u_8)].\qquad(8.3.21)$$

下面将看到, 该格式的确可达到 $O(h^4)$ 阶精度.

下面推导一个 $O(h^6)$ 阶精度的差分格式. 考虑如下的 Poisson 方程

$$-\Delta u = -\left(\frac{\partial^2 u}{\partial x^2} + \frac{\partial^2 u}{\partial y^2}\right) = f(x,y),\qquad(8.3.22)$$

其中 $f(x,y)$ 为已知函数, 且假定 u 与 f 均有需要的高阶导数. 易知在结点 (i,j) 处有

$$\frac{\delta_x^2 u_{i,j}}{h^2} = \left(\frac{\partial^2 u}{\partial x^2} + \frac{h^2}{12}\frac{\partial^4 u}{\partial x^4} + \frac{h^4}{360}\frac{\partial^6 u}{\partial x^6}\right)_{i,j} + O(h^6),\qquad(8.3.23)$$

$$\frac{\delta_y^2 u_{i,j}}{h^2} = \left(\frac{\partial^2 u}{\partial y^2} + \frac{h^2}{12}\frac{\partial^4 u}{\partial y^4} + \frac{h^4}{360}\frac{\partial^6 u}{\partial y^6}\right)_{i,j} + O(h^6),\qquad(8.3.24)$$

其中 δ_x^2, δ_y^2 分别是 x, y 方向的二阶中心差分算子, 两式相加, 得

$$\frac{1}{h^2}(\delta_x^2 + \delta_y^2)u_{i,j} = (\Delta u)_{i,j} + \frac{h^2}{12}\left(\frac{\partial^4 u}{\partial x^4} + \frac{\partial^4 u}{\partial y^4}\right)_{i,j} + \frac{h^4}{360}\left(\frac{\partial^6 u}{\partial x^6} + \frac{\partial^6 u}{\partial y^6}\right)_{i,j} + O(h^6),$$
$$(8.3.25)$$

又

$$\frac{\partial^4 u}{\partial x^4} + \frac{\partial^4 u}{\partial y^4} = \left(\frac{\partial^2}{\partial x^2} + \frac{\partial^2}{\partial y^2}\right)\left(\frac{\partial^2}{\partial x^2} + \frac{\partial^2}{\partial y^2}\right)u - 2\frac{\partial^4 u}{\partial x^2 \partial y^2}$$
$$= -\Delta f - 2\frac{\partial^4 u}{\partial x^2 \partial y^2}, \qquad (8.3.26)$$
$$\frac{\partial^6 u}{\partial x^6} + \frac{\partial^6 u}{\partial y^6} = \left(\frac{\partial^4}{\partial x^4} - \frac{\partial^4}{\partial x^2 \partial y^2} + \frac{\partial^4}{\partial y^4}\right)\left(\frac{\partial^2}{\partial x^2} + \frac{\partial^2}{\partial y^2}\right)u$$
$$= -\left(\frac{\partial^4}{\partial x^4} - \frac{\partial^4}{\partial x^2 \partial y^2} + \frac{\partial^4}{\partial y^4}\right)f$$
$$= -\left(\Delta^2 f - 3\frac{\partial^4 f}{\partial x^2 \partial y^2}\right), \qquad (8.3.27)$$

将 (8.3.26) 和 (8.3.27) 两式代入 (8.3.25) 中得

$$\frac{1}{h^2}(\delta_x^2 + \delta_y^2)u_{i,j} = -f_{i,j} - \frac{h^2}{12}(\Delta f)_{i,j} - \frac{h^2}{6}\left(\frac{\partial^4 u}{\partial x^2 \partial y^2}\right)_{i,j}$$
$$- \frac{h^4}{360}\left(\Delta^2 f - 3\frac{\partial^4 f}{\partial x^2 \partial y^2}\right)_{i,j} + O(h^6)$$
$$= -f_{i,j} - \frac{h^2}{12}(\Delta f)_{i,j} - \frac{h^4}{360}(\Delta^2 f)_{i,j} + \frac{h^4}{120}\left(\frac{\partial^4 f}{\partial x^2 \partial y^2}\right)_{i,j}$$
$$- \frac{h^2}{6}\left(\frac{\partial^4 u}{\partial x^2 \partial y^2}\right)_{i,j} + O(h^6). \qquad (8.3.28)$$

为了给出 $\left(\dfrac{\partial^4 u}{\partial x^2 \partial y^2}\right)_{i,j}$ 的差分格式, 利用 (8.3.23)~(8.3.24) 得

$$\frac{\delta_x^2 \delta_y^2 u_{i,j}}{h^4} = \left(\frac{\partial^4 u}{\partial x^2 \partial y^2}\right)_{i,j} + \frac{h^2}{12}\frac{\partial^4 u}{\partial x^2 \partial y^2}\left(\frac{\partial^2}{\partial x^2} + \frac{\partial^2}{\partial y^2}\right)u_{i,j}$$
$$= \left(\frac{\partial^4 u}{\partial x^2 \partial y^2}\right)_{i,j} - \frac{h^2}{12}\left(\frac{\partial^4 f}{\partial x^2 \partial y^2}\right)_{i,j} + O(h^4),$$

也即

$$\left(\frac{\partial^4 u}{\partial x^2 \partial y^2}\right)_{i,j} = \frac{\delta_x^2 \delta_y^2 u_{i,j}}{h^4} + \frac{h^2}{12}\left(\frac{\partial^4 f}{\partial x^2 \partial y^2}\right)_{i,j} + O(h^4). \qquad (8.3.29)$$

将 (8.3.29) 代入 (8.3.28) 得

$$\frac{1}{h^2}(\delta_x^2 + \delta_y^2)u_{i,j} = -f_{i,j} - \frac{h^2}{12}(\Delta f)_{i,j} - \frac{h^4}{360}(\Delta^2 f)_{i,j} - \frac{\delta_x^2 \delta_y^2}{6h^2}u_{i,j} - \frac{h^4}{180}\left(\frac{\partial^4 f}{\partial x^2 \partial y^2}\right)_{i,j} + O(h^6),$$

由此得到 Poisson 方程 $O(h^6)$ 阶精度的差分格式

$$\frac{(\delta_x^2 + \delta_y^2)u_{i,j}}{h^2} + \frac{\delta_x^2\delta_y^2 u_{i,j}}{6h^2} = -f_{i,j} - \frac{h^2}{12}(\Delta f)_{i,j} - \frac{h^4}{360}(\Delta^2 f)_{i,j} - \frac{h^4}{180}\left(\frac{\partial^4 f}{\partial x^2 \partial y^2}\right)_{i,j}.$$
(8.3.30)

还可得到 Poisson 方程 $O(h^4)$ 阶精度的差分格式

$$\frac{(\delta_x^2 + \delta_y^2)u_{i,j}}{h^2} + \frac{\delta_x^2\delta_y^2 u_{i,j}}{6h^2} = -f_{i,j} - \frac{h^2}{12}(\Delta f)_{i,j}.$$
(8.3.31)

若 $f(x,y) = 0$, 由 (8.3.30) 即得到 Laplace 方程 $O(h^4)$ 阶精度的格式

$$6(\delta_x^2 + \delta_y^2)u_{i,j} + \delta_x^2\delta_y^2 u_{i,j} = 0,$$
(8.3.32)

也即

$$(u_{i-1,j-1} + u_{i-1,j+1} + u_{i+1,j-1} + u_{i+1,j+1})$$
$$+ 4(u_{i-1,j} + u_{i+1,j} + u_{i,j-1} + u_{i,j+1}) - 20u_{i,j} = 0.$$
(8.3.33)

§8.4 有限体积法

有限体积法也称积分插值法. 当把微分方程化为积分方程时, 导数降低一阶. 考虑 Poisson 方程

$$-\Delta u = -\left(\frac{\partial^2 u}{\partial x^2} + \frac{\partial^2 u}{\partial y^2}\right) = f(x,y), \quad (x,y) \in \Omega,$$
(8.4.1)

其中 Ω 是 $x-y$ 平面上一有界区域.

在 Ω 的某一子区域 D 上, 两端对方程 (8.4.1) 积分, 根据第一 Green 公式

$$\iint\limits_D v\Delta u dx dy = \int_{\partial D}\frac{\partial u}{\partial n}v ds - \iint\limits_D \nabla u \cdot \nabla v dx dy,$$

并取 $v = 1$ 即得

$$\iint\limits_D \Delta u dx dy = \int_{\partial D}\frac{\partial u}{\partial n}ds.$$

于是有

$$-\oint_{\partial D}\frac{\partial u}{\partial n}ds = \iint\limits_D f dx dy, \quad \forall D \subset \Omega,$$
(8.4.2)

其中 n 表示边界 ∂D 的外法向. 如图 8.5 所示, 对任一内结点 P, 有四个相邻结点 P_1, P_2, P_3, P_4, 过 $PP_i (i = 1,2,3,4)$ 中点的垂线围成一正方形区域 $ABCD$, 记为 D_{ij}, 边界用 ∂D_{ij} 表示. (8.4.2) 在 D_{ij} 上也应成立, 即

$$-\oint_{\partial D_{ij}}\frac{\partial u}{\partial n}ds = \iint\limits_{D_{ij}} f dx dy.$$
(8.4.3)

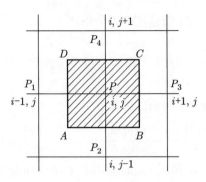

图 8.5　积分区域示意图

对上式左端进行计算

$$\oint_{\partial D_{ij}} \frac{\partial u}{\partial n} ds = \oint_{\partial D_{ij}} \left[\frac{\partial u}{\partial x} \cos(x,n) + \frac{\partial u}{\partial y} \cos(y,n) \right] ds = \oint_{\partial D_{ij}} \left(\frac{\partial u}{\partial x} dy - \frac{\partial u}{\partial y} dx \right)$$

$$= -\int_{AB} \frac{\partial u}{\partial y} dx + \int_{BC} \frac{\partial u}{\partial x} dy - \int_{CD} \frac{\partial u}{\partial y} dx + \int_{DA} \frac{\partial u}{\partial x} dy,$$

用中矩形公式近似线积分, 并用中心差商代替外法向导数, 则

$$\oint_{\partial D_{ij}} \frac{\partial u}{\partial n} ds \approx -\left(\frac{\partial u}{\partial y} \right)_{i,j-\frac{1}{2}} h + \left(\frac{\partial u}{\partial x} \right)_{i+\frac{1}{2},j} h + \left(\frac{\partial u}{\partial y} \right)_{i,j+\frac{1}{2}} h - \left(\frac{\partial u}{\partial x} \right)_{i-\frac{1}{2},j} h$$

$$\approx \frac{u_{i,j-1} - u_{i,j}}{h} h + \frac{u_{i+1,j} - u_{i,j}}{h} h + \frac{u_{i,j+1} - u_{i,j}}{h} h + \frac{u_{i-1,j} - u_{i,j}}{h} h$$

$$= u_{i,j-1} + u_{i,j+1} + u_{i-1,j} + u_{i+1,j} - 4u_{i,j}, \tag{8.4.4}$$

又

$$\iint_{D_{ij}} f dx dy = \int_{x_{i-\frac{1}{2}}}^{x_{i+\frac{1}{2}}} \int_{y_{j-\frac{1}{2}}}^{y_{j+\frac{1}{2}}} f dx dy \approx h^2 f_{i,j}. \tag{8.4.5}$$

将 (8.4.4)~(8.4.5) 代入 (8.4.3) 中, 即得五点差分公式

$$4u_{i,j} - u_{i,j-1} - u_{i,j+1} - u_{i-1,j} - u_{i+1,j} = h^2 f_{i,j}. \tag{8.4.6}$$

§8.5 Poisson 方程基于 Ritz 方法的差分格式

与一维类似, 基于 Ritz 方法的差分格式首先要得到问题的变分形式, 下面讨论二维椭圆型边值问题的变分形式.

§8.5.1 二维椭圆型边值问题的变分形式

设 Ω 是平面中的有界区域, 其边界 $\partial \Omega$ 是分段光滑的闭曲线, 记 $\bar{\Omega} = \Omega \cup \partial \Omega$,

$\partial\Omega = \Gamma_1 \cup \Gamma_2$. 考虑下面的二阶变系数椭圆型方程

$$
\begin{cases}
-\dfrac{\partial}{\partial x}\left(p\dfrac{\partial u}{\partial x}\right) - \dfrac{\partial}{\partial y}\left(p\dfrac{\partial u}{\partial y}\right) + q(x,y)u = f(x,y), & (x,y)\in\Omega, & (8.5.1) \\[2mm]
u(x,y)|_{\Gamma_1} = \alpha(x,y), & (x,y)\in\Gamma_1, & (8.5.2) \\[2mm]
\left[p(x,y)\dfrac{\partial u}{\partial n} + \beta_0 u\right]\Big|_{\Gamma_2} = \beta_1(x,y), & (x,y)\in\Gamma_2, & (8.5.3)
\end{cases}
$$

其中 $p(x,y)\in C^1(\Omega)$ 且 $\min p(x,y) > 0$, $q(x,y)\in C(\Omega)$ 且 $q(x,y)\geqslant 0$, $\beta_0(x,y)\in C(\Omega)$ 且 $\beta_0(x,y)\geqslant 0$, $f(x,y)\in C^0(\Omega)$, $\alpha(x,y)\in C(\Gamma_1)$, $\beta_1(x,y)\in C(\Gamma_2)$. 其中的边界条件 (8.5.2) 也称强制边界条件, 边界条件 (8.5.3) 也称自然边界条件. 自然边界条件在变分形式中自动满足.

设容许函数空间和测试函数空间分别为

$$M = \{u\in H^1(\Omega):\ u|_{\Gamma_1} = \alpha(x,y)\},$$
$$M_0 = \{v\in H^1(\Omega):\ v|_{\Gamma_1} = 0\}.$$

对 $u\in M$, $\forall v\in M_0$, 将 $v(x,y)$ 乘以方程 (8.5.1) 的两端, 然后在 Ω 上积分得

$$\iint_\Omega \left[-\frac{\partial}{\partial x}\left(p\frac{\partial u}{\partial x}\right) - \frac{\partial}{\partial y}\left(p\frac{\partial u}{\partial y}\right)\right]v\,dxdy + \iint_\Omega q(x,y)uv\,dxdy = \iint_\Omega fv\,dxdy. \tag{8.5.4}$$

根据 Green 公式 1.5.3, 有

$$\iint_\Omega p\nabla u\cdot\nabla v\,dxdy - \int_{\partial\Omega} p\frac{\partial u}{\partial n}v\,ds + \iint_\Omega quv\,dxdy = \iint_\Omega fv\,dxdy,$$

也即

$$\iint_\Omega (p\nabla u\cdot\nabla v + quv)\,dxdy - \int_{\Gamma_2}(\beta_1 - \beta_0 u)v\,ds - \iint_\Omega fv\,dxdy = 0,$$

$$\iint_\Omega (p\nabla u\cdot\nabla v + quv)\,dxdy + \int_{\Gamma_2}\beta_0 uv\,ds - \left(\iint_\Omega fv\,dxdy + \int_{\Gamma_2}\beta_1 v\,ds\right) = 0. \tag{8.5.5}$$

若令

$$a(u,v) = \iint_\Omega (p\nabla u\cdot\nabla v + quv)\,dxdy + \int_{\Gamma_2}\beta_0 uv\,ds, \tag{8.5.6}$$

$$F(v) = \iint_\Omega fv\,dxdy + \int_{\Gamma_2}\beta_1 v\,ds, \tag{8.5.7}$$

则与边值问题 (8.5.1)~(8.5.3) 对应的变分方程为

$$a(u,v) = F(v), \quad u\in M,\ \forall v\in M_0, \tag{8.5.8}$$

变分问题为 $\min\limits_{u} J(u)$, 其中

$$J(u) := \frac{1}{2}a(u,u) - F(u). \tag{8.5.9}$$

读者不难验证 $a(u,v)$ 是一个对称双线性泛函, 且满足强制性条件. $F(v)$ 是有界线性泛函, 因此由 Lax-Milgram 引理 8.2.1 知, 方程 (8.5.8) 的解存在唯一. 由于 $a(u,v)$ 对称, 由 Lax-Milgram 引理的推论 8.2.1 知, 变分方程 (8.5.8) 与变分问题 (8.5.9) 等价. 下面证明边值问题 (8.5.1)~(8.5.3) 的解与变分问题 (8.5.9) 的解一致.

定理 8.5.1　u 是边值问题 (8.5.1)~(8.5.3) 的解的充要条件是 u 是变分问题 (8.5.9) 的解.

证明　**必要性**　设 u_0 是边值问题的解, 则由 (8.5.5) 知, u_0 满足变分方程 (8.5.8), 于是令 $u = u_0 + \lambda v$, $u_0 \in M$, $\lambda \in \mathbb{R}$, $v \in M_0$, 有

$$
\begin{aligned}
J(u) = J(u_0 + \lambda v) &= J(u_0) + \lambda[a(u_0,v) - F(v)] + \frac{1}{2}\lambda^2 a(v,v) \\
&= J(u_0) + \frac{1}{2}\lambda^2 a(v,v) > J(u_0), \quad \forall u \in M,
\end{aligned}
$$

即 u_0 是变分问题 (8.5.9) 的解.

充分性　设 u_0 是变分问题 (8.5.9) 的解, 即满足 (8.5.8), 由于 $a(u,v)$ 是对称双线性泛函, 故由 Lax-Milgram 引理的推论 8.2.1 知, u_0 也满足变分方程 (8.5.8), 即 $a(u_0,v) = F(v)$, $\forall v \in M_0$. 于是, 由 Green 公式得

$$
\begin{aligned}
&a(u_0,v) - F(v) \\
&= \iint\limits_{\Omega}(p\nabla u_0 \cdot \nabla v + qu_0 v)dxdy + \int_{\Gamma_2}\beta_0 uv ds - \iint\limits_{\Omega}fvdxdy - \int_{\Gamma_2}\beta_1 v ds \\
&= \iint\limits_{\Omega}(-\nabla \cdot p\nabla u_0 + qu_0 - f)vdxdy + \int_{\partial\Omega}p\frac{\partial u_0}{\partial n}vds + \int_{\Gamma_2}(\beta_0 u_0 - \beta_1)vds \\
&= \iint\limits_{\Omega}(-\nabla \cdot p\nabla u_0 + qu_0 - f)vdxdy + \int_{\Gamma_2}\left(p\frac{\partial u_0}{\partial n} + \beta_0 u_0 - \beta_1\right)vds.
\end{aligned}
$$

根据变分法基本引理, 由上式可知

$$
-\frac{\partial}{\partial x}\left(p\frac{\partial u_0}{\partial x}\right) - \frac{\partial}{\partial y}\left(p\frac{\partial u_0}{\partial y}\right) + qu_0 = f, \quad (x,y) \in \Omega,
$$
$$
p\frac{\partial u_0}{\partial n} + \beta_0(x,y)u_0 = \beta_1(x,y), \quad (x,y) \in \Gamma_2.
$$

由于 $u_0 \in M$, 故 $u_0|_{\Gamma_1} = \alpha(x,y)$. 因此 u_0 是边值问题 (8.5.1)~(8.5.3) 的解.　□

§8.5.2 差分格式推导

考虑 Poisson 方程边值问题

$$\begin{cases} -\left(\dfrac{\partial^2 u}{\partial x^2} + \dfrac{\partial^2 u}{\partial y^2}\right) = f(x,y), \quad (x,y) \in \Omega, & (8.5.10) \\[2mm] u|_{\Gamma_1} = \varphi(x,y), & (8.5.11) \\[2mm] \left.\dfrac{\partial u}{\partial n}\right|_{\Gamma_2} = \psi(x,y). & (8.5.12) \end{cases}$$

下面从变分原理出发, 将边值问题化成等价的能量极值问题, 然后进行差分离散, 导出差分格式.

由上一小节可知, 边值问题 (8.5.10)~(8.5.12) 等价于如下的变分问题: 求 $u \in H^1(\Omega)$, 且 $u|_{\Gamma_1} = \varphi$ 使得

$$J(u) = \frac{1}{2}a(u,u) - (f,u) - \int_{\Gamma_2} \psi u\, ds = \min, \qquad (8.5.13)$$

其中

$$\begin{aligned} a(u,u) &= \iint\limits_{\Omega} \left[\left(\frac{\partial u}{\partial x}\right)^2 + \left(\frac{\partial u}{\partial y}\right)^2\right] dxdy, \\ (f,u) &= \iint\limits_{\Omega} fu\, dxdy. \end{aligned} \qquad (8.5.14)$$

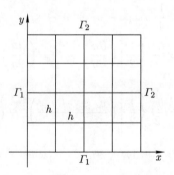

图 8.6 求解区域及边界示意图

为简单起见, 如图 8.6 所示, 设 Ω 为长方形区域, 并用等步长 h 进行剖分, 得结点 (i,j), $i = 0,1,\cdots,M-1$; $j = 0,1,\cdots,N-1$. 记每个小正方形单元为

$$\Omega_{i+\frac{1}{2},j+\frac{1}{2}} = \{x_i \leqslant x \leqslant x_{i+1}, y_j \leqslant y \leqslant y_{j+1}\}, \quad i = 0,1,\cdots,M-1; \quad j = 0,1,\cdots,N-1,$$

且

$$\Omega = \bigcup_{i=0}^{M-1}\bigcup_{j=0}^{N-1} \Omega_{i+\frac{1}{2},j+\frac{1}{2}}.$$

同时也把边界 Γ_2 剖分成线单元, 记

$$\partial\Omega_{M,j+\frac{1}{2}} = \{x = x_M, y_j \leqslant y \leqslant y_{j+1}\},$$

$$\partial\Omega_{i+\frac{1}{2},N} = \{x_i \leqslant x \leqslant x_{j+1}, y = y_N\},$$

$$\Gamma_2 = \left(\bigcup_{j=0}^{N-1} \partial\Omega_{M,j+\frac{1}{2}}\right) \cup \left(\bigcup_{i=0}^{M-1} \partial\Omega_{i+\frac{1}{2},N}\right).$$

于是

$$J(u) = \sum_{i=0}^{M-1}\sum_{j=0}^{N-1} \iint_{\Omega_{i+\frac{1}{2},j+\frac{1}{2}}} \left\{\frac{1}{2}\left[\left(\frac{\partial u}{\partial x}\right)^2 + \left(\frac{\partial u}{\partial y}\right)^2\right] - fu\right\} dxdy$$

$$- \sum_{j=0}^{N-1}\int_{\partial\Omega_{M,j+\frac{1}{2}}} \psi u ds - \sum_{i=0}^{M-1}\int_{\partial\Omega_{i+\frac{1}{2},N}} \psi u ds. \tag{8.5.15}$$

下面近似计算 (8.5.15) 中的积分

$$\frac{1}{2}\iint_{\Omega_{i+\frac{1}{2},j+\frac{1}{2}}} \left(\frac{\partial u}{\partial x}\right)^2 dxdy \approx \frac{h^2}{2}\left\{\frac{1}{2}\left[\left(\frac{\partial u}{\partial x}\right)^2_{i+\frac{1}{2},j} + \left(\frac{\partial u}{\partial x}\right)^2_{i+\frac{1}{2},j+1}\right]\right\}$$

$$\approx \frac{h^2}{2}\left\{\frac{1}{2}\left[\left(\frac{u_{i+1,j} - u_{i,j}}{h}\right)^2 + \left(\frac{u_{i+1,j+1} - u_{i,j+1}}{h}\right)^2\right]\right\}$$

$$= \frac{1}{4}(u_{i+1,j} - u_{i,j})^2 + \frac{1}{4}(u_{i+1,j+1} - u_{i,j+1})^2, \tag{8.5.16}$$

$$\frac{1}{2}\iint_{\Omega_{i+\frac{1}{2},j+\frac{1}{2}}} \left(\frac{\partial u}{\partial y}\right)^2 dxdy \approx \frac{h^2}{2}\left\{\frac{1}{2}\left[\left(\frac{\partial u}{\partial y}\right)^2_{i,j+\frac{1}{2}} + \left(\frac{\partial u}{\partial y}\right)^2_{i+1,j+\frac{1}{2}}\right]\right\}$$

$$\approx \frac{h^2}{2}\left\{\frac{1}{2}\left[\left(\frac{u_{i,j+1} - u_{i,j}}{h}\right)^2 + \left(\frac{u_{i+1,j+1} - u_{i+1,j}}{h}\right)^2\right]\right\}$$

$$= \frac{1}{4}(u_{i,j+1} - u_{i,j})^2 + \frac{1}{4}(u_{i+1,j+1} - u_{i+1,j})^2. \tag{8.5.17}$$

用梯形公式近似下面的积分:

$$\iint_{\Omega_{i+\frac{1}{2},j+\frac{1}{2}}} fu dxdy \approx \frac{h^2}{4}(f_{i,j}u_{i,j} + f_{i+1,j}u_{i+1,j} + f_{i,j+1}u_{i,j+1} + f_{i+1,j+1}u_{i+1,j+1},$$

$$\tag{8.5.18}$$

$$\int_{\partial\Omega_{M,j+\frac{1}{2}}} \psi u ds \approx \frac{h}{2}(\psi_{M,j}u_{M,j} + \psi_{M,j+1}u_{M,j+1}), \tag{8.5.19}$$

$$\int_{\partial\Omega_{i+\frac{1}{2},N}} \psi u ds \approx \frac{h}{2}(\psi_{i,N}u_{i,N} + \psi_{i+1,N}u_{i+1,N}). \tag{8.5.20}$$

将 (8.5.16)~(8.5.20) 代入到 (8.5.15) 中, 得到能量 J 关于 $u_{i,j}(i = 1, \cdots, M; j = 1, \cdots, N)$ 的二次函数

$$
\begin{aligned}
J(u_{i,j}) = &\frac{1}{4} \sum_{i=0}^{M-1} \sum_{j=0}^{N-1} \Big[(u_{i+1,j} - u_{i,j})^2 + (u_{i+1,j+1} - u_{i,j+1})^2 \\
&+ (u_{i,j+1} - u_{i,j})^2 + (u_{i+1,j+1} - u_{i+1,j})^2 \Big] \\
&- \frac{h^2}{4} \sum_{i=0}^{M-1} \sum_{j=0}^{N-1} (f_{i,j} u_{i,j} + f_{i+1,j} u_{i+1,j} + f_{i,j+1} u_{i,j+1} + f_{i+1,j+1} u_{i+1,j+1}) \\
&- \frac{h}{2} \sum_{j=0}^{N-1} (\psi_{M,j} u_{M,j} + \psi_{M,j+1} u_{M,j+1}) - \frac{h}{2} \sum_{i=0}^{M-1} (\psi_{i,N} u_{i,N} + \psi_{i+1,N} u_{i+1,N}), \\
&i = 1, \cdots, M; j = 1 \cdots, N,
\end{aligned}
$$

因此原变分问题化为多元函数的极值问题. 令

$$
\frac{\partial J}{\partial u_{i,j}} = 0, \quad i = 1, \cdots, M; \quad j = 1, \cdots, N, \tag{8.5.21}
$$

即形成 $M \times N$ 阶线性代数方程组. 当 (i, j) 为内结点时, $i = 1, \cdots, M-1; j = 1, \cdots, N-1$, 由 (8.5.21) 得

$$
\begin{aligned}
&\frac{1}{2}(u_{i,j} - u_{i-1,j}) + \frac{1}{2}(u_{i,j} - u_{i,j-1}) - \frac{h^2}{4} f_{i,j} \\
&+ \frac{1}{2}(u_{i,j} - u_{i-1,j}) + \frac{1}{2}(u_{i,j} - u_{i,j+1}) - \frac{h^2}{4} f_{i,j} \\
&+ \frac{1}{2}(u_{i,j} - u_{i+1,j}) + \frac{1}{2}(u_{i,j} - u_{i,j+1}) - \frac{h^2}{4} f_{i,j} \\
&+ \frac{1}{2}(u_{i,j} - u_{i+1,j}) + \frac{1}{2}(u_{i,j} - u_{i,j-1}) - \frac{h^2}{4} f_{i,j} = 0,
\end{aligned}
$$

即

$$
4u_{i,j} - u_{i-1,j} - u_{i+1,j} - u_{i,j-1} - u_{i,j+1} = h^2 f_{i,j}. \tag{8.5.22}
$$

当 (i, j) 为右边界点而非角点时, $i = M, j = 1, \cdots, N-1$, 由 (8.5.21) 有

$$
\begin{aligned}
&\frac{1}{2}(u_{M,j} - u_{M-1,j}) + \frac{1}{2}(u_{M,j} - u_{M,j+1}) - \frac{h^2}{4} f_{M,j} + \frac{1}{2}(u_{M,j} - u_{M-1,j}) \\
&+ \frac{1}{2}(u_{M,j} - u_{M,j-1}) - \frac{h^2}{4} f_{M,j} - h\psi_{M,j} = 0,
\end{aligned}
$$

即

$$
2u_{M,j} - u_{M-1,j} - \frac{1}{2} u_{M,j-1} - \frac{1}{2} u_{M,j+1} = \frac{h^2}{2} f_{M,j} + h\psi_{M,j}, \quad j = 1, \cdots, N-1. \tag{8.5.23}
$$

当 (i,j) 为上边界点而非角点时, $i = 1, \cdots, M-1$, $j = N$, 有

$$\frac{1}{2}(u_{i,N} - u_{i+1,N}) + \frac{1}{2}(u_{i,N} - u_{i,N-1}) + \frac{1}{2}(u_{i,N} - u_{i-1,N}) + \frac{1}{2}(u_{i,N} - u_{i,N-1})$$

$$= \frac{h^2}{2}f_{i,N} + h\psi_{i,N}, \tag{8.5.24}$$

即

$$2u_{i,N} - u_{i,N-1} - \frac{1}{2}u_{i-1,N} - \frac{1}{2}u_{i+1,N} = \frac{h^2}{2}f_{i,N} + h\psi_{i,N}, \quad i = 1, \cdots, M-1. \tag{8.5.25}$$

当 (i,j) 为角点 (M,N) 时, 有

$$\frac{1}{2}(u_{M,N} - u_{M-1,N}) + \frac{1}{2}(u_{M,N} - u_{M,N-1}) = \frac{h^2}{4}f_{M,N} + h\psi_{M,N}, \tag{8.5.26}$$

即

$$u_{M,N} - \frac{1}{2}u_{M-1,N} - \frac{1}{2}u_{M,N-1} = \frac{h^2}{4}f_{M,N} + h\psi_{M,N}, \quad i = 1, \cdots, M-1. \tag{8.5.27}$$

(8.5.22)~(8.5.27) 即是所得的差分格式, 在该格式中, 自然边界条件自动满足.

§8.6　正三角形和正六边形网格

除了在矩形网格和正方形网格上逼近 Laplace 方程或 Poisson 方程外, 还可以在边长为 h 的正三角形或正六边形甚至正多边形的规则网格上进行差分. 考虑下面的 Poisson 方程

$$-\Delta u = -\left(\frac{\partial^2 u}{\partial x^2} + \frac{\partial^2 u}{\partial y^2}\right) = f(x). \tag{8.6.1}$$

如图 8.7, 设 $x^{(0)}$ 是任一内结点, 而 $x^{(i)}(i = 1, 2, \cdots, n)$ 是相邻结点. 从 $x^{(0)}$ 引出 n 条射线通过 $x^{(0)}$ 的相邻结点, 记这些射线为 $l_1, l_2, \cdots, l_n$, 射线 l_i 与 x 轴的夹

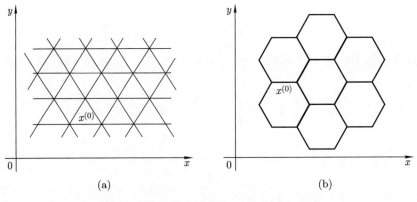

(a)　　　　　　　　　　　　(b)

图 8.7　正三角形和正六边形差分网格示意图

角记为 $\theta_i = \theta + \dfrac{2\pi i}{n}$, 其中 θ 为初始角度. 引进 u 在 $x^{(0)}$ 沿射线 l_i 的前差商

$$\frac{u(x^{(i)}) - u(x^{(0)})}{h}, \quad i = 1, 2, \cdots, n.$$

我们将用这些差商的组合即

$$Lu(x^{(0)}) = \sum_{i=1}^{n} \frac{u(x^{(i)}) - u(x^{(0)})}{h}$$

来近似 $\Delta u(x^{(0)})$. 根据 Taylor 展开, 上式可写成

$$Lu = \sum_{i=1}^{n} \left(\frac{\partial u}{\partial l_i} + \frac{h}{2} \frac{\partial^2 u}{\partial l_i^2} + \frac{h^2}{6} \frac{\partial^3 u}{\partial l_i^3} + \frac{h^3}{24} \frac{\partial^4 u}{\partial l_i^4} + \frac{h^4}{120} \frac{\partial^5 u}{\partial l_i^5} \right) + O(h^5). \tag{8.6.2}$$

下面用 u 关于 x 和 y 的导数来表示 (8.6.2) 中的沿 l_i 的各阶方向导数

$$\frac{\partial}{\partial l_i} = \cos\theta_i \frac{\partial}{\partial x} + \sin\theta_i \frac{\partial}{\partial y},$$

$$\frac{\partial^2}{\partial l_i^2} = \frac{1}{2}\Delta + \frac{1}{2}\cos 2\theta_i \left(\frac{\partial^2}{\partial x^2} - \frac{\partial^2}{\partial y^2} \right) + \sin 2\theta_i \frac{\partial^2}{\partial x \partial y},$$

$$\frac{\partial^3}{\partial l_i^3} = \frac{\cos 3\theta_i}{4} \left(\frac{\partial^3}{\partial x^3} - 3\frac{\partial^3}{\partial x \partial y^2} \right) + \frac{\sin 3\theta_i}{4} \left(3\frac{\partial^3}{\partial x^2 \partial y} - \frac{\partial^3}{\partial y^3} \right)$$
$$+ \frac{3}{4}\left(\cos\theta_i \frac{\partial}{\partial x} + \sin\theta_i \frac{\partial}{\partial y} \right)\Delta,$$

$$\frac{\partial^4}{\partial l_i^4} = \frac{3}{8}\Delta^2 + \frac{\cos 4\theta_i}{8}\left(\Delta^2 - 8\frac{\partial^4}{\partial x^2 \partial y^2} \right) + \frac{\sin 4\theta_i}{2}\left(\frac{\partial^4}{\partial x^3 \partial y} - \frac{\partial^4}{\partial x \partial y^3} \right)$$
$$+ \frac{\cos 2\theta_i}{2}\left(\frac{\partial^4}{\partial x^4} - \frac{\partial^4}{\partial y^4} \right) + \sin 2\theta_i \frac{\partial^2}{\partial x \partial y}\Delta,$$

$$\frac{\partial^5}{\partial l_i^5} = \frac{5}{8}\left(\cos\theta_i \frac{\partial}{\partial x} + \sin\theta_i \frac{\partial}{\partial y} \right)\Delta^2 + \frac{5\cos 3\theta_i}{16}\left(\frac{\partial^5}{\partial x^5} - 2\frac{\partial^5}{\partial x^3 \partial y^2} - 3\frac{\partial^5}{\partial x \partial y^4} \right)$$
$$- \frac{5\sin 3\theta_i}{16}\left(-3\frac{\partial^5}{\partial x^4 \partial y} - 2\frac{\partial^5}{\partial x^2 \partial y^3} + \frac{\partial^5}{\partial y^5} \right) + \frac{\cos 5\theta_i}{16}$$
$$\left(\frac{\partial^5}{\partial x^5} + 5\frac{\partial^5}{\partial x \partial y^4} - 10\frac{\partial^5}{\partial x^3 \partial y^2} \right) + \frac{\sin 5\theta_i}{16}\left(\frac{\partial^5}{\partial y^5} + 5\frac{\partial^5}{\partial x^4 \partial y} - 10\frac{\partial^5}{\partial x^2 \partial y^3} \right).$$

将上述各式代入 (8.6.2) 中, 并注意

$$\sum_{i=1}^{n} \cos\alpha\theta_i = \cos\alpha\left(\theta + \frac{n+1}{n}\pi \right) \times \begin{cases} \dfrac{\sin\alpha\pi}{\sin\dfrac{\alpha\pi}{n}}, & \dfrac{\alpha}{n} \neq 0, \pm 1, \pm 2, \cdots, \\ (-1)^{\alpha(n+1)/n}n, & \dfrac{\alpha}{n} = 0, \pm 1, \pm 2, \cdots. \end{cases}$$

$$\sum_{i=1}^{n} \sin\alpha\theta_i = \sin\alpha\left(\theta + \frac{n-3}{n}\pi \right) \times \begin{cases} \dfrac{\sin\alpha\pi}{\sin\dfrac{\alpha\pi}{n}}, & \dfrac{\alpha}{n} \neq 0, \pm 1, \pm 2, \cdots, \\ (-1)^{\alpha(n-1)/n}n, & \dfrac{\alpha}{n} = 0, \pm 1, \pm 2, \cdots. \end{cases}$$

结果得到

$$Lu = \frac{nh}{4}\Delta u + \frac{nh^3}{64}\Delta^2 u + \delta_{n,3}\frac{h^2}{8}\left[\cos 3\theta\left(\frac{\partial^3 u}{\partial x^3} - 3\frac{\partial^3 u}{\partial x\partial y^2}\right) + \sin 3\theta\left(3\frac{\partial^3 u}{\partial x^2\partial y} - \frac{\partial^3 u}{\partial y^3}\right)\right]$$
$$-\delta_{n,4}\frac{h^3}{48}\left[\left(\Delta^2 u - 8\frac{\partial^4 u}{\partial x^2\partial y^2}\right)\cos 4\left(\theta+\frac{\pi}{4}\right) + 16\left(\frac{\partial^4 u}{\partial x^3\partial y} - \frac{\partial^4 u}{\partial x\partial y^3}\right)\sin 4\left(\theta+\frac{\pi}{4}\right)\right]$$
$$+(\delta_{n,5}+\delta_{n,3})O(h^4) + O(h^5), \quad n \geqslant 3, \tag{8.6.3}$$

其中 $\delta_{n,i}$ 是克罗内克符号. 由 (8.6.3) 推知, 对于任意 $n \geqslant 3$, 算子 L 乘以 $4/(nh)$ 以后将逼近 Laplace 算子. 因此在正三角形网格上 $(n=6, \theta=0)$, 方程 (8.6.2) 的差分格式为

$$-\frac{2}{3h}\sum_{i=1}^{6}\frac{u(x^{(i)} - u(x^{(0)})}{h} = f(x^{(0)}) + \frac{h^2}{16}\Delta f(x^{(0)}), \tag{8.6.4}$$

近似方程的截断误差阶为 $O(h^4)$, 或差分格式为

$$-\frac{2}{3h}\sum_{i=1}^{6}\frac{u(x^{(i)}) - u(x^{(0)})}{h} = f(x^{(0)}), \tag{8.6.5}$$

截断误差阶为 $O(h^2)$. 同理可知, 在正六边形网格上 $(n=3, \theta=0$ 或 $\pi)$, 差分格式为

$$-\frac{4}{3h}\sum_{i=1}^{3}\frac{u(x^{(i)}) - u(x^{(0)})}{h} = f(x^{(0)}), \tag{8.6.6}$$

该格式以误差 $O(h)$ 逼近方程 (8.6.1). 特别地, 对正方形网格剖分 $(n=4, \theta=0)$, 差分格式为

$$-\frac{1}{h}\sum_{i=1}^{4}\frac{u(x^{(i)}) - u(x^{(0)})}{h} = f(x^{(0)}), \tag{8.6.7}$$

误差为 $O(h^2)$ 阶. 该格式可变形为

$$4u_{i,j} - u_{i+1,j} - u_{i,j+1} - u_{i-1,j} - u_{i,j-1} = h^2 f_{i,j},$$

此即 Poisson 方程的五点差分格式.

§8.7　边界条件的处理

前面对一个自变量的两点边值问题的边界条件作了处理, 现在考虑两个自变量的边界条件的差分离散.

§8.7.1　Dirichlet 边界条件

最简单的情况是边界与网格点相交, 如前面矩形区域的情况, 这时直接在边界结点上取值即可. 当边界与网格点不相交时, 如图 8.8 所示, 这时在结点 O 处的导数

可以如下建立. 如要在 O 点处作一阶和二阶导数近似, 根据 Taylor 展开公式, 有

$$u_A = u_O + h\theta_1 \left(\frac{\partial u}{\partial x}\right)_O + \frac{1}{2}h^2\theta_1^2 \left(\frac{\partial^2 u}{\partial x^2}\right)_O + O(h^3), \tag{8.7.1}$$

$$u_3 = u_O - h \left(\frac{\partial u}{\partial x}\right)_O + \frac{1}{2}h^2 \left(\frac{\partial^2 u}{\partial x^2}\right)_O + O(h^3), \tag{8.7.2}$$

消去 $\left(\dfrac{\partial^2 u}{\partial x^2}\right)_O$, 得

$$\left(\frac{\partial u_0}{\partial x}\right)_O = \frac{1}{h}\left[\frac{1}{\theta_1(1+\theta_1)}u_A - \frac{1-\theta_1}{\theta_1}u_O - \frac{\theta_1}{1+\theta_1}u_3\right], \tag{8.7.3}$$

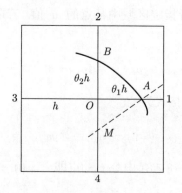

图 8.8   边界与网格点不相交

其精度为 $O(h^2)$ 阶. 类似地, 如由 (8.7.1) 和 (8.7.2) 消去一阶导数 $\left(\dfrac{\partial u}{\partial x}\right)_O$, 则导致

$$\left(\frac{\partial^2 u}{\partial x^2}\right)_O = \frac{1}{h^2}\left[\frac{2}{\theta_1(1+\theta_1)}u_A + \frac{2}{1+\theta_1}u_3 - \frac{2}{\theta_1}u_O\right], \tag{8.7.4}$$

其精度为 $O(h)$ 阶, 类似地, 可以求得 u 在 O 点处关于 y 的一阶导数和二阶导数, 为

$$\left(\frac{\partial u}{\partial y}\right)_O = \frac{1}{h}\left[\frac{1}{\theta_2(1+\theta_2)}u_B - \frac{1-\theta_2}{\theta_2}u_O - \frac{\theta_2}{1+\theta_2}u_4\right],$$

$$\left(\frac{\partial^2 u}{\partial y^2}\right)_O = \frac{1}{h^2}\left[\frac{2}{\theta_2(1+\theta_2)}u_B + \frac{2}{1+\theta_2}u_4 - \frac{2}{\theta_2}u_O\right].$$

于是 Poisson 方程 $\dfrac{\partial^2 u}{\partial x^2} + \dfrac{\partial^2 u}{\partial y^2} = f(x,y)$ 在点 O 处可近似为

$$\frac{2u_A}{\theta_1(1+\theta_1)} + \frac{2u_B}{\theta_2(1+\theta_2)} + \frac{2u_3}{1+\theta_1} + \frac{2u_4}{1+\theta_2} - 2\left(\frac{1}{\theta_1} + \frac{1}{\theta_2}\right)u_O = h^2 f_O, \tag{8.7.5}$$

其中 u_A, u_B 为 u 在边界上的值, $f_O = f(x_O, y_O)$.

§8.7.2 Neumann 边界条件

考虑 Laplace 方程的 Neumann 边值问题

$$\begin{cases} \dfrac{\partial^2 u}{\partial x^2} + \dfrac{\partial^2 u}{\partial y^2} = 0, & (x,y) \in \Omega = \{0 < x, y < 1\}, & (8.7.6) \\[2mm] \left.\dfrac{\partial u}{\partial n}\right|_{\partial\Omega} = g(x,y), & (x,y) \in \partial\Omega, & (8.7.7) \end{cases}$$

其中 $\partial\Omega$ 表示区域 Ω 的边界. 问题 (8.7.6)~(8.7.7) 仅当

$$\int_{\partial\Omega} g(x,y)ds = 0$$

时才可解. 为使解唯一, 可指定区域中某点的 u 值. 若取网格步长为 $h = 1/M$, 则 (8.7.6) 的差分格式为

$$u_{i+1,j} + u_{i-1,j} + u_{i,j+1} + u_{i,j-1} - 4u_{i,j} = 0, \quad i,j = 1, \cdots, M. \tag{8.7.8}$$

在 $x = 0$ 处, (8.7.7) 的差分格式为

$$u_{-1,j} - u_{1,j} = 2hg_{0,j}, \tag{8.7.9}$$

其中 $u_{-1,j}$ 是虚网格点. 在 (8.7.8) 中令 $i = 0$ (即 $x = 0$), 得

$$u_{1,j} + u_{-1,j} + u_{0,j+1} + u_{0,j-1} - 4u_{0,j} = 0. \tag{8.7.10}$$

由 (8.7.9) 和 (8.7.10) 联立消去 $u_{-1,j}$, 得左边界 $x = 0$ 处的二阶精度的差分格式

$$4u_{0,j} - 2u_{1,j} - u_{0,j+1} - u_{0,j-1} = 2hg_{0,j}, \quad j = 1, \cdots, M-1. \tag{8.7.11}$$

同理, 对右边界 $x = 1$, 有

$$4u_{M,j} - 2u_{M-1,j} - u_{M,j+1} - u_{M,j-1} = 2hg_{M,j}, \quad j = 1, \cdots, M-1. \tag{8.7.12}$$

对底边界 $y = 0$, 有

$$4u_{i,0} - 2u_{i,1} - u_{i+1,0} - u_{i-1,0} = 2hg_{i,0}, \quad i = 1, \cdots, M-1. \tag{8.7.13}$$

对上边界 $y = 1$, 有

$$4u_{i,M} - 2u_{i,M-1} - u_{i+1,M} - u_{i-1,M} = 2hg_{i,M}, \quad i = 1, \cdots, M-1. \tag{8.7.14}$$

下面对四个角点建立差分格式. 对左下角点 $(i = 0, j = 0)$, 在 (8.7.8) 中令 $i = 0, j = 0$, 得

$$u_{1,0} + u_{-1,0} + u_{0,1} + u_{0,-1} - 4u_{0,0} = 0, \tag{8.7.15}$$

再由 $i=0, j=0$ 处边界条件的差分格式

$$u_{0,-1} - u_{0,1} = 2hg_{0,0}, \quad u_{-1,0} - u_{1,0} = 2hg_{0,0}, \tag{8.7.16}$$

与 (8.7.15) 联立消去 $u_{0,-1}$ 和 $u_{-1,0}$ 得左下角点的差分格式

$$4u_{0,0} - 2u_{1,0} - 2u_{0,1} = 4hg_{0,0}, \quad i=0, \ j=0. \tag{8.7.17}$$

对右下角点 $(i=M, j=0)$, 在 (8.7.8) 中令 $i=M, j=0$, 得

$$u_{M+1,0} + u_{M-1,0} + u_{M,1} + u_{M,-1} - 4u_{M,0} = 0,$$

再由 $i=M, j=0$ 处边界条件的差分格式

$$u_{M+1,0} - u_{M-1,1} = 2hg_{M,0}, \quad u_{M,-1} - u_{M,1} = 2hg_{M,0}, \tag{8.7.18}$$

消去 $u_{M+1,0}$ 和 $u_{M,-1}$, 得右下角点的差分格式

$$4u_{M,0} - 2u_{M-1,0} - 2u_{M,1} = 4hg_{M,0}, \quad i=M, \ j=0. \tag{8.7.19}$$

对左上角点 $i=0, j=M$, 在 (8.7.8) 中令 $i=0, j=M$, 得

$$u_{1,M} + u_{-1,M} + u_{0,M+1} + u_{0,M-1} - 4u_{0,M} = 0,$$

再由 $i=0, j=M$ 处边界条件的差分格式

$$u_{-1,M} - u_{1,M} = 2hg_{0,M}, \quad u_{0,M+1} - u_{0,M-1} = 2hg_{0,M}, \tag{8.7.20}$$

消去 $u_{-1,M}$ 和 $u_{0,M-1}$, 得左上角点的差分格式

$$4u_{0,M} - 2u_{0,M-1} - 2u_{1,M} = 4hg_{0,M}, \quad i=0, \ j=M. \tag{8.7.21}$$

对右上角点 $i=M, j=M$, 在 (8.7.8) 中令 $i=M, j=M$, 得

$$u_{M+1,M} + u_{M-1,M} + u_{M,M+1} + u_{M,M-1} - 4u_{M,M} = 0,$$

再由 $i=M, j=M$ 处边界条件的差分格式

$$u_{M+1,M} - u_{M-1,M} = 2hg_{M,M}, \quad u_{M,M+1} - u_{M,M-1} = 2hg_{M,M}, \tag{8.7.22}$$

消去 $u_{M+1,M}$ 和 $u_{M,M-1}$, 得右上角点的差分格式

$$4u_{M,M} - 2u_{M-1,M} - 2u_{M,M-1} = 4hg_{M,M}, \quad i=M, \ j=M. \tag{8.7.23}$$

最后由 (8.7.8)、(8.7.11)~(8.7.14) 和 (8.7.17)~(8.7.23) 构成矩阵方程

$$AU = 2hG, \tag{8.7.24}$$

其中

$$A = \begin{pmatrix} B & -2I & & & \\ -I & B & -I & & \\ & \ddots & \ddots & \ddots & \\ & & -I & B & -I \\ & & & -2I & B \end{pmatrix}_{(M+1)\times(M+1)},$$

$$B = \begin{pmatrix} 4 & -2 & & & \\ -1 & 4 & -1 & & \\ & \ddots & \ddots & \ddots & \\ & & -1 & 4 & -1 \\ & & & -2 & 4 \end{pmatrix}_{(M+1)\times(M+1)},$$

U 和 G 分别为

$$U = (\boldsymbol{u}_0, \boldsymbol{u}_1, \cdots, \boldsymbol{u}_{M-1}, \boldsymbol{u}_M)^T,$$
$$\boldsymbol{u}_i = (u_{0,i}, \cdots, u_{M,i}), \quad i = 0, 1, \cdots, M,$$
$$G = (\boldsymbol{g}_0, \boldsymbol{g}_1, \cdots, \boldsymbol{g}_{M-1}, \boldsymbol{g}_M)^T,$$
$$\boldsymbol{g}_0 = (2g_{0,0}, g_{1,0}, \cdots, g_{M-1,0}, 2g_{M,0}),$$
$$\boldsymbol{g}_i = (g_{0,i}, \cdots, g_{M,i}), \quad i = 1, \cdots, M-1,$$
$$\boldsymbol{g}_M = (2g_{0,M}, g_{1,M}, \cdots, g_{M-1,M}, 2g_{M,M}).$$

§8.7.3 Robbins 边界条件

考虑如下混合边值问题

$$\begin{cases} \dfrac{\partial^2 u}{\partial x^2} + \dfrac{\partial^2 u}{\partial y^2} = 0, \quad (x,y) \in \Omega = \{0 < x, y < 1\}, & (8.7.25) \\[2mm] \dfrac{\partial u}{\partial x} - p(y)u = f(y), \quad x = 0, \ 0 \leqslant y \leqslant 1, & (8.7.26) \\[2mm] \dfrac{\partial u}{\partial y} - q(x)u = g(x), \quad y = 0, \ 0 \leqslant x \leqslant 1, & (8.7.27) \\[2mm] u = \gamma(x,y) = \begin{cases} x = 1, \ 0 \leqslant y \leqslant 1, \\ y = 1, \ 0 \leqslant x \leqslant 1, \end{cases} & (8.7.28) \end{cases}$$

其中 p, q, f, g, γ 均是已知函数. 取 $h = 1/M$, 则 (8.7.25) 的差分方程仍为 (8.7.8), 即

$$u_{i+1,j} + u_{i-1,j} + u_{i,j+1} + u_{i,j-1} - 4u_{i,j} = 0, \quad i, j = 1, \cdots, M.$$

下面考虑边界条件的差分格式, 对边界 $x = 0$, (8.7.26) 的差分格式为

$$(u_{1,j} - u_{-1,j}) - 2hp_j u_{0,j} = 2hf_j. \tag{8.7.29}$$

结合 (8.7.8) 在 $x = 0$ 处的差分方程, 联立消去 $u_{-1,j}$, 得 $x = 0$ 时的差分格式

$$2u_{1,j} + u_{0,j+1} + u_{0,j-1} - (4 + 2hp_j)u_{0,j} = 2hf_j, \quad j = 1, \cdots, M-1; \, i = 0. \quad (8.7.30)$$

类似地对边界 $y = 0$, (8.7.27) 的差分格式为

$$(u_{i,1} - u_{i,-1}) - 2hq_iu_{i,0} = 2hg_i, \quad j = 1, \cdots, M-1. \quad (8.7.31)$$

再结合 (8.7.8) 在 $y = 0$ 处的差分方程, 联立消去 $u_{i,-1}$, 得 $y = 0$ 时的差分格式

$$2u_{i,1} + u_{i+1,0} + u_{i-1,0} - (4 + 2hq_i)u_{i,0} = 2hg_i, \quad i = 1, \cdots, M-1; j = 0. \quad (8.7.32)$$

对第一类边界条件 (8.7.28), 有

$$\begin{cases} u_{M,j} = \gamma_{M,j}, \quad j = 0, 1, \cdots, M, \\ u_{i,M} = \gamma_{i,M}, \quad i = 0, 1, \cdots, M. \end{cases} \quad (8.7.33)$$

在左下角点 $(i = 0, j = 0)$ 处, 令 (8.7.8) 及 (8.7.29) 和 (8.7.31) 也都成立, 得

$$\begin{cases} u_{-1,0} + u_{1,0} + u_{0,1} + u_{0,-1} - 4u_{0,0} = 0, \\ u_{1,0} - u_{-1,0} - 2hp_0u_{0,0} = 2hf_0, \\ u_{0,1} - u_{0,-1} - 2hq_0u_{0,0} = 2hg_0. \end{cases}$$

由上面三式联立消去 $u_{0,-1}$ 和 $u_{-1,0}$ 得角点 $(i = 0, j = 0)$ 处的差分方程为

$$2u_{1,0} + 2u_{0,1} - (4 + 2hp_0 + 2hq_0)u_{0,0} = 2h(f_0 + g_0). \quad (8.7.34)$$

于是由 (8.7.8)、(8.7.30)$\sim$(8.7.32) 及 (8.7.34) 可形成 M^2 个未知数的线性代数方程组

$$AU = hG,$$

其中 A 是 M 阶块三对角矩阵

$$A = \begin{pmatrix} E_0 & F & & & \\ F & E_1 & F & & \\ & \ddots & \ddots & \ddots & \\ & & F & E_{M-2} & F \\ & & & F & E_{M-1} \end{pmatrix}_{M \times M},$$

其中

$$
E_0 = \begin{pmatrix}
-[1+h(p_0+q_0)/2] & \dfrac{1}{2} & & & & \\
\dfrac{1}{2} & -(2+hq_1) & \dfrac{1}{2} & & & \\
& \ddots & \ddots & \ddots & & \\
& & \dfrac{1}{2} & -(2+hq_{M-2}) & \dfrac{1}{2} \\
& & & \dfrac{1}{2} & -(2+hq_{M-1})
\end{pmatrix}_{M\times M},
$$

$$
E_m = \begin{pmatrix}
-(2+hp_m) & 1 & & & \\
1 & -4 & 1 & & \\
& \ddots & \ddots & \ddots & \\
& & 1 & -4 & 1 \\
& & & 1 & -4
\end{pmatrix}_{M\times M} \quad (m=1,2,\cdots,M-1),
$$

F 是 M 阶三对角矩阵 $\mathrm{diag}\left(\dfrac{1}{2},1,\cdots,1\right)$,

$$
U = (\boldsymbol{u}_0,\boldsymbol{u}_1,\cdots,\boldsymbol{u}_{M-1})^T,
$$

其中 $\boldsymbol{u}_0,\cdots,\boldsymbol{u}_{M-1}$ 均为 M 维向量

$$
\boldsymbol{u}_j = (u_{0,j},u_{1,j},\cdots,u_{M-1,j}), \quad j=0,\cdots,M-1,
$$
$$
G = (\boldsymbol{g}_0,\boldsymbol{g}_1,\cdots,\boldsymbol{g}_{M-1})^T,
$$

其中 $\boldsymbol{g}_0,\cdots,\boldsymbol{g}_{M-1}$ 均为 M 维向量

$$
\boldsymbol{g}_0 = \left(\frac{h(f_0+g_0)}{2}, hg_1,\cdots,hg_{M-2}, hg_{M-1}-\frac{1}{2}\gamma_{M,0}\right),
$$
$$
\boldsymbol{g}_{M-1} = \left(hf_{M-1}-\frac{1}{2}\gamma_{0,M}, -\gamma_{1,M},\cdots,-\gamma_{M-2,M},-\gamma_{M-1,M}\right),
$$
$$
\boldsymbol{g}_j = (hf_j,0,\cdots,0,-\gamma_{M,j}), \quad j=1,\cdots,M-2.
$$

如果 Neumann 或 Robbins 边界条件中的法向不平行于网格线, 如图 8.8 所示. 这时 u_A 的值可从 $\left(\dfrac{\partial u}{\partial n}\right)_A$ 近似得到:

$$
\left(\frac{\partial u}{\partial n}\right)_A \approx \frac{u_A-u_M}{\overline{MA}},
$$

而 u_M 由 u_O 与 u_4 线性插值得到

$$
u_M \approx \frac{\overline{OM}}{h}u_4 + \frac{h-\overline{OM}}{h}u_O,
$$

于是

$$u_A = \frac{\overline{OM}}{h}u_4 + \frac{h - \overline{OM}}{h}u_O + \overline{MA}\left(\frac{\partial u}{\partial n}\right)_A.$$

§8.8 差分格式的收敛性分析

考虑具有 Dirichlet 边界条件的 Poisson 方程

$$\begin{cases} -\nabla^2 u = g(x, y), & (x, y) \in \Omega = (0, 1) \times (0, 1), \\ u|_{\partial\Omega} = f(x, y), & (x, y) \in \partial\Omega \end{cases} \tag{8.8.1}$$

的五点差分格式的收敛性. 设 $\Delta x = 1/M_x$ 和 $\Delta y = 1/M_y$ 分别为 x 和 y 方向上的步长. 该问题的五点差分格式为

$$\begin{cases} L_{i,j}u_{i,j} = -\dfrac{1}{\Delta x^2}\delta_x^2 u_{i,j} - \dfrac{1}{\Delta y^2}\delta_y^2 u_{i,j} = g_{i,j}, \\ \qquad\qquad i = 1, \cdots, M_x - 1; \;\; j = 1, \cdots, M_y - 1, \\ u_{0,j} = f_{0,j}, \qquad j = 1, \cdots, M_y - 1, \\ u_{M_x,j} = f_{M_x,j}, \;\; j = 1, \cdots, M_y - 1, \\ u_{i,0} = f_{i,0}, \qquad i = 1, \cdots, M_x - 1, \\ u_{i,M_y} = f_{i,M_y}, \quad i = 1, \cdots, M_x - 1. \end{cases} \tag{8.8.2}$$

该格式是对问题 (8.8.1) 的 $O(\Delta x^2) + O(\Delta y^2)$ 阶精度近似. 假如差分方程 (8.8.2) 的未知量以如下方式排序

$$\boldsymbol{u} = (u_{1,1}, \cdots, u_{M_x-1,1}, u_{1,2}, \cdots, u_{M_x-1,M_y-1})^T,$$

则可写成矩阵形式

$$AU = G,$$

其中 G 是已知列向量, A 的形式为

$$A = \begin{pmatrix} B & -\dfrac{1}{\Delta y^2}I & & & \\ -\dfrac{1}{\Delta y^2}I & B & -\dfrac{1}{\Delta y^2}I & & \\ & \ddots & \ddots & \ddots & \\ & -\dfrac{1}{\Delta y^2}I & B & -\dfrac{1}{\Delta y^2}I \\ & & -\dfrac{1}{\Delta y^2}I & B \end{pmatrix}_{(M_y-1)\times(M_y-1)},$$

其中 B 是 $(M_x - 1) \times (M_x - 1)$ 矩阵

$$
\begin{pmatrix}
2\left(\dfrac{1}{\Delta x^2} + \dfrac{1}{\Delta y^2}\right) & -\dfrac{1}{\Delta x^2} & & \\
-\dfrac{1}{\Delta x^2} & 2\left(\dfrac{1}{\Delta x^2} + \dfrac{1}{\Delta y^2}\right) & -\dfrac{1}{\Delta x^2} & \\
\ddots & \ddots & \ddots & \\
& -\dfrac{1}{\Delta x^2} & 2\left(\dfrac{1}{\Delta x^2} + \dfrac{1}{\Delta y^2}\right) & -\dfrac{1}{\Delta x^2} \\
& & -\dfrac{1}{\Delta x^2} & 2\left(\dfrac{1}{\Delta x^2} + \dfrac{1}{\Delta y^2}\right)
\end{pmatrix}.
$$

由于 A 是对称正定矩阵, 所以 A 是可逆的, 因此问题 (8.8.2) 有唯一解. 或者我们根据 A 的不可约对角占优也知 A 是可逆的.

下面讨论差分解的收敛性. 设 v 是问题 (8.8.1) 的解, $\boldsymbol{u} = \{u_{i,j}\}(i = 0, \cdots, M_x;$ $j = 0, \cdots, M_y)$ 是问题 (8.8.2) 的解. 设 G_Ω 表示区域 Ω 的网格点, G_Ω^0 和 ∂G_Ω 分别表示区域 Ω 的内部网格点和边界网格点. 定义 G_Ω, G_Ω^0 和 ∂G_Ω 上的网格函数的上确界范数

$$\|\boldsymbol{u}\|_\infty = \max |u_{i,j}|, \quad (i,j) \in G_\Omega, \tag{8.8.3}$$

$$\|\boldsymbol{u}\|_{\infty 0} = \max |u_{i,j}|, \quad (i,j) \in G_\Omega^0, \tag{8.8.4}$$

$$\|\boldsymbol{u}\|_{\infty \partial G_\Omega} = \max |u_{i,j}|, \quad (i,j) \in \partial G_\Omega. \tag{8.8.5}$$

下面证明离散极大值原理 (离散极小值原理完全类同).

命题 8.8.1 (离散极大值原理) 假如在 G_Ω^0 上

$$L_{i,j} u_{i,j} = -\left(\frac{1}{\Delta x^2}\delta_x^2 + \frac{1}{\Delta y^2}\delta_y^2\right) u_{i,j} \leqslant 0$$

(或 $L_{i,j} u_{i,j} \geqslant 0$), 则 $u_{i,j}$ 在 G_Ω 上的极大值 (极小值) 只能在边界 ∂G_Ω 上达到.

证明 假定 $u_{i,j}$ 是 G_Ω^0 上的一个局部极大值 (若处处为常数, 结论显然成立), 即

$$u_{i,j} \geqslant u_{i+1,j}, \quad u_{i,j} \geqslant u_{i-1,j}, \quad u_{i,j} \geqslant u_{i,j+1}, \quad u_{i,j} \geqslant u_{i,j-1},$$

且其中至少有一个大于号成立, 则

$$L_{i,j} u_{i,j} = \frac{2u_{i,j} - u_{i+1,j} - u_{i-1,j}}{\Delta x^2} + \frac{2u_{i,j} - u_{i,j+1} - u_{i,j-1}}{\Delta y^2}$$

$$> \frac{u_{i+1,j} + u_{i-1,j} - u_{i+1,j} - u_{i-1,j}}{\Delta x^2} + \frac{u_{i,j+1} + u_{i,j-1} - u_{i,j+1} - u_{i,j-1}}{\Delta y^2}.$$

这与条件 $L_{i,j} u_{i,j} \leqslant 0$ 矛盾. 故 $u_{i,j}$ 在 G_Ω 上的极大值只能在 ∂G_Ω 上出现. 极小值情况类似. $\qquad\square$

命题 8.8.2 假定 $u_{i,j}(i = 0, \cdots, M_x; j = 0, \cdots, M_y)$ 是 G_Ω 上的一个网格函数, 且 $u_{0,j} = u_{M_x,j} = u_{i,0} = u_{i,M_y} = 0$, 则

$$||\boldsymbol{u}||_\infty \leqslant \frac{1}{8}||L_{i,j}u_{i,j}||_{\infty 0}, \tag{8.8.6}$$

其中 $\boldsymbol{u}$ 表示由 $u_{i,j}$ 构成的向量.

证明 考虑定义在 G_Ω 上的一个网格函数 $u_{i,j}$, 且在 ∂G_Ω 上满足 $u_{i,j} = 0$. 定义 G_Ω^0 上的网格函数

$$S_{i,j} = L_{i,j}u_{i,j}, \quad (i,j) \in G_\Omega^0.$$

显然

$$-||S||_{\infty 0} \leqslant L_{i,j}u_{i,j} \leqslant ||S||_{\infty 0}, \tag{8.8.7}$$

其中 $S = \{S_{i,j}\}$. 定义

$$w_{i,j} = \frac{1}{4}\left[\left(x_i - \frac{1}{2}\right)^2 + \left(y_j - \frac{1}{2}\right)^2\right],$$

则有

$$L_{i,j}w_{i,j} = -1.$$

于是由不等式 (8.8.7) 知

$$L_{i,j}(u_{i,j} - ||S||_{\infty 0}w_{i,j}) = L_{i,j}u_{i,j} - ||S||_{\infty 0}L_{i,j}w_{i,j} = L_{i,j}u_{i,j} + ||S||_{\infty 0} \geqslant 0.$$

同理, 有

$$L_{i,j}(u_{i,j} + ||S||_{\infty 0}w_{i,j}) \leqslant 0.$$

因此 $u_{i,j} - ||S||_{\infty 0}w_{i,j}$ 的极小值和 $u_{i,j} + ||S||_{\infty 0}w_{i,j}$ 的极大值均出现在边界 ∂G_Ω 上. 于是

$$\max_{\partial G_\Omega}\{\boldsymbol{u} + ||S||_{\infty 0}\boldsymbol{w}\} = ||S||_{\infty 0}||\boldsymbol{w}||_{\infty \partial G_\Omega}$$
$$\geqslant u_{i,j} + ||S||_{\infty 0}w_{i,j}$$
$$\geqslant u_{i,j}, \quad (i,j) \in G_\Omega,$$

或

$$-||S||_{\infty 0}||w||_{\infty \partial G_\Omega} \leqslant u_{i,j} \leqslant ||S||_{\infty 0}||w||_{\infty \partial G_\Omega}.$$

因为 $||w||_{\infty \partial G_\Omega} = \frac{1}{8}$, 所以

$$||u||_\infty \leqslant \frac{1}{8}||L_{i,j}u_{i,j}||_{\infty 0}. \qquad \square$$

由命题 8.8.2 可以证明下面收敛性定理.

定理 8.8.1　设 $v \in C^4(\overline{\Omega})$ 是问题 (8.8.1) 的解, $u_{i,j}$ 是差分方程 (8.8.2) 的解, 则

$$||v - u||_\infty \leqslant C(\Delta x^2 + \Delta y^2)||\partial^4 v||_{\infty 0}, \qquad (8.8.8)$$

其中

$$||\partial^4 v||_{\infty 0} = \sup \left| \frac{\partial^4 v(x, y)}{\partial x^p \partial y^q} \right|, \quad (x, y) \in \Omega^0, p + q = 4; \ p, q = 0, \cdots, 4, \qquad (8.8.9)$$

Ω^0 是 Ω 的内部,

证明　注意 $||\partial^4 v||_{\infty 0}$ 是在区域 G 的内部计算的四阶导数的极大值. 设 v 是 (8.8.1) 的精确解, 由相容性条件, $v_{i,j}$ 满足

$$L_{i,j} v_{i,j} = g_{i,j} + O(\Delta x^2) + O(\Delta y^2), \qquad (8.8.10)$$

且截断误差首项为 $-\dfrac{1}{12}\left(\Delta x^2 \dfrac{\partial^4 v}{\partial x^4} + \Delta y^2 \dfrac{\partial^4 v}{\partial y^4} \right)_{i,j}$. 因为 $u_{i,j}$ 满足

$$L_{i,j} u_{i,j} = g_{i,j}. \qquad (8.8.11)$$

(8.8.10) 减 (8.8.11) 得

$$L_{i,j}(v_{i,j} - u_{i,j}) = O(\Delta x^2 + \Delta y^2),$$

或

$$||L_{i,j}(v_{i,j} - u_{i,j})||_{\infty 0} \leqslant \frac{1}{12}(\Delta x^2 + \Delta y^2)||\partial^4 v||_{\infty 0}.$$

又在 ∂G_Ω 上 $v_{i,j} - u_{i,j} = 0$, 于是根据命题 8.8.2 有

$$||v - u||_\infty \leqslant \frac{1}{96}(\Delta x^2 + \Delta y^2)||\partial^4 v||_{\infty 0},$$

即

$$||v - u||_\infty \leqslant C(\Delta x^2 + \Delta y^2)||\partial^4 v||_{\infty 0}. \qquad \Box$$

该定理表明 Poisson 方程第一边值问题五点差分格式的解收敛于问题本身的解.

§8.9　极坐标下 Poisson 方程的差分格式

本节简要讨论极坐标下 Poisson 方程的差分格式. 分别考虑二维圆环区域和圆盘区域两种情况.

1. 圆环区域

$$\begin{cases} -\nabla^2 u = g(r, \theta), \quad R_a = \{(r, \theta) : R_i < r < 1, 0 \leqslant \theta < 2\pi\}, \\ u(R_i, \theta) = f_1(\theta), \quad \theta \in [0, 2\pi], \\ u(1, \theta) = f_2(\theta), \quad \theta \in [0, 2\pi], \end{cases} \qquad (8.9.1)$$

其中 Laplace 算子 ∇^2 在极坐标系下为

$$\nabla^2 u = \frac{1}{r}\frac{\partial}{\partial r}\left(r\frac{\partial u}{\partial r}\right) + \frac{1}{r^2}\frac{\partial^2 u}{\partial \theta^2}. \tag{8.9.2}$$

这里给出的是 Dirichlet 边界条件 $r = R_i$ 和 $r = 1$ 上的值, 但方法可扩展到 Neumann 和混合边值问题.

取步长 $\Delta r = 1/M_r$, $\Delta \theta = 2\pi/M_\theta$, 得网格 (r_i, θ_j), $i = 0, \cdots, M_r$; $j = 0, \cdots, M_\theta$, 则 (8.9.1) 的差分格式为

$$\begin{cases} -\frac{1}{r_i\Delta r^2}\left[r_{i+1/2}(u_{i+1,j} - u_{i,j}) - r_{i-1/2}(u_{i,j} - u_{i-1,j})\right] - \frac{1}{r_i^2\Delta\theta^2}\delta_\theta^2 u_{i,j} = g_{i,j}, \\ \qquad i = 1, \cdots, M_r - 1; \ j = 1, \cdots, M_\theta - 1, \tag{8.9.3} \\ -\frac{1}{r_i\Delta r^2}\left[r_{i+1/2}(u_{i+1,0} - u_{i,0}) - r_{i-1/2}(u_{i,0} - u_{i-1,0})\right] \\ \quad -\frac{1}{r_i^2\Delta\theta^2}(u_{i,1} - 2u_{i,0} + u_{i,M_\theta-1}) = g_{i,0}, \quad i = 1, \cdots, M_r - 1; j = 0, \tag{8.9.4} \\ u_{i,M_\theta} = u_{i,0}, \ i = 0, \cdots, M_r, \tag{8.9.5} \\ u_{0,j} = f_1(\theta_j), \ j = 0, \cdots, M_\theta, \tag{8.9.6} \\ u_{M_r,j} = f_2(\theta_j), \ j = 0, \cdots, M_\theta, \tag{8.9.7} \end{cases}$$

注意当 $j = 0$ 和 $j = M_\theta$ 时, θ_j 的差分格式是一样的. (8.9.5) 表示周期性边界条件.

方程 (8.9.3)~(8.9.7) 可写成矩阵形式

$$AU = F, \tag{8.9.8}$$

其中 U 是共有 $(M_r - 1) \times M_\theta$ 个未知量的列向量,

$$U = (\boldsymbol{u}_1, \cdots, \boldsymbol{u}_{M_r-1})^T,$$
$$\boldsymbol{u}_i = (u_{i,0}, u_{i,1}, u_{i,2}, \cdots, u_{i,M_\theta-1}), \quad i = 1, \cdots, M_r - 1,$$

矩阵 A 为 $M_r - 1$ 阶块三对角矩阵

$$A = \begin{pmatrix} T_1 & -\gamma_1 I & & & \\ -\alpha_2 I & T_2 & -\gamma_2 I & & \\ & \ddots & \ddots & \ddots & \\ & & -\alpha_{M_r-2}I & T_{M_r-2} & -\gamma_{M_r-2}I \\ & & & -\alpha_{M_r-1}I & T_{M_r-1} \end{pmatrix}_{(M_r-1)\times(M_r-1)},$$

其中

$$T_i = \begin{pmatrix} \beta_i & -\varepsilon_i & & & & -\varepsilon_i \\ -\varepsilon_i & \beta_i & -\varepsilon_i & & & \\ & -\varepsilon_i & \beta_i & -\varepsilon_i & & \\ & & \ddots & \ddots & \ddots & \\ & & & -\varepsilon_i & \beta_i & -\varepsilon_i \\ -\varepsilon_i & & & & -\varepsilon_i & \beta_i \end{pmatrix}_{M_\theta \times M_\theta}, \quad i = 1, \cdots, M_r - 1,$$

$$\alpha_i = \frac{r_{i-1/2}}{r_i \Delta r^2}, \quad i = 2, \cdots, M_r - 1,$$

$$\gamma_i = \frac{r_{i+1/2}}{r_i \Delta r^2}, \quad i = 1, \cdots, M_r - 2,$$

$$\beta_i = \frac{r_{i-1/2} + r_{i+1/2}}{r_i \Delta r^2} + \frac{2}{r_i^2 \Delta \theta^2},$$

$$\varepsilon_i = \frac{1}{r_i^2 \Delta \theta^2}, \quad i = 1, \cdots, M_r - 1,$$

其中 I 是 M_θ 阶单位矩阵, 右端列向量为

$$F = (\boldsymbol{f}_1, \cdots, \boldsymbol{f}_{M_r-1})^T,$$

$$\boldsymbol{f}_1 = \begin{pmatrix} g_{1,0} + \alpha_1 f_1(\theta_0) \\ g_{1,1} + \alpha_1 f_1(\theta_1) \\ \vdots \\ g_{1,M_\theta-1} + \alpha_1 f_1(\theta_{M_\theta-1}) \end{pmatrix}, \quad \boldsymbol{f}_{M_r-1} = \begin{pmatrix} g_{M_r-1,0} + \gamma_{M_r-1} f_2(\theta_0) \\ g_{M_r-1,1} + \gamma_{M_r-1} f_2(\theta_1) \\ \vdots \\ g_{M_r-1,M_\theta-1} + \gamma_{M_r-1} f_2(\theta_{M_\theta-1}) \end{pmatrix},$$

$$\boldsymbol{f}_i = \begin{pmatrix} g_{i,0} \\ g_{i,1} \\ \vdots \\ g_{i,M_\theta-1} \end{pmatrix}, \quad i = 2, \cdots, M_r - 2.$$

矩阵 A 的系数具有对角占优性, 因为

$$|a_{ii}| = \sum_{j=1, j\neq i}^{(M_r-1)\times(M_\theta-1)} |a_{ij}|, \quad i = 2, \cdots, (M_r-1)\times M_\theta - 1,$$

$$|a_{11}| > \sum_{j=2}^{(M_r-1)\times M_\theta-1} |a_{1j}|,$$

$$|a_{M,M}| > \sum_{j=1}^{(M_r-1)\times M_\theta-1} |a_{M,j}|, \quad M := (M_r-1)\times M_\theta$$

且 A 不可约, 因此 A 可逆, 方程 (8.9.8) 有唯一解.

2. 圆盘区域

$$\begin{cases} -\nabla^2 u = g(r,\theta), & R_d = \{(r,\theta) : 0 \leqslant r < 1, 0 \leqslant \theta \leqslant 2\pi\}, \\ u(1,\theta) = f_2(\theta), & \theta \in [0, 2\pi]. \end{cases} \qquad (8.9.9)$$

该方程的差分格式如下

$$\begin{cases} -\dfrac{1}{r_i \Delta x^2} \left[r_{i+1/2}(u_{i+1,j} - u_{i,j}) - r_{i-1/2}(u_{i,j} - u_{i-1,j}) \right] \\ \qquad -\dfrac{1}{r_i^2 \Delta \theta^2} \delta_\theta^2 u_{i,j} = g_{i,j}, \quad i = 1, \cdots, M_r - 1; \ j = 1, \cdots, M_\theta - 1, \\ -\dfrac{1}{r_i \Delta x^2} \left[r_{i+1/2}(u_{i+1,0} - u_{i,0}) - r_{i-1/2}(u_{i,0} - u_{i-1,0}) \right] \\ \qquad -\dfrac{1}{r_i^2 \Delta \theta^2} \left(u_{i,1} - 2u_{i,0} + u_{i,M_\theta-1} \right) = g_{i,0}, \quad i = 1, \cdots, M_r - 1; \ j = 0, \end{cases} \qquad (8.9.10)$$

$$\begin{cases} u_{i,M_\theta} = u_{i,0}, \quad i = 0, \cdots, M_r, \\ \dfrac{4}{\Delta r^2} u_0 - \dfrac{2\Delta\theta}{\pi \Delta r^2} \sum_{j=0}^{M_\theta-1} u_{1,j} = g_0, \\ u_{M_r,j} = f_2(\theta_j), \quad j = 0, \cdots, M_\theta. \end{cases} \qquad (8.9.11)$$

(8.9.10)∼(8.9.11) 联立写成矩阵形式

$$AU = F, \qquad (8.9.12)$$

其中 U 是有 $M_\theta(M_r - 1) + 1$ 个未知量的列向量

$$U = (\boldsymbol{u}_0, \boldsymbol{u}_1, \cdots, \boldsymbol{u}_{M_r-1}), \quad \boldsymbol{u}_0 = (u_0),$$

$$\boldsymbol{u}_i = (u_{i,0}, u_{i,1}, u_{i,2}, \cdots, u_{i,M_\theta-1}), \quad i = 1, \cdots, M_r - 1,$$

矩阵 A 为

$$A = \begin{pmatrix} \alpha & S & & & \\ T & T_1 & -\gamma_1 I & & \\ & -\alpha_2 I & T_2 & -\gamma_2 I & \\ & \ddots & \ddots & \ddots & \\ & & -\alpha_{M_r-2} I & T_{M_r-2} & -\gamma_{M_r-2} I \\ & & & -\alpha_{M_r-1} I & T_{M_r-1} \end{pmatrix},$$

其中

$$S_{1 \times M_\theta} = \left(-\frac{2\Delta\theta}{\pi \Delta r^2}, \cdots, -\frac{2\Delta\theta}{\pi \Delta r^2} \right),$$

$$T_{M_\theta \times 1} = (-\alpha_1, \cdots, -\alpha_1)_{M_\theta \times 1},$$

$$\alpha = \frac{4}{\Delta r^2}, \quad \alpha_i = \frac{r_{i-1/2}}{r_i \Delta r^2}, \quad \gamma_i = \frac{r_{i+1/2}}{r_i \Delta r^2},$$

$$\beta_i = \frac{r_{i-1/2} + r_{i+1/2}}{r_i \Delta r^2} + \frac{2}{r_i^2 \Delta \theta^2}, \quad \varepsilon_i = \frac{1}{r_i^2 \Delta \theta^2},$$

$$T_i = \begin{pmatrix} \beta_i & -\varepsilon_i & & & & -\varepsilon_i \\ -\varepsilon_i & \beta_i & -\varepsilon_i & & & \\ & -\varepsilon_i & \beta_i & -\varepsilon_i & & \\ & & \ddots & \ddots & \ddots & \\ & & & -\varepsilon_i & \beta_i & -\varepsilon_i \\ -\varepsilon_i & & & & -\varepsilon_i & \beta_i \end{pmatrix}_{M_\theta \times M_\theta}, \quad i = 1, 2, \cdots, M_r - 1.$$

右端列向量 F 为

$$F = (\boldsymbol{f}_0, \boldsymbol{f}_1, \cdots, \boldsymbol{f}_{M_r-1})^T,$$

$$\boldsymbol{f}_i = \begin{pmatrix} g_{i,0} \\ g_{i,1} \\ \vdots \\ g_{i,M_\theta-1} \end{pmatrix}, \quad i = 1, \cdots, M_r - 2. \quad \boldsymbol{f}_0 = (g_0),$$

$$\boldsymbol{f}_{M_r-1} = \begin{pmatrix} g_{M_r-1,0} + \gamma_{M_r-1} f_2(\theta_0) \\ g_{M_r-1,1} + \gamma_{M_r-1} f_2(\theta_1) \\ \vdots \\ g_{M_r-1,M_\theta-1} + \gamma_{M_r-1} f_2(\theta_{M_\theta-1}) \end{pmatrix}.$$

注意 A 中的元素 a_{11} 子块是 1×1 矩阵, a_{12} 子块 S 是 $1 \times M_\theta$ 矩阵, a_{21} 子块 T 是 $M_\theta \times 1$ 矩阵, 其余元素子块均为 $M_\theta \times M_\theta$ 矩阵. 未知数 u_0 表示 $r = 0$ 时 (对所有 θ) 的 u 值.

同理可验证, 系数矩阵 A 满足主对角占优性, 因为

$$|a_{ii}| = \sum_{j=1, j \neq i}^{M_\theta(M_r-1)+1} |a_{ij}| = \alpha_i + 2\varepsilon_i + \gamma_i$$

$$= \frac{2}{\Delta r^2} + \frac{2}{r_i^2 \Delta \theta^2}, \quad i = 2, \cdots, M_\theta(M_r-1)+1,$$

对第一行 $(i = 1)$

$$|a_{11}| = \frac{4}{\Delta r^2},$$

$$\sum_{j=2}^{M_\theta(M_r-1)+1} |a_{1j}| = M_\theta \frac{2\Delta\theta}{\pi \Delta r^2} = \frac{2M_\theta \Delta\theta}{\pi \Delta r^2} = \frac{4}{\Delta r^2},$$

对最后一行 $(i = M_\theta(M_r - 1) + 1)$

$$|a_{MM}| = \beta_{M_r-1} > \alpha_{M_r-1} + 2\varepsilon_{M_r-1} = \sum_{j=1}^{M-1} |a_{Mj}|, \quad M := M_\theta(M_r - 1) + 1,$$

又 A 不可约, 因此问题 (8.9.10)～(8.9.11) 唯一可解.

由上可知, 圆盘区域的 Poisson 方程第一边值问题比圆环区域的 Poisson 方程第一边值问题多一个方程, 即关于圆心的方程. 下面说明如何建立圆心处的差分格式, 即 (8.9.11) 中第二式.

首先根据第一 Green 公式, 易知

$$\iint_\Omega \Delta u dx dy = \int_{\partial\Omega} \frac{\partial u}{\partial n} ds, \tag{8.9.13}$$

其中 Δ 为 Laplace 算子, n 为 Ω 的边界 $\partial\Omega$ 的外法线方向. 由此得到 (极坐标的散度定理)

$$\iint_\Omega \left[\frac{1}{r}\frac{\partial}{\partial r}\left(r\frac{\partial u}{\partial r}\right) + \frac{1}{r^2}\frac{\partial^2 u}{\partial\theta^2} \right] r dr d\theta = \int_{\partial\Omega} \frac{\partial u}{\partial n} ds. \tag{8.9.14}$$

取积分区域 Ω 为圆心为 0、半径为 $\Delta r/2$ 的圆形域, 则

$$\int_{\partial\Omega} \frac{\partial u}{\partial n} ds = \int_0^{2\pi} \frac{\partial u}{\partial r}\Big|_{r=\frac{\Delta r}{2}} \left(\frac{\Delta r}{2}d\theta\right) = \frac{\Delta r}{2}\int_0^{2\pi} \frac{\partial u}{\partial r}\Big|_{r=\frac{\Delta r}{2}} dr. \tag{8.9.15}$$

在该区域 Ω 上对 (8.9.9) 中第一式两端积分, 并利用 (8.9.14) 和 (8.9.15), 得

$$-\frac{\Delta r}{2}\int_0^{2\pi} \frac{\partial u}{\partial r}\Big|_{r=\frac{\Delta r}{2}} d\theta = \int_0^{2\pi}\int_0^{\frac{\Delta r}{2}} g(r,\theta) r dr d\theta.$$

对左端的积分采用矩形公式近似, 右端的积分采用中矩形公式近似, 得

$$-\frac{\Delta r}{2}\sum_{j=0}^{M_\theta-1} \frac{\partial u(\frac{\Delta r}{2},\theta_j)}{\partial r}\Delta\theta = \frac{\pi\Delta r^2}{4}g_0,$$

进一步近似得

$$-\frac{\Delta r\Delta\theta}{2}\sum_{j=0}^{M_\theta-1} \frac{u(r,\theta_j) - u(0,\theta_j)}{\Delta r} = \frac{\pi\Delta r^2}{4}g_0,$$

也即

$$-\frac{\Delta\theta}{2}\sum_{j=0}^{M_\theta-1} [u(r,\theta_j) - u(0,\theta_j)] = \frac{\pi\Delta r^2}{4}g_0.$$

注意 $u_{0,j} = u_0, g(0,\pi) = g_0, M_\theta\Delta\theta = 2\pi$, 知上式可化简为

$$\frac{4u_0}{\Delta r^2} - \frac{2\Delta\theta}{\pi\Delta r^2}\sum_{j=0}^{M-1} u_{1,j} = g_0, \tag{8.9.16}$$

即 (8.9.11) 中第二式. 由上推导可知, 该式具有 $O(\Delta t^2) + O(\Delta\theta^2)$ 阶的精度.

§8.10 练习

1. 在1/4圆形域 $\Omega = \{(x,y) : x > 0, y > 0, x^2 + y^2 < 1\}$ 中求解 Laplace 混合边值问题

$$
\begin{cases}
\dfrac{\partial^2 u}{\partial x^2} + \dfrac{\partial^2 u}{\partial y^2} = 0, & (x,y) \in \Omega, \\[2mm]
u(0,y) = 0, & 0 \leqslant y \leqslant 1, \\[2mm]
\left. \dfrac{\partial u}{\partial y} \right|_{y=0} = 0, & 0 \leqslant x \leqslant 1,
\end{cases}
$$

其中在圆弧边界上, $u = 16x^5 - 20x^3 + 5x (0 \leqslant x \leqslant 1)$. 取 $h = 1/4$ 进行计算, 并将计算结果与问题的精确解 $u = x^5 - 10x^3y^2 + 5xy^4$ 作比较.

2. 求解椭圆型第一边值问题

$$
\begin{cases}
-\dfrac{\partial^2 u}{\partial x^2} - \dfrac{\partial^2 u}{\partial y^2} + a\dfrac{\partial u}{\partial x} = 0, & a > 0, \ (x,y) \in \Omega, \\[2mm]
u(0,y) = \sin(\pi y), \quad u(1,y) = 0, & 0 \leqslant y \leqslant 1, \\[2mm]
u(x,0) = u(x,1) = 0, & 0 \leqslant x \leqslant 1,
\end{cases}
$$

这里 $\Omega = \{(x,y) : 0 < x < 1, 0 < y < 1\}$. 该问题的精确解为

$$
u(x,y) = e^{\frac{ax}{2}} \frac{\sinh(h\sigma)}{\sin(h\sigma)} (1-x) \sin(\pi y) \sin(h\sigma),
$$

其中 $\sigma = \sqrt{k^2 + 4\pi^2}/2$. 取 $h = 1/4, a = 40$ 进行计算, 并与精确解作比较.

3. 在由 $y = 0$, $y = 2 + 2x$ 和 $y = 2 - 2x$ 所围的区域上求解 Laplace 方程的 Dirichlet 边值问题.

4. 在单位正方形区域上求解如下椭圆型方程的 Dirichlet 问题

$$
\frac{\partial}{\partial x}\left(a\frac{\partial u}{\partial x} \right) + \frac{\partial}{\partial y}\left(a\frac{\partial u}{\partial y} \right) + f(x,y) = 0,
$$

其中 $f(x,y)$ 是已知函数.

5. 在单位正方形区域上求解方程 $\dfrac{\partial^2 u}{\partial x^2} + \dfrac{\partial^2 u}{\partial y^2} = f$ 的混合边值问题, 其中在 $x = 1$ 上具有 Neumann 条件 $\dfrac{\partial u}{\partial x} = g$, 在其余三边上具有 Dirichlet 条件.

6. 在图 8.7(a) 的正三角形网格上推导方程

$$
-\Delta u + \sigma u = f
$$

的一个七点差分近似格式, 其中 $\sigma(x,y)$ 和 $f(x,y)$ 为已知函数.

7. 在图 8.7(b) 的正六边形网格上推导

$$-\Delta^2 u + \sigma u = f$$

的四点差分近似格式, 其中 $\sigma(x, y)$ 和 $f(x, y)$ 为已知函数.

8. 考虑柱坐标下均匀网格 $(\Delta z = \Delta r)$ 上的 Lapace 方程

$$\frac{\partial^2 u}{\partial r^2} + \frac{1}{r}\frac{\partial u}{\partial r} + \frac{\partial^2 u}{\partial z^2} = 0$$

的五点差分格式.

第九章　有限元方法

有限元方法是求解偏微分方程的一种重要数值方法, 在科学与工程计算的各个领域得到了广泛的应用. 有限元离散的思想早在 20 世纪 40 年代就已经提出 [28], 并在 50 年代应用于弹性力学问题, 但有限元数学理论的建立则始于 60 年代. 我国数学家冯康独立于西方创立了有限元的数学理论 [1, 2]. 本章对有限元的求解思想作一介绍. 首先讨论边值问题的变分形式, 然后讨论 Galerkin 方法和 Rayleigh-Ritz 近似方法, 在此基础上再讨论有限元离散方法. 有限元理论内容十分丰富, 更多相关内容及理论分析可参考有关中英文文献, 如 [6, 8, 9, 10, 18, 20, 23, 24, 27, 43, 54] 等.

§9.1 Sobolev 空间

首先讨论一下边界的光滑性. 设 $\Omega \subset \mathbb{R}^n (n \geqslant 2)$ 的边界为 Γ, x_0 是 Γ 上的任意一点, $B(x_0, \varepsilon)$ 是以 x_0 为心、半径为 $\varepsilon > 0$ 的开球, 即

$$B(x_0, \varepsilon) = \{ x \in \mathbb{R}^n : |x - x_0| < \varepsilon \}. \tag{9.1.1}$$

建立坐标系 $(\xi_1, \cdots, \xi_n)$ 使得 $\Gamma \cap B(x_0, \varepsilon)$ 可以表示成 $\xi_n = f(\xi_1, \cdots, \xi_{n-1})$ 的函数. 若 f 对每个 $x_0 \in \Gamma$ 是 m 次可微的, 则称 Γ 是 C^m 类. 假定 f 是 Lipschitz 连续函数, 即

$$|f(\hat{\xi}) - f(\hat{\eta})| \leqslant C|\hat{\xi} - \hat{\eta}|, \tag{9.1.2}$$

其中 $C > 0$ 为常数, $\hat{\xi} = (\xi_1, \cdots, \xi_{n-1})$, $\hat{\eta} = (\eta_1, \cdots, \eta_{n-1})$, 则称 Γ 是 Lipschitz 边界.

在二维情况下, 三角形、矩形和环形边界都是 Lipschitz 边界. 图 9.1(a) 是 Lipschitz 边界, 图 9.1(b) 的边界带有尖端, 且在部分边界的两侧都有内部区域, 图 9.1(b) 不是 Lipschitz 边界.

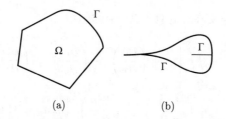

图 9.1 (a) Lipschitz 边界, (b) 非 Lipschitz 边界

m 阶 Sobolev 空间, 即

$$H^m(\Omega) = \{u : D^\alpha u \in L^2(\Omega), |\alpha| \leqslant m\}, \tag{9.1.3}$$

其中 $D^\alpha u$ 是 α 阶导数, 这里仅考虑实值函数. $\alpha = (\alpha_1, \alpha_2, \cdots, \alpha_n)$ 称为多重指标, 记 $x = (x_1, x_2, \cdots, x_n) \in \mathbb{R}^n$, 再记

$$x^\alpha = x_1^{\alpha_1} \cdot x_2^{\alpha_2} \cdots x_n^{\alpha_n},$$
$$|\alpha| = \alpha_1 + \alpha_2 + \cdots + \alpha_n,$$
$$D^\alpha = \frac{\partial^{|\alpha|}}{\partial x_1^{\alpha_1} \partial x_2^{\alpha_2} \cdots \partial x_n^{\alpha_n}}.$$

Sobolev 内积 $(\cdot, \cdot)_{H^m}$ 定义为

$$(u, v)_{H^m} = \int_\Omega \sum_{|\alpha| \leqslant m} (D^\alpha u)(D^\alpha v) dx, \quad u, v \in H^m(\Omega). \tag{9.1.4}$$

该内积诱导 Sobolev 范数 $\|\cdot\|_m$, 定义为

$$\|u\|_{H^m}^2 = (u, u)_{H^m} = \int_\Omega \sum_{|\alpha| \leqslant m} (D^\alpha u)^2 dx. \tag{9.1.5}$$

半范 $|\cdot|_m$ 定义为

$$|u|_m^2 = \int_\Omega \sum_{|\alpha| = m} (D^\alpha u)^2 dx.$$

记 $H_0^m(\Omega) = \{u \in H^m(\Omega); D^\alpha u|_{\partial\Omega} = 0, |\alpha| < m\}$.

注意 $H^0(\Omega) = L^2(\Omega)$; 及 $(u, v)_{H^m}$ 和 $\|\cdot\|_m$ 也可以写成

$$(u, v)_{H^m} = \sum_{|\alpha| \leqslant m} (D^\alpha u, D^\alpha v)_{L^2},$$
$$\|u\|_{H^m}^2 = (u, u)_{H^m} = \sum_{|\alpha| \leqslant m} \|D^\alpha u\|_{L^2}^2.$$

例如, 当 $m = 2$ 时, 对定义在 $x \in \Omega \subset \mathbb{R}^2$ 中的函数

$$||u||_{H^2}^2 = \iint\limits_{\Omega} \left[u^2 + \left(\frac{\partial u}{\partial x} \right)^2 + \left(\frac{\partial u}{\partial y} \right)^2 + \left(\frac{\partial^2 u}{\partial x^2} \right)^2 \right.$$
$$\left. + \left(\frac{\partial^2 u}{\partial x \partial y} \right)^2 + \left(\frac{\partial^2 u}{\partial y^2} \right)^2 \right] dxdy, \quad \Omega \subset \mathbb{R}^2. \tag{9.1.6}$$

定理 9.1.1　设 $H^m(\Omega)$ 是 m 阶 Sobolev 空间, Ω 是具有 Lipschitz 边界的有界区域, 则

(1) $H^r(\Omega) \subseteq H^m$, $r \geqslant m$.

(2) $H^m(\Omega)$ 在 $||\cdot||_{H^m}$ 范数下是一个 Hilbert 空间.

(3) $H^m(\Omega)$ 在 $||\cdot||_{H^m}$ 范数下是 $C^\infty(\overline{\Omega})$ 的完备化.

定理 9.1.2　(Sobolev 嵌入定理) 设 Ω 是具有 Lipschitz 边界的 $\mathbb{R}^n$ 中的有界区域, 若 $m - k > \dfrac{n}{2}$, 则 $H^m(\Omega)$ 中的每一个函数在 $C^k(\overline{\Omega})$ 中, 且嵌入 $H^m(\Omega) \subseteq C^k(\overline{\Omega})$ 连续.

根据 Sobolev 嵌入定理, 当 $n = 1$ 即 Ω 是一维区间时, $u \in H^1(\Omega) = H^1(a, b)$ 是连续的. 当 $n = 2$ 时, $H^2(\Omega)$ 中的函数不再连续. 下面是一个反例.

设 $u = \ln\left(\ln \dfrac{1}{r} \right)$, 其中 $r^2 = x^2 + y^2$, Ω 为圆心在原点、半径为 $\dfrac{1}{2}$ 的圆, 则

$$\iint\limits_{\Omega} u^2 dxdy = \int_0^{\frac{1}{2}} \int_0^{2\pi} \left[\ln\left(\ln \frac{1}{r} \right) \right]^2 rdrd\theta$$
$$= \int_0^{2\pi} \int_{\ln 2}^{\infty} \left[e^{-t} \ln t \right]^2 dtd\theta, \quad t = \ln \frac{1}{r}, \tag{9.1.7}$$

该积分有界. 进一步, 有

$$\iint\limits_{\Omega} \left[\left(\frac{\partial u}{\partial x} \right)^2 + \left(\frac{\partial u}{\partial y} \right)^2 \right] rdrd\theta$$
$$= \iint\limits_{\Omega} \frac{1}{(\ln r)^2} d(\ln r)d\theta = \frac{2\pi}{\ln 2}, \tag{9.1.8}$$

因此 $u \in H^1(\Omega)$, 但 u 在原点处不连续.

定理 9.1.3　(Poincaré 不等式) 设 Ω 是 $\mathbb{R}^n$ 中具有 Lipschitz 边界的有界区域, 则对 $u \in H^1(\Omega)$, 存在常数 C_1, C_2 使得

$$||u||_{H^1}^2 \leqslant C_1 \int_{\Omega} \sum_{|\alpha|=1} |D^\alpha u|^2 dx + C_2 \left[\int_{\Omega} u(x)dx \right]^2. \tag{9.1.9}$$

一般地, 对 $u \in H^k(\Omega)$, 有

$$\|u\|_{H^k}^2 \leqslant C_1 \int_\Omega \sum_{|\alpha|=k} (D^\alpha u)^2 dx + C_2 \sum_{|\alpha|<k} \left[\int_\Omega D^\alpha u(x)dx\right]^2. \tag{9.1.10}$$

证明 下面对 $\Omega = (a,b) \subset \mathbb{R}$ 的情况进行证明. 高维类似. 当 $n=1$ 时, (9.1.10) 为

$$\|u\|_{H^k}^2 \leqslant C_1 \int_a^b \left(\frac{d^k u}{dx^k}\right)^2 dx + C_2 \sum_{|\alpha|<k} \left[\int_a^b \frac{d^j u}{dx^j}u(x)dx\right]^2. \tag{9.1.11}$$

设 ξ 和 η 是 (a,b) 中的两点, $\eta < \xi$, 从而

$$u(\xi) - u(\eta) = \int_\eta^\xi \frac{du(x)}{dx}dx. \tag{9.1.12}$$

由 Cauchy-Schwarz 不等式, 得

$$[u(\xi) - u(\eta)]^2 \leqslant \left(\int_\eta^\xi d\xi\right)\left[\int_\eta^\xi \left(\frac{du}{dx}\right)^2 dx\right]$$

$$\leqslant (b-a)\int_a^b \left(\frac{du}{dx}\right)^2 dx. \tag{9.1.13}$$

先固定 η, 对 ξ 积分, 然后再对 η 积分, 可得

$$(b-a)\left[\int_a^b u^2(\xi)d\xi + \int_a^b u^2(\eta)d\eta\right] - 2\left[\int_a^b u(\xi)d\xi\right] \cdot \left[\int_a^b u(\eta)d\eta\right]$$

$$\leqslant (b-a)^3 \int_a^b \left(\frac{du}{dx}\right)^2 dx, \tag{9.1.14}$$

即

$$\int_a^b u^2 dx \leqslant C_1 \int_a^b \left(\frac{du}{dx}\right)^2 dx + C_2 \left(\int_a^b udx\right)^2, \tag{9.1.15}$$

其中 $C_1 = (b-a)^2/2$, $C_2 = 2/(b-a)$. 由于 $u \in H^k(a,b)$, 因此由 (9.1.15) 得

$$\int_a^b \left(\frac{du}{dx}\right)^2 dx \leqslant C_1 \int_a^b \left(\frac{d^2 u}{dx^2}\right) dx + C_2 \left(\int_a^b \frac{du}{dx}dx\right)^2, \tag{9.1.16}$$

$$\cdots\cdots\cdots\cdots\cdots$$

$$\int_a^b \left(\frac{d^{k-1}u}{dx^{k-1}}\right)^2 dx \leqslant C_1 \int_a^b \left(\frac{d^k u}{dx^k}\right) dx + C_2 \left(\int_a^b \frac{d^{k-1}u}{dx^{k-1}}dx\right)^2. \tag{9.1.17}$$

若在 (9.1.15) 的两端加上 $\int_a^b (u')^2 dx$, 可得

$$\|u\|_{H^1}^2 \leqslant (1+C_1)\int_a^b \left(\frac{du}{dx}\right)^2 dx + C_2 \left(\int_a^b udx\right)^2, \tag{9.1.18}$$

即 $k = 1$ 时, (9.1.11) 成立.

若在 (9.1.18) 两端加上 $\int_a^b (u'')^2 dx$ 并利用 (9.1.16), 可得

$$||u||_{H^2}^2 \leqslant \left[1 + C_1(1 + C_1)\right] \int_a^b \left(\frac{d^2 u}{dx^2}\right)^2 dx + C_2 \left(\int_a^b u dx\right)^2$$
$$+ C_2(1 + C_1) \left(\int_a^b \frac{du}{dx} dx\right)^2, \tag{9.1.19}$$

即 $k = 2$ 时, (9.1.11) 成立. 以此类推, 可知 (9.1.11) 对任意 k 均成立.　　□

Sobolev 空间 $W^{m,p}$ 定义为

$$W^{m,p}(\Omega) = \left\{ u \in L^P(\Omega) : D^\alpha u \in L^P(\Omega),\ |\alpha| \leqslant m \right\}. \tag{9.1.20}$$

显然, $H^m(\Omega) = W^{m,2}$. Sobolev 范数 $|| \cdot ||_{W^{m,p}}$ 或 $|| \cdot ||_{m,p}$ 定义为

$$||u||_{m,p} = \left(\sum_{|\alpha| \leqslant m} \int_\Omega |D^\alpha|^p dx \right)^{\frac{1}{p}}, \quad 1 \leqslant p < \infty, \tag{9.1.21}$$

$$||u||_{m,p} = \sum_{|\alpha| \leqslant m} \operatorname{ess\,sup} |D^\alpha|, \quad p = \infty. \tag{9.1.22}$$

定理 9.1.4　设 Ω 是具有 Lipschitz 边界的有界区域, 则

(1) $W^{m,p}(\Omega)$ 在 $|| \cdot ||_{W^{m,p}}$ 范数下是一个 Banach 空间.

(2) $W^{m,p}(\Omega)$ 是 $C^\infty(\overline{\Omega})$ 在 $|| \cdot ||_{W^{m,p}}$ 范数下的完备化.

(3) 对非负整数 m, k 及 $p(1 \leqslant p \leqslant \infty)$, 当 $m - k > \dfrac{n}{p}$ 时, $W^{m,p}(\Omega)$ 连续嵌入于 $C^k(\overline{\Omega})$ 中.

§9.2　迹定理

在讨论边界问题时, 我们不但要考虑函数在开区域 Ω 上的值, 还要考虑在边界 Γ 上的值, 在连续函数的情况下, 只有简单地通过计算 u 在 Γ 上的值得到. 为了讨论更一般的情况, 需要引进迹算子的概念. 迹算子是一个作用在连续函数 $u \in C(\overline{\Omega})$ 上的线性算子, 得到 u 在边界 Γ 上的限制

$$\gamma : C(\overline{\Omega}) \longrightarrow C(\Gamma), \quad \gamma(u) = u|_\Gamma. \tag{9.2.1}$$

注意因为 u 是连续函数, 它在 Γ 上的限制是一个连续函数, 即 $u|_\Gamma \in C(\Gamma)$.

当 $u \in L^2(\Omega)$ 时, 或更一般地当 $u \in H^m(\Omega)$ 时, 注意在 $H^m(\Omega)$ 中的函数定义在 Ω 上而不是 $\overline{\Omega} = \Omega \cup \Gamma$ 上, 因为 Γ 是一个零测集. $H^m(\Omega)$ 中的函数实际上是差零

测集下的等价类函数. 由于 $C(\overline{\Omega})$ 在 $L^2(\Omega)$ 中稠密, 可以定义函数列 $u_k \in C(\overline{\Omega})$, 则可以类似定义

$$\gamma(u_k) = u_k|_\Gamma, \tag{9.2.2}$$

从而

$$\gamma(u) = \gamma(\lim_{k \to \infty} u_k) = \lim_{k \to \infty} \gamma(u_k), \tag{9.2.3}$$

这相当于要求 γ 是一个从 $C(\overline{\Omega})$ 到 $C(\Gamma)$ 的连续(或有界)线性算子, 即

$$\gamma : C(\overline{\Omega}) \longrightarrow C(\Gamma), \tag{9.2.4}$$

而我们希望 γ 是由 $L^2(\Omega)$ 映射到 $L^2(\Gamma)$ 的一个有界算子. 事实上, 不存在这样的连续映射, 下面是一个反例.

假定在 $\Omega = (0,1)$ 上 $u(x) \equiv 1$, 这样似乎应当定义边界值 $u|_\Gamma = u(0) = u(1) = 1$. 现构造函数列 $\{u_k\}_{k=3}^{\infty}$:

$$u_k(x) = \begin{cases} (-1)^{k+1}(1 - kx), & 0 \leqslant x < \dfrac{1}{k}, \\ 0, & \dfrac{1}{k} \leqslant x < 1 - \dfrac{1}{k}, \\ (-1)^{k+1}[1 + k(x-1)], & 1 - \dfrac{1}{k} \leqslant x \leqslant 1, \end{cases} \tag{9.2.5}$$

则 $u_k(x)$ 在 $L^2(0,1)$ 中收敛于 $u(x)$. 定义

$$\gamma(u_k) = u_k|_\Gamma = \{u_k(0), u_k(1)\} = \{(-1)^{k+1}, (-1)^{k+1}\}. \tag{9.2.6}$$

因此, $u_k|_\Gamma$ 在 -1 与 $+1$ 之间振荡, $\lim_{k \to \infty} u_k$ 不存在.

假定 $\gamma : L^2(\Omega) \to L^2(\Gamma)$ 是一个连续算子, 则

$$\|\gamma(u)\|_{L^2(\Gamma)} \leqslant C\|u\|_{L^2(\Omega)}, \quad C > 0. \tag{9.2.7}$$

若 $u, v \in L^2(\Omega)$ (u, v 也可以是连续函数) 满足

$$\|u - v\|_{L^2(\Omega)} < \varepsilon, \quad \varepsilon > 0, \tag{9.2.8}$$

即 u 和 v 充分接近, 则

$$\|\gamma(u) - \gamma(v)\|_{L^2(\Gamma)} < C\varepsilon, \tag{9.2.9}$$

也即 $u|_\Gamma$ 与 $v|_\Gamma$ 充分接近. 但若 γ 不连续, 就无法保证.

若 $u \in C^1(\overline{\Omega})$, 则 $\gamma : C^1(\overline{\Omega}) \to C(\Gamma)$ 关于 $\|\cdot\|_{H^1(\Omega)}$ 和 $\|\cdot\|_{L^2(\Gamma)}$ 是一个连续算子, 即

$$\|\gamma(u)\|_{L^2(\Gamma)} \leqslant C\|u\|_{H^1(\Omega)}, \quad C > 0. \tag{9.2.10}$$

定理 9.2.1　(迹定理) 设 Ω 是 $\mathbb{R}^n$ 中具有 Lipschitz 边界 Γ 的一个有界区域, 则

(1) 存在唯一一个有界线性算子 $\gamma : H^1(\Omega) \to L^2(\Gamma)$, 即

$$\|\gamma(u)\|_{L^2(\Gamma)} \leqslant C\|u\|_{H^1(\Omega)}, \tag{9.2.11}$$

具有这样的性质: 若 $u \in C^1(\overline{\Omega})$, 则 $\gamma(u) = u\big|_\Gamma$ 在通常意义下成立.

(2) γ 的值域在 $L^2(\Gamma)$ 中稠密.

§9.3　变分边值问题

§9.3.1　边值问题的变分形式

边值问题的变分形式是: 求 Hilbert 空间 V 中的一个函数 u, 使得

$$a(u,v) = <l,v>, \quad \forall v \in V, \tag{9.3.1}$$

其中 $a(\cdot,\cdot)$ 是一个双线性型, l 是一个线性泛函.

例如, 对 Poisson 边值问题

$$\begin{cases} -\nabla^2 u = f, & (x,y) \in \Omega \subset \mathbb{R}^2, \\ u = 0, & (x,y) \in \Gamma, \end{cases} \tag{9.3.2}$$

其中 Γ 为 Ω 的边界. 该问题的变分形式是: 求解 $u \in H_0^1(\Omega)$, 使得

$$\int_\Omega \nabla u \cdot \nabla v dx = \int_\Omega fv dx dy, \quad \forall v \in H_0^1(\Omega), \tag{9.3.3}$$

其中

$$V = H_0^1(\Omega),$$
$$a(u,v) = \int_\Omega \nabla u \cdot \nabla v dx = \int_\Omega \left(\frac{\partial u}{\partial x}\frac{\partial v}{\partial x} + \frac{\partial u}{\partial y}\frac{\partial v}{\partial y} \right) dx dy,$$
$$<l,v> = \int_\Omega fv dx dy.$$

考虑边值问题

$$\begin{cases} -\nabla^2 u + bu = f, & (x,y) \in \Omega, \tag{9.3.4} \\ \dfrac{\partial u}{\partial n} + cu = g, & (x,y) \in \Gamma, \end{cases} \tag{9.3.5}$$

其中 b,c 是连续函数, $f \in L^2(\Omega)$, $g \in L^2(\Gamma)$. 容许函数空间 $V = H^1(\Omega)$. 在 (9.3.4) 两边同乘以 $v \in H^1(\Omega)$, 利用 Green 公式, 可得

$$\int_\Omega (\nabla u \cdot \nabla v + buv) dx - \int_\Gamma \left(\frac{\partial u}{\partial n} \right) v ds = \int_\Omega fv dx. \tag{9.3.6}$$

对上式左端第二项利用自然边界条件 (9.3.5), 得

$$\int_\Omega (\nabla u \cdot \nabla v + buv)dx + \int_\Gamma cuv ds = \int_\Omega fv dx + \int_\Gamma gv ds, \quad \forall v \in H^1(\Omega). \tag{9.3.7}$$

因此对应的变分问题是: 寻找 $u \in H^1(\Omega)$, 使得

$$a(u,v) = <l,v>, \quad \forall v \in H^1(\Omega), \tag{9.3.8}$$

其中

$$a(u,v) = \int_\Omega (\nabla u \cdot \nabla v + buv)dx + \int_\Gamma cuv ds,$$

$$<l,v> = \int_\Omega fv dx + \int_\Gamma gv ds.$$

§9.3.2 解的存在性和唯一性

边值问题所对应的变分方程的解的存在性和唯一性由 Lax-Milgram 引理确定.

定理 9.3.1 设 V 是 Hilbert 空间, 双线性型 $a(\cdot,\cdot): V \times V \to \mathbb{R}$ 在 V 上连续, 即存在常数 $M > 0$, 使得

$$|a(u,v)| \leqslant M||u||_V||v||_V, \quad \forall u,v \in V, \tag{9.3.9}$$

及具有 V 椭圆性, 即存在常数 $\alpha > 0$, 使得

$$a(v,v) \geqslant \alpha||v||_V^2, \quad \forall v \in V, \tag{9.3.10}$$

且 $l: V \to \mathbb{R}$ 是 V 上的连续线性泛函, 则

(1) 变分边值问题: 求 $u \in V$ 使得

$$a(u,v) = <l,v>, \quad \forall v \in V \tag{9.3.11}$$

的解 u 存在且唯一.

(2) 解 u 连续依赖于数据, 且

$$||u||_V \leqslant \frac{1}{\alpha}||l||_{V'}, \tag{9.3.12}$$

其中 $||\cdot||_{V'}$ 是 V 的对偶空间 V' 上的范数, α 是 (9.3.10) 中的常数.

考虑边值问题

$$\begin{cases} -\nabla^2 u + c(x)u = f, & x \in \Omega \subset \mathbb{R}^n, \\ u = 0, & x \in \Gamma, \end{cases} \tag{9.3.13}$$
$$\tag{9.3.14}$$

其中 $c(x)$ 在 Ω 上连续, 为简单起见, 这里约定 $x = (x_1, x_2, \cdots, x_n)$. 假定存在常数 $M_1, M_2 > 0$, 满足

$$M_2 \geqslant c(x) \geqslant M_1 > 0, \tag{9.3.15}$$

则相应的变分边值问题为: 求 $u \in H_0^1(\Omega)$, 使得

$$a(u, v) = <l, v>, \quad \forall v \in H_0^1(\Omega), \tag{9.3.16}$$

其中

$$a(u, v) = \int_\Omega (\nabla u \cdot \nabla v + cuv) dx, \tag{9.3.17}$$

$$<l, v> = \int_\Omega fv dx. \tag{9.3.18}$$

下面先验证 l 的连续性:

$$|<l, v>| = \left| \int_\Omega fv dx \right| \leqslant ||f||_{L^2} ||v||_{L^2} \leqslant ||f||_{L^2} ||v||_{H^1}. \tag{9.3.19}$$

由于 $f \in L^2(\Omega)$, 上式表明 l 是有界的, 从而连续. 其次验证 $a(\cdot, \cdot)$ 也是连续的:

$$
\begin{aligned}
|a(u, v)| = \left| \int_\Omega [\nabla u \cdot \nabla v + c(x)uv] dx \right| &\leqslant \left| \int_\Omega \nabla u \cdot \nabla v dx \right| + \left| \int_\Omega c(x) uv dx \right| \\
&\leqslant \sum_{i=1}^n \left| \left(\frac{\partial u}{\partial x_i}, \frac{\partial v}{\partial x_i} \right)_{L^2} \right| + M_2 \left| (|u|, |v|)_{L^2} \right| \\
&\leqslant \sum_{i=1}^n \left\| \frac{\partial u}{\partial x_i} \right\|_{L^2} \cdot \left\| \frac{\partial v}{\partial x_i} \right\|_{L^2} + M_2 ||u||_{L^2} ||v||_{L^2} \\
&\leqslant M \left[\sum_{i=1}^n \left\| \frac{\partial u}{\partial x_i} \right\|_{L^2} \cdot \left\| \frac{\partial v}{\partial x_i} \right\|_{L^2} + ||u||_{L^2} ||v||_{L^2} \right] \\
&= M ||u||_{H^1} ||v||_{H^1},
\end{aligned}
\tag{9.3.20}
$$

其中 $M = \max\{1, M_2\}$. 因此 $a(\cdot, \cdot)$ 连续. 下面验证 $a(\cdot, \cdot)$ 的 H_0^1 椭圆性:

$$
\begin{aligned}
a(v, v) = \int_\Omega [\nabla v \cdot \nabla v + c(x) v^2] dx \\
\geqslant \int_\Omega (\nabla v \cdot \nabla v + M_1 v^2) dx \geqslant \alpha ||v||_{H^1}^2,
\end{aligned}
\tag{9.3.21}
$$

其中 $\alpha = \min\{1, M_1\}$. 因此 $a(\cdot, \cdot)$ 是 H_0^1 椭圆的. 因此, 原边值问题对应的变分边值问题 (9.3.16) 的解存在且唯一.

下面引入 Poincaré-Friedrichs 不等式.

定理 9.3.2　(Poincaré-Friedrichs 不等式) 设 Ω 是 $\mathbb{R}^n$ 中的有界区域, 则存在常数 $C > 0$, 使得

$$\int_\Omega |u|^2 dx \leqslant C \int_\Omega |\nabla u|^2 dx, \quad \forall u \in H_0^1(\Omega). \tag{9.3.22}$$

证明 首先证明该不等式对 $u \in C_0^\infty(\Omega)$ 成立, 然后根据 $C_0^\infty(\Omega)$ 在 $H_0^1(\Omega)$ 中的稠密性得到 (9.3.22). 为简单起见, 考虑 $n = 2$ 的情况. 设 $G = [a, b] \times [c, d]$ 是包含 Ω 的一个矩形区域, 如图 9.2 所示. 注意 $u(x, c) = 0$, 故

$$u(x, y) = \int_c^y \frac{\partial u}{\partial t}(x, t)dt, \quad \forall (x, y) \in G. \tag{9.3.23}$$

由 Cauchy-Schwarz 不等式可得

$$u^2(x, y) = \left[\int_c^y 1 \cdot \frac{\partial u}{\partial t}(x, t)dt \right]^2 \leqslant \int_c^y dt \int_c^y \left(\frac{\partial u}{\partial t}(x, t) \right)^2 dt,$$

$$\leqslant (d - c) \int_c^d \left(\frac{\partial u}{\partial t}(x, t) \right)^2 dt. \tag{9.3.24}$$

对上式两端在 G 上积分, 由于在 Ω 之外 $u = 0$, 得

$$\int_\Omega |u|^2 dx \leqslant C \int_\Omega \left(\frac{\partial u}{\partial y} \right)^2 dxdy, \tag{9.3.25}$$

同理可证

$$\int_\Omega |u|^2 dy \leqslant C \int_\Omega \left(\frac{\partial u}{\partial x} \right)^2 dxdy, \tag{9.3.26}$$

两式相加, 得

$$\int_\Omega |u|^2 dx \leqslant \int_\Omega |\nabla u|^2 dx, \quad \forall u \in C_0^\infty(\Omega). \tag{9.3.27}$$

$\square$

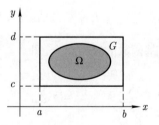

图 9.2 矩形区域 G 包含区域 Ω, 用于证明 Poincaré-Friedrichs 不等式

该定理表明在 $H_0^1(\Omega)$ 上范数 $|\cdot|_1$ 和范数 $||\cdot||_1$ 等价. 该定理可推广到 $H_0^m(\Omega)$ 空间 $(m \geqslant 1)$.

定理 9.3.3 设 Ω 是 $\mathbb{R}^n$ 中的有界区域, 则存在常数 $c > 0$, 使得

$$||u||_{L^2}^2 \leqslant C|u|_m, \quad \forall u \in H_0^m(\Omega). \tag{9.3.28}$$

从而 $|\cdot|_m$ 是 $H_0^m(\Omega)$ 上的范数且等价于范数 $||\cdot||_m$.

如果 (9.3.13) 中的 $c(x)$ 仅非负和有界, 即

$$0 \leqslant c(x) \leqslant M_2, \qquad (9.3.29)$$

则 $a(\cdot, \cdot)$ 的 H_0^1 椭圆性可利用 Poincaré-Friedrichs 不等式证明. 因为

$$a(v,v) = \int_\Omega (\nabla v \cdot \nabla v + cv^2)dx \geqslant \int_\Omega \nabla v \cdot \nabla v dx, \qquad (9.3.30)$$

由 Poincaré-Friedrichs 不等式可得

$$(C+1)\int_\Omega \nabla v \cdot \nabla v dx \geqslant \int_\Omega (v^2 + \nabla v \cdot \nabla v)dx = ||v||_{H^1}^2, \qquad (9.3.31)$$

即 $a(v,v) \geqslant \dfrac{1}{C+1}||v||_{H^1}^2$. 因此 $a(\cdot, \cdot)$ 是 H_0^1 椭圆的.

§9.4 Galerkin 方法

考虑用 Galerkin 方法求解 (9.3.1). Galerkin 方法的基本思想是选取 Hilbert 空间 V 中的一组线性无关基函数 $\phi_1, \phi_2, \cdots, \phi_N$, 并定义 V^h 为由这些基函数张成的一个有限维子空间, 即

$$V^h \subset V, \quad V^h = \mathrm{span}\{\phi_i\}_{i=1}^N. \qquad (9.4.1)$$

当 $N \to \infty$ 时, 指标 $h \to 0$, V^h 将充分接近 V.

下面在空间 V^h 中求解原问题, 即寻找一个函数 $u_h \in V^h$, 使得

$$a(u_h, v_h) = <l, v_h>, \quad \forall v_h \in V^h. \qquad (9.4.2)$$

注意 u_h 和 v_h 必须是 V^h 中基函数的线性组合, 即

$$u_h = \sum_{i=1}^N c_i\phi_i, \quad v_h = \sum_{j=1}^N d_j\phi_j, \qquad (9.4.3)$$

因为 v_h 是任意的, 因此系数 d_j 也是任意的. 将 (9.4.3) 代入 (9.4.2), 并注意到 $a(\cdot, \cdot)$ 的双线性, 有

$$\sum_{i=1}^N \sum_{j=1}^N a(\phi_i, \phi_j)c_i d_j = \sum_{j=1}^N <l, \phi_j> d_j, \qquad (9.4.4)$$

即

$$\sum_{j=1}^N d_j \Big(\sum_{i=1}^N K_{ij}c_i - F_j \Big) = 0, \qquad (9.4.5)$$

其中

$$K_{ij} = a(\phi_i, \phi_j), \quad F_j = <l, \phi_j> . \tag{9.4.6}$$

由于 ϕ_j 及 l 已知, 因此 K_{ij} 和 F_j 均可以计算. 因为系数 d_j 是任意的, 故当且仅当

$$\sum_{i=1}^{N} K_{ij} c_i = F_j, \quad j = 1, \cdots, N \tag{9.4.7}$$

时 (9.4.5) 才成立. 上式改写成矩阵形式

$$K\boldsymbol{c} = F, \tag{9.4.8}$$

求出 $\boldsymbol{c}$ 代入 (9.4.3) 中第一式, 即得 Galerkin 近似解 u_h.

考虑如下具体边值问题

$$\begin{cases} -\nabla^2 u = xy, & (x,y) \in \Omega = (0,1) \times (0,1), \\ u = 0, & (x,y) \in \Gamma. \end{cases} \tag{9.4.9}$$

对应的变分边值问题是: 寻找 $u \in H_0^1(\Omega)$, 满足

$$\int_\Omega \nabla u \cdot \nabla v dx = \int_\Omega f v dx, \quad \forall v \in H_0^1(\Omega),$$

其中 $f = xy$.

选择如下一组函数作为 V^h 的基:

$$\phi_1 = \sin(\pi x)\sin(\pi y), \qquad \phi_2 = \sin(\pi x)\sin(2\pi y),$$
$$\phi_3 = \sin(2\pi x)\sin(\pi y), \qquad \phi_4 = \sin(2\pi x)\sin(2\pi y),$$

易知, $\phi_1, \phi_2, \phi_3, \phi_4 \in H_0^1(\Omega)$. 下面计算 K_{ij} 和 F_i. 首先注意到

$$\int_0^1 \sin(n\pi x)\sin(m\pi x)dx = \int_0^1 \cos(n\pi x)\cos(m\pi x)dx = \begin{cases} 0, & n \neq m, \\ \dfrac{1}{2}, & n = m \end{cases} \tag{9.4.10}$$

及

$$K_{ij} = \int_0^1 \int_0^1 \left(\frac{\partial \phi_i}{\partial x}\frac{\partial \phi_j}{\partial x} + \frac{\partial \phi_i}{\partial y}\frac{\partial \phi_j}{\partial y} \right) dx dy.$$

由三角函数的正交性: 当 $i \neq j$ 时, $K_{ij} = 0$. 因此只有 K_{ii} 非零:

$$\begin{aligned} K_{ii} &= \int_0^1 \int_0^1 \left[\left(\frac{\partial \phi_i}{\partial x}\right)^2 + \left(\frac{\partial \phi_i}{\partial y}\right)^2 \right] dx dy \\ &= \pi^2 \int_0^1 \int_0^1 n^2 \cos^2(n\pi x)\sin^2(m\pi y) dx dy \\ &\quad + \pi^2 \int_0^1 \int_0^1 m^2 \sin^2(n\pi x)\cos^2(m\pi y) dx dy \\ &= \frac{\pi^2}{4}(n^2 + m^2), \end{aligned} \tag{9.4.11}$$

于是

$$K = \frac{\pi^2}{4} \begin{pmatrix} 2 & 0 & 0 & 0 \\ 0 & 5 & 0 & 0 \\ 0 & 0 & 5 & 0 \\ 0 & 0 & 0 & 8 \end{pmatrix}. \tag{9.4.12}$$

类似地, 计算

$$F_i = \int_0^1 \int_0^1 xy\phi_i dxdy = \int_0^1 \int_0^1 xy \sin(n\pi x)\sin(m\pi y)dxdy$$
$$= \frac{1}{\pi^2}(1, -2, -2, 4). \tag{9.4.13}$$

求解 $K\boldsymbol{c} = F$, 得

$$\boldsymbol{c} = \frac{4}{\pi^2}\left(\frac{1}{2}, -\frac{2}{5}, -\frac{2}{5}, \frac{1}{2}\right). \tag{9.4.14}$$

因此, 解为

$$u_h(x,y) = \frac{4}{\pi^2}\Big[\frac{1}{2}\big(\sin(\pi x)\sin(\pi y) + \sin(2\pi x)\sin(2\pi y)\big)$$
$$-\frac{2}{5}\big(\sin(\pi x)\sin(2\pi y) + \sin(2\pi x)\sin(\pi y)\big)\Big]. \tag{9.4.15}$$

若 $a(\cdot, \cdot)$ 连续、对称、V 椭圆, 则由内积产生的范数 $||v||_a := a(v, v)$ 等价于 V 上的标准范数, 由 $a(\cdot, \cdot)$ 定义的内积 $(\cdot, \cdot)_a$ 称为能量内积, 相应的范数称为能量范数.

若所选择的基函数 $\{\phi\}_{i=1}^N$ 关于能量内积正交, 则

$$K_{ij} = a(\phi_i, \phi_j) = (\phi_i, \phi_j)_a = 0, \quad i \neq j, \tag{9.4.16}$$

因此

$$c_i = \frac{F_i}{K_{ii}}. \tag{9.4.17}$$

本例属于这种情况. 但一般寻找一组关于 $(\cdot, \cdot)_a$ 正交的基是困难的, 况且求解区域经常是非规则的.

§9.5 Galerkin 近似解的误差与收敛性

Galerkin 近似解 u_h 的误差 e 定义为

$$e = u - u_h. \tag{9.5.1}$$

对变分边值问题

$$a(u, v) = <l, v>, \quad \forall v \in V,$$

由于 $V^h \subset V$, 因此

$$a(u, v_h) = <l, v_h>, \quad \forall v_h \in V^h,$$

又 Galerkin 解 u_h 满足

$$a(u_h, v_h) = <l, v_h>, \quad \forall v_h \in V^h,$$

因此

$$a(u_h, v_h) = a(u, v_h),$$

从而

$$a(e, v_h) = 0, \quad \forall v_h \in V^h. \tag{9.5.2}$$

若定义新内积 $(\cdot, \cdot)_a = a(\cdot, \cdot)$, 则误差 e 关于内积 $(\cdot, \cdot)_a$ 正交于子空间 V^h. 另外, 在 $\|\cdot\|_a = \sqrt{a(\cdot, \cdot)}$ 范数下, Galerkin 解是 V^h 中对 u 的最佳逼近. 事实上, 由于

$$a(u - v_h, u - v_h) = a(u - u_h + u_h - v_h, u - u_h + u_h - v_h)$$
$$= a(e + (u_h - v_h), e + (u_h - v_h)),$$

再由 a 的双线性及 (9.5.2), 可得

$$\|u - v_h\|_a^2 = \|e\|_a^2 + \|u_h - v_h\|_a^2.$$

因此

$$\|u - u_h\|_a \leqslant \|u - v_h\|_a, \quad \forall v_h \in V^h. \tag{9.5.3}$$

也即 Galerkin 解 u_h 是 V^h 中最接近 u 的解.

称由 Galerkin 方法得到的近似解 u_h 收敛于变分问题精确解 u, 如果

$$\lim_{h \to 0} \|u_h - u\|_V = 0. \tag{9.5.4}$$

Galerkin 近似解 u_h 是 u 在 V^h 中的最佳近似解, 误差 $e = u - u_h$ 的界由下面的 Céa 引理给出.

引理 9.5.1 (Céa引理) 设 V 是 Hilbert 空间的一个闭子空间, $a(\cdot, \cdot)$ 是连续双线性 V 椭圆泛函, l 是有界线性泛函, 则存在一个与 h 无关的常数 C, 使得

$$\|u - u_h\|_V \leqslant C \inf_{v_h \in V^h} \|u - v_h\|_V. \tag{9.5.5}$$

因此 u_h 收敛于 u 的充分条件是存在一族子空间 $\{V^h\}$, 当 $h \to 0$ 时,

$$\inf_{v_h \in V^h} \|u - v_h\| \to 0, \quad h \to 0. \tag{9.5.6}$$

证明　由 $a(\cdot,\cdot)$ 的 V 椭圆性, 并注意到对于 a 内积, 误差 e 与空间 V^h 正交, 得

$$
\begin{aligned}
\alpha\|u-u_h\|^2 &\leqslant a(u-u_h, u-u_h) \\
&= a(u-u_h, u-v_h-u_h+v_h) \\
&= a(u-u_h, u-v_h) - a(e, u_h-v_h) \\
&\leqslant a(u-u_h, u-v_h) \\
&\leqslant M\|u-u_h\| \cdot \|u-v_h\|.
\end{aligned}
\tag{9.5.7}
$$

因此 $\|u-u_h\| \leqslant \dfrac{M}{\alpha}\|u-v_h\|$, 取 $C = \dfrac{M}{\alpha}$, 结论成立.　　□

Céa 引理能够将误差 $u-u_h$ 的估计转化为 u 到子空间 V^h 距离的估计. 由于

$$
\inf_{v_h \in V^h} \|u-v_h\| \leqslant \|u-\tilde{v}_h\|, \quad \forall \tilde{v}_h \in V^h,
\tag{9.5.8}
$$

因此可以选择适当的 $\tilde{v}_h$ 来得到合适的估计. 一种常用简便的选择是取 u 的插值, 即取函数 $\tilde{u}_h \in V^h$ 使得其在 N 个点 $x_1, x_2, \cdots, x_N \in \Omega$ 的值与 u 的值一致, 即

$$
u(x_k) = \tilde{u}_h(x_k), \quad k = 1, \cdots, N,
\tag{9.5.9}
$$

$$
\tilde{u}_h = \sum_{k=1}^{N} \tilde{c}_k \phi_k,
\tag{9.5.10}
$$

其中 ϕ_k 是 V^h 的任意一个基, 再求解线性方程组

$$
\sum_{j=1}^{N} \tilde{c}_j \phi_j(x_k) = u(x_k), \quad k = 1, \cdots, N.
\tag{9.5.11}
$$

例如对一维问题, 选择 $V = H^1(0,1)$, $V^h = P_1(0,1)$ 是一次多项式空间, 基函数为

$$
\phi_1(x) = x, \quad \phi_2(x) = 1-x.
\tag{9.5.12}
$$

假定要求 $\tilde{u}$ 在结点 $x_1 = \dfrac{1}{3}$, $x_2 = \dfrac{2}{3}$ 处等于 u 的值, 则 (9.5.11) 为

$$
\begin{cases}
\tilde{c}_1 \dfrac{1}{3} + \tilde{c}_2 \dfrac{2}{3} = u\left(\dfrac{1}{3}\right), \\[2mm]
\tilde{c}_1 \dfrac{2}{3} + \tilde{c}_2 \dfrac{1}{3} = u\left(\dfrac{2}{3}\right),
\end{cases}
\tag{9.5.13}
$$

解得

$$
\tilde{c}_1 = 2u\left(\frac{2}{3}\right) - u\left(\frac{1}{3}\right), \quad \tilde{c}_2 = 2u\left(\frac{1}{3}\right) - u\left(\frac{2}{3}\right),
\tag{9.5.14}
$$

从而 Galerkin 解 $\tilde{u}_h = \tilde{c}_1\phi_1 + \tilde{c}_2\phi_2$ 的误差估计为

$$||u - u_h||_V \leqslant C \inf_{v_h \in V^h} ||u - v_h|| \leqslant C||u - \tilde{u}_h||_V, \qquad (9.5.15)$$

即 Galerkin 解的收敛性问题转化为插值收敛性.

在有限元方法中, 不同的是基函数是分段多项式, 可以证明

$$||u - \tilde{u}_h||_V \leqslant ch^\beta, \qquad (9.5.16)$$

其中 c 是与 h 和 β 无关的常数, 于是误差估计 (9.5.15) 变为

$$||u - u_h||_V \leqslant \frac{cM}{\alpha}h^\beta. \qquad (9.5.17)$$

我们称 u_h 的收敛阶为 β; (9.5.16) 称为插值误差估计; (9.5.17) 称为 Galerkin 误差估计.

§9.6 Rayleigh-Ritz 方法

该方法是在有限维空间中求解泛函的极小值. 设 J 是赋范空间 X 的子空间 V 上的一个凸的可微泛函:

$$J : V \to \mathbb{R}, \quad J(v) = \frac{1}{2}a(v, v) - <l, v>, \qquad (9.6.1)$$

其中 $a(\cdot, \cdot)$ 是对称双线性型, l 是 V 上的线性泛函. 求 $u_h \in V^h$ 使得

$$J(u_h) \leqslant J(v_h), \quad \forall v_h \in V^h. \qquad (9.6.2)$$

若 $\{\phi_k\}_{k=1}^N$ 是 V^h 的一个基, 则将 $v_h = \sum_{k=1}^N c_k\phi_k$ 代入 J 中, 为使

$$\hat{J}(c_k) \equiv J\left(\sum_{k=1}^N c_k\phi_k\right) \qquad (9.6.3)$$

极小, 要求

$$\frac{\partial \hat{J}(c_k)}{\partial c_k} = 0, \quad k = 1, \cdots, N. \qquad (9.6.4)$$

由这 N 个方程解出 $c_1, \cdots, c_N$ 即得到 v_h.

例如, 对椭圆型边值问题, $X = H^1(\Omega)$, $V = H_0^1(\Omega)$, $J(v)$为

$$J(v) = \frac{1}{2}\int_\Omega \nabla v \cdot \nabla v dx - \int_\Omega fv dx, \qquad (9.6.5)$$

这时 $\hat{J}(c_k)$ 可表示为

$$\hat{J}(c_k) = \frac{1}{2}\sum_{i,j=1}^{N} K_{ij}c_i c_j - \sum_{j=1}^{N} F_j c_j, \tag{9.6.6}$$

其中 K_{ij} 和 F_j 分别为

$$K_{ij} = a(\phi_i, \phi_j), \quad F_j = <l, \phi_j> .$$

关于 c_k 极小化可以得到线性代数方程组

$$\sum_{j=1}^{N} K_{ij}c_j = F_i, \quad i = 1, \cdots, N. \tag{9.6.7}$$

与 Galerkin 方法所得的方程组 (9.4.7) 不同的是, (9.6.7) 中的 K 是对称的. 在 Rayleigh-Ritz 方法中, 只有在 a 是对称的情况下才能得到 (9.6.7), 但在 Galerkin 方法中, 无论 a 对称与否, 都可以得到 (9.4.7). 因此, Galerkin 方法比 Rayleigh-Ritz 方法应用更广.

§9.7 有限元离散

在 Galerkin 方法中, 选择一个合适的基函数是比较困难的, 尤其当求解区域 Ω 不是简单的规则区域时. 有限元方法克服了这个困难, 可以在任意的区域上生成基函数, 这些基函数是分段多项式且仅在 Ω 中很小的区域上非零.

有限元方法首先要对求解区域 Ω 进行网格剖分. 假定将 Ω 剖分成 E 个互不重叠的区域 $\Omega_1, \Omega_2, \cdots, \Omega_E$ (称为有限单元), 且每个单元的边或者是 Ω 边界 Γ 的一部分, 或者是另一单元的一个边. 设 G 是有限单元结点的集合, 这些结点可以是单元的顶点, 也可以是单元边上的中点, 或在单元内部. 这些结点和单元构成了有限元的网格.

现讨论有限元的基函数. 基函数 N_i 定义在 V 的一个子空间上, 应当满足下列四个条件:

(1) 基函数 N_i 是有界连续函数, 即 $N_i \in C(\bar{\Omega})$.

(2) 每一个结点 i 有一个基函数, 且仅在与结点 i 相关联的单元上非零,

$$N_i(x) \equiv 0, \quad x \notin \bar{\Omega}_e. \tag{9.7.1}$$

(3) N_i 在结点 i 处的值为 1, 在其他结点处的值为 0, 即

$$N_i(x_j) = \begin{cases} 1, & i = j, \\ 0, & i \neq j. \end{cases} \tag{9.7.2}$$

(4) N_i 在 Ω_e 上的限制 $N_i^{(e)}$ 是一个多项式

$$N_i|_{\Omega_e} \equiv N_i^{(e)}, \quad N_i^{(e)} \in P_k(\Omega_e), \quad k \geqslant 1. \tag{9.7.3}$$

我们称 $N_i^{(e)}$ 为局部基函数. 记 V^h 为基函数 $\{N_i\}_{i=1}^G$ 张成的函数空间. 为区别起见, 称 N_i 为全局基函数.

§9.7.1 一维问题

如图 9.3 所示, 设 $\Omega = (a,b)$, 将 Ω 剖分成 E 个单元 $\Omega_1, \Omega_2, \cdots, \Omega_E$. $V^h = P_1(\Omega)$. 局部基函数空间是一个二维空间. 满足上面条件的局部基函数为

$$N_i^{(e)}(x) = \frac{x_{i+1} - x}{h_e}, \quad N_i^{(e)}(x) = \frac{x - x_i}{h_e}, \tag{9.7.4}$$

其中 $h_e = x_{i+1} - x_i$ 是单元 Ω_e 的长度. 因此在结点 i 处 $N_i(x)$ 是一个分段线性 "帽" 函数. 为简化计算, 将单元 $\Omega_e = [x_i, x_{i+1}]$ 变换到参考单元 $\hat{\Omega} = [-1, 1]$ 上, 如图 9.4 所示. 从 $\hat{\Omega}$ 到 Ω_e 的变换 F_e 为

$$x = F_e(\xi) = \frac{h_e}{2}\xi + x_e, \quad \xi = F_e^{-1}(x) = \frac{2}{h_e}(x - x_e), \tag{9.7.5}$$

其中 x_e 是单元 Ω_e 的中点, 即 $x_e = \frac{1}{2}(x_i + x_{i+1})$, 参考单元的结点 $\xi = -1$ 和 $\xi = 1$ 分别对应 Ω_e 上的结点 x_i 和 x_{i+1}. 在参考单元 $\hat{\Omega}$ 上的基函数 $\hat{N}(\xi)$ 可通过如下变换 得到:

$$\hat{N}_1(\xi) = N_i^{(e)}(x), \quad \hat{N}_2(\xi) = N_{i+1}^{(e)}(x). \tag{9.7.6}$$

$$\Omega_1 \quad \Omega_2 \qquad \qquad \Omega_{E-1} \quad \Omega_E$$
$$1 \quad 2 \quad 3 \quad \cdots\cdots \quad E-1 \quad E \quad E+1$$

图 9.3　区间 (a,b) 被剖分成 E 个单元 $\Omega_1, \Omega_1, \cdots, \Omega_E$

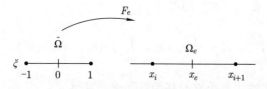

图 9.4　单元 $\Omega_e = [x_i, x_{i+1}]$ 被变换到参考单元 $\hat{\Omega} = [-1, 1]$

对分段线性基函数 (9.7.4), 有

$$\hat{N}_1(\xi) = \frac{1}{2}(1 - \xi), \quad \hat{N}_2(\xi) = \frac{1}{2}(1 + \xi). \tag{9.7.7}$$

对分段二次基函数, 再引进单元的中点, 有三个基函数, 如图 9.5, 参考单元 $\hat{\Omega}$ 上的基函数是

$$\hat{N}_1(\xi) = \frac{1}{2}\xi(\xi - 1), \quad \hat{N}_2(\xi) = 1 - \xi^2, \quad \hat{N}_3(\xi) = \frac{1}{2}\xi(\xi + 1). \tag{9.7.8}$$

一般地, 如果 $\hat{\Omega} = [-1, 1]$ 上有 $K + 1$ 个等距结点, 则可以通过 Lagrange 多项式得到分段 K 次的基函数. 相应于结点 I 处的基函数为

$$\hat{N}_I(\xi) = \frac{(\xi - \xi_1) \cdots (\xi - \xi_{I-1})(\xi - \xi_{I+1}) \cdots (\xi - \xi_{K+1})}{(\xi_I - \xi_1) \cdots (\xi_I - \xi_{I-1})(\xi_I - \xi_{I+1}) \cdots (\xi_I - \xi_{K+1})},$$
$$i = 1, 2, \cdots, K + 1. \tag{9.7.9}$$

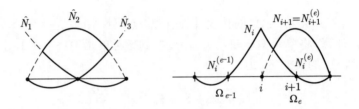

图 9.5　一维参考单元的二次基函数

考虑边值问题

$$\begin{cases} -\dfrac{\partial^2 u}{\partial x^2} + u = f(x), & x \in \Omega = (0, 1), \\ u(0) = u(1) = 0. \end{cases} \tag{9.7.10}$$

对应的变分边值问题为: 求 $u \in V = H_0^1(0, 1)$ 使得

$$\int_0^1 (u'v' + uv)dx = \int_0^1 fv dx, \quad \forall v \in H_0^1(0, 1). \tag{9.7.11}$$

Galerkin 近似解是: 求 $u_h \in V^h$ 使得

$$\int_0^1 (u_h'v_h' + u_h v_h)dx = \int_0^1 f v_h dx, \quad \forall v_h \in V^h, \tag{9.7.12}$$

这里 V^h 是由满足本性边界条件的基函数张成的空间.

假定将 $(0, 1)$ 分成三等份, 由于 V^h 是由满足本性边界条件 (即 $N_i(0) = N_i(1) = 0$) 的基函数 N_2, N_3 张成的空间. 下面计算 $a(N_i, N_j)$:

$$a(N_i, N_j) = \int_0^1 \left(\frac{dN_i}{dx} \frac{N_j}{dx} + N_i N_j \right)dx := K_{ij}^{(1)} + K_{ij}^{(2)} + K_{ij}^{(3)}, \tag{9.7.13}$$

其中

$$K_{ij}^{(1)} = \int_0^{\frac{1}{3}} \left(\frac{dN_i^{(1)}}{dx} \frac{N_j^{(1)}}{dx} + N_i^{(1)} N_j^{(1)} \right) dx, \tag{9.7.14}$$

$$K_{ij}^{(2)} = \int_{\frac{1}{3}}^{\frac{2}{3}} \left(\frac{dN_i^{(2)}}{dx} \frac{dN_j^{(2)}}{dx} + N_i^{(2)} N_j^{(2)} \right) dx, \tag{9.7.15}$$

$$K_{ij}^{(3)} = \int_{\frac{2}{3}}^1 \left(\frac{dN_i^{(3)}}{dx} \frac{dN_j^{(3)}}{dx} + N_i^{(3)} N_j^{(3)} \right) dx. \tag{9.7.16}$$

由于当 i 或 j 不属于 Ω_e 时, $K_{ij}^{(e)} = 0$, 因此只有 $K_{22}^{(1)}$, $K_{22}^{(2)}, K_{23}^{(2)}, K_{33}^{(2)}, K_{33}^{(3)}$ 非零. 另外, K_{ij} 是对称的. 下面计算这些非零值:

$$\begin{aligned} K_{22}^{(1)} &= \int_{\Omega_1} \left(\frac{dN_2^{(1)}}{dx} \frac{dN_2^{(1)}}{dx} + N_2^{(1)} N_2^{(1)} \right) dx \\ &= \int_{\hat{\Omega}} \left[\frac{d\hat{N}_2}{d\xi} \frac{d\hat{N}_2}{d\xi} \left(\frac{2}{h} \right)^2 + \hat{N}_2 \hat{N}_2 \right] \frac{h}{2} d\xi, \end{aligned} \tag{9.7.17}$$

其中 $h = \frac{1}{3}$, 将 $\hat{N}_2(\xi) = \frac{1}{2}(1 + \xi)$ 代入, 得

$$K_{22}^{(1)} = \int_{-1}^1 \left[\frac{1}{2} \cdot \frac{1}{2} \cdot \frac{4}{h^2} + \frac{1}{4}(1 + \xi)^2 \right] \frac{h}{2} d\xi = \frac{28}{9}, \tag{9.7.18}$$

同理可得

$$K_{22}^{(2)} = K_{33}^{(2)} = K_{33}^{(3)} = \frac{28}{9}. \tag{9.7.19}$$

类似地,

$$\begin{aligned} K_{23}^{(2)} &= \int_{\frac{1}{3}}^{\frac{2}{3}} \left(\frac{dN_2^{(2)}}{dx} \frac{dN_3^{(2)}}{dx} + N_2^{(2)} N_3^{(2)} \right) dx \\ &= \int_{-1}^1 \left[\frac{d\hat{N}_1}{d\xi} \frac{d\hat{N}_2}{d\xi} \left(\frac{2}{h} \right)^2 + \hat{N}_1 \hat{N}_2 \right] \frac{h}{2} d\xi = -\frac{53}{18}. \end{aligned} \tag{9.7.20}$$

因此

$$K_{ij} = \sum_{e=1}^3 K_{ij}^{(e)} = \begin{cases} K_{22} = \dfrac{28}{9} + \dfrac{28}{9} = \dfrac{56}{9} = K_{33}, \\ K_{23} = -\dfrac{53}{18}. \end{cases}$$

又

$$F_i = \int_0^1 f(x) N_i(x) dx. \tag{9.7.21}$$

给定 $f(x)$ 的具体表达式, 就可算出 F_i 之值, 由 $K\boldsymbol{c} = F$ 解出 c_1 和 c_2, 就可得到近似解: $u_h(x) = c_1 N_2(x) + c_2 N_3(x)$.

§9.7.2 二维问题

假定求解区域 $\Omega \subset \mathbb{R}^2$ 被剖分成 E 个三角形单元或四边形单元 $\Omega_1, \Omega_2, \cdots, \Omega_E$.

1. 三角形分段线性元

假定 V^h 是一次分段多项式空间. 如图 9.6 所示, 三角形单元 Ω_e 的三个顶点的全局编号为 i, j, k, 在本单元的局部编号为 $1, 2, 3$. 参考单元 $\hat{\Omega}$ 是等腰直角三角形. 通过如下的仿射变换将参考单元 $\hat{\Omega}$ 的顶点 $1, 2, 3$ 映射到单元 Ω_e 的顶点 S_1, S_2, S_3 (全局编号为 i, j, k)

$$\begin{cases} x = x_1(1 - \xi - \eta) + x_2\xi + x_3\eta, \\ y = y_1(1 - \xi - \eta) + y_2\xi + y_3\eta, \end{cases} \tag{9.7.22}$$

其中 $(x_i, y_i), i = 1, 2, 3$ 是单元 Ω_e 的三个顶点的坐标. 相应的逆变换为

$$\begin{cases} \xi = \dfrac{1}{2A_e}\big[(y_3 - y_1)(x - x_1) - (x_3 - x_1)(y - y_1)\big], \\ \eta = \dfrac{1}{2A_e}\big[-(y_2 - y_1)(x - x_1) - (x_2 - x_1)(y - y_1)\big], \end{cases} \tag{9.7.23}$$

其中 A_e 是 Ω_e 的面积.

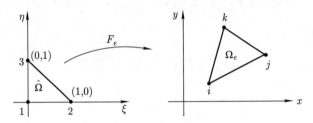

图 9.6　三角形参考单元 $\hat{\Omega}$

在参考单元 $\hat{\Omega}$ 上的基函数 $\hat{N}_1, \hat{N}_2, \hat{N}_3$ 为

$$\hat{N}_1(\xi, \eta) = 1 - \xi - \eta, \quad \hat{N}_2(\xi, \eta) = \xi, \quad \hat{N}_3(\xi, \eta) = \eta. \tag{9.7.24}$$

在单元 Ω_e 上的基函数通过变换 (9.7.23) 得到

$$N_i^{(e)}(x, y) = \hat{N}_i(\xi, \eta), \quad i = 1, 2, 3. \tag{9.7.25}$$

2. 三角形分段二次元

为了简洁地表示出高次元的基函数, 下面先引进面积坐标的概念. 如图 9.7 所示, 三角形单元 Ω_e (即 $\triangle S_1S_2S_3$) 的面积坐标 $\lambda_1, \lambda_2, \lambda_3$ 定义为

$$\lambda_1 = \frac{S_1}{S_e}, \quad \lambda_2 = \frac{S_2}{S_e}, \quad \lambda_3 = \frac{S_3}{S_e}, \tag{9.7.26}$$

其中

$$S_1 = \frac{1}{2} \begin{vmatrix} x & y & 1 \\ x_2 & y_2 & 1 \\ x_3 & y_3 & 1 \end{vmatrix}, \qquad S_2 = \frac{1}{2} \begin{vmatrix} x_1 & y_1 & 1 \\ x & y & 1 \\ x_3 & y_3 & 1 \end{vmatrix}, \tag{9.7.27}$$

$$S_3 = \frac{1}{2} \begin{vmatrix} x_1 & y_1 & 1 \\ x_2 & y_2 & 1 \\ x & y & 1 \end{vmatrix}, \qquad S_e = \frac{1}{2} \begin{vmatrix} x_1 & y_1 & 1 \\ x_2 & y_2 & 1 \\ x_3 & y_3 & 1 \end{vmatrix}. \tag{9.7.28}$$

显然 S_1, S_2, S_3, S_e 分别是 $\triangle SS_2S_3, \triangle SS_1S_3, \triangle SS_1S_2, \triangle S_1S_2S_3$ 的面积, 故称 $\lambda_1, \lambda_2, \lambda_3$ 为面积坐标. 利用面积坐标在单元 Ω_e 上的线性基函数可以简洁表示为

$$N_1^{(e)} = \lambda_1, \quad N_2^{(e)} = \lambda_2, \quad N_3^{(e)} = \lambda_3. \tag{9.7.29}$$

考虑分段二次元. 假定 V^h 是二次分段多项式空间. 如图 9.7 所示, 每个单元上的基函数由三个顶点 P_i $(i = 1, 2, 3)$ 和三个中点 M_i $(i = 4, 5, 6)$ 的六个基函数构成:

$$\begin{cases} N_i^{(e)} = \lambda_i(2\lambda_i - 1), & i = 1, 2, 3, \\ N_4^{(e)} = 4\lambda_2\lambda_3, \\ N_5^{(e)} = 4\lambda_1\lambda_3, \\ N_6^{(e)} = 4\lambda_1\lambda_2. \end{cases} \tag{9.7.30}$$

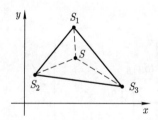

图 9.7　面积坐标

3. 矩形双线性元

矩形元是另一类更一般的单元. 我们称

$$f(x, y) = a_1 + a_2x + a_3y + a_4xy \tag{9.7.31}$$

是双线性多项式. 一般地, 记每个变量的次数不超过 k 的多项式空间为 $Q_k(\Omega)$. 显然 $P_k(\Omega) \subset Q_k(\Omega) \subset P_{2k}(\Omega)$, $\Omega \subset \mathbb{R}^2$. 假定 V^h 由分段双线性多项式构成, 即 $V^h = Q_1(\Omega)$. 如图 9.8 所示, 参考单元 $\hat{\Omega} = [-1, 1] \times [-1, 1]$, 参考单元 $\hat{\Omega}$ 可以通过仿射变

换 F_e 映射到单元 Ω_e:

$$\begin{pmatrix} x \\ y \end{pmatrix} = F_e\begin{pmatrix} \xi \\ \eta \end{pmatrix} := T\begin{pmatrix} \xi \\ \eta \end{pmatrix} + \begin{pmatrix} b_1 \\ b_2 \end{pmatrix}, \tag{9.7.32}$$

其中

$$T = \frac{1}{2}\begin{pmatrix} x_2 - x_1 & y_2 - y_1 \\ x_4 - x_1 & y_4 - y_1 \end{pmatrix}, \tag{9.7.33}$$

常数向量 $\boldsymbol{b} = (b_1, b_2)^{\mathrm{T}}$ 确定 Ω_e 的中心. 在 $\hat{\Omega}$ 上的双线性基函数为

$$\begin{cases} \hat{N}_1(\xi, \eta) = \dfrac{1}{4}(1-\xi)(1-\eta), \\[2mm] \hat{N}_2(\xi, \eta) = \dfrac{1}{4}(1+\xi)(1-\eta), \\[2mm] \hat{N}_3(\xi, \eta) = \dfrac{1}{4}(1+\xi)(1+\eta), \\[2mm] \hat{N}_4(\xi, \eta) = \dfrac{1}{4}(1-\xi)(1+\eta), \end{cases} \tag{9.7.34}$$

或统一写成

$$\hat{N}_i(\xi, \eta) = \frac{1}{4}(1+\xi_i\xi)(1+\eta_i\eta), \quad i = 1,2,3,4, \tag{9.7.35}$$

其中 (ξ_i, η_i) 是参考单元的四个顶点的坐标.

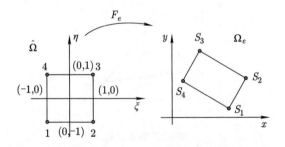

图 9.8　矩形双线性元

4. 矩形双二次元

双二次元包含九项, 需要给出九个自由度. 除四个顶点外, 还有四边中点, 及单元中心, 如图 9.9 所示. 这九个点上的基函数由一维二次元的基函数 (9.7.8) 张成. 若记

$$\tilde{N}_1(\xi) = \frac{1}{2}\xi(\xi-1), \quad \tilde{N}_2(\xi) = 1-\xi^2, \quad \tilde{N}_3(\xi) = \frac{1}{2}\xi(\xi+1), \tag{9.7.36}$$

则参考单元 $\hat{\Omega}$ 上的矩形双二次元的基函数为

$$
\begin{cases}
\hat{N}_1(\xi,\eta) = \tilde{N}_1(\xi)\tilde{N}_1(\eta), \\
\hat{N}_2(\xi,\eta) = \tilde{N}_3(\xi)\tilde{N}_1(\eta), \\
\cdots\cdots\cdots \\
\hat{N}_9(\xi,\eta) = \tilde{N}_2(\xi)\tilde{N}_2(\eta).
\end{cases}
\tag{9.7.37}
$$

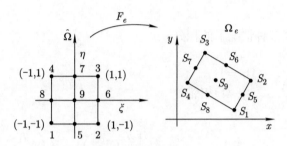

图 9.9 矩形双二次元

下面给出一个用矩形双线性元计算的例题. 考虑

$$
\begin{cases}
-\nabla^2 u = 2 - (x^2 + y^2), & (x,y) \in \Omega = (0,1) \times (0,1), \\
u = 0, & (x,y) \in \Gamma_1, \\
\dfrac{\partial u}{\partial n} = 0, & (x,y) \in \Gamma_2,
\end{cases}
\tag{9.7.38}
$$

边界 Γ_1 和 Γ_2 如图 9.10 所示, 区域共分成四个单元. 根据图中剖分和结点编号, 需要求出 u 在四个结点处的值, 即 u_1, u_2, u_3, u_4.

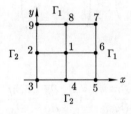

图 9.10 求解区域被剖分成四个矩形单元

该边值问题对应的连续变分问题是: 寻找 $v \in V$, 使得

$$
\int_\Omega \nabla u \cdot \nabla v \, dx dy = \int_\Omega [2 - (x^2 + y^2)] v \, dx dy, \quad \forall v \in V,
\tag{9.7.39}
$$

其中 $V = \{v \in H^1(\Omega) : v|_{\Gamma_1} = 0\}$. 对应有限元近似问题是: 寻找 $u_h \in V^h \subset V$, 使得

$$
\int_\Omega \nabla u_h \cdot \nabla v_h \, dx dy = \int_\Omega [2 - (x^2 + y^2)] v_h \, dx dy, \quad \forall v_h \in V^h.
\tag{9.7.40}
$$

取 V^h 为由满足 $N_i|_{\Gamma_1} = 0$ 的基函数 N_i $(i = 1, 2, 3, 4)$ 张成的分段双线性函数空间. 下面计算 K_{ij}:

$$K_{ij} = \iint\limits_{\Omega} \nabla N_i \cdot \nabla N_j dxdy$$

$$= \sum_{e=1}^{4} \iint\limits_{\Omega_e} \nabla N_i^{(e)} \cdot \nabla N_j^{(e)} dxdy, \quad i, j = 1, 2, 3, 4. \tag{9.7.41}$$

实际上只需要计算三种情况下的积分

$$K_{ij}^{(e)} = \begin{cases} K_{11}^{(1)}, & \Omega_I = \Omega_J, \\ K_{12}^{(1)}, & \Omega_I, \ \Omega_J 相邻, \\ K_{13}^{(1)}, & 其余. \end{cases} \tag{9.7.42}$$

$$K_{11}^{(1)} = \iint\limits_{\Omega_1} \nabla N_1^{(1)} \cdot \nabla N_1^{(1)} dxdy = \iint\limits_{\Omega_1} \left[\left(\frac{\partial N_1^{(1)}}{\partial x} \right)^2 + \left(\frac{\partial N_1^{(1)}}{\partial y} \right)^2 \right] dxdy$$

$$= \iint\limits_{\hat{\Omega}} \left[\left(\frac{\partial \hat{N}_1}{\partial \xi} \frac{\partial \xi}{\partial x} + \frac{\partial \hat{N}_1}{\partial \eta} \frac{\partial \eta}{\partial x} \right)^2 + \left(\frac{\partial \hat{N}_1}{\partial \xi} \frac{\partial \xi}{\partial y} + \frac{\partial \hat{N}_1}{\partial \eta} \frac{\partial \eta}{\partial y} \right)^2 \right] |\det T| d\xi d\eta, \tag{9.7.43}$$

其中变换 (9.7.33) 中的 T 和 T^{-1} 分别为

$$T = \frac{1}{2} \begin{pmatrix} x_2 - x_1 & y_2 - y_1 \\ x_4 - x_1 & y_4 - y_1 \end{pmatrix} = \begin{pmatrix} -\dfrac{1}{4} & 0 \\ 0 & -\dfrac{1}{4} \end{pmatrix}, \quad T^{-1} = \begin{pmatrix} -4 & 0 \\ 0 & -4 \end{pmatrix}, \tag{9.7.44}$$

于是

$$\frac{\partial \xi}{\partial x} = \frac{\partial \eta}{\partial y} = -4, \quad \frac{\partial \xi}{\partial y} = \frac{\partial \eta}{\partial x} = 0, \tag{9.7.45}$$

因此

$$K_{11}^{(1)} = \frac{1}{16} \int_{-1}^{1} \int_{-1}^{1} \left\{ \left[-\frac{1}{4}(1-\eta)(-4) \right]^2 + \left[-\frac{1}{4}(1-\xi)(-4) \right]^2 \right\} d\xi d\eta = \frac{2}{3}, \tag{9.7.46}$$

同理

$$K_{12}^{(1)} = -\frac{1}{6}, \quad K_{13}^{(1)} = -\frac{1}{3}. \tag{9.7.47}$$

因此

$$
K = \begin{pmatrix} \dfrac{2}{3} & -\dfrac{1}{6} & -\dfrac{1}{3} & -\dfrac{1}{6} \\ -\dfrac{1}{6} & \dfrac{2}{3} & -\dfrac{1}{6} & -\dfrac{1}{3} \\ -\dfrac{1}{3} & -\dfrac{1}{6} & \dfrac{2}{3} & \dfrac{1}{6} \\ -\dfrac{1}{6} & -\dfrac{1}{3} & \dfrac{1}{6} & \dfrac{2}{3} \end{pmatrix} + \begin{pmatrix} \dfrac{2}{3} & 0 & 0 & -\dfrac{1}{6} \\ 0 & 0 & 0 & 0 \\ 0 & 0 & 0 & 0 \\ -\dfrac{1}{6} & 0 & 0 & \dfrac{2}{3} \end{pmatrix}
$$

$$
+ \begin{pmatrix} \dfrac{2}{3} & 0 & 0 & 0 \\ 0 & 0 & 0 & 0 \\ 0 & 0 & 0 & 0 \\ 0 & 0 & 0 & 0 \end{pmatrix} + \begin{pmatrix} \dfrac{2}{3} & -\dfrac{1}{6} & 0 & 0 \\ -\dfrac{1}{6} & \dfrac{2}{3} & 0 & 0 \\ 0 & 0 & 0 & 0 \\ 0 & 0 & 0 & 0 \end{pmatrix}
$$

$$
= \begin{pmatrix} \dfrac{8}{3} & -\dfrac{1}{3} & -\dfrac{1}{3} & -\dfrac{1}{3} \\ -\dfrac{1}{3} & \dfrac{4}{3} & -\dfrac{1}{6} & -\dfrac{1}{3} \\ -\dfrac{1}{3} & -\dfrac{1}{6} & \dfrac{2}{3} & \dfrac{1}{6} \\ -\dfrac{1}{3} & -\dfrac{1}{3} & -\dfrac{1}{6} & \dfrac{4}{3} \end{pmatrix}. \tag{9.7.48}
$$

然后计算

$$
F_j = \iint\limits_{\Omega} f(x,y) N_j dx dy = \iint\limits_{\Omega} [2 - (x^2 + y^2)] N_j dx dy. \tag{9.7.49}
$$

这可以由双线性插值表示 $f(x,y)$, 也可以由 Gauss 积分公式进行计算. 最后由线性代数方程组 $Kc = F$ 求解 c_1, c_2, c_3, c_4, 则有限元解 u_h 为 $u_h = \sum\limits_{i=1}^{4} c_i N_i(x)$.

§9.7.3 三维问题

对三维问题, 假定求解区域 $\Omega \subset \mathbb{R}^3$ 被剖分成 E 个四面体单元或六面体单元 $\Omega_1, \Omega_2, \cdots, \Omega_E$.

1. 四面体线性元

局部基函数在单元上是一次多项式, 有四个自由度, 插值结点是四面体的四个顶点, 如图 9.11 所示. 基函数为体积坐标 $\lambda_1, \lambda_2, \lambda_3, \lambda_4$, 即

$$
N_i(x,y,z) = \lambda_i(x,y,z), \quad i = 1,2,3,4. \tag{9.7.50}
$$

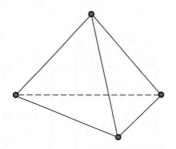

图 9.11　四面体线性元的插值结点

体积坐标定义如下:

$$\lambda_1 = \frac{1}{6V_e}\begin{vmatrix} x & y & z & 1 \\ x_2 & y_2 & z_2 & 1 \\ x_3 & y_3 & z_3 & 1 \\ x_4 & y_4 & z_4 & 1 \end{vmatrix}, \qquad \lambda_2 = \frac{1}{6V_e}\begin{vmatrix} x_1 & y_1 & z_1 & 1 \\ x & y & z & 1 \\ x_3 & y_3 & z_3 & 1 \\ x_4 & y_4 & z_4 & 1 \end{vmatrix}, \tag{9.7.51}$$

$$\lambda_3 = \frac{1}{6V_e}\begin{vmatrix} x_1 & y_1 & z_1 & 1 \\ x_2 & y_2 & z_2 & 1 \\ x & y & z & 1 \\ x_4 & y_4 & z_4 & 1 \end{vmatrix}, \qquad \lambda_4 = \frac{1}{6V_e}\begin{vmatrix} x_1 & y_1 & z_1 & 1 \\ x_2 & y_2 & z_2 & 1 \\ x_3 & y_3 & z_3 & 1 \\ x & y & z & 1 \end{vmatrix}, \tag{9.7.52}$$

其中 V_e 是四面体单元的体积. 面积坐标和体积坐标统称为重心坐标. 体积坐标满足关系式

$$\sum_{i=1}^4 \lambda_i = 1, \quad \sum_{i=1}^4 x_i\lambda_i = x, \quad \sum_{i=1}^4 y_i\lambda_i = y, \quad \sum_{i=1}^4 z_i\lambda_i = z. \tag{9.7.53}$$

体积坐标只有三个独立变量, 若取 $\lambda_1, \lambda_2, \lambda_3$ 为三个独立的体积坐标, 则从参考四面体单元

$$\hat{\Omega} = \left\{ (\lambda_1, \lambda_2, \lambda_3) : 0 \leqslant \lambda_1, \lambda_2, \lambda_3 \leqslant 1, \sum_{i=1}^4 \lambda_i = 1 \right\} \tag{9.7.54}$$

到四面体单元 Ω_e 的仿射可逆变换是

$$\begin{cases} x = \sum_{i=1}^4 (x_i - x_4)\lambda_i + x_4, \\ y = \sum_{i=1}^4 (y_i - x_4)\lambda_i + y_4, \\ z = \sum_{i=1}^4 (z_i - x_4)\lambda_i + z_4, \end{cases} \tag{9.7.55}$$

其中 (x_i, y_i, z_i), $i = 1, 2, 3, 4$ 分别是四面体单元 Ω_e 的四个顶点的坐标.

2. 四面体二次元

局部基函数在单元上是二次多项式, 有十个自由度, 插值结点是四面体的四个顶点及六条棱的中点, 如图 9.12 所示. 基函数用体积坐标可表示为

$$\begin{cases} N_i^{(e)} = \lambda_i(2\lambda_i - 1), & i = 1, 2, 3, 4, \\ M_{ij}^{(e)} = 4\lambda_i\lambda_j, & 1 \leqslant i < j \leqslant 4. \end{cases} \tag{9.7.56}$$

在单元 Ω_e 上有如下体积分计算公式

$$\iiint\limits_{\Omega_e} \lambda_1^{\alpha_1} \lambda_2^{\alpha_2} \lambda_3^{\alpha_3} \lambda_4^{\alpha_4} dxdydz = 6V_e \frac{\alpha_1!\alpha_2!\alpha_3!\alpha_4!}{(\alpha_1 + \alpha_2 + \alpha_3 + \alpha_4 + 3)!}. \tag{9.7.57}$$

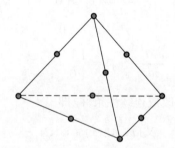

图 9.12 四面体二次元的插值结点

§9.8 Hermite 插值基函数

前面构造单元结点基函数时, 只用了结点函数值, 插值函数是 Lagrange 型插值函数, 三角形元的 n 次 Lagrange 插值需要 $(n+1)(n+2)/2$ 个插值结点. 插值函数还可以是 Hermite 型插值函数, 即在构造插值基函数时, 不仅用结点函数值, 还用到结点处的导数值. 对二阶问题, 有限元空间取 $H^1(\Omega)$ 的子空间, 插值函数在整个 Ω 上连续即可; 但若求解四阶问题, 有限元空间是 $H^2(\Omega)$ 的子空间, 插值基函数应当满足下面的条件:

(1) 全局结点基函数由 $N_i(i = 1, \cdots, G)$ 和 $M_j(j = 1, \cdots, K)$ 组成, 这些函数均有界连续可微, 即

$$N_i(x), \ M_i(x) \in C^1(\Omega). \tag{9.8.1}$$

(2) 每个 N_i, M_i 仅在与结点 i 相关联的单元上非零, 即

$$N_i(x) \equiv 0, \quad M_i(x) \equiv 0, \quad x \notin \Omega_e. \tag{9.8.2}$$

(3) 基函数具有性质:

$$N_i(x_j) = \frac{dM_i}{dx}(x_j) = \begin{cases} 1, & i = j, \\ 0, & i \neq j. \end{cases} \tag{9.8.3}$$

$$M_i(x_j) = \frac{dN_i}{dx}(x_j) = 0. \tag{9.8.4}$$

(4) N_i 和 M_i 在单元 Ω_e 上的限制 $N_i^{(e)}$ 和 $M_i^{(e)}$ 均为多项式.

满足上面四个条件的基函数 N_i 和 M_i 可以保证在 $H^2(\Omega)$ 中, 可用于求解四阶问题. 显然, 局部基函数 $N_i^{(e)}$ 和 $M_i^{(e)}$ 满足下列性质:

$$N_i^{(e)}(x_j) = \begin{cases} 1, & i = j, \\ 0, & i \neq j, \end{cases} \tag{9.8.5}$$

$$\frac{dN_i^{(e)}}{dx}(x_j) = 0, \tag{9.8.6}$$

$$M_i^{(e)}(x_j) = 0, \tag{9.8.7}$$

$$\frac{dM_i^{(e)}}{dx}(x_j) = \begin{cases} 1, & i = j, \\ 0, & i \neq j. \end{cases} \tag{9.8.8}$$

注意, 如果条件 (9.8.1) 改成连续性条件, 即

$$N_i(x), M_i(x) \in C(\Omega), \tag{9.8.9}$$

这只能用于求解二阶问题.

1. 一维 Hermite 型元

局部基函数是三次多项式 $P_3(\Omega_e)$, 每个单元 $\Omega_e = (x_i, x_{i+1})$ 需要四个插值条件: 单元两个端点的函数值及一阶导数值. 在单元 $\Omega_e = (x_i, x_{i+1})$ 上的插值基函数为

$$N_1^{(e)}(x) = -\frac{(x - x_{i+1})^2[-h_e + 2(x_i - x)]}{h_e^3}, \tag{9.8.10}$$

$$N_2^{(e)}(x) = \frac{(x - x_i)^2[h_e + 2(x_{i+1} - x)]}{h_e^3}, \tag{9.8.11}$$

$$M_1^{(e)}(x) = \frac{(x - x_i)(x - x_{i+1})^2}{h_e^2}, \tag{9.8.12}$$

$$M_2^{(e)}(x) = \frac{(x - x_i)^2(x - x_{i+1})}{h_e^2}, \tag{9.8.13}$$

其中 $h_e = x_{i+1} - x_i$. 在每个单元 Ω_e 上, 函数分段连续可微, 有限元空间 $V^h \subset H^2(\Omega \subset C^1(\Omega))$.

2. 三角形完全三次 Hermite 型元

局部基函数仍是三次多项式 $P_3(\Omega)$, 如图 9.13, 这需要十个插值条件: 三个顶点 S_1, S_2, S_3 的函数值, 三个顶点处的一阶偏导数(每个顶点有两个一阶偏导数), 以及在形心 S_0 处的函数值. 可以推导得到用面积坐标表示的基函数为:

在顶点 S_1 处:

$$\begin{cases} N_1^{(e)} = \lambda_1^2(3 - 2\lambda_1) - 7\lambda_1\lambda_2\lambda_3, \\ M_1^{(e)} = \lambda_1(2\lambda_2\lambda_3 + \lambda_1^2 - \lambda_1), \\ M_2^{(e)} = \lambda_1\lambda_2(\lambda_1 - \lambda_3). \end{cases} \tag{9.8.14}$$

在顶点 S_2 处:

$$\begin{cases} N_2^{(e)} = \lambda_2^2(3 - 2\lambda_2) - 7\lambda_1\lambda_2\lambda_3, \\ M_3^{(e)} = \lambda_2(2\lambda_1\lambda_3 + \lambda_2^2 - \lambda_2), \\ M_4^{(e)} = \lambda_1\lambda_2(\lambda_2 - \lambda_3). \end{cases} \tag{9.8.15}$$

在顶点 S_3 处:

$$\begin{cases} N_3^{(e)} = \lambda_3^2(3 - 2\lambda_3) - 7\lambda_1\lambda_2\lambda_3, \\ M_5^{(e)} = \lambda_1\lambda_3(\lambda_3 - \lambda_2), \\ M_6^{(e)} = \lambda_2\lambda_3(\lambda_3 - \lambda_1). \end{cases} \tag{9.8.16}$$

在形心 S_0 处:

$$N_4^{(e)} = 27\lambda_1\lambda_2\lambda_3. \tag{9.8.17}$$

这种三角形上的三次 Hermite 插值在相邻单元的三角形公共顶点上的函数值和一阶导数值都是连续的, 沿单元公共边的切向导数也连续, 但单元公共边上的法向导数不连续, 因此, 这种完全三次 Hermite 插值函数在整个区域上是不可微的, 可以用来求解二阶问题. 要构造三角形单元上的协调元, 需要 21 个自由度的完全五次 Hermite 型插值, 相关内容可参考文献, 如 [9].

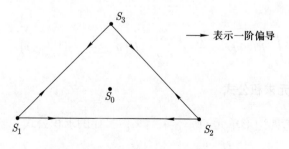

图 9.13　三角形完全三次Hermite型元

§9.9　Gauss 求积公式

§9.9.1　一维求积公式

在参考单元 (也即标准单元) $\hat{\Omega} = [-1, 1]$ 上的 N 阶 Gauss 求积公式是

$$I = \int_{-1}^{1} g(\xi)d\xi \approx \sum_{i=1}^{N} w_i g(\xi_i), \tag{9.9.1}$$

其中 ξ_i 和 w_i 是 Gauss 求积点和权系数. Gauss 求积公式可以用 N 个点给出次数不超过 $2N - 1$ 次的多项式 $g(\xi)$ 的精确积分. 下面列出 1 阶精度、3 阶精度和 5 阶精度的 Gauss 求积公式.

1. 1 阶精度公式 (1个点)

$$\int_{-1}^{1} g(\xi)d\xi \approx 2g(0). \tag{9.9.2}$$

2. 3 阶精度公式 (2个点)

$$\int_{-1}^{1} g(\xi)d\xi \approx g\left(-\frac{1}{\sqrt{3}}\right) + g\left(\frac{1}{\sqrt{3}}\right). \tag{9.9.3}$$

3. 5 阶精度公式 (3个点)

$$\int_{-1}^{1} g(\xi)d\xi \approx \frac{5}{9}g\left(-\frac{\sqrt{3}}{\sqrt{5}}\right) + \frac{8}{9}g(0) + \frac{5}{9}g\left(\frac{\sqrt{3}}{\sqrt{5}}\right). \tag{9.9.4}$$

对一般区间 $[a, b]$ 的计算, 可以通过如下变换

$$x = a + \frac{b-a}{2}(1 + \xi), \quad \xi = \frac{x-a}{b-a} + \frac{x-b}{b-a} \tag{9.9.5}$$

将区间 $[a, b]$ 变换到 $[-1, 1]$ 上进行计算:

$$\int_{a}^{b} F(x)dx = \frac{b-a}{2} \int_{-1}^{1} F\left(a + \frac{b-a}{2}(1 + \xi)\right)d\xi. \tag{9.9.6}$$

因此

$$\int_{a}^{b} F(x)dx \approx \frac{b-a}{2} \sum_{i=1}^{N} w_i F\left(a + \frac{b-a}{2}(1 + \xi_i)\right). \tag{9.9.7}$$

§9.9.2　四边形单元求积公式

首先考虑参考四边形单元 $\hat{\Omega} = [-1, 1] \times [-1, 1]$ 的求积公式

$$I = \iint_{\hat{\Omega}} g(\xi, \eta)d\xi d\eta \approx \sum_{i=1}^{M} \sum_{j=1}^{N} w_i \hat{w}_j g(\xi_i, \eta_j), \tag{9.9.8}$$

其中 ξ_i 和 w_i 是 ξ 方向具有 M 阶精度的 Gauss 求积点和权系数; η_i 和 $\hat{w}_j$ 是 η 方向具有 N 阶精度的 Gauss 求积点和权系数, 通常取 $M = N$, $\eta_i = \xi_i$, $\hat{w}_i = w_i$. 这样四边形单元的 N 阶 Gauss 求积公式为

$$\int_{-1}^{1} \int_{-1}^{1} g(\xi, \eta) d\xi d\eta \approx \sum_{i=1}^{N} \sum_{j=1}^{N} w_i w_j g(\xi_i, \xi_j). \tag{9.9.9}$$

对一般的四边形单元 Ω_e, 可以通过变换将 Ω_e 变到参考四边形单元 $\hat{\Omega}$ 上进行计算. 如图 9.14, 可以利用 $\hat{\Omega}$ 上的结点基函数 $\hat{N}_i(\xi, \eta)$ 来构造如下变换

$$x = P(\xi, \eta) = \sum_{i=1}^{4} x_i \hat{N}_i(\xi, \eta), \tag{9.9.10}$$

$$y = Q(\xi, \eta) = \sum_{i=1}^{4} y_i \hat{N}_i(\xi, \eta), \tag{9.9.11}$$

其中 $\hat{N}_i(\xi, \eta)$ 由 (9.7.34) 给出. 这样函数 $f(x, y)$ 在任一四边形单元 Ω_e 上的 N 阶精度的求积公式为

$$\iint_{\Omega_e} f(x, y) dx dy = \iint_{\hat{\Omega}} f(P(\xi, \eta), Q(\xi, \eta)) |J(\xi, \eta)| d\xi d\eta$$

$$\approx \sum_{i=1}^{N} \sum_{j=1}^{N} w_i w_j f(P(\xi_i, \xi_j), Q(\xi_i, \xi_j)) |J(\xi_i, \xi_j)|, \tag{9.9.12}$$

其中

$$J(\xi, \eta) = \left| \frac{\partial(x, y)}{\partial(\xi, \eta)} \right| = \begin{vmatrix} \dfrac{\partial x}{\partial \xi} & \dfrac{\partial y}{\partial \xi} \\ \dfrac{\partial x}{\partial \eta} & \dfrac{\partial y}{\partial \eta} \end{vmatrix}.$$

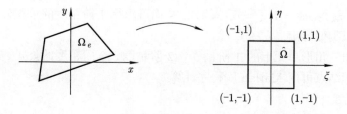

图 9.14　一般的四边形单元 Ω_e 变换到参考四边形单元 $\hat{\Omega}$

§9.9.3 三角形单元求积公式

考虑三角形参考单元(也即标准单元) $\hat{\Omega} = \{(\xi,\eta): 0 \leqslant \xi, \eta, \xi+\eta \leqslant 1\}$ 上的积分

$$I = \iint\limits_{\hat{\Omega}} g(\xi,\eta)d\xi d\eta \approx \frac{1}{2}\sum_{i=1}^{N_g} w_i g(\xi_i,\eta_i). \tag{9.9.13}$$

基本思路是寻找点 (ξ_i,η_i) 及权系数 w_i, 使得求积公式 (9.9.13) 具有 N 阶精度, 即对次数不超过 N 的多项式 $g(\xi,\eta) \in P_N(\xi,\eta)$, 公式都精确成立, 其中 $P_N(\xi,\eta)$ 是一个二维完全 N 次多项式空间:

$$P_N(\xi,\eta) = \mathrm{span}\{\xi^i\eta^i : 0 \leqslant i,j, i+j \leqslant N\}. \tag{9.9.14}$$

例如

$$P_1(\xi,\eta) = \mathrm{span}\{1,\xi,\eta\},$$
$$P_2(\xi,\eta) = \mathrm{span}\{1,\xi,\eta,\xi^2,\xi\eta,\eta^2\}.$$

利用积分计算公式

$$\iint\limits_{\hat{\Omega}_e} \xi^i\eta^j d\xi d\eta = \frac{i!j!}{(i+j+2)!} \tag{9.9.15}$$

得

$$\iint\limits_{\hat{\Omega}_e}\left\{1,\xi,\eta,\xi^2,\xi\eta,\eta^2,\xi^3,\xi^2\eta,\xi\eta^2,\eta^3\right\}d\xi d\eta$$
$$= \left\{\frac{1}{2},\frac{1}{6},\frac{1}{6},\frac{1}{12},\frac{1}{24},\frac{1}{12},\frac{1}{20},\frac{1}{60},\frac{1}{60},\frac{1}{20}\right\}. \tag{9.9.16}$$

要求求积公式对不同的 $g(\xi,\eta)$ 精确成立, 从而可以求出 (ξ_i,η_i) 及 w_i, 通常要求求积结点对称. 例如, 由于求积公式对 $g(\xi,\eta) = 1,\xi,\eta$ 都精确成立, 因此

$$\frac{1}{2}\sum_{i=1}^{N} w_i = \frac{1}{2}, \quad \frac{1}{2}\sum_{i=1}^{N} w_i\xi_i = \frac{1}{6}, \quad \frac{1}{2}\sum_{i=1}^{N} \eta_i = \frac{1}{6}. \tag{9.9.17}$$

当 $N=1$ 时, 解得 $w_1 = 1$, $\xi_1 = \eta_1 = 1/3$. 从而可求得 1 阶精度的求积公式, 高阶精度公式也可以类似导出.

下面列出三角形单元上的 1 阶精度、2 阶精度、3 阶精度的公式, 更高阶的求积公式的求积结点可用 Matlab 库程序计算.

1. 1 阶精度 (1个)

$$\iint\limits_{\hat{\Omega}} g(\xi,\eta)d\xi d\eta = \frac{1}{2}g\left(\frac{1}{3},\frac{1}{3}\right). \tag{9.9.18}$$

2. 2 阶精度 (2 个)

$$\iint\limits_{\hat{\Omega}} g(\xi,\eta)d\xi d\eta = \frac{1}{6}\left[g\left(\frac{1}{6},\frac{1}{6}\right) + g\left(\frac{2}{3},\frac{1}{6}\right) + g\left(\frac{1}{6},\frac{2}{3}\right)\right].$$ (9.9.19)

$$\iint_{\hat{\Omega}} g(\xi,\eta)d\xi d\eta = \frac{1}{6}\left[g\left(0,\frac{1}{2}\right) + g\left(\frac{1}{2},0\right) + g\left(\frac{1}{2},\frac{1}{2}\right)\right].$$ (9.9.20)

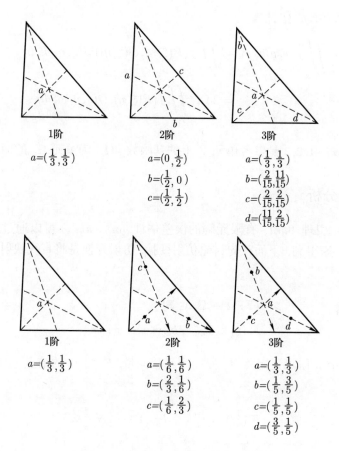

图 9.15　三角形单元的求积结点分布

3. 3 阶精度 (2 个)

$$\iint\limits_{\hat{\Omega}} g(\xi,\eta)d\xi d\eta = -\frac{27}{96}g\left(\frac{1}{3},\frac{1}{3}\right) + \frac{25}{96}\left[g\left(\frac{1}{5},\frac{1}{5}\right) + g\left(\frac{1}{5},\frac{3}{5}\right) + g\left(\frac{3}{5},\frac{1}{5}\right)\right].$$

(9.9.21)

$$\iint\limits_{\hat{\Omega}} g(\xi,\eta)d\xi d\eta = -\frac{27}{96}g\left(\frac{1}{3},\frac{1}{3}\right) + \frac{25}{96}\left[g\left(\frac{2}{15},\frac{11}{15}\right) + g\left(\frac{2}{15},\frac{2}{15}\right) + g\left(\frac{11}{15},\frac{2}{15}\right)\right].$$

(9.9.22)

对一般的三角形 Ω_e, 可通过变换

$$\begin{cases} x = P(\xi, \eta) = \sum_{i=1}^{3} x_i \hat{N}_i(\xi, \eta), \\ y = Q(\xi, \eta) = \sum_{i=1}^{3} y_i \hat{N}_i(\xi, \eta) \end{cases} \tag{9.9.23}$$

将其变换到参考单元 $\hat{\Omega}$ 计算:

$$\iint_{\Omega_e} f(x,y)dxdy = \iint_{\hat{\Omega}} f(P(\xi,\eta), Q(\xi,\eta)) |J(\xi,\eta)| d\xi d\eta$$

$$= 2|\Omega_e| \iint_{\hat{\Omega}} f(P(\xi,\eta), Q(\xi,\eta)) d\xi d\eta, \tag{9.9.24}$$

其中 $N_i(\xi,\eta), i = 1,2,3$ 是参考单元 $\hat{\Omega}$ 上的基函数, $|\Omega_e|$ 为单元 Ω_e 的面积.

§9.10 误差分析

根据 Céa 引理 9.5.1, 有限元解的误差估计 $\|u - u_h\|_V$ 可以通过插值误差估计 $\|u - \tilde{u}_h\|_V$ 来得到. 下面首先讨论仿射变换. 仿射变换是将直线映射到直线的变换

$$F_e : \hat{\Omega} \to \Omega_e \subset \mathbb{R}^n, \tag{9.10.1}$$

$$F_e(\xi) \equiv T_e \xi + \boldsymbol{b}_e = x, \quad x \in \mathbb{R}^n, \tag{9.10.2}$$

其中 T_e 是一个 n 阶可逆矩阵, $\boldsymbol{b}_e$ 是一个平移向量. F_e 将 $\hat{\Omega}$ 的结点 ξ_I 映射到 Ω 的结点 $x_I^{(e)}$:

$$F_e(\xi_I) = x_I^{(e)}, \quad I = 1, \cdots, N. \tag{9.10.3}$$

定义

$$h_e = \mathrm{diam}(\Omega_e) = \max \{|x - y| : x, y \in \Omega_e\}, \tag{9.10.4}$$

再定义 ρ_e 为含于 Ω_e 的球的最大直径, 则比值 h_e/ρ_e 可以刻画单元 Ω_e 的 "胖扁" 程度. h_e/ρ_e 越大, 单元 Ω_e 越扁平.

引理 9.10.1 设 $F_e : \hat{\Omega} \to \Omega_e$ 是从 $\hat{\Omega} \subset \mathbb{R}^n$ 到 $\Omega_e \subset \mathbb{R}^n$ 的仿射映射, 对 $\forall \xi \in \mathbb{R}^n$, 定义矩阵 T_e 的范数

$$\|T_e\| = \sup \left\{ \frac{\|T_e \xi\|}{\|\xi\|} : \xi \neq 0 \right\}, \tag{9.10.5}$$

其中 $\|\xi\| = \left(\sum\limits_{i=1}^{n} \xi_i^2\right)^{1/2}$, 则

$$(1) \; \|T_e\| \leqslant \frac{h_e}{\hat{\rho}}. \quad (2) \; \|T_e^{-1}\| \leqslant \frac{\hat{h}}{\rho_e}. \tag{9.10.6}$$

证明 (1) 令

$$z = \hat{\rho}\frac{\xi}{\|\xi\|}, \quad \xi \neq 0, \tag{9.10.7}$$

则

$$\|z\| = \hat{\rho},$$

$$\|T_e\| = \sup\frac{\|T_e\xi\|}{\|\xi\|} = \sup\frac{\frac{\|\xi\|}{\hat{\rho}}T_e z}{\|\xi\|} = \sup\frac{\|T_e z\|}{\hat{\rho}}.$$

任取 ξ, η 为 $\hat{\Omega}$ 之内切球直径的两端点, 则 $\|\xi - \eta\| = \hat{\rho}$, 从而

$$\|T_e\| = \hat{\rho}^{-1}\sup\|T_e(\xi - \eta)\|$$
$$= \hat{\rho}^{-1}\sup\|T_e\xi + \boldsymbol{b}_e - (T_e\eta + \boldsymbol{b}_e)\|$$
$$= \hat{\rho}^{-1}\sup\|x - y\| \leqslant \frac{h_e}{\hat{\rho}}.$$

(2) 由于

$$\|T_e^{-1}\| = \sup\frac{\|T_e^{-1}y\|}{\|y\|}, \quad y \neq 0.$$

令 $z = \rho_e\dfrac{y}{\|y\|}$, 则

$$\|z\| = \rho_e, \quad \|T_e^{-1}\| = \sup\|\rho_e^{-1}T_e^{-1}z\|.$$

在 Ω_e 上选取 x, y, 使得 $\|x - y\| = \rho_e$, 从而

$$\|T_e^{-1}\| = \rho_e^{-1}\sup\|T_e^{-1}(x - \boldsymbol{b}_e + \boldsymbol{b}_e - y)\|$$

$$= \rho_e^{-1}\sup\|x - y\| = \frac{\hat{h}}{\rho_e}. \qquad \square$$

设 $\{\hat{N}_I\}_{I=1}^{M}$ 是定义在参考单元 $\hat{\Omega}$ 上的局部基函数, 且 $\hat{X} = \operatorname{span}\{\hat{N}_I\}$. 定义投影算子 Π 如下:

$$\hat{\Pi} : C(\hat{\Omega}) \to \hat{X}, \quad \hat{\Pi}\hat{v} = \sum_{I=1}^{M}\hat{v}(\xi_I)\hat{N}_I, \tag{9.10.8}$$

其中 $\hat{\Pi}\hat{v}$ 是 $\hat{v}$ 在 $\hat{X}$ 中的像. 类似地, 定义投影算子 Π_e 为

$$\Pi_e : C(\Omega_e) \to X_e, \quad \Pi_e v = \sum_{I=1}^{M} v(x_I) N_I^{(e)}, \tag{9.10.9}$$

其中 $X_e = \mathrm{span}\{N_I^{(e)}\}$, $\Pi_e v$ 是 v 在 X_e 中的插值.

设 K_e 是线性算子, 定义为

$$K_e : C(\Omega_e) \to C(\hat{\Omega}), \tag{9.10.10}$$

$$K_e v = \hat{v}, \quad \hat{v}(\xi) = v(x), \tag{9.10.11}$$

其中 $x = F_e(\xi)$. 算子 K_e 可逆

$$K_e^{-1} : C(\hat{\Omega}) \to C(\Omega_e), \quad K_e^{-1}\hat{v} = v. \tag{9.10.12}$$

下面的定理表明, 先对 v 作用变换 K_e 后得到 $\hat{v}$ 再插值, 与先对 v 作插值后再作用变换 K_e, 结果相等.

定理 9.10.1 设 $\hat{\Omega}$ 和 Ω_e 是仿射等价单元, 则

$$\hat{\Pi}(K_e v) = K_e(\Pi_e v) \tag{9.10.13}$$

或

$$\hat{\Pi}\hat{v} = \widehat{\Pi_e v}. \tag{9.10.14}$$

证明 根据 (9.10.9) 有

$$\Pi_e v = \sum_{I=1}^{M} v(x_I) N_I^{(e)},$$

又 $v(x_I) = \hat{v}(\xi_I)$, 并注意到 K_e 是线性的, 有

$$\begin{aligned} K_e(\Pi_e v) &= K_e\Big(\sum_{I=1}^{M} \hat{v}(\xi_I) N_I^{(e)}\Big) \\ &= \sum_{I=1}^{M} \hat{v}(\xi_I) K_e N_I^{(e)} \\ &= \sum_{I=1}^{M} \hat{v}(\xi_I) \hat{N}_I = \hat{\Pi}\hat{v}. \end{aligned} \tag{9.10.15}$$

$\square$

由投影算子 Π_e 的定义 (9.10.9) 知, Π_e 的像都在 X_e 中, 这里 X_e 是由局部基函数 $N_I^{(e)}$ 张成的空间, $P_k(\Omega_e) \subset X_e$, 因此

$$\Pi_e v = v, \quad \forall v \in P_k(\Omega_e),$$

类似地

$$\hat{\Pi}_e \hat{v} = v, \quad \forall \hat{v} \in P_k(\hat{\Omega}_e).$$

定理 9.10.2 存在与 Ω 有关的常数 C, 使得 $\forall v \in H^{k+1}(\Omega)$, 有

$$\inf_{p \in P_k(\Omega)} ||v+p||_{k+1,\Omega} \leqslant C|v|_{k+1,\Omega}. \tag{9.10.16}$$

证明 由 Poincaré 不等式 (9.1.9), u 用 $v+p$ 代替, 并注意到当 $|\alpha| = k+1$ 时, $D^\alpha p = 0$, 则有

$$||v+p||_{k+1}^2 \leqslant C \left\{ |v|_{k+1}^2 + \sum_{|\alpha|<k+1} \left[\int_\Omega D^\alpha(v+p)dx \right]^2 \right\},$$
$$v \in H^{k+1}(\Omega), \quad p \in P_k(\Omega). \tag{9.10.17}$$

在 $P_k(\Omega)$ 中构造一个多项式 $\bar{p}$, 使得

$$\int_\Omega D^\alpha(v+\bar{p})dx = 0, \quad |\alpha| \leqslant k, \tag{9.10.18}$$

实际上这可以通过如下步骤来实现. 首先令 $|\alpha| = k$, 则 $D^\alpha \bar{p}$ 为 x^α 的系数, 该系数通过求解 (9.10.18) 得到, 求出 k 次项的所有系数; 再设 $|\alpha| = k-1$, 求出 $k-1$ 次项的所有系数, 以此类推, 从而对任意给定的 v 求出 $\bar{p}$.

在 (9.10.17) 中, 令 $p = \bar{p}$, 可得

$$\inf_{p \in P_k(\Omega)} ||v+p||_{k+1}^2 \leqslant ||v+\bar{p}||_{k+1}^2 \leqslant C|v|_{k+1}^2, \tag{9.10.19}$$

即 (9.10.16). 得证.   □

下面的定理给出了函数 v 和 $\hat{v}$ 的半范之间的关系.

定理 9.10.3 设 Ω_e 和 $\hat{\Omega}$ 是 $\mathbb{R}^n$ 中的两个仿射等价开子集, 则对 $\forall v \in H^s(\Omega_e)$ 和 $\hat{v} = K_e v \in H^s(\hat{\Omega})$, 有

$$|\hat{v}|_{s,\hat{\Omega}} \leqslant ||T_e||^s |\det T_e|^{-\frac{1}{2}} |v|_{s,\Omega_e}, \tag{9.10.20}$$

及

$$|v|_{s,\Omega_e} \leqslant ||T_e^{-1}||^s |\det T_e|^{\frac{1}{2}} |\hat{v}|_{s,\hat{\Omega}_e}, \tag{9.10.21}$$

其中 T_e 是仿射变换 (9.10.2) 中的矩阵.

证明　这里仅证明 (9.10.20). (9.10.21) 的证明类似.

$$|v|^2_{s,\hat{\Omega}} = \sum_{|\alpha|=s} \int_{\hat{\Omega}} (D^\alpha \hat{v}(\xi))^2 d\xi$$
$$= \sum_{|\alpha|=s} \int_{\Omega_e} (D^\alpha \hat{v}(\xi))^2 |\det T_e|^{-1} dx, \tag{9.10.22}$$

这里应用了多变量代换, 即若 $\xi_i = f_i(x_j)$, 则

$$d\xi \equiv d\xi_1 d\xi_2 \cdots d\xi_n = \left| \det\left(\frac{\partial f_i}{\partial x_j}\right) \right| dx_1 dx_2 \cdots dx_n. \tag{9.10.23}$$

对固定的 x 和 ξ, 有

$$\left| D^\alpha \hat{v}(\xi) \right| \leqslant \|T_e\|^s \left| D^\alpha v(x) \right|, \quad |\alpha| = s. \tag{9.10.24}$$

因此 (9.10.22) 简化为

$$|\hat{v}|^2_{s,\hat{\Omega}} \leqslant \sum_{|\alpha|=s} \int_{\Omega_e} (D^\alpha v(\xi))^2 \|T_e\|^{2s} |\det T_e|^{-1} dx, \tag{9.10.25}$$

由于 $\|T_e\|$ 和 $\det T_e$ 均为常数, 所以

$$|\hat{v}|_{s,\hat{\Omega}} \leqslant \|T_e\|^s |\det T_e|^{-\frac{1}{2}} |v|_{s,\Omega}. \tag{9.10.26}$$

$\Box$

定理 9.10.4　设 k 和 m 是非负整数, 使得

$$H^{k+1}(\hat{\Omega}) \subset C(\hat{\Omega}), \quad H^{k+1}(\hat{\Omega}) \subset H^m(\hat{\Omega}), \tag{9.10.27}$$

及

$$P_k(\hat{\Omega}) \subset \hat{X} \subset H^m(\hat{\Omega}). \tag{9.10.28}$$

又设 $\hat{\Pi}$ 和 Π_e 分别由 (9.10.8) 和 (9.10.9) 定义, 则对任意仿射等价单元 Ω_e 及 $v \in H^{k+1}(\Omega_e)$, 有

$$\left| v - \Pi_e v \right|_{m,\Omega_e} \leqslant \hat{C} \frac{h_e^{k+1}}{\rho_e^m} |v|_{k+1,\Omega_e}, \tag{9.10.29}$$

其中常数 $\hat{C}$ 与 $\hat{\Omega}$ 和 $\hat{\Pi}$ 有关.

证明　$\forall \hat{v} \in H^{k+1}(\hat{\Omega})$, $\hat{p} \in P_k(\hat{\Omega})$, 注意到

$$\hat{\Pi}\hat{p} = \hat{p}, \quad \forall \hat{v} \in P_k(\hat{\Omega}), \tag{9.10.30}$$

则有

$$
\begin{aligned}
|\hat{v} - \hat{\Pi}\hat{v}|_{m,\hat{\Omega}} &\leqslant ||\hat{v} - \hat{\Pi}\hat{v}||_{m,\hat{\Omega}} = ||\hat{v} - \hat{\Pi}\hat{v} + \hat{p} - \hat{\Pi}\hat{p}||_{m,\hat{\Omega}} \\
&\leqslant ||I(\hat{v} + \hat{p}) - \hat{\Pi}(\hat{v} + \hat{p})||_{m,\hat{\Omega}} \\
&\leqslant ||I(\hat{v} + \hat{p})||_{m,\hat{\Omega}} + ||\hat{\Pi}(\hat{v} + \hat{p})||_{m,\hat{\Omega}} \\
&\leqslant (||I|| + ||\hat{\Pi}||)||\hat{v} + \hat{p}||_{k+1,\hat{\Omega}}. \tag{9.10.31}
\end{aligned}
$$

令 $\hat{C} = ||I|| + ||\hat{\Pi}||$. 最后一行应用了 I 及 $\hat{\Pi}$ 均是 $H^{k+1}(\hat{\Omega})$ 到 $H^m(\hat{\Omega})$ 的有界算子. 由定理 9.10.2 得

$$
|\hat{v} - \hat{\Pi}\hat{v}|_{m,\hat{\Omega}} \leqslant \hat{C} \inf_{\hat{p} \in P_k(\hat{\Omega})} ||\hat{v} + \hat{p}||_{k+1,\hat{\Omega}} \leqslant C\hat{C}|\hat{v}|_{k+1,\hat{\Omega}}. \tag{9.10.32}
$$

由定理 9.10.1, $\hat{\Pi}(K_e v) = K_e(\Pi_e v)$, 于是

$$
\hat{v} - \hat{\Pi}\hat{v} = K_e v - \hat{\Pi}(K_e v) = K_e(v - \Pi_e v). \tag{9.10.33}
$$

再由定理 9.10.3 中的 (9.10.21) 得

$$
\begin{aligned}
|v - \Pi_e v|_{m,\Omega_e} &\leqslant ||T_e^{-1}||^m |\det T_e|^{\frac{1}{2}} |K_e(v - \Pi_e v)|_{m,\hat{\Omega}} \\
&= ||T_e^{-1}||^m |\det T_e|^{\frac{1}{2}} |\hat{v} - \hat{\Pi}\hat{v}|_{m,\hat{\Omega}}. \tag{9.10.34}
\end{aligned}
$$

由定理 9.10.3 中的 (9.10.20) 得 (取 $s = k + 1$)

$$
|\hat{v}|_{k+1,\hat{\Omega}} \leqslant ||T_e||^{k+1} |\det T_e|^{-\frac{1}{2}} |v|_{k+1,\Omega_e}. \tag{9.10.35}
$$

将 (9.10.32) 代入 (9.10.34), 则 (9.10.35) 为

$$
|v - \Pi_e v|_{m,\hat{\Omega}} \leqslant \hat{C}||T_e^{-1}||^m ||T_e||^{k+1} |v|_{k+1,\Omega_e}, \tag{9.10.36}
$$

应用引理 9.10.1, 即得 (9.10.29). $\qquad\qquad\square$

在 (9.10.29) 中出现了两个参数 h_e 和 ρ_e, 若 h_e/ρ_e 有界, 则结论可进一步改写. 为此引进正规单元的概念. 单元 $\{\Omega_1, \cdots, \Omega_E\}$ 称为一簇正规单元, 若满足下列条件:

(1) 对所有单元 Ω_e, 存在常数 σ, 使得 $h_e/\rho_e \leqslant \sigma$.

(2) h_e 很小且趋于零.

在一簇正规单元下, 定理 9.10.4 的误差可以表示成范数的形式, 即

$$
||v - \Pi_e v||_{m,\Omega_e} \leqslant C h_e^{k+1-m} |v|_{k+1,\Omega_e}. \tag{9.10.37}
$$

事实上,

$$
\begin{aligned}
||v - \Pi_e v||_{m,\Omega_e}^2 &= \sum_{l=0}^{m} |v - \Pi_e v|_l^2 \\
&\leqslant C^2 h^{2(k+1)} (\sigma^0 h_e^0 + \sigma^2 h_e^{-2} + \cdots + \sigma^{2m} h_e^{-2m}) |v|_{k+1}^2 \\
&\leqslant C^2 c h^{2(k+1-m)} (h_e^{2m} + h_e^{2m-2} + \cdots + 1) |v|_{k+1}^2, \tag{9.10.38}
\end{aligned}
$$

其中 $c = \max\{\sigma_0, \cdots, \sigma^{2m}\}$. 给定 K, 存在 $\varepsilon > 0$, 当 $h_e < \varepsilon$ 时, 有

$$h_e^{2m} + h_e^{2m-2} + \cdots + 1 < 1 + K, \tag{9.10.39}$$

从而 (9.10.37) 成立.

§9.10.1 二阶问题的误差

上一节讨论的是建立在单个单元上的有限元插值误差, 下面考虑全局插值误差估计. 设 $h = \max\limits_{1 \leqslant e \leqslant E}\{h_e\}$, h 称为网格参数. 令 X_h 是由结点基函数 N_I 张成的空间, 即

$$X_h = \operatorname{span}\{N_I\},$$

$\hat{X}$ 是由 $\hat{N}_I$ 张成的空间, 即

$$\hat{X} = \operatorname{span}\{N_I\}.$$

定理 9.10.5 假定定理 9.10.4 的条件满足, 则 $\forall v \in H^{k+1}(\Omega)$, 有

$$||v - \Pi_h v||_{m,\Omega} \leqslant ch^{k+1-m}|v|_{k+1,\Omega}, \quad m = 0, 1. \tag{9.10.40}$$

证明 当 $m = 1$ 时, 有 $\hat{X} \subset H^1(\hat{\Omega})$, $X_h \subset C(\bar{\Omega})$ 蕴含 $X_h \subset H^1(\Omega)$. 因此

$$\Pi_h u \in H^1(\Omega), \quad \Pi_h u\Big|_{\Omega_e} = \Pi_e u. \tag{9.10.41}$$

当 $m = 0, 1$ 时, 由定理 9.10.4 的结果 (9.10.37), 有

$$
\begin{aligned}
||u - \Pi_h u||_{m,\Omega} &= \left(\sum_{e=1}^{E}||u - \Pi_h u||_{m,\Omega_e}^2\right)^{\frac{1}{2}} \\
&\leqslant \left(\sum_{e=1}^{E} C^2 h_e^{2(k+1-m)}|u|_{k+1,\Omega_e}^2\right)^{\frac{1}{2}} \\
&\leqslant Ch^{k+1-m}\left(\sum_{e=1}^{E}|u|_{k+1,\Omega_e}^2\right)^{\frac{1}{2}} \\
&= Ch^{k+1-m}|u|_{k+1,\Omega}.
\end{aligned}
\tag{9.10.42}
$$

$\square$

对于二阶问题, 有如下结论

$$||u - u_h||_{1,\Omega} \leqslant ch^k|u|_{k+1,\Omega}. \tag{9.10.43}$$

事实上, 由 Céa 引理 9.5.1, 及 $v_h = \Pi_h u$ 和 (9.10.40). 取 $m = 1$ 得

$$||u - u_h||_{1,\Omega} \leqslant \frac{M}{\alpha}||u - \Pi_h u||_{1,\Omega} \leqslant Ch^k|u|_{k+1,\Omega}, \tag{9.10.44}$$

其中 $C = cM/\alpha$.

有可能出现解 u 不足够光滑的情况, 即 $u \notin H^{k+1}(\Omega)$, 这时结论 (9.10.37) 变成

$$\|v - \Pi_e v\|_{m,\Omega_e} \leqslant Ch_e^\mu |v|_{r,\Omega_e}, \quad v \in H^r(\Omega_e), \tag{9.10.45}$$

其中

$$\mu = \begin{cases} k + 1 - m, & r \geqslant k + 1, \\ r - m, & r < k + 1. \end{cases} \tag{9.10.46}$$

全局估计 (9.10.40) 变成

$$\|u - u_h\|_1 \leqslant ch^\alpha |u|_{r,\Omega}, \quad \forall u \in H^r(\Omega), \tag{9.10.47}$$

其中 $\alpha = \min\{k, r - 1\}$.

§9.11　等参元和数值积分影响

上一节的误差估计都假定有限元是由参考单元通过仿射变换得到, 没有考虑等参变换及数值积分的误差. 本节考虑这两方面的影响.

§9.11.1　等参变换

对于曲线边界, 可以用曲边三角形元. 如图 9.16 所示, 考虑 6 个结点的三角形参考单元 $\hat{\Omega}$, 有 6 个局部基函数, 选取这 6 个结点 $X_I^{(e)}(I = 1, \cdots, 6)$, 通过下列变换 $F_e : \hat{\Omega} \to \Omega_e$ 来得到单元 Ω_e:

$$x = F_e(\xi) \equiv \sum_{I=1}^{6} x_I^{(e)} \hat{N}_I(\xi). \tag{9.11.1}$$

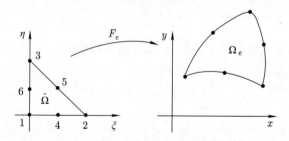

图 9.16　曲边三角形元

在变换 F_e 的作用下, 单元 Ω_e 的 6 个结点 $x_I^{(e)}$ 是参考单元 $\hat{\Omega}$ 的 6 个结点的像. 这样参考单元的边被映射成曲线. 这种通过基函数来产生具有曲线边界的单元, 就是等参元.

在单元 Ω_e 上的局部基函数通过关系式

$$N_I^{(e)} = \hat{N}_I \circ F_e^{-1} \quad \text{或} \quad N_I^{(e)}(x) = \hat{N}_I(\xi) \tag{9.11.2}$$

得到, 其中 x 和 ξ 的关系由 (9.11.1) 给出. 注意基函数 $N_I^{(e)}$ 不再具有 $\hat{N}_I$ 的多项式结构, 因为映射 F_e 不再是仿射变换.

对矩形元, 情况也类似. 图 9.17 是四结点矩形元, 在参考单元 $\hat{\Omega}$ 上, 基函数是上双线性元, 通过映射

$$x = \sum_{I=1}^{4} x_I \hat{N}_I(\xi) \tag{9.11.3}$$

可以产生一个一般的直边四边形元. 图 9.18 是九结点矩形参考单元 $\hat{\Omega}$, 通过等参变换

$$x = \sum_{I=1}^{9} x_I \hat{N}_I(\xi) \tag{9.11.4}$$

可以产生具有曲边的四边形元.

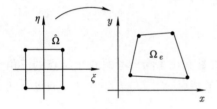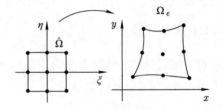

图 9.17　四边形元　　　　　　　　　　图 9.18　等参矩形元

在等参元的情况下, Jacobi 矩阵

$$J = \frac{\partial x}{\partial \xi} \tag{9.11.5}$$

不再是常数. 称等参元是正规等参元, 如果满足下列条件:

(1) 存在 σ 使得

$$\frac{h_e}{\rho_e} \leqslant \sigma, \quad e = 1, \cdots, E.$$

(2) h_e 充分小.

(3) 若 x_{IJ} 与 $\tilde{x}_{IJ}$ 分别是 Ω_e 和 $\tilde{\Omega}_e$ 的中点, 则

$$\|x_{IJ} - \tilde{x}_{IJ}\| = O(h_e^2), \quad 1 \leqslant I < J \leqslant 3.$$

与前面的正规单元的条件相比, 多了第三个条件, 该条件保证 Ω_e 与 $\tilde{\Omega}_e$ 相差不大. 类似于定理 9.10.4, 有下面的结论.

定理 9.11.1 对由 (9.11.1) 得到的正规三角形等参元, 存在常数 C, 使得

$$||v - \Pi_e v||_{m,\Omega_e} \leqslant C h_e^{3-m}(|v|_{2,\Omega_e} + |v|_{3,\Omega_e}), \quad \forall v \in H^3(\Omega_e), \quad m \leqslant 3. \quad (9.11.6)$$

当 $m = 3$ 时, 与 (9.10.37) 相比, (9.11.6) ($k = 3$) 中右端多了一项 $|v|_{2,\Omega_e}$.

§9.11.2 数值积分影响

考虑变分边值问题: 求 $u \in V = H_0^1(\Omega)$, 使得

$$a(u,v) = <l,v>, \quad \forall v \in V. \quad (9.11.7)$$

对应的离散形式为: 求 $u_h \in V^h$, 使得

$$a(u_h, v_h) = <l, v_h>, \quad \forall v_h \in V^h. \quad (9.11.8)$$

如果用数值积分近似其中的积分, 则实际上不是求解 (9.11.8), 而是

$$a_h(u_h, v_h) = <l_h, v_h>, \quad \forall v_h \in V^h. \quad (9.11.9)$$

由于积分计算有误差, 因此 $a \neq a_h$, $l \neq l_h$, 这时 Céa 引理 9.5.1 不再成立.

定理 9.11.2 (Strang 引理) 假定双线性型 $a_h(\cdot, \cdot)$ 是一致 V^h 椭圆, 即存在与 h 无关的常数 α, 使得

$$a_h(u_h, v_h) \geqslant \alpha ||v_h||_V^2, \quad (9.11.10)$$

则存在与 h 无关的常数 C, 使得

$$||u - u_h||_V \leqslant C \left\{ \inf_{v_h \in V^h} \left[||u - v_h||_V + \sup_{w_h \in V^h} \frac{|a(v_h, w_h) - a_h(v_h, w_h)|}{||w_h||_V} \right] \right.$$
$$\left. + \sup_{w_h \in V^h} \frac{|<l, w_h> - <l_h, w_h>|}{||w_h||_V} \right\}. \quad (9.11.11)$$

在 (9.11.11) 右端有三项, 第一项与 Céa 引理一样, 通过插值误差估计得到. 第二和第三项是相容性误差

$$\sup_{w_h \in V^h} \frac{|a(\Pi_h u, w_h) - a_h(\Pi_h u, w_h)|}{||w_h||_V} \leqslant C_1 h^k, \quad (9.11.12)$$

$$\sup_{w_h \in V^h} \frac{|<l, w_h> - <l_h, w_h>|}{||w_h||_V} \leqslant C_2 h^k, \quad (9.11.13)$$

其中常数 C_1, C_2 依赖于 k, u, f. 这里 f 为方程的右端项.

第十章　边界元方法

边界元是 20 世纪 70 年代发展起来的一种求解微分方程数值解的新的数值方法, 在弹性力学、流体力学和电磁场等领域中都有应用 [11, 21, 29, 36, 46, 52]. 边界元方法是以控制方程的基本解为基础, 将区域上的边界问题化成边界面上的积分方程, 然后在边界面上划分单元, 再利用配置法、Galerkin方法等数值方法进行求解. 与有限差分、有限元方法相比, 边界元的主要优点是可使求解问题的空间维数降一阶, 因而减少了计算量和存储量, 特别适合求解无限边界的问题即外边值问题. 本章介绍边界元数值求解的基本方法, 进一步的理论分析可参考有关文献, 如 [12, 17, 51]等.

§10.1 位势问题

位势函数 $\phi(x)$是一个满足下面 Poisson 方程的标量函数

$$\nabla^2 \phi(x) = f(x), \quad x \in D, \tag{10.1.1}$$

其中 D 是一个有界区域. 为简单起见, x 在本章指二维或三维空间中点的, $x = (x_1, x_2)$ 或 $x = (x_1, x_2, x_3)$. 点 y 和 z 的含义也类同. 边界条件可以是本性边界条件

$$\phi(x) = \bar{p}(x), \quad x \in \partial D, \tag{10.1.2}$$

或自然边界条件

$$\frac{\partial \phi(x)}{\partial n} = \bar{q}(x), \quad x \in \partial D, \tag{10.1.3}$$

其中 n 为边界 ∂D 的外法向. 也可以是这两种边界条件的混合

$$\phi(x) = \bar{p}(x), \quad x \in \partial D_1, \tag{10.1.4}$$

$$\frac{\partial \phi(x)}{\partial n} = \bar{q}(x), \quad x \in \partial D_2, \tag{10.1.5}$$

其中 $\partial D_1 \cap \partial D_2 = \varnothing$, $\partial D_1 \cup \partial D_2 = \partial D$. 方程 (10.1.1) 结合边界条件 (10.1.2) 构成 Dirichlet 内边值问题, 结合 (10.1.3) 构成 Neumann 内边值问题, 结合 (10.1.5) 构成混合边值问题. 为使 Neumann 边值问题有唯一解, 还需要满足相容性条件

$$\int_{\partial D} \bar{q}(x)dS = 0, \tag{10.1.6}$$

这样在差一个常数的意义下解唯一. 如果求解区域是无界的, 则可以构成相应的外边值问题, 例如 Laplace 方程的 Dirichlet 外边值问题

$$\begin{cases} \nabla^2 \phi = 0, & x \in D^c, \\ \phi(x) = \tilde{p}(x), & x \in \partial D, \\ \lim\limits_{|x| \to \infty} \phi = 0, \end{cases} \tag{10.1.7}$$

其中 D^c 是 D 的补集, 及 Neumann 外边值问题

$$\begin{cases} \nabla^2 \phi = 0, & x \in D^c, \\ \dfrac{\partial \phi(x)}{\partial n} = \tilde{q}(x), & x \in \partial D, \\ \displaystyle\int_{\partial D} \tilde{q}(x)dS = 0, \\ \lim\limits_{|x| \to \infty} \phi = 0. \end{cases} \tag{10.1.8}$$

注意对三维 Laplace 方程的 Neumann 外边值问题, 不需要相容性条件 [17].

§10.2 广义 Green 公式

设 L 是如下定义的二阶线性椭圆微分算子

$$Lu = \sum_{i,j=1}^{n} \frac{\partial}{\partial x_i} \left(a_{ij} \frac{\partial u}{\partial x_j} \right) + \sum_{i=1}^{n} b_i \frac{\partial u}{\partial x_i} + cu, \tag{10.2.1}$$

其中 $a_{ij} = a_{ji}$, 如果

$$L^* v = \sum_{i,j=1}^{n} \frac{\partial}{\partial x_i} \left(a_{ij} \frac{\partial v}{\partial x_j} \right) - \sum_{i=1}^{n} \frac{\partial}{\partial x_i} (b_i v) + cv, \tag{10.2.2}$$

则称 L^* 为 L 的共轭微分算子, 当 $L = L^*$ 时, 称算子 L 是自共轭算子. 由 (10.2.1)

和 (10.2.2), 利用 Green 公式, 计算

$$\int_D (vLu - uL^*v)dV$$

$$= \int_{\partial D} \sum_{i,j=1}^n \left(a_{ij}v\frac{\partial u}{\partial x_j} \right) n_i dS - \int_{\partial D} \sum_{i,j=1}^n a_{ij}u\frac{\partial v}{\partial x_j}n_i dS + \int_{\partial D} \sum_{i=1}^n b_i uvn_i dS,$$

$$\text{(10.2.3)}$$

其中 n_i 为边界 ∂D 的外法向. 记

$$p_i = \sum_{j=1}^n \left(a_{ij}v\frac{\partial u}{\partial x_j} - a_{ij}u\frac{\partial v}{\partial x_j} \right) + b_i uv, \tag{10.2.4}$$

则 (10.2.3) 可写成

$$\int_D (vLu - uL^*v)dV = \int_{\partial D} \sum_{i=1}^n p_i n_i dS. \tag{10.2.5}$$

该式称为广义 Green 公式.

§10.3　Laplace 方程的基本解

Laplace 方程的基本解是指满足下面方程的 $\psi(x, z)$:

$$-\nabla^2 \psi(x, z) = \delta(x - z), \tag{10.3.1}$$

其中求解区域是无限区域, 二维时为整个平面, 三维时为整个空间; 函数 $\delta(x - z)$ 是 Dirac δ 函数, 满足

$$\delta(x - z) = 0, \quad x \neq z \tag{10.3.2}$$

及

$$\int_D f(z)\delta(x - z)dV(z) = f(x), \tag{10.3.3}$$

其中 $V(z)$ 表示以 z 为变量的体积分.

设 r 是任一固定点 z 到源点 x 的距离, 由于求解区域径向对称, 方程 (10.3.1) 的解仅与变量 r 有关, 算子 ∇^2 可以写成

$$\nabla^2 \psi(r) = \left(\frac{d^2}{dr^2} + \frac{c}{r}\frac{d}{dr} \right)\psi(r), \tag{10.3.4}$$

其中 c 为常数, 二维时 $c = 1$, 三维时 $c = 2$.

由于齐次方程

$$\frac{d^2\psi(r)}{dr^2} + \frac{c}{r}\frac{d\psi(r)}{dr} = 0 \tag{10.3.5}$$

的解为

$$\phi(r) = \begin{cases} C\ln\dfrac{1}{r}, & 2D, \\ \dfrac{C}{r}, & 3D, \end{cases} \tag{10.3.6}$$

其中常数 C 可以根据 δ 函数的性质来确定. 以 x 为心取一个 "球" 形邻域 D_ε, 在 D_ε 上对 (10.3.1) 两端积分, 得

$$\int_{D_\varepsilon} \nabla^2\psi(x,z)dV(z) = -1, \quad x,z \in D_\varepsilon. \tag{10.3.7}$$

三维时 D_ε 是半径为 ε 的球, 二维时 D_ε 是半径为 ε 的圆.

由散度定理, 得

$$\int_{\partial D_\varepsilon} \nabla\psi(x,z)n(z)dS(z) = \int_{\partial D_\varepsilon} \frac{\partial\psi}{\partial r}dS(z) = -1, \quad x \in D_\varepsilon; \ z \in \partial D_\varepsilon. \tag{10.3.8}$$

又

$$\int_{\partial D_\varepsilon} \frac{\partial\psi}{\partial r}dS(z) = \frac{\partial\psi}{\partial r}\Big|_{r=\varepsilon} S_\varepsilon = \begin{cases} -\dfrac{C}{\varepsilon}(2\pi\varepsilon), & 2D, \\ -\dfrac{C}{\varepsilon^2}(4\pi\varepsilon^2), & 3D, \end{cases} \tag{10.3.9}$$

可求得常数

$$C = \begin{cases} \dfrac{1}{2\pi}, & 2D, \\ \dfrac{1}{4\pi}, & 3D. \end{cases} \tag{10.3.10}$$

因此 Laplace 方程的基本解为

$$\psi(r) = \begin{cases} \dfrac{1}{2\pi}\ln\dfrac{1}{r}, & 2D, \\ \dfrac{1}{4\pi r}, & 3D. \end{cases} \tag{10.3.11}$$

一般地, 设 L 是由偏微分方程 $L\phi = f(x)$ 确定的线性微分算子, 则称满足

$$L\psi = \delta(x-z) \tag{10.3.12}$$

的解 $\psi(x-z)$ 为 $L\phi = f(x)$ 的基本解.

例如对 Helmholtz 方程

$$\nabla^2\phi + \omega^2\phi = 0, \quad x \in D, \tag{10.3.13}$$

其中 ω 是已知常数, 其基本解 ψ 满足方程

$$-\nabla^2\psi - \omega^2\psi = \delta(x - z). \tag{10.3.14}$$

类似地, 可求得二维 Helmholtz 方程的基本解为

$$\psi(\omega r) = -\frac{1}{4}Y_0(\omega r), \tag{10.3.15}$$

其中 $Y_0(\omega r)$ 是第二类零阶 Bessel 函数, 这两个基本解均满足 Sommerfield 辐射条件

$$\frac{\partial\phi}{\partial r} + i\omega\phi = o\left(\frac{1}{\sqrt{r}}\right). \tag{10.3.16}$$

三维 Helmholtz 方程的基本解为

$$\psi(\omega r) = \frac{1}{4\pi r}e^{-i\omega r}, \tag{10.3.17}$$

该基本解满足 Sommerfield 辐射条件

$$\frac{\partial\phi}{\partial r} + i\omega\phi = o\left(\frac{1}{r}\right). \tag{10.3.18}$$

§10.4 区域积分方程

推导区域或边界积分方程有多种方法, 如间接法和直接法. 本节和 10.5 节根据第二 Green 公式来推导积分方程, 属于直接法. 间接法需要引进新的变量; 与间接法相比, 直接法并不引入新变量, 积分方程的未知量就是原问题未知量, 该方法易于理解和应用, 在工程应用中经常采用. 此外, 还有自然边界归化方法. 自然边界归化实际上也属于直接法, 其关键是需要计算 Green 函数, 对一般的区域, Green 函数不易计算, 因此在应用中常将区域分解法与有限元耦合起来使用, 更多内容参考文献[12, 13, 17].

根据第二 Green 公式

$$\int_D \left[\phi(z)\nabla^2\psi(x,z) - \psi(x,z)\nabla^2\phi(z)\right]dV(z)$$
$$= \int_{\partial D}\left[\phi(y)\frac{\partial\psi}{\partial n}(x,y) - \psi(x,y)\frac{\partial\phi}{\partial n}(y)\right]dS(y), \quad x,z \in D;\ y \in \partial D, \tag{10.4.1}$$

其中 $\phi(z)$ 和 $\psi(x,z)$ 满足

$$\nabla^2\phi(z) = f(z), \quad x \in D, \tag{10.4.2}$$
$$-\nabla^2\psi(x,z) = \delta(x - z), \quad z \in D;\ x \in \text{int}D, \tag{10.4.3}$$

其中函数 ϕ 是具有某边界条件的位势问题在区域 D 内部的解, 函数 ψ 是 Laplace 方程的基本解, 源点在 x 处. 由于当 $x = z$ 时函数 ψ 有奇异性, 以 x 为心, 作一球形邻域 $\tilde{D}_\varepsilon$, 如图 10.1 所示, 考虑新的积分区域 $D\backslash\tilde{D}_\varepsilon$, 其他边界为 $\partial D \cup \partial\tilde{D}_\varepsilon$, 这时 (10.4.1) 变为

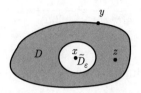

图 10.1 不包括点 $x \in D$ 之邻域 D_ε 的积分区域示意图

$$\lim_{\varepsilon\to 0}\int_{D\backslash\tilde{D}_\varepsilon}\phi(z)\nabla^2\psi(x,z)dV(z) - \lim_{\varepsilon\to 0}\int_{D\backslash\tilde{D}_\varepsilon}\psi(x,z)\nabla^2\phi(z)dV(z)$$
$$= \int_{\partial D}\left[\phi(y)\frac{\partial\psi}{\partial n}(x,y) - \psi(x,y)\frac{\partial\phi}{\partial n}(y)\right]dS(y)$$
$$+ \lim_{\varepsilon\to 0}\int_{\partial\tilde{D}_\varepsilon}\left[\phi(y)\frac{\partial\psi}{\partial n}(x,y) - \psi(x,y)\frac{\partial\phi}{\partial n}(y)\right]dS(y),$$
$$z \in D\backslash\tilde{D}_\varepsilon,\ x \in \text{int}\tilde{D}_\varepsilon;\ \ y \in \partial D \cup \partial\tilde{D}_\varepsilon, \tag{10.4.4}$$

其中 $S(y)$ 表示以 y 为变量的边界积分. (10.4.4) 等号左端第一项积分由于源点 x 在积分区域 $D\backslash\tilde{D}_\varepsilon$ 之外且 $x \neq z$, 所以结果为零; 等号左端第二项积分由 (10.4.2)~(10.4.3) 可得

$$\lim_{\varepsilon\to 0}\int_{D\backslash\tilde{D}_\varepsilon}\psi(x,z)\nabla^2\phi(z)dV(z) = \lim_{\varepsilon\to 0}\int_{D\backslash\tilde{D}_\varepsilon}\psi(x,z)f(z)dV(z)$$
$$= \int_D\psi(x,z)f(z)dV(z). \tag{10.4.5}$$

现将 (10.4.4) 等号右端第二项中的两个积分分别记成

$$I_1 = \lim_{\varepsilon\to 0}\int_{\partial\tilde{D}_\varepsilon}\phi(y)\frac{\partial\psi}{\partial n}(x,y)dS(y), \tag{10.4.6}$$

$$I_2 = \lim_{\varepsilon\to 0}\int_{\partial\tilde{D}_\varepsilon}\psi(x,y)\frac{\partial\phi}{\partial n}(y)dS(y). \tag{10.4.7}$$

下面分别计算这两个积分. 首先计算积分 I_1.

$$I_1 = \lim_{\varepsilon\to 0}\left[\int_{\partial\tilde{D}_\varepsilon}\left(\phi(y)-\phi(x)\right)\frac{\partial\psi}{\partial n}(x,y)dS(y) + \phi(x)\int_{\partial\tilde{D}_\varepsilon}\frac{\partial\psi}{\partial n}(x,y)dS(y)\right] \tag{10.4.8}$$

$$= \lim_{\varepsilon\to 0}\phi(x)\int_{\partial\tilde{D}_\varepsilon}\frac{\partial\psi}{\partial n}(x,y)dS(y). \tag{10.4.9}$$

注意 (10.4.8) 中第一项积分在 ϕ 是 Hölder 连续的条件下为零. 下面分别在极坐标 (二维) 和球坐标 (三维) 下计算积分 (10.4.9).

二维时, 将关系式

$$dS = \varepsilon d\theta,$$
$$\psi = -\frac{1}{2\pi}\ln r,$$
$$\frac{\partial \psi}{\partial n} = \frac{\partial \psi}{\partial r}\frac{\partial r}{\partial n} = -\frac{1}{2\pi\varepsilon}(-1) = \frac{1}{2\pi\varepsilon} \tag{10.4.10}$$

代入 (10.4.9), 得到

$$I_1 = \lim_{\varepsilon \to 0}\phi(x)\int_0^{2\pi}\frac{1}{2\pi\varepsilon}\varepsilon d\theta = \phi(x). \tag{10.4.11}$$

三维时, 将关系式

$$dS = \varepsilon^2\cos\varphi d\varphi d\theta,$$
$$\psi = \frac{1}{4\pi r},$$
$$\frac{\partial \psi}{\partial n} = \frac{\partial \psi}{\partial r}\frac{\partial r}{\partial n} = -\frac{1}{4\pi\varepsilon^2}(-1) = \frac{1}{4\pi\varepsilon^2} \tag{10.4.12}$$

代入 (10.4.9), 得到

$$\begin{aligned}
I_1 &= \lim_{\varepsilon \to 0}\phi(x)\int_{\partial\tilde{D}_\varepsilon}\frac{\partial \psi}{\partial n}(x,y)dS(y)\\
&= \lim_{\varepsilon \to 0}\phi(x)\int_0^{2\pi}\left(\int_{-\frac{\pi}{2}}^{\frac{\pi}{2}}\frac{1}{4\pi\varepsilon^2}\varepsilon^2\cos\varphi d\varphi\right)d\theta\\
&= \frac{\phi(x)}{4\pi}\int_0^{2\pi}\left(\int_{-\frac{\pi}{2}}^{\frac{\pi}{2}}\cos\varphi d\varphi\right)d\theta = \phi(x).
\end{aligned} \tag{10.4.13}$$

下面计算积分 I_2, 注意到通量 $\partial\phi/\partial n$ 在闭曲面上的积分等于 $\int_{\tilde{D}_\varepsilon}f(y)dV(y)$ 及 f 的有界性, 所以

$$I_2 = \lim_{\varepsilon \to 0}\left[-\frac{\ln\varepsilon}{2\pi}\int_{\partial\tilde{D}_\varepsilon}\frac{\partial\phi}{\partial n}(y)dS(y)\right] = 0, \quad 2D. \tag{10.4.14}$$

$$I_2 = \lim_{\varepsilon \to 0}\left[\frac{1}{4\pi\varepsilon}\int_{\partial\tilde{D}_\varepsilon}\frac{\partial\phi}{\partial n}(y)dS(y)\right] = 0, \quad 3D. \tag{10.4.15}$$

根据计算结果 (10.4.5)、(10.4.11) 或 (10.4.13)、(10.4.14) 或 (10.4.15), 可知 (10.4.4) 为

$$\phi(x) = \int_{\partial D}\left[\psi(x,y)\frac{\partial\phi}{\partial n}(y) - \phi(y)\frac{\partial\psi}{\partial n}(x,y)\right]dS(y) - \int_D\psi(x,z)f(z)dV(z),$$
$$x \in \mathrm{int}D;\ y \in \partial D;\ z \in \mathrm{int}D. \tag{10.4.16}$$

如果 (10.4.2) 变成 Laplace 方程, 即 $f(z) = 0$, 则 (10.4.16) 简化为

$$\phi(x) = \int_{\partial D}\left[\psi(x,y)\frac{\partial\phi}{\partial n}(y) - \phi(y)\frac{\partial\psi}{\partial n}(x,y)\right]dS(y),$$
$$x \in \mathrm{int}D;\ y \in \partial D. \tag{10.4.17}$$

在 (10.4.16) 或 (10.4.17) 中, 未知函数是 ϕ, 基本解 $\psi(x,z)$ 在点 y 处已知. 对 Dirichlet 问题, 是关于第二边值 $\frac{\partial\phi}{\partial n}$ 的第一类 Fredholm 积分方程; 对 Neumann 问题, 是关于第一边值 ϕ 的第二类 Fredholm 积分方程. 该积分方程表示, 如果在边界上 ϕ 及其导数 $\frac{\partial\phi}{\partial n}$ 已知, 则在内部区域 D 中任意点 x 处的位势 ϕ 可以被计算. 此外, 如果将 (10.4.4) 直接代入第二 Green 公式 (10.4.1) 中, 则也能导出积分方程 (10.4.16), 但要求 ψ 及其导数连续.

§10.5 边界积分方程

推导 Laplace 问题的边界积分方程有两种方法, 第一种是通过第二 Green 公式来推导; 第二种是根据区域积分方程, 通过让内部点趋于边界取极限的过程来推导. 下面分别介绍.

§10.5.1 推导方法一

考虑第二 Green 公式 (10.4.1), 我们希望当点 $x \in \partial\Omega$ 时建立相应的边界点上的积分方程, 这时右端项的积分有奇异. 为此, 在点 x 处取一个半径为 ε 的 "球", 及有 $\partial D_\varepsilon = \partial\bar{D}_\varepsilon \cup \partial\tilde{D}_\varepsilon$. 如图 10.2 所示. 于是, 在区域 $D\backslash D_\varepsilon$ 上, 由于讨论的是 Laplace 问题, 故 $\nabla^2\phi(z) = 0$; 又 $x \neq z$, 所以 $\nabla^2\psi(x,z) = 0$. 因此, (10.4.1) 等号左端为零, 从而在区域 $D\backslash D_\varepsilon$ 上有

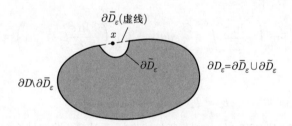

图 10.2　不包括点 $x \in \partial D$ 之邻域 D_ε 的积分区域示意图

$$
\begin{aligned}
0 = &\lim_{\varepsilon\to 0}\int_{\partial D\backslash\partial\bar{D}_\varepsilon}\left[\phi(y)\frac{\partial\psi}{\partial n}(x,y) - \psi(x,y)\frac{\partial\phi}{\partial n}(y)\right]dS(y)\\
&+ \lim_{\varepsilon\to 0}\int_{\partial\tilde{D}_\varepsilon}\left[\phi(y)\frac{\partial\psi}{\partial n}(x,y) - \psi(x,y)\frac{\partial\phi}{\partial n}(y)\right]dS(y) := I_1 + I_2,\\
&\qquad x \in \partial\bar{D}_\varepsilon;\ y \in (\partial D\backslash\partial\bar{D}_\varepsilon)\cup\partial\tilde{D}_\varepsilon.
\end{aligned}
\tag{10.5.1}
$$

分成两个积分 I_1 和 I_2 来进行计算. 积分 I_2 包括两个积分, 又分成两项, 记成 I_{21} 和 I_{22}. 下面分别计算. 首先对二维情况, 在极坐标下计算.

$$
I_{21} = \lim_{\varepsilon\to 0}\int_{\partial\tilde{D}_\varepsilon}\phi(y)\frac{\partial\psi}{\partial n}(x,y)dS(y)
$$

$$= \lim_{\varepsilon \to 0} \left[\int_{\partial \tilde{D}_\varepsilon} \left(\phi(y) - \phi(x) \right) \frac{\partial \psi}{\partial n}(x, y) dS(y) + \phi(x) \int_{\partial \tilde{D}_\varepsilon} \frac{\partial \psi}{\partial n}(x, y) dS(y) \right]$$

$$= \lim_{\varepsilon \to 0} \phi(x) \int_{\partial \tilde{D}_\varepsilon} \frac{\partial \psi}{\partial n}(x, y) dS(y)$$

$$= \lim_{\varepsilon \to 0} \phi(x) \int_{\theta_1}^{\theta_2} \frac{1}{2\pi\varepsilon} \varepsilon d\theta = \frac{\theta_2 - \theta_1}{2\pi} \phi(x). \tag{10.5.2}$$

记 $\phi(x)$ 的系数为

$$C(x) = \frac{\alpha(x)}{2\pi}, \tag{10.5.3}$$

其中 $\alpha(x)$ 为点 x 的内角, 常数 $C(x)$ 与点 x 的位置有关. 因此

$$I_{21} = \lim_{\varepsilon \to 0} \int_{\partial \tilde{D}_\varepsilon} \phi(y) \frac{\partial \psi}{\partial n}(x, y) dS(y) = C(x)\phi(x). \tag{10.5.4}$$

现考虑 I_2 中第二项积分 I_{22} 的计算

$$I_{22} = \lim_{\varepsilon \to 0} \int_{\partial \tilde{D}_\varepsilon} \psi(x, y) \frac{\partial \phi}{\partial n}(y) dS(y) = \lim_{\varepsilon \to 0} \left(-\frac{\ln \varepsilon}{2\pi} \int_{\partial \tilde{D}_\varepsilon} \frac{\partial \phi}{\partial n}(y) dS(y) \right). \tag{10.5.5}$$

注意通量 $\partial \phi / \partial n$ 可以达到无穷, 为使极限有限, 取

$$\frac{\partial \phi}{\partial n}(y) = \frac{C}{r^\lambda}, \quad 0 \leqslant \lambda < 1, \tag{10.5.6}$$

其中 C 是常数, r 是到点 y 的距离. 当 $\lambda = 0$ 时, 表示平稳通量的情况. 将 (10.5.6) 代入 (10.5.5) 并计算, 得

$$I_{22} = \lim_{\varepsilon \to 0} \left(-\frac{\ln \varepsilon}{2\pi} \int_{\theta_1}^{\theta_2} \frac{C}{\varepsilon^\lambda} \varepsilon d\theta \right) = \lim_{\varepsilon \to 0} \left(-\frac{\ln \varepsilon}{2\pi} C \varepsilon^{1-\lambda} \alpha \right) = 0. \tag{10.5.7}$$

因此

$$I_2 = I_{21} + I_{22} = C(x)\phi(x). \tag{10.5.8}$$

以上是二维情况, 下面对三维情况在球坐标下计算, 类似地有

$$I_{21} = \lim_{\varepsilon \to 0} \phi(x) \int_{\partial \tilde{D}_\varepsilon} \frac{\partial \psi}{\partial n}(x, y) dS(y)$$

$$= \lim_{\varepsilon \to 0} \phi(x) \int_0^{2\pi} \left(\int_{-\frac{\pi}{2}}^0 \frac{1}{4\pi\varepsilon^2} \varepsilon^2 \cos\varphi d\varphi \right) d\theta$$

$$= \phi(x) \int_0^{2\pi} \left(\int_{-\frac{\pi}{2}}^0 \frac{1}{4\pi} \cos\varphi d\varphi \right) d\theta = \frac{1}{2} \phi(x). \tag{10.5.9}$$

$$I_{22} = \lim_{\varepsilon \to 0} \int_{\partial \tilde{D}_\varepsilon} \psi(x, y) \frac{\partial \phi}{\partial n}(y) dS(y)$$

$$= \lim_{\varepsilon \to 0} \frac{1}{4\pi\varepsilon} \int_{\partial \tilde{D}_\varepsilon} \frac{\partial \phi}{\partial n}(y) dS(y)$$

$$= \lim_{\varepsilon \to 0} \left(\frac{1}{4\pi\varepsilon} \int_{\partial \tilde{D}_\varepsilon} \frac{C}{\varepsilon^\lambda} dS(\varepsilon^2) \right) = 0. \tag{10.5.10}$$

将 (10.5.4)~(10.5.5) 或 (10.5.9)~(10.5.10) 代入 (10.5.1), 得

$$C(x)\phi(x) + \lim_{\varepsilon \to 0} \int_{\partial D \setminus \partial \bar{D}_\varepsilon} \phi(y) \frac{\partial \psi}{\partial n}(x,y) dS(y)$$
$$= \lim_{\varepsilon \to 0} \int_{\partial D \setminus \partial \bar{D}_\varepsilon} \psi(x,y) \frac{\partial \phi}{\partial n}(y) dS(y),$$
$$x \in \partial \bar{D}_\varepsilon;\ y \in \partial D, \qquad (10.5.11)$$

其中

$$\frac{\partial \psi}{\partial n} = \frac{\partial \psi}{\partial r} \frac{\partial r}{\partial n} = \begin{cases} \dfrac{\partial}{\partial r}\left(\dfrac{1}{2\pi}\ln\dfrac{1}{r}\right)\dfrac{\partial r}{\partial n} = -\dfrac{1}{2\pi r}\dfrac{\partial r}{\partial n}, & 2D, \\[3mm] \dfrac{\partial}{\partial r}\left(\dfrac{1}{4\pi r}\right)\dfrac{\partial r}{\partial n} = -\dfrac{1}{4\pi r^2}\dfrac{\partial r}{\partial n}, & 3D. \end{cases} \qquad (10.5.12)$$

(10.5.11) 等号左端第一个积分在 Cauchy 积分主值的意义下是有意义的; 等号右端第二个积分核的奇异性小于1, 作为一个不定常积分是有意义的. 因此, (10.5.11) 可简化为

$$C(x)\phi(x) + \int_{\partial D} \phi(y) \frac{\partial \psi}{\partial n}(x,y) dS(y) = \int_{\partial D} \psi(x,y) \frac{\partial \phi}{\partial n}(y) dS(y), \quad x,y \in \partial D. \quad (10.5.13)$$

当边界光滑时, 在二维和三维情况下 $C(x)$ 均为 1/2. 当边界点 x 不是光滑点时,

$$C(x) = \begin{cases} \dfrac{\alpha(x)}{2\pi}, & 2D, \\[3mm] \dfrac{\alpha(x)}{4\pi}, & 3D. \end{cases} \qquad (10.5.14)$$

§10.5.2 推导方法二

上节根据第二 Green 公式推导了 Laplace 问题的边界积分方程. 本节根据内部区域所满足的积分方程 (10.4.17) 来推导 Laplace 问题的边界积分方程. 方法是将点 $x \in D$ 趋于边界. 设 ∂D_ε 为边界 ∂D 上的一小部分, 则 (10.4.17) 可以写成如下等价的形式

$$\phi(x) + \int_{\partial D \setminus \partial D_\varepsilon} \phi(y) \frac{\partial \psi}{\partial n}(x,y) dS(y) + \int_{\partial D_\varepsilon} \phi(y) \frac{\partial \psi}{\partial n}(x,y) dS(y)$$
$$= \int_{\partial D \setminus \partial D_\varepsilon} \psi(x,y) \frac{\partial \phi}{\partial n}(y) dS(y) + \int_{\partial D_\varepsilon} \psi(x,y) \frac{\partial \phi}{\partial n}(y) dS(y),$$
$$x \in \text{int}D;\ y \in \partial D. \quad (10.5.15)$$

如图 10.3, 假定点 $x \in \tilde{D}_\varepsilon$, 当 $\varepsilon \to 0$ 时, 点 x 就落在边界 ∂D 上, 从而 (10.5.15)

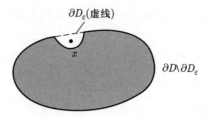

图 10.3　不包括点 $x \in \partial D$ 之邻域 D_ε 的积分区域示意图

可以写成

$$
\phi(x) + \lim_{\varepsilon \to 0} \left[\int_{\partial D \backslash \partial D_\varepsilon} \phi(y) \frac{\partial \psi}{\partial n}(x,y) dS(y) + \int_{\partial \tilde{D}_\varepsilon} \phi(y) \frac{\partial \psi}{\partial n}(x,y) dS(y) \right]
$$
$$
= \lim_{\varepsilon \to 0} \left[\int_{\partial D \backslash \partial D_\varepsilon} \psi(x,y) \frac{\partial \phi}{\partial n}(y) dS(y) + \int_{\partial \tilde{D}_\varepsilon} \psi(x,y) \frac{\partial \phi}{\partial n}(y) dS(y) \right],
$$
$$
x \in \mathrm{int} D;\ y \in \partial D. \tag{10.5.16}
$$

下面计算在 $\partial \tilde{D}_\varepsilon$ 上的各个积分:

$$
\lim_{\varepsilon \to 0} \int_{\partial \tilde{D}_\varepsilon} \phi(y) \frac{\partial \psi}{\partial n}(x,y) dS(y)
$$
$$
= \lim_{\varepsilon \to 0} \int_{\partial \tilde{D}_\varepsilon} \left(\phi(y) - \phi(x) \right) \frac{\partial \psi}{\partial n}(x,y) dS(y) + \lim_{\varepsilon \to 0} \phi(x) \int_{\partial \tilde{D}_\varepsilon} \frac{\partial \psi}{\partial n}(x,y) dS(y)
$$
$$
:= I_1 + I_2, \tag{10.5.17}
$$

考察在边界 $\partial \tilde{D}_\varepsilon$ 上的 $\partial \psi / \partial n$ 的表达式

$$
\frac{\partial \psi}{\partial n}\Big|_{\partial \tilde{D}_\varepsilon} = \frac{\partial \psi}{\partial n} \frac{\partial r}{\partial n}\Big|_{\partial \tilde{D}_\varepsilon} = \begin{cases} \dfrac{\partial}{\partial r}\left(\dfrac{1}{2\pi} \ln \dfrac{1}{r} \right)\Big|_{r=\varepsilon}(-1) = \dfrac{1}{2\pi\varepsilon}, & 2D, \\[3mm] \dfrac{\partial}{\partial r}\left(\dfrac{1}{4\pi} \dfrac{1}{r} \right)\Big|_{r=\varepsilon}(-1) = \dfrac{1}{4\pi\varepsilon^2}, & 3D. \end{cases} \tag{10.5.18}
$$

因此 $\partial \psi / \partial n$ 的奇异阶在二维和三维时分别为 1 和 2. 若 ϕ 满足 Hölder 连续条件, 则 (10.5.17) 中的第一个积分 I_1 为零. 对第二个积分 I_2 分二维和三维两种情况进行计算, 有

二维:

$$
I_2 = \lim_{\varepsilon \to 0} \phi(x) \int_{\partial \tilde{D}_\varepsilon} \frac{\partial \psi}{\partial n}(x,y) dS(y) = \lim_{\varepsilon \to 0} \phi(x) \int_{\partial \tilde{D}_\varepsilon} \frac{1}{2\pi\varepsilon} \varepsilon d\theta
$$
$$
= \lim_{\varepsilon \to 0} \phi(x) \left(\frac{1}{2\pi} \int_0^\pi d\theta \right) = \frac{1}{2} \phi(x). \tag{10.5.19}
$$

三维:

$$I_2 = \lim_{\varepsilon \to 0} \phi(x) \int_{\partial \tilde{D}_\varepsilon} \frac{\partial \psi}{\partial n}(x,y) dS(y) = \lim_{\varepsilon \to 0} \phi(x) \int_{\partial \tilde{D}_\varepsilon} \frac{1}{4\pi\varepsilon^2} dS(y)$$

$$= \lim_{\varepsilon \to 0} \frac{\phi(x)}{4\pi\varepsilon^2} \int_{\partial \tilde{D}_\varepsilon} dS(y) = \frac{1}{2}\phi(x). \tag{10.5.20}$$

当边界点 x 不是光滑点时, 类似地有

$$I_2 = \begin{cases} \dfrac{\Omega(x)}{2\pi}\phi(x), & 2D, \\[2mm] \dfrac{\Omega(x)}{4\pi}\phi(x), & 3D, \end{cases} \tag{10.5.21}$$

其中 $\Omega(x)$ 为点 x 处的外角.

类似地, (10.5.16) 右端第二个积分为

$$\lim_{\varepsilon \to 0} \int_{\partial \tilde{D}_\varepsilon} \psi(x,y) \frac{\partial \phi}{\partial n}(y) dS(y) = 0. \tag{10.5.22}$$

将计算结果 (10.5.19)、(10.5.20) 和 (10.5.22) 代入 (10.5.15) 中, 得

$$\phi(x) + \lim_{\varepsilon \to 0} \int_{\partial D \backslash \partial D_\varepsilon} \phi(y) \frac{\partial \psi}{\partial n}(x,y) dS(y) - C(x)\phi(x)$$

$$= \lim_{\varepsilon \to 0} \int_{\partial D \backslash \partial D_\varepsilon} \psi(x,y) \frac{\partial \phi}{\partial n}(y) dS(y), \tag{10.5.23}$$

其中 $C(x) = 1/2$. 因此同样可以得到边界积分方程

$$\frac{1}{2}\phi(x) + \int_{\partial D} \phi(y) \frac{\partial \psi}{\partial n}(x,y) dS(y) = \int_{\partial D} \psi(x,y) \frac{\partial \phi}{\partial n}(y) dS(y).$$

§10.6 积分方程的离散

考虑对边界积分方程的离散

$$\frac{1}{2}\phi(x) + \int_{\partial D} \phi(y) \frac{\partial \psi}{\partial n}(x,y) dS(y) = \int_{\partial D} \psi(x,y) \frac{\partial \phi}{\partial n}(y) dS(y), \quad x,y \in \partial D, \tag{10.6.1}$$

方程 (10.6.1) 中的未知量为 ϕ 和 $\partial\phi/\partial n$, 都是边界 ∂D 上的量. 离散时, 首先要将边界剖分成一系列的小单元,

$$\partial D = \sum_{k=1}^{K} \partial D_k, \tag{10.6.2}$$

因此, 积分方程 (10.6.1) 可以写成

$$\frac{1}{2}\phi(x) + \sum_{k=1}^{K} \int_{\partial D_k} \phi(y) \frac{\partial \psi}{\partial n}(x,y) dS(y)$$

$$= \sum_{k=1}^{K} \int_{\partial D_k} \psi(x,y) \frac{\partial \phi}{\partial n}(y) dS(y), \quad x,y \in \partial D_k, \tag{10.6.3}$$

然后对其中的边界在单元上进行插值近似, 可以是常数插值、线性插值或二次插值, 类似于有限元方法, 对应称为常数元、线性元或二次元.

§10.6.1　常数元

如图 10.4 所示, 假定在每个单元 ∂D_k 上, ϕ 及 $\partial\phi/\partial n$ 为常数, 结点通常取单元 ∂D_k 的中点, 则 (10.6.3) 可以离散成

$$\sum_{k=1}^{K} H_{i,k}\phi_k = \sum_{k=1}^{K} G_{i,k}q_k, \tag{10.6.4}$$

其中 ϕ_k 表示在结点 k 处的位势, $q_k = \dfrac{\partial\phi_k}{\partial n}$ 表示在结点 k 处位势的法向导数, 及

$$H_{i,k} = \int_{\partial D_k} \frac{\partial\psi}{\partial n}(x_i, y_k)dS(y) + \frac{1}{2}\delta_{ik}, \quad y \in \partial D_k, \tag{10.6.5}$$

$$G_{i,k} = \int_{\partial D_k} \psi(x_i, y_k)dS(y), \quad y \in \partial D_k. \tag{10.6.6}$$

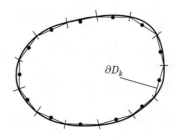

图 10.4　常数元

对 Laplace 方程的 Dirichlet 问题, 要求解第一类 Fredholm 积分方程, 离散方程 (10.6.4) 中的 ϕ_k 已知, 未知量为 q_k; 对 Laplace 方程的 Neumann 问题, 要求解第二类 Fredholm 积分方程, 离散方程 (10.6.4) 中的 q_k 已知, 未知量为 ϕ_i. 为了求解 (10.6.4), 需要计算 $H_{i,k}$ 和 $G_{i,k}$ 之值. 在边界元中, 通常称 H 和 G 为积分常数.

下面以二维 Laplace 方程为例进行计算. 当配置点 x_i 在单元 ∂D_k 上时, 如图 10.5, 需要计算 $H_{i,i}$ 和 $G_{i,i}$. 首先考虑 $H_{i,i}$ 的计算. 由 (10.6.5)~(10.6.6) 知

$$\begin{aligned}
H_{i,i} &= \int_{\partial D_i} \frac{\partial\psi}{\partial n}(x_i, y_i)dS(y) + \frac{1}{2}, \quad y \in \partial D_i \\
&= \int_{\partial D_i} \frac{\partial}{\partial n}\Big(-\frac{1}{2\pi}\ln r\Big)dS(y) + \frac{1}{2} \\
&= \lim_{\varepsilon\to 0}\Big[-\frac{1}{2\pi}\int_{-\frac{L_i}{2}}^{-\varepsilon} \frac{1}{r}\frac{\partial r}{\partial n}dS(y) - \frac{1}{2\pi}\int_{\varepsilon}^{\frac{L}{2}} \frac{1}{r}\frac{\partial r}{\partial n}dS(y)\Big] + \frac{1}{2} \\
&= -\frac{1}{2\pi}\int_{\partial D_i} \frac{1}{r}\frac{\partial r}{\partial n}dS(y) + \frac{1}{2} = \frac{1}{2}. \tag{10.6.7}
\end{aligned}$$

由于单元 ∂D_i 的法向 n 与 r 垂直, 所以 $\dfrac{\partial r}{\partial n} = 0$, 从而 (10.6.7) 中最后一个积分为 零. 因此, 当点 x_i 在单元 ∂D_k 上时, $H_{i,i} = \dfrac{1}{2}$. 下面计算 $G_{i,i}$:

$$
\begin{aligned}
G_{i,i} &= \frac{1}{2\pi} \int_{\partial D_i} \ln \frac{1}{r} dS \\
&= \frac{1}{2\pi} \int_{-\frac{L_i}{2}}^{0} \ln \frac{1}{r} dr + \frac{1}{2\pi} \int_{0}^{\frac{L_i}{2}} \ln \frac{1}{r} dr \\
&= \lim_{\varepsilon \to 0} \left(-\frac{1}{\pi} \int_{\varepsilon}^{\frac{L_i}{2}} \ln r\, dr \right) \\
&= \frac{L_i}{2\pi} \left(1 + \ln \frac{2}{L_i} \right),
\end{aligned} \tag{10.6.8}
$$

其中 L_i 为单元 ∂D_i 的长度.

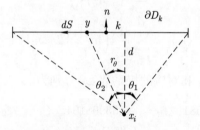

图 10.5 点 x_i 在单元 ∂D_k 上

图 10.6 点 x_i 不在单元 ∂D_k 上

当配置点 x_i 不在单元 ∂D_k 上时, 如图 10.6, 需要计算 $H_{i,k}$ 和 $G_{i,k}$:

$$
H_{i,k} = \frac{1}{2\pi} \int_{\partial D_k} \frac{\partial}{\partial n} \left(\ln \frac{1}{r} \right) dS(y), \quad y \in \partial D_k, \tag{10.6.9}
$$

$$
G_{i,k} = \frac{1}{2\pi} \int_{\partial D_k} \ln \frac{1}{r} dS(y), \quad y \in \partial D_k, \tag{10.6.10}
$$

由于

$$
\frac{\partial}{\partial n} \left(\ln \frac{1}{r} \right) = -\frac{1}{r} \frac{\partial r}{\partial n} = -\frac{1}{r} \frac{d}{r} = -\frac{d}{r^2}. \tag{10.6.11}
$$

将 (10.6.11) 代入 (10.6.9), 并化成标准单元 $[-1, 1]$ 上的积分, 得

$$
\begin{aligned}
H_{i,k} &= -\frac{1}{2\pi} \int_{\partial D_k} \frac{d}{r^2} dS(y) \\
&= -\frac{1}{2\pi} \int_{-1}^{1} \frac{d}{r^2} \frac{L_k}{2} d\xi \\
&= -\frac{1}{4\pi} L_k d \int_{-1}^{1} \frac{1}{r^2} d\xi,
\end{aligned}
\tag{10.6.12}
$$

其中 L_k 为单元 ∂D_k 的长度, d 是点 x_i 到单元 ∂D_k 的距离. 类似地

$$
\begin{aligned}
G_{i,k} &= \frac{1}{2\pi} \int_{\partial D_k} \ln \frac{1}{r} dS(y) = \frac{1}{2\pi} \int_{-1}^{1} \frac{L_k}{2} \ln \frac{1}{r} d\xi \\
&= \frac{1}{4\pi} L_k \int_{-1}^{1} \ln \frac{1}{r} d\xi.
\end{aligned}
\tag{10.6.13}
$$

(10.6.12) 和 (10.6.13) 中的积分可用 Gauss 积分公式

$$
\int_{-1}^{1} F(\xi) d\xi = \sum_{j=1}^{M} \omega_j F(\xi_j)
\tag{10.6.14}
$$

来计算, 其中 ω_j 是求积点 ξ_j 的权系数. 因此

$$
H_{i,k} = \sum_{j=1}^{M} \left(-\frac{1}{4\pi r_j^2} \right) L_k \omega_j d,
\tag{10.6.15}
$$

$$
G_{i,k} = \sum_{j=1}^{M} \frac{1}{4\pi} \left(\ln \frac{1}{r_j} \right) L_k \omega_j d.
\tag{10.6.16}
$$

当 $M = 4$ 时, Gauss 点 ξ_j 和对应的权系数 ω_j 分别为

$$
\xi_1 = -0.86113631, \quad \xi_2 = -0.33998104, \quad \xi_3 = -\xi_2, \quad \xi_4 = -\xi_1,
$$
$$
\omega_1 = 0.34785485, \quad \omega_2 = 0.65214515, \quad \omega_3 = \omega_2, \quad \omega_4 = \omega_1.
$$

当边界上的势函数和通量算出后, 由区域积分方程就可以算出区域内任意一点处的位势. 为此将区域积分方程 (10.4.17) 用常数元离散, 得

$$
\phi(x) = \sum_{k=1}^{K} p_k \int_{\partial D_k} \psi(x, y) dS(y) - \sum_{k=1}^{K} q_k \int_{\partial D_k} \frac{\partial \psi(x, y)}{\partial n} dS(y),
$$
$$
x \in \mathrm{int} D; \; y \in \partial D_k. \tag{10.6.17}
$$

按照前面引进的记号 G 和 H, 可以写成

$$
\phi_m = \sum_{k=1}^{K} G_{m,k} p_k - \sum_{k=1}^{K} H_{m,k} q_k.
\tag{10.6.18}
$$

由此可以求出区域内每一点的位势.

§10.6.2 线性元

线性元假定积分方程中的位势及其导数在单元上用线性多项式来表示, 结点为单元的端点, 如图 10.7 所示. 由边界积分方程 (10.6.1) 得

图 10.7 线性元

$$C(x_i)\phi(x_i) + \sum_{k=1}^{K} \int_{\partial D_k} \phi(y)q^\psi(x_i,y)dS(y)$$

$$= \sum_{k=1}^{K} \int_{\partial D_k} \psi(x_i,y)q^\phi(y)dS(y), \quad y \in \partial D_k, \tag{10.6.19}$$

其中

$$q^\psi(x,y) = \frac{\partial \psi}{\partial n}(x,y), \quad q^\phi(y) = \frac{\partial \phi}{\partial n}(y). \tag{10.6.20}$$

在单元 ∂D_k 上用线性插值表示:

$$\phi(y) \to \phi(\xi) = \left(N_1(\xi), N_2(\xi)\right) \begin{pmatrix} \phi_k \\ \phi_{k+1} \end{pmatrix}, \tag{10.6.21}$$

$$q(y) \to q(\xi) = \left(N_1(\xi), N_2(\xi)\right) \begin{pmatrix} q_k \\ q_{k+1} \end{pmatrix}, \tag{10.6.22}$$

其中 $N_1(\xi)$ 和 $N_2(\xi)$ 是参考单元 $[-1,1]$ 的基函数:

$$N_1(\xi) = -\frac{1}{2}(\xi - 1), \quad N_2(\xi) = \frac{1}{2}(\xi + 1). \tag{10.6.23}$$

将 (10.6.22) 代入 (10.6.19), 得

$$C(\xi_i)\phi(x_i) + \sum_{k=1}^{K} \int_{\partial D_k} \left(N_1(\xi), N_2(\xi)\right) \begin{pmatrix} \phi_k \\ \phi_{k+1} \end{pmatrix} q^\psi(x_i,\xi)\frac{L_k}{2}d\xi$$

$$= \sum_{k=1}^{K} \int_{\partial D_k} \left(N_1(\xi), N_2(\xi)\right) \begin{pmatrix} q_k^\phi \\ q_{k+1}^\phi \end{pmatrix} \psi(x_i,\xi)\frac{L_k}{2}d\xi, \tag{10.6.24}$$

其中 L_k 是单元 ∂D_k 的长度, 进一步可将上式写成

$$C_i\phi_i + \sum_{k=1}^{K}\Big(A_1(i,k), A_2(i,k)\Big)\begin{pmatrix}\phi_k \\ \phi_{k+1}\end{pmatrix}$$

$$= \sum_{k=1}^{K}\Big(B_1(i,k), B_2(i,k)\Big)\begin{pmatrix}q_k^\phi \\ q_{k+1}^\phi\end{pmatrix}, \tag{10.6.25}$$

其中

$$A_\alpha(i,k) = \int_{\partial D_k} N_\alpha(\xi)q^\psi(x_i,\xi)\frac{L_k}{2}d\xi, \quad \alpha = 1,2, \tag{10.6.26}$$

$$B_\alpha(i,k) = \int_{\partial D_k} N_\alpha(\xi)\psi(x_i,\xi)\frac{L_k}{2}d\xi, \quad \alpha = 1,2. \tag{10.6.27}$$

下面计算积分常数. 分点 x_i 是否在单元 ∂D_k 上两种情况考虑. 如果点 x_i 不在单元 ∂D_k 上, 计算与常数元的情况类似, 结果为

$$A_1(i,k) = \frac{1}{8\pi}L_k\sum_{j=1}^{M}(\xi_j-1)\frac{d}{r_j^2}\omega_j,$$

$$A_2(i,k) = -\frac{1}{8\pi}L_k\sum_{j=1}^{M}(\xi_j+1)\frac{d}{r_j^2}\omega_j,$$

$$\tag{10.6.28}$$

$$B_1(i,k) = -\frac{1}{8\pi}L_k\sum_{j=1}^{M}(\xi_j-1)\ln\frac{1}{r_j}\omega_j,$$

$$B_2(i,k) = \frac{1}{8\pi}L_k\sum_{j=1}^{M}(\xi_j+1)\ln\frac{1}{r_j}\omega_j.$$

当点 x_i 是单元 ∂D_k 的一个端点时, 需要计算积分

$$A_\alpha(i,i),\ A_\alpha(i,i-1),\ B_\alpha(i,i),\ B_\alpha(i,i-1).$$

首先计算 $A_\alpha(i,i),\ A_\alpha(i,i-1)$.

$$A_\alpha(i,i) = \int_{\partial D_i} N_\alpha(\xi)q^\psi(x_i,\xi)\frac{L_i}{2}d\xi, \quad \alpha = 1,2, \tag{10.6.29}$$

$$A_\alpha(i,i-1) = \int_{\partial D_{i-1}} N_\alpha(\xi)q^\psi(x_i,\xi)\frac{L_{i-1}}{2}d\xi, \quad \alpha = 1,2, \tag{10.6.30}$$

其中

$$q^\psi(x_i,\xi) = -\frac{1}{2\pi r(x_i,\xi)}\frac{\partial r}{\partial n}(x_i,\xi). \tag{10.6.31}$$

由于 r 与 n 相互垂直, 因此

$$A_\alpha(i,i) = A_\alpha(i,i-1) = 0, \quad \alpha = 1,2. \tag{10.6.32}$$

下面计算积分 $B_\alpha(i,i)$, $B_\alpha(i,i-1)$.

$$B_1(i,i) = \int_{\partial D_i} N_1(\xi)\psi(x_i,\xi)\frac{L_i}{2}d\xi$$

$$= -\int_{-1}^1 \frac{1}{2\pi}\left(\ln\frac{1}{r}\right)\frac{1}{2}(\xi-1)\frac{L_i}{2}d\xi. \tag{10.6.33}$$

引进新变量 η:

$$\eta := \frac{1}{2}(\xi+1), \quad \eta \in [0,1].$$

变量 η 将标准单元 $[-1,1]$ 映射成 $[0,1]$, 于是

$$B_1(i,i) = \lim_{\varepsilon\to 0}\int_\varepsilon^1 \frac{1}{2\pi}(1-\eta)\left(\ln\frac{1}{L_i\eta}\right)L_i d\eta$$

$$= \frac{L_i}{2\pi}\left(\frac{3}{4}+\frac{1}{2}\ln\frac{1}{L_i}\right). \tag{10.6.34}$$

类似地, 计算

$$B_2(i,i) = \int_{\partial D_i} N_2(\xi)\psi(x_i,\xi)\frac{L_i}{2}d\xi$$

$$= \int_{-1}^1 \frac{1}{2}(\xi+1)\frac{1}{2\pi}\left(\ln\frac{1}{r}\right)\frac{L_i}{2}d\xi$$

$$= \lim_{\varepsilon\to 0}\int_\varepsilon^1 \frac{1}{2\pi}\eta\left(\ln\frac{1}{L_i\eta}\right)L_i d\eta$$

$$= \frac{L_i}{2\pi}\left(\frac{1}{4}+\frac{1}{2}\ln\frac{1}{L_i}\right). \tag{10.6.35}$$

$$B_1(i,i-1) = \frac{L_{i-1}}{2\pi}\left(\frac{1}{4}+\frac{1}{2}\ln\frac{1}{L_{i-1}}\right), \tag{10.6.36}$$

$$B_2(i,i-1) = \frac{L_{i-1}}{2\pi}\left(\frac{3}{4}+\frac{1}{2}\ln\frac{1}{L_{i-1}}\right). \tag{10.6.37}$$

下面计算区域 D 内的势. 对 (10.4.17) 用线性元离散, 得

$$\phi(x) = \sum_{k=1}^K \int_{\partial D_k} \left(N_1(\xi), N_2(\xi)\right)\begin{pmatrix} q_k^\phi \\ q_{k+1}^\phi \end{pmatrix}\psi(x,\xi)\frac{L_k}{2}d\xi$$

$$- \sum_{k=1}^K \int_{\partial D_k} \left(N_1(\xi), N_2(\xi)\right)\begin{pmatrix} \phi_k \\ \phi_{k+1} \end{pmatrix}q^\psi(x,\xi)\frac{L_k}{2}d\xi, \tag{10.6.38}$$

从而

$$\phi_i = \sum_{k=1}^K \left(B_1(i,k), B_2(i,k)\right)\begin{pmatrix} q_k^\phi \\ q_{k+1}^\phi \end{pmatrix} - \sum_{k=1}^K \left(A_1(i,k), A_2(i,k)\right)\begin{pmatrix} p_k \\ p_{k+1} \end{pmatrix},$$

$$\tag{10.6.39}$$

其中 A_α, B_α 的值可以类似计算.

§10.6.3 等参二次元

为了提高精度, 可以采用二次元, 单元可以是曲边, 如图 10.8 所示. 一般取单元 ∂D_k 的两端点及其中点为插值结点来构造二次元, 注意这三个结点都在单元边界上. 如果边界 ∂D 被剖分成 K 个单元, 则共有 $2K$ 个结点. 对边界积分方程 (10.6.1) 中的变量用二次插值来近似

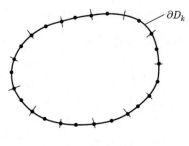

图 10.8　等参二次元

$$\phi(y) \Rightarrow \phi(\xi) = \Big(N_1(\xi), N_2(\xi), N_3(\xi) \Big) \begin{pmatrix} \phi_{2k-1} \\ \phi_{2k} \\ \phi_{2k+1} \end{pmatrix}, \qquad (10.6.40)$$

$$q^\phi(y) \Rightarrow q^\phi(\xi) = \Big(N_1(\xi), N_2(\xi), N_3(\xi) \Big) \begin{pmatrix} q^\phi_{2k-1} \\ q^\phi_{2k} \\ q^\phi_{2k+1} \end{pmatrix}, \qquad (10.6.41)$$

其中 $N_1(\xi), N_2(\xi), N_3(\xi)$ 为标准单元 $[-1,1]$ 上的结点基函数:

$$\begin{aligned} N_1(\xi) &= \frac{1}{2}\xi(\xi - 1), \\ N_2(\xi) &= 1 - \xi^2, \\ N_3(\xi) &= \frac{1}{2}\xi(\xi + 1). \end{aligned} \qquad (10.6.42)$$

将 (10.6.40)~(10.6.41) 代入到边界积分方程 (10.6.1) 中, 得

$$\frac{1}{2}\phi_i + \sum_{k=1}^K \Big(A_1(i,k), A_2(i,k), A_3(i,k) \Big) \begin{pmatrix} \phi_{2k-1} \\ \phi_{2k} \\ \phi_{2k+1} \end{pmatrix}$$

$$= \sum_{k=1}^K \Big(B_1(i,k), B_2(i,k), B_3(i,k) \Big) \begin{pmatrix} q^\phi_{2k-1} \\ q^\phi_{2k} \\ q^\phi_{2k+1} \end{pmatrix}, \qquad (10.6.43)$$

其中

$$A_\alpha = \int_{\partial D_k} N_\alpha(\xi) q^\psi(x_i, \xi) J(\xi) d\xi, \quad \alpha = 1, 2, 3, \tag{10.6.44}$$

$$B_\alpha = \int_{\partial D_k} N_\alpha(\xi) \psi(x_i, \xi) J(\xi) d\xi, \quad \alpha = 1, 2, 3, \tag{10.6.45}$$

其中 J 是变换的 Jacobi 矩阵

$$J(\xi) = \frac{ds}{d\xi} = \sqrt{\left(\frac{dx_1}{d\xi}\right)^2 + \left(\frac{dx_2}{d\xi}\right)^2}, \tag{10.6.46}$$

$$x_1(\xi) = N_1(\xi) x_{1a} + N_2(\xi) x_{1b} + N_3(\xi) x_{1c},$$

$$x_2(\xi) = N_1(\xi) x_{2a} + N_2(\xi) x_{2b} + N_3(\xi) x_{2c},$$

这里点 a, b, c 的坐标分别为

$$(x_{1a}, x_{2a}), \quad (x_{1b}, x_{2b}), \quad (x_{1c}, x_{2c}),$$

在参考单元上分别与 $\xi = -1, 0, 1$ 对应.

在每个单元 ∂D_k 上, 共有 6 个积分常数. 由图 10.9 可知, 边界的外法向 n 为

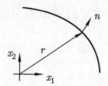

图 10.9 曲线边界

$$n = \left(\frac{dx_2}{dS}, -\frac{dx_1}{dS}\right). \tag{10.6.47}$$

因此

$$\begin{aligned}
\frac{\partial r}{\partial n} = \nabla r \cdot n &= \frac{x_1}{r}\frac{dx_2}{dS} - \frac{x_2}{r}\frac{dx_1}{dS} \\
&= \frac{1}{r}\left(x_1\frac{dx_2}{d\xi} - x_2\frac{dx_1}{d\xi}\right)\frac{d\xi}{dS} \\
&= \frac{1}{r}\left(x_1\frac{dx_2}{d\xi} - x_2\frac{dx_1}{d\xi}\right)\frac{1}{J(\xi)}.
\end{aligned} \tag{10.6.48}$$

对 (10.6.44)~(10.6.45) 用 Gauss 积分公式近似, 可以写成

$$A_\alpha(i, k) = -\frac{1}{2\pi}\sum_{j=1}^{M} N_\alpha(\xi_j)\left[x_1(\xi_j)\frac{dx_2}{d\xi}(\xi_j) - x_2(\xi_j)\frac{dx_1}{d\xi}(\xi_j)\right]\frac{1}{r_j^2}\omega_j, \tag{10.6.49}$$

$$B_\alpha(i, k) = \frac{1}{2\pi}\sum_{j=1}^{M} N_\alpha(\xi_j)\ln\frac{1}{r_j} J(\xi_j)\omega_j. \tag{10.6.50}$$

§10.7　三维弹性问题

上节讨论了二维 Laplace 方程的积分方程的离散. 本节考虑三维线性弹性问题的边界元方法, 推导对应的区域积分方程和边界积分方程, 并给出离散形式.

§10.7.1　基本方程

根据线性弹性理论, 应力张量 σ_{ij} $(i,j=1,2,3)$ 满足平衡方程

$$\frac{\partial \sigma_{ij}}{\partial x_j} + f_i = 0, \quad i,j = 1,2,3, \tag{10.7.1}$$

其中 f_i 是体力, 且 $\sigma_{21} = \sigma_{12}$, $\sigma_{31} = \sigma_{13}$, $\sigma_{32} = \sigma_{23}$. 注意为表示简洁起见, 这里及下文均采用 Einstein 记号约定. 某一点的应力状态由应变张量 ε_{ij} $(i,j=1,2,3)$ 确定. 应变与位移 u_i $(i=1,2,3)$ 满足关系

$$\varepsilon_{ij} = \frac{1}{2}\left(\frac{\partial u_i}{\partial x_j} + \frac{\partial u_j}{\partial x_i}\right), \quad i,j = 1,2,3, \tag{10.7.2}$$

其中 $\varepsilon_{21} = \varepsilon_{12}$, $\varepsilon_{31} = \varepsilon_{13}$, $\varepsilon_{32} = \varepsilon_{23}$. 边界条件定义在 ∂D_1 和 ∂D_2 上, $\partial D = \partial D_1 \cup \partial D_2$. 假定在边界 ∂D_1 上, 给定位移边界条件

$$u_i = \bar{u}_i, \quad i = 1,2,3, \quad x \in \partial D_1. \tag{10.7.3}$$

在边界 ∂D_2 上, 给定面力边界条件

$$p_i = \sigma_{ij} n_j = \bar{p}_i, \quad i,j = 1,2,3, \quad x \in \partial D_2, \tag{10.7.4}$$

其中 n_j 是 x 处边界 ∂D_2 的外法向 n 在 x_j 方向的分量, 即

$$n_j = \cos(n, x_j), \quad j = 1,2,3.$$

应力和应变满足关系式

$$
\begin{pmatrix} \sigma_{11} \\ \sigma_{22} \\ \sigma_{33} \\ \sigma_{12} \\ \sigma_{13} \\ \sigma_{23} \end{pmatrix}
=
\begin{pmatrix}
c_{11} & c_{12} & c_{13} & c_{14} & c_{15} & c_{16} \\
c_{21} & c_{22} & c_{23} & c_{24} & c_{25} & c_{26} \\
c_{31} & c_{32} & c_{33} & c_{34} & c_{35} & c_{36} \\
c_{41} & c_{42} & c_{43} & c_{44} & c_{45} & c_{46} \\
c_{51} & c_{52} & c_{53} & c_{54} & c_{55} & c_{56} \\
c_{61} & c_{62} & c_{63} & c_{64} & c_{65} & c_{66}
\end{pmatrix}
\begin{pmatrix} \varepsilon_{11} \\ \varepsilon_{22} \\ \varepsilon_{33} \\ 2\varepsilon_{12} \\ 2\varepsilon_{13} \\ 2\varepsilon_{23} \end{pmatrix},
\tag{10.7.5}
$$

简写成矩阵形式

$$\sigma = C\varepsilon, \tag{10.7.6}$$

其中 $C = (c_{ij})$ 为介质的刚度系数矩阵, 是对称矩阵 $(c_{ij} = c_{ji})$, 共有 21 个独立常数. 对具有某种对称性的材料, 独立常数的数目可进一步减少. 例如, 对于正交各向异性材料, 矩阵 C 共有 9 个独立常数

$$c_{11}, \ c_{12} = c_{21}, \ c_{13} = c_{31}, \ c_{22}, \ c_{23}, \ c_{33}, \ c_{44}, \ c_{55}, \ c_{66},$$

其余均为零. 最简单的是各向同性材料, 有两个独立的刚度常数, 可将 (10.7.5) 写成

$$
\begin{pmatrix} \sigma_{11} \\ \sigma_{22} \\ \sigma_{33} \\ \sigma_{12} \\ \sigma_{13} \\ \sigma_{23} \end{pmatrix} = \frac{E}{2(1+\nu)} \begin{pmatrix} \frac{2(1-\nu)}{1-2\nu} & \frac{2\nu}{1-2\nu} & \frac{2\nu}{1-2\nu} & & & \\ \frac{2\nu}{1-2\nu} & \frac{2(1-\nu)}{1-2\nu} & \frac{2\nu}{1-2\nu} & & & \\ \frac{2\nu}{1-2\nu} & \frac{2\nu}{1-2\nu} & \frac{2(1-\nu)}{1-2\nu} & & & \\ & & & 1 & & \\ & & & & 1 & \\ & & & & & 1 \end{pmatrix} \begin{pmatrix} \varepsilon_{11} \\ \varepsilon_{22} \\ \varepsilon_{33} \\ 2\varepsilon_{12} \\ 2\varepsilon_{13} \\ 2\varepsilon_{23} \end{pmatrix},
$$

$$(10.7.7)$$

其中 E 和 ν 分别为杨氏模量和泊松比. (10.7.7) 的逆变换是

$$
\begin{pmatrix} \varepsilon_{11} \\ \varepsilon_{22} \\ \varepsilon_{33} \\ 2\varepsilon_{12} \\ 2\varepsilon_{13} \\ 2\varepsilon_{23} \end{pmatrix} = \frac{1}{E} \begin{pmatrix} 1 & -\nu & -\nu & & & \\ -\nu & 1 & -\nu & & & \\ -\nu & -\nu & 1 & & & \\ & & & 2(1+\nu) & & \\ & & & & 2(1+\nu) & \\ & & & & & 2(1+\nu) \end{pmatrix} \begin{pmatrix} \sigma_{11} \\ \sigma_{22} \\ \sigma_{33} \\ \sigma_{12} \\ \sigma_{13} \\ \sigma_{23} \end{pmatrix}.
$$

$$(10.7.8)$$

杨氏模量和泊松比与 Lame 常数 λ 和 μ 有如下关系

$$\lambda = \frac{E\nu}{(1+\nu)(1-2\nu)}, \quad \mu = \frac{E}{2(1+\nu)}. \tag{10.7.9}$$

§10.7.2 区域积分方程

根据虚功原理, 由 (10.7.1)、(10.7.3) 和 (10.7.4) 得

$$\int_D \left(\frac{\partial \sigma_{jk}}{\partial x_j} + f_k \right) u_k^* dV = \int_{\partial D_2} (p_k - \bar{p}_k) u_k^* dS + \int_{\partial D_1} (\bar{u}_k - u_k) p_k^* dS, \tag{10.7.10}$$

其中 u_k^* 是虚位移, $p_k^* = n_j \sigma_{jk}^*$ 是相应于 u_k^* 的面力. 对 (10.7.10) 作分部积分, 得

$$\int_D f_k u_k^* dV - \int_D \sigma_{jk} \varepsilon_{jk}^* dV$$
$$= -\int_{\partial D_2} \bar{p}_k u_k^* dS - \int_{\partial D_1} p_k u_k^* dS + \int_{\partial D_1} (\bar{u} - u) p_k^* dS, \tag{10.7.11}$$

其中

$$\varepsilon_{ij}^* = \frac{1}{2}\left(\frac{\partial u_i^*}{\partial x_j} + \frac{\partial u_j^*}{\partial x_i}\right). \tag{10.7.12}$$

再次对 (10.7.11) 分部积分, 得

$$\int_D f_k u_k^* dV + \int_D \sigma_{jk,j}^* u_k dV$$
$$= -\int_{\partial D_2} \bar{p}_k u_k^* dS - \int_{\partial D_1} p_k u_k^* dS + \int_{\partial D_1} \bar{u}_k p_k^* dS + \int_{\partial D_2} u_k p_k^* dS. \tag{10.7.13}$$

取 σ_{jk}^* 为基本解, 即满足方程

$$\frac{\partial \sigma_{jk}^*}{\partial x_j} = \delta(i, l), \tag{10.7.14}$$

其中 $\delta(i,l)$ 是 δ 函数, 表示在点 i 处沿 l 方向的一个单位集中力. 因此 (10.7.13) 变为

$$u_l^i + \int_{\partial D_1} \bar{u}_k p_k^* dS + \int_{\partial D_2} u_k u_k^* dS$$
$$= \int_D f_k u_k^* dV + \int_{\partial D_1} p_k u_k^* dS + \int_{\partial D_2} \bar{p}_k u_k^* dS, \tag{10.7.15}$$

其中 u_l^i 表示在点 i 处沿 l 方向的位移. (10.7.15) 可写成

$$u_l^i + \int_{\partial D} u_k p_k^* dS = \int_{\partial D} p_k u_k^* dS + \int_D f_k u_k^* dV, \tag{10.7.16}$$

其中 $\partial D = \partial D_1 \cup \partial D_2$; u_k^* 是在点 i 处沿 l 方向的单位集中力所导致的位移 (基本解), p_k^* 是在点 i 处沿 l 方向的单位集中力所导致的面力 (基本解).

若力的作用方向 l 为沿坐标轴的三个方向, 则 (10.7.15) 变为

$$u_l^i + \int_{\partial D_1} u_k p_{lk}^* dS + \int_{\partial D_2} u_k p_{lk}^* dS$$
$$= \int_D f_k u_k^* dV + \int_{\partial D_1} p_k u_{lk}^* dS + \int_{\partial D_2} \bar{p}_k u_{lk}^* dS, \tag{10.7.17}$$

或写成

$$u_l^i + \int_{\partial D} u_k p_{lk}^* dS = \int_{\partial D} p_k u_{lk}^* ds + \int_D f_k u_{lk}^* dV, \tag{10.7.18}$$

其中 u_{lk}^* 是由沿 l 方向的单位力所导致的沿 k 方向的位移, p_{lk}^* 是由沿 l 方向的单位力所导致的沿 k 方向的面力.

对三维各向同性介质, 基本解 u_{lk}^* 和 p_{lk}^* 分别为 [21]

$$u_{lk}^* = \frac{1}{16\pi G(1-\nu)r}\left[(3-4\nu)\delta_{lk} + \frac{\partial r}{\partial x_l}\frac{\partial r}{\partial x_k}\right], \tag{10.7.19}$$

$$p_{lk}^* = -\frac{1}{8\pi(1-\nu)r^2}\left\{\frac{\partial r}{\partial n}\left[(1-2\nu)\delta_{lk} + 3\frac{\partial r}{\partial x_l}\frac{\partial r}{\partial x_k}\right]\right.$$
$$\left. -(1-2\nu)\left(\frac{\partial r}{\partial x_l}n_k - \frac{\partial r}{\partial x_k}n_l\right)\right\}, \tag{10.7.20}$$

其中 $G = \mu$.

§10.7.3 边界积分方程

现根据区域积分方程 (10.7.18) 推导边界积分方程. 假定点 i 在边界 ∂D_2 上 (在边界 ∂D_1 上类似). 以点 i 为心, 作一球形邻域 D_ε, 记该邻域与 D 相交部分的边界为 $\partial \bar{D}_\varepsilon$, 在区域 D 内的半球面为 $\partial \tilde{D}_\varepsilon$, 参见图 10.2 则 (10.7.17) 等号左端第二个积分为

$$\int_{\partial D_2} u_k p_{lk}^* dS = \lim_{\varepsilon\to 0}\int_{\partial D_2\setminus\partial\bar{D}_\varepsilon} u_k p_{lk}^* dS + \lim_{\varepsilon\to 0}\int_{\partial\tilde{D}_\varepsilon} u_k p_{lk}^* dS. \tag{10.7.21}$$

记 (10.7.21) 等号右端第二个积分为 I_1, 下面计算当 $\varepsilon\to 0$ 时, 该积分的值.

$$I_1 = \lim_{\varepsilon\to 0}\int_{\partial D_\varepsilon} u_k p_{lk}^* dS$$
$$= \frac{1}{8\pi(1-\nu)}\lim_{\varepsilon\to 0}\left(-\int_{\partial D_\varepsilon} u_k\left\{\frac{\partial r}{\partial n}\left[(1-2\nu)\delta_{lk} + 3\frac{\partial r}{\partial x_l}\frac{\partial r}{\partial x_k}\right]\right.\right.$$
$$\left.\left. -(1-2\nu)\left(\frac{\partial r}{\partial x_l}n_k - \frac{\partial r}{\partial x_k}n_l\right)\right\}\frac{1}{r^2}dS\right). \tag{10.7.22}$$

在极坐标下计算, 取邻域半径 $\varepsilon = r$. 由于

$$\frac{\partial r}{\partial x_l}n_k - \frac{\partial r}{\partial x_k}n_l = \frac{\partial r}{\partial x_l}\frac{\partial r}{\partial x_k} - \frac{\partial r}{\partial x_k}\frac{\partial r}{\partial x_l} \equiv 0, \quad \frac{\partial r}{\partial n} = 1, \tag{10.7.23}$$

所以

$$I_1 = \frac{1}{8\pi(1-\nu)}\lim_{\varepsilon\to 0}\left\{-\int_{\partial D_\varepsilon} u_k\left[(1-2\nu)\delta_{lk} + 3\frac{\partial r}{\partial x_l}\frac{\partial r}{\partial x_k}\right]\frac{1}{r^2}dS\right\}. \tag{10.7.24}$$

下面针对方向 $l = 1$ 时进行计算, 这时 (10.7.24) 可化为

$$I_1 = \frac{1}{8\pi(1-\nu)}\lim_{\varepsilon\to 0}\left\{-\int_{\partial D_\varepsilon}\left[u_1^i(1-2\nu) + 3u_1^i\frac{r_1}{r}\frac{r_1}{r}\right.\right.$$
$$\left.\left. +3u_2^i\frac{r_1}{r}\frac{r_2}{r} + 3u_3^i\frac{r_1}{r}\frac{r_3}{r}\right]\sin\theta d\theta d\phi\right\}, \tag{10.7.25}$$

其中

$$r_1 = r\cos\phi\sin\theta, \quad r_2 = r\sin\phi\sin\theta, \quad r_3 = r\cos\theta,$$
$$\phi \in [0, 2\pi], \quad \theta \in \left[0, \frac{\pi}{2}\right]. \tag{10.7.26}$$

对 (10.7.25) 进一步化简

$$I_1 = -\frac{1}{8\pi(1-\nu)}\int_0^{2\pi}\int_0^{\frac{\pi}{2}}\left[u_1^i(1-2\nu) + 3u_1^i\sin^2\theta\cos^2\phi\right.$$
$$\left. + 3u_2^i\sin^2\theta\cos\phi\sin\phi + 3u_3^i\sin\theta\cos\theta\cos\phi\right]\sin\theta d\theta d\phi. \tag{10.7.27}$$

对上式计算可得

$$I_1 = -\frac{1}{2}u_1^i. \tag{10.7.28}$$

当 $l = 2$ 或 $l = 3$ 时, 结果一样. 因此

$$I_1 = -\frac{1}{2}u_l^i, \quad l = 1, 2, 3. \tag{10.7.29}$$

因此当 $\varepsilon \to 0$ 时, (10.7.21) 化为

$$\int_{\partial D_2} u_k p_{lk}^* dS = \int_{\partial D_2} u_k p_{lk}^* dS - \frac{1}{2}u_l^i. \tag{10.7.30}$$

下面考虑 (10.7.17) 中等号右端第三个积分

$$\int_{\partial D_2} \bar{p}_k u_{lk}^* dS = \lim_{\varepsilon \to 0}\int_{\partial D_2 \setminus \partial \bar{D}_\varepsilon} \bar{p}_k u_{lk}^* dS + \lim_{\varepsilon \to 0}\int_{\partial \tilde{D}_\varepsilon} \bar{p}_k u_{lk}^* dS. \tag{10.7.31}$$

容易算得

$$\lim_{\varepsilon \to 0}\int_{\partial D_\varepsilon} \bar{p}_k u_{lk}^* dS = 0. \tag{10.7.32}$$

因此, 对 (10.7.31) 取极限, 当 $\varepsilon \to 0$ 时

$$\int_{\partial D_2} \bar{p}_k u_{lk}^* dS \equiv \int_{\partial D_2} \bar{p}_k u_{lk}^* dS. \tag{10.7.33}$$

将 (10.7.30)、(10.7.33) 代入 (10.7.17) 中得到

$$\frac{1}{2}u_l^i + \int_{\partial D_2} u_k p_{lk}^* dS + \int_{\partial D_1} \bar{u}_k p_{lk}^* dS$$
$$= \int_D f_k u_{lk}^* dV + \int_{\partial D_1} p_k u_{lk}^* dS + \int_{\partial D_2} \bar{p}_k u_{lk}^* dS, \tag{10.7.34}$$

或写成

$$C^i u_l^i + \int_{\partial D} u_k p_{lk}^* dS = \int_{\partial D} p_k u_{lk}^* dS + \int_D f_k u_k^* dV, \quad i \in \partial D, \tag{10.7.35}$$

其中系数 $C^i = 1/2$. 当边界点 i 不光滑时, C^i 要具体计算. 当点 i 在边界 ∂D_1 上时, 所得的边界积分方程结果相同, 也为 (10.7.35).

§10.7.4 积分方程的离散

考虑边界积分方程 (10.7.35) 的离散形式. 该方程表示在边界上点 i 处所满足的边界积分, 首先将其写成矩阵形式. 为此, 记 $\boldsymbol{u}^i = (u_1, u_2, u_3)^T$ 为边界 ∂D 上的位移, $\boldsymbol{p} = (p_1, p_2, p_3)^T$ 为边界 ∂D 上任一点处的面力, $\boldsymbol{f} = (f_1, f_2, f_3)^T$ 为区域 D 中任一点的体力. 又记矩阵 $P^* = (p_{lk}^*)$, 其中 p_{lk}^* 表示在点 i 处沿 l 方向的单位力所导致的面力; $U^* = (u_{lk}^*)$ 表示在点 i 处沿 l 方向的单位力所导致的位移. 从而可将 (10.7.35) 表示成矩阵形式

$$C^i \boldsymbol{u}^i + \int_{\partial D} P^* \boldsymbol{u} dS = \int_{\partial D} U^* \boldsymbol{p} dS + \int_D U^* \boldsymbol{f} dV, \qquad (10.7.36)$$

其中未知量为 $\boldsymbol{u}$ 和 $\boldsymbol{p}$. 如图 10.10, 将边界 ∂D 分成 J 个单元, 在每个单元边界面上, $\boldsymbol{u}$ 和 $\boldsymbol{p}$ 用二维有限元基函数的线性组合来表示.

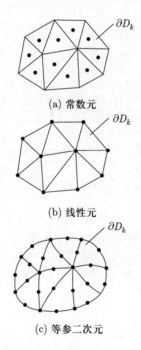

(a) 常数元

(b) 线性元

(c) 等参二次元

图 10.10 曲面边界的网格剖分: (a) 常数元, (b) 线性元, (c) 等参二次元

在每个单元上, 设由基函数形成的向量为 N, 对常数元、线性元和二次元, 向量的维数 (即基函数的个数) 分别为 $1, 2, 3$, 则

$$U = N^T I_3 \boldsymbol{u}_j, \quad P = N^T I_3 \boldsymbol{p}_j, \qquad (10.7.37)$$

其中 $\boldsymbol{u}_j$ 和 $\boldsymbol{p}_j$ 是在结点 j 处相应的 $\boldsymbol{u}$ 和 $\boldsymbol{p}$, I_3 是三阶单位矩阵. 将 (10.7.37) 代

入 (10.7.36), 可得

$$C^i \boldsymbol{u}^i + \sum_{j=1}^{J} \left(\int_{\partial D_j} P^* N^T I_3 dS \right) \boldsymbol{u}_j$$

$$= \sum_{j=1}^{J} \left(\int_{\partial D_j} U^* N^T I_3 dS \right) \boldsymbol{p}_j + \sum_{s=1}^{K} \left(\int_{D_s} U^* \boldsymbol{f} dV \right), \qquad (10.7.38)$$

这里已将三维区域 D 剖分成 K 个子单元 D_s $(s = 1, \cdots, K)$. (10.7.38) 最终形成一个线性代数方程组, 求解可以得到在边界面上的位移 $\boldsymbol{u}$ 和面力 $\boldsymbol{p}$.

一旦边界上的值求出, 就可以求出区域 D 内的位移和应力. 位移为

$$\boldsymbol{u}^i = \int_{\partial D} U^* \boldsymbol{p} dS - \int_{\partial D} P^* \boldsymbol{u} dS + \int_D U^* \boldsymbol{f} dV, \qquad (10.7.39)$$

或写成分量的形式

$$u_l^i = \int_{\partial D} u_{lk}^* p_k dS - \int_{\partial D} p_{lk}^* u_k dS + \int_D f_k u_{lk}^* dV. \qquad (10.7.40)$$

对各向同性介质, 应力为

$$\sigma_{ij} = \frac{2G\nu}{1-2\nu} \delta_{ij} \frac{\partial u_l}{\partial x_l} + G \left(\frac{\partial u_i}{\partial x_j} + \frac{\partial u_j}{\partial x_i} \right). \qquad (10.7.41)$$

将 (10.7.40) 代入 (10.7.41) 可得

$$\sigma_{ij} = \int_{\partial D} \left[\frac{2G\nu}{1-2\nu} \delta_{ij} \frac{\partial u_{lk}^*}{\partial x_l} + G \left(\frac{\partial u_{ik}^*}{\partial x_j} + \frac{\partial u_{jk}^*}{\partial x_i} \right) \right] p_k dS$$

$$+ \int_D \left[\frac{2G\nu}{1-2\nu} \delta_{ij} \frac{\partial u_{lk}^*}{\partial x_l} + G \left(\frac{\partial u_{ik}^*}{\partial x_j} + \frac{\partial u_{jk}^*}{\partial x_i} \right) \right] f_k dV$$

$$- \int_{\partial D} \left[\frac{2G\nu}{1-2\nu} \delta_{ij} \frac{\partial p_{lk}^*}{\partial x_l} + G \left(\frac{\partial p_{ik}^*}{\partial x_j} + \frac{\partial p_{jk}^*}{\partial x_i} \right) \right] u_k dS, \qquad (10.7.42)$$

其中 $G = \mu$.

第十一章 离散方程的求解

偏微分方程用有限差分法、有限元和边界元方法数值离散后, 往往归结为一个线性代数方程, 可写成矩阵形式

$$Au = f, \tag{11.0.1}$$

其中 A 是 n 阶方阵, u 是未知列向量, f 是已知列向量. 通常这是一个大型的线性代数方程组, 求解该大型线性代数方程组有直接法和迭代法两种, 迭代法是一种更重要的方法. 本章介绍一些典型迭代法的理论与算法, 更多理论与算法可参考 [32, 33, 35, 48, 50, 58, 59, 61] 等文献.

§11.1 残量校正法

§11.1.1 迭代格式

设 w 是 u 的一个近似, 则误差为 $e = u - w$, 残差为 $r = f - Aw$. 易知, e 和 r 满足方程

$$Ae = A(u - w) = f - Aw = r. \tag{11.1.1}$$

由 (11.1.1) 得校正方程

$$u = w + e = w + A^{-1}r. \tag{11.1.2}$$

因此, 对一个给定的近似解 w, 求解 (11.0.1) 的一种方法是计算 r, 然后由 (11.1.2) 计算 u. 显然, 假如能够计算 $A^{-1}r$, 则可以直接求解方程 (11.0.1) . 残量校正法是近似 A^{-1}, 然后定义迭代格式

$$w^{k+1} = w^k + Br^k, \tag{11.1.3}$$

这里 $r^k = f - Aw^k$, B 是 A^{-1} 的某种近似. 若 $B = I$, 则得 Richardson 迭代格式

$$w^{k+1} = w^k + r^k. \tag{11.1.4}$$

§11.1.2 收敛性分析

选择初始值 w^0, 由迭代格式 (11.1.3) 得到序列 w^k, 显然, 序列 w^k 对所有的 B 和 w^0 都应收敛到方程 (11.0.1) 的解. 下面分析收敛性. 由 (11.1.1), 可将残量校正格式 (11.1.3) 改写成

$$w^{k+1} = w^k + Br^k = w^k + BAe^k, \tag{11.1.5}$$

这里 $e^k = u - w^k$, 若将 (11.1.5) 乘以 -1 再加 u, 则有

$$e^{k+1} = e^k - BAe^k = (I - BA)e^k \triangleq Re^k, \tag{11.1.6}$$

其中矩阵 $R = I - BA$ 称为误差传播矩阵 或迭代矩阵. 因为

$$||e^{k+1}|| \leqslant ||I - BA|| \, ||e^k|| \leqslant \cdots \leqslant ||I - BA||^{k+1}||e^0|| = ||R||^{k+1}||e^0||,$$

我们称 $||R|| = ||I - BA||$ 为收敛因子, 显然有下面的结果.

引理 11.1.1 若 $||R|| < 1$, 则近似方程 (11.0.1) 的解序列 w^k 对任意初始猜测 w^0 将以模 $||\cdot||$ 收敛到方程 (11.0.1) 的解 u.

引理 11.1.1 中的模 $||\cdot||$ 指有限维空间的上确界模或 l_2 模. 矩阵的上确界范数虽然容易计算, 但不常用于证明迭代的收敛性. 假如考虑 l_2 模及矩阵 R 是对称的, 则 $||R||_2 = \rho(R)$, 其中 $\rho(R)$ 为 R 的谱半径, 所以可以计算 R 的特征值来确定收敛因子.

定理 11.1.1 残量校正方程 $e^{k+1} = Re^k$ 对任意的初始选择 w^0 收敛当且仅当 $\rho(R) < 1$.

证明 对任意初始向量 w^0, 第 k 次残量校正后的误差满足

$$e^k = R^k e^0.$$

由于 $\lim\limits_{k \to \infty} e^k = 0$, 故上式等价于 $\lim\limits_{k \to \infty} R^k = 0$, 又由定理 1.4.8 知, 这等价于 $\rho(R) < 1$. 因此对任意初始向量 w^0, 迭代收敛的充要条件是 $\rho(R) < 1$. □

假设 n 阶矩阵 R 有 n 个完全无关的特征向量, 特征值按从大到小排列成 $|\lambda_1| \geqslant |\lambda_2| \geqslant \cdots \geqslant |\lambda_n|$, 对应的特征向量记为 $x_1, x_2, \cdots, x_n$, 则可以依据 A 的特征向量写出初始误差向量 e^0 为

$$e^0 = \sum_{i=1}^{n} a_i x_i. \tag{11.1.7}$$

又

$$e^{k+1} = Re^k = R^{k+1}e^0 = \sum_{i=1}^{n} a_i R^{k+1} \boldsymbol{x}_i = \sum_{i=1}^{n} a_i \lambda_i^{k+1} \boldsymbol{x}_i, \tag{11.1.8}$$

上式可改写成

$$e^{k+1} = \lambda_1^{k+1} \left[a_1 \boldsymbol{x}_1 + \sum_{i=2}^{n} a_i \left(\frac{\lambda_i}{\lambda_1} \right)^{k+1} \boldsymbol{x}_i \right]. \tag{11.1.9}$$

因为当 $k \to \infty$ 时, $|\lambda_j/\lambda_1|^{k+1} \to 0$, 显然, 最终收敛性由 $|\lambda_1^{k+1}|$ 确定. 注意, 当 k 很大时, 有

$$e^{k+1} \approx a_1 \lambda_1^{k+1} \boldsymbol{x}_1 \quad \text{及} \quad ||e^{k+m}||/||e^k|| \approx |\lambda_1|^m.$$

因此, 为将误差减少一个倍数

$$\zeta = \frac{||e^{k+m}||}{||e^k||},$$

必须迭代约 $m = (\ln \zeta)/\ln |\lambda_1|$ 次. 例如将误差减小到原来的 10^{-q}, 则 $m = -1/\ln|\lambda_1|$. 当 $|\lambda_1| \approx 1$ 时, m 变得很大, 例如, 为将误差减小到原来的 10^{-1}, 若 $|\lambda_1| = 0.99$, 则迭代次数必须为 $m \approx 230$.

上面的分析表明残量校正格式的收敛性主要由其中一个最大特征值 (和其他 $\left| \frac{\lambda_j}{\lambda_1} \right| \approx 1$ 的特征值) 控制. 在残量校正计算中大部分工作是消除与那些 "最大特征值" 相关的特征向量的分量.

定义 11.1.1 设 $A, B \in \mathbb{C}^{n \times n}$, 若对某正整数 k, $||A^k|| < 1$, 则称

$$R(A^k) = -\ln ||A^k||^{\frac{1}{k}} = -\frac{1}{k} \ln ||A^k||$$

为矩阵 A 的第 k 次迭代的平均收敛速度. 若 $R(A^k) < R(B^k)$, 则称矩阵 B 比 A 的第 k 次迭代快.

定理 11.1.2 设 $A \in \mathbb{C}^{n \times n}$, 则 k 次迭代的平均收敛速度满足

$$\lim_{k \to \infty} R(A^k) = -\ln \rho(A) \triangleq R_\infty(A), \tag{11.1.10}$$

因此称 $R_\infty(A)$ 为矩阵 A 的渐近收敛速度.

证明 由定理 1.4.2 知, $\rho(A) \leqslant ||A||$, 所以

$$\rho(A) = [\rho(A)^k]^{\frac{1}{k}} = [\rho(A^k)]^{\frac{1}{k}} \leqslant ||A^k||^{\frac{1}{k}}. \tag{11.1.11}$$

又对任给的 $\varepsilon > 0$, 作矩阵

$$A_\varepsilon = \frac{A}{\rho(A) + \varepsilon},$$

则显然 $\rho(A_\varepsilon) < 1$. 于是由定理 1.4.8 知, $\lim\limits_{k\to\infty} A_\varepsilon^k = 0$, 因此存在正整数 $N = N(\varepsilon)$, 使得当 $k > N$ 时,

$$\|A_\varepsilon^k\| = \frac{\|A^k\|}{[\rho(A) + \varepsilon]^k} < 1, \quad \forall k > N(\varepsilon).$$

上式等价于

$$\|A^k\|^{\frac{1}{k}} \leqslant \rho(A) + \varepsilon. \tag{11.1.12}$$

结合 (11.1.11), 有

$$\rho(A) \leqslant \|A^k\|^{\frac{1}{k}} \leqslant \rho(A) + \varepsilon.$$

由于 $\varepsilon > 0$ 任意, 不妨取 $\varepsilon = \frac{1}{k}$, 因此当 $k \to \infty$ 时, 有

$$\rho(A) = \lim_{k\to\infty} \|A^k\|^{\frac{1}{k}},$$

从而

$$\ln \rho(A) = \ln \lim_{k\to\infty} \|A^k\|^{\frac{1}{k}} = \lim_{k\to\infty} \frac{1}{k} \ln \|A^k\| = -\lim_{k\to\infty} R(A^k),$$

即

$$\lim_{k\to\infty} R(A^k) = -\ln \rho(A). \qquad \square$$

又由于 $\|A^k\| \geqslant \rho(A^k) = [\rho(A)]^k \ (k \geqslant 1)$, 因此有下列推论.

推论 11.1.1 设 $A \in \mathbb{C}^{n\times n}$, $\|A^k\| < 1 \ (k \geqslant 1)$, 则 $R_\infty(A) \geqslant R(A^k)$.

例 1 已知

$$A = \begin{pmatrix} \alpha & 4 \\ 0 & \alpha \end{pmatrix}, \quad B = \begin{pmatrix} \alpha & 0 \\ 0 & \beta \end{pmatrix}, \ 0 < \alpha < \beta < 1,$$

试比较 k 次迭代矩阵 A^k 和 B^k 的平均收敛速度.

解 由于

$$A^k = \begin{pmatrix} \alpha^k & 4k\alpha^{k-1} \\ 0 & \alpha^k \end{pmatrix}, \quad B^k = \begin{pmatrix} \alpha^k & 0 \\ 0 & \beta^k \end{pmatrix},$$

于是

$$\|A^k\| = \left\{ \alpha^{2k} + 8k^2\alpha^{2k-2}\left[1 + \left(1 + \frac{\alpha^2}{4k^2}\right)^{\frac{1}{2}}\right] \right\}^{\frac{1}{2}}, \quad \|B^k\| = \beta^k, \tag{11.1.13}$$

对充分接近于 1 的 α, 由 (11.1.13) 知, $\|A^k\| \ (k \geqslant 1)$ 是递增的, 且对某些小的 k 值, $\|A^k\| > \|B^k\|$, 但当 $k \to \infty$ 时, 显然有 $\|A^k\| < \|B^k\|$.

§11.1.3 迭代中止准则

有两种最常用和最成功的迭代中止准则, 一种是度量相邻两次迭代解的误差

$$||\boldsymbol{w}^{k+1} - \boldsymbol{w}^k||. \tag{11.1.14}$$

另一种是度量残量

$$||\boldsymbol{r}^k|| = ||\boldsymbol{f} - A\boldsymbol{w}^k||. \tag{11.1.15}$$

下面分析这两种中止准则的合理性. 对第二种中止准则, 注意

$$\boldsymbol{e}^k = \boldsymbol{u} - \boldsymbol{w}^k = A^{-1}(A\boldsymbol{u} - A\boldsymbol{w}^k) = A^{-1}(\boldsymbol{f} - A\boldsymbol{w}^k) = A^{-1}\boldsymbol{r}^k, \tag{11.1.16}$$

所以

$$||\boldsymbol{e}^k|| \leqslant ||A^{-1}|| \, ||\boldsymbol{r}^k||. \tag{11.1.17}$$

因此, 若使残量 $\boldsymbol{r}^k$ 的模有界, 解与真解的误差模 $||\boldsymbol{e}^k||$ 也将有界, 所以, 使用 $||\boldsymbol{r}^k||$ 作为中止准则是合理的.

由残量校正法的定义

$$\boldsymbol{w}^{k+1} - \boldsymbol{w}^k = B\boldsymbol{r}^k,$$

其中 B 是 A^{-1} 的某种近似, 再结合 (11.1.16), 有

$$\boldsymbol{e}^k = A^{-1}\boldsymbol{r}^k = A^{-1}B^{-1}(\boldsymbol{w}^{k+1} - \boldsymbol{w}^k).$$

所以

$$||\boldsymbol{e}^k|| \leqslant ||A^{-1}B^{-1}|| \, ||\boldsymbol{w}^{k+1} - \boldsymbol{w}^k||. \tag{11.1.18}$$

因此, 若使连续两次迭代的误差有界, 则解与真解的误差模 $||\boldsymbol{e}^k||$ 也有界.

由于 (11.1.17) 和 (11.1.18) 中均有 A^{-1}, 经常会出现难以计算的情况. 下面以迭代矩阵来表示误差估计.

定理 11.1.3 设 R 是残量校正法的迭代矩阵且 $||R|| < 1$, $\boldsymbol{w}^k$ 是第 k 次迭代解, 则有后验估计

$$||\boldsymbol{e}^k|| \leqslant \frac{||R||}{1 - ||R||}||\boldsymbol{w}^k - \boldsymbol{w}^{k-1}|| \tag{11.1.19}$$

和先验估计

$$||\boldsymbol{e}^k|| \leqslant \frac{||R||^k}{1 - ||R||}||\boldsymbol{w}^1 - \boldsymbol{w}^0||, \tag{11.1.20}$$

其中 $\boldsymbol{e}^k = \boldsymbol{u} - \boldsymbol{w}^k$, $\boldsymbol{u}$ 为真解.

证明 由残量校正方程 $\boldsymbol{e}^k = R\boldsymbol{e}^{k-1}$ 知

$$\begin{aligned}
\boldsymbol{e}^k &= R\boldsymbol{e}^{k-1} = R(\boldsymbol{u} - \boldsymbol{w}^k + \boldsymbol{w}^k - \boldsymbol{w}^{k-1}) \\
&= R(\boldsymbol{u} - \boldsymbol{w}^k) + R(\boldsymbol{w}^k - \boldsymbol{w}^{k-1}) = R\boldsymbol{e}^k + R(\boldsymbol{w}^k - \boldsymbol{w}^{k-1}),
\end{aligned}$$

即

$$(I - R)e^k = R(w^k - w^{k-1}),$$

或

$$e^k = (I - R)^{-1}R(w^k - w^{k-1}).$$

注意 $||R|| < 1$, 有

$$||e^k|| = ||(I - R)^{-1}||\,||R||\,||w^k - w^{k-1}|| \leqslant \frac{||R||}{1 - ||R||}||w^k - w^{k-1}||. \tag{11.1.21}$$

此即误差的后验估计 (11.1.19).

因为

$$e^k = Re^{k-1}, \qquad e^{k-1} = Re^{k-2},$$

两式相减, 得

$$w^k - w^{k-1} = R(w^{k-1} - w^{k-2}),$$

从而

$$||w^k - w^{k-1}|| \leqslant ||R||\,||w^{k-1} - w^{k-2}|| \leqslant \cdots \leqslant ||R||^{k-1}||w^1 - w^0||.$$

将该式代入 (11.1.21) 中有

$$||e^k|| \leqslant \frac{||R||^k}{1 - ||R||}||w^1 - w^0||.$$

此即误差的先验估计式.　　　　　　　　　　　　　　　　　　　　　□

注意当 $||R|| \approx 1$ 时, 即使相邻两次的迭代解之差的模 $||w^k - w^{k-1}||$ 很小, 也不能判定 $||e^k||$ 很小.

§11.2 基本迭代法

首先将方程 $Au = f$ 中的矩阵 A 分解成

$$A = L + D + U,$$

其中 L 是下三角矩阵, 由 A 的对角线之下的元素组成, D 是对角矩阵, 由 A 的对角线元素组成, U 是上三角矩阵, 由 A 的对角线之上的元素组成, 即

$$L = \begin{pmatrix} 0 & & & \\ a_{21} & 0 & & \\ \vdots & \ddots & \ddots & \\ a_{n1} & \cdots & a_{n,n-1} & 0 \end{pmatrix}, \quad D = \begin{pmatrix} a_{11} & & \\ & \ddots & \\ & & a_{nn} \end{pmatrix},$$

$$
U = \begin{pmatrix} 0 & a_{12} & \cdots & a_{1,n-1} & a_{1n} \\ & 0 & \cdots & a_{2,n-1} & a_{2n} \\ & & \ddots & \vdots & \vdots \\ & & & 0 & a_{n-1,n} \\ & & & & 0 \end{pmatrix}. \tag{11.2.1}
$$

下面将看到, 选择 L, D, U 的不同组合, 将得到不同的迭代格式.

§11.2.1 Jacobi 迭代格式

Jacobi 迭代是先假设初始值 $\boldsymbol{w}^0$, 然后计算新值 $\boldsymbol{w}^1$, 并继续这一过程, 直至收敛. 用矩阵的形式可表示为

$$
D\boldsymbol{w}^{k+1} + (L+U)\boldsymbol{w}^k = \boldsymbol{f}, \tag{11.2.2}
$$

即

$$
\boldsymbol{w}^{k+1} = -D^{-1}(L+U)\boldsymbol{w}^k + D^{-1}\boldsymbol{f}. \tag{11.2.3}
$$

因为 $\boldsymbol{r}^k = \boldsymbol{f} - A\boldsymbol{w}^k$, 也即

$$
\boldsymbol{f} = \boldsymbol{r}^k + (L+D+U)\boldsymbol{w}^k, \tag{11.2.4}
$$

所以 (11.2.3) 可写成

$$
\begin{aligned}
\boldsymbol{w}^{k+1} &= -D^{-1}(L+U)\boldsymbol{w}^k + D^{-1}(\boldsymbol{r}^k + A\boldsymbol{w}^k) \\
&= \boldsymbol{w}^k + D^{-1}\boldsymbol{r}^k.
\end{aligned} \tag{11.2.5}
$$

Jacobi 迭代格式的迭代矩阵为

$$
R_J = I - D^{-1}A = D^{-1}(D-A) = -D^{-1}(L+U). \tag{11.2.6}
$$

Jacobi 迭代格式的分量形式为

$$
x_i^{k+1} = \frac{1}{a_{ii}}\left(f_i - \sum_{j=1, j\neq i}^n a_{ij}x_j^k\right), \quad i = 1, \cdots, n. \tag{11.2.7}
$$

Jacobi 迭代的一个变化是加权 Jacobi 迭代. 该格式先用 Jacobi 算出一个中间值 $\overline{\boldsymbol{w}}^{k+1}$, 然后通过一个正参数 ω 来加速修正中间值 $\overline{\boldsymbol{w}}^{k+1}$, 得到新的迭代值 $\boldsymbol{w}^{k+1}$. 可以表示为

$$
\begin{aligned}
\overline{\boldsymbol{w}}^{k+1} &= \boldsymbol{w}^k + D^{-1}\boldsymbol{r}^k, \\
\boldsymbol{w}^{k+1} &= \boldsymbol{w}^k + \omega(\overline{\boldsymbol{w}}^{k+1} - \boldsymbol{w}^k),
\end{aligned} \tag{11.2.8}
$$

即

$$\boldsymbol{w}^{k+1} = \boldsymbol{w}^k + \omega D^{-1}\boldsymbol{r}^k. \tag{11.2.9}$$

所以加权 Jacobi 迭代格式的迭代矩阵为

$$R_{WJ} = I - \omega D^{-1}A = (1-\omega)I + \omega R_J, \tag{11.2.10}$$

其中 R_J 为 Jacobi 迭代格式的迭代矩阵.

例 1　求 Laplace 方程第一边值问题

$$\begin{cases} -\Delta u = -\left(\dfrac{\partial^2 u}{\partial^2 x} + \dfrac{\partial^2 u}{\partial^2 y}\right) = 0, & (x,y) \in \Omega = (0,1)\times(0,1), \\ u = g, & (x,y) \in \partial\Omega \end{cases}$$

的五点差分格式

$$\frac{1}{\Delta x^2}\delta_x^2 u_{i,j} + \frac{1}{\Delta y^2}\delta_y^2 u_{i,j} = 0, \quad i = 1,\cdots,M_x-1;\ j = 1,\cdots,M_y-1$$

的 Jacobi 迭代矩阵的特征值, 从而判断迭代格式的收敛性, 其中 Δx 和 Δy 分别为 x 和 y 的网格步长.

解　设 λ 为 Jacobi 迭代矩阵的特征值, $\boldsymbol{x}$ 为其特征向量, 则满足

$$R_J\boldsymbol{x} = -D^{-1}(L+U)\boldsymbol{x} = \lambda\boldsymbol{x}, \tag{11.2.11}$$

所以

$$-(L+U)\boldsymbol{x} = \lambda D\boldsymbol{x},$$

或

$$\frac{1}{\Delta x^2}(x_{i+1,j} + x_{i-1,j}) + \frac{1}{\Delta y^2}(x_{i,j+1} + x_{i,j-1}) = h\lambda x_{i,j},$$

$$i = 1,\cdots,M_x-1;\ j = 1,\cdots,M_y-1, \tag{11.2.12}$$

这里 $h = 2\left(\dfrac{1}{\Delta x^2} + \dfrac{1}{\Delta y^2}\right)$, 并假定 $x_{0,j} = x_{M_x,j} = 0\ (j=1,\cdots,M_y)$, $x_{i,0} = x_{i,M_y} = 0$ $(i=1,\cdots,M_x)$.

下面用分离变量法来求矩阵 R_J 的特征值. 设 $x_{i,j} = x_i y_j$, 将其代入 (11.2.12) 得

$$\frac{1}{\Delta x^2}(x_{i+1}y_j + x_{i-1}y_j) + \frac{1}{\Delta y^2}(x_i y_{j+1} + x_i y_{j-1}) = h\lambda x_i y_j,$$

两端除以 $x_i y_j$ 并整理得

$$h\lambda - \frac{x_{i+1} + x_{i-1}}{x_i \Delta x^2} = \frac{y_{j+1} + y_{j-1}}{y_j \Delta y^2}. \tag{11.2.13}$$

左边是 i 的函数, 右边是 j 的函数, 两边相等, 只能是常数, 例如 μ. 因此, 包括边界条件, 我们得到下面的差分方程

$$\begin{cases} y_{j+1} + y_{j-1} = \mu \Delta y^2 y_j, & j = 1, \cdots, M_y - 1, \\ y_0 = y_{M_y} = 0, \end{cases} \tag{11.2.14}$$

$$\begin{cases} x_{i+1} + x_{i-1} = (h\lambda - \mu)\Delta x^2 x_i, & i = 1, \cdots, M_x - 1, \\ x_0 = x_{M_x} = 0. \end{cases} \tag{11.2.15}$$

方程 (11.2.14) 等价于特征值问题

$$\begin{pmatrix} 0 & 1 & & & \\ 1 & 0 & 1 & & \\ & \ddots & \ddots & \ddots & \\ & & 1 & 0 & 1 \\ & & & 1 & 0 \end{pmatrix} \boldsymbol{y} = \mu \Delta y^2 \boldsymbol{y},$$

其中 $\boldsymbol{y} = (y_1, y_2, \cdots, y_{M_y-1})^T$. 该方程的系数矩阵的特征值 γ_s 为

$$\gamma_s = \mu_s \Delta y^2 = 2 \cos \frac{s\pi}{M_y}, \quad s = 1, \cdots, M_y - 1. \tag{11.2.16}$$

而方程 (11.2.15) 等价于特征值问题

$$\begin{pmatrix} 0 & 1 & & & \\ 1 & 0 & 1 & & \\ & \ddots & \ddots & \ddots & \\ & & 1 & 0 & 1 \\ & & & 1 & 0 \end{pmatrix} \boldsymbol{x} = (h\lambda - \mu_s)\boldsymbol{x}, \quad s = 1, \cdots, M_y - 1,$$

其中 $\boldsymbol{x} = (x_1, x_2, \cdots, x_{M_x-1})^T$. 该方程的系数矩阵的特征值 ω_s^p 为

$$\omega_s^p = (h\lambda_s^p - \mu_s)\Delta x^2 = 2 \cos \frac{p\pi}{M_x}, \quad p = 1, \cdots, M_x - 1; s = 1, \cdots, M_y - 1. \tag{11.2.17}$$

联立 (11.2.16) 和 (11.2.17) 消去 μ_s, 得 Jacobi 迭代矩阵的特征值 λ_s^p 为

$$\lambda_s^p = \frac{2}{h} \left(\frac{1}{\Delta x^2} \cos \frac{p\pi}{M_x} + \frac{1}{\Delta y^2} \cos \frac{s\pi}{M_y} \right), \tag{11.2.18}$$
$$s = 1, \cdots, M_y - 1; \ p = 1, \cdots, M_x - 1.$$

显然 $|\lambda_s^p|$ 的最大值出现在 $s = p = 1$ (及 $s = M_y - 1$ 和 $p = M_x - 1$) 处, 所以

$$\rho(R_J) = \frac{2}{h}\left(\frac{1}{\Delta x^2}\cos\frac{\pi}{M_x} + \frac{1}{\Delta y^2}\cos\frac{\pi}{M_y}\right).$$

因为

$$\rho(R_J) < \frac{2}{2\left(\dfrac{1}{\Delta x^2} + \dfrac{1}{\Delta y^2}\right)}\left(\frac{1}{\Delta x^2} + \frac{1}{\Delta y^2}\right) \leqslant 1,$$

所以 Jacobi 松弛格式求解该 Laplace 第一边值问题是收敛的.

§11.2.2 Gauss-Seidel 迭代格式

Gauss-Seidel 迭代简称 G-S 迭代, 总是利用最新算出的值, 迭代格式可表示为

$$(L + D)\boldsymbol{w}^{k+1} + U\boldsymbol{w}^k = \boldsymbol{f}, \tag{11.2.19}$$

即

$$\boldsymbol{w}^{k+1} = -(L+D)^{-1}U\boldsymbol{w}^k + (L+D)^{-1}\boldsymbol{f}. \tag{11.2.20}$$

由 (11.2.4) 可将上式改写成

$$\begin{aligned}
\boldsymbol{w}^{k+1} &= -(L+D)^{-1}U\boldsymbol{w}^k + (L+D)^{-1}[\boldsymbol{r}^k + (L+D+U)\boldsymbol{w}^k] \\
&= \boldsymbol{w}^k + (L+D)^{-1}\boldsymbol{r}^k.
\end{aligned} \tag{11.2.21}$$

迭代矩阵为

$$R_{GS} = -(L+D)^{-1}U. \tag{11.2.22}$$

G-S 迭代的分量形式可写成

$$x_i^{k+1} = \frac{1}{a_{ii}}\left(f_i - \sum_{j=1}^{i-1}a_{ij}x_j^{k+1} - \sum_{j=i+1}^{n}a_{ij}x_j^k\right), \quad i = 1, 2, \cdots, n. \tag{11.2.23}$$

关于 Jacobi 迭代和 G-S 迭代的收敛性有如下定理.

定理 11.2.1　若 A 严格对角占优, 则 Jacobi 迭代和 G-S 迭代对任意的初始值 $\boldsymbol{w}^0$ 都收敛.

证明　Jacobi 迭代　只要证明 R_J 的某种范数小于 1 即可. 由于 A 严格对角占优 $(a_{ii} \neq 0)$, 所以

$$\sum_{j=1, j\neq i}^{n}|a_{ij}| < |a_{ii}|, \quad i = 1, 2, \cdots, n,$$

即

$$\sum_{j=1, j\neq i}^{n}\left|\frac{a_{ij}}{a_{ii}}\right| < 1.$$

又

$$||R_J||_\infty = ||-D^{-1}(L+U)||_\infty = \max_i \left\{ \sum_{j=1,j\neq i}^n \left| \frac{a_{ij}}{a_{ii}} \right| \right\},$$

故 $||R_J||_\infty < 1$, 从而 Jacobi 迭代收敛.

G-S 迭代 设 λ 是 $R_{GS} = -(L+D)^{-1}U$ 的任一特征值, $x \neq 0$ 是相应的特征向量, 则有

$$[\lambda(L+D)+U]x = 0. \tag{11.2.24}$$

现证必有 $|\lambda| < 1$. 用反证法. 若 $|\lambda| \geqslant 1$, 又因为 A 为严格对角占优矩阵, 所以

$$|\lambda| > |\lambda| \sum_{j=1}^{i-1} \left| \frac{a_{ij}}{a_{ii}} \right| + |\lambda| \sum_{j=i+1}^n \left| \frac{a_{ij}}{a_{ii}} \right|$$
$$\geqslant |\lambda| \sum_{j=1}^{i-1} \left| \frac{a_{ij}}{a_{ii}} \right| + \sum_{j=i+1}^n \left| \frac{a_{ij}}{a_{ii}} \right|.$$

即

$$|\lambda| > |\lambda| \sum_{j=1}^{i-1} \left| \frac{a_{ij}}{a_{ii}} \right| + \sum_{j=i+1}^n \left| \frac{a_{ij}}{a_{ii}} \right|,$$

这表明矩阵 $\lambda(L+D)+U = \lambda L + \lambda D + U$ 也严格对角占优, 由定理 1.3.4 知 $\lambda(L+D)+U$ 非奇异, 因此 (11.2.24) 只能有零解 $x = 0$. 矛盾. 所以 $|\lambda| < 1$. 从而 G-S 迭代收敛. □

定理 11.2.2 若 A 不可约对角占优, 则 Jacobi 迭代和 G-S 迭代对任意的初值 w^0 都收敛.

证明 我们只需要证明 $\rho(R_J) < 1$ 和 $\rho(R_{GS}) < 1$. 对 Jacobi 迭代, 设 λ 是 $R_J = -D^{-1}(L+U)$ 的特征值, $x \neq 0$ 是相应的特征向量, 则有

$$(\lambda D + L + U)x = 0. \tag{11.2.25}$$

假设 $|\lambda| \geqslant 1$, 则由 A 的不可约对角占优性, 知 $\lambda D + L + U$ 也一定不可约对角占优, 从而由定理 1.3.8 知, $\lambda D + L + U$ 非奇异, 因此方程 (11.2.25) 只有零解 $x = 0$. 矛盾. 所以 $\rho(R_J) < 1$, 从而 Jacobi 迭代收敛.

对 G-S 迭代, 仍用反正法. 设 $R_{GS} = -(L+D)^{-1}U$ 有一个特征值 λ 满足 $|\lambda| \geqslant 1$, 则 $\det(R_{GS} - \lambda I) = 0$, 即

$$\begin{aligned}
\det(-(L+D)^{-1}U - \lambda I) &= \det((L+D)^{-1}(U+(L+D)\lambda I)) \\
&= \det((L+D)^{-1})\det(U+(L+D)\lambda I) \\
&= \lambda^{-1}\det((L+D)^{-1})\det(L+D+\lambda^{-1}U) = 0.
\end{aligned} \tag{11.2.26}$$

因为 A 不可约对角占优, 所以 $a_{ii} \neq 0$ $(i = 1, \cdots, n)$, 于是 $\det(L + D)^{-1} \neq 0$. 又 $A = L + D + U$ 与 $L + D + \lambda^{-1}U$ 的零元素与非零元素位置完全一样, 所以 $L + D + \lambda^{-1}U$ 不可约, 再注意 $|\lambda| \geqslant 1$, 所以 $L + D + \lambda^{-1}U$ 也必对角占优. 因此, 由定理 1.3.8 知, $L + D + \lambda^{-1}U$ 非奇异, 即 $\det(L + D + \lambda^{-1}U) \neq 0$. 从而 (11.2.26) 不等于零. 矛盾. 因此必有 $\rho(R_{GS}) < 1$, 从而 G-S 迭代收敛. $\qquad\square$

定理 11.2.3 若 A 对称正定, 则 $\rho(R_{GS}) < 1$, 从而 G-S 迭代收敛.

该定理是下面判断逐次超松弛迭代格式收敛性定理 11.2.6 当 $\omega = 1$ 时的特殊情况.

例 2 考虑例 1 中的 G-S 迭代矩阵的特征值.

解 设 λ 为 G-S 迭代矩阵的特征值, $\boldsymbol{x} \neq \boldsymbol{0}$ 为其特征向量, 则满足

$$R_{GS}\boldsymbol{x} = -(L + D)^{-1}U\boldsymbol{x} = \lambda\boldsymbol{x},$$

或

$$-U\boldsymbol{x} = \lambda(L + D)\boldsymbol{x},$$

也即

$$\frac{1}{\Delta x^2}x_{i+1,j} + \frac{1}{\Delta y^2}x_{i,j+1} = \lambda\left[-\frac{1}{\Delta x^2}x_{i-1,j} + 2\left(\frac{1}{\Delta x^2} + \frac{1}{\Delta y^2}\right)x_{i,j} - \frac{1}{\Delta y^2}x_{i,j-1}\right],$$
$$(11.2.27)$$

其中假定 $u_{0,j} = u_{M_x,j} = 0$ $(j = 0, \cdots, M_y)$, $u_{i,0} = u_{i,M_y} = 0$ $(i = 0, \cdots, M_x)$.

现仍用分离变量法求解 (11.2.27). 设 $x_{i,j} = x_i y_j$, 代入 (11.2.27) 中, 得

$$\frac{1}{\Delta x^2}x_{i+1}y_j + \frac{1}{\Delta y^2}x_i y_{j+1} = \lambda\left[-\frac{1}{\Delta x^2}x_{i-1}y_j + 2\left(\frac{1}{\Delta x^2} + \frac{1}{\Delta y^2}\right)x_i y_j - \frac{1}{\Delta y^2}x_i y_{j-1}\right],$$

上式两端同除 $x_i y_j$, 整理得

$$\frac{1}{\Delta x^2}\frac{x_{i+1}}{x_i} + \frac{\lambda}{\Delta x^2}\frac{x_{i-1}}{x_i} = h\lambda - \left(\frac{1}{\Delta y^2}\frac{y_{j+1}}{y_j} + \frac{\lambda}{\Delta y^2}\frac{y_{j-1}}{y_j}\right), \quad (11.2.28)$$

其中 $h = 2\left(\frac{1}{\Delta x^2} + \frac{1}{\Delta y^2}\right)$. 同理, 方程 (11.2.28) 两端只能取常数, 设为 μ. 因此, 包括边界条件, 得到两组差分方程

$$\begin{cases} \lambda y_{j-1} + y_{j+1} = (h\lambda - \mu)\Delta y^2 y_j, \quad j = 1, \cdots, M_y - 1, \\ y_0 = y_{M_y} = 0. \end{cases} \quad (11.2.29)$$

$$\begin{cases} \lambda x_{i-1} + x_{i+1} = \mu\Delta x^2 x_i, \quad i = 1, \cdots, M_x - 1, \\ x_0 = x_{M_x} = 0. \end{cases} \quad (11.2.30)$$

方程 (11.2.29) 等价于特征值问题

$$
\begin{pmatrix}
0 & 1 & & & \\
\lambda & 0 & 1 & & \\
& \ddots & \ddots & \ddots & \\
& & \lambda & 0 & 1 \\
& & & \lambda & 0
\end{pmatrix}
\boldsymbol{y} = (h\lambda - \mu)\Delta y^2 \boldsymbol{y},
$$

其中 $\boldsymbol{y} = (y_1, y_2, \cdots, y_{M_y-1})^T$. 该方程的系数矩阵 ($M_y - 1$ 阶三对角矩阵) 的特征值 γ_s 为

$$
\gamma_s = (h\lambda - \mu_s)\Delta y^2 = 2\sqrt{\lambda}\cos\frac{s\pi}{M_y}, \quad s = 1, \cdots, M_y - 1. \tag{11.2.31}
$$

方程 (11.2.30) 等价于特征值问题

$$
\begin{pmatrix}
0 & 1 & & & \\
\lambda & 0 & 1 & & \\
& \ddots & \ddots & \ddots & \\
& & \lambda & 0 & 1 \\
& & & \lambda & 0
\end{pmatrix}
\boldsymbol{x} = \mu_s \Delta x^2 \boldsymbol{x}, \quad s = 1, \cdots, M_y - 1,
$$

其中 $\boldsymbol{x} = (x_1, x_2, \cdots, x_{M_x-1})^T$. 该方程系数矩阵 ($M_x - 1$ 阶三对角矩阵) 的特征值 ω_s^p 为

$$
\omega_s^p = \mu_s \Delta x^2 = 2\sqrt{\lambda_s^p}\cos\frac{p\pi}{M_x}, \quad p = 1, \cdots, M_x - 1; \ s = 1, \cdots, M_y - 1. \tag{11.2.32}
$$

由 (11.2.31) 和 (11.2.32) 联立消去 μ_s, 可得 G-S 迭代矩阵的特征值为

$$
\lambda_s^p = \frac{4}{h^2}\left(\frac{1}{\Delta x^2}\cos\frac{p\pi}{M_x} + \frac{1}{\Delta y^2}\cos\frac{s\pi}{M_y}\right)^2,
$$
$$
s = 1, \cdots, M_y - 1; \ p = 1, \cdots, M_x - 1. \tag{11.2.33}
$$

最大特征值为

$$
\lambda_1^1 = \frac{4}{h^2}\left(\frac{1}{\Delta x^2}\cos\frac{\pi}{M_x} + \frac{1}{\Delta y^2}\cos\frac{\pi}{M_y}\right)^2, \tag{11.2.34}
$$

所以

$$
|\lambda_1^1| < 1.
$$

因此由定理 11.1.1 知用 G-S 迭代格式求解收敛. 我们还看到 G-S 迭代矩阵的特征值是 Jacobi 迭代矩阵特征值的平方, 因此 G-S 迭代要比 Jacobi 迭代快.

§11.2.3 逐次超松弛 (SOR) 迭代格式

逐次超松弛 (SOR) 方法是通过一个正参数 ω 来加速 G-S 迭代法的一种方法. 给定 $\boldsymbol{w}^k$, 用 G-S 迭代计算一个临时值 $\overline{\boldsymbol{w}}^{k+1}$, 然后按下式

$$\boldsymbol{w}^{k+1} = \boldsymbol{w}^k + \omega(\overline{\boldsymbol{w}}^{k+1} - \boldsymbol{w}^k) \tag{11.2.35}$$

来计算新值 $\boldsymbol{w}^{k+1}$, 再由 $\boldsymbol{w}^{k+1}$ 出发, 重复这一过程, 直至收敛. SOR 迭代过程可以表示为

$$D\overline{\boldsymbol{w}}^{k+1} + L\boldsymbol{w}^{k+1} + U\boldsymbol{w}^k = \boldsymbol{f}, \tag{11.2.36}$$

$$\begin{aligned}\boldsymbol{w}^{k+1} &= \boldsymbol{w}^k + \omega(\overline{\boldsymbol{w}}^{k+1} - \boldsymbol{w}^k) \\ &= \omega\overline{\boldsymbol{w}}^{k+1} + (1-\omega)\boldsymbol{w}^k.\end{aligned} \tag{11.2.37}$$

由以上两式消去 $\overline{\boldsymbol{w}}^{k+1}$, 得

$$\boldsymbol{w}^{k+1} = (D+\omega L)^{-1}[(1-\omega)D - \omega U]\boldsymbol{w}^k + \omega(D+\omega L)^{-1}\boldsymbol{f}. \tag{11.2.38}$$

或由 (11.2.4) 可将上式改写成

$$\boldsymbol{w}^{k+1} = \boldsymbol{w}^k + \omega(D+\omega L)^{-1}\boldsymbol{r}^k, \tag{11.2.39}$$

其中 $\det(D+\omega L) \neq 0$, 因为 $D+\omega L$ 为主对角元素 $a_{ii} \neq 0$ 的下三角矩阵. 相应的迭代矩阵为

$$R_{SOR} = (D+\omega L)^{-1}[(1-\omega)D - \omega U].$$

当 $\omega = 1$ 时, $R_{SOR} = R_{GS}$, 即 SOR 迭代退化为 G-S 迭代. SOR 迭代的分量形式为 (仍假定 $a_{ii} \neq 0 (i=1,\cdots,n)$)

$$x_i^{k+1} = (1-\omega)x_i^k + \frac{\omega}{a_{ii}}\left(f_i - \sum_{j=1}^{i-1}a_{ij}x_j^{k+1} - \sum_{j=i+1}^{n}a_{ij}x_j^k\right), \quad i=1,\cdots,n. \tag{11.2.40}$$

关于收敛性, 有下面的定理.

定理 11.2.4 (Kahan) SOR 迭代矩阵满足

$$\rho(R_{SOR}) \geqslant |\omega - 1|, \tag{11.2.41}$$

从而 SOR 迭代收敛的一个必要条件是

$$0 < \omega < 2. \tag{11.2.42}$$

证明 若 $\lambda_i(i=1,\cdots,n)$ 是 R_{SOR} 的特征值, 则

$$
\begin{aligned}
\prod_{i=1}^{n}|\lambda_i| &= \det(R_{SOR}) = \det((D+\omega L)^{-1})\det((1-\omega)D-\omega U)\\
&= \det(D^{-1})\det((1-\omega)D) = (\det D)^{-1}(1-\omega)^n\det(D)\\
&= |1-\omega|^n \leqslant \prod_{i=1}^{n}\rho(R_{SOR}) = [\rho(R_{SOR})]^n.
\end{aligned}
$$

若 SOR 迭代收敛, 则 $\rho(R_{SOR}) < 1$, 因此由上式得 $0 < \omega < 2$. □

可以证明, 若系数矩阵 A 是不可约的和对角占优的, 则 SOR 方法对所有 $0 < \omega \leqslant 1$ 收敛 [61]. 后面的定理将证明, 当 A 对称正定时, $0 < \omega < 2$ 是 SOR 迭代收敛的充分条件.

§11.2.4 对称与反对称超松弛迭代格式

SOR 迭代格式的两个变形是对称超松弛迭代格式 (SSOR) 和反对称超松弛迭代格式 (USSOR).

SSOR 是连续两次使用 SOR 迭代, 第一次是 "向前" 的 SOR, 即采用具有松弛因子 ω 的 SOR, 第二次是 "向后" 的 SOR, 松弛因子仍为 ω, 这两个过程可以表示为

$$
\boldsymbol{w}^{k+\frac{1}{2}} = R_{SOR}\boldsymbol{w}^k + B_1\boldsymbol{f}, \tag{11.2.43}
$$
$$
\boldsymbol{w}^{k+1} = \overline{R}_{SOR}\boldsymbol{w}^{k+\frac{1}{2}} + B_2\boldsymbol{f}, \tag{11.2.44}
$$

其中

$$
\begin{aligned}
&R_{SOR} = (D+\omega L)^{-1}[(1-\omega)D-\omega U],\\
&B_1 = \omega(D+\omega L)^{-1},\\
&\overline{R}_{SOR} = (D+\omega U)^{-1}[(1-\omega)D-\omega L],\\
&B_2 = \omega(D+\omega U)^{-1}.
\end{aligned}
$$

(11.2.43) 和 (11.2.44) 也可表示为

$$
\boldsymbol{w}^{k+\frac{1}{2}} = \boldsymbol{w}^k + B_1\boldsymbol{r}^k, \tag{11.2.45}
$$
$$
\boldsymbol{w}^{k+1} = \boldsymbol{w}^{k+\frac{1}{2}} + B_2\boldsymbol{r}^{k+\frac{1}{2}}, \tag{11.2.46}
$$

其中

$$
\boldsymbol{r}^k = \boldsymbol{f} - A\boldsymbol{w}^k, \tag{11.2.47}
$$
$$
\boldsymbol{r}^{k+\frac{1}{2}} = \boldsymbol{f} - A\boldsymbol{w}^{k+\frac{1}{2}}. \tag{11.2.48}
$$

由 (11.2.43)~(11.2.44) 或 (11.2.45)~(11.2.46) 消去中间变量 $w^{k+\frac{1}{2}}$ 可得 SSOR 格式. 例如将 (11.2.45) 代入 (11.2.46) 可得

$$
\begin{aligned}
w^{k+1} &= w^{k+\frac{1}{2}} + B_2 r^{k+\frac{1}{2}} \\
&= w^{k+\frac{1}{2}} + B_2(f - Aw^{k+\frac{1}{2}}) \\
&= w^k + B_1 r^k + B_2(f - Aw^k - AB_1 r^k) \\
&= w^k + (B_1 + B_2 - B_2 AB_1)r^k \\
&= w^k + Br^k,
\end{aligned} \tag{11.2.49}
$$

其中 $B = B_1 + B_2 - B_2 AB_1$. 由 B_1 和 B_2 及 $A = L + D + U$ 可算得

$$
B = \omega(2 - \omega)(D + \omega U)^{-1} D(D + \omega L)^{-1}. \tag{11.2.50}
$$

于是 SSOR 格式的迭代矩阵为

$$
\begin{aligned}
R_{SSOR} &= I - BA = I - (B_1 + B_2 - B_2 AB_1)A = (I - B_2 A)(I - B_1 A) \\
&= (D + \omega U)^{-1}[(1 - \omega)D - \omega L](D + \omega L)^{-1}[(1 - \omega)D - \omega U].
\end{aligned} \tag{11.2.51}
$$

对分量形式, 首先由 (11.2.40) 计算, 结果用 y_i^{k+1} 表示, 然后应用向后 SOR 迭代, 得到 x_i^{k+1}, 整个算法为

$$
y_i^{k+1} = (1 - \omega)y_i^k + \frac{\omega}{a_{ii}}\left(f_i - \sum_{j=1}^{i-1} a_{ij}y_j^{k+1} - \sum_{j=i+1}^{n} a_{ij}y_j^k\right), \quad i = 1, \cdots, n, \tag{11.2.52}
$$

$$
x_i^{k+1} = (1 - \omega)y_i^{k+1} + \omega\left(\sum_{j=1}^{i-1} a_{ij}y_j^{k+1} + \sum_{j=i+1}^{n} a_{ij}x_j^{k+1}\right), \quad i = n, \cdots, 1. \tag{11.2.53}
$$

USSOR 的计算过程与 SSOR 类似, 第一步完全相同, 但第二步是采用不同的松弛因子 ω', 即第二步为

$$
w^{k+1} = \overline{B}'_{SOR} w^{k+\frac{1}{2}} + B'_2 f, \tag{11.2.54}
$$

或

$$
w^{k+1} = w^{k+\frac{1}{2}} + B'_2 r^{k+\frac{1}{2}}, \tag{11.2.55}
$$

其中

$$
\overline{B}'_{SOR} = (D + \omega' U)^{-1}[(1 - \omega')D - \omega' L], \tag{11.2.56}
$$

$$
B'_2 = \omega'(D + \omega' U)^{-1}. \tag{11.2.57}
$$

类似地, 将 (11.2.45) 代入 (11.2.55) 消去 $w^{k+\frac{1}{2}}$, 可得

$$
w^{k+1} = w^k + Br^k, \tag{11.2.58}
$$

其中 $B = B_1 + B_2' - B_2'AB_1$, 从而求得 USSOR 迭代的迭代矩阵

$$R_{USSOR} = I - BA = I - (B_1 + B_2' - B_2'AB_1)A = (I - B_2'A)(I - B_1A)$$
$$= (D + \omega'U)^{-1}[(1-\omega')D - \omega'L](D + \omega L)^{-1}[(1-\omega)D - \omega U]. \quad (11.2.59)$$

§11.2.5 其他迭代格式

前面我们将 A 分解成 $A = L + D + U$ 的形式, 这是一种较特殊的形式, 还可以分解成更一般的形式. 现将 A 分解成

$$A = P - N, \quad (11.2.60)$$

其中 P 是非奇异矩阵. 例如对 Jacobi 迭代格式, 有

$$P = D, \quad N = -(L+U). \quad (11.2.61)$$

对 G-S 迭代, 有

$$P = L + D, \quad N = -U. \quad (11.2.62)$$

对 SOR 迭代, 有

$$P = \frac{D}{\omega} + L, \quad N = \left(\frac{1}{\omega} - 1\right)D - U. \quad (11.2.63)$$

对 SSOR 迭代, 有

$$P = \frac{1}{\omega(2-\omega)}(D + \omega L)D^{-1}(D + \omega U),$$
$$N = \frac{1}{\omega(2-\omega)}[(1-\omega)D - \omega L]D^{-1}[(1-\omega)D - \omega U]. \quad (11.2.64)$$

由分解形式 (11.2.60) 可对矩阵方程 $A\boldsymbol{u} = \boldsymbol{f}$ 构造迭代格式

$$P\boldsymbol{w}^{k+1} = N\boldsymbol{w}^k + \boldsymbol{f}. \quad (11.2.65)$$

由于 P 非奇异, 故

$$\boldsymbol{w}^{k+1} = P^{-1}N\boldsymbol{w}^k + P^{-1}\boldsymbol{f}, \quad (11.2.66)$$

显然迭代矩阵为 $R = P^{-1}N$. 由该式及 (11.2.60)~(11.2.64) 可算出 Jacobi 迭代、G-S 迭代、SOR 迭代、SSOR 迭代的迭代矩阵, 与前面给出的均一致. 前三种很容易验证, 对 SSOR 迭代, 由 (11.2.51) 并注意到 $B = P^{-1}$, 有

$$R_{SSOR} = I - BA = I - P^{-1}A = P^{-1}(P - A) = P^{-1}N.$$

因此格式 (11.2.66) 的迭代矩阵不变, 前面收敛性的结论采用该迭代格式仍有效. 当然还有别的判断方法, 因为由定理 11.1.1 知, 当且仅当 $\rho(P^{-1}N) < 1$ 时, 迭代收敛. 下面的定理将说明如何判断 $\rho(P^{-1}N) < 1$.

定理 11.2.5 (Householder-John) 若 A 对称正定, $P + P^T - A$ 正定, 则 $\rho(P^{-1}N) < 1$.

证明 注意 $R = P^{-1}N = I - P^{-1}A$. 设 $I - P^{-1}A$ 的特征值和对应的特征向量分别为 λ 和 z(其中 λ 为复数, $z \neq 0$ 为复向量), 则

$$(I - \lambda)Pz = Az.$$

设 $z = x + \mathrm{i}y$ $(x, y \in \mathbb{R}^n)$. 由于内积 $(Az, z) \in \mathbb{R}^n$ 及 $A^T = A$, 所以

$$(Az, z) = (1 - \lambda)(Pz, z) = (1 - \overline{\lambda})\overline{(Pz, z)} = (1 - \overline{\lambda})(z, Pz) = (1 - \overline{\lambda})(P^T z, z).$$

于是

$$\left(\frac{1}{1 - \lambda} + \frac{1}{1 - \overline{\lambda}} - 1 \right)(Az, z) = ((P + P^T - A)z, z). \tag{11.2.67}$$

取 (11.2.67) 的实部, 得

$$\frac{1 - |\lambda|^2}{|1 - \lambda|^2}[(Ax, x) + (Ay, y)]$$
$$= ((P + P^T - A)x, x) + ((P + P^T - A)y, y),$$

由于 A 和 $(P + P^T - A)$ 正定, 故 $|\lambda| < 1$, 即 $\rho(P^{-1}N) < 1$. □

作为定理 11.2.5 的一个应用, 给出 SOR 迭代法收敛的一个充要条件.

定理 11.2.6 (Ostrowski-Reich) 若 A 对称正定, 则 SOR 迭代收敛当且仅当 $0 < \omega < 2$.

证明 对 SOR 迭代, 由 (11.2.63) 知

$$P = \frac{D}{\omega} + L, \quad N = \left(\frac{1}{\omega} - 1 \right)D - U, \tag{11.2.68}$$

迭代矩阵为

$$R_{SOR} = P^{-1}N = \left(\frac{D}{\omega} + L \right)^{-1}\left[\left(\frac{1}{\omega} - 1 \right)D - U \right] = (D + \omega L)^{-1}[(1 - \omega)D - \omega U].$$

由于 A 对称, 所以 $U = L^T$, 故

$$P + P^T - A = \left(\frac{D}{\omega} + L \right)^T + \left(\frac{1}{\omega} - 1 \right)D - U = \left(\frac{2}{\omega} - 1 \right)D.$$

从而 $P + P^T - A$ 正定当且仅当 $0 < \omega < 2$, 由定理 11.2.5 知, $\rho(P^{-1}N) < 1$, 从而 SOR 迭代收敛. □

由 $\omega = 1$ 时, SOR 迭代即为 G-S 迭代, 因此, 若 A 对称正定, 则 G-S 迭代收敛.

定理 11.2.7 若 A 对称正定, 则 SSOR 迭代收敛的充要条件是 $0 < \omega < 2$.

证明 对 SSOR 迭代, 由 A 的对称性知 $U = L^T$, 所以由 (11.2.64) 得

$$
\begin{aligned}
P + P^T - A &= \frac{1}{\omega(2-\omega)}(D + \omega L)D^{-1}(D + \omega U) \\
&\quad + \frac{1}{\omega(2-\omega)}[(1-\omega)D - \omega L]D^{-1}[(1-\omega)D - \omega U] \\
&= \frac{1}{\omega(2-\omega)}(2D - 2D\omega + \omega^2 D + \omega^2 U + \omega^2 L + 2\omega^2 LD^{-1}U) \\
&= \frac{2-\omega}{2\omega}D + \frac{2\omega}{2-\omega}\left(\frac{1}{2}D^{\frac{1}{2}} + LD^{-\frac{1}{2}}\right)\left(\frac{1}{2}D^{\frac{1}{2}} + LD^{-\frac{1}{2}}\right)^T,
\end{aligned}
$$

其中 $D^{\frac{1}{2}}D^{\frac{1}{2}} = D$, $D^{-\frac{1}{2}} = (D^{\frac{1}{2}})^{-1}$ (注意 D 是一个对角元素为正的矩阵). 因此 $P + P^T - A$ 是正定的当且仅当 $0 < \omega < 2$, 由定理 11.2.5 知, $\rho(P^{-1}N) < 1$, 从而 SSOR 迭代收敛. □

例 3 设方程 $A\boldsymbol{x} = \boldsymbol{f}$ 中的 A 和 $\boldsymbol{f}$ 分别为

$$
A = \begin{pmatrix} 1 & 0 & -\frac{1}{4} & -\frac{1}{4} \\ 0 & 1 & -\frac{1}{4} & -\frac{1}{4} \\ -\frac{1}{4} & -\frac{1}{4} & 1 & 0 \\ -\frac{1}{4} & -\frac{1}{4} & 0 & 1 \end{pmatrix}, \quad \boldsymbol{f} = \frac{1}{2}\begin{pmatrix} 1 \\ 1 \\ 1 \\ 1 \end{pmatrix},
$$

其解为 $\boldsymbol{x} = (1,1,1,1)^T$. 设 $\boldsymbol{x}^0 = 0$. 试比较 Jacobi 迭代和 G-S 迭代的收敛速度.

解 易知 Jacobi 迭代和 G-S 迭代的迭代矩阵分别为

$$
R_J = \frac{1}{4}\begin{pmatrix} 0 & 0 & 1 & 1 \\ 0 & 0 & 1 & 1 \\ 1 & 1 & 0 & 0 \\ 1 & 1 & 0 & 0 \end{pmatrix},
$$

$$
R_{GS} = \begin{pmatrix} 0 & 0 & \frac{1}{4} & \frac{1}{4} \\ 0 & 0 & \frac{1}{4} & \frac{1}{4} \\ 0 & 0 & \frac{1}{8} & \frac{1}{8} \\ 0 & 0 & \frac{1}{8} & \frac{1}{8} \end{pmatrix}.
$$

又设 $\boldsymbol{e}_J^n$ 和 $\boldsymbol{e}_{GS}^n$ 分别是第 n 次 Jacobi 迭代和 G-S 迭代的误差向量, 且 $\boldsymbol{e}_J^0 = \boldsymbol{e}_{GS}^0 =$

$(-1, -1, -1, -1)^T$, 则

$$e_J^n = R_J^n e_J^0 = \frac{1}{2^n}\begin{pmatrix} 1 \\ 1 \\ 1 \\ 1 \end{pmatrix}, \quad e_{GS}^n = R_{GS}^n e_{GS}^0 = -\frac{1}{4^n}\begin{pmatrix} 2 \\ 2 \\ 1 \\ 1 \end{pmatrix}, \quad n \geqslant 1,$$

所以

$$\|e_J^n\| = \frac{1}{2^{n-1}} > \|e_{GS}^n\| = \frac{\sqrt{10}}{4^n}, \quad n \geqslant 1. \tag{11.2.69}$$

因此对这里给定的 e^0, G-S 迭代的收敛速度要快于 Jacobi 迭代格式.

§11.3 预条件迭代方法

考虑矩阵方程 $Ax = f$, 并对 A 作 (11.2.60) 的分解, 即

$$A = P - N, \quad \det(P) \neq 0. \tag{11.3.1}$$

为简便起见, 将迭代格式 (11.2.65) 记成

$$Px^{k+1} = Nx^k + f, \quad k \geqslant 0, \tag{11.3.2}$$

其中 x^0 给定. 易知关于误差的迭代方程为

$$e^{k+1} = Re^k, \tag{11.3.3}$$

或

$$e^{k+1} = R^k e^0, \tag{11.3.4}$$

其中 $R = P^{-1}N$ 为迭代矩阵, $e^k = x^k - x$ 为第 k 次迭代解与方程真解 x 之差, e^0 是初始误差. 为了后面的讨论, 先引进一些概念和定理.

定义 11.3.1 对任何矩阵模 $\|\cdot\|$, 非奇异矩阵 A 关于该模的条件数 $\chi(A)$ 是一个实数

$$\chi(A) = \|A\|\,\|A^{-1}\|. \tag{11.3.5}$$

用 $\chi_p(A)$ 表示矩阵 A 关于 $\|\cdot\|_p$ 的条件数, 当 $p = 2$ 时, $\chi_2(A)$ 称为 A 的谱条件数. 由于

$$\|A\|_2 = \sqrt{\rho(A^T A)} = \sqrt{\max_i \lambda_i(A^T A)},$$

所以

$$\chi_2(A) = \sqrt{\frac{\max\limits_i \lambda_i(A^T A)}{\min\limits_i \lambda_i(A^T A)}}.$$

若定义

$$\chi_{sp}(A) = \frac{\max\limits_{i} |\lambda_i(A)|}{\min\limits_{i} |\lambda_i(A)|}, \tag{11.3.6}$$

则当 A 对称时, 显然 $\chi_2(A) = \chi_{sp}(A)$.

定义 11.3.2 一个矩阵 A 称为 N 稳定的或非稳定的, 若其所有特征值都有正的实部.

定理 11.3.1 迭代格式 (11.3.2) 的迭代矩阵 R 的谱半径 $\rho(R) < 1$ 当且仅当 $I - R$ 非奇异, 且 $(I - R)^{-1}(I + R)$ 是 N 稳定的.

证明 充分性 设 $H = (I - R)^{-1}(I + R)$, 若 $I - R$ 非奇异, 则由

$$H + I = 2(I - R)^{-1}, \quad H - I = 2(I - R)^{-1}R,$$

所以

$$R = (H + I)^{-1}(H - I).$$

设 λ 是 R 的任一特征值, μ 为 H 的特征值, 则 $\mu = \dfrac{1 - \lambda}{1 + \lambda}$, 于是

$$\lambda = \frac{\mu - 1}{\mu + 1} = \frac{(\mathrm{Re}\mu - 1) + \mathrm{iIm}\mu}{(\mathrm{Re}\mu + 1) + \mathrm{iIm}\mu}.$$

因此当且仅当 $\mathrm{Re}\mu > 0$ 时, $|\lambda| < 1$, 即 $\rho(R) < 1$. 这里 $\mathrm{Re}\mu$ 和 $\mathrm{Im}\mu$ 表示分别对 μ 取实部和虚部.

必要性 若 $\rho(R) < 1$, 则 $I - R$ 显然非奇异, 若 μ 是 H 的特征值, 则 $\lambda = \dfrac{\mu - 1}{\mu + 1}$ 是 R 的特征值, 由

$$\lambda = \frac{\mu - 1}{\mu + 1} = \frac{(\mathrm{Re}\mu - 1) + \mathrm{iIm}\mu}{(\mathrm{Re}\mu + 1) + \mathrm{iIm}\mu}$$

知当且仅当 $\mathrm{Re}\mu > 0$ 时, 条件 $|\lambda| < 1$ 成立. 因此, H 是 N 稳定的. □

§11.3.1 预条件 Richardson (PR) 法

迭代格式 (11.3.2) 可以等价地写成

$$P(\boldsymbol{x}^{k+1} - \boldsymbol{x}^k) = \boldsymbol{r}^k, \quad \boldsymbol{r}^k = \boldsymbol{f} - A\boldsymbol{x}^k, \tag{11.3.7}$$

这里 $\boldsymbol{r}^k$ 是第 k 步的残量. 在分解式 (11.3.1) 中的矩阵 P 被看作矩阵 A 的一个预条件子, 这里要求 P 是非奇异且易求逆.

对格式 (11.3.7) 作如下推广

$$P(\boldsymbol{x}^{k+1} - \boldsymbol{x}^k) = \alpha \boldsymbol{r}^k, \tag{11.3.8}$$

其中 $\alpha \neq 0$ 是一个实加速参数. 迭代格式 (11.3.8) 被称为预条件 Richardson (PR) 法. 若对所有 k, 参数 α 是常数, 则称为定常 (Stationary) 预条件 Richardson (SPR) 法; 假如参数 α 随迭代次数 k 改变, 则称为动态 (Dynamical) 预条件 Richardson(DPR) 法.

因为 (11.3.2) 与 (11.3.7) 等价, 我们也可以将 Jacobi 迭代、G-S 迭代、SOR 迭代和 SSOR 迭代看成定常预条件 Richardson 方法, 这时加速参数 $\alpha = 1$, 由 (11.2.61)~ (11.2.64) 知预条件子分别由下面四式给出

$$P_J = D, \tag{11.3.9}$$

$$P_{GS} = D + L, \tag{11.3.10}$$

$$P_{SOR} = \frac{D}{\omega} + L, \tag{11.3.11}$$

$$P_{SSOR} = \frac{1}{\omega(2-\omega)}(D + \omega L)D^{-1}(D + \omega U). \tag{11.3.12}$$

预条件 Richardson (PR) 格式 (11.3.8) 可以用递推的形式表示. 设 $\boldsymbol{x}^0$ 已知, 计算 $\boldsymbol{r}^0 = \boldsymbol{f} - A\boldsymbol{x}^0$, 然后对所有 $k \geqslant 0$ 按照下式进行迭代

$$\begin{aligned} P\boldsymbol{z}^k &= \boldsymbol{r}^k, \\ \boldsymbol{x}^{k+1} &= \boldsymbol{x}^k + \alpha \boldsymbol{z}^k, \\ \boldsymbol{r}^{k+1} &= \boldsymbol{r}^k - \alpha A\boldsymbol{z}^k, \end{aligned} \tag{11.3.13}$$

其中 $\boldsymbol{z}^k$ 为中间变量. 易知, (11.3.13) 与 (11.3.8) 等价. 在每次迭代, (11.3.13) 第一式要求求解一个系数矩阵为 P 的线性代数方程. 为求迭代矩阵, 将 (11.3.13) 前两式合并, 得

$$\boldsymbol{x}^{k+1} = \boldsymbol{x}^k + \alpha P^{-1}\boldsymbol{r}^k = (I - \alpha P^{-1}A)\boldsymbol{x}^k + \alpha P^{-1}f, \tag{11.3.14}$$

所以 SPR 法的迭代矩阵是

$$R_\alpha = I - \alpha P^{-1}A. \tag{11.3.15}$$

命题 11.3.1　设 $P^{-1}A$ 对称正定, 则 SPR 方法的最优参数 α^* 为

$$\alpha^* = \frac{2}{\lambda_{\min} + \lambda_{\max}}, \tag{11.3.16}$$

其中 $\lambda_{\min}$ 和 $\lambda_{\max}$ 分别为 $P^{-1}A$ 的最小和最大特征值. 当取 $\alpha = \alpha^*$ 时, SPR 的收敛性有如下估计

$$\|\boldsymbol{e}^k\| \leqslant \left(\frac{\chi(P^{-1}A) - 1}{\chi(P^{-1}A) + 1}\right)^k \|\boldsymbol{e}^0\|. \tag{11.3.17}$$

证明　设 λ_i 为 $P^{-1}A$ 的特征值, $\boldsymbol{v}_i$ 是对应的特征向量所给出的正交基, 则 $\boldsymbol{e}^k = \boldsymbol{x}^k - \boldsymbol{x}$ 可表示为 $\boldsymbol{e}^k = \sum\limits_{i=1}^n a_i \boldsymbol{v}_i$, 其中 a_i 为展开式的系数, 于是

$$\boldsymbol{e}^{k+1} = R_\alpha \boldsymbol{e}^k = \sum_{i=1}^n a_i R_\alpha \boldsymbol{v}_i = \sum_{i=1}^n a_i(1 - \alpha\lambda_i)\boldsymbol{v}_i. \tag{11.3.18}$$

α 的最优值 α^* 是使

$$|1 - \alpha\lambda_{\min}| = |1 - \alpha\lambda_{\max}|$$

成立的值, 因此解得

$$\alpha^* = \frac{2}{\lambda_{\min} + \lambda_{\max}}.$$

这时有

$$||e^{k+1}|| \leqslant |1 - \alpha\lambda_{\min}| \, ||e^k|| = \frac{\lambda_{\max} - \lambda_{\min}}{\lambda_{\max} + \lambda_{\min}}||e^k||.$$

当 $P^{-1}A$ 对称正定时, 有 $\chi_{sp}(P^{-1}A) = \lambda_{\max}/\lambda_{\min}$, 因此由上式可得

$$||e^k|| \leqslant \left(\frac{\chi(P^{-1}A) - 1}{\chi(P^{-1}A) + 1}\right)^k ||e^0||. \qquad \square$$

当 $P^{-1}A$ 不对称正定时, 只要 P 和 A 对称正定, 则通过定义如下的内积 $(\cdot, \cdot)_P$:

$$(\boldsymbol{u}, \boldsymbol{v})_P = (P\boldsymbol{u}, \boldsymbol{v}), \quad ||\boldsymbol{u}||_P = \sqrt{(\boldsymbol{u}, \boldsymbol{u})_P}, \quad \forall \boldsymbol{u}, \boldsymbol{v} \in \mathbb{R}^n. \qquad (11.3.19)$$

由下面的引理知 $P^{-1}A$ 关于 $(\cdot, \cdot)_P$ 对称正定. 这里 $(\cdot, \cdot)_P$ 表示 $\mathbb{R}^n$ 中的标量积.

引理 11.3.1 (1) 若 P 对称正定, A 对称 (正定), 则 $P^{-1}A$ 关于 $(\cdot, \cdot)_P$ 对称 (正定). (2) 若 P 对称正定, A 对称, 则谱条件数 $\chi_{sp}(P^{-1}A)$ 等于 $P^{-1}A$ 在模 $||\cdot||_P$ 意义下的条件数.

证明 (1) 对所有 $\boldsymbol{u} \in \mathbb{R}^n$, $(P^{-1}A\boldsymbol{u}, \boldsymbol{u})_P = (A\boldsymbol{u}, \boldsymbol{u})$, 因此当 A 正定时, $P^{-1}A$ 关于 $(.,.)_P$ 正定, 而且对任何 $\boldsymbol{u}, \boldsymbol{v} \in \mathbb{R}^n$, 因为 A 和 P 对称, 所以

$$(P^{-1}A\boldsymbol{u}, \boldsymbol{v})_P = (A\boldsymbol{u}, \boldsymbol{v}) = (\boldsymbol{u}, A\boldsymbol{v}) = (P^{-1}P\boldsymbol{u}, A\boldsymbol{v})$$
$$= (P\boldsymbol{u}, P^{-1}A\boldsymbol{v}) = (\boldsymbol{u}, P^{-1}A\boldsymbol{v})_P.$$

因此 $P^{-1}A$ 关于 $(.,.)_P$ 对称.

(2) 注意

$$||P^{-1}A||_P = \rho(P^{-1}A),$$

因此

$$\chi_{sp}(P^{-1}A) = \frac{\max\limits_{i}|\lambda_i|}{\min\limits_{i}|\lambda_i|} = \rho(P^{-1}A)\rho(A^{-1}P) = ||P^{-1}A||_P||A^{-1}P||_P,$$

其中 λ_i 为 $P^{-1}A$ 的特征值. $\qquad \square$

定理 11.3.2 对任何非奇异矩阵 P, 定常预条件 Richardson 法收敛当且仅当

$$|\lambda_i|^2 < \frac{2}{\alpha}\mathrm{Re}\lambda_i, \quad i = 1, \cdots, n, \qquad (11.3.20)$$

其中 λ_i 为 $P^{-1}A$ 的特征值.

证明　因为 SPR 法的迭代矩阵为 (11.3.15), 即 $R_\alpha = I - \alpha P^{-1}A$, 所以

$$(I - R_\alpha)^{-1}(I + R_\alpha) = \frac{2}{\alpha}A^{-1}P - I.$$

用 μ_i 表示 $A^{-1}P$ 的特征值, 由定理 11.3.1 知, 当且仅当 $\frac{2}{\alpha}\mathrm{Re}\mu_i > 1$ $(i = 1, \cdots, n)$ 时, $\rho(R_\alpha) < 1$. 注意 $\lambda_i = \frac{1}{\mu_i}$, 即有 $|\lambda_i|^2 < \frac{2}{\alpha}\mathrm{Re}\lambda_i$ $(i = 1, \cdots, n)$. $\qquad\square$

由该定理, 很容易得到以下推论, 读者自己证明.

推论 11.3.1　若 $P^{-1}A$ 的特征值的实部符号有变化, 则定常预条件 Richardson 法不收敛.

推论 11.3.2　若 $P^{-1}A$ 有实特征值, 则定常预条件 Richardson 法收敛当且仅当

$$1 < \frac{2}{\alpha\lambda_i}, \quad i = 1, \cdots, n, \tag{11.3.21}$$

其中 λ_i 为 $P^{-1}A$ 的特征值.

推论 11.3.3　若 $P^{-1}A$ 对称正定, 则定常预条件 Richardson 法收敛当且仅当

$$0 < \alpha < \frac{2}{\lambda_{\max}}, \tag{11.3.22}$$

其中 $\lambda_{\max}$ 是 $P^{-1}A$ 的最大特征值.

§11.3.2　预条件 Richardson 极小残量 (PRMR) 法

假定 A 正定, P 对称正定, 由 (11.3.13) 有

$$z^{k+1} = z^{k+1}(\alpha) = P^{-1}(r^k - \alpha A z^k).$$

因此

$$\|z^{k+1}\|_P^2 = \|P^{-1}r^k\|_P^2 + \alpha^2\|P^{-1}Az^k\|_P^2 - 2\alpha(P^{-1}r^k, P^{-1}Az^k)_P. \tag{11.3.23}$$

现在选择 $\alpha = \alpha_k$, 使得 $\|z^{k+1}(\alpha)\|_P^2$ 极小化, 也即

$$\frac{d}{d\alpha}\Big(\|z^{k+1}(\alpha)\|_P^2\Big)_{\alpha=\alpha_k} = 0, \tag{11.3.24}$$

从而

$$\alpha_k = \frac{(z^k, Az^k)}{(Az^k, P^{-1}Az^k)}. \tag{11.3.25}$$

上式分子恒为正, 除非 $z^k = 0$. 当 $z^k = 0$ 时, $r^k = 0$, 也即 $x^k = x$ 是精确解. 在 SPR 迭代格式 (11.3.13) 中, 若 α 被 (11.3.25) 的 α_k 替代, 则所得的迭代格式称为预条件 Richardson 极小残量 (PRMR) 法.

下面分析 PRMR 的收敛性. 首先利用 (11.3.23) 和 (11.3.25) 计算

$$||z^k||_P^2 - ||z^{k+1}||_P^2 = ||z^k||_P^2 - ||z^k||_P^2 - \alpha_k^2||P^{-1}Az^k||_P^2 + 2\alpha_k(z^k, P^{-1}Az^k)_P$$
$$= 2\alpha_k(z^k, P^{-1}Az^k)_P - \alpha_k^2||P^{-1}Az^k||_P^2$$
$$= \frac{(Az^k, z^k)^2}{(P^{-1}Az^k, Az^k)}.$$

由于 P 对称正定, 从而可知上式右端大于 0, 因此 $||z^k||_P$ 不增加且收敛, 所以

$$\frac{(Az^k, z^k)^2}{(P^{-1}Az^k, Az^k)} \to 0, \quad k \to \infty. \tag{11.3.26}$$

又 A 正定, 所以存在 $\sigma > 0$ 使得 $(Aw, w) \geqslant \sigma||w||_2^2$ $(w \in \mathbb{R}^n)$, 这蕴含

$$\frac{(Az^k, z^k)^2}{(P^{-1}Az^k, Az^k)} \geqslant \frac{\sigma^2||z^k||_2^4}{||P^{-1}A||_2||A||_2||z^k||_2^2} = \frac{\sigma^2||z^k||_2^2}{||P^{-1}A||_2||A||_2},$$

也即 $||z^k||_2 \to 0$, 所以 $||r^k||_2 \to 0$, 从而 $x^k \to x = A^{-1}f$, 这里 $||\cdot||_2$ 是矩阵的 Euclid 范数.

§11.3.3 预条件 Richardson 最速下降 (PRSD) 法

假若 A 对称正定, 则可构造预条件 Richardson 最速下降 (PRSD) 法. 因为

$$r^k = f - Ax^k = A(x - x^k) = -Ae^k, \tag{11.3.27}$$

其中 e^k 是迭代解 x^k 与真解 x 的误差, 又由 (11.3.3) 和 (11.3.15) 知, 对 SPR 方法有

$$e^{k+1} = e^{k+1}(\alpha) = (I - \alpha P^{-1}A)e^k,$$

所以

$$||e^{k+1}||_A^2 = (Ae^{k+1}, e^{k+1}) = -(r^{k+1}, e^{k+1}) = -(r^k - \alpha Az^k, (I - \alpha P^{-1}A)e^k)$$
$$= -(r^k, e^k) + \alpha[(r^k, P^{-1}Ae^k) + (Az^k, e^k)] - \alpha^2(Az^k, P^{-1}Ae^k).$$

在 (11.3.13) 中, 选取 $\alpha = \alpha_k$ 使得

$$\frac{d}{d\alpha}\Big(||e^{k+1}(\alpha)||_A^2\Big)_{\alpha=\alpha_k} = 0,$$

则所得的迭代格式即为 PRSD 迭代.

记 $x^{k+1}(\alpha) = x^k + \alpha z^k$, 这等价于极小化 $\phi(x^{k+1}(\alpha))$, 其中 $\phi(w)$ 是二次函数

$$\phi(w) = \frac{1}{2}(Aw, w) - (f, w).$$

经计算得

$$\alpha_k = \frac{1}{2}\frac{(r^k, P^{-1}Ae^k) + (Az^k, e^k)}{(Az^k, P^{-1}Ae^k)} = \frac{1}{2}\frac{(r^k, z^k) + (Az^k, A^{-1}r^k)}{(Az^k, z^k)},$$

因此

$$\alpha_k = \frac{(\boldsymbol{z}^k, \boldsymbol{r}^k)}{(\boldsymbol{z}^k, A\boldsymbol{z}^k)}. \tag{11.3.28}$$

同样分子不为零, 除非 $\boldsymbol{r}^k = \boldsymbol{0}$.

当 P 是单位矩阵时, $\boldsymbol{z}^k = \boldsymbol{r}^k$, 在这种情况下, (11.3.28) 成为

$$\alpha_k = \frac{||\boldsymbol{r}^k||_2^2}{(\boldsymbol{r}^k, A\boldsymbol{r}^k)}.$$

(11.3.13) 中第二式变成

$$\boldsymbol{x}^{k+1} = \boldsymbol{x}^k + \frac{||\boldsymbol{r}^k||_2^2}{(\boldsymbol{r}^k, A\boldsymbol{r}^k)}\boldsymbol{r}^k, \tag{11.3.29}$$

这称为梯度法或 Richardson 最速下降法. 当 P 不为单位矩阵时, 迭代格式 (11.3.13) 采用 (11.3.28) 的 α_k, 也称为预条件梯度法 或预条件 Richardson 最速下降法.

§11.3.4 共轭梯度 (CG) 法

假定 A 对称正定, 则容易证明, 求解 $A\boldsymbol{x} = \boldsymbol{f}$ 等价于极小化二次泛函

$$\phi(\boldsymbol{w}) = \frac{1}{2}(A\boldsymbol{w}, \boldsymbol{w}) - (\boldsymbol{f}, \boldsymbol{w}). \tag{11.3.30}$$

实际上, ϕ 的极小值是 $-\frac{1}{2}(A^{-1}\boldsymbol{f}, \boldsymbol{f})$, 在 $\boldsymbol{x} = A^{-1}\boldsymbol{f}$ 处达到. 同样注意到

$$\boldsymbol{r}^k = -\nabla\phi(\boldsymbol{x}^k), \tag{11.3.31}$$

也即 (11.3.27) 中定义的残量是 ϕ 在 $\boldsymbol{x}^k$ 处的负梯度.

当 $P = I$ 时, Richardson 法总是通过在 ϕ 的负梯度方向的增量来修正

$$\boldsymbol{x}^{k+1} = \boldsymbol{x}^k + \alpha_k\boldsymbol{r}^k. \tag{11.3.32}$$

在共轭梯度 (CG) 法中, 迭代的修正也是由 (11.3.32) 得到, 但 $\boldsymbol{r}^k$ 取代成一个与梯度方向不平行的新方向 $\boldsymbol{p}^k$.

定义 11.3.3 方向 $\{\boldsymbol{p}^k\}$ 称为A-共轭, 若满足正交性质 $(\boldsymbol{p}^j, A\boldsymbol{p}^m) = 0$ $(m \neq j)$. 特别地

$$(\boldsymbol{p}^{k+1}, A\boldsymbol{p}^k) = 0, \quad \forall k \in \mathbb{N}. \tag{11.3.33}$$

设 $\boldsymbol{p}^0, \cdots, \boldsymbol{p}^m$ 是线性无关向量, $\boldsymbol{x}^0$ 是一个初始猜测, 构造序列

$$\boldsymbol{x}^{k+1} = \boldsymbol{x}^k + \alpha_k\boldsymbol{p}^k, \quad 0 \leqslant k \leqslant m, \tag{11.3.34}$$

其中 α_k 是非负实数, 则 $\boldsymbol{x}^{k+1}$ 在 $k+1$ 维超平面上极小化泛函 $\phi(\boldsymbol{w})$:

$$\boldsymbol{w} = \boldsymbol{x}^0 + \sum_{j=0}^{k}\gamma_j\boldsymbol{p}^j, \quad \gamma_j \in \mathbb{R}$$

当且仅当 p^j 是 A-共轭, 且 $\alpha_k = \dfrac{(r^k, p^k)}{(p^k, Ap^k)}$. 因此形成如下 CG 算法:

设 x^0 是初始猜测, $r^0 = f - Ax^0$, 令 $p^0 = r^0$, 对每个 $k \in N$, 按如下公式进行第 k 次迭代

$$
\begin{aligned}
\alpha_k &= \frac{(r^k, p^k)}{(p^k, Ap^k)} = \frac{\|r^k\|_2^2}{(p^k, Ap^k)}, \\
x^{k+1} &= x^k + \alpha_k p^k, \\
r^{k+1} &= r^k - \alpha_k Ap^k, \\
\beta_{k+1} &= -\frac{(r^{k+1}, Ap^k)}{(p^k, Ap^k)} = \frac{\|r^{k+1}\|_2^2}{\|r^k\|_2^2}, \\
p^{k+1} &= r^{k+1} + \beta_{k+1} p^k.
\end{aligned}
\tag{11.3.35}
$$

定理 11.3.3 CG 算法的向量组 $\{r^k\}$ 和 $\{p^k\}$ 具有性质:

$$(p^i, r^j) = 0, \qquad 0 \leqslant i < j \leqslant k, \tag{11.3.36}$$

$$(p^i, Ap^j) = 0, \qquad i \neq j,\ 0 \leqslant i, j \leqslant k, \tag{11.3.37}$$

$$(r^i, r^j) = 0, \qquad i \neq j,\ 0 \leqslant i, j \leqslant k. \tag{11.3.38}$$

证明 用数学归纳法证明.

1. 当 $k = 1$ 时, 注意

$$
\begin{aligned}
&p^0 = r^0, \quad r^1 = r^0 - \alpha_0 Ap^0, \quad p^1 = r^1 + \beta_1 p^0, \\
&\alpha_0 = \frac{(r^0, p^0)}{(p^0, Ap^0)} = \frac{(r^0, r^0)}{(p^0, Ap^0)}, \quad \beta_1 = \frac{(r^1, Ap^0)}{(p^0, Ap^0)},
\end{aligned}
$$

所以

$$
\begin{aligned}
(p^0, r^1) &= (r^0, r^0 - \alpha_0 Ap^0) = (r^0, r^0) - \alpha_0(r^0, Ap^0) \\
&= (r^0, r^0) - \frac{(r^0, r^0)}{(p^0, Ap^0)}(p^0, Ap^0) = 0, \\
(p^1, Ap^0) &= (r^1 + \beta_1 p^0, Ap^0) = (r^1, Ap^0) - \frac{(r^1, Ap^0)}{(p^0, Ap^0)}(p^0, Ap^0) = 0, \\
(r^1, r^0) &= (r^0 - \alpha_0 Ap^0, r^0) = (r^0, r^0) - \frac{(r^0, p^0)}{(p^0, Ap^0)}(Ap^0, r^0) \\
&= (r^0, r^0) - \frac{(r^0, r^0)}{(p^0, Ap^0)}(p^0, Ap^0) = 0.
\end{aligned}
$$

因此当 $k = 1$ 时, 结论 (11.3.36)~(11.3.38) 均成立.

2. 假设对 k, (11.3.36)~(11.3.38) 均成立, 下面证明对 $k + 1$, 结论仍成立.

(1) 取 $0 \leqslant i < j \leqslant k + 1$.

当 $0 \leqslant i \leqslant k - 1$ 时, 由归纳法假定知 $(p^i, r^{k+1}) = (p^i, r^k) - \alpha_k(p^i, Ar^k) = 0$.

当 $i = k$ 时

$$(\boldsymbol{p}^k, \boldsymbol{r}^{k+1}) = (\boldsymbol{p}^k, \boldsymbol{r}^k) - \frac{(\boldsymbol{r}^k, \boldsymbol{p}^k)}{(\boldsymbol{p}^k, A\boldsymbol{p}^k)}(\boldsymbol{p}^k, A\boldsymbol{p}^k) = 0.$$

因此当 $k+1$ 时, (11.3.36) 成立.

(2) 取 $0 \leqslant i, j \leqslant k+1 (i \neq j)$.

当 $j = k+1, 0 \leqslant i \leqslant k-1$ 时, 由 (11.3.36) 知

$$(\boldsymbol{p}^i, A\boldsymbol{p}^{k+1}) = \frac{1}{\alpha_k}(\boldsymbol{p}^i, \boldsymbol{r}^k - \boldsymbol{r}^{k+1}) = \frac{1}{\alpha_k}(\boldsymbol{p}^i, \boldsymbol{r}^k) - \frac{1}{\alpha_k}(\boldsymbol{p}^i, \boldsymbol{r}^{k+1}) = 0, \quad \alpha_k \neq 0.$$

若 $\alpha_k = 0$, 则 $\boldsymbol{r}^k = \boldsymbol{p}^k = \boldsymbol{0}$, 再由 A 的对称性知 $(\boldsymbol{p}^{k+1}, A\boldsymbol{p}^i) = 0$ 也成立.

当 $j = k, i = k+1$ 时

$$(\boldsymbol{p}^{k+1}, A\boldsymbol{p}^k) = (\boldsymbol{r}^{k+1} + \beta_{k+1}\boldsymbol{p}^k, A\boldsymbol{p}^k) = (\boldsymbol{r}^{k+1}, A\boldsymbol{p}^k) + \beta_{k+1}(\boldsymbol{p}^k, A\boldsymbol{p}^k)$$
$$= (\boldsymbol{r}^{k+1}, A\boldsymbol{p}^k) - \frac{(\boldsymbol{r}^{k+1}, A\boldsymbol{p}^k)}{(\boldsymbol{p}^k, A\boldsymbol{p}^k)}(\boldsymbol{p}^k, A\boldsymbol{p}^k) = 0.$$

因此对 $k+1$, (11.3.37) 也成立.

(3) 当 $i = k+1, 0 \leqslant j \leqslant k-1$ 时, 由归纳假设知

$$(\boldsymbol{r}^{k+1}, \boldsymbol{r}^j) = (\boldsymbol{r}^k - \alpha_k A\boldsymbol{p}^k, \boldsymbol{r}^j) = (\boldsymbol{r}^k, \boldsymbol{r}^j) - \alpha_k(A\boldsymbol{p}^k, \boldsymbol{r}^j)$$
$$= (\boldsymbol{r}^k, \boldsymbol{r}^j) - \alpha_k(A\boldsymbol{p}^k, \boldsymbol{p}^j - \beta_j \boldsymbol{p}^{j-1})$$
$$= (\boldsymbol{r}^k, \boldsymbol{r}^j) - \alpha_k(A\boldsymbol{p}^k, \boldsymbol{p}^j) + \alpha_k \beta_j(A\boldsymbol{p}^k, \boldsymbol{p}^{j-1}) = 0.$$

当 $i = k+1, j = k$ 时, 注意 $(\boldsymbol{p}^k, A\boldsymbol{p}^k) = (\boldsymbol{r}^k, A\boldsymbol{p}^k)$, 这事实上由 (11.3.37) 得到

$$(\boldsymbol{p}^k, A\boldsymbol{p}^k) = (\boldsymbol{r}^k + \beta_k \boldsymbol{p}^{k-1}, A\boldsymbol{p}^k) = (\boldsymbol{r}^k, A\boldsymbol{p}^k). \tag{11.3.39}$$

所以再由 (11.3.36), 有

$$(\boldsymbol{r}^{k+1}, \boldsymbol{r}^k) = (\boldsymbol{r}^k, \boldsymbol{r}^k) - \alpha_k(A\boldsymbol{p}^k, \boldsymbol{r}^k)$$
$$= (\boldsymbol{r}^k, \boldsymbol{r}^k) - \frac{(\boldsymbol{r}^k, \boldsymbol{p}^k)}{(\boldsymbol{p}^k, A\boldsymbol{p}^k)}(\boldsymbol{p}^k, A\boldsymbol{p}^k)$$
$$= (\boldsymbol{r}^k, \boldsymbol{r}^k - \boldsymbol{p}^k) = -\beta_{k-1}(\boldsymbol{r}^k, \boldsymbol{p}^{k-1}) = 0, \tag{11.3.40}$$

即 $(\boldsymbol{r}^{k+1}, \boldsymbol{r}^k) = 0$.

所以对 $k+1$, (11.3.38) 也成立. □

定义 11.3.4 称

$$K_k(A, \boldsymbol{r}^0) = \text{span}\{\boldsymbol{r}^0, A\boldsymbol{r}^0, \cdots, A^{k-1}\boldsymbol{r}^0\} \tag{11.3.41}$$

是由 $\boldsymbol{r}^0$ 和 A 生成的 k 阶 Krylov 空间.

定理 11.3.4　对 CG 算法, 有

$$\text{span}\{r^0,\cdots,r^k\} = \text{span}\{p^0,\cdots,p^k\} = K_{k+1}(A,r^0). \tag{11.3.42}$$

证明　(1) 首先证明

$$\text{span}\{r^0,\cdots,r^k\} = \text{span}\{p^0,\cdots,p^k\}, \qquad k \geqslant 0. \tag{11.3.43}$$

因为 $p^0 = r^0$, 且由 $p^{k+1} = r^{k+1}+\beta_{k+1}p^k$ 知, $\{p^k\}$ 与 $\{r^k\}$ 两个序列可以相互线性表示, 又由定理 11.3.3 中的 (11.3.37) 和 (11.3.38) (注意 A 对称正定) 知, $\{p^k\}$ 与 $\{r^k\}$ 两个序列均线性无关, 因此 (11.3.43) 成立.

(2) 下面用数学归纳法证明

$$\text{span}\{p^0,\cdots,p^k\} = K_{k+1}(A,r^0). \tag{11.3.44}$$

当 $k = 1$ 时, 由 $p^0 = r^0$ 及

$$p^1 = r^1 + \beta_1 p^0 = (r^0 - \alpha_0 A p^0) + \beta_1 p^0 = r^0 + \beta_1 r^0 - \alpha_0 A r^0$$

知

$$\text{span}\{p^0,p^1\} = \text{span}\{r^0,Ar^0\}$$

成立.

假设对 k 成立, 也即结合 (11.3.43) 和 (11.3.44) 有下式成立

$$\text{span}\{r^0,\cdots,r^k\} = \text{span}\{p^0,\cdots,p^k\} = K_{k+1}(A,r^0). \tag{11.3.45}$$

由该式知

$$r^k \in K_{k+1}(A,r^0), \quad p^k \in K_{k+1}(A,r^0),$$

所以

$$Ap^k \in \text{span}\{Ar^0,\cdots,A^{k+2}r^0\}.$$

从而

$$r^{k+1} = r^k - \alpha_k A p^k \in \text{span}\{r^0,Ar^0,\cdots,A^{k+2}r^0\} = K_{k+2}(A,r^0). \tag{11.3.46}$$

又由归纳假设 (11.3.45) 知

$$A^k r^0 \in \text{span}\{p^0,p^1,\cdots,p^k\},$$

所以

$$A^{k+1}r^0 \in \text{span}\{Ap^0,Ap^1,\cdots,Ap^k\}.$$

于是由 $r^{k+1} = r^k - \alpha_k A p^k$ 知

$$A^{k+1} r^0 \in \text{span}\{r^0, r^1, \cdots, r^{k+1}\}. \tag{11.3.47}$$

因此, 由 (11.3.43)、(11.3.46)及 (11.3.47) 知

$$\text{span}\{p^0, p^1, \cdots, p^{k+1}\} = K_{k+2}(A, r^0),$$

也即对 $k+1$ (11.3.44) 也成立.

综合 (11.3.43) 与 (11.3.44) 有

$$\text{span}\{r^0, \cdots, r^k\} = \text{span}\{p^0, \cdots, p^k\} = K_{k+1}(A, r^0). \qquad \Box$$

注记

1. 在实际计算中, α_k 和 β_{k+1} 的计算采用更简单的形式, 即

$$\alpha_k = \frac{\|r^k\|_2^2}{(p^k, A p^k)}, \quad \beta_{k+1} = \frac{\|r^{k+1}\|_2^2}{\|r^k\|_2^2}. \tag{11.3.48}$$

因为由定理 11.3.3 中的 (11.3.36) 及证明中的 (11.3.39) 知

$$(p^k, r^{k+1}) = 0, \quad (p^k, A p^k) = (r^k, A p^k), \quad (r^k, r^{k+1}) = 0,$$

于是

$$\alpha_k = \frac{(r^k, p^k)}{(p^k, A p^k)} = \frac{(r^k, r^k + \beta_k p^{k-1})}{(p^k, A p^k)} = \frac{(r^k, r^k) + \beta_k(r^k, p^{k-1})}{(p^k, A p^k)} = \frac{\|r^k\|_2^2}{(p^k, A p^k)},$$

$$\begin{aligned}\beta_{k+1} &= -\frac{(r^{k+1}, A p^k)}{(p^k, A p^k)} = -\frac{(r^{k+1}, \alpha_k^{-1}(r^k - r^{k+1}))}{(r^k, A p^k)} \\ &= \frac{\alpha_k^{-1}(r^{k+1}, r^{k+1})}{(r^k, \alpha_k^{-1}(r^k - r^{k+1}))} = \frac{\|r^{k+1}\|_2^2}{\|r^k\|_2^2},\end{aligned}$$

因此 (11.3.48) 成立.

2. 对某固定的 p^k, 令

$$e^{k+1}(\alpha) = x^{k+1} - x = (x^k + \alpha p^k) - x,$$

则 α_k 满足

$$\frac{d}{d\alpha}\left(\|e^{k+1}(\alpha)\|_A^2\right)_{\alpha = \alpha_k} = 0,$$

也即 α_k 是极小化泛函 $\phi(e^{k+1})$ 的最优参数, 而 β_{k+1} 则保证满足 $(p^{k+1}, A p^k) = 0$.

3. 当向量 $r^k = 0$ 时, 由 (11.3.48) 知, $\alpha_k = 0$, 所以 $x^{k+1} = x^k + \alpha_k p^k = x^k$, 这表明第 k 步迭代的解 x^k 即为方程的精确解.

4. 当 $A_{n\times n}$ 对称正定时, 由于 $\mathbb{R}^n$ 空间中至多有 n 个相互正交的非零向量, 而由定理 11.3.3 知, 向量 $r^0, r^1, \cdots, r^k$ 相互正交, 所以当 $k \geqslant n$ 时, 向量序列 $\{r^k\}$ 中至少有一个向量 $r^j = 0$ $(j \leqslant n)$, 这表明 $x^k = A^{-1} f$. 因此理论上 CG 算法最多 n 步迭代就可得方程组的精确解.

定理 11.3.5 CG 迭代的收敛性有如下估计

$$\|e^k\|_A \leqslant 2\left(\frac{\sqrt{\chi_{sp}(A)}-1}{\sqrt{\chi_{sp}(A)}+1}\right)^k \|e^0\|_A,\tag{11.3.49}$$

其中 $\chi_{sp}(A)$ 表示 A 的谱条件数.

证明 首先由 CG 算法 (11.3.35) 的第二式, 有

$$\boldsymbol{x}^{k+1}-\boldsymbol{x}^0 = \sum_{s=0}^{k}\alpha_s\boldsymbol{p}^s \in \mathrm{span}\{\boldsymbol{p}^0,\boldsymbol{p}^1,\cdots,\boldsymbol{p}^k\}.$$

取 $0\leqslant i\leqslant k$, 根据定理 11.3.3 中的性质, 有

$$(A\boldsymbol{p}^i,\boldsymbol{x}^{k+1}-\boldsymbol{x}^0)=\alpha_i(A\boldsymbol{p}^i,\boldsymbol{p}^i)=(\boldsymbol{p}^i,\boldsymbol{r}^i-\boldsymbol{r}^{i+1})=(\boldsymbol{p}^i,\boldsymbol{r}^i)$$
$$=(A\boldsymbol{p}^i,\boldsymbol{x}-\boldsymbol{x}^i)=(A\boldsymbol{p}^i,\boldsymbol{x}-\boldsymbol{x}^0-\sum_{s=0}^{i-1}\alpha_s\boldsymbol{p}^s)=(A\boldsymbol{p}^i,\boldsymbol{x}-\boldsymbol{x}^0),$$

其中 $\boldsymbol{x}$ 表示真解 $A^{-1}\boldsymbol{f}$. 上式表明 $\boldsymbol{x}^{k+1}-\boldsymbol{x}^0$ 是 $\boldsymbol{x}-\boldsymbol{x}^0$ 在由 $\boldsymbol{p}^0,\boldsymbol{p}^1,\cdots,\boldsymbol{p}^k$ 张成的空间上的正交投影, 其中投影标量积取 $(\boldsymbol{u},\boldsymbol{v})_A=(A\boldsymbol{u},\boldsymbol{v})$.

因此, 根据定理 11.3.4, $\boldsymbol{x}^{k+1}-\boldsymbol{x}^0$ 是 $\boldsymbol{x}-\boldsymbol{x}^0$ 在 $K_{k+1}(A,\boldsymbol{r}^0)$ 上的投影, 且

$$\|\boldsymbol{x}-\boldsymbol{x}^{k+1}\|_A=\|\boldsymbol{x}-\boldsymbol{x}^0-(\boldsymbol{x}^{k+1}-\boldsymbol{x}^0)\|_A=\min_{\boldsymbol{w}\in K_{k+1}(A,\boldsymbol{r}^0)}\|\boldsymbol{x}-\boldsymbol{x}^0-\boldsymbol{w}\|_A.\tag{11.3.50}$$

因为 $\boldsymbol{r}^0=A(\boldsymbol{x}-\boldsymbol{x}^0)$, 所以对任何 $\boldsymbol{w}\in K_{k+1}(A,\boldsymbol{r}^0)$, $\boldsymbol{w}$ 可写成

$$\boldsymbol{w}=\sum_{j=1}^{k+1}\gamma_j A^j(\boldsymbol{x}-\boldsymbol{x}^0).$$

因此

$$\|\boldsymbol{x}-\boldsymbol{x}^{k+1}\|_A=\min_{p\in P_{k+1}^*}\|p(A)(\boldsymbol{x}-\boldsymbol{x}^0)\|_A,$$

其中 P_{k+1}^* 是次数不超过 $k+1$ 的多项式集合, 且 $p(0)=1$.

由假定, $A=A^T>0$. 我们知道存在一个由 A 的特征向量给出的正交基, 并知道 A 的特征值 $\lambda_j>0$, 将 $\boldsymbol{x}-\boldsymbol{x}^0$ 关于这些特征向量展开, 得

$$\|p(A)(\boldsymbol{x}-\boldsymbol{x}^0)\|_A\leqslant\max_{1\leqslant j\leqslant n}|p(\lambda_j)|\ \|\boldsymbol{x}-\boldsymbol{x}^0\|_A.$$

因此 (11.3.50) 为

$$\|\boldsymbol{x}-\boldsymbol{x}^{k+1}\|_A\leqslant\min_{\boldsymbol{w}\in K_{k+1}(A,\boldsymbol{r}^0)}\max_{1\leqslant j\leqslant n}|p(\lambda_j)|\ \|\boldsymbol{x}-\boldsymbol{x}^0\|_A.\tag{11.3.51}$$

由 Chebyshev 多项式逼近定理, 最优化问题

$$\min_{p\in P_{k+1}^*}\max_{1\leqslant j\leqslant n}|p(\lambda_j)|$$

有唯一解

$$p(x) = \frac{T_{k+1}\left(\dfrac{\lambda_{\max} + \lambda_{\min} - 2x}{\lambda_{\max} - \lambda_{\min}}\right)}{T_{k+1}\left(\dfrac{\lambda_{\max} + \lambda_{\min}}{\lambda_{\max} - \lambda_{\min}}\right)}, \quad x \in [\lambda_{\min}, \lambda_{\max}],$$

其中 $T_{k+1}(x)$ 是 $k+1$ 次 Chebyshev 多项式. 由 Chebyshev 多项式性质知 $|T_{k+1}(y)| \leqslant 1\ (|y| \leqslant 1)$, 所以有

$$\max_{x \in [\lambda_{\min}, \lambda_{\max}]} |p(x)| \leqslant \left[T_{k+1}\left(\frac{\lambda_{\max} + \lambda_{\min}}{\lambda_{\max} - \lambda_{\min}}\right)\right]^{-1}.$$

计算该表达式, 得到

$$\max_{x \in [\lambda_{\min}, \lambda_{\max}]} |p(x)| \leqslant 2\left[1 + \left(\frac{\sqrt{\lambda_{\max}} - \sqrt{\lambda_{\min}}}{\sqrt{\lambda_{\max}} + \sqrt{\lambda_{\min}}}\right)^{2k+2}\right]^{-1} \left(\frac{\sqrt{\lambda_{\max}} - \sqrt{\lambda_{\min}}}{\sqrt{\lambda_{\max}} + \sqrt{\lambda_{\min}}}\right)^{k+1}$$

$$\leqslant 2\left(\frac{\sqrt{\chi_{sp}(A)} - 1}{\sqrt{\chi_{sp}(A)} + 1}\right)^{k+1}.$$

代入 (11.3.51), 得

$$\|e^{k+1}\|_A \leqslant 2\left(\frac{\sqrt{\chi_{sp}(A)} - 1}{\sqrt{\chi_{sp}(A)} + 1}\right)^{k+1} \|e^0\|_A,$$

也即 (11.3.49) 成立. □

§11.3.5 预条件共轭梯度 (PCG) 法

当 $\chi_{sp}(A)$ 较大时, 最好采用预条件. 预条件共轭梯度法是先把原方程组 $Ax = f$ 转化成一个良态的等价方程组

$$\widetilde{A}\widetilde{x} = \widetilde{f}, \tag{11.3.52}$$

其中 $\widetilde{A} = C^{-1}AC^{-1}, \widetilde{x} = Cx, \widetilde{f} = C^{-1}f, C$ 为对称正定矩阵, 然后再对方程 (11.3.52) 用 CG 算法, 能用 CG 算法是因为这时矩阵 $\widetilde{A}$ 关于通常的欧氏标量积是对称正定的. 类似 CG 算法, 方程 (11.3.52) 的 CG 算法为

$$\begin{aligned}
\alpha_k &= \frac{\|\widetilde{r}^k\|_2}{(\widetilde{p}^k, A\widetilde{p}^k)}, \\
\widetilde{x}^{k+1} &= \widetilde{x}^k + \alpha_k \widetilde{p}^k, \\
\widetilde{r}^{k+1} &= \widetilde{r}^k - \alpha_k A\widetilde{p}^k, \\
\beta_{k+1} &= \frac{\|\widetilde{r}^{k+1}\|_2^2}{\|\widetilde{r}^k\|_2^2}, \\
\widetilde{p}^{k+1} &= \widetilde{r}^{k+1} + \beta_{k+1}\widetilde{p}^k,
\end{aligned} \tag{11.3.53}$$

其中 $\tilde{r}^0 = \tilde{f} - \tilde{A}\tilde{x}^0$, $\tilde{p}^0 = \tilde{r}^0$. 显然在用 (11.3.53) 计算时, 需要预先算出 $\tilde{A}$ 和 $\tilde{f}$, 算出 $\tilde{x}$ 后还要通过关系式 $x = C^{-1}\tilde{x}$ 来得到 x, 这都涉及计算 C^{-1}. 为了避免计算 C^{-1}, 我们令

$$\tilde{p}^k = Cp^k, \qquad \tilde{x}^k = Cx^k, \qquad \tilde{r}^k = C^{-1}r^k,$$

代入到 (11.3.53) 中整理, 并记 $P = C^2$, 则得如下预条件共轭梯度 (PCG) 算法

$$
\begin{aligned}
\alpha_k &= \frac{(z^k, r^k)}{(p^k, Ap^k)}, \\
x^{k+1} &= x^k + \alpha_k p^k, \\
r^{k+1} &= r^k - \alpha_k Ap^k, \\
Pz^{k+1} &= r^{k+1}, \\
\beta_{k+1} &= \frac{(z^{k+1}, r^{k+1})}{(z^k, r^k)}, \\
p^{k+1} &= z^{k+1} + \beta_{k+1} p^k,
\end{aligned}
\tag{11.3.54}
$$

其中 x^0 为初始猜测, $r^0 = f - Ax^0$, $p^0 = z^0 = P^{-1}r^0$. 注意预条件子 P 是一个对称正定矩阵.

对 PCG 法, 误差估计式与 CG 法类似, 有

定理 11.3.6

$$||e^k||_A \leqslant 2\left(\frac{\sqrt{\chi_{sp}(P^{-1}A)} - 1}{\sqrt{\chi_{sp}(P^{-1}A)} + 1}\right)^k ||e^0||_A, \quad k \in \mathbb{N}, \tag{11.3.55}$$

其中 $\chi_{sp}(P^{-1}A)$ 为 $P^{-1}A$ 的谱条件数.

证明过程与 CG 法类似, 只要将欧氏标量积 (u, v) 用预条件子 P 诱导的标量积 $(u, v)_P$ 替代, 矩阵 A 用 $P^{-1}A$ 替代, 残差 r^k 由 $z^k = P^{-1}r^k$ 替代即可. 读者自己完成.

§11.3.6 预条件子

由前面的收敛性估计知道, 迭代的优劣很大程度上依赖矩阵的条件数. 如果系数矩阵 A 是良态的, 共轭梯度法很有效. 对病态方程组, 基本思想是采用一个预条件子也即一个非奇异矩阵 P 来考虑等价的方程组

$$P^{-1}Ax = P^{-1}f. \tag{11.3.56}$$

一个好的预条件子 P 的基本要求是 P^{-1} 容易计算, 而且 $P^{-1}A$ 的条件数一定比 A 小. 假如 $P^{-1}A$ 的条件数关于 n (矩阵 A 的阶数) 一致有界, 则称 P 是最优预条件子.

(11.3.56) 中的 $P^{-1}A$ 可能不是对称或正定的. 然而, 假如 P 和 A 是对称正定的, 则由引理 11.3.1 知, $P^{-1}A$ 关于 $(\cdot,\cdot)_P$ 对称正定, 因此可直接对 (11.3.56) 应用共轭梯度法, 只要 A 用 $P^{-1}A$ 代替, $\boldsymbol{f}$ 用 $P^{-1}\boldsymbol{f}$ 代替, $\boldsymbol{r}^k$ 用 $\boldsymbol{z}^k = P^{-1}\boldsymbol{r}^k$ 代替, $(\cdot,\cdot)$ 用 $(\cdot,\cdot)_P$ 代替, 及 $\|\cdot\|$ 用 $\|\cdot\|_P$ 代替即可, 具体算法从略.

为了得到系数矩阵是对称正定的等价方程组, 可以采用两种方法. 第一种是将预条件子 P 写成

$$P = C^2 \tag{11.3.57}$$

的形式, 其中 C 是对称非奇异矩阵, 假如取 P 的平方根. P 的平方根 $\sqrt{P}$ 可如下计算. 因为 P 可以写成 $P = T\Lambda T^T$, 其中 $\Lambda = \mathrm{diag}(\lambda_1,\cdots,\lambda_n)$ 是由 P 的特征值构成的对角矩阵, T 是由右特征向量构成的矩阵, 满足 $T^{-1} = T^T$, 则 $\sqrt{P} = T\Lambda^{\frac{1}{2}}T^T$, 这里 $\Lambda^{\frac{1}{2}} = \mathrm{diag}(\sqrt{\lambda_1},\cdots,\sqrt{\lambda_n})$.

显然, C 确定后, 方程组 (11.3.56) 就可写成 (11.3.52) 的形式, 然后用 CG 方法, 这实质上就是已介绍过的 PCG 算法.

第二种方法是将 P 写成

$$P = HH^T \tag{11.3.58}$$

的形式, 其中 H 是一个非奇异矩阵, 这时等价的方程组为

$$\widetilde{A}\widetilde{\boldsymbol{x}} = \widetilde{\boldsymbol{f}},$$

其中 $\widetilde{A} = H^{-1}AH^{-T}$, $\widetilde{\boldsymbol{f}} = H^{-1}\boldsymbol{f}$, $\widetilde{\boldsymbol{x}} = H^T\boldsymbol{x}$. 易知矩阵 $\widetilde{A}$ 关于通常的欧氏标量积是对称正定矩阵, 可以用 CG 迭代.

假定 A 对称正定, 下面考虑如何选择预条件子 P 使得 $P^{-1}A$ (或等价地说 $C^{-1}AC^{-1}$ 或 $H^{-1}AH^{-T}$) 有改善的条件数.

(1) 预条件子由 A 的对角矩阵给出

$$P = D = \mathrm{diag}(a_{11},\cdots,a_{nn}), \tag{11.3.59}$$

这是 Jacobi 预条件子, 或由

$$P = D = \mathrm{diag}(c_1,\cdots,c_n) \tag{11.3.60}$$

给出, 其中 $c_i = \left(\sum\limits_{j=1}^n a_{ij}^2\right)^{\frac{1}{2}}$.

(2) SSOR 预条件子

$$P = (D+\omega L)D^{-1}(D+\omega L)^T, \quad 0 < \omega < 2, \tag{11.3.61}$$

这时矩阵 H 满足

$$P = HH^T, \quad H = (D+\omega L)(D^{\frac{1}{2}})^{-1}, \tag{11.3.62}$$

其中 $D^{\frac{1}{2}} = \mathrm{diag}(\sqrt{a_{11}},\cdots,\sqrt{a_{nn}})$.

(3) 若 $P = HH^T$, H 非奇异, 则计算 $H = (h_{ij})$ 最简单的方法是通过 A 的不完全 Cholesky 分解得到, 相应的算法如框图 11.1 所示. 显然, H 是一个下三角矩阵. 采用这种方法, P 与 A 保持相同的稀疏性, 但图 11.1 的算法不总稳定.

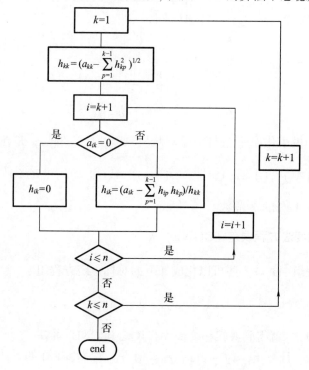

图 11.1　不完全 Cholesky 分解算法框图

(4) 通过 A 的不完全 LU 分解 (ILU) 得到. 当 A 是非对称矩阵, 特别当 A 有带宽时, 常采用这种方法. 计算 A 的 LU 分解但去掉 L 或 U 中超出 A 的原结构之外的元素. ILU(p) 允许在 L 和 U 中有 p 个额外的对角线.

§11.4　Krylov 子空间迭代方法

我们前面介绍的 CG 方法就是一种典型的 Krylov 子空间迭代方法, 但 CG 算法要求系数矩阵 A 对称正定, 这在很多情况下并不满足, 本节讨论其他重要的 Krylov 子空间迭代算法, 使之适用于系数矩阵非对称或不正定的情况. 这些算法都不难推广到带预条件子的情况.

§11.4.1　共轭梯度法方程残量 (CGNR) 法

任何非奇异方程组 $A\boldsymbol{x} = \boldsymbol{f}$ 都可化为一个对称正定的方程组（即法方程）

$$A^T A \boldsymbol{x} = A^T \boldsymbol{f}, \tag{11.4.1}$$

然后对 (11.4.1) 应用 CG 法, 这导致下面的共轭梯度法方程残量 (CGNR) 算法.

令 $\boldsymbol{x}^0$ 给定, $\boldsymbol{r}^0 = \boldsymbol{f} - A\boldsymbol{x}^0$, $\boldsymbol{p}^0 = A^T\boldsymbol{r}^0$. 对每个 $k \geqslant 0$, 第 k 次迭代是

$$
\begin{aligned}
\alpha_k &= \frac{\|A^T\boldsymbol{r}^k\|_2^2}{\|A^T\boldsymbol{p}^k\|_2^2}, \\
\boldsymbol{x}^{k+1} &= \boldsymbol{x}^k + \alpha_k\boldsymbol{p}^k, \\
\boldsymbol{r}^{k+1} &= \boldsymbol{r}^k - \alpha_k A\boldsymbol{p}^k, \\
\beta_{k+1} &= \frac{\|A^T\boldsymbol{r}^{k+1}\|_2^2}{\|A^T\boldsymbol{r}^k\|_2^2}, \\
\boldsymbol{p}^{k+1} &= A^T\boldsymbol{r}^{k+1} + \beta_{k+1}\boldsymbol{p}^k.
\end{aligned}
\tag{11.4.2}
$$

CGNR 法的极小化误差 $\|\boldsymbol{e}^k\|_{A^TA} = \|\boldsymbol{x}^k - \boldsymbol{x}\|_{A^TA}$. $\|\boldsymbol{e}^k\|_{A^TA}$ 是在仿射空间

$$
\boldsymbol{x}_0 + \operatorname{span}\{A^T\boldsymbol{r}^0, (A^TA)A^T\boldsymbol{r}^0, \cdots, (A^TA)^kA^T\boldsymbol{r}^0\} = \boldsymbol{x}_0 + K_k(A^TA, A^T\boldsymbol{r}^0)
$$

上关于残量 $\boldsymbol{f} - A\boldsymbol{x}^k$ 的 2-范数.

§11.4.2 共轭梯度法方程误差 (CGNE) 法

非对称方程组 $A\boldsymbol{x} = \boldsymbol{f}$ 还可以化成如下的对称正定方程组

$$
AA^T\boldsymbol{y} = \boldsymbol{f}, \quad \boldsymbol{x} = A^T\boldsymbol{y}.
$$

对上式用 CG 算法, 就得到共轭梯度法方程误差 (CGNE) 算法.

给定初值 $\boldsymbol{x}_0$, 计算 $\boldsymbol{r}_0 = \boldsymbol{f} - A\boldsymbol{x}_0$, $\boldsymbol{p}_0 = A^T\boldsymbol{r}_0$, 对 $k \geqslant 1$ 作如下计算

$$
\begin{aligned}
\alpha_{k-1} &= \frac{\|\boldsymbol{r}^{k-1}\|_2^2}{\|\boldsymbol{p}^{k-1}\|_2^2}, \\
\boldsymbol{x}^k &= \boldsymbol{x}^{k-1} + \alpha_{k-1}\boldsymbol{p}^{k-1}, \\
\boldsymbol{r}^k &= \boldsymbol{r}^{k-1} - \alpha_{k-1}A\boldsymbol{p}^{k-1}, \\
\beta_{k-1} &= \frac{\|\boldsymbol{r}^k\|_2^2}{\|\boldsymbol{r}^{k-1}\|_2^2}, \\
\boldsymbol{p}^k &= A^T\boldsymbol{r}^k + \beta_{k-1}\boldsymbol{p}^{k-1}.
\end{aligned}
\tag{11.4.3}
$$

CGNE 算法的极小化误差 $\|\boldsymbol{e}^k\|_{A^TA} = \|\boldsymbol{y}^k - \boldsymbol{y}\|_{A^TA}$. $\|\boldsymbol{e}^k\|_{A^TA}$ 是在仿射空间

$$
\boldsymbol{x}_k \in \boldsymbol{x}_0 + \operatorname{span}\{A^T\boldsymbol{r}^0, A^T(A^TA)\boldsymbol{r}^0, \cdots, A^T(A^TA)^k\boldsymbol{r}^0\} = \boldsymbol{x}_0 + K_k(A^TA, A^T\boldsymbol{r}^0)
$$

上的 $\|\boldsymbol{x}^k - \boldsymbol{x}\|_2$.

§11.4.3 广义共轭残量 (GCR) 法

当 A 对称正定时, CG 方法通过选择 A-共轭的方向来极小化 $\|\boldsymbol{e}^k\|_A$. 共轭残量法 CR 是 CG 的变异, 通过选择与 A^TA 正交的方向来极小化 $\|\boldsymbol{r}^k\|$. 这两种方法都有有限中止的性质.

对非对称方程组, 广义共轭残量 (GCR) 法通过使方向与 $A^T A$ 正交来构成一个新的向量. 广义共轭残量 (GCR) 算法 ($k_0 = k + 1$) 如下.

给定初始向量 $\boldsymbol{x}^0$, 计算 $\boldsymbol{r}^0 = \boldsymbol{f} - A\boldsymbol{x}^0$, $\boldsymbol{p}^0 = \boldsymbol{r}^0$, 于是第 k 次迭代 ($k \geqslant 0$) 的格式为

$$
\begin{aligned}
\alpha_k &= \frac{(\boldsymbol{r}^k, A\boldsymbol{p}^k)}{\|A\boldsymbol{p}^k\|_2^2}, \\
\boldsymbol{x}^{k+1} &= \boldsymbol{x}^k + \alpha_k \boldsymbol{p}^k, \\
\boldsymbol{r}^{k+1} &= \boldsymbol{r}^k - \alpha_k A\boldsymbol{p}^k, \\
\beta_j^k &= -\frac{(A\boldsymbol{r}^{k+1}, A\boldsymbol{p}^j)}{\|A\boldsymbol{p}^j\|_2^2}, \quad k - k_0 + 1 \leqslant j \leqslant k, \\
\boldsymbol{p}^{k+1} &= \boldsymbol{r}^{k+1} + \sum_{j=k-k_0+1}^{k} \beta_j^k \boldsymbol{p}^j, \\
A\boldsymbol{p}^{k+1} &= A\boldsymbol{r}^{k+1} + \sum_{j=k-k_0+1}^{k} \beta_j^k A\boldsymbol{p}^j.
\end{aligned}
\tag{11.4.4}
$$

§11.4.4 Orthodir 方法

Orthodir 方法由 Young 和 Jea (1980) 提出 [62], 该方法这样形成一个新的方向: 通过将当前方向乘以 A 并与前面所有的方向 $A^T A$ 正交. 对于正定的矩阵, Orthodir 方法在每步迭代上极小化 $\|r^k\|_2$. Orthodir 方法类似于 GCR 算法, 有如下 Orthodir (k_0) 算法:

$$
\begin{aligned}
\alpha_k &= \frac{(\boldsymbol{r}^k, A\boldsymbol{p}^k)}{\|A\boldsymbol{p}^k\|_2^2}, \\
\boldsymbol{x}^{k+1} &= \boldsymbol{x}^k + \alpha_k \boldsymbol{p}^k, \\
\boldsymbol{r}^{k+1} &= \boldsymbol{r}^k - \alpha_k \boldsymbol{p}^k, \\
\beta_j^k &= -\frac{(A^2\boldsymbol{p}^k, A\boldsymbol{p}^j)}{\|A\boldsymbol{p}^j\|_2^2}, \quad k - k_0 + 1 \leqslant j \leqslant k, \\
\boldsymbol{p}^{k+1} &= A\boldsymbol{p}^k + \sum_{j=k-k_0+1}^{k} \beta_j^k \boldsymbol{p}^j, \\
A\boldsymbol{p}^{k+1} &= A^2\boldsymbol{p}^k + \sum_{j=k-k_0+1}^{k} \beta_j^k A\boldsymbol{p}^j.
\end{aligned}
\tag{11.4.5}
$$

当 $k_0 = k + 1$ 时, 即为 Orthodir 算法. 对非对称不定矩阵, Orthodir 算法保证收敛, Orthodir(k_0) 方法不能保证. 当 A 对称或者反对称时, Orthodir(2) 方法等价于 Orthodir 方法.

当 A 不正定时, GCR 会失效. 若 $0 \leqslant k_0 < k + 1$, GCR 算法称为 Orthomin(k_0) 算法. 因此, Orthomin(k_0) 算法是截断的 GCR 方法. 在 Orthomin(k_0) 算法中, 每步的新方向与最新的 k_0 个方向 $A^T A$ 正交.

§11.4.5 广义极小残量 (GMRES) 法

广义极小残量 (GMRES) 法由 Saad 和 Schultz (1986) 导出. GMRES 迭代基于计算非对称矩阵特征值的 Arnoldi 方法. Arnoldi 方法给出了一种计算 Krylov 空间正交基的方法. 给定 $v_1 = \dfrac{r^0}{\|r^0\|_2}$, 计算 Av_1, 并使 Av_1 与 v_1 正交, 再标准化, 记为 v_2, 如此一直进行下去得到一个标准正交基 $v_1, \cdots, v_k$, 构成 $K_k(A, r^0)$. 标准正交化最常用的是修正的 Gram-Schmidt 方法, Arnoldi 算法如下:

$$v_1 = \frac{r^0}{\|r^0\|_2}$$

对于 $j = 1, 2, \cdots$

$$\widetilde{v}_{j+1} = Av_j$$

对于 $i = 1, \cdots, j$

$$h_{i,j} = (\widetilde{v}_{j+1}, v_i)$$

$$v_{j+1} := v_{j+1} - h_{i,j}v_i \tag{11.4.6}$$

结束

$$h_{j+1,j} = \|\widetilde{v}_{j+1}\|_2$$

$$v_{j+1} = \frac{\widetilde{v}_{j+1}}{h_{j+1,j}}$$

结束

设 $Q_{n,k}$ 是 $n \times k$ 矩阵, 矩阵的列向量由正交基向量 $q_1, q_2, \cdots, q_k$ 构成, 则 Arnoldi 算法可写成矩阵形式

$$AQ_{n,k} = Q_{n,k}H_{k,k} + h_{k+1,k}q_{k+1}\xi_k^T = Q_{n,k+1}H_{k+1,k}, \tag{11.4.7}$$

其中 $H_{k,k}$ 是 $k \times k$ 上 Hessenberg 矩阵, 即

$$H_{k,k} = \begin{pmatrix} h_{1,1} & h_{1,2} & \cdots & h_{1,k} \\ h_{2,1} & h_{2,2} & \cdots & h_{2,k} \\ & \ddots & \ddots & \vdots \\ & & h_{k,k-1} & h_{k,k} \end{pmatrix}_{k \times k}.$$

ξ_k 是第 k 个分量为 1 的 k 维单位向量 $(0, \cdots, 0, 1)^T$. $H_{k+1,k}$ 是 $(k+1) \times k$ 矩阵, 其前 $k \times k$ 子块是 Hessenberg 矩阵 $H_{k,k}$, 最后一行除第 $k+1$ 行第 k 列元素 (记为 $h_{k+1,k}$) 外都为零. 在 GMRES 方法中, 近似解 x^k 取成

$$x^k = x^0 + Q_{n,k}y_k \tag{11.4.8}$$

的形式, 也即 x^k 是 x^0 加上一个 Krylov 空间的标准正交基向量的线性组合, 为了极小化 $\|r^k\|_2 = \|r^0 - AQ_{n,k}y_k\|_2$, y_k 必须满足

$$\|r^0 - AQ_{n,k}y_k\|_2 = \min_y \|r^0 - AQ_{n,k}y\|_2 = \min_y \|r^0 - Q_{n,k+1}H_{k+1,k}y\|_2$$

$$= \min_y \|Q_{n,k+1}(\beta\xi - H_{k+1,k}y)\|_2 = \min_y \|\beta\xi - H_{k+1,k}y\|_2, \quad (11.4.9)$$

其中 $\beta = \|r^0\|_2$, ξ 是 $k+1$ 维向量 $(1,0,\cdots,0)^T$, 注意在简化中利用了关系式 $Q_{n,k+1}\xi = \dfrac{r^0}{\beta} = \dfrac{r^0}{\|r^0\|_2}$. (11.4.9) 是一个最小二乘问题, 我们用 QR 因子分解来求解, 即将 $(k+1)\times k$ 矩阵 $H_{k+1,k}$ 分解成一个 $(k+1)\times(k+1)$ 正交矩阵 $Q_{k+1,k+1}$ 和一个 $(k+1)\times k$ 上三对角矩阵 $R_{k+1,k}$ 的乘积, 即

$$H_{k+1,k} = Q_{k+1,k+1}R_{k+1,k} = Q_{k+1,k+1}\begin{pmatrix} R_{k,k} \\ \mathbf{0} \end{pmatrix}, \quad (11.4.10)$$

其中 $R_{k,k}$ 是 $R_{k+1,k}$ 的 $k\times k$ 三对角块子矩阵. 具体实施是用 Givens 旋转, 消除上 Hessenberg 矩阵 $H_{k+1,k}$ 中次对角线以下的元素, 可表示为

$$(G_k G_{k-1}\cdots G_2 G_1)H_{k+1,k} = R_{k+1,k} = \begin{pmatrix} * & * & \cdots & * \\ 0 & * & \cdots & * \\ \vdots & \ddots & \ddots & \vdots \\ \vdots & \ddots & \ddots & * \\ 0 & 0 & \cdots & 0 \end{pmatrix}_{(k+1)\times k} = \begin{pmatrix} R_{k,k} \\ \mathbf{0} \end{pmatrix}, \quad (11.4.11)$$

其中 $*$ 表示非零元素, G_i 表示第 i 次 Givens 旋转

$$G_i = \begin{pmatrix} I & & & \\ & c_i & s_i & \\ & -s_i & c_i & \\ & & & I \end{pmatrix}, \quad c_i = \cos\theta_i, \quad s_i = \sin\theta_i, \quad (11.4.12)$$

其中两个 c_i 分别位于 (i,i) 和 $(i+1,i+1)$ 的位置. 该 G_i 将 $H_{k+1,k}$ 的第 $i+1$ 行第 i 列的元素 $h_{i+1,i}$ 变为零. 使用 (11.4.11) 和 (11.4.12) 进行分解的优点是很容易得到

下一个矩阵 $H_{k+2,k+1}$ 的 QR 分解. 首先注意到

$$(G_k G_{k-1} \cdots G_1)H_{k+2,k+1} = \begin{pmatrix} * & * & \cdots & * & * \\ 0 & * & \cdots & * & * \\ \vdots & \ddots & \ddots & \vdots & \vdots \\ 0 & 0 & \ddots & * & * \\ 0 & 0 & \cdots & 0 & h_{k+1,k+1} \\ 0 & 0 & \cdots & 0 & h_{k+2,k+1} \end{pmatrix}_{(k+2)\times(k+1)}.$$

$$(11.4.13)$$

若这样选择第 $k+1$ 次 Givens 旋转 G_{k+1}:

　　当 $h_{k+1,k+1} \neq 0$ 时

$$c_{k+1} = \frac{h_{k+1,k+1}}{\sqrt{h_{k+1,k+1}^2 + h_{k+2,k+1}^2}}, \qquad s_{k+1} = \frac{h_{k+2,k+1}}{\sqrt{h_{k+1,k+1}^2 + h_{k+2,k+1}^2}}, \qquad (11.4.14)$$

$$G_{k+1} = \begin{pmatrix} 1 \\ & \ddots \\ & & 1 \\ & & & c_{k+1} & s_{k+1} \\ & & & -s_{k+1} & c_{k+1} \end{pmatrix}_{(k+2)\times(k+2)}, \qquad (11.4.15)$$

　　当 $h_{k+1,k+1} = 0$ 时

$$c_{k+1} = 0, \quad s_{k+1} = 1,$$

则可以验证 G_{k+1} 左乘 (11.4.13) 时, 右端结果第 $(k+1,k+1)$ 元素

$$\sqrt{h_{k+1,k+1}^2 + h_{k+2,k+1}^2}$$

恒不为零, 第 $(k+2,k+1)$ 元素为零, 即完成了 $H_{k+2,k+1}$ 元素的 QR 分解.

　　在完成 $H_{k+1,k}$ 的 QR 分解后, 极小化问题 (11.4.9) 的解即等价于求解下面的上三角矩阵方程

$$R_{k,k}\boldsymbol{y} = \beta[G\boldsymbol{\xi}]_{k\times 1},$$

其中 G 是 $k+1$ 阶矩阵 $(G_k G_{k-1} \cdots G_1)^{-1}$, $[G\boldsymbol{\xi}]$ 表示取 $G\boldsymbol{\xi}$ 的前 k 个元素. 于是解为

$$\boldsymbol{y}_k = R_{k,k}^{-1}\beta[G\boldsymbol{\xi}]_{k\times 1}.$$

从而由 (11.4.8) 解得 $\boldsymbol{x}^k$ 为

$$\boldsymbol{x}^k = \boldsymbol{x}^0 + Q_{n,k}\boldsymbol{y}_k = \boldsymbol{x}^0 + \beta Q_{n,k} R_{k,k}^{-1}[G\boldsymbol{\xi}]_{k\times 1}.$$

由以上分析, 可得下面的 GMRES 算法:

1. 初始化. 给定 $\boldsymbol{x}^0$, 计算 $\boldsymbol{r}^0 = \boldsymbol{f} - A\boldsymbol{x}^0$, $\boldsymbol{q}_1 = \dfrac{\boldsymbol{r}^0}{\|\boldsymbol{r}^0\|_2}$, $\boldsymbol{\xi} = (1, 0, \cdots, 0)^T$, $\beta = \|\boldsymbol{r}^0\|$. 对 $k \geqslant 1$, 执行下面步骤.

2. 用 Arnoldi 算法计算 $\boldsymbol{q}_{k+1}$ 和 $h_{i,k}$ $(i = 1, \cdots, k+1)$. 将 $G_1, \cdots, G_{k-1}$ 作用于 $H_{i+1,i}$ 的最后一列, 也即有 (仅写出变化的元素)

$$\begin{pmatrix} h_{i,k} \\ h_{i+1,k} \end{pmatrix} := \begin{pmatrix} c_i & s_i \\ -s_i & c_i \end{pmatrix} \begin{pmatrix} h_{i,k} \\ h_{i+1,k} \end{pmatrix}, \quad i = 1, \cdots, k-1.$$

3. 计算第 k 次 Givens 旋转的 c_k 和 s_k:

$$c_k = \frac{h_{k,k}^2}{h_{k,k}^2 + h_{k+1,k}^2}, \qquad s_k = \frac{c_k h_{k+1,k}}{h_{k,k}}.$$

4. 对 $k+1$ 维向量 $\boldsymbol{\xi}$ 的最后两个元素和 $H_{k+1,k}$ 的最后一列分别作用第 k 次 Givens 变换 G_k, 有

$$\begin{pmatrix} \xi_k \\ \xi_{k+1} \end{pmatrix} := \begin{pmatrix} c_k & s_k \\ -s_k & c_k \end{pmatrix} \begin{pmatrix} \xi_k \\ 0 \end{pmatrix} = \begin{pmatrix} c_k \xi_k \\ -s_k \xi_k \end{pmatrix},$$

$$\begin{pmatrix} h_{k,k} \\ h_{k+1,k} \end{pmatrix} := \begin{pmatrix} c_k & s_k \\ -s_k & c_k \end{pmatrix} \begin{pmatrix} h_{k,k} \\ h_{k+1,k} \end{pmatrix} = \begin{pmatrix} c_k h_{k,k} + s_k h_{k+1,k} \\ 0 \end{pmatrix}.$$

5. 求解关于 $\boldsymbol{y}_k$ 的上三角方程组 $H_{k,k}\boldsymbol{y}_k = [\beta\boldsymbol{\xi}]_{k\times 1}$.

6. 计算解 $\boldsymbol{x}^k = \boldsymbol{x}^0 + Q_{n,k}\boldsymbol{y}_k$.

上面的算法称为全 GMRES 算法. 当迭代次数 k 增加时 (k 也是 Krylov 子空间的维数), 需要存储的向量数也增加, 为了弥补这个缺陷, 可以用 GMRES(k_0) 算法, 也即在每 k_0 步重新开始 GMRES 算法, 开始的初值取为最后一次的迭代值, 以带预条件子 P 的形式表示如下:

1. 选择 $\boldsymbol{x}^0$, 计算 $\boldsymbol{r}^0 = P^{-1}(\boldsymbol{f} - A\boldsymbol{x}^0)$, $\boldsymbol{q}_1 = \dfrac{\boldsymbol{r}^0}{\|\boldsymbol{r}^0\|_2}$, $\beta = \|\boldsymbol{r}^0\|$. 取 $k+1$ 维向量 $\boldsymbol{\xi} = (1, 0, \cdots, 0)^T$. 对 $1 \leqslant k \leqslant k_0$, 执行下面步骤.

2. 用 Arnoldi 算法计算 $\boldsymbol{q}_{k+1}$ 和 $h_{i,k}$ $(i = 1, \cdots, k+1)$. 从而给出 $(k_0+1) \times k_0$ 上三角 Hessenberg 矩阵.

3. 计算解 $\boldsymbol{x}^{k_0} = \boldsymbol{x}^0 + Q_{n,k_0}\boldsymbol{y}_{k_0}$, 其中 $\boldsymbol{y}_{k_0}$ 极小化 $\|\beta\boldsymbol{\xi} - H_{k_0,k_0}\boldsymbol{y}\|_2$.

4. 计算 $\boldsymbol{r}^{k_0} = \boldsymbol{f} - A\boldsymbol{x}^{k_0}$, 若满足条件, 则停止, 否则令 $\boldsymbol{x}^0$ 等于 $\boldsymbol{x}^{k_0}$. 返回步骤 1 重新计算.

对非奇异矩阵, GMRES 数学上等价于 Orthodir 方法, 因此, 它不会失效, 尽管收敛很慢甚至停滞不前; 对正定矩阵, 它等价于 GCR. GMRES(k_0) 数学上等价于 Orthodir(k_0), 因此, 对非对称和不定矩阵, 收敛性不保证.

§11.4.6 极小残量 (MINRES) 法

当 A 为 Hermite 矩阵时, Arnoldi 算法简化成 Lanczos 算法. Lanczos 算法如下:

$$
\begin{aligned}
&v_1 = \frac{r^0}{\|r^0\|_2}, \quad \beta_0 = 0 \\
&\text{对于} \quad k = 1, 2, \cdots \\
&\quad \widetilde{v}_{k+1} = Av_k - \beta_{k-1}v_{k-1} \\
&\quad \alpha_k = (\widetilde{v}_{k+1}, v_k) \\
&\quad \widetilde{v}_{k+1} := \widetilde{v}_{k+1} - \alpha_k v_k \\
&\quad \beta_k = \|\widetilde{v}_{k+1}\|_2 \\
&\quad v_{k+1} = \frac{\widetilde{v}_{k+1}}{\beta_k} \\
&\text{结束}
\end{aligned}
\tag{11.4.16}
$$

定理 11.4.1　由 Lanczos 算法产生的向量 v_k 有

$$
\mathrm{span}\{v_1, v_2, \cdots, v_k\} = \mathrm{span}\{v_1, Av_1, \cdots, A^k v_1\}. \tag{11.4.17}
$$

证明　首先用数学归纳法证明 $\{v_k\}$ 构成一组标准正交基. 由 Lanczos 算法知

$$
\|v_i\|_2 = \frac{\|\widetilde{v}_i\|_2}{\beta_{i-1}} = 1
$$

显然成立.

当 $k = 1$ 时, 由 $\widetilde{v}_{k+1} = Av_k - \beta_{k-1}v_{k-1} - \alpha_k v_k$ 知

$$
\widetilde{v}_2 = Av_1 - \beta_0 v_0 - \alpha_1 v_1 = Av_1 - (\widetilde{v}_2, v_1)v_1.
$$

所以

$$
(v_2, v_1) = \frac{1}{\beta_1}(\widetilde{v}_2, v_1) = \frac{1}{\beta_1}(Av_1, v_1) - \frac{1}{\beta_1}(\widetilde{v}_2, v_1).
$$

又由 $Av_k = \widetilde{v}_{k+1} + \beta_{k-1}v_{k-1}$ 知 $Av_1 = \widetilde{v}_2 + \beta_0 v_0 = \widetilde{v}_2$, 因此, $(v_2, v_1) = 0$ 成立.

假设 $(v_i, v_j) = 0\ (1 \leqslant i, j \leqslant k)$ 成立. 下证对 $1 \leqslant i, j \leqslant k+1$ 情形该式也成立. 注意利用归纳假设有

$$
\begin{aligned}
(v_{k+1}, v_k) &= \frac{1}{\beta_k}(\widetilde{v}_{k+1}, v_k) = \frac{1}{\beta_k}(\widetilde{v}_{k+1} - \alpha_k v_k, v_k) \\
&= \frac{1}{\beta_k}(\widetilde{v}_{k+1}, v_k) - \frac{\alpha_k}{\beta_k}(v_k, v_k) \\
&= \frac{1}{\beta_k}(\widetilde{v}_{k+1}, v_k) - \frac{1}{\beta_k}(\widetilde{v}_{k+1}, v_k) = 0.
\end{aligned}
\tag{11.4.18}
$$

$$
\begin{aligned}
(\boldsymbol{v}_{k+1}, \boldsymbol{v}_{k-1}) &= \frac{1}{\beta_k}(\widetilde{\boldsymbol{v}}_{k+1}, \boldsymbol{v}_{k-1}) \\
&= \frac{1}{\beta_k}(A\boldsymbol{v}_k - \alpha_k \boldsymbol{v}_k - \beta_{k-1}\boldsymbol{v}_{k-1}, \boldsymbol{v}_{k-1}) \\
&= \frac{1}{\beta_k}(A\boldsymbol{v}_k, \boldsymbol{v}_{k-1}) - \frac{\beta_{k-1}}{\beta_k} \\
&= \frac{1}{\beta_k}(\boldsymbol{v}_k, A\boldsymbol{v}_{k-1}) - \frac{\beta_{k-1}}{\beta_k} = \frac{1}{\beta_k}(\boldsymbol{v}_k, \widetilde{\boldsymbol{v}}_k + \beta_{k-2}\boldsymbol{v}_{k-2}) - \frac{\beta_{k-1}}{\beta_k} \\
&= \frac{1}{\beta_k}(\boldsymbol{v}_k, \widetilde{\boldsymbol{v}}_k) - \frac{\beta_{k-1}}{\beta_k} = \frac{\beta_{k-1}}{\beta_k}(\boldsymbol{v}_k, \boldsymbol{v}_k) - \frac{\beta_{k-1}}{\beta_k} = 0. \quad (11.4.19)
\end{aligned}
$$

当 $1 \leqslant j < k - 1$ 时

$$
\begin{aligned}
(\boldsymbol{v}_{k+1}, \boldsymbol{v}_j) &= \frac{1}{\beta_k}(A\boldsymbol{v}_k - \beta_{k-1}\boldsymbol{v}_{k-1} - \alpha_k \boldsymbol{v}_k, \boldsymbol{v}_j) \\
&= \frac{1}{\beta_k}(A\boldsymbol{v}_k, \boldsymbol{v}_j) = \frac{1}{\beta_k}(\boldsymbol{v}_k, A\boldsymbol{v}_j) \\
&= \frac{1}{\beta_k}(\boldsymbol{v}_k, \widetilde{\boldsymbol{v}}_{j+1} + \beta_{j-1}\boldsymbol{v}_{j-1}) \\
&= \frac{1}{\beta_k}(\boldsymbol{v}_k, \widetilde{\boldsymbol{v}}_{j+1}) = \frac{\beta_j}{\beta_k}(\boldsymbol{v}_k, \boldsymbol{v}_{j+1}) = 0. \quad (11.4.20)
\end{aligned}
$$

由 (11.4.18)~(11.4.20) 知 $(\boldsymbol{v}_i, \boldsymbol{v}_j) = 0 \ (1 \leqslant i, j \leqslant k+1)$, 归纳法得证. 因此 $\{\boldsymbol{v}_k\}$ 确实是一组标准正交基向量.

其次, 证明

$$
\operatorname{span}\{\boldsymbol{v}_1, \boldsymbol{v}_2, \cdots, \boldsymbol{v}_k\} = \operatorname{span}\{\boldsymbol{v}_1, A\boldsymbol{v}_1, \cdots, A^k \boldsymbol{v}_1\}. \quad (11.4.21)
$$

仍用归纳法证明. 显然, 当 $k = 1$ 时, $A\boldsymbol{v}_1 = \widetilde{\boldsymbol{v}}_2 + \beta_0 \boldsymbol{v}_0 = \beta_1 \boldsymbol{v}_2$, 从而 $\operatorname{span}\{\boldsymbol{v}_1, \boldsymbol{v}_2\} = \operatorname{span}\{\boldsymbol{v}_1, A\boldsymbol{v}_1\}$ 成立. 假设 (11.4.21) 成立. 下面证明对 $k+1$ 的情形该式也成立.

由归纳假设知

$$
\boldsymbol{v}_k \in \operatorname{span}\{\boldsymbol{v}_1, A\boldsymbol{v}_1, \cdots, A^k \boldsymbol{v}_1\},
$$

从而

$$
A\boldsymbol{v}_k \in \operatorname{span}\{A\boldsymbol{v}_1, A^2 \boldsymbol{v}_1, \cdots, A^{k+1}\boldsymbol{v}_1\}.
$$

又

$$
\boldsymbol{v}_{k+1} = \frac{\widetilde{\boldsymbol{v}}_{k+1}}{\beta_k} = \frac{1}{\beta_k}(A\boldsymbol{v}_k - \beta_{k-1}\boldsymbol{v}_{k-1} - \alpha_k \boldsymbol{v}_k),
$$

所以

$$
\begin{aligned}
&\boldsymbol{v}_{k+1} \in \operatorname{span}\{\boldsymbol{v}_1, A^k \boldsymbol{v}_1, \cdots, A^{k+1}\boldsymbol{v}_1\}, \\
&\operatorname{span}\{\boldsymbol{v}_1, \boldsymbol{v}_2, \cdots, \boldsymbol{v}_{k+1}\} \subseteq \operatorname{span}\{\boldsymbol{v}_1, A\boldsymbol{v}_1, \cdots, A^{k+1}\boldsymbol{v}_1\}. \quad (11.4.22)
\end{aligned}
$$

另一方面, 由归纳假设知

$$
A^k \boldsymbol{v}_1 \in \operatorname{span}\{\boldsymbol{v}_1, \boldsymbol{v}_2, \cdots, \boldsymbol{v}_k\},
$$

所以
$$A^{k+1}v_1 \in \mathrm{span}\{Av_1, Av_2, \cdots, Av_k\}.$$

又由
$$Av_k = \tilde{v}_{k+1} + \alpha_k v_k + \beta_{k-1} v_{k-1} = \beta_k v_{k+1} + \alpha_k v_k + \beta_{k-1} v_{k-1},$$

知
$$A^{k+1}v_1 \in \mathrm{span}\{v_1, v_2, \cdots, v_{k+1}\}.$$

故
$$\mathrm{span}\{v_1, Av_1, \cdots, A^{k+1}v_1\} \subseteq \mathrm{span}\{v_1, v_2, \cdots, v_{k+1}\}. \tag{11.4.23}$$

所以由 (11.4.22) 和 (11.4.23) 知 (11.4.21) 对 $k+1$ 也成立.

因此 $\{v_k\}$ 构成 Krylov 子空间的标准正交基.　　　　　　　　　□

Lanczos 算法可改写成矩阵形式
$$AQ_{n,k} = Q_{n,k}T_{k,k} + \beta_k q_{k+1}\xi_k^T = Q_{n,k+1}T_{k+1,k},$$

其中 $Q_{n,k}$ 是 $n \times k$ 矩阵, 矩阵的列由正交基向量 $q_1, \cdots, q_k$ 构成, ξ_k 是 k 维单位向量 $\xi_k = (0, \cdots, 1)^T$, $T_{k,k}$ 是 k 阶三对角矩阵

$$T_{k,k} = \begin{pmatrix} \alpha_1 & \beta_1 & & & & \\ \beta_1 & \alpha_2 & \beta_2 & & & \\ & \ddots & \ddots & \ddots & & \\ & & \beta_{k-2} & \alpha_{k-1} & \beta_{k-1} \\ & & & \beta_{k-1} & \alpha_k \end{pmatrix}_{k \times k},$$

$T_{k+1,k}$ 是 $(k+1) \times k$ 矩阵, 且以 $T_{k,k}$ 为上 k 阶子矩阵, 最后一行除第 k 列元素为 β_k 外均为零, 即 $T_{k+1,k}$ 可写成

$$T_{k+1,k} = \begin{pmatrix} T_{k,k} \\ \beta_k \xi_k^T \end{pmatrix}_{(k+1) \times k}.$$

极小残量 (MINRES) 法是在仿射空间 $\mathrm{span}\{q_1, Aq_1, \cdots, A^k q_1\}$ 上极小化残量. 解的形式取成
$$x^k = x^0 + Q_{n,k}y_k,$$

其中 y_k 是下列最小二乘问题的解
$$\begin{aligned}
\|r^0 - AQ_{n,k}y_k\|_2 &= \min_{y} \|r^0 - AQ_{n,k}y\|_2 = \min_{y} \|r^0 - AQ_{n,k+1}T_{k+1,k}y\|_2 \\
&= \min_{y} \|Q_{n,k+1}(\beta\xi - T_{k+1,k}y)\|_2 \\
&= \min_{y} \|\beta\xi - T_{k+1,k}y\|_2,
\end{aligned} \tag{11.4.24}$$

其中 $\boldsymbol{\xi} = (1,\cdots,0)^T$ 是 $k+1$ 维单位向量. 同 GMRES 算法中一样, 我们通过对矩阵 $T_{k+1,k}$ 作 QR 分解来求解该最小二乘问题 (后面将详细讨论), 即

$$G_{k+1,k+1}T_{k+1,k} = R_{k+1,k} = \begin{pmatrix} R_{k,k} \\ \mathbf{0} \end{pmatrix},$$

其中 $G_{k+1,k+1}$ 是 $k+1$ 阶正交矩阵, 由一系列 Givens 旋转矩阵确定. $R_{k+1,k}$ 是 $(k+1) \times k$ 矩阵.

由于 $T_{k+1,k}$ 是三对角矩阵, 所以 $R_{k,k}$ 仅有三条非零对角线, 于是问题 (11.4.24) 的解 $\boldsymbol{y}_k$ 可表示为

$$\boldsymbol{y}_k = R_{k,k}^{-1}\beta[G\boldsymbol{\xi}]_{k\times 1},$$

从而

$$\boldsymbol{x}^k = \boldsymbol{x}^0 + Q_{n,k}\boldsymbol{y}_k = \boldsymbol{x}^0 + \beta Q_{n,k}R_{k,k}^{-1}[G\boldsymbol{\xi}]_{k\times 1}, \tag{11.4.25}$$

这里 $[G\boldsymbol{\xi}]_{k\times 1}$ 表示取其前 k 个元素. 若记 $P_{n,k} \equiv (\boldsymbol{p}_0,\boldsymbol{p}_1,\cdots,\boldsymbol{p}_{k-1}) \equiv Q_{n,k}R_{k,k}^{-1}$, 即 $P_{n,k}R_{k,k} = Q_{n,k}$, 则 (11.4.25) 可写成递推形式

$$\boldsymbol{x}^k = \boldsymbol{x}^{k-1} + a_{k-1}\boldsymbol{p}_{k-1},$$

其中 a_{k-1} 是 $[\beta G\boldsymbol{\xi}]_{k\times 1}$ 的第 k 个元素. 由上分析可得如下 MINRES 算法 (A 为 Hermite 矩阵):

1. 选择 $\boldsymbol{x}^0$, 计算 $\boldsymbol{r}^0 = \boldsymbol{f} - A\boldsymbol{x}$, 令 $\boldsymbol{q}_1 = \dfrac{\boldsymbol{r}^0}{\|\boldsymbol{r}^0\|}$, $k+1$ 维向量 $\boldsymbol{\xi} = (1,\cdots,0)^T$, $\beta = \|\boldsymbol{r}^0\|$. 对 $k = 1,2,\cdots$ 作如下计算.

2. 用 Lanczos 算法计算 $\boldsymbol{q}_{k+1}$, $\alpha_k \equiv t_{k,k}$, $\beta_k = t_{k+1,k} = t_{k,k+1}$, 从而形成三对角矩阵 $T_{k+1,k}$.

3. 将 Givens 旋转 G_i 作用于矩阵 $T_{i+1,i}(i = 1,\cdots,k-1)$ 的最后一列

$$\begin{pmatrix} t_{i,k} \\ t_{i+1,k} \end{pmatrix} := \begin{pmatrix} c_i & s_i \\ -s_i & c_i \end{pmatrix}\begin{pmatrix} t_{i,k} \\ t_{i+1,k} \end{pmatrix}, \quad i = 1,\cdots,k-1.$$

4. 计算第 k 次 Givens 旋转的 c_k 和 s_k:

$$c_k = \frac{t_{k,k}^2}{t_{k,k}^2 + t_{k+1,k}^2}, \quad s_k = \frac{c_k t_{k+1,k}}{t_{k,k}}.$$

5. 对 $k+1$ 维向量 $\boldsymbol{\xi}$ 和 $T_{k+1,k}$ 的最后一列分别作用第 k 次 Givens 变换 G_k, 有

$$\begin{pmatrix} \xi_k \\ \xi_{k+1} \end{pmatrix} := \begin{pmatrix} c_k & s_k \\ -s_k & c_k \end{pmatrix}\begin{pmatrix} \xi_k \\ 0 \end{pmatrix} = \begin{pmatrix} c_k\xi_k \\ -s_k\xi_k \end{pmatrix},$$

$$\begin{pmatrix} t_{k,k} \\ t_{k+1,k} \end{pmatrix} := \begin{pmatrix} c_k & s_k \\ -s_k & c_k \end{pmatrix}\begin{pmatrix} t_{k,k} \\ t_{k+1,k} \end{pmatrix} = \begin{pmatrix} c_k t_{k,k} + s_k t_{k+1,k} \\ 0 \end{pmatrix}.$$

6. 计算解

$$x^k = x^0 + Q_{n,k} R_{k,k}^{-1} \beta [G\boldsymbol{\xi}]_{k\times 1}$$
$$= x^{k-1} + a_{k-1} \boldsymbol{p}_{k-1}.$$

§11.4.7 双共轭梯度 (Bi-CG) 法

当 A 非 Hermite 时, 构造 Krylov 子空间的递推方法不能简化为一个三项递推形式, 但同一对三项递推形式, 可以构造相应于 A 和 A^H 的 Krylov 空间的双正交基, 即若 $\boldsymbol{v}_i \in K_k(A, \boldsymbol{v}^0)$, $\boldsymbol{w}_j \in K_k(A^H, \tilde{\boldsymbol{r}}^0)$, 则 $(\boldsymbol{v}_i, \boldsymbol{w}_j) = 0 \ (i \neq j)$. 构造双正交基用双正交 Lanczos 算法来实现. 双正交 Lanczons 算法如下:

选择 $\boldsymbol{r}^0$ 和 $\tilde{\boldsymbol{r}}^0$, $(\boldsymbol{r}^0, \tilde{\boldsymbol{r}}^0) \neq 0$, 计算

$$\boldsymbol{v}_1 = \frac{\boldsymbol{r}^0}{\|\boldsymbol{r}^0\|_2}, \qquad \boldsymbol{w}_1 = \frac{\tilde{\boldsymbol{r}}^0}{(\tilde{\boldsymbol{r}}^0, \boldsymbol{v}_1)}.$$

令 $\beta_0 = \gamma_0 = 0$, $\boldsymbol{v}_0 = \boldsymbol{w}_0 = 0$, 对 $k = 1, 2, \cdots$, 执行下面步骤:

$$\begin{aligned}
&\alpha_k = (A\boldsymbol{v}_k, \boldsymbol{w}_k), \\
&\tilde{\boldsymbol{v}}_{k+1} = A\boldsymbol{v}_k - \alpha_k \boldsymbol{v}_k - \beta_{k-1} \boldsymbol{v}_{k-1}, \\
&\tilde{\boldsymbol{w}}_{k+1} = A^H \boldsymbol{w}_k - \alpha_k \boldsymbol{w}_k - \gamma_{k-1} \boldsymbol{w}_{k-1}, \\
&\gamma_k = \|\tilde{\boldsymbol{v}}_{k+1}\|_2, \quad \boldsymbol{v}_{k+1} = \frac{\tilde{\boldsymbol{v}}_{k+1}}{\gamma_k}, \\
&\beta_k = (\boldsymbol{v}_{k+1}, \tilde{\boldsymbol{w}}_{k+1}), \quad \boldsymbol{w}_{k+1} = \frac{\tilde{\boldsymbol{w}}_{k+1}}{\beta_k}.
\end{aligned} \tag{11.4.26}$$

定理 11.4.2　若 $(\boldsymbol{v}_i, \boldsymbol{w}_i) \neq 0 \ (1 \leqslant i \leqslant k+1)$, 则

$$(\boldsymbol{v}_i, \boldsymbol{w}_i) = 0, \quad \forall i \neq j, \quad 1 \leqslant i, j \leqslant k+1. \tag{11.4.27}$$

证明　用数学归纳法证明.

首先证明当 $k = 1$ 时 (11.4.27) 成立. 注意由 $\boldsymbol{v}_1$ 和 $\boldsymbol{w}_1$ 的初始值可知 $(\boldsymbol{v}_1, \boldsymbol{w}_1) = 1$. 于是

$$(\boldsymbol{v}_1, \boldsymbol{w}_2) = \left(\boldsymbol{v}_1, \frac{\tilde{\boldsymbol{w}}_2}{\beta_1}\right) = \frac{1}{\beta_1}(\boldsymbol{v}_1, A^H \boldsymbol{w}_1 - \alpha_1 \boldsymbol{w}_1 - \gamma_0 \boldsymbol{w}_0) = \frac{1}{\beta_1}(\boldsymbol{v}_1, A^H \boldsymbol{w}_1 - \alpha_1 \boldsymbol{w}_1)$$
$$= \frac{1}{\beta_1}(\boldsymbol{v}_1, A^H \boldsymbol{w}_1) - \frac{\alpha_1}{\beta_1}(\boldsymbol{v}_1, \boldsymbol{w}_1) = \frac{\alpha_1}{\beta_1} - \frac{\alpha_1}{\beta_1} = 0,$$

及

$$(\boldsymbol{v}_2, \boldsymbol{w}_1) = \frac{1}{\gamma_1}(\tilde{\boldsymbol{v}}_2, \boldsymbol{w}_1) = \frac{1}{\gamma_1}(A\boldsymbol{v}_1 - \alpha_1 \boldsymbol{v}_1 - \beta_0 \boldsymbol{v}_0, \boldsymbol{w}_1)$$
$$= \frac{1}{\gamma_1}(A\boldsymbol{v}_1, \boldsymbol{w}_1) - \frac{\alpha_1}{\gamma_1}(\boldsymbol{v}_1, \boldsymbol{w}_1) = \frac{\alpha_1}{\gamma_1} - \frac{\alpha_1}{\gamma_1} = 0.$$

因此当 $k = 1$ 时 (11.4.27) 成立. 现假设当 $1 \leqslant i, j \leqslant k$ 时 (11.4.27) 成立. 注意对所有 $2 \leqslant i \leqslant k$, 有

$$\|\boldsymbol{v}_i\|_2 = \frac{\|\tilde{\boldsymbol{v}}_i\|_2}{\gamma_{i-1}} = \frac{\|\tilde{\boldsymbol{v}}_i\|_2}{\|\tilde{\boldsymbol{v}}_i\|_2} = 1, (\boldsymbol{v}_i, \boldsymbol{w}_i) = \left(\frac{\tilde{\boldsymbol{v}}_i}{\gamma_{i-1}}, \frac{\tilde{\boldsymbol{w}}_i}{\beta_{i-1}}\right) = \frac{1}{\gamma_{i-1}}\left(\tilde{\boldsymbol{v}}_i, \frac{\gamma_{i-1}\tilde{\boldsymbol{w}}_i}{(\tilde{\boldsymbol{v}}_i, \tilde{\boldsymbol{w}}_i)}\right) = 1.$$

当 $i = 1$ 时, 显然也有 $\|v_1\|_2 = 1$, $(v_1, w_1) = 1$. 于是

$$
\begin{aligned}
(v_{k+1}, w_k) &= \gamma_k^{-1}(\widetilde{v}_{k+1}, w_k) = \gamma_k^{-1}(Av_k - \alpha_k v_k - \beta_{k-1} v_{k-1}, w_k) \\
&= \gamma_k^{-1}(Av_k, w_k) - \alpha_k \gamma_k^{-1}(v_k, w_k) \\
&= \alpha_k \gamma_k^{-1} - \alpha_k \gamma_k^{-1} = 0, \\
(w_{k+1}, v_k) &= \beta_k^{-1}(\widetilde{w}_{k+1}, v_k) = \beta_k^{-1}(A^H w_k - \alpha_k w_k - \gamma_{k-1} w_{k-1}, v_k) \\
&= \beta_k^{-1}(A^H w_k, v_k) - \alpha_k \beta_k^{-1}(w_k, v_k) \\
&= \beta_k^{-1}\alpha_k - \alpha_k \beta_k^{-1} = 0, \\
(v_{k+1}, w_{k-1}) &= \gamma_k^{-1}(\widetilde{v}_{k+1}, w_{k-1}) = \gamma_k^{-1}(Av_k - \alpha_k v_k - \beta_{k-1} v_{k-1}, w_{k-1}) \\
&= \gamma_k^{-1}(Av_k, w_{k-1}) - \gamma_k^{-1}\beta_{k-1}(v_{k-1}, w_{k-1}) \\
&= \gamma_k^{-1}(v_k, A^H w_{k-1}) - \gamma_k^{-1}\beta_{k-1} \\
&= \gamma_k^{-1}(v_k, \widetilde{w}_k + \alpha_{k-1} w_{k-1} + \gamma_{k-2} w_{k-2}) - \gamma_k^{-1}\beta_{k-1} \\
&= \gamma_k^{-1}(v_k, \widetilde{w}_k) - \gamma_k^{-1}\beta_{k-1} \\
&= \gamma_k^{-1}\beta_{k-1} - \gamma_k^{-1}\beta_{k-1} = 0, \\
(w_{k+1}, v_{k-1}) &= \beta_k^{-1}(\widetilde{w}_{k+1}, v_{k-1}) = \beta_k^{-1}(A^H w_k - \alpha_k w_k - \gamma_{k-1} w_{k-1}, v_{k-1}) \\
&= \beta_k^{-1}(A^H w_k, v_{k-1}) - \beta_k^{-1}\gamma_{k-1} \\
&= \beta_k^{-1}(w_k, A v_{k-1}) - \beta_k^{-1}\gamma_{k-1} \\
&= \beta_k^{-1}(w_k, \widetilde{v}_k + \alpha_{k-1} v_{k-1} + \beta_{k-2} v_{k-2}) - \beta_k^{-1}\gamma_{k-1} \\
&= \beta_k^{-1}(w_k, \widetilde{v}_k) - \beta_k^{-1}\gamma_{k-1} = \beta_k^{-1}\gamma_{k-1} - \beta_k^{-1}\gamma_{k-1} = 0.
\end{aligned}
$$

当 $1 \leqslant i < k - 1$ 时, 注意利用归纳假设 $(i + 1 < k)$, 有

$$
\begin{aligned}
(v_{k+1}, w_i) &= \gamma_k^{-1}(\widetilde{v}_{k+1}, w_i) = \gamma_k^{-1}(Av_k, w_i) = \gamma_k^{-1}(v_k, A^H w_i) \\
&= \gamma_k^{-1}(v_k, \widetilde{w}_{i+1} + \alpha_i w_i + \gamma_{i-1} w_{i-1}) = 0. \\
(w_{k+1}, v_i) &= \beta_k^{-1}(\widetilde{w}_{k+1}, v_i) = \beta_k^{-1}(A^H w_k, v_i) = \beta_k^{-1}(w_k, A v_i) \\
&= \beta_k^{-1}(w_k, \widetilde{v}_{i+1} + \alpha_i v_i + \beta_{i-1} v_{i-1}) = 0.
\end{aligned}
$$

另外, 由算法可知

$$
\|v_{k+1}\|_2 = \frac{\|\widetilde{v}_{k+1}\|_2}{\gamma_k} = 1.
$$

$$
\begin{aligned}
(v_{k+1}, w_{k+1}) &= \left(\frac{\widetilde{v}_{k+1}}{\gamma_k}, \frac{\widetilde{w}_{k+1}}{\beta_k} \right) = \frac{1}{\gamma_k}\left(\widetilde{v}_{k+1}, \frac{\widetilde{w}_{k+1}}{(v_{k+1}, \widetilde{w}_{k+1})} \right) \\
&= \frac{1}{\gamma_k}\left(\widetilde{v}_{k+1}, \frac{\gamma_k \widetilde{w}_{k+1}}{(\widetilde{v}_{k+1}, \widetilde{w}_{k+1})} \right) = 1.
\end{aligned}
$$

由此可知, (11.4.27) 对 $k + 1$ 情况也成立. 因此由归纳法知定理得证. $\qquad\square$

双正交 Lanczos 算法可用矩阵的形式表示为

$$AV_{n,k} = V_{n,k}T_{k,k} + \gamma_k \boldsymbol{v}_{k+1}\boldsymbol{\xi}_k^T = V_{n,k+1}T_{k+1,k}, \tag{11.4.28}$$

$$A^H W_{n,k} = W_{n,k}T_{k,k}^H + \bar{\beta}_k \boldsymbol{w}_{k+1}\boldsymbol{\xi}_k^T = W_{n,k+1}\widetilde{T}_{k+1,k}, \tag{11.4.29}$$

其中 $V_{n,k}$ 是以标准正交基向量 $\boldsymbol{v}_1, \cdots, \boldsymbol{v}_k$ 为列构成的 $n \times k$ 矩阵, $W_{n,k}$ 是以标准正交基向量 $\boldsymbol{w}_1, \cdots, \boldsymbol{w}_k$ 为列构成的 $n \times k$ 矩阵, $\boldsymbol{\xi}_k = (0, 0, \cdots, 1)^T$ 是 k 维向量. 另外,

$$T_{k,k} = \begin{pmatrix} \alpha_1 & \beta_1 & & & \\ \gamma_1 & \alpha_2 & \beta_2 & & \\ & \ddots & \ddots & \ddots & \\ & & \gamma_{k-2} & \alpha_{k-1} & \beta_{k-1} \\ & & & \gamma_{k-1} & \alpha_k \end{pmatrix}_{k \times k},$$

$$T_{k+1,k} = \begin{pmatrix} T_{k,k} \\ \gamma_k \boldsymbol{\xi}_k^T \end{pmatrix}_{(k+1) \times k},$$

$$\widetilde{T}_{k,k} = \begin{pmatrix} T_{k,k}^H \\ \beta_k \boldsymbol{\xi}_k^T \end{pmatrix}_{(k+1) \times k}.$$

双正交条件为

$$V_{n,k}^H W_{n,k} = I. \tag{11.4.30}$$

双共轭梯度 (Bi-CG) 算法令 $\boldsymbol{x}^k$ 取成如下形式

$$\boldsymbol{x}^k = \boldsymbol{x}^0 + V_{n,k}\boldsymbol{y}_k,$$

并选择 $\boldsymbol{y}_k$ 使 $\boldsymbol{r}^k = \boldsymbol{r}^0 - AV_{n,k}\boldsymbol{y}_k$ 与基向量 $\boldsymbol{w}_1, \cdots, \boldsymbol{w}_k$ 正交, 即

$$W_{n,k}^H \boldsymbol{r}^k = W_{n,k}^H \boldsymbol{r}^0 - W_{n,k}^H AV_{n,k}\boldsymbol{y}_k = \boldsymbol{0}. \tag{11.4.31}$$

将 $W_{n,k}^H$ 左乘 (11.4.28), 有

$$W_{n,k}^H AV_{n,k} = W_{n,k}^H V_{n,k}T_{k,k} + \gamma_k W_{n,k}^H \boldsymbol{v}_{k+1}\boldsymbol{\xi}_k = W_{n,k}^H V_{n,k}T_{k,k}.$$

并由双正交条件 (11.4.30) 可知

$$W_{n,k}^H AV_{n,k} = T_{k,k}. \tag{11.4.32}$$

又

$$W_{n,k}^H \boldsymbol{r}^0 = W_{n,k}^H \frac{\boldsymbol{r}^0}{\|\boldsymbol{r}^0\|_2} \|\boldsymbol{r}^0\|_2 = W_{n,k}^H \boldsymbol{v}_1 \|\boldsymbol{r}^0\|_2 = \beta \boldsymbol{\xi}, \tag{11.4.33}$$

其中 $\beta = \|r\|_2^0$, $\xi = (1, 0, \cdots, 0)^T$ 是 k 维向量. 将 (11.4.31) 和 (11.4.32) 代入 (11.4.33) 知

$$T_{n,k} y_k = \beta \xi.$$

注意 $T_{n,k}$ 是三对角矩阵, 可用 LDU 分解来求解该方程得到 y_k. 由上分析, 可得如下双共轭梯度 (Bi-CG) 算法.

选择 x^0, 计算 $r^0 = f - Ax^0$, 令 $p^0 = r^0$, 选择 $\widetilde{r}^0$, 使得 $(\widetilde{r}^0, r^0) \neq 0$, $\widetilde{p}^0 = \widetilde{r}^0$. 对 $k \geqslant 1$, 作如下计算:

$$
\begin{aligned}
a_{k-1} &= \frac{(r^{k-1}, \widetilde{r}^{k-1})}{(Ap^{k-1}, \widetilde{p}^{k-1})}, \\
x^k &= x^{k-1} + a_{k-1} p^{k-1}, \\
r^k &= r^{k-1} - a_{k-1} Ap^{k-1}, \\
\widetilde{r}^k &= \widetilde{r}^{k-1} - a_{k-1} A^H \widetilde{p}^{k-1}, \\
\beta_{k-1} &= \frac{(r^k, \widetilde{r}^k)}{(r^{k-1}, \widetilde{r}^{k-1})}, \\
p^k &= r^k + \beta_{k-1} p^{k-1}, \\
\widetilde{p}^k &= \widetilde{r}^{k-1} + \beta_{k-1} \tilde{p}^{k-1}.
\end{aligned}
\tag{11.4.34}
$$

§11.4.8 拟极小残量 (QMR) 法

在拟极小残量 (QMR) 法中, x^k 仍取成 Bi-CG 中的形式

$$x^k = x^0 + V_{n,k} y_k,$$

但 y_k 的选择不同, 不是极小化残量的 2 范数. 由于

$$r^k = r^0 - AV_{n,k} y_k = V_{n,k+1}(\beta \xi - T_{k+1,k} y_k),$$

所以

$$\|r^k\|_2 \leqslant \|V_{n,k+1}\|_2 \, \|\beta \xi - T_{k+1,k} y_k\|_2. \tag{11.4.35}$$

我们选择 y_k 使得

$$\|\beta \xi - T_{k+1,k} y_k\|_2 = \min_y \|\beta \xi - T_{k+1,k} y\|. \tag{11.4.36}$$

该极小化问题始终有解, 可通过对矩阵 $T_{k+1,k}$ 作 QR 分解的算法来求解, 由此得到下面拟极小残量 (QMR) 算法.

给定 x^0, 计算 $r^0 = f - Ax^0$, $v_1 = \dfrac{r^0}{\|r\|_2}$, 给定 $\widetilde{r}^0$, 计算 $w^1 = \dfrac{\widetilde{r}^0}{\|\widetilde{r}^0\|_2}$. 令 $k+1$ 维向量 $\xi = (1, 0, \cdots, 0)^T$, $\beta = \|r^0\|_2$. 对 $k \geqslant 1$, 执行下面的步骤:

1. 用双正交 Lanczos 算法计算 v^{k+1}, w^{k+1}, 三对角矩阵 $T_{k,k}$ 的元素, $a_k = t_{k,k}$, $\beta_k = t_{k,k+1}$, $\gamma_k = t_{k+1,k}$.

2. 对 $T_{k+1,k}$ 通过一系列 Givens 旋转 $G_k, G_{k-1}, \cdots, G_1$ 作分解. 即

$$(G_k G_{k-1} \cdots G_1) T_{k+1,k} = \begin{pmatrix} R_{k,k} \\ \mathbf{0} \end{pmatrix}.$$

3. 计算新解 $\boldsymbol{x}^k = \boldsymbol{x}^0 + P_k \boldsymbol{g}_{k \times 1}$ 或 $\boldsymbol{x}^k = \boldsymbol{x}^{k-1} + a_{k-1} \boldsymbol{p}_{k-1}$, 其中

$$P_k = (\boldsymbol{p}_0, \cdots, \boldsymbol{p}_{k-1}) = V_{n,k} R_{k,k}^{-1},$$
$$\boldsymbol{g}_{k \times 1} = (G_k G_{k-1} \cdots G_1 \beta \boldsymbol{\xi}) = (a_0, a_1, \cdots, a_{k-1})^T.$$

§11.4.9 共轭梯度平方 (CGS) 法

Bi-CG 算法可以写成

$$\begin{aligned} \boldsymbol{r}^k &= \varphi_k(A) \boldsymbol{r}^0, \quad \widetilde{\boldsymbol{r}}^k = \varphi_k(A^H) \widetilde{\boldsymbol{r}}^0, \\ \boldsymbol{p}^k &= \psi_k(A) \boldsymbol{r}^0, \quad \widetilde{\boldsymbol{p}}^k = \psi_k(A^H) \widetilde{\boldsymbol{r}}^0, \end{aligned} \tag{11.4.37}$$

其中 φ_k 和 ψ_k 是次数不超过 k 的多项式. CGS 的思想是将第 k 次残差表达式 $\boldsymbol{r}^k$ 中的 $\varphi_k(A) \boldsymbol{r}^0$ 替代成 $\varphi_k^2(A) \boldsymbol{r}^0$ 以加快收敛速度. 为此, 先将 $\varphi_k(A) \boldsymbol{r}^0$ 和 $\psi_k(A) \boldsymbol{r}^0$ 写成递推的形式

$$\varphi_k(A) \boldsymbol{r}^0 = \varphi_{k-1}(A) \boldsymbol{r}^0 - \alpha_{k-1} A \psi_{k-1}(A) \boldsymbol{r}^0, \tag{11.4.38}$$
$$\psi_k(A) \boldsymbol{r}^0 = \varphi_k(A) \boldsymbol{r}^0 + \beta_k \psi_{k-1}(A) \boldsymbol{r}^0, \tag{11.4.39}$$

其中

$$\alpha_{k-1} = \frac{(\varphi_{k-1}(A) \boldsymbol{r}^0, \varphi_{k-1}(A^H) \widetilde{\boldsymbol{r}}^0)}{(A \psi_{k-1}(A) \boldsymbol{r}^0, \psi_{k-1}(A^H) \widetilde{\boldsymbol{r}}^0)} = \frac{(\varphi_{k-1}^2(A) \boldsymbol{r}^0, \widetilde{\boldsymbol{r}}^0)}{(A \psi_{k-1}^2(A) \boldsymbol{r}^0, \widetilde{\boldsymbol{r}}^0)},$$
$$\beta_k = \frac{(\varphi_k(A) \boldsymbol{r}^0, \varphi_k(A^H) \widetilde{\boldsymbol{r}}^0)}{(\varphi_{k-1}(A) \boldsymbol{r}^0, \varphi_{k-1}(A^H) \widetilde{\boldsymbol{r}}^0)} = \frac{(\varphi_k^2(A) \boldsymbol{r}^0, \widetilde{\boldsymbol{r}}^0)}{(\varphi_{k-1}^2(A) \boldsymbol{r}^0, \widetilde{\boldsymbol{r}}^0)}.$$

由 (11.4.38) 与 (11.4.39) 得多项式 $\varphi_k(A)$ 和 $\psi_k(A)$ 满足如下递推关系式

$$\varphi_k(A) = \varphi_{k-1}(A) - \alpha_{k-1} A \psi_{k-1}(A), \tag{11.4.40}$$
$$\psi_k(A) = \varphi_k(A) + \beta_k \psi_{k-1}(A). \tag{11.4.41}$$

为了计算 $\varphi_k^2(A)$, 将 (11.4.40) 和 (11.4.41) 分别取平方, 得

$$\varphi_k^2(A) = \varphi_{k-1}^2(A) - 2\alpha_{k-1} A \varphi_{k-1}(A) \psi_{k-1}(A) + \alpha_{k-1}^2 A^2 \psi_{k-1}^2(A), \tag{11.4.42}$$
$$\psi_k^2(A) = \varphi_k^2(A) + 2\beta_k \varphi_k(A) \psi_{k-1}(A) + \beta_k^2 \psi_{k-1}^2(A). \tag{11.4.43}$$

为使计算能递推进行, 还需要 $\varphi_k(A) \psi_k(A)$ 的表达式, 将 (11.4.41) 两边同乘 $\varphi_k(A)$, 得

$$\varphi_k(A) \psi_k(A) = \varphi_k^2(A) + \beta_k \varphi_k(A) \psi_{k-1}(A). \tag{11.4.44}$$

为计算 $\varphi_k(A)\psi_{k-1}(A)$, (11.4.40) 两边同乘 $\psi_{k-1}(A)$, 得

$$
\begin{aligned}
\varphi_k(A)\psi_{k-1}(A) &= \varphi_{k-1}(A)\psi_{k-1}(A) - \alpha_{k-1}A\psi_{k-1}^2(A)\\
&= \varphi_{k-1}^2(A) + \beta_{k-1}\varphi_{k-1}(A)\psi_{k-2}(A) - \alpha_{k-1}A\psi_{k-1}^2(A).
\end{aligned}
\tag{11.4.45}
$$

在实际计算中, 将这些量作用于 r^0, 可导致下面的向量递推关系式

$$
\begin{aligned}
r^k &= \varphi_k^2(A)r^0, \quad p^k = \psi_k^2(A)r^0,\\
u^k &= \varphi_k(A)\psi_k(A)r^0, \quad q^k = \varphi_k(A)\psi_{k-1}(A)r^0.
\end{aligned}
$$

CGS 算法

给定 x^0, 计算 $r^0 = f - Ax^0$, 令 $u^0 = r^0$, $p^0 = r^0$, $q^0 = 0$, $v^0 = Ap^0$. 选择 $\tilde{r}$ 使得 $(\tilde{r}^0, r^0) \neq 0$. 对 $k \geqslant 1$ 作如下计算:

$$
\begin{aligned}
q^k &= u^{k-1} - \alpha_{k-1}v^{k-1},\\
\alpha_{k-1} &= \frac{(r^{k-1}, \tilde{r}^0)}{(v^{k-1}, \tilde{r}^0)},\\
x^k &= x^{k-1} + \alpha_{k-1}(u^{k-1} + q^k),\\
r^k &= r^{k-1} - \alpha_{k-1}A(u^{k-1} + q^k),\\
\beta_k &= \frac{(r^k, \tilde{r}^0)}{(r^{k-1}, \tilde{r}^0)},\\
u^k &= r^k + \beta_k q^k,\\
p^k &= u^k + \beta_k(q^k + \beta_k p^{k-1}),\\
v^k &= Ap^k.
\end{aligned}
\tag{11.4.46}
$$

§11.4.10 双共轭梯度稳定化 (BiCGSTAB) 法

在 CGS 中的残量 r^k 满足关系式 $r^k = \varphi_k^2(A)r^0$, 其中 $\varphi_k(A)r^0$ 是 Bi-CG 的残量. 但 Bi-CG 中的残量在某一步增加时, CGS 的残量将会是近似平方的量增加; 这导致 CGS 收敛的振荡, 为了避免收敛性出现大的振荡. 将残量写成下面的形式

$$
r^k = Q_k(A)\varphi_k(A)r^0,
\tag{11.4.47}
$$

其中 φ_k 仍是 Bi-CG 中的多项式, 但 $Q_k(A)$ 选择为

$$
Q_k(A) = (1 - \omega_k A)(1 - \omega_{k-1}A)\cdots(1 - \omega_1 A),
\tag{11.4.48}
$$

并使得第 k 次迭代的极小化残量 r^k 总体上仍有 CGS 的快速收敛性, 即系数 $\omega_i(i = 1, \cdots, k)$ 满足

$$
\min_{\omega_k}\|r^k\|_2 = \min_{\omega_k}\|(I - \omega_k)Q_{k-1}(A)\varphi_k(A)r^0\|_2,
\tag{11.4.49}
$$

这导致 BiCGSTAB 算法.

在 BiCGSTAB 算法中, 残量和方向有如下的递推关系

$$
\begin{aligned}
\boldsymbol{r}^k &= Q_k(A)\varphi_k(A)\boldsymbol{r}^0, \\
\boldsymbol{p}^k &= Q_k(A)\psi_k(A)\boldsymbol{r}^0.
\end{aligned}
\tag{11.4.50}
$$

由关系式 (11.4.40)~(11.4.41), 并将 (11.4.48) 代入 (11.4.50) 有

$$
\begin{aligned}
\boldsymbol{r}^k &= (I - \omega_k A)Q_{k-1}(A)[\varphi_{k-1}(A) - \alpha_{k-1}A\psi_{k-1}(A)]\boldsymbol{r}^0 \\
&= (I - \omega_k A)(\boldsymbol{r}^{k-1} - \alpha_{k-1}A\boldsymbol{p}^{k-1}), \\
\boldsymbol{p}^k &= Q_k(A)[\varphi_k(A) + \beta_k\psi_{k-1}(A)]\boldsymbol{r}^0 \\
&= \boldsymbol{r}^k + \beta_k(I - \omega_k A)\boldsymbol{p}^{k-1}.
\end{aligned}
\tag{11.4.51}
$$

最后需要将 Bi-CG 中的系数 α_{k-1} 和 β_k 用新的向量表示. 根据 Bi-CG 多项式的正交性, 有关系式

$$
\begin{aligned}
(\varphi_k(A)\boldsymbol{r}^0, \varphi_{k-1}(A^H)\widetilde{\boldsymbol{r}}^0) &= (-1)^{k-1}\alpha_{k-2}\cdots\alpha_0(\varphi_{k-1}(A)\boldsymbol{r}^0, (A^H)^{k-1}\widetilde{\boldsymbol{r}}^0), \\
(A\psi_k(A)\boldsymbol{r}^0, \psi_{k-1}(A^H)\widetilde{\boldsymbol{r}}^0) &= (-1)^{k-1}\alpha_{k-2}\cdots\alpha_0(A\psi_{k-1}(A)\boldsymbol{r}^0, (A^H)^{k-1}\widetilde{\boldsymbol{r}}^0).
\end{aligned}
$$

于是

$$
\begin{aligned}
(\boldsymbol{r}^{k-1}, \widetilde{\boldsymbol{r}}^0) &= (Q_{k-1}\varphi_{k-1}(A)\boldsymbol{r}^0, \widetilde{\boldsymbol{r}}^0) = (\varphi_{k-1}(A)\boldsymbol{r}^0, Q_{k-1}(A^H)\widetilde{\boldsymbol{r}}^0), \\
&= (-1)^{k-1}\omega_{k-1}\cdots\omega_1(\varphi_{k-1}(A)\boldsymbol{r}^0, (A^H)^{k-1}\widetilde{\boldsymbol{r}}^0), \\
(A\boldsymbol{p}^{k-1}, \widetilde{\boldsymbol{r}}^0) &= (Q_{k-1}(A)A\psi_{k-1}(A)\boldsymbol{r}^0, \widetilde{\boldsymbol{r}}^0) = (A\psi_{k-1}(A)\boldsymbol{r}^0, Q_{k-1}(A^H)\widetilde{\boldsymbol{r}}^0) \\
&= (-1)^{k-1}\omega_{k-1}\cdots\omega_1(A\psi_{k-1}(A)\boldsymbol{r}^0, (A^H)^{k-1}\widetilde{\boldsymbol{r}}^0).
\end{aligned}
$$

因此 α_{k-1} 和 β_k 可用新系数表示为

$$
\alpha_{k-1} = \frac{(\boldsymbol{r}^{k-1}, \widetilde{\boldsymbol{r}}^0)}{(A\boldsymbol{p}^{k-1}, \widetilde{\boldsymbol{r}}^0)}, \qquad \beta_k = \frac{\alpha_{k-1}(\boldsymbol{r}^k, \widetilde{\boldsymbol{r}}^0)}{\omega_k(\boldsymbol{r}^{k-1}, \widetilde{\boldsymbol{r}}^0)}.
$$

BiCGSTAB 算法

选择 $\boldsymbol{x}^0$, 计算 $\boldsymbol{r}^0 = \boldsymbol{f} - A\boldsymbol{x}^0$, $\boldsymbol{p}^0 = \boldsymbol{r}^0$. 选择 $\widetilde{\boldsymbol{r}}^0$ 使得 $(\boldsymbol{r}^0, \widetilde{\boldsymbol{r}}^0) \neq 0$. 对 $k \geqslant 1$, 执行如下计算:

$$
\begin{aligned}
\alpha_{k-1} &= \frac{(\boldsymbol{r}^{k-1}, \widetilde{\boldsymbol{r}}^0)}{(A\boldsymbol{p}^{k-1}, \widetilde{\boldsymbol{r}}^0)}, \\
\boldsymbol{x}^{k-\frac{1}{2}} &= \boldsymbol{x}^{k-1} + \alpha_{k-1}\boldsymbol{p}^{k-1}, \\
\boldsymbol{r}^{k-\frac{1}{2}} &= \boldsymbol{r}^{k-1} - \alpha_{k-1}A\boldsymbol{p}^{k-1}, \\
\omega_k &= \frac{(\boldsymbol{r}^{k-\frac{1}{2}}, A\boldsymbol{r}^{k-\frac{1}{2}})}{(A\boldsymbol{r}^{k-\frac{1}{2}}, A\boldsymbol{r}^{k-\frac{1}{2}})}, \\
\boldsymbol{x}^k &= \boldsymbol{x}^{k-\frac{1}{2}} + \omega_k\boldsymbol{r}^{k-\frac{1}{2}}, \\
\boldsymbol{r}^k &= \boldsymbol{r}^{k-\frac{1}{2}} - \omega_k A\boldsymbol{r}^{k-\frac{1}{2}}, \\
\beta_k &= \frac{\alpha_{k-1}}{\omega_k}\frac{(\boldsymbol{r}^k, \widetilde{\boldsymbol{r}}^0)}{(\boldsymbol{r}^{k-1}, \widetilde{\boldsymbol{r}}^0)}, \\
\boldsymbol{p}^k &= \boldsymbol{r}^k + \beta_k(\boldsymbol{p}^{k-1} - \omega_k A\boldsymbol{p}^{k-1}).
\end{aligned}
\tag{11.4.52}
$$

§11.5 多重网格法

多重网格的思想在 20 世纪 60 年代初就已出现, 但在 70 年代中期才得到重视, 80 年代之后, 多重网格的理论和应用得到了很好发展. 本节介绍多重网格的基本思想, 进一步的理论分析与应用可参考有关专著, 如 [22, 25, 34, 35, 53, 60] 等.

§11.5.1 低频分量与高频分量

在残量校正格式中我们提到, 与迭代矩阵小特征值有关的误差将很快消除, 大部分的计算是消除与大特征值有关的误差, 多重网格的基本思想是快速消除误差的高频分量. 为此, 我们使误差的高频分量与迭代矩阵的最小特征值对应, 这可以通过将问题变换到一个粗网格 (大步长) 上实现, 在该网格上误差的低频分量相应于以前细网格上的高频分量, 然而我们在这个粗网格上快速消除误差的低频分量, 这个过程可以逐级重复, 最后的结果被变换到细网格上.

考虑 Poisson 方程的差分格式 (8.8.2). 为简单起见, 取 $\Delta x = \Delta y, M_x = M_y = M$, $f_{i,j} = 0, g_{i,j} = 0$, 且使 M 满足 $M = 2^N$. 显然, 齐次差分方程对应的方程组 $A\boldsymbol{u} = \boldsymbol{0}$ 有唯一零解 $\boldsymbol{u} = \boldsymbol{0}$. 现设初始猜测为

$$\boldsymbol{u}_0 = \sum_{s=1}^{M-1}\sum_{p=1}^{M-1} \boldsymbol{w}^{p,s}, \tag{11.5.1}$$

其中 $\boldsymbol{w}^{p,s}(p,s = 1,\cdots,M-1)$ 是 A 的特征向量. 注意根据这一初始猜测, 初始误差为 $\boldsymbol{e}_0 = -\boldsymbol{u} - \boldsymbol{u}_0 = -\boldsymbol{u}_0$. 为了简便, 初始误差记为 $-\boldsymbol{e}_0 = \boldsymbol{u}_0$. 由 (11.2.18) 知, 系数矩阵 A 的特征值为

$$\begin{aligned}\mu_s^p &= \frac{1}{\Delta x^2}\left(2 - \cos\frac{p\pi}{M} - \cos\frac{s\pi}{M}\right) \\ &= \frac{4}{\Delta x^2}\left(\sin^2\frac{p\pi}{2M} + \sin^2\frac{s\pi}{2M}\right), \quad p,s = 1\cdots,M-1,\end{aligned} \tag{11.5.2}$$

相应的特征值向量的分量为

$$w_{j,k}^{p,s} = \sin\frac{jp\pi}{M}\sin\frac{ks\pi}{M}, \quad j,k = 1,\cdots,M-1; \ p,s = 1,\cdots,M-1. \tag{11.5.3}$$

注意这些特征向量是正交的 (这使我们的计算更容易). 当 p 或 s 小时, $\boldsymbol{w}^{p,s}$ 变化较缓慢, 当 p 或 s 大时, $\boldsymbol{w}^{p,s}$ 更加振荡, 这具有一般性. 通常, 我们称相对慢变化的特征向量为平滑或低频向量, 更加振荡的特征向量为振荡或高频向量.

§11.5.2 网格变换

考虑区域 $\Omega = (0,1) \times (0,1)$. 与前面一样, $M_x = M_y = M$, 选择 $M = 2^N$. 考虑 Ω 上的一个均匀网格, $h = \Delta x = \Delta y = 1/M$, 用 G^h 表示, 然后类似定义 G^h 的一系列粗网格 $G^{2h}, G^{4h}, \cdots, G^{\frac{1}{2}}$.

下面将定义从 G^h 到 G^{2h} 及 G^{2h} 到 G^h 的网格变换, 其他的到粗网格或到细网格的变换也类似. 用 I_h^{2h} 表示从 G^h 到 G^{2h} 的网格变换, $I_h^{2h}: G^h \to G^{2h}$. 算子 I_h^{2h} 称为限制算子. 限制算子将细网格上的值近似到粗网格上. 全加权是一种限制算子, 若令 $I_h^{2h} \boldsymbol{u}^h = \boldsymbol{u}^{2h}$, 则全加权算子的分量形式定义为

$$u_{i,j}^{2h} = \frac{1}{16}[u_{2i-1,2j-1}^h + u_{2i-1,2j+1}^h + u_{2i+1,2j+1}^h + u_{2i+1,2j-1}^h$$
$$+ 2(u_{2i,2j-1}^h + u_{2i,2j+1}^h + u_{2i-1,2j}^h + u_{2i+1,2j}^h) + 4u_{2i,2j}^h],$$
$$i,j = 1, \cdots, \frac{M}{2} - 1.$$

全加权算子将粗网格上的值定义成细网格上的加权平均.

另一种限制是由 $I_h^{2h} \boldsymbol{u}^h = \boldsymbol{u}^{2h}$ 定义的单射算子, 其中分量形式定义为

$$u_{i,j}^{2h} = u_{2i,2j}^h, \quad i,j = 1, \cdots, \frac{M}{2} - 1. \tag{11.5.4}$$

显然单射算子比全加权算子更容易计算.

为将粗网格上的值近似到细网格上, 利用延拓算子或插值算子 I_{2h}^h. 最常规的延拓算子是线性延拓, 其中 $I_{2h}^h: G^{2h} \to G^h$ 由 $I_{2h}^h \boldsymbol{u}^{2h} = \boldsymbol{u}^h$ 定义, 其分量形式定义为

$$u_{2i,2j}^h = u_{i,j}^{2h}, \tag{11.5.5}$$
$$u_{2i+1,2j}^h = \frac{1}{2}(u_{i,j}^{2h} + u_{i+1,j}^{2h}), \tag{11.5.6}$$
$$u_{2i,2j+1}^h = \frac{1}{2}(u_{i,j}^{2h} + u_{i,j+1}^{2h}), \tag{11.5.7}$$
$$u_{2i+1,2j+1}^h = \frac{1}{4}(u_{i,j}^{2h} + u_{i+1,j}^{2h} + u_{i,j+1}^{2h} + u_{i+1,j+1}^{2h}), \tag{11.5.8}$$
$$i,j = 0, \cdots, \frac{M}{2} - 1.$$

显然插值算子 I_{2h}^h 在 G^h 上产生一个更光滑的解.

现以一维边值问题

$$\begin{cases} -\dfrac{\partial^2 u}{\partial x^2} = 0, \quad x \in (0,1), & \text{(11.5.9)} \\[2mm] u(0) = u(1) = 0 & \text{(11.5.10)} \end{cases}$$

为例, 其差分方程为

$$\begin{cases} -\dfrac{1}{\Delta x^2}(u_{i-1} - 2u_i + u_{i+1}) = 0, \quad i = 1, \cdots, M-1, & \text{(11.5.11)} \\[2mm] u_0 = u_M = 0. & \text{(11.5.12)} \end{cases}$$

现采用全加权作为限制算子, 采用线性算子作为延拓算子, 取 $M = 8$. 注意到差分方

程在 G^h 上可写成

$$A^h \boldsymbol{u}^h = \frac{1}{\Delta x^2} \begin{pmatrix} -2 & 1 & & & & & \\ 1 & -2 & 1 & & & & \\ & 1 & -2 & 1 & & & \\ & & 1 & -2 & 1 & & \\ & & & 1 & -2 & 1 & \\ & & & & 1 & -2 & 1 \\ & & & & & 1 & -2 \end{pmatrix} \begin{pmatrix} u_1^h \\ u_2^h \\ u_3^h \\ u_4^h \\ u_5^h \\ u_6^h \\ u_7^h \end{pmatrix} = \begin{pmatrix} 0 \\ 0 \\ 0 \\ 0 \\ 0 \\ 0 \\ 0 \end{pmatrix} = \boldsymbol{0}^h.$$

记 G^h 网格上三对角矩阵 A 的特征向量为 $\boldsymbol{w}_j^h$ $(j = 1, \cdots, 7)$. 由定理 1.3.1 知, $\boldsymbol{w}_j^h$ 的第 s 个分量是 $w_{js}^h = \sin \frac{js\pi}{8}$. G^h 网格上的值可以写成

$$\boldsymbol{u}^h = \sum_{j=1}^{M-1} \alpha_j \boldsymbol{w}_j^h.$$

因为 I_h^{2h} 是线性的, 所以 G^{2h} 上的值为

$$\boldsymbol{u}^{2h} = I_h^{2h} \boldsymbol{u}^h = \sum_{j=1}^{M-1} \alpha_j I_h^{2h} \boldsymbol{w}_j^h,$$

注意差分在 G^{2h} 网格上 $(M_x = M_y = 4)$ 的解可表示为

$$A^{2h} \boldsymbol{u}^{2h} = \begin{pmatrix} 2 & -1 & 0 \\ -1 & 2 & -1 \\ 0 & -1 & 2 \end{pmatrix} \begin{pmatrix} u_1^{2h} \\ u_2^{2h} \\ u_3^{2h} \end{pmatrix} = \begin{pmatrix} 0 \\ 0 \\ 0 \end{pmatrix} = \boldsymbol{0}^{2h}. \tag{11.5.13}$$

A^{2h} 的特征向量是 $\boldsymbol{w}_j^{2h}(j = 1, 2, 3)$. $\boldsymbol{w}_j^{2h}$ 的第 s 个分量是 $w_{js}^{2h} = \sin \frac{js\pi}{4}$ $(s = 1, 2, 3)$. I_h^{2h} 和 I_{2h}^h 可以写成矩阵形式

$$I_h^{2h} = \frac{1}{4} \begin{pmatrix} 1 & 2 & 1 & 0 & 0 & 0 & 0 \\ 0 & 0 & 1 & 2 & 1 & 0 & 0 \\ 0 & 0 & 0 & 0 & 1 & 2 & 1 \end{pmatrix}, \tag{11.5.14}$$

和

$$I_{2h}^h = \frac{1}{2} \begin{pmatrix} 1 & 0 & 0 \\ 2 & 0 & 0 \\ 1 & 1 & 0 \\ 0 & 2 & 0 \\ 0 & 1 & 1 \\ 0 & 0 & 2 \\ 0 & 0 & 1 \end{pmatrix}. \tag{11.5.15}$$

从而

$$I_h^{2h} \boldsymbol{w}_1^h = \frac{1}{4} \begin{pmatrix} \sin\frac{\pi}{8} + 2\sin\frac{2\pi}{8} + \sin\frac{3\pi}{8} \\ \sin\frac{3\pi}{8} + 2\sin\frac{4\pi}{8} + \sin\frac{5\pi}{8} \\ \sin\frac{5\pi}{8} + 2\sin\frac{6\pi}{8} + \sin\frac{7\pi}{8} \end{pmatrix} = \frac{1}{4} \begin{pmatrix} 4\cos^2\frac{\pi}{16}\sin\frac{\pi}{4} \\ 4\cos^2\frac{\pi}{16}\sin\frac{2\pi}{4} \\ 4\cos^2\frac{\pi}{16}\sin\frac{3\pi}{4} \end{pmatrix} = \cos^2\frac{\pi}{16}\boldsymbol{w}_1^{2h}.$$

类似地, 分别可以算得

$$I_h^{2h} \boldsymbol{w}_2^h = \cos^2\frac{2\pi}{16}\boldsymbol{w}_2^{2h}, \quad j = 2,$$

$$I_h^{2h} \boldsymbol{w}_3^h = \cos^2\frac{3\pi}{16}\boldsymbol{w}_3^{2h}, \quad j = 3,$$

$$I_h^{2h} \boldsymbol{w}_4^h = \boldsymbol{0}^{2h}, \qquad\qquad j = 4,$$

$$I_h^{2h} \boldsymbol{w}_{8-j}^h = -\sin^2\frac{j\pi}{16}\boldsymbol{w}_j^{2h}, \quad j = 1, 2, 3.$$

一般地, 对限制算子 I_h^{2h}, 我们有

$$I_h^{2h} \boldsymbol{w}_j^h = \cos^2\frac{j\pi}{2M}\boldsymbol{w}_j^{2h}, \quad j = 1, \cdots, \frac{M}{2} - 1, \tag{11.5.16}$$

$$I_h^{2h} \boldsymbol{w}_{M/2}^h = \boldsymbol{0}^{2h}, \tag{11.5.17}$$

$$I_h^{2h} \boldsymbol{w}_{M-j}^h = -\sin^2\frac{j\pi}{2M}\boldsymbol{w}_j^{2h}, \quad j = 1, \cdots, \frac{M}{2} - 1. \tag{11.5.18}$$

对插值算子 I_{2h}^h, 有

$$I_{2h}^h \boldsymbol{w}_j^{2h} = \cos^2\frac{j\pi}{2M}\boldsymbol{w}_j^h - \sin^2\frac{j\pi}{2M}\boldsymbol{w}_{M-j}^h, \quad j = 1, \cdots, \frac{M}{2} - 1. \tag{11.5.19}$$

由 (11.5.19) 可知, 即使开始仅有误差的低频分量 $(1 \leqslant j \leqslant M/2 - 1)$, 而粗网格校正会引进高频成分, 因此在细网格 G^h 上松弛是必要的, 以消除由 I_{2h}^h 引进的高频成分. 注意当 $j \ll \dfrac{M}{2}$ 时,

$$I_{2h}^h \boldsymbol{w}_j^{2h} = \left[1 - O\left(\left(\frac{j}{M}\right)^2\right)\right]\boldsymbol{w}_j^h + O\left(\left(\frac{j}{M}\right)^2\right)\boldsymbol{w}_{M-j}^h.$$

因此, 粗网格校正后 I_{2h}^h 引进的高频分量是小量. 同时也看到 I_{2h}^h 对低频分量影响不大. 类似我们还知道, 对初始猜测中误差的高频分量, 粗网格校正后会引起低频分量, 但是小量.

§11.5.3 粗网格校正

前面看到, 假如 $\boldsymbol{w}$ 是 $A\boldsymbol{u} = \boldsymbol{f}$ 的一个近似解, $\boldsymbol{r}$ 是残量 $\boldsymbol{r} = \boldsymbol{f} - A\boldsymbol{w}$, 则 $A\boldsymbol{e} = \boldsymbol{r}$ 的解是误差, 于是精确解为 $\boldsymbol{u} = \boldsymbol{w} + \boldsymbol{e}$. 残量校正格式是迭代求解 $A\boldsymbol{e} = \boldsymbol{r}$ 的近似解,

然后加到 w 上, 粗网格校正是另一种残量校正格式, 它在粗网格上求解 $Ae = r$ 的近似解. 一般地, 考虑在网格 G^h 上求解 $Au^h = r^h$, G^{2h} 表示相关的粗网格, A^{2h} 是粗网格上的矩阵, 下面是粗网格校正格式:

(1) 在 G^h 上, 在 $A^h u^h = f^h$ 上松弛 m_1 次, 得结果 $u_{m_1}^h$, 其中初始猜测为 u_0^h.

(2) 计算 $r^h = f^h - A^h u_{m_1}^h$.

(3) 计算 $f^{2h} = I_h^{2h} r^h$.

(4) 在 G^{2h} 上, 求解 $A^{2h} e^{2h} = f^{2h}$.

(5) 校正细网格近似 $\hat{u}_{m_1}^h = u_{m_1}^h + I_{2h}^h e^{2h}$.

(6) 在 G^h 上以 $\hat{u}_{m_1}^h$ 为初始猜测, 在 $A^h u^h = f^h$ 上松弛 m_2 次, 得结果 $\hat{u}_{m_2}^h$.

粗网格校正格式的另一种方法是多重网格的粗网格迭代校正. 下面给出最常用的 V 循环多重网格算法. 一个 4 重网格的 V 循环可由下述步骤组成:

(1) 以 u_0^h 为初值, 在细网格上对 $A^h u^h = f^h$ 做 m_1 次迭代, 得近似值 $u_{m_1}^h$ 及残量

$$r^h = f^h - A^h u_{m_1}^h.$$

(2) 在第二层网格上以 $e_0^{2h} = 0$ 为初值, 对

$$A^{2h} e^{2h} = f^{2h} = I_h^{2h} r^h$$

进行 m_1 次迭代, 得 $e_{m_1}^{2h}$ 及残量

$$r^{2h} = f^{2h} - A^{2h} e_{m_1}^{2h}.$$

(3) 在第三层网格上以 $e_0^{4h} = 0$ 为初值, 对

$$A^{4h} e^{4h} = f^{4h} = I_{2h}^{4h} r^{2h}$$

进行 m_1 次迭代, 得 $e_{m_1}^{4h}$ 及残量

$$r^{4h} = f^{4h} - A^{4h} e_{m_1}^{4h}.$$

(4) 在第四层网格上以 $e_0^{8h} = 0$ 为初值, 对

$$A^{8h} e^{8h} = f^{8h} = I_{4h}^{8h} r^{4h}$$

进行 m_1 次迭代, 得 $e_{m_1}^{8h}$ 及残量

$$r^{8h} = f^{8h} - A^{8h} e_{m_1}^{8h}.$$

(5) 对 $e_{m_1}^{4h}$ 作修正, $\hat{e}_{m_1}^{4h} = e_{m_1}^{4h} + I_{8h}^{4h} e_{m_1}^{8h}$, 然后再以新的 $e_0^{4h} = \hat{e}_{m_1}^{4h}$ 为初值, 对 $A^{4h} e^{4h} = f^{4h}$ 作 m_2 次迭代得到结果 $\hat{e}_{m_2}^{4h}$.

(6) 对 $e_{m_1}^{2h}$ 作修正, $\hat{e}_{m_1}^{2h} = e_{m_1}^{2h} + I_{4h}^{2h}\hat{e}_{m_2}^{4h}$. 然后以 $e_0^{2h} = \hat{e}_{m_1}^{2h}$ 为初值, 对 $A^{2h}e^{2h} = f^{2h}$ 作 m_2 次迭代得 $\hat{e}_{m_2}^{2h}$.

(7) 校正到细网格上 $\hat{u}_{m_1}^h = u_{m_1}^h + I_{2h}^h\hat{e}_{m_2}^{2h}$.

(8) 在 G^h 上, 以 $u_0^h = \hat{u}_{m_1}^h$ 为初值, 对 $A^h u^h = f^h$ 迭代 m_2 次, 得到结果 $\hat{u}_{m_2}^h$.

这一循环像一个 V 字形, 上面是 4 重 V 循环的情况, 图 11.2 是一个 5 重 V 循环示意图, 称为 $V(m_1, m_2)$ 循环. 还有其他多重网格循环格式, 如 W 循环和 FMV 循环, 可参考相关文献 [22, 34].

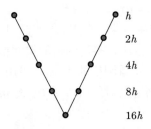

h

$2h$

$4h$

$8h$

$16h$

图 11.2　V 循环

§11.6 练习

1. 考虑一维模型问题

$$
\begin{cases}
-\dfrac{\partial^2 u}{\partial x^2} = 0, & x \in (0,1), \\
u(0) = u(1) = 0,
\end{cases}
$$

有限差分近似是

$$
\begin{cases}
-\dfrac{1}{\Delta x^2}u_{j-1} + \dfrac{2}{\Delta x^2}u_j - \dfrac{1}{\Delta x^2}u_{j+1} = 0, & j = 1, \cdots, M-1, \\
u_0 = u_M = 0.
\end{cases}
$$

(a) 证明差分方程的系数矩阵的特征值和特征向量分别为

$$
\mu_j = \frac{4}{\Delta x^2}\sin^2\frac{j\pi}{2M},
$$

$$
\boldsymbol{w}_j = \left(\sin\frac{j\pi}{M}, \sin\frac{2j\pi}{M}, \cdots, \sin\frac{(M-1)j\pi}{M}\right), \quad j = 1, \cdots, M-1.
$$

(b) 令 R_J 表示加权 Jacobi 格式的迭代矩阵, 证明 R_J 的特征值为

$$
\lambda_j = 1 - 2\omega\sin^2\frac{j\pi}{2M}, \quad j = 1, \cdots, M-1.
$$

(c) 令 $M = 16$, $\omega = \dfrac{2}{3}$. 用加权 Jacobi 格式求解. 中止准则是连续两次迭代的上

确界范数小于 10^{-4}.

2. 用 G-S 迭代方法求解线性代数方程组 $Ax = f$. 设 x^k 是迭代解, 若记 $e^k = x^k - x^{k-1}$. 证明对足够大的 k, G-S 迭代矩阵近似由 $\|e^k\|_2/\|e^{k-1}\|_2$ 给出.

3. 取任意初值, 如 $x^0 = (0,0)^T$, 用 CG 算法求解方程组

$$\begin{cases} 3x_1 + x_2 = 5, \\ x_1 + 2x_2 = 5. \end{cases}$$

4. 取均匀网格步长 $h = 1$, 在正方形区域 $[0,3] \times [0,3]$ 上求解第一类 Laplace 方程 $\Delta u = 0$, 边界上的 u 值取成 $x^2 - y^2$. 分别用 Jacobi 迭代和 G-S 迭代计算.

5. 考虑线性二阶方程

$$\begin{cases} \dfrac{\partial^2 u}{\partial x^2} = f(x), \quad 0 < x < 1, \\ u(0) = u(1) = 0. \end{cases}$$

取均匀网格步长 $\Delta x = h = 1/M$. 用 n 表示 "旧值", $n + 1$ 表示 "新值", $n = 0$ 时表示初始猜测.

(1) 取迭代格式为

$$\frac{u_{i+1}^n - u_i^{n+1} + u_{i-1}^n}{h^2} = f_i, \quad i = 2, 3, \cdots, M - 1, \tag{1}$$

其中 $u_1^{n+1} = 0$, $u_M^{n+1} = 0$, $u_i^0 = 0$ $(i = 1, 2, \cdots, M)$, $f_i = f(x_i)$.

(a) 说明该迭代方法就是 Jacobi 迭代方法.

(b) 记 $\delta u_i = u_i^{n+1} - u_i^n$ 是两次迭代的变化, 将迭代格式写成下面的形式

$$\frac{2}{h^2} \delta u_i = \frac{u_{i+1}^n - 2u_i^n + u_{i-1}^n}{h^2} - f_i, \tag{2}$$

其中右边是截断误差. 若引进时间步长 Δt, 通过对 (2) 式在点 (i, n) 处的截断误差的分析说明该迭代方法与下面带源项的热传导方程

$$\frac{\partial u}{\partial t} = \frac{\partial^2 u}{\partial x^2} - f \tag{3}$$

相容的条件.

(c) 当 $f(x) = -\pi^2 \sin \pi x$ 时, 验证上面 (3) 式的精确解是

$$u(x, t) = (1 - e^{-\pi^2 t}) \sin \pi x.$$

(2) 取迭代格式为

$$\frac{u_{i+1}^n - 2u_i^n + u_{i-1}^{n+1}}{h^2} = f_i. \tag{4}$$

该格式是否是隐式格式? 是否相应于 G-S 迭代格式? 其 "δ 形式" 是

$$-\frac{1}{h^2}\delta u_{i-1} + \frac{2}{h^2}\delta u_i = \frac{u_{i+1}^n - 2u_i^n + u_{i-1}^n}{h^2} - f_i. \tag{5}$$

(5) 式与热传导方程 (3) 相容的条件是什么? 求相容时的截断误差, 并与 (1) 中的截断误差阶进行比较, 说明哪一种迭代格式收敛得更快.

6. 考虑 Poisson 方程第一边值问题

$$\begin{cases} \dfrac{\partial^2 u}{\partial x^2} + \dfrac{\partial^2 u}{\partial y^2} = f(x,y), & (x,y) \in \Omega = (0,1) \times (0,1), \\ u(x,y) = g(x,y), & (x,y) \in \partial\Omega, \end{cases}$$

其中 $\partial\Omega$ 表示 Ω 的边界, 其菱形 5 点差分格式是

$$\begin{cases} \dfrac{u_{i+1,j} - 2u_{i,j} + u_{i-1,j}}{\Delta x^2} + \dfrac{u_{i,j+1} - 2u_{i,j} + u_{i,j-1}}{\Delta y^2} = f_{i,j}, & (i,j) \in \Omega, \\ u_{i,j} = g_{i,j}, & (i,j) \in \partial\Omega. \end{cases}$$

设 $u_{i,j}^n$ 表示第 n 次的已知迭代值, $u_{i,j}^{n+1}$ 表示第 $n+1$ 次的未知迭代值, 构造如下三种迭代格式

(1) $\dfrac{u_{i+1,j}^n - 2u_{i,j}^{n+1} + u_{i-1,j}^n}{\Delta x^2} + \dfrac{u_{i,j+1}^n - 2u_{i,j}^{n+1} + u_{i,j-1}^n}{\Delta y^2} = f_{i,j}.$

(2) $\dfrac{u_{i+1,j}^n - 2u_{i,j}^{n+1} + u_{i-1,j}^{n+1}}{\Delta x^2} + \dfrac{u_{i,j+1}^n - 2u_{i,j}^{n+1} + u_{i,j-1}^{n+1}}{\Delta y^2} = f_{i,j}.$

(3) $\dfrac{u_{i+1,j}^n - 2\widetilde{u}_{i,j}^n + u_{i-1,j}^{n+1}}{\Delta x^2} + \dfrac{u_{i,j+1}^n - 2\widetilde{u}_{i,j}^n + u_{i,j-1}^{n+1}}{\Delta y^2} = f_{i,j},$

$u_{i,j}^{n+1} = u_{i,j}^n + \omega(\widetilde{u}_{i,j}^n - u_{i,j}^n).$

(a) 说明上面三种迭代格式分别就是 Jacobi 迭代法, G-S 迭代法和 SOR 逐次超松弛迭代法.

(b) 将 n 作为时间指标 $(t = n\Delta t)$, 记 $u_{i,j}^n = u(i\Delta x, j\Delta y, n\Delta t)$. 用 von Neumann 方法推导这三种迭代方法的稳定性条件.

参考文献

[1] 冯康. 基于变分原理的差分格式. 应用数学与计算数学, 1965, 2(4): 238-262.

[2] 冯康. 冯康文集. 北京: 国防工业出版社, 1993.

[3] 傅德薰. 流体力学数值模拟. 北京: 国防工业出版社, 1993.

[4] 胡健伟, 汤怀民. 微分方程数值方法. 第 2 版. 北京: 科学出版社, 2007.

[5] 李荣华, 冯果忱. 微分方程数值解法. 第 3 版. 北京: 高等教育出版社, 1996.

[6] 李荣华. 边值问题的 Galerkin 有限元法. 北京: 科学出版社, 2005.

[7] 陆金甫, 关冶. 偏微分方程数值解法. 第 2 版. 北京: 清华大学出版社, 2004.

[8] 吕涛, 石济民, 林振宝. 区域分解算法 —— 偏微分方程数值解新技术. 北京: 科学出版社, 1992.

[9] 罗振东. 混合有限元法基础及其应用. 北京: 科学出版社, 2006.

[10] 王烈衡, 许学军. 有限元方法的数学基础. 北京: 科学出版社, 2004.

[11] 杨德全, 赵忠生. 边界元理论及应用. 北京: 北京理工大学出版社, 2002.

[12] 余德浩. 自然边界元方法的数学理论. 北京: 科学出版社, 1993.

[13] 余德浩, 汤华中. 微分方程数值解法. 北京: 科学出版社, 2003.

[14] 戈卢布 G H, 范洛恩 C F. 矩阵计算. 袁亚湘 等 译. 北京: 科学出版社, 2001.

[15] 张德良. 计算流体力学教程. 北京: 高等教育出版社, 2006.

[16] 张文生. 微分方程数值解 —— 有限差分理论方法与数值计算. 北京: 科学出版社, 2015.

[17] 祝家麟, 袁政强. 边界元分析. 北京: 科学出版社, 2009.

[18] Adams R A. Sobolev Space. Academic Press, New York, 1975.

[19] Anderson J D. Computational Fluid Dynamics: the Basics with Applications. McGraw-Hill Inc, 1995.

[20] Babuška I, Strouboulis T. The Finite Element Method and Its Reliability. Oxford University Press, Oxford, 2001.

[21] Brebbia C A. The Boundary Element Method for Engineers. Pentech Press, 1978.

[22] Bramble J H. Multigrid Methods. Longman Scientific and Technical, New York, Wiley, 1993.

[23] Brenner S C, Scott L R. The Mathematical Theory of Finite Element Methods. 3rd edition. Springer Science+Business Media, LLC, 2008.

[24] Brezzi F, Fortin M. Mixed and Hybrid Finite Element Methods. Springer-Verlag, New Work, 1991.

[25] Briggs W L , Henson V E, McCormick S F. A Multigrid Tutorial. 2nd edition. SIAM, Philadelphia, 2000.

[26] Chattot J J. Computational Aerodynamics and Fluid Dynamics. Springer-Verlag, Berlin, Heidelberg, New York, 2002.

[27] Ciarlet P G. The Finite Element Method for Elliptic Problems. North-Holland, Amsterdam, New York, Oxford, 1978.

[28] Courant R. Variational methods for the solution of problems of equilibrium and vibrations. Bulletin of the American Mathematical Society, 1943, 49(1): 1-23.

[29] Crouch S L, Starfield A M. Boundary Element Methods in Solid Mechanics: with Applications in Rock Mechanics and Geological Engineering. Allen & Unwin, London, Boston, 1983.

[30] Fletcher C A J. Computational Techniques for Fluid Dynamics I: Foundamental and General Techniques. Springer-Verlag, Berlin, Heidelberg, 1988, 1991.

[31] Fletcher C A J. Computational Techniques for Fluid Dynamics II: Specific Techniques for Different Flow Categories. Springer-Verlag, Berlin, Heidelberg, 1988, 1991.

[32] Golub G H, van Loan C F. Matrix Computations. John Hopkins University Press, 1996.

[33] Greenbaum A. Iterative Methods for Solving Linear System. Philadelphia: SIAM, 1997.

[34] Hackbusch W. Multigrid Methods and Application. Springer-Verlag, Berlin, 1991.

[35] Hackbusch W. Iterative Solution of Large Sparse Systems of Equations. 2nd edition. Springer International Publishing, Switzerland, 1994, 2016.

[36] Hartmann F. Introduction to Boundary Elements: Theory and Applications. Springer-Verlag, Berlin, Heidelberg, 1989.

[37] Horn R A, Johnson C R. Matrix Analysis (I, II). Cambridge University Press, 1986.

[38] Jain M K. Numerical Solution of Differential Equations. John Wiley & Sons, New York, 1979.

[39] Lapidus L, Pinder G F. Numerical Solution of Partial Differential Equations in Science and Engineering. John Wiley & Sons, New York, 1992.

[40] LeVeque R J. Numerical Methods for Conservation Laws. Birkhäuser Verlag, Basel, 1990.

[41] LeVeque R J. Finite Volume Methods for Hyperbolic Problems. Cambridge University Press, Cambridge, 2002.

[42] Lee S K. Compact finite difference schemes with spectral-like resolution. Journal of Computational Physics, 1992, 103: 16-42.

[43] Lions J L, Magenes E. Non-homogeneous Boundary Value Problems and Application. Springer-Werlag, New York, 1972.

[44] Mitchell A R, Griffiths D F. The Finite Difference Method in Partial Differential Equations. John Wiley & Sons Ltd, 1980.

[45] Osher S. Riemann solver, the entropy condition, and difference approximations. SIAM J. Numer. Anal., 1984, 21(2): 217-235.

[46] París F, Cañas J. Boundary Element Method: Fundamentals and Applications. Oxford University Press, 1997.

[47] Quarteroni A, Valli A. Numerical Approximation of Partial Differential Equations. Springer-Verlag, Berlin, Heidelberg, 1994.

[48] Quarteroni A, Sacco R, Saleri F. Numerical Mathematics. Springer Science + Business Media, Inc., 2000.

[49] Richtmyer R D, Morton K W. Difference Methods for Initial-value Problems. 2nd edition. Interscience, 1967.

[50] Saad Y. Iterative Methods for Sparse Linear Systems. 2nd edition. SIAM, Philadelphia, 2003.

[51] Sauter S A, Schwab C. Boundary Element Methods. Springer-Verlag, Berlin, Heidelberg, 2011.

[52] Schanz M. Wave Propagation in Viscoelastic and Poroelastic Continua: A Boundary Element Approach. Springer-Verlag, Berlin, Heidelberg, 2001.

[53] Shapira Y. Matrix-based Multigrid: Theory and Applications. Springer, New York, 2008.

[54] Shi Z, Wang M. Finite Element Methods. Science Press, Beijing, 2013.

[55] Smith G D. Numerical Solution of Partial Differential Equations: Finite Difference Methods. 3rd edition. Clarendon Press, Oxford University Press, New York, 1985.

[56] Thomas J W. Numerical Partial Differential Equations: Finite Difference Methods. Springer-Verlag New York Inc., 1995.

[57] Thomas J W. Numerical Partial Differential Equations: Conservation Laws and Elliptic Equations. Springer-Verlag New York Inc., 1999.

[58] Varga R S. Matrix Iterative Analysis. Spring-Verlag, Berlin, Heidelberg, 2000.

[59] van der Vorst H A. Iterative Krylov Methods for Large Linear Systems. Cambridge University Press, Cambridge, 2009.

[60] Wesseling P. An Introduction to Multigrid Methods. J Wiley, Chichester, New York, 1992.

[61] Young D M. Iterative Solution of Large Linear Systems. Academic Press, New York and London, 1971.

[62] Young D M, Jea K C. Generalized conjugate gradient acceleration of nonsymmetrizable iterative method. Linear Algebra Appl., 1980, 34: 159-194.

索　引

$V(m_1, m_2)$ 循环, 386

δ 形式, 388

δ 公式, 162

Padé 格式, 62

A-共轭, 354

Arnoldi 算法, 366

Beam-Warming 格式, 144, 198

BiCGSTAB 算法, 380

BW-LW 限制器, 200

C-O 限制器, 200

Cauchy 问题, 7

CG 算法, 355

CGS 算法, 379

CN 格式, 140

Cotes 系数, 38

Dirichlet (第一类) 条件, 7

Du Fort-Frankel 格式, 127

ENO 格式, 192

FC 格式, 171

Fourier 级数法, 90

FTCS 格式, 121

Galerkin 误差估计, 273

GMRES 算法, 368

GMRES(k_0) 算法, 369

Godunov 格式, 195

Green 公式, 39

Hermite 差分格式, 131

Hermite 近似, 61

Jacobi 矩阵, 300

Jacobi 预条件子, 362

Jordan 块, 11

Kellogg 引理, 33

Lagrange 近似, 61

Lanczos 算法, 370

Lax 格式, 134

Lax-Friedrichs 格式, 134, 143, 159

Lax-Milgram 引理, 210

Lax-Wendroff 格式, 143, 198, 201

Lax 等价定理, 88

Lipschtz 连续, 258

MacCormack, 139

MF 格式, 129

MINRES 算法, 373

Neumann (第二类) 条件, 7
Newton-Cotes 型求积公式, 38

Orthodir (k_0) 算法, 365
Orthomin (k_0) 算法, 365

Padé 格式, 66, 68
Padé 近似, 56
Parseval 等式, 90
Poincaré-Friedrichs 不等式, 266
PR 格式, 128
PRSD 迭代, 353

Richardson 格式, 113, 173
Richardson 最速下降法, 354
Richtmyer 公式, 163
Ritz 方法, 213
Robbins (第三类) 条件, 7

Saul'yev 不对称格式, 126
SC 性质, 25
Sommerfield 辐射条件, 306
SSOR 预条件子, 362
Superbee 限制器, 200

Taylor 级数表, 51

Van Leer 限制器, 200
von Neumann 法, 90
von Neumann 条件, 95, 101

Wendroff 格式, 139

B
不对称格式, 117
不完全 Cholesky 分解, 363

C
插值求积公式, 38
插值算子, 382
插值误差估计, 273

D
待定系数法, 46
单射算子, 382
等参元, 299
低频向量, 381
第二 Green 公式, 40
第一 Green 公式, 40
迭代矩阵, 330
定常预条件 Richardson (SPR) 法, 350
动态预条件 Richardson (DPR) 法, 350

F
方程, 1
　∼ 次数, 1
　∼ 的自由项, 2
　∼ 阶, 1
　超双曲型 ∼, 5
　非齐次 ∼, 2
　非线性 ∼, 2
　拟线性 ∼, 2
　抛物型 ∼, 3, 5, 6
　齐次 ∼, 2
　双曲型 ∼, 3, 5, 6
　椭圆型 ∼, 3, 5, 6
　线性 ∼, 2
放大因子, 92
非耗散, 145

G
高频向量, 381
共轭梯度法方程残量 (CGNR) 算法, 364
共轭梯度法方程误差 (CGNE) 算法, 364
共轭微分算子, 303
光滑参数, 198
广义 Green 公式, 304
广义共轭残量 (GCR) 算法, 365

H
耗散, 144
混合型显式差分格式, 122
混合型隐式格式, 124

J

积分插值法, 207, 231

积分常数, 314

迹算子, 262

加权 Jacobi 迭代, 335

加权差分格式, 125

加权隐式格式, 112

渐近收敛速度, 331

交替方向隐式 (ADI) 格式, 128

截断误差首项, 52

紧致格式, 62

局部 Riemann 问题, 196

局部基函数, 275

局部一维化 (LOD) 法, 130

矩阵, 8

　　Hermite ∼, 9

　　Jordan 标准形 ∼, 11

　　半正定 ∼, 11

　　不可约 ∼, 9

　　对称 ∼, 8

　　对角 ∼, 8

　　对角占优 ∼, 8

　　非奇异 ∼, 8

　　块对角 ∼, 9

　　零 ∼, 8

　　三对角 ∼, 8

　　上三角 ∼, 8

　　下三角 ∼, 8

　　相似 ∼, 9

　　严格对角占优 ∼, 8

　　酉 ∼, 9

　　正定 ∼, 11

　　正规 ∼, 9

　　正交 ∼, 8

　　置换 ∼, 8

矩阵范数, 29

　　p-范数, 30

　　Euclid 范数, 29

　　Frobenius 范数, 29

　　列和范数, 30

　　谱范数, 30

　　行和范数, 30

绝对稳定, 86

L

离散 Fourier 变换, 90

离散 von Neumann 稳定性分析, 98

离散频散关系, 145

M

面积坐标, 278

模相容, 75

N

拟极小残量 (QMR) 算法, 377

P

频散, 145

频散关系, 144

平滑, 381

谱半径, 330

谱条件数, 348

Q

强连通, 24

强制边界条件, 233

全 GMRES 算法, 369

全加权算子, 382

全局基函数, 275

S

熵或 E 格式, 189

实离散频散关系, 145

收敛阶, 73

收敛性, 71

　　一致 ∼, 73

　　逐点 ∼, 71

收敛因子, 330

数值通量函数, 196

数值相位速度, 58

双共轭梯度 (Bi-CG) 算法, 377

双曲型方程组, 153

双正交 Lanczons 算法, 374

T
特征方程, 9
特征线, 3
特征型方程组, 153
特征值, 9
梯度法, 354
梯形公式, 39
体积坐标, 284
条件稳定, 86
通量限制器, 197

W
蛙跳格式, 135
稳定性, 84
无条件稳定, 86
误差传播矩阵, 330

X
限制算子, 382
相容性, 75
　　　逐点 ∼, 75
相容性条件, 303
相似变换, 9
象征, 92
斜率限制器法, 201
修正波数, 56
修正相位速度, 58

虚离散频散关系, 145

Y
延拓算子, 382
依赖区间, 167
依赖区域, 167
迎风格式, 134
有限体积法, 207, 231
有向图, 24
右特征向量, 9, 153
预测 – 校正格式, 139
预条件 Richardson (PR) 法, 350
预条件 Richardson 极小残量 (PRMR) 法,
　　　352
预条件 Richardson 最速下降法, 354
预条件共轭梯度 (PCG) 算法, 361
预条件梯度法, 354

Z
增量型或 I 型格式, 192
增长因子, 92
振荡, 381
正规单元, 297
重心坐标, 284
自共轭算子, 303
自然边界条件, 233, 265
左偏心 (FTBS) 格式, 198
左特征向量, 9, 153

现代数学基础图书清单

序号	书号	书名	作者
1	9787040217179	代数和编码（第三版）	万哲先 编著
2	9787040221749	应用偏微分方程讲义	姜礼尚、孔德兴、陈志浩
3	9787040235975	实分析（第二版）	程民德、邓东皋、龙瑞麟 编著
4	9787040226171	高等概率论及其应用	胡迪鹤 著
5	9787040243079	线性代数与矩阵论（第二版）	许以超 编著
6	9787040244656	矩阵论	詹兴致
7	9787040244618	可靠性统计	茆诗松、汤银才、王玲玲 编著
8	9787040247503	泛函分析第二教程（第二版）	夏道行 等编著
9	9787040253177	无限维空间上的测度和积分 —— 抽象调和分析（第二版）	夏道行 著
10	9787040257724	奇异摄动问题中的渐近理论	倪明康、林武忠
11	9787040272611	整体微分几何初步（第三版）	沈一兵 编著
12	9787040263602	数论 I —— Fermat 的梦想和类域论	[日]加藤和也、黑川信重、斋藤毅 著
13	9787040263619	数论 II —— 岩泽理论和自守形式	[日]黑川信重、栗原将人、斋藤毅 著
14	9787040380408	微分方程与数学物理问题（中文校订版）	[瑞典] 纳伊尔·伊布拉基莫夫 著
15	9787040274868	有限群表示论（第二版）	曹锡华、时俭益
16	9787040274318	实变函数论与泛函分析(上册,第二版修订本)	夏道行 等编著
17	9787040272482	实变函数论与泛函分析(下册,第二版修订本)	夏道行 等编著
18	9787040287073	现代极限理论及其在随机结构中的应用	苏淳、冯群强、刘杰 著
19	9787040304480	偏微分方程	孔德兴
20	9787040310696	几何与拓扑的概念导引	古志鸣 编著
21	9787040316117	控制论中的矩阵计算	徐树方 著
22	9787040316988	多项式代数	王东明 等编著
23	9787040319668	矩阵计算六讲	徐树方、钱江 著
24	9787040319583	变分学讲义	张恭庆 编著
25	9787040322811	现代极小曲面讲义	[巴西] F. Xavier、潮小李 编著
26	9787040327113	群表示论	丘维声 编著
27	9787040346756	可靠性数学引论（修订版）	曹晋华、程侃 著
28	9787040343113	复变函数专题选讲	余家荣、路见可 主编
29	9787040357387	次正常算子解析理论	夏道行
30	9787040348347	数论 —— 从同余的观点出发	蔡天新

序号	书号	书名	作者
31	9787040362688	多复变函数论	萧荫堂、陈志华、钟家庆
32	9787040361681	工程数学的新方法	蒋耀林
33	9787040345254	现代芬斯勒几何初步	沈一兵、沈忠民
34	9787040364729	数论基础	潘承洞 著
35	9787040369502	Toeplitz 系统预处理方法	金小庆 著
36	9787040370379	索伯列夫空间	王明新
37	9787040372526	伽罗瓦理论 —— 天才的激情	章璞 著
38	9787040372663	李代数（第二版）	万哲先 编著
39	9787040386516	实分析中的反例	汪林
40	9787040388909	泛函分析中的反例	汪林
41	9787040373783	拓扑线性空间与算子谱理论	刘培德
42	9787040318456	旋量代数与李群、李代数	戴建生 著
43	9787040332605	格论导引	方捷
44	9787040395037	李群讲义	项武义、侯自新、孟道骥
45	9787040395020	古典几何学	项武义、王申怀、潘养廉
46	9787040404586	黎曼几何初步	伍鸿熙、沈纯理、虞言林
47	9787040410570	高等线性代数学	黎景辉、白正简、周国晖
48	9787040413052	实分析与泛函分析（续论）（上册）	匡继昌
49	9787040412857	实分析与泛函分析（续论）（下册）	匡继昌
50	9787040412239	微分动力系统	文兰
51	9787040413502	阶的估计基础	潘承洞、于秀源
52	9787040415131	非线性泛函分析（第三版）	郭大钧
53	9787040414080	代数学（上）（第二版）	莫宗坚、蓝以中、赵春来
54	9787040414202	代数学（下）（修订版）	莫宗坚、蓝以中、赵春来
55	9787040418736	代数编码与密码	许以超、马松雅 编著
56	9787040439137	数学分析中的问题和反例	汪林
57	9787040440485	椭圆型偏微分方程	刘宪高
58	9787040464832	代数数论	黎景辉
59	9787040456134	调和分析	林钦诚
60	9787040468625	紧黎曼曲面引论	伍鸿熙、吕以辇、陈志华
61	9787040476743	拟线性椭圆型方程的现代变分方法	沈尧天、王友军、李周欣

序号	书号	书名	作者
62	9787040479263	非线性泛函分析	袁荣
63	9787040496369	现代调和分析及其应用讲义	苗长兴
64	9787040497595	拓扑空间与线性拓扑空间中的反例	汪林
65	9787040505498	Hilbert 空间上的广义逆算子与 Fredholm 算子	海国君、阿拉坦仓
66	9787040507249	基础代数学讲义	章璞、吴泉水
67.1	9787040507256	代数学方法（第一卷）基础架构	李文威
68	9787040522631	科学计算中的偏微分方程数值解法	张文生

网上购书: www.hepmall.com.cn, gdjycbs.tmall.com, academic.hep.com.cn, www.jd.com, www.amazon.cn, www.dangdang.com

其他订购办法:

各使用单位可向高等教育出版社电子商务部汇款订购。书款通过银行转账，支付成功后请将购买信息发邮件或传真，以便及时发货。购书免邮费，发票随书寄出（大批量订购图书，发票随后寄出）。

单位地址: 北京西城区德外大街4号
电　话: 010–58581118
传　真: 010–58581113
电子邮箱: gjdzfwb@pub.hep.cn

通过银行转账:

户　　名: 高等教育出版社有限公司
开 户 行: 交通银行北京马甸支行
银行账号: 11006043701801003 7603